ALEXANDRE VARGAS GRILLO

QUÍMICA GERAL 3 volume

FÍSICO-QUÍMICA

Transmissão de Calor - Questões Comentadas

EDITORA CIÊNCIA MODERNA

Química Geral – Físico-Química – Transmissão de Calor - Questões Comentadas – Volume 3

Editor: Paulo André P. Marques
Produção Editorial: Dilene Sandes Pessanha
Capa: Daniel Jara
Diagramação: Daniel Jara
Copidesque: Equipe Ciência Moderna

FICHA CATALOGRAFICA

GRILLO, Alexandre Vargas.

Química Geral – Físico-Química – Transmissão de Calor - Questões Comentadas - Volume 3

Rio de Janeiro: Editora Ciência Moderna Ltda., 2023.

1. Química 2. Termodinâmica química
I — Título

ISBN: 978-65-5842-293-8

CDD 540

541.36

Editora Ciência Moderna Ltda.
R. Alice Figueiredo, 46 – Riachuelo
Rio de Janeiro, RJ – Brasil CEP: 20.950-150
Tel: (21) 2201-6662/ Fax: (21) 2201-6896
E-MAIL: LCM@LCM.COM.BR
WWW.LCM.COM.BR

08/23

APRESENTAÇÃO DO AUTOR

Alexandre Vargas Grillo é Doutor e Mestre em Engenharia de Materiais e Processos Químicos e Metalúrgicos, graduado em Engenharia Química, todos pela PUC-Rio. Atualmente é Professor do Instituto Federal do Rio de Janeiro – IFRJ, trabalha no departamento de Química, mais especificamente na Físico-Química em Nanotecnologia. Atua como professor colaborador em pesquisas na área de Síntese de Nanopartículas pelo Departamento de Engenharia Química e de Materiais – PUC-Rio.

INTRODUÇÃO DA OBRA

O objetivo de realizar esta obra foi apresentar uma variedade de exercícios com o gabarito comentado passo a passo, totalizando mais de 2069 questões em uma coleção com três volumes.

Este terceiro volume começa com o estudo dos processos eletroquímicos, pilha, eletrólise e termodinâmica vinculada à eletroquímica, apresentando mais de 200 exercícios com 100% do gabarito comentado. Este tema está presente em concursos públicos em diversas áreas na pesquisa. São abordados exercícios para a determinação do potencial padrão no estado padrão (E^o), aplicação da equação de Nernst, a variação da energia livre de Gibbs (ΔG) e, exercícios que leva em consideração a atividade iônica com eletroquímica.

O segundo capítulo, apresenta a Termodinâmica junto com a Termoquímica, apresentando o cálculo de diferentes tipos de energia tais como a entalpia (dH), a variação da energia livre de Gibbs (dG), entropia (dS), trabalho (δW), calor (δQ) o cálculo do rendimento (η) de uma máquina de Carnot, além do cálculo da constante de equilíbrio (K_p) em função da pressão parcial.

O terceiro e último capítulo desta obra apresenta 129 exercícios de fenômenos de transporte, mais especificamente do mecanismo de transmissão de calor, com a aplicação da equação de Fourier, a lei de resfriamento de Newton e o processo de transmissão de calor por radiação.

Durante toda a literatura, são apresentados questões de exercícios de concurso para docente federal e exercícios de diversos programas para o ingresso na pós-graduação, tanto para o mestrado quanto para o doutorado. O propósito desta coletânea, apresentado em três volumes, foi apresentar diferentes métodos de resolução com situações em que a química e até mesmo a física podem propiciar. O livro pode ser utilizado por estudantes que fazem bacharelado ou licenciatura em Química, além da engenharia propriamente, mais precisamente a área da Engenharia Química e nas áreas tecnológicas na pós-gruação.

Pessoalmente, este trabalho teve diversos desafios, dentre os quais a árdua pesquisa de questões e sua resolução, apresentando ao estudante o que mais de atual existe na Química e no campo de Fenômenos de Transporte.

Outro papel fundamental na confecção deste trabalho, foi de tentar apresentar à Química com diferentes ferramentas matemáticas (derivada, integral, etc), mas acima de tudo, tentando deixar bem claro ao leitor que a interpretação e a organização de resolução são passos de extrema importância para o sucesso de uma resolução. Graças ao incentivo de grandes mestres e amigos espalhados por todo este Brasil, espero estar principalmente ajudando à ciência brasileira, torcendo cada vez mais na formação acadêmica de cada aluno, além de prestar um serviço na criação de uma literatura e cultura científica 100% brasileira. O meu muito obrigado.

Agosto de 2023
Professor Alexandre Vargas Grillo

AGRADECIMENTOS

Dedico este trabalho primeiramente a Deus, grande pai e meu grande guia. Meus guias espirituais presentes em todos os meus momentos da minha vida. Minha mãe, Estela Vargas Grillo, meus pais Vincenzo Grillo e Jorge Luiz Zaupa, in memoriam e minha irmã Denise Vargas Grillo. Dedico também ao meu grande mestre, "In Memoriam", pela existência de ter sido meu amigo, pai, companheiro e mestre da vida e da Química, JOÃO ROBERTO DA PACIÊNCIA NABUCO. Em todas as minhas obras sempre irei mencionar o meu mestre e amigo, PROFESSOR DOUTOR FRANCISCO JOSÉ MOURA, meu eterno orientador em toda a vida acadêmica. À editora Ciência Moderna, o meu muito obrigado por acreditar nesta linda obra.

O meu muito obrigado!
Professor Alexandre Vargas Grillo

SUMÁRIO

CAPÍTULO IX – ESTUDO DOS PROCESSOS ELETROQUÍMICOS 1
CAPÍTULO X – ESTUDO DA TERMODINÂMICA QUÍMICA 149
CAPÍTULO XI - TRANSMISSÃO DE CALOR – CONDUÇÃO / CONVECÇÃO / RADIAÇÃO 319
APÊNDICE 377
REFERÊNCIAS BIBLIOGRÁFICAS 385

Capítulo IX – Estudo dos Processos Eletroquímicos

EXEMPLO APLICATIVO

Exemplo Aplicativo I

Em uma pilha Ni^0 / Ni^{2+} // Ag^+ / Ag^0, os metais estão mergulhados em soluções aquosas 1,0 mol x L^{-1} de seus respectivos sulfatos, a 25°C. Determine:
a) a equação global da pilha.
b) o sentido do fluxo de elétrons.
c) o valor da força eletromotriz (fem) da pilha.
Dados:
$Ni^{2+}_{(aquoso)} + 2e^- \rightarrow Ni_{(sólido)}$ $E^0_{redução} = -0,25$ V
$Ag^+_{(aquoso)} + 1e^- \rightarrow Ag_{(sólido)}$ $E^0_{redução} = +0,80$ V

Resolução: Primeiramente será necessário organizar as semirreações apresentadas no enunciado da questão, para que ocorra o funcionamento da pilha. Invertendo a semirreação do níquel e multiplicando por dois a semirreação da prata, as operações ficarão da seguinte maneira:

$Ni_{(sólido)} \rightarrow Ni^{2+}_{(aquoso)} + 2e^-$ $\Delta G^0 = -2 \text{ x F x } (+0,25)$
$2Ag^+_{(aquoso)} + 2e^- \rightarrow 2Ag_{(sólido)}$ $\Delta G^0 = -2 \text{ x F x } (+0,80)$ +

$Ni_{(sólido)} + 2Ag^+_{(aquoso)} \rightarrow 2Ag_{(sólido)} + Ni^{2+}_{(aquoso)}$

$$\cancel{-2} \text{ x } \cancel{F} \text{ x } E^0_{total} = \cancel{-2} \text{ x } \cancel{F} \text{ x } (+0,25) + [\cancel{-2} \text{ x } \cancel{F} \text{ x } (+0,80)]$$

$$E^0_{total} = +0,25 + 0,80 = +1,05 \text{ V}$$

Item a) A equação iônica global para o funcionamento da pilha galvânica está apresentada a seguir:

$Ni^0_{(sólido)} + 2Ag^+_{(aquodo)} \rightarrow 2Ag^0_{(sólido)} + Ni^{2+}_{(aquoso)}$.

Item b) O sentido do fluxo de elétrons, sai do ânodo (eletrodo de níquel) para o cátodo (eletrodo de prata).

Item c) $E^0_{total} = +1,05$ V

Exemplo Aplicativo II

Tendo em conta os potenciais de redução indicados: E° (Fe^{+2}/Fe) = - 0,44 V; E° (Fe^{+3}/Fe^{+2}) = + 0,77 V. O potencial do par Fe^{+3}/Fe é:
a) + 0,037 V
b) – 0,037 V
c) + 0,330 V
d) + 0,110 V

Resolução: Alternativa B.

Somando as semirreações apresentadas a seguir:

$\cancel{Fe^{2+}} + 2e^- \rightarrow Fe$ $\Delta G^0 = -2 \text{ x F x } (-0,44)$
$Fe^{3+} + 1e^- \rightarrow \cancel{Fe^{2+}}$ $\Delta G^0 = -1 \text{ x F x } (+0,77)$ +

$Fe^{3+} + 3e^- \rightarrow Fe$ $\Delta G^0 = -3 \text{ x F x } E^0_{total}$

$$-3 \text{ x F x } E^0_{total} = -2 \text{ x F x } (-0,44) + [-1 \text{ x F x } (+0,77)]$$

$$E^0_{total} = \frac{0,88 - 0,77}{-3} = -0,037 \text{ V}$$

Exemplo Aplicativo III

Calcule a constante de equilíbrio (25°C), para a seguinte semirreação:

$Sn_{(sólido)} + Sn^{+4}_{(aquoso)} \rightarrow 2Sn^{+2}_{(aquoso)}$. Dados dos potenciais a 25°C:

$Sn^{+4}_{(aquoso)} + 2e^- \rightarrow Sn^{+2}_{(aquoso)}$ $E_1° = + 0,15$ V
$Sn^{+2}_{(aquoso)} + 2e^- \rightarrow Sn_{(sólido)}$ $E_2° = - 0,14$ V

Resolução: Analisando a primeira semirreação:

$Sn^{+4}_{(aquoso)} + 2e^- \rightarrow Sn^{+2}_{(aquoso)}$ $\Delta G°_1 = -2.F.(+ 0,15)$

Analisando a segunda semirreação, invertendo a segunda semirreação, temos:

$Sn_{(sólido)} \rightarrow Sn^{+2}_{(aquoso)} + 2e^-$ $\Delta G°_2 = -2.F.(+ 0,14)$

Determinação da equação global:

$Sn^{+4}_{(aquoso)} + 2e^- \rightarrow Sn^{+2}_{(aquoso)}$ $\Delta G°_1 = -2.F.(+ 0,15)$
$Sn_{(sólido)} \rightarrow Sn^{+2}_{(aquoso)} + 2e^-$ $\Delta G°_2 = -2.F.(+ 0,14)$ +

$Sn^{+4}_{(aquoso)} + \cancel{2e^-} + Sn_{(sólido)} \rightarrow Sn^{+2}_{(aquoso)} + Sn^{+2}_{(aquoso)} + \cancel{2e^-}$ $\Delta G°_{TOTAL} = -2.F.(E°)$

Cálculo do potencial padrão da reação global (E°): $\Delta G°_{TOTATL} = \Delta G°_1 + \Delta G°_2$
$\cancel{-2.F}.(E°) = \cancel{-2.F}.(+ 0,15) + [\cancel{-2.F}.(+ 0,14)]$
$E° = + 0,29$ V

Cálculo da constante de equilíbrio (K_{eq}): $\Delta G°_{Termodinâmico} = \Delta G°_{Eletroquímico}$

$$-\,n \text{ x } F \text{ x } E° = -\,R \text{ x } T \text{ x } \ln K_{eq}$$

$$\ln K_{eq} = \frac{n \text{ x } F \text{ x } E°}{R \text{ x } T} = \frac{2 \text{ x } 96500 \text{ x } 0{,}29}{8{,}314 \text{ x } 298} = \frac{55970}{2477{,}572} = +22{,}59$$

$$K_{eq} = e^{+\,22{,}59}$$

Exemplo Aplicativo IV

Durante a titulação de uma solução de triiodeto (I_3^-) com uma solução de tiossulfato de sódio ($Na_2S_2O_3$) ocorrem as seguintes reações, com seus potenciais padrão de redução:
$I_3^- + 2e^- \rightarrow 3I^-$ $E° = + 0,54$ V
$S_4O_6^{-2} + 2e^- \rightarrow 2S_2O_3^{-2}$ $E° = + 0,08$ V

a) Escreva a reação global da redução do triiodeto pelo íon tiossulfato e calcule o potencial de redução padrão desta reação.

b) O íon triiodeto (I_3^-), em solução aquosa, permanece em equilíbrio com o iodo molecular(I_2) e íon iodeto (I^-), de acordo com a equação I. $I^- + I_2 \rightarrow I_3^-$

Os dados termodinâmicos, a temperatura de 25°C, para essas três espécies encontram-se na tabela abaixo.

Espécie	$\Delta H°_{formação}$ (kJ.mol^{-1})	$\Delta G°_{formação}$ (kJ.mol^{-1})	$\Delta S°_{formação}$ (J.mol^{-1})
I^-	55,2	- 51,6	111,3
I_2	22,5	16,4	137,2
I^-_3	51,5	- 51,4	239,3

Calcule o valor da constante de equilíbrio, K, para a reação apresentada na equação I, utilizando os dados da tabela.

Resolução:

Item a) Invertendo a segunda equação química:

$I_3^- + \cancel{2e^-} \rightarrow 3I^-$	E° = + 0,54 V	ΔG° = -2.F.(+0,54)
$2S_2O_3^{-2} \rightarrow S_4O_6^{-2} + \cancel{2e^-}$	E° = + 0,08 V	ΔG° = -2.F.(-0,08) +
$I_3^- + 2S_2O_3^{-2} \rightarrow 3I^- + S_4O_6^{-2}$	$\Delta G°_{TOTAL}$ = -2.F.(+0,54) + [-2.F.(-0,08)]	

$\Delta G°_{TOTAL}$ = -2 x F x (+ 0,54) + [-2 x F x (- 0,08)]
$\cancel{-2.F}$.E° = $\cancel{-2.F}$.(+0,54) + [$\cancel{-2.F}$.(-0,08)]
E° = + 0,54 – 0,08 = + 0,46V

Item b) Cálculo da constante de equilíbrio (K_{eq}): $\Delta G° = -R \text{ x } T \text{ x } \ln K_{eq}$

$$\{1 \text{ x } 51400\} - \{1 \text{ x } (51600) + 1 \text{ x } (16400)\} = -8{,}314 \text{ x } 298 \text{ x } \ln K_{eq}$$

$$-16600 = -2477{,}572 \text{ x } \ln K_{eq}$$

$$\ln K_{eq} = \frac{16600}{2477{,}572} = +6{,}70$$

$$K_{eq} = e^{+6{,}70}$$

Exemplo Aplicativo V

Uma célula galvânica é baseada nas seguintes semirreações:
$Cr^{+3}_{(aquoso)} + 3e^- \rightarrow Cr_{(sólido)}$ E° = - 0,744 V
$Ni^{+2}_{(aquoso)} + 2e^- \rightarrow Ni_{(sólido)}$ E° = - 0,236 V
a) Escreva a equação balanceada para a reação total.
b) Qual eletrodo tem a sua massa aumentada. Justifique sua resposta.
c) Calcule o valor $E°_{célula}$.
d) Determine o valor ΔG° para a reação a 25°C.
e) Calcule o valor da constante de equilíbrio para a reação a 25°C.
f) Determine a voltagem a 25°C se $[Cr^{+3}]$ e $[Ni^{+2}]$ são ambos alterados para 0,010 mol.L^{-1}.

Resolução:

Item a) Analisando a primeira semirreação – Cromo - Invertendo a semirreação de cromo e multiplicando por dois, temos:

$2Cr_{(sólido)} \rightarrow 2Cr^{+3}_{(aquoso)} + 6e^-$ $\Delta G°_1$ = -6 x F x (+ 0,744)

Analisando a segunda semirreação – Níquel - Multiplicando a semirreação por três (x 3), temos:

$3Ni^{+2}_{(aquoso)} + 6e^- \rightarrow 3Ni_{(sólido)}$ $\Delta G°_2$ = -6 x F x (- 0,236)

Determinação da equação eletroquímica global:

$2Cr_{(sólido)} \rightarrow 2Cr^{+3}_{(aquoso)} + \cancel{6e^-}$	$\Delta G°_1$ = -6 x F x (+ 0,744)
$3Ni^{+2}_{(aquoso)} + \cancel{6e^-} \rightarrow 3Ni_{(sólido)}$	$\Delta G°_2$ = -6 x F x (- 0,236) +

$2Cr_{(sólido)} + 3Ni^{+2}_{(aquoso)} \rightarrow 2Cr^{+3}_{(aquoso)} + 3Ni_{(sólido)}$ (Equação eletroquímica global)

Item b) O eletrodo que apresenta a sua massa aumentada é o eletrodo de níquel (Ni).

Item c) Cálculo do potencial padrão da reação global (E°): $\Delta G°_T = \Delta G°_1 + \Delta G°_2$
$\cancel{-6.F}$.($E_T°$) = $\cancel{-6.F}$.(+ 0,744) + [$\cancel{-6.F}$.(- 0,236)]

E° = + 0,508 V

Item d) Cálculo da variação da energia livre de Gibbs padrão (ΔG°):

$$\Delta G° = -6\ \cancel{\text{mol de elétrons}}\ x\ \frac{96500\ C}{\cancel{\text{mol de elétrons}}}\ x\ (+0,508\ V)$$

$$\Delta G° = -294132\ J\ (-294,13\ kJ$$

Item e) Cálculo da constante de equilíbrio (K_{eq}):

$\Delta G°_{Termodinâmico} = \Delta G°_{Eletroquímico}$

$$\ln K_{eq} = \frac{-\ n\ x\ F\ x\ E°}{-\ R\ x\ T} = \frac{-\ 6\ x\ 96500\ x\ 0,508}{-\ 8,314\ x\ (25 + 273)} = +\ 118,72$$

$$K = e^{(+118,72)}$$

Item f) Cálculo do potencial (E), utilizando a Equação de Nernst, a partir da seguinte equação global.

$2Cr_{(sólido)} + 3Ni^{+2}_{(aquoso)} \longrightarrow 2Cr^{+3}_{(aquoso)} + 3Ni_{(sólido)}$

$$E = E° - \frac{R\ x\ T}{n\ x\ F} x \ln\left\{\frac{[Cr^{+3}_{(aq)}]^2}{[Ni^{+2}_{(aq)}]^3}\right\}$$

$$E = 0,508 - \frac{8,314\ x\ (25 + 273)}{6\ x\ 96500} x \ln\left\{\frac{(10^{-2})^2}{(10^{-2})^3}\right\}$$

$$E = 0,508 - \frac{8,314\ x\ 298}{579000} x \ln\left\{\frac{10^{-4}}{10^{-6}}\right\} = 0,508 - \frac{2477,572}{579000} x \ln(100)$$

$$E = 0,508 - 4,28\ x\ 10^{-3}\ x\ 4,60 = +\ 0,488\ V$$

Exemplo Aplicativo VI

Através das semirreações apresentadas abaixo, calcule E°, E e ΔG°, sabendo que $[Al^{+3}]$ = 0,020 mol.L^{-1} e $[Ni^{+2}]$ = 0,80 mol.L^{-1}.

$Al^{+3}_{(aquoso)} + 3e^- \rightarrow Al_{(sólido)}$ E° = - 1,66 V

$Ni^{+2}_{(aquoso)} + 2e^- \rightarrow Ni_{(sólido)}$ E° = - 0,25 V

Resolução:

Cálculo da ddp padrão, invertendo a primeira semirreação e também multiplicando por dois, além de multiplicar a segunda semirreação por três:

$2Al_{(sólido)} \longrightarrow 2Al^{+3}_{(aquoso)} + \cancel{6e^-}$ $\Delta G°_1$ = -6 x F x (+ 1,66)

$3Ni^{+2}_{(aquoso)} + \cancel{6e^-} \longrightarrow 3Ni_{(sólido)}$ $\Delta G°_2$ = -6 x F x (- 0,25) +

$2Al_{(s)} + 3Ni^{+2}_{(aquoso)} \longrightarrow 2Al^{+3}_{(aquoso)} + 3Ni_{(sólido)}$ (Equação Química Global)

$\cancel{-6\ x\ F}$ x E° = $\cancel{-6\ x\ F}$ x (+ 1,66) + [$\cancel{-6\ x\ F}$ x (-0,25)]

E° = + 1,66 – 0,25 = + 1,41 V

Cálculo da ddp fora das condições padrões (E), a partir da equação de Nernst:

$$E = E° - \frac{R \times T}{n \times F} x \ln \left\{ \frac{[Al^{+3}_{(aq)}]^2}{[Ni^{+2}_{(aq)}]^3} \right\}$$

$$E = +1{,}41 - \frac{8{,}314 \times (25 + 273)}{6 \times 96500} x \ln \left\{ \frac{(0{,}020)^2}{(0{,}80)^3} \right\}$$

$$E = +1{,}41 - \frac{2477{,}572}{579000} x \ln \left\{ \frac{0{,}0004}{0{,}512} \right\} = +1{,}41 - [4{,}28 \times 10^{-3} \times \ln(0{,}00078)]$$

$$E = +1{,}41 - [4{,}28 \times 10^{-3} \times (-7{,}16)] = +1{,}441\ V$$

Cálculo da variação da energia de Gibbs (ΔG): $\Delta G = -\ n \times F \times E° + RT\ln \left\{ \frac{[Al^{+3}_{(aq)}]^2}{[Ni^{+2}_{(aq)}]^3} \right\}$

$$\Delta G = -\ 6 \times 96500 \times 1{,}41 + 8{,}314 \times (25 + 273) \times \ln \left\{ \frac{(0{,}020)^2}{(0{,}80)^3} \right\}$$

$$\Delta G = -\ 816390 + 2477{,}572 \times (-7{,}15) = \boxed{-834104{,}64\ J\ (-834{,}10\ kJ)}$$

Exemplo Aplicativo VII

The corrosion of iron is na electrochemical process that involves the standard reduction potentials given here at 25°C.

$Fe^{+2}_{(aquoso)} + 2e^- \rightarrow Fe_{(s)}$ E° = - 0,44 V

$O_{2(gás)} + 4H^+_{(aquoso)} + 4e^- \rightarrow 2H_2O_{(líquido)}$ E° = + 1,23 V

a) Calculate the voltage for the standard cell based on the corrosion reaction, $2Fe_{(sólido)} + O_{2(gás)} + 4H^+_{(aquoso)} \rightarrow 2Fe^{+3}_{(aquoso)} + 2H_2O_{(líquido)}$.

b) Calculate the voltage if the reaction in part a occurs at pH = 4,00 but all other concentrations are maintained as they were in the standard cell.

c) For the reaction $Fe(OH)_{2(sólido)} + 2e^- \rightarrow Fe_{(sólido)} + 2OH^-_{(aquoso)}$, E° = - 0,88 V. Use this information with one of the given standard potentials to calculate the K_{ps} of $Fe(OH)_2$.

Resolução:

Item a) Invertendo a primeira semirreação e multiplicando por dois:

$2Fe_{(sólido)} \rightarrow 2Fe^{2+}_{(aquoso)} + 4e-$ E^0 = + 0,44 V $\Delta G_1°$ = -4.F.(+0,44)

Mantendo a segunda semirreação, temos:

$O_{2(gás)} + 4H^+_{(aquoso)} + 4e^- \rightarrow 2H_2O_{(líquido)}$ E° = + 1,23 V $\Delta G_2°$ = -4.F.(+1,23)

Equação global para o processo eletroquímico:

$2Fe_{(sólido)} + O_{2(gás)} + 4H^+_{(aquoso)} \rightarrow 2Fe^{2+}_{(aquoso)} + 2H_2O_{(líquido)}$

Cálculo do potencial-padrão: $\Delta G_T° = \Delta G_1° + \Delta G_2°$

~~-4.F~~.E° = ~~-4.F~~.(+ 0,44) + ~~-4.F~~.(+ 1,23)

E° = + 0,44 + 1,23 = + 1,67 V

Item b) Aplicando a equação de Nernst:

$2Fe_{(sólido)} + O_{2(gás)} + 4H^+_{(aquoso)} \rightarrow 2Fe^{2+}_{(aquoso)} + 2H_2O_{(líquido)}$

$$E = E° - \frac{0{,}0592}{n} x \log\left\{\frac{\left[Fe^{+2}_{(aq)}\right]^2 x\, a^2_{H_2O}}{\left[H^+_{(aq)}\right]^4 x\, a^2_{Fe}\, x\, P_{O_2}}\right\}$$

$$E = +\,1{,}67 - \frac{0{,}0592}{4} x \log\left\{\frac{(1)^2 x\, (1)^2}{[10^{-4}]^4 x\, (1)^2\, x\, 1}\right\}$$

$$E = +\,1{,}67 - \frac{0{,}0592}{4} x \log 10^{+16} = +1{,}43\ V$$

Item c) Determinação da equação eletroquímica global e o valor da ddp.

$Fe(OH)_{2(sólido)} + 2e^- \rightarrow Fe_{(sólido)} + 2OH^-_{(aquoso)}$ E° = - 0,88 V
$Fe^{+2}_{(aquoso)} + 2e^- \rightarrow Fe_{(sólido)}$ E° = - 0,44 V

Invertendo a segunda semirreação, temos:

$Fe(OH)_{2(sólido)} + \cancel{2e^-} \rightarrow \cancel{Fe_{(sólido)}} + 2OH^-_{(aquoso)}$ ΔG₁° = -2.F.(-0,88)
$\cancel{Fe_{(sólido)}} \rightarrow Fe^{+2}_{(aquoso)} + \cancel{2e^-}$ $\Delta G_2°$ = -2.F.(+0,44) +

$Fe(OH)_{2(sólido)} \rightarrow Fe^{+2}_{(aquoso)} + 2OH^-_{(aquoso)}$ $\Delta G_T° = \Delta G_1° + \Delta G_2°$

$\cancel{-2.F}.E° = \cancel{-2.F}.(-\,0{,}88) + \cancel{-2.F}.(+\,0{,}44)$
E° = - 0,44 V

Cálculo da constante do produto de solubilidade, a partir da relação termodinâmica apresentada a seguir.

$$-8{,}314\ x\ 298\ x\ \ln K_{ps} = -2\ \cancel{mol}\ x \frac{96500\ C}{\cancel{mol}}\ x\ (-0{,}44)$$

$$-2477{,}572\ x\ \ln K_{ps} = 84920$$

$$\ln K_{ps} = \frac{-\,84920}{2477{,}572} = -34{,}27$$

$$K_{ps} = e^{(-34{,}27)}$$

Exemplo Aplicativo VIII

a) Calcular o decréscimo de massa do eletrodo de zinco, se uma corrente de 0,15 A, passa através da célula galvânica abaixo, durante 1,5 h: $Zn_{(sólido)} / Zn^{2+}_{(aquoso)} // Cu^{2+}_{(aquoso)} / Cu_{(sólido)}$.

b) Calcule o potencial padrão de redução da célula abaixo, a 25°C, sendo a concentração de Zn^{2+} igual a 0,1 mol/L e a de Ag^+ igual a 0,01 mol/L (E° = 1,56 V) $Zn_{(sólido)} / Zn^{2+}_{(aquoso)} // Ag^+_{(aquoso)} / Ag_{(sólido)}$.

c) Dar a equação química da reação que ocorre espontaneamente na célula galvânica que consiste das seguintes meia-células:
$MnO_2 + 4H^+ + 2e^- \rightarrow Mn^{2+} + 2H_2O$ E° = + 1,21 V
$Ag^+ + e^- \rightarrow Ag$ E° = + 0,80 V

Resolução:

Item a) Conversão do tempo de horas para segundos: $tempo = 1{,}50\ h\ x \frac{3600\ s}{1\ h} = 5400\ s$

Cálculo do decréscimo de massa do eletrodo de Zinco, a partir da semirreação de redução do zinco: $Zn^{2+}_{(aquoso)} + 2e^- \rightarrow Zn_{(sólido)}$

65,4 g de Zn -------------- 2 mol de elétrons x 96500 C/mol de elétrons
m_{Zn} -------------------------- Q = (0,15 A x 5400 s)

$$m_{Zn} = \frac{0,15 \text{ x } 5400 \text{ x } 65,4}{2 \text{ x } 96500} = 0,274 \text{ g}$$

Item b) Cálculo do potencial, a partir da utilização da equação de Nersnt. Equação global da pilha:

$Zn_{(sólido)} + 2Ag^{+}_{(aquoso)} \longrightarrow Zn^{2+}_{(aquoso)} + 2Ag_{(sólido)}$

$$E = E° - \frac{R \text{ x } T}{n \text{ x } F} \text{x} \ln \frac{[Zn^{+2}_{(aq)}] \text{ x } a^{2}_{Ag}}{[Ag^{+}_{(aq)}]^{4} \text{x } a_{Zn}}$$

$$E = 1,56 - \frac{8,314 \text{ x } 298}{2 \text{ x } 96500} \text{x} \ln \frac{0,1}{(0,01)^2}$$

$$E = 1,56 - \frac{2477,572}{193000} \text{x} \ln 1000 = 1,56 - 1,28 \text{ x } 10^{-2} \text{ x } 6,91 = +1,47 \text{ V}$$

Item c) Estudando as semirreações apresentadas no enunciado da questão a seguir:

$MnO_2 + 4H^+ + 2e^- \longrightarrow Mn^{2+} + 2H_2O$ $E° = +1,21$ V
$Ag^+ + e^- \longrightarrow Ag$ $E° = +0,80$ V

Invertendo a semirreação de redução da prata e multiplicando por dois, temos:

$2Ag_{(sólido)} \longrightarrow 2Ag^{+}_{(aquoso)} + 2e^-$ $\Delta G_I° = -2.F.(-0,80)$
$2MnO_{2(sólido)} + 4H^{+}_{(aquoso)} + 2e^- \longrightarrow Mn^{+2}_{(aquoso)} + 2H_2O_{(líquido)}$ $\Delta G_{II}° = -2.F.(+1,21)$ +

$2Ag_{(sólido)} + 2MnO_{2(sólido)} + 4H^{+}_{(aquoso)} \longrightarrow 2Ag^{+}_{(aquoso)} + Mn^{+2}_{(aquoso)} + 2H_2O_{(líquido)}$

$$-2 \text{ x F x } E° = -2 \text{ x F x } (-0,80) - 2 \text{ x F x } (+1,21)$$

$$E° = -0,80 + 1,21 = +0,41 \text{ V}$$

Exemplo Aplicativo IX

(MESTRE JOÃO ROBERTO DA PACIÊNCIA NABUCO) Numa célula galvânica de zinco e chumbo, as concentrações das soluções em cada semicélula são 65 g.L^{-1} de íons Zn^{+2} e 20,7 g.L^{-1} de Pb^{+2} a 25°C. determinar a ddp da pilha nessa situação. Informação para a resolução do problema:

$Zn^{2+}_{(aquoso)} + 2e^- \longrightarrow Zn_{(sólido)}$ $E° = -0,76$ V
$Pb^{2+}_{(aquoso)} + 2e^- \longrightarrow Pb_{(sólido)}$ $E° = -0,13$ V

Resolução: Cálculo da concentração da quantidade de matéria para cada íon apresentado na questão.

$$[Zn^{+2}] = \frac{65 \frac{g}{L}}{65 \frac{g}{mol}} = 1 \frac{mol}{L}$$

$$[Pb^{+2}] = \frac{20,7 \frac{g}{L}}{207 \frac{g}{mol}} = 0,1 \frac{mol}{L}$$

Cálculo do potencial padrão (E°), invertendo a semirreação de zinco:

$Zn_{(sólido)} \longrightarrow Zn^{2+}_{(aquoso)} + \cancel{2e^-}$ $\Delta G° = -2 \text{ x F x } (+0,76)$
$Pb^{2+}_{(aquoso)} + \cancel{2e^-} \longrightarrow Pb_{(sólido)}$ $\Delta G° = -2 \text{ x F x } (-0,13)$ +

$Zn_{(sólido)} + Pb^{2+}_{(aquoso)} \longrightarrow Pb_{(sólido)} + Zn^{2+}_{(aquoso)}$ $\Delta G° = ?$

$$-2 \text{ x F x } E° = -2 \text{ x F x } (+0,76) - 2 \text{ x F x } (-0,13)$$

$$\cancel{-2 \times F} \times E° = \cancel{-2 \times F} \times (+0{,}76) \cancel{-2 \times F} \times (-0{,}13)$$

$$E° = +0{,}76 - 0{,}13 = +0{,}63\ V$$

Cálculo da ddp fora das condições padrões:

$$E = E° - \frac{R \times T}{n \times F} \times \ln\left[\frac{[Zn^{+2}] \times a_{Pb}}{[Pb^{+2}] \times a_{Zn}}\right]$$

$$E = +0{,}63 - \frac{8{,}314 \times (25 + 273)}{2 \times 96500} \times \ln\left[\frac{1}{0{,}10}\right]$$

$$E = +0{,}63 - \frac{2477{,}572}{193000} \times \ln 10 = +0{,}627\ V$$

Exemplo Aplicativo X

(GRILLO) Considere uma pilha galvânica operando a uma T = 25ºC e pressão igual a 1 atm. A descrição da pilha está fundamentada a partir da seguinte notação apresentada a seguir:

Pt | $Sn^{2+}_{(aquoso)}$ (0,1 mol x L^{-1}), $Sn^{4+}_{(aquoso)}$ (0,05 mol x L^{-1}) | | $Fe^{3+}_{(aquoso)}$ (0,01 mol x L^{-1}), $Fe^{2+}_{(aquoso)}$ (0,2 mol x L^{-1}) | Pt

a) Escreva a reação global de oxirredução e calcule a ddp padrão da pilha.

b) Calcule a variação da energia livre de Gibbs padrão da pilha para a reação global.

c) Calcule o ΔG da reação no momento em que as concentrações das espécies químicas são iguais às indicadas na notação da pilha. A pilha funciona nessas condições?

d) Calcule a constante de equilíbrio, K, quando a pilha parar de gerar corrente elétrica. Informações para a resolução do problema:

$Fe^{3+}_{(aquoso)} + e^- \rightarrow Fe^{2+}_{(aquoso)}$ $E^0 = +0{,}77\ V$

$Sn^{4+}_{(aquoso)} + 2e^- \rightarrow Sn^{2+}_{(aquoso)}$ $E^0 = +0{,}15\ V$

Resolução: Invertendo a semirreação do estanho:

$Sn^{2+}_{(aquoso)} \rightarrow Sn^{4+}_{(aquoso)} + 2e^-$ $E^0 = -0{,}15\ V$

Multiplicando por dois a semirreação do Ferro:

$2Fe^{3+}_{(aquoso)} + 2e^- \rightarrow 2Fe^{2+}_{(aquoso)}$ $E^0 = +0{,}77\ V$

Somando as duas semirreações apresentadas acima, temos:

$Sn^{2+}_{(aquoso)} \rightarrow Sn^{4+}_{(aquoso)} + \cancel{2e^-}$ $E^0 = -0{,}15\ V$

$2Fe^{3+}_{(aquoso)} + \cancel{2e^-} \rightarrow 2\ Fe^{2+}_{(aquoso)}$ $E^0 = +0{,}77\ V$ +

$Sn^{2+}_{(aquoso)} + 2Fe^{3+}_{(aquoso)} \rightarrow Sn^{4+}_{(aquoso)} + 2Fe^{2+}_{(aquoso)}$

$$\cancel{-2 \times F} \times E° = \cancel{-2 \times F} \times (-0{,}15) \cancel{-2 \times F} \times (+0{,}77)$$

$$E° = -0{,}15 + 0{,}77 = +0{,}62\ V$$

Item a) A equação global que caracteriza o funcionamento desta pilha galvânica é a seguinte:

$Sn^{2+}_{(aquoso)} + 2Fe^{3+}_{(aquoso)} \rightarrow Sn^{4+}_{(aquoso)} + 2Fe^{2+}_{(aquoso)}$

Item b) Cálculo da variação da energia Livre de Gibbs padrão:

$$\Delta G° = -2\ \cancel{\text{mol de elétrons}} \times \frac{96500\ C}{1\ \cancel{\text{mol de elétron}}} \times (+0{,}62\ V) = -119660\ J$$

Item c) Cálculo da variação da energia Livre de Gibbs (ΔG):

$$\Delta G = \Delta G° + R \text{ x } T \text{ x } \ln\left\{\frac{[Fe^{+2}]^2 \text{x } [Sn^{+4}]}{[Fe^{+3}]^2 \text{ x } [Sn^{+2}]}\right\}$$

$$\Delta G = -119600 + 8{,}314 \text{ x } (25 + 273) \text{ x } \ln\left\{\frac{[0{,}20]^2 \text{x } 0{,}05}{[0{,}01]^2 \text{x } 0{,}10}\right\}$$

$$\Delta G = -112192{,}06 \text{ J}$$

Diante deste valor calculado, é possível afirmar que a pilha galvânica funciona de forma espontânea, uma vez que a variação da energia livre de Gibbs é negativa ($\Delta G < 0$).

Item d) Quando a pilha parar de gerar corrente elétrica, a partir da variação da energia livre de Gibbs padrão, a constante de equilíbrio será a seguinte: $\Delta G° = -R \text{ x } T \text{ x } \ln K_{eq}$

$$-112192{,}06 = -8{,}314 \text{ x } (25 + 273) \text{ x } \ln K_{eq}$$

$$\ln K_{eq} = 45{,}28$$

$$K_{eq} = e^{45{,}28}$$

Exemplo Aplicativo XI

(GRILLO) Considere a reação global de oxirredução, a 25°C: $O_{2(gás)} + 4H^+_{(aquoso)} + 4Br^-_{(aquoso)} \rightarrow 2H_2O_{(líquido)} + 2Br_{2(líquido)}$
a) Em condições-padrão a reação acima é espontânea? Justifique com cálculos.

b) Qual é o novo valor de E no momento em que o pH da solução é 3,6? Nesse pH, o processo será espontâneo? Justifique sua resposta.

c) Calcule a constante de equilíbrio (K_{eq}) da reação. Dados das semirreações:
$Br_{2(líquido)} + 2e^- \rightarrow 2Br^-_{(aquoso)}$ $E° = +1{,}07$ V
$O_{2(gás)} + 4H^+_{(aquoso)} + 4e^- \rightarrow 2H_2O_{(líquido)}$ $E° = +1{,}23$ V

Resolução: Dados do problema: $O_{2(gás)} + 4H^+_{(aquoso)} + 4Br^-_{(aquoso)} \rightarrow 2H_2O_{(líquido)} + 2Br_{2(líquido)}$

Semirreações de redução:

$Br_{2(líquido)} + 2e^- \rightarrow 2Br^-_{(aquoso)}$ $E° = +1{,}07$ V
$O_{2(gás)} + 4H^+_{(aquoso)} + 4e^- \rightarrow 2H_2O_{(líquido)}$ $E° = +1{,}23$ V

Item a) Invertendo a primeira semirreação e multiplicando por dois:

$4Br^-_{(aquoso)} \rightarrow 2Br_{2(líquido)} + \cancel{4e^-}$ $\Delta G^0 = -4 \text{ x } F \text{ x } (-1{,}07)$
$O_{2(gás)} + 4H^+_{(aquoso)} + \cancel{4e^-} \rightarrow 2H_2O_{(líquido)}$ $\Delta G^0 = -4 \text{ x } F \text{ x } (+1{,}23)$ +

$4Br^-_{(aquoso)} + O_{2(gás)} + 4H^+_{(aquoso)} \rightarrow 2Br_{2(líquido)} + 2H_2O_{(líquido)}$

$$-4 \text{ x } F \text{ x } E° = -4 \text{ x } F \text{ x } (-1{,}07) + [-4 \text{ x } F \text{ x } (+1{,}23)]$$
$$\cancel{-4 \text{ x } F} \text{ x } E° = \cancel{-4 \text{ x } F} \text{ x } (-1{,}07) + [\cancel{-4 \text{ x } F} \text{ x } (+1{,}23)]$$
$$E° = -1{,}07 + 1{,}23 = +0{,}16 \text{ V}$$

Observando a ddp padrão do processo eletroquímico, E° = + 0,16V (E° > 0, positiva), o processo é espontâneo.

Cálculo da variação da energia livre de Gibbs padrão ($\Delta G°$):

$$\Delta G° = -n \times F \times E°$$

$$\Delta G° = -4\ mol \times \left(96500\,\frac{C}{mol}\right) \times (+0,16\ V) = -61760\ J$$

Item b) Cálculo da concentração de íons H^+, a partir do pH = 3,6: pH = - log[H^+]
3,6 = - log[H^+]
[H^+] = $10^{(-3,6)}$ mol.L^{-1}

Utilizando a equação de Nernst, para a determinação do potencial E:

$$E = E° - \left(\frac{0,0592}{n}\right) \times \log\left\{\frac{a^2_{H_2O} \times a^2_{Br_2}}{P^2_{O_2}[Br^-]^{+4} \times [H^+]^{+4}}\right\}$$

$$E = +0,16 - \left(\frac{0,0592}{4}\right) \times \log\left\{\frac{[1]^2 \times [1]^2}{1 \times [10^{(-3,6)}]^4 \times [1]^4}\right\}$$

$$E = +0,16 - \left(\frac{0,0592}{4}\right) \times \log\left\{\frac{1}{[10^{(-3,6)}]^4}\right\}$$

$$E = +0,16 - \left(\frac{0,0592}{4}\right) \times \log 10^{(+14,4)}$$

$$E = +\,0,16 - 0,213 = -0,053\ V$$

Observa-se que para um pH = 3,60, o processo passa a ser não espontâneo, uma vez que E < 0.

Item c) Cálculo da constante de equilíbrio, a partir da variação da energia livre de Gibbs:

$$-61760 = -8,314 \times 298 \times \ln K_{eq}$$

$$\ln K_{eq} = +24,93$$

$$K_{eq} = e^{(+24,93)} = 6,70 \times 10^{+10}$$

Exemplo Aplicativo XII

(GRILLO) Calcule o potencial exato, a partir das atividades iônicas, para a semirreação da célula de zinco em uma solução em que a concentração molal é igual a 0,01 mol x kg^{-1} de cloreto de zinco, sendo o coeficiente de atividade igual a 0,71.

Resolução: Equação de dissociação do cloreto de zinco:

$$ZnCl_{2(sólido)} \rightarrow Zn^{+2}_{(aquoso)} + 2Cl^-_{(aquoso)}$$

Cálculo da atividade do zinco cátodo, Zn^{+2}: $a_{Zn^{+2}} = \gamma^{\pm} \times W_{Zn^{+2}}$

$$a_{Zn^{+2}} = 0,71 \times 0,01$$

$$a_{Zn^{+2}} = 0,0071$$

Sabendo que o potencial de redução do zinco é igual a $Zn^{+2}_{(aquoso)} + 2e^- \rightarrow Zn_{(sólido)}$

$$E^0_{Redução} = -0,763\ V$$

Aplicando a equação de Nernst, para esta semirreação de redução:

$$E = E^\circ - \frac{R \times T}{n \times F} \times \ln\left\{\frac{\overbrace{a_{Zn}}^{1}}{a_{Zn^{+2}}}\right\}$$

$$E = -0{,}763 - \frac{8{,}314 \times 298}{2 \times 96500} \times \ln\left\{\frac{1}{0{,}0071}\right\} = -0{,}826\ V$$

Exemplo Aplicativo XIII

Quanto será a fem da célula de Daniell a 298K para concentrações de $CuSO_4$ e $ZnSO_4$ iguais a 0,50 mol x L^{-1} e 0,10 mol x L^{-1}, respectivamente. Qual deveria ser a fem se fossem utilizadas atividades em vez de concentrações? Os valores de $\gamma\pm$ para o $CuSO_4$ e o $ZnSO_4$ em suas respectivas concentrações são 0,068 e 0,15, respectivamente:

a) 1,125 V; 1,115 V
b) 0,115 V; 0,215 V
c) 1,515V; 1,575V
d) 0,115V; 1,125V
e) 0,15V; 0,10V

Resolução: Alternativa A.

Semirreação - cobre: $Cu^{+2}_{(aquoso)} + 2e^- \rightarrow Cu_{(sólido)}$ $E^\circ = +0{,}34\ V$
Semirreação - zinco: $Zn^{+2}_{(aquoso)} + 2e^- \rightarrow Zn_{(sólido)}$ $E^\circ = -0{,}76\ V$

Cálculo da força eletromotriz padrão (E°). Invertendo a segunda semirreação, temos:

$Zn_{(sólido)} \rightarrow Zn^{+2}_{(aquoso)} + 2e^-$	$\Delta G^\circ = -2 \times F \times (+0{,}76)$
$Cu^{+2}_{(aq)} + \cancel{2e^-} \rightarrow Cu_{(sólido)}$	$\Delta G^\circ = -2 \times F \times (+0{,}34)$ +
$Zn_{(sólido)} + Cu^{+2}_{(aquoso)} \rightarrow Zn^{+2}_{(aquoso)} + Cu_{(sólido)}$	$\Delta G^\circ = -2 \times F \times E^\circ$

$$\cancel{-2 \times F} \times E^\circ = \cancel{-2 \times F} \times (+0{,}76) + [\cancel{-2 \times F} \times (+0{,}34)]$$
$$E^\circ = +0{,}76 + 0{,}34 = +1{,}10\ V$$

Cálculo da força eletromotriz levando em consideração que as concentrações sejam iguais a $[Zn^{+2}_{(aq)}] = 0{,}10\ mol.L^{-1}$ e $[Cu^{+2}_{(aq)}] = 0{,}50\ mol.L^{-1}$.

Aplicando a equação de Nernst, em função da concentração da quantidade de matéria:

$$E = E^0 - \frac{R \times T}{n \times F} \times \ln\left\{\frac{a_{Cu} \times [Zn^{+2}]}{a_{Zn} \times [Cu^{+2}]}\right\}$$

$$E = 1{,}10 - \frac{8{,}314 \times 298}{2 \times 96500} \times \ln\left\{\frac{1 \times 0{,}10}{1 \times 0{,}50}\right\}$$

$$E = 1{,}10 - \frac{2477{,}572}{193000} \times \ln\left\{\frac{0{,}10}{0{,}50}\right\} = 1{,}10 - 1{,}28 \times 10^{-2} \times \ln(0{,}20) = +1{,}121\ V$$

Analisando em função das atividades químicas:

$$a_{Zn^{+2}} = \gamma^{\pm} \times [Zn^{+2}] = 0{,}15 \times 0{,}10 = 0{,}015$$

$$a_{Cu^{+2}} = \gamma^{\pm} \times [Cu^{+2}] = 0{,}068 \times 0{,}50 = 0{,}034$$

$$E = E^0 - \frac{R \times T}{n \times F} \times \ln\left\{\frac{a_{Cu} \times a_{Zn^{+2}}}{a_{Zn} \times a_{Cu^{+2}}}\right\}$$

$$E = 1{,}10 - \frac{8{,}314 \text{ x } 298}{2 \text{ x } 96500} \text{ x } \ln\left\{\frac{1 \text{ x } 0{,}015}{1 \text{ x } 0{,}034}\right\}$$

$$E = 1{,}10 - \frac{2477{,}572}{193000} \text{ x } \ln\left\{\frac{0{,}015}{0{,}034}\right\}$$

$$E = 1{,}10 - 1{,}28 \text{ x } 10^{-2} \text{ x } \ln(0{,}441) = +1{,}105 \text{ V}$$

Exemplo Aplicativo XIV

A força eletromotriz de uma célula eletroquímica é 1,1 V a300 K. Nesta temperatura o coeficiente de temperatura é igual a 4,0 x 10^{-5} volt/K. Sabendo que o eletrólito é monovalente, pede-se para calcular o calor de reação a 300K.

Resolução: A partir da equação termodinâmica XX, temos: $\Delta H = -nF \text{ x } \left[E - T \text{ x } \left(\frac{\delta E}{\delta T}\right)_p\right]$

$$\Delta H = -1 \text{ x } 96500 \frac{C}{mol} \text{ x } \left[1{,}10 \text{ V} - 300 \text{ K x } 4{,}0 \text{ x } 10^{-5} \frac{V}{K}\right]$$

$$\Delta H = -104992 \frac{\overbrace{C \text{ x } V}^{J}}{mol}$$

$$\Delta H = -104992 \frac{J}{mol}.$$

Diante do resultado obtido, o processo é definido como exotérmico.

Exemplo Aplicativo XV

Calcule a fem. para a seguinte célula de concentração a25ºC: $Mg_{(sólido)}, Mg^{+2}_{(aquoso)}\left(0{,}24 \frac{mol}{L}\right) // Mg^{+2}_{(aquoso)}\left(0{,}53 \frac{mol}{L}\right)$.

Resolução: Somando as duas semirreações apresentadas.

$$\cancel{Mg_{(sólido)}} \rightarrow Mg^{+2}_{(aquoso)}\left(0{,}24 \frac{mol}{L}\right) + \cancel{2e^-}$$

$$Mg^{+2}_{(aquoso)}\left(0{,}53 \frac{mol}{L}\right) + \cancel{2e^-} \rightarrow \cancel{Mg_{(sólido)}} \quad +$$

$$Mg^{+2}_{(aquoso)}\left(0{,}53 \frac{mol}{L}\right) \rightarrow Mg^{+2}_{(aquoso)}\left(0{,}24 \frac{mol}{L}\right)$$

Como as duas semirreações apresentam o mesmo eletrodo, o potencial padrão será igual a zero.

$$E = E^0 - \frac{R \text{ x } T}{n \text{ x } F} \text{ x } \ln \frac{\left[Mg^{+2}\left(0{,}24 \frac{mol}{L}\right)\right]}{\left[Mg^{+2}\left(0{,}53 \frac{mol}{L}\right)\right]}$$

$$E = 0 - \frac{8{,}314 \text{ x } 298}{2 \text{ x } 96500} \text{ x } \ln \frac{0{,}24 \frac{mol}{L}}{0{,}53 \frac{mol}{L}} = +\ 0{,}0102 \text{ V}$$

Exemplo Aplicativo XVI

Análise de algumas eletrólises ígneas.

Exemplo A - Represente a eletrólise ígnea do óxido de ferro III.

Resolução: $Fe_2O_{3(sólido)} \rightarrow 2Fe^{+3}_{(líquido)} + 3O^{-2}$

Semirreação que ocorre no cátodo: $Fe^{+3}_{(líquido)} + 3e^- \rightarrow Fe_{(sólido)}$

Semirreação que ocorre no ânodo: $O^{-2} \rightarrow \frac{1}{2}O_{2(\text{líquido})} + 2e^-$

Multiplicando a semirreação que ocorre no cátodo por quatro (x 4):
$4\ Fe^{+3}_{(\text{líquido})} + 12e^- \rightarrow 4\ Fe_{(\text{sólido})}$

Multiplicando a semirreação do ânodo por três: $6O^{-2}_{(\text{líquido})} \rightarrow 3O_{2(\text{gás})} + 12e^-$
$2Fe_2O_{3(\text{sólido})} \rightarrow \cancel{4Fe^{+3}_{(\text{líquido})}} + \cancel{6O^{-2}}$
$\cancel{4Fe^{+3}_{(l)}} + \cancel{12e^-} \rightarrow 4Fe_{(\text{sólido})}$
$\cancel{6O^{-2}} \rightarrow 3O_{2(\text{gás})} + \cancel{12e^-}$ +

$2Fe_2O_{3(\text{sólido})} \rightarrow 3O_{2(\text{gás})} + 4Fe_{(\text{sólido})}$

Exemplo B - Represente a eletrólise ígnea do cloreto de magnésio.

Resolução: $MgCl_{2(\text{sólido})} \rightarrow Mg^{+2}_{(\text{líquido})} + 2Cl^-$

Semirreação que ocorre no cátodo: $Mg^{+2}_{(\text{líquido})} + 2e^- \rightarrow Mg_{(\text{sólido})}$

Semirreação que ocorre no ânodo: $2Cl^- \rightarrow Cl_{2(\text{gás})} + 2e^-$

Somando as semirreações:
$MgCl_{2(\text{sólido})} \rightarrow \cancel{Mg^{+2}_{(\text{líquido})}} + 2Cl^-$
$\cancel{Mg^{+2}_{(\text{líquido})}} + \cancel{2e^-} \rightarrow Mg_{(\text{sólido})}$
$2Cl^- \rightarrow Cl_{2(\text{gás})} + \cancel{2e^-}$ +

$MgCl_{2(\text{sólido})} \rightarrow Mg_{(\text{sólido})} + Cl_{2(\text{gás})}$

Exemplo C – Represente a eletrólise ígnea do óxido de alumínio.

Resolução: $Al_2O_{3(\text{sólido})} \rightarrow 2\ Al^{+3}_{(\text{líquido})} + 3O^{-2}$

Semirreação que ocorre no cátodo: $Al^{+3}_{(\text{líquido})} + 3e^- \rightarrow Al_{(\text{sólido})}$

Semirreação que ocorre no ânodo: $2O^{-2} \rightarrow O_{2(\text{gás})} + 4e^-$

Multiplicando a primeira semirreação por quatro: $4Al^{+3}_{(\text{líquido})} + 12e^- \rightarrow 4Al_{(\text{sólido})}$

Multiplicando a segunda semirreação por três: $6O^{-2} \rightarrow 3O_{2(\text{gás})} + 12e^-$

Somando as semirreações apresentadas:

$2Al_2O_{3(\text{sólido})} \rightarrow \cancel{4Al^{+3}_{(\text{líquido})}} + \cancel{6O^{-2}}$
$\cancel{4Al^{+3}_{(l)}} + 12e^- \rightarrow 4Al_{(\text{sólido})}$
$6O^{-2} \rightarrow 3O_{2(\text{gás})} + 12e^-$ +

$2Al_2O_{3(\text{sólido})} \rightarrow 4Al_{(\text{sólido})} + 3O_{2(\text{gás})}$

Exemplo D – Represente a eletrólise ígnea do fluoreto de potássio.

Resolução:

Equação de dissociação do fluoreto de potássio: $KF_{(\text{sólido})} \rightarrow K^{+}_{(\text{líquido})} + F^-$

Semirreação que ocorre no cátodo: $K^{+}_{(líquido)} + 1e^{-} \rightarrow K_{(sólido)}$

Semirreação que ocorre no ânodo: $2F^{-} \rightarrow F_{2(gás)} + 2e^{-}$

Somando as semirreações apresentadas:
$2KF_{(sólido)} \rightarrow \cancel{2K^{+}_{(líquido)}} + \cancel{2F^{-}}$
$\cancel{2K^{+}_{(líquido)}} + \cancel{2e^{-}} \rightarrow 2K_{(sólido)}$
$\cancel{2F^{-}} \rightarrow F_{2(gás)} + \cancel{2e^{-}}$ +

$2KF_{(sólido)} \rightarrow 2K_{(sólido)} + F_{2(gás)}$

Exemplo E – Represente a eletrólise ígnea do brometo de potássio.

Resolução:

Equação de dissociação do brometo de potássio: $KBr_{(sólido)} \rightarrow K^{+}_{(líquido)} + Br^{-}_{(líquido)}$

Semirreação que ocorre no cátodo: $K^{+}_{(líquido)} + 1e^{-} \rightarrow K_{(sólido)}$

Semirreação que ocorre no ânodo: $2Br^{-}_{(líquido)} \rightarrow Br_{2(gás)} + 2e^{-}$

Somando as semirreações apresentadas:
$2KBr_{(sólido)} \rightarrow \cancel{2K^{+}_{(líquido)}} + \cancel{2Br^{-}_{(líquido)}}$
$\cancel{2K^{+1}_{(l)}} + \cancel{2e^{-}} \rightarrow 2K_{(sólido)}$
$\cancel{2Br^{-}_{(líquido)}} \rightarrow Br_{2(gás)} + \cancel{2e^{-}}$ +

$2KBr_{(sólido)} \rightarrow 2K_{(sólido)} + Br_{2(gás)}$

Exemplo F – Represente a eletrólise ígnea do sulfato de potássio.

Resolução: $K_2SO_{4(sólido)} \rightarrow 2K^{+}_{(líquido)} + SO^{-2}_{4(líquido)}$

Semirreação que ocorre no cátodo: $2K^{+1}_{(líquido)} + 2e^{-} \rightarrow 2K_{(sólido)}$

Semirreação que ocorre no ânodo: $SO^{-2}_{4(líquido)} \rightarrow SO_{3(gás)} + \frac{1}{2}O_{2(gás)} + 2e^{-}$

Somando as duas semirreações:
$K_2SO_{4(sólido)} \rightarrow \cancel{2K^{+}_{(líquido)}} + SO_4^{-2}$
$\cancel{2K^{+1}_{(líquido)}} + \cancel{2e^{-}} \rightarrow 2K_{(sólido)}$
$SO_4^{-2} \rightarrow SO_{3(gás)} + \frac{1}{2}O_{2(gás)} + \cancel{2e^{-}}$ +

$K_2SO_{4(sólido)} \rightarrow 2K_{(sólido)} + SO_{3(gás)} + \frac{1}{2}O_{2(gás)}$

Exemplo G – Represente a eletrólise ígnea do hidróxido de potássio.

Resolução: $2KOH_{(sólido)} \rightarrow 2K^{+}_{(líquido)} + \cancel{2OH^{-}}$

Semirreação que ocorre no cátodo: $2K^{+}_{(líquido)} + 2e^{-} \rightarrow 2K_{(sólido)}$

Semirreação que ocorre no ânodo: $2OH^{-} \rightarrow \frac{1}{2}O_{2(gás)} + H_2O_{(líquido)} + 2e^{-}$

Somando as duas semirreações apresentadas:

$2KOH_{(sólido)} \rightarrow \cancel{2K^{+}_{(líquido)}} + \cancel{2OH^{-}}$
$\cancel{2K^{+}_{(líquido)}} + \cancel{2e^{-}} \rightarrow 2K_{(sólido)}$
$\cancel{2OH^{-}} \rightarrow \frac{1}{2}O_{2(gás)} + H_2O_{(líquido)} + \cancel{2e^{-}}$ +

$$2KOH_{(sólido)} \rightarrow 2K_{(sólido)} + \frac{1}{2}O_{2(gás)} + H_2O_{(líquido)}$$

Exemplo H – Represente a eletrólise ígnea do óxido de cálcio.

Resolução:

Equação de dissociação do óxido de cálcio: $CaO_{(sólido)} \rightarrow Ca^{+2}_{(líquido)} + O^{-2}$

Semirreação que ocorre no cátodo: $Ca^{+2}_{(líquido)} + 2e^{-} \rightarrow Ca_{(sólido)}$

Semirreação que ocorre no ânodo: $O^{-2} \rightarrow \frac{1}{2}O_{2(gás)} + 2e^{-}$

Somando as três semirreações apresentadas:

$CaO_{(sólido)} \rightarrow \cancel{Ca^{+2}_{(líquido)}} + \cancel{O^{-2}}$
$\cancel{Ca^{+2}_{(líquido)}} + \cancel{2e^{-}} \rightarrow Ca_{(sólido)}$
$\cancel{O^{-2}} \rightarrow \frac{1}{2}O_{2(gás)} + \cancel{2e^{-}}$ +

$$CaO_{(sólido)} \rightarrow Ca_{(sólido)} + \frac{1}{2}O_{2(gás)}$$

Exemplo I – Represente a eletrólise ígnea do óxido de ferro III.

Resolução: $Fe_2O_{3(sólido)} \rightarrow 2Fe^{+3}_{(líquido)} + 3O^{-2}$

Semirreação que ocorre no cátodo: $Fe^{+3}_{(líquido)} + 3e^{-} \rightarrow Fe_{(sólido)}$ (x 2)
Semirreação que ocorre no ânodo: $O^{-2} \rightarrow \frac{1}{2}O_{2(gás)} + 2e^{-}$ (x 3)

Somando as duas semirreações apresentadas:
$Fe_2O_{3(sólido)} \rightarrow \cancel{2Fe^{+3}_{(líquido)}} + \cancel{3O^{-2}_{(líquido)}}$
$\cancel{2Fe^{+3}_{(líquido)}} + \cancel{6e^{-}} \rightarrow 2Fe_{(sólido)}$
$\cancel{3O^{-2}_{(líquido)}} \rightarrow \frac{3}{2}O_{2(gás)} + \cancel{6e^{-}}$ +

$$Fe_2O_{3(sólido)} \rightarrow 2Fe_{(sólido)} + \frac{3}{2}O_{2(gás)}$$

Exemplo J – Represente a eletrólise ígnea do carbonato de bário.

Resolução: $BaCO_{3(sólido)} \rightarrow Ba^{+2}_{(líquido)} + CO_3^{-2}$

Semirreação que ocorre no cátodo: $Ba^{+2}_{(líquido)} + 2e^{-} \rightarrow Ba_{(sólido)}$

Semirreação que ocorre no ânodo: $CO_3^{-2} \rightarrow CO_{2(gás)} + \frac{1}{2}O_{2(gás)} + 2e^{-}$

Somando as duas semirreações:
$BaCO_{3(sólido)} \rightarrow \cancel{Ba^{+2}_{(líquido)}} + \cancel{CO_3^{-2}}$

$$\cancel{Ba^{+2}_{(líquido)}} + \cancel{2e^-} \rightarrow Ba_{(sólido)}$$
$$\cancel{CO_3^{-2}} \rightarrow CO_{2(gás)} + \frac{1}{2}O_{2(gás)} + \cancel{2e^-} \qquad +$$

$$BaCO_{3(sólido)} \rightarrow Ba_{(sólido)} + CO_{2(gás)} + \frac{1}{2}O_{2(gás)}$$

Exemplo Aplicativo XVII

Analise algumas eletrólises aquosas apresentadas a seguir.

Exemplo A – Eletrólise aquosa do ácido clorídrico (eletrodos inativos).

Analisando a eletrólise aquosa do ácido clorídrico (HCl).

Equação de ionização do ácido clorídrico: $HCl_{(aquoso)} \rightarrow H^+_{(aquoso)} + Cl^-_{(aquoso)}$

Equação de ionização da água: $H_2O_{(líquido)} \rightarrow H^+_{(aquoso)} + OH^-_{(aquoso)}$

Quem descarrega com maior facilidade no cátodo? Resposta: O único presente é o $H^+_{(aq)}$. $2H^+_{(aquoso)} + 2e^- \rightarrow H_{2(gás)}$

Quem descarrega com melhor facilidade no ânodo, $Cl^-_{(aquoso)}$ ou $OH^-_{(aquoso)}$? Resposta: $Cl^-_{(aquoso)} \rightarrow \frac{1}{2}Cl_{2(gás)} + 1e^-$

Multiplicando a segunda semirreação por dois e somando todas as semirreações apresentadas:

$$2HCl_{(aquoso)} \rightarrow \cancel{2H^+_{(aquoso)}} + \cancel{2Cl^-_{(aquoso)}}$$
$$2H_2O_{(líquido)} \rightarrow 2H^+_{(aquoso)} + 2OH^-_{(aquoso)}$$
$$\cancel{2H^+_{(aquoso)}} + \cancel{2e^-} \rightarrow H_{2(gás)}$$
$$\cancel{2Cl^-_{(aquoso)}} \rightarrow Cl_{2(gás)} + \cancel{2e^-} \qquad +$$

$$2HCl_{(aquoso)} + 2H_2O_{(líquido)} \rightarrow \underbrace{2H^+_{(aquoso)} + 2OH^-_{(aquoso)}}_{2H_2O_{(líquido)}} + H_{2(gás)}\uparrow + Cl_{2(gás)}\uparrow$$

Exemplo B – Eletrólise aquosa de uma solução de cloreto de zinco II (eletrodos inativos).

Analisando a eletrólise aquosa do cloreto de zinco II ($ZnCl_2$).

Equação de dissociação do fluoreto de potássio: $ZnCl_{2(aquoso)} \rightarrow Zn^{+2}_{(aquoso)} + 2Cl^-_{(aquoso)}$

Equação de ionização da água: $H_2O_{(líquido)} \rightarrow H^+_{(aquoso)} + OH^-_{(aquoso)}$

Quem descarrega com melhor facilidade no cátodo, $Zn^{+2}_{(aquoso)}$ ou $H^+_{(aquoso)}$?
Resposta: $2H^+_{(aquoso)} + 2e^- \rightarrow H_{2(gás)}$

Quem descarrega com melhor facilidade no ânodo, $Cl^-_{(aquoso)}$ ou $OH^-_{(aquoso)}$?
Resposta: $Cl^-_{(aquoso)} \rightarrow \frac{1}{2}Cl_{2(gás)} + 1e^-$

Somando todas as semirreações apresentadas:

$$ZnCl_{2(aquoso)} \rightarrow Zn^{+2}_{(aquoso)} + \cancel{2Cl^-_{(aquoso)}}$$
$$2H_2O_{(líquido)} \rightarrow \cancel{2H^+_{(aquoso)}} + 2OH^-_{(aquoso)}$$
$$\cancel{2H^+_{(aquoso)}} + 2e^- \rightarrow H_{2(gás)}$$
$$\cancel{2Cl^-_{(aquoso)}} \rightarrow Cl_{2(gás)} + 2e^- \qquad +$$

$$ZnCl_{2(aquoso)} + 2H_2O_{(líquido)} \rightarrow \underbrace{Zn^{+2}_{(aquoso)} + 2OH^-_{(aquoso)}}_{Zn(OH)_{2(aquoso)}} + H_{2(gás)} \uparrow + Cl_{2(gás)} \uparrow$$

Exemplo C – Eletrólise aquosa de uma solução de sulfato de sódio (eletrodos inativos).

Analisando a eletrólise aquosa do sulfato de sódio (Na_2SO_4).

Equação de dissociação do sulfato de sódio: $Na_2SO_{4(aquoso)} \rightarrow 2Na^+_{(aquoso)} + SO^{-2}_{4(aquoso)}$

Equação de ionização da água: $H_2O_{(líquido)} \rightarrow H^+_{(aquoso)} + OH^-_{(aquoso)}$

Quem descarrega com maior facilidade no cátodo, $H^+_{(aquoso)}$ ou $Na^+_{(aquoso)}$?
Resposta: $2H^+_{(aquoso)} + 2e^- \rightarrow H_{2(gás)}$

Quem descarrega com maior facilidade no ânodo, $SO^{-2}_{4(aquoso)}$ ou $OH^-_{(aquoso)}$?
Resposta: $2OH^-_{(aquoso)} \rightarrow H_2O_{(líquido)} + \frac{1}{2}O_{2(gás)} \uparrow +2\text{ elétrons}$

Somando todas as semirreações apresentadas, temos:

$$\begin{aligned}
&Na_2SO_{4(aquoso)} \rightarrow 2Na^+_{(aquoso)} + \cancel{SO^{-2}_{4(aquoso)}}\\
&\cancel{2}H_2O_{(líquido)} \rightarrow \cancel{2H^+_{(aq)}} + \cancel{2OH^-_{(aq)}}\\
&\cancel{2H^+_{(aquoso)}} + \cancel{2\text{ elétrons}} \rightarrow H_{2(gás)}\\
&\cancel{2OH^-_{(aquoso)}} \rightarrow \cancel{H_2O_{(líquido)}} + \tfrac{1}{2}O_{2(gás)} + \cancel{2\text{ elétrons}} +\\
\hline
&Na_2SO_{4(aquoso)} + H_2O_{(líquido)} \rightarrow 2Na^+_{(aquoso)} + H_{2(gás)} \uparrow + \frac{1}{2}O_{2(gás)} \uparrow
\end{aligned}$$

Exemplo Aplicativo XVIII

Represente a eletrólise aquosa do cloreto de cálcio.

Resolução:

Equação de dissociação do cloreto de cálcio: $CaCl_{2(aquoso)} \overset{\Delta}{\rightleftarrows} Ca^{+2}_{(aquoso)} + 2Cl^-_{(aquoso)}$

Equação de ionização da água: $H_2O_{(líquido)} \rightarrow H^+_{(aquoso)} + OH^-_{(aquoso)}$

Quem descarrega com melhor facilidade no cátodo, $Ca^{+2}_{(aquoso)}$ ou $H^+_{(aquoso)}$?
Resposta: $2H^+_{(aquoso)} + 2e^- \rightarrow H_{2(gás)}$

Quem descarrega com melhor facilidade no ânodo, $Cl^-_{(aquoso)}$ ou $OH^-_{(aquoso)}$?
Resposta: $2Cl^-_{(aquoso)} \rightarrow Cl_{2(gás)} + 2e^-$

Multiplicando a segunda semirreação por dois e somando todas as equações iônicas:

$$\begin{aligned}
&CaCl_{2(aquoso)} \rightarrow Ca^{+2}_{(aquoso)} + \cancel{2Cl^-_{(aquoso)}}\\
&2H_2O_{(líquido)} \rightarrow \cancel{2H^+_{(aquoso)}} + 2OH^-_{(aquoso)}\\
&\cancel{2H^+_{(aquoso)}} + \cancel{2e^-} \rightarrow H_{2(gás)}\\
&\cancel{2Cl^-_{(aquoso)}} \rightarrow Cl_{2(gás)} + \cancel{2e^-} \qquad +\\
\hline
&CaCl_{2(aquoso)} + 2H_2O_{(líquido)} \rightarrow \underbrace{Ca^{+2}_{(aquoso)} + 2OH^-_{(aquoso)}}_{Ca(OH)_{2(aquoso)}} + H_{2(gás)} \uparrow + Cl_{2(gás)} \uparrow
\end{aligned}$$

Exemplo Aplicativo XIX

Represente a eletrólise aquosa do sulfato de cálcio.

Resolução:

Equação de dissociação do cloreto de cálcio: $CaSO_{4(aquoso)} \rightarrow Ca^{+2}_{(aquoso)} + SO^{-2}_{4(aquoso)}$

Equação de ionização da água: $H_2O_{(líquido)} \rightarrow H^{+}_{(aquoso)} + OH^{-}_{(aquoso)}$

Quem descarrega com melhor facilidade no cátodo, $Ca^{+2}_{(aquoso)}$ ou $H^{+}_{(aquoso)}$?
Resposta: $2H^{+}_{(aquoso)} + 2e^{-} \rightarrow H_{2(gás)}$
Quem descarrega com melhor facilidade no ânodo, $SO^{-2}_{4(aquoso)}$ ou $OH^{-}_{(aquoso)}$?
Resposta: $2OH^{-}_{(aquoso)} \rightarrow H_2O_{(líquido)} + \frac{1}{2}O_{2(gás)} + 2e^{-}$

Somando todas as equações iônicas, temos:

$$CaSO_{4(aquoso)} \rightarrow Ca^{+2}_{(aquoso)} + SO^{-2}_{4(aquoso)}$$
$$\cancel{2}H_2O_{(líquido)} \rightarrow \cancel{2H^{+}_{(aq)}} + \cancel{2OH^{-}_{(aquoso)}}$$
$$\cancel{2H^{+}_{(aquoso)}} + 2e^{-} \rightarrow H_{2(gás)}$$
$$\cancel{2OH^{-}_{(aquoso)}} \rightarrow \cancel{H_2O_{(líquido)}} + \frac{1}{2}O_{2(gás)} + 2e^{-} \quad +$$

$$CaSO_{4(aquoso)} + 2\,H_2O_{(líquido)} \rightarrow \underbrace{Ca^{+2}_{(aquoso)} + SO^{-2}_{4(aquoso)}}_{CaSO_{4(aquoso)}} + H_{2(gás)} \uparrow + \frac{1}{2}O_{2(gás)} \uparrow$$

$$\cancel{CaSO_{4(aq)}} + H_2O_{(líquido)} \rightarrow \underbrace{\cancel{Ca^{+2}_{(aquoso)} + SO^{-2}_{4(aquoso)}}}_{\cancel{CaSO_{4(aquoso)}}} + H_{2(gás)} + \frac{1}{2}O_{2(gás)}$$

$$H_2O_{(líquido)} \rightarrow H_{2(gás)} + \frac{1}{2}O_{2(gás)}$$

Exemplo Aplicativo XX

Represente a eletrólise aquosa do nitrato de prata.

Resolução:

Equação de dissociação do nitrato de prata: $AgNO_{3(aquoso)} \rightarrow Ag^{+}_{(aquoso)} + NO^{-}_{3(aquoso)}$

Equação de ionização da água: $H_2O_{(líquido)} \rightarrow H^{+}_{(aquoso)} + OH^{-}_{(aquoso)}$

Quem descarrega com maior facilidade no cátodo, $H^{+}_{(aquoso)}$ ou $Ag^{+}_{(aquoso)}$?
Resposta: $Ag^{+}_{(aquoso)} + 1e^{-} \rightarrow Ag_{(sólido)}$

Quem descarrega com maior facilidade no ânodo, $NO^{-}_{3(aquoso)}$ ou $OH^{-}_{(aquoso)}$?
Resposta: $2OH^{-}_{(aquoso)} \rightarrow H_2O_{(líquido)} + \frac{1}{2}O_{2(gás)} + 2\text{ elétrons}$

Somando todas as semirreações apresentadas, temos:

$$2AgNO_{3(aquoso)} \rightarrow \cancel{2Ag^{+}_{(aquoso)}} + 2NO^{-}_{3(aquoso)}$$
$$\cancel{2}H_2O_{(líquido)} \rightarrow 2H^{+}_{(aquoso)} + \cancel{2OH^{-}_{(aquoso)}}$$
$$\cancel{2Ag^{+}_{(aquoso)}} + \cancel{2e^{-}} \rightarrow 2Ag_{(sólido)}$$
$$\cancel{2OH^{-}_{(aquoso)}} \rightarrow \cancel{H_2O_{(líquido)}} + \frac{1}{2}O_{2(gás)} + \cancel{2e^{-}} \quad +$$

$$2AgNO_{3(aquoso)} + H_2O_{(líquido)} \rightarrow \underbrace{2H^{+}_{(aquoso)} + 2NO^{-}_{3(aquoso)}}_{\text{ácido nítrico }(2HNO_3)} + 2Ag_{(sólido)} + \frac{1}{2}O_{2(gás)} \uparrow$$

Exemplo Aplicativo XXI

Represente a eletrólise aquosa do fluoreto de potássio.

Resolução:

Equação de dissociação do fluoreto de potássio: $KF_{(aquoso)} \rightarrow K^{+}_{(aquoso)} + F^{-}_{(aquoso)}$

Equação de ionização da água: $H_2O_{(líquido)} \rightarrow H^{+}_{(aquoso)} + OH^{-}_{(aquoso)}$

Quem descarrega com melhor facilidade no cátodo, $K^{+}_{(aquoso)}$ ou $H^{+}_{(aquoso)}$?
Resposta: $2H^{+}_{(aquoso)} + 2e^{-} \rightarrow H_{2(gás)}$

Quem descarrega com melhor facilidade no ânodo, $F^{-}_{(aquoso)}$ ou $OH^{-}_{(aquoso)}$?
Resposta: $2OH^{-}_{(aquoso)} \rightarrow H_2O_{(líquido)} + \frac{1}{2}O_{2(gás)} \uparrow + 2e^{-}$

Somando todas as equações apresentadas, temos:

$$KF_{(aquoso)} \rightarrow K^{+}_{(aquoso)} + F^{-}_{(aquoso)}$$
$$\cancel{2}H_2O_{(líquido)} \rightarrow \cancel{2H^{+}_{(aquoso)}} + \cancel{2OH^{-}_{(aquoso)}}$$
$$\cancel{2H^{+}_{(aquoso)}} + \cancel{2e^{-}} \rightarrow H_{2(gás)}$$
$$\cancel{2OH^{-}_{(aquoso)}} \rightarrow \cancel{H_2O_{(líquido)}} + \frac{1}{2}O_{2(gás)} + \cancel{2e^{-}} \qquad +$$

$$KF_{(aquoso)} + H_2O_{(líquido)} \rightarrow K^{+}_{(aquoso)} + F^{-}_{(aquoso)} + H_{2(gás)} \uparrow + \frac{1}{2}O_{2(gás)} \uparrow$$

Exemplo Aplicativo XXII – Professor Licínio Ribeiro Viana

Quantos elétrons existem em 5 coulombs?

Resolução: Cálculo do número de elétrons: $n = \frac{Q}{q_{e^-}}$

$$n = \frac{Q}{q_{e^-}} = \frac{5}{1{,}60 \times 10^{-19}} = 3{,}125 \times 10^{+19}$$

Exemplo Aplicativo XXIII – Professor Licínio Ribeiro Viana

Quantos elétrons são recebidos por 1 g de íon cúprico durante a eletrólise de uma solução de $CuSO_4$ com eletrodos de cobre?

Resolução: Inicialmente, apresentaremos o processo da eletrólise aquosa do sulfato de cobre II.

Equação de dissociação do sulfato de cobre II: $CuSO_{4(aquoso)} \rightarrow Cu^{+2}_{(aquoso)} + SO^{-2}_{4(aquoso)}$

Equação de ionização da água: $H_2O_{(líquido)} \rightarrow H^{+}_{(aquoso)} + OH^{-}_{(aquoso)}$

Quem descarrega com melhor facilidade no cátodo, $Cu^{+2}_{(aquoso)}$ ou $H^{+}_{(aquoso)}$?
Resposta: $Cu^{+2}_{(aquoso)} + 2\ elétrons \rightarrow Cu_{(sólido)}$

Quem descarrega com melhor facilidade no ânodo, $F^{-}_{(aquoso)}$ ou $OH^{-}_{(aquoso)}$?
Resposta: $2OH^{-}_{(aquoso)} \rightarrow H_2O_{(líquido)} + \frac{1}{2}O_{2(gás)} + 2e^{-}$

Somando todas as equações iônicas apresentadas:

$$CuSO_{4(aquoso)} \rightarrow \cancel{Cu^{+2}_{(aq)}} + SO^{-2}_{4(aquoso)}$$

$\cancel{2}H_2O_{(líquido)} \rightarrow 2H^+_{(aquoso)} + \cancel{2OH^-_{(aquoso)}}$
$\cancel{Cu^{+2}_{(aquoso)}} + 2elétrons \rightarrow Cu_{(sólido)}$
$\cancel{2OH^-_{(aquoso)}} \rightarrow \cancel{H_2O_{(líquido)}} + \frac{1}{2}O_{2(gás)} + \cancel{2elétrons}$ +

$$CuSO_{4(aquoso)} + H_2O_{(líquido)} \rightarrow 2H^+_{(aquoso)} + SO^{-2}_{4(aquoso)} + Cu_{(sólido)} + \frac{1}{2}O_{2(gás)} \uparrow$$

Cálculo da carga em coulombs para uma massa igual a 1,0 g:

$$63{,}55 \text{ g de Cu} - - - - - 2 \text{ mol de e}^- \text{ x} \frac{96500 \text{ C}}{1 \text{ mol de e}^-}$$
$$1{,}0 \text{ g} - - - - - - - - - - Q$$

$$Q = \frac{2{,}0 \text{ x } 1{,}0 \text{ x } 96500}{63{,}55} = 3039{,}37 \text{ C}$$

Cálculo do número de elétrons: $n = \frac{Q}{q_{e^-}} = \frac{3039{,}37}{1{,}60 \text{ x } 10^{-19}} = 1{,}90 \text{ x } 10^{+22}$

Exemplo Aplicativo XXIV – Professor Licínio Ribeiro Viana

Quantos elétrons são cedidos por 1 g de íon cloreto durante a eletrólise de uma solução de $CaCl_2$ com eletrodos de cobre?

Resolução: Segue a mesma ideia apresentada pelo exercício aplicativo II. Inicialmente, apresentaremos o processo da eletrólise aquosa do cloreto de cálcio.

Equação de dissociação do cloreto de cálcio: $CaCl_{2(aquoso)} \rightarrow Ca^{+2}_{(aquoso)} + 2Cl^-_{(aquoso)}$
Equação de ionização da água: $H_2O_{(líquido)} \rightarrow H^+_{(aquoso)} + OH^-_{(aquoso)}$

Quem descarrega com melhor facilidade no cátodo, $Ca^{+2}_{(aquoso)}$ ou $H^+_{(aquoso)}$?
Resposta: $2H^+_{(aquoso)} + 2elétrons \rightarrow H_{2(gás)}$

Quem descarrega com melhor facilidade no ânodo, $Cl^-_{(aquoso)}$ ou $OH^-_{(aquoso)}$?
Resposta: $2Cl^-_{(aquoso)} \rightarrow Cl_{2(gás)} + 2elétrons$

Somando todas as equações apresentadas:

$CaCl_{2(aquoso)} \rightarrow Ca^{+2}_{(aquoso)} + \cancel{2Cl^-_{(aquoso)}}$
$2H_2O_{(líquido)} \rightarrow \cancel{2H^+_{(aquoso)}} + 2OH^-_{(aquoso)}$
$\cancel{2H^+_{(aquoso)}} + \cancel{2elétrons} \rightarrow H_{2(gás)}$
$\cancel{2Cl^-_{(aquoso)}} \rightarrow Cl_{2(gás)} + \cancel{2elétrons}$ +

$$CaCl_{2(aquoso)} + 2H_2O_{(líquido)} \rightarrow Ca^{+2}_{(aquoso)} + 2OH^-_{(aquoso)} + H_{2(gás)} \uparrow + Cl_{2(gás)} \uparrow$$

Cálculo da carga em coulombs para uma massa igual a 1,0 g:

$$35{,}5 \text{ g de Cl} - - - - - 1 \text{ mol de e}^- \text{ x} \frac{96500 \text{ C}}{1 \text{ mol de e}^-}$$
$$1{,}0 \text{ g} - - - - - - - - - Q$$

$$Q = \frac{1{,}0 \text{ x } 1{,}0 \text{ x } 96500}{35{,}5} = 2718{,}31 \text{ C}$$

Cálculo do número de elétrons: $n = \frac{Q}{q_{e^-}} = \frac{2718{,}31 \text{ C}}{1{,}60 \text{ x } 10^{-19}} = 1{,}70 \text{ x } 10^{+22}$

Exemplo Aplicativo XXV – Professor Licínio Ribeiro Viana

Durante quantos minutos uma corrente 193 mA deve passar através de uma solução de sulfato de cobre II para desprender 5,6 litros de oxigênio medidos nas CNTP?

Resolução: A partir do exercício aplicativo II, a equação iônica global é a seguinte:

$$CuSO_{4(aquoso)} + H_2O_{(líquido)} \rightarrow \underbrace{2H^+_{(aquoso)} + SO^{-2}_{4(aquoso)}}_{H_2SO_{4(aquoso)}} + Cu_{(sólido)} + \frac{1}{2}O_{2(gás)} \uparrow$$

Cálculo da carga em coulombs (C):

$$0{,}50 \text{ x } 22{,}4 \text{ L de } O_{2(g)} ---- 2 \text{ mol de e}^- \text{ x} \frac{96500 \text{ C}}{1 \text{ mol de e}^-}$$
$$5{,}60 \text{ L} ----------- Q$$

$$Q = \frac{5{,}60 \text{ x } 2 \text{ x } 96500}{0{,}50 \text{ x } 22{,}4} = 96500 \text{ C}$$

Cálculo do tempo: $\text{tempo} = \frac{9600 \text{ C}}{193 \text{ x } 10^{-3}}$

$\text{tempo} = 500000 \text{ s, o que corresponde a } 8333{,}33 \text{ minutos.}$

Exemplo Aplicativo XXVI – Professor Licínio Ribeiro Viana

Que massa de íons cúprico e cuproso serão depositados por uma corrente de 25 A que atravessa uma solução que contém estes íons, durante 1 hora?

Resolução: Analisando o íon cúprico:

$$63{,}5 \text{ g de cobre } ---- 2 \text{ mol de e}^- \text{ x} \frac{96500 \text{ C}}{1 \text{ mol de e}^-}$$
$$\text{Massa} --------- Q = 25 \text{ x } 3600$$

$$\text{Massa} = \frac{63{,}5 \text{ x } 25 \text{ x } 3600}{2 \text{ x } 96500} = 29{,}61 \text{ g}$$

Analisando o íon cuproso:

$$63{,}5 \text{ g de Cu} -------- 1 \text{ mol de e}^- \text{ x} \frac{96500 \text{ C}}{1 \text{ mol de e}^-}$$
$$\text{Massa} ----------- Q = 25 \text{ x } 3600$$
$$\text{Massa} = \frac{63{,}5 \text{ x } 25 \text{ x } 3600}{1 \text{ x } 96500} = 59{,}22 \text{ g}$$

Exemplo Aplicativo XXVII – Professor Licínio Ribeiro Viana

Que massa de água será decomposta por uma corrente de 10 A em 24 h?

Resolução: Equação de ionização da água: $H_2O_{(líquido)} \rightarrow H^+_{(aquoso)} + OH^-_{(aquoso)}$

$$18{,}0 \text{ g de água } ----- 1 \text{ mol de e}^- \text{ x} \frac{96500 \text{ C}}{1 \text{ mol de e}^-}$$
$$\text{Massa} ---------- 10 \text{ x } 24 \text{ x } 3600 \text{ C}$$

$$\text{Massa} = \frac{18{,}0 \text{ x } 10 \text{ x } 24 \text{ x } 3600}{1 \text{ x } 96500} = 161{,}16 \text{ g}$$

Para 2 mol de elétrons, uma vez que apresenta o hidrônio e a hidroxila, temos:

$$\text{Massa} = \frac{161{,}16}{2} = 80{,}60 \text{ g}$$

Exemplo Aplicativo XXVIII – Professor Licínio Ribeiro Viana

Que corrente será necessária para depositar 1,50 g de prata por hora?

Resolução: Semirreação da redução da prata. $Ag^{+}_{(aquoso)} + 1 \text{ elétron} \rightarrow Ag_{(sólido)}$

Cálculo da carga em Coulomb de metal depositada:

$$108 \text{ g} - - - - - - - 1 \text{ mol de e}^- \text{ x} \frac{96500 \text{ C}}{1 \text{ mol de e}^-}$$
$$1{,}50 \text{ g} - - - - - - - \text{Q}$$

$$\text{Q} = \frac{1{,}50 \text{ x } 1 \text{ x } 96500}{108} = 1340{,}28 \text{ C}$$

Cálculo da corrente: i$= \frac{1340{,}28}{3600} = 0{,}372 \text{ A}$

Exemplo Aplicativo XXIX – Professor Licínio Ribeiro Viana

Quantas moléculas de cloro serão desprendidas de uma solução que contém íons cloreto em 5 minutos por uma corrente de 600 mA?

Resolução: A partir da semirreação de redução do cloro, apresentada a seguir, temos:

$$2Cl^{-}_{(aquoso)} \rightarrow Cl_{2(gás)} + 2\text{elétrons}$$

Cálculo da massa de cloro nestas condições:

$$35{,}5 \text{ g} - - - - - - - - 2 \text{ mol de e}^- \text{ x} \frac{96500 \text{ C}}{1 \text{ mol de e}^-}$$
$$\text{Massa} - - - - - - - - (5{,}0 \text{ x } 60 \text{ x } 600 \text{ x } 10^{-3})\text{C}$$
$$\text{Massa} = 3{,}31 \text{ x } 10^{-2} \text{ g}$$

Cálculo do número de mol de íons cloreto: $\text{n} = \frac{3{,}31 \text{ x } 10^{-2}}{35{,}5} = 9{,}33 \text{ x } 10^{-4} \text{ mol}$

Cálculo do número de moléculas (X): $\text{X} = 9{,}33 \text{ x } 10^{-4} \text{ x} \frac{6{,}02 \text{ x } 10^{23}}{1 \text{ mol}} = 5{,}6 \text{ x } 10^{20}$

Exemplo Aplicativo XXX – Professor Licínio Ribeiro Viana

Que massas de íons ferroso e férrico podem ser depositadas por 5,6 Faradays?

Resolução: Analisando o íon ferroso (Fe^{+2}):

$$56 \text{ g de Fe} - - - - - - - 2 \text{ mol de e}^- \text{ x} \frac{\text{F}}{1 \text{ mol de e}^-}$$
$$\text{Massa} - - - - - - - - - 5{,}60 \text{ x F}$$
$$\text{Massa} = 156{,}8 \text{ g}$$

Analisando o íon férrico (Fe^{+3}):

$$56 \text{ g de Fe de Cu} - - - - - 3 \text{ mol de e}^- \text{ x} \frac{\text{F}}{1 \text{ mol de e}^-}$$
$$\text{Massa} - - - - - - - - - 5{,}60 \text{ x F}$$
$$\text{Massa} = 104{,}53 \text{ g}$$

Exemplo Aplicativo XXXI – Professor Licínio Ribeiro Viana

Quantos átomos de Zn serão depositados de uma solução de cloreto de zinco por uma corrente de 50 mA que passa através da solução durante 2 minutos?

Resolução: No cátodo, a reação de redução do zinco é a seguinte:

$Zn^{+}_{(aquoso)} + 2\text{ elétrons} \rightarrow Zn_{(sólido)}$

Cálculo do número de mol de zinco:

$$1\text{ mol} ----- 2\text{ mol de } e^- \text{ x} \frac{96500\text{ C}}{1\text{ mol de } e^-}$$
$$n ------- (50 \text{ x } 10^{-3} \text{ x } 2 \text{ x } 60)\text{C}$$

$n = 3{,}11 \text{ x } 10^{-5} \text{ mol}$

Cálculo do número de átomos (X): $3{,}11 \text{ x } 10^{-5} \text{ mol x} \frac{6{,}02 \text{ x } 10^{23}}{\text{mol}} \text{ átomos} = 1{,}87 \text{ x } 10^{+19}$

Exemplo Aplicativo XXXII – Professor Licínio Ribeiro Viana

Uma corrente constante de 1A passa através de uma solução aquosa de sulfato de sódio durante uma hora. Qual o volume total dos gases desprendidos nas CNTP?

Resolução: Primeiramente, vamos analisar a eletrólise aquosa do sulfato de sódio, a partir da observação das equações iônicas.

Equação de dissociação do sulfato de sódio: $Na_2SO_{4(sólido)} \rightarrow 2Na^{+}_{(líquido)} + SO^{-2}_{4(líquido)}$
Equação da ionização da água: $H_2O_{(líquido)} \rightarrow H^{+}_{(aquoso)} + OH^{-}_{(aquoso)}$

Quem descarrega com maior facilidade no cátodo?
Resposta: $2H^{+}_{(aquoso)} + 2\text{ elétrons} \rightarrow H_{2(gás)}$

Quem descarrega com maior facilidade no ânodo?
Resposta: $2OH^{-}_{(aquoso)} \rightarrow H_2O_{(líquido)} + \frac{1}{2}O_{2(gás)} + 2\text{ elétrons} \rightarrow H_{2(gás)}$

Somando as semirreações apresentadas anteriormente:

$$Na_2SO_{4(sólido)} \rightarrow 2Na^{+}_{(líquido)} + SO^{-2}_{4(líquido)}$$
$$\cancel{2H^{+}_{(aquoso)}} + \cancel{2\text{ elétrons}} \rightarrow H_{2(gás)}$$
$$\cancel{2OH^{-}_{(aquoso)}} \rightarrow \cancel{H_2O_{(líquido)}} + \frac{1}{2}O_{2(gás)} + \cancel{2\text{ elétrons}}$$
$$\cancel{2}H_2O_{(líquido)} \rightarrow \cancel{2H^{+}_{(aquoso)}} + \cancel{2OH^{-}_{(aquoso)}} \quad +$$

$$Na_2SO_{4(sólido)} + H_2O_{(líquido)} \rightarrow 2Na^{+}_{(líquido)} + SO^{-2}_{4(líquido)} + H_{2(gás)} \uparrow + \frac{1}{2}O_{2(gás)} \uparrow$$

São produzidos gás hidrogênio no cátodo e gás oxigênio no ânodo.

$$2\text{ mol de } e^- \text{ x} \frac{96500\text{ C}}{1\text{ mol de } e^-} --- 22{,}4\text{ L} --- 0{,}50 \text{ x } 22{,}4\text{ L}$$
$$1 \text{ x } 3600\text{ C} ---------- V_1 ------ V_2$$

$V_1 = 0{,}418\text{ L}$
$V_2 = 0{,}209\text{ L} \quad +$

$V_1 + V_2 = 0{,}418\text{ L} + 0{,}209\text{ L} = 0{,}627\text{ L}$

Exemplo Aplicativo XXXIII – Professor Licínio Ribeiro Viana

Realizou-se a eletrólise durante 150 minutos com uma corrente de 0,15 A em uma solução salina de metal cuja massa molecular é igual a 112. A massa do metal depositado foi de 0,763 g. Qual é a sua valência?

Resolução: Como o problema coloca uma situação de um metal, sua valência será positiva.

Diante disso sua semirreação é a seguinte: $X^{+a}_{(aquoso)} + a \text{ elétrons} \rightarrow X_{(sólido)}$

Cálculo da valência do metal:

$$112 \text{ g} - - - - - - - - - - \text{ a mol de e}^- \text{ x} \frac{96500 \text{ C}}{\text{mol de e}^-}$$
$$0{,}753 \text{ g} - - - - - - - - - (150 \text{ x } 60 \text{ x } 0{,}15)\text{C}$$

$$a = \frac{112 \text{ x } 150 \text{ x } 60 \text{ x } 0{,}15}{0{,}753 \text{ x } 96500} = 2{,}08$$

Logo, a valência do metal é igual a +2 e, sua equação iônica vai ficar da seguinte maneira: $X^{+2}_{(aquoso)} + 2 \text{ elétrons} \rightarrow X_{(sólido)}$.

Exemplo Aplicativo XXXIV – Professor Licínio Ribeiro Viana

O cloro pode ser produzido pela eletrólise ígnea do cloreto de zinco ($ZnCl_2$) à temperatura de 17ºC e sob pressão de 1,0 atm. Sabendo-se que uma corrente de 5,0 A passa pela célula durante 10 horas, informe por meio de cálculos:

a) o número de Coulombs envolvidos no processo;
b) a massa de Cl_2, em grama, produzida na reação;
c) o volume de Cl_2 produzido nas condições apresentadas.

Resolução: Estudando a eletrólise ígnea do cloreto de zinco.

$ZnCl_{2(sólido)} \rightarrow \cancel{Zn^{+2}_{(líquido)}} + \cancel{2Cl^-}$
$\cancel{Zn^{+2}_{(líquido)}} + \cancel{2 \text{ elétrons}} \rightarrow Zn_{(sólido)}$
$\cancel{2Cl^-} \rightarrow Cl_{2(gás)} + \cancel{2 \text{ elétrons}}$ +

$ZnCl_{2(sólido)} \rightarrow Zn_{(sólido)} + Cl_{2(gás)} \uparrow$

Item a) Cálculo da quantidade de carga: $i = \frac{Q}{tempo}$

$$Q = 5 \text{ x } 10 \text{ x } 3600 = 180000 \text{ C}$$

Item b) Cálculo da massa de cloro gasoso produzido, a partir da seguinte semirreação:
$2Cl^- \rightarrow Cl_{2(gás)} + 2$ elétrons

$$71 \text{ g} - - - - - - - - - - 2 \cancel{\text{mol de e}^-} \text{ x} \frac{96500 \text{ C}}{\cancel{\text{mol de e}^-}}$$
$$\text{Massa} - - - - - - - - - (5{,}0 \text{ x } 10 \text{ x } 3600)\text{C}$$

$$\text{Massa} = \frac{71 \text{ x } 5{,}0 \text{ x } 10 \text{ x } 3600}{2 \text{ x } 96500} = 66{,}22 \text{ g}$$

Item c) Cálculo da massa de cloro gasoso produzido, a partir da seguinte semirreação:
$2Cl^- \rightarrow Cl_{2(gás)} + 2$ elétrons

$$1 \text{ mol} - - - - - - - - - - 2 \cancel{\text{mol de e}^-} \text{ x} \frac{96500 \text{ C}}{\cancel{\text{mol de e}^-}}$$
$$n_{Cl_2} - - - - - - - - - - (5{,}0 \text{ x } 10 \text{ x } 3600)\text{C}$$

$$n_{Cl_2} = \frac{5{,}0 \text{ x } 10 \text{ x } 3600}{2 \text{ x } 96500} = 0{,}933 \text{ mol}$$

Volume utilizando a equação dos gases ideais:

$$V_{Cl_2} = \frac{0{,}933 \text{ x } 0{,}08206 \text{ x } 290}{1{,}0} = 22{,}20 \text{ L}$$

Exemplo Aplicativo XXXV – Professor Licínio Ribeiro Viana

Uma determinada quantidade de eletricidade passou através de duas células A e B, em série, que contém Cu^{+2} e Ag^{+}, respectivamente. Sabendo que houve um depósito de 0,365 g de cobre na célula A, que massa se depositou na outra célula?

Resolução: Como o processo se encontra em série, é possível afirmar que a corrente elétrica que passa pelas duas cubas eletrolíticas é constante.

Analisando a semirreação de redução do cobre: $Cu^{+2}_{(aquoso)}$ + 2 elétrons ⟶ $Cu_{(sólido)}$

Cálculo da carga (Q):

$$63{,}5\text{ g} -------- 2\ \cancel{\text{mol de e}^-}\ \text{x}\ \frac{96500\text{ C}}{\cancel{\text{mol de e}^-}}$$
$$0{,}365\text{ g} ------- \text{Q}$$

$$\text{Q} = \frac{0{,}365 \text{ x } 2 \text{ x } 96500}{63{,}5} = 1109{,}37\text{ C}$$

Analisando a semirreação de redução da prata e calculando a sua respectiva massa. $Ag^{+}_{(aquoso)}$ + 1 elétron ⟶ $Ag_{(sólido)}$

$$108\text{ g} ------- 1\ \cancel{\text{mol de e}^-}\ \text{x}\ \frac{96500\text{ C}}{\cancel{\text{mol de e}^-}}$$
$$\text{Massa} ------- 1109{,}37\text{ C}$$

$$\text{Massa} = \frac{1109{,}37 \text{ x } 108}{1 \text{ x } 96500} = 1{,}24\text{ g}$$

Exemplo Aplicativo XXXVI – Professor Licínio Ribeiro Viana

Uma corrente elétrica atravessa uma célula eletroquímica contendo NaCl fundido. No fim de 9,65 minutos são liberados 1,246 litros de cloro, medidos a 47ºC e 640 mmHg. Calcular a intensidade da corrente. O rendimento em cloro na eletrólise é de 80%.

Resolução: Apresentando a eletrólise ígnea do cloreto de sódio.

$2NaCl_{(sólido)} \longrightarrow \cancel{2Na^{+}_{(líquido)}} + \cancel{2Cl^{-}}$
$\cancel{2Na^{+}_{(líquido)}} + \cancel{2\text{ elétrons}} \longrightarrow 2Na_{(sólido)}$
$\cancel{2Cl^{-}} \longrightarrow Cl_{2(gás)} + \cancel{2\text{ elétrons}}$ +

$2NaCl_{(sólido)} \longrightarrow 2Na_{(sólido)} + Cl_{2(gás)}\uparrow$

Cálculo do número de mol de gás cloro, aplicando a equação dos gases ideais:

$$n_{Cl_2} = \frac{\left(\frac{640}{760}\right) \text{ x } 1{,}246}{0{,}08206 \text{ x } (47 + 273)} = 4{,}00 \text{ x } 10^{-2}\text{ mol}$$

A partir da relação estequiométrica: $2NaCl_{(sólido)} \longrightarrow 2Na_{(sólido)} + Cl_{2(gás)}$

$$1{,}0\text{ mol} ---- 2\ \cancel{\text{mol de e}^-}\ \text{x}\ \frac{96500\text{ C}}{\cancel{\text{mol de e}^-}}\ \text{x } 0{,}80$$
$$0{,}032\text{ mol} --- \text{Q}$$
$$\text{Q} = 6176\text{ C}$$

Cálculo da corrente elétrica: $\text{i} = \frac{6176\text{ C}}{9{,}65 \text{ x } 60} = 10{,}67\text{ A}$

Exemplo Aplicativo XXXVII – Professor Licínio Ribeiro Viana

Uma corrente elétrica constante passa, durante 50 minutos, através de uma solução aquosa de nitrato de prata, o cátodo aumenta 2,0 g. Qual a intensidade da corrente elétrica?

Resolução: A semirreação que ocorre no cátodo está escrita da seguinte maneira:
$Ag^{+}_{(aquoso)} + 1 \text{ elétron} \rightarrow Ag_{(sólido)}$

$$108 \text{ g} - - - - - - - 1 \cancel{\text{mol de e}^-} \text{ x} \frac{96500 \text{ C}}{\cancel{\text{mol de e}^-}}$$
$$2{,}0 \text{ g} - - - - - - - \text{Q}$$

$$\text{Q} = \frac{2{,}0 \text{ x } 1 \text{ x } 96500}{108} = 1787{,}04 \text{ C}$$

Cálculo da corrente elétrica: $i = \frac{1787{,}04}{50 \text{ x } 60} = 0{,}596 \text{ A}$

Exemplo Aplicativo XXXVIII – Professor Licínio Ribeiro Viana

Uma corrente de 10 A atravessa uma cuba eletrolítica, contendo $CaCl_2$ fundido, durante 16 minutos e 5 segundos. Pede-se:
a) a massa do cálcio liberada;
b) o volume de cloro liberado a 27°C e 700 mmHg de pressão.

Resolução: Analisando a eletrólise ígnea do cloreto de cálcio.

$CaCl_{2(sólido)} \rightarrow \cancel{Ca^{+2}_{(líquido)}} + \cancel{2Cl^-}$
$\cancel{Ca^{+2}_{(líquido)}} + \cancel{2 \text{ elétrons}} \rightarrow Ca_{(sólido)}$
$\cancel{2Cl^-} \rightarrow Cl_{2(gás)} + \cancel{2 \text{ elétrons}}$ +

$CaCl_{2(sólido)} \rightarrow Ca_{(sólido)} + Cl_{2(gás)} \uparrow$

Item a) Cálculo da massa de cálcio liberada. Analisando a semirreação de redução do cálcio e calculando a sua respectiva massa.

$Ca^{+2}_{(aquoso)} + 2 \text{ elétrons} \rightarrow Ca_{(sólido)}$

$$40 \text{ g} - - - - - - - 2 \cancel{\text{mol de e}^-} \text{ x} \frac{96500 \text{ C}}{\cancel{\text{mol de e}^-}}$$
$$\text{Massa} - - - - - - 10 \text{ x } (16 \text{ x } 60 + 5) \text{ C}$$

$$\text{Massa} = \frac{400 \text{ x } 9650}{2 \text{ x } 96500} = 2{,}0 \text{ g}$$

Item b) Semirreação de redução do cloro: $2Cl^{-}_{(líquido)} \rightarrow Cl_{2(gás)} + 2 \text{ elétrons}$

Cálculo do número de mol de gás cloro:

$$1{,}0 \text{ mol} - - - - 2 \cancel{\text{mol de e}^-} \text{ x} \frac{96500 \text{ C}}{\cancel{\text{mol de e}^-}}$$
$$\text{n} - - - - - - - 10 \text{ x } (16 \text{ x } 60 + 5) \text{ C}$$

$$\text{n} = \frac{10 \text{ x } 965}{193000} = 0{,}05 \text{ mol}$$

Cálculo do volume, a partir destas condições: $V = \frac{0{,}05 \text{ x } 0{,}08206 \text{ x } 300}{\frac{700}{760}} = 1{,}334 \text{ L}$

Exemplo Aplicativo XXXIX – Professor Licínio Ribeiro Viana

Tem-se duas cubas eletrolíticas ligadas em série, contendo respectivamente soluções de nitrato de prata e sulfato de cobre II. Após este tempo por causa da passagem de uma corrente elétrica houve a interrupção do circuito. Em uma das cubas eletrolíticas houve a deposição de 4,32 g de prata. A partir desta informação, determine a massa de cobre depositada na outra cuba eletrolítica.

Resolução: Analisando a solução de nitrato de prata:

Equação de dissociação do nitrato de prata: $AgNO_{3(aquoso)} \rightarrow Ag^{+}_{(aquoso)} + NO^{-}_{3(aquoso)}$
Semirreação que ocorre no cátodo: $Ag^{+}_{(aquoso)} + 1\ elétron \rightarrow Ag_{(sólido)}$

Cálculo da carga (Q):

$$108\ g - - - -\ 1\ \cancel{mol\ de\ e^-}\ x\ \frac{96500\ C}{\cancel{mol\ de\ e^-}}$$
$$4{,}32\ g - - - -\ Q$$

$$Q = \frac{4{,}32\ x\ 1\ x\ 96500}{108} = 3860\ C$$

Analisando a solução de sulfato de cobre II:

Equação de dissociação do sulfato de cobre II: $CuSO_{4(aquoso)} \rightarrow Cu^{+2}_{(aquoso)} + SO^{-2}_{4(aquoso)}$

Semirreação que ocorre no cátodo: $Cu^{+2}_{(aquoso)} + 2e^{-} \rightarrow Cu_{(sólido)}$

$$63{,}55\ g - - - - -\ 2\ \cancel{mol\ de\ e^-}\ x\ \frac{96500\ C}{\cancel{mol\ de\ e^-}}$$
$$m_{Cu} - - - - - -\ 3860\ C$$

$$m_{Cu} = \frac{63{,}55\ x\ 3860}{2\ x\ 96500} = \frac{245303}{193000} = 1{,}27\ g$$

Exemplos aplicativos do saudoso e grande Mestre - João Roberto da Paciência Nabuco

A partir deste capítulo, será apresentado uma série de exemplos aplicativos do grande professor, João Roberto da Paciência Nabuco.

Exemplo Aplicativo XL – Professor João Roberto da Paciência Nabuco

Calcule os seguintes itens apresentados a seguir:

a) Considere que uma corrente com uma amperagem desconhecida atue sobre uma solução aquosa de sulfato de cobre II, sendo eletrolisada a cobre metálico depositado. Se uma corrente foi utilizada durante cinco horas e que 404 mg de cobre foram obtidos, determine o valor da corrente elétrica.

b) Determine a carga necessária para que 2,0 gramas de cobre sejam depositados a partir de uma solução de sulfato de cobre, com a presença de uma corrente de 5,0 A.

Resolução:

Item a) Cálculo da carga (Q):
63,55 g de cobre ------------------ 2 mol de elétrons x (96500 C/mol de elétrons)
404 x 10^{-3} g de cobre ------------ Q
Q = 1226,94 C

No enunciado do problema, o tempo corresponde a cinco horas, convertendo para segundos, temos: $Tempo = 5\ h\ x \left(\frac{3600\ segundos}{1h}\right) = 18000\ s$

Cálculo da corrente elétrica: $i = \frac{q}{t} = \frac{1226{,}94\ C}{18000\ s} = 6{,}82\ x\ 10^{-2}\ A$

Item b) Cálculo da carga (Q):
63,55 g de cobre -------- 2 mol x (96500 C/mol)
2,0 g de cobre ----------- Q
Q = 6073,96 C

Exemplo Aplicativo XLI – Professor João Roberto da Paciência Nabuco

A pilha voltaica apresentada a seguir, conforme recomendação da IUPAC,
$Cd_{(sólido)}$ | $Cd^{2+}_{(aquoso,\ X\ mol.L^{-1})}$ | | $Ni^{2+}_{(aquoso,\ 1,00\ mol.L^{-1})}$ | $Ni_{(sólido)}$, apresenta força eletromotriz igual a 0,36 V a 25°C.

a) Escreva a reação global da pilha voltaica.

b) Calcule o valor de E^0 da pilha.

c) Determine a concentração X de íons Cd^{2+}.

d) Determine o valor da energia livre de Gibbs, ΔG. Informações para a resolução do problema:

$Ni^{2+}_{(aquoso)} + 2e^- \rightarrow Ni_{(sólido)}$ $E° = -\,0,28\ V$
$Cd^{2+}_{(aquoso)} + 2e^- \rightarrow Cd_{(sólido)}$ $E° = -\,0,40\ V$

Resolução: Dados para a resolução do problema:

$Ni^{2+}_{(aquoso)} + 2e^- \rightarrow Ni_{(sólido)}$ $E° = -\,0,28\ V$
$Cd^{2+}_{(aquoso)} + 2e^- \rightarrow Cd_{(sólido)}$ $E° = -\,0,40\ V$
$Cd_{(sólido)}$ | $Cd^{2+}_{(aquoso,\ X\ mol.L^{-1})}$ | | $Ni^{2+}_{(aquoso,\ 1,00\ mol.L^{-1})}$ | $Ni_{(sólido)}$

Item a) Invertendo a semirreação do cádmio, temos:

$Ni^{2+}_{(aquoso)} + \cancel{2e^-} \rightarrow Ni_{(sólido)}$ $\Delta G° = -2\ x\ F\ x\ (-0,28)$
$Cd_{(sólido)} \rightarrow Cd^{2+}_{(aquoso)} + \cancel{2e^-}$ $\Delta G° = -2\ x\ F\ x\ (+0,40)$ +

$Ni^{2+}_{(aquoso)} + Cd_{(sólido)} \rightarrow Ni_{(sólido)} + Cd^{2+}_{(aquoso)}$

$$\cancel{-2\ x\ F}\ x\ E° = \cancel{-2\ x\ F}\ x\ (-0,28) + [\cancel{-2\ x\ F}\ x\ (+0,40)]$$

$$E° = -0,28 + 0,40 = +\ 0,12\ V$$

Item b) O potencial padrão da referida pilha voltaica é igual a E° = + 0,12V.

Item c) Cálculo da concentração da quantidade de matéria de íons Cádmio (X), a partir da utilização da equação de Nernst:

$$E = E° - \frac{R\ x\ T}{n\ x\ F} x \ln \left\{ \frac{[Cd^{+2}]\ x\ a_{Ni}}{a_{Cd}\ x\ [Ni^{+2}]} \right\}$$

$$+\ 0,36 = +\ 0,12 - \frac{8,314\ x\ (25 + 273)}{2\ x\ 96500} x \ln \left\{ \frac{X.1}{1.1} \right\}$$

$$+\ 0,36 = +\ 0,12 - \frac{8,314\ x\ 298}{2\ x\ 96500} x \ln \left\{ \frac{X}{1} \right\}$$

$$\ln X = \frac{0,24}{-1,28\ x\ 10^{-2}}$$

$$X = e^{(-18,75)} = 7,19\ x\ 10^{-9} mol.L^{-1}$$

Item d) Cálculo da variação da energia livre de Gibbs:

$$\Delta G = -n.F.E^\circ + R.T.\ln\underbrace{\left\{\frac{[Sn^{+4}]^2.a_{H_2O}^2}{[Sn^{+2}]^2.P_{O_2}.[H^+]^4}\right\}}_{Q}$$

$$\Delta G = -2 \times 96500 \times (+0{,}12) + 8{,}314 \times 298 \times \ln\left\{\frac{7{,}19 \times 10^{-9} \times 1}{1 \times 1}\right\}$$

$$\Delta G = -\ 69614{,}47\ J.mol^{-1}$$

Exemplo Aplicativo XLII – Professor João Roberto da Paciência Nabuco

a) Determine a constante de equilíbrio para a seguinte equação química global: $2Cu^{+}_{(aquoso)} \rightarrow Cu_{(sólido)} + Cu^{+2}_{(aquoso)}$. A 25°C, considerando as seguintes semirreações: $E^\circ_{Cu^+/Cu} = +0{,}52$ V; $E^\circ_{Cu^{+2}/Cu^+} = +0{,}16$ V.

b) Determine o volume de gás hidrogênio produzido, a 37°C e pressão igual a 720 mmHg, através de uma corrente de 3,86 A, que atravessa uma solução aquosa de ácido sulfúrico, durante uma hora.

Resolução:

Item a) Desenvolvendo as semirreações apresentadas pelo exercício.

$Cu^{+}_{(aquoso)} + e^- \rightarrow Cu_{(sólido)}$ $\Delta G^\circ = -1 \times F \times (+0{,}52)$

$Cu^{+2}_{(aquoso)} + e^- \rightarrow Cu^{+}_{(sólido)}$ $\Delta G^\circ = -1 \times F \times (+0{,}16)$

Para o cálculo do potencial global fornecido pelo problema, $2Cu^{+}_{(aquoso)} \rightarrow Cu_{(sólido)} + Cu^{+2}_{(aquoso)}$, será necessário inverter a segunda semirreação, temos:

$Cu^{+}_{(aquoso)} + \cancel{e^-} \rightarrow Cu_{(sólido)}$	$\Delta G^\circ = -1 \times F \times (+0{,}52)$
$Cu^{+}_{(sólido)} \rightarrow Cu^{+2}_{(aquoso)} + \cancel{e^-}$	$\Delta G^\circ = -1 \times F \times (-0{,}16)$ +
$2Cu^{+}_{(aquoso)} \rightarrow Cu_{(sólido)} + Cu^{+2}_{(aquoso)}$	$\Delta G^\circ = -1 \times F \times E^\circ$

$$\cancel{-1 \times F} \times E^\circ = \cancel{-1 \times F} \times (+0{,}52) + [\cancel{-1 \times F} \times (-0{,}16)]$$

$$E^\circ = +0{,}52 - 0{,}16 = +0{,}36\ V$$

Cálculo da constante de equilíbrio: $-R \times T \times \ln K_{eq} = -n \times F \times E^\circ$

$$\ln K_{eq} = \frac{n \times F \times E^\circ}{R \times T} = \frac{1 \times 96500 \times (+0{,}36)}{8{,}314 \times (25 + 273)} = 14{,}02$$

$$K_{eq} = e^{(+14{,}02)} = 1{,}23 \times 10^6$$

Item b) Sabendo que a semirreação de hidrogênio é dada por: $2H^{+}_{(aquoso)} + 2e^- \rightarrow H_{2(gás)}$

Cálculo do número de mol de gás hidrogênio produzido:

1 mol de $H_{2(g)}$ --------- 2 mol_{e^-} x (96500 C/ mol_{e^-})
$n_{H2(g)}$ --------------------- (3,86 x 3600) C
$n_{H2(g)}$ = 0,072 mol

Cálculo do volume de gás hidrogênio produzido (V_{H2}), considerando com comportamento ideal:

$$V_{H_2} = \frac{0{,}072 \times 0{,}08206 \times (37 + 273)}{\left(\frac{720}{760}\right)} = 1{,}93\ L$$

Exemplo Aplicativo XLIII – Professor João Roberto da Paciência Nabuco

Calcule a constante de equilíbrio (25°C), para a seguinte semirreação: $Sn_{(sólido)} + Sn^{+4}_{(aquoso)} \rightarrow 2Sn^{+2}_{(aquoso)}$.

Dados dos potenciais a 25°C:

$Sn^{+4}_{(aquoso)} + 2e^- \rightarrow Sn^{+2}_{(aquoso)}$ $E_1° = + 0,15$ V

$Sn^{+2}_{(aquoso)} + 2e^- \rightarrow Sn_{(sólido)}$ $E_2° = - 0,14$ V

Resolução: Analisando a primeira semirreação:

$Sn^{+4}_{(aquoso)} + 2e^- \rightarrow Sn^{+2}_{(aquoso)}$ $\Delta G°_1 = -2.F.(+ 0,15)$

Analisando a segunda semirreação, invertendo a segunda semirreação, temos:

$Sn_{(sólido)} \rightarrow Sn^{+2}_{(aquoso)} + 2e^-$ $\Delta G°_2 = -2.F.(+ 0,14)$

Determinação da equação global:

$Sn^{+4}_{(aquoso)} + 2e^- \rightarrow Sn^{+2}_{(aq)}$ $\Delta G°_1 = -2.F.(+ 0,15)$

$Sn_{(sólido)} \rightarrow Sn^{+2}_{(aquoso)} + 2e^-$ $\Delta G°_2 = -2.F.(+ 0,14)$ +

$Sn^{+4}_{(aquoso)} + \cancel{2e^-} + Sn_{(sólido)} \rightarrow Sn^{+2}_{(aquoso)} + Sn^{+2}_{(aquoso)} + \cancel{2e^-}$

$Sn^{+4}_{(aquoso)} + Sn_{(sólido)} \rightarrow 2Sn^{+2}_{(aquoso)}$ $\Delta G°_T = - 2.F.(E°)$

Cálculo do potencial padrão da reação global (E°): $\Delta G°_T = \Delta G°_1 + \Delta G°_2$

$\cancel{-2.F}.(E°) = \cancel{-2.F}.(+ 0,15) + [\cancel{-2.F}.(+ 0,14)]$

$E° = + 0,29$ V

Cálculo da constante de equilíbrio (K_{eq}): $\Delta G°_{Termodinâmico} = \Delta G°_{Eletroquímico}$

$$\ln K_{eq} = \frac{n \text{ x } F \text{ x } E°}{R \text{ x } T} = \frac{2 \text{ x } 96500 \text{ x } 0,29}{8,314 \text{ x } 298} = 22,59$$

$$K_{eq} = e^{22,59}$$

Exemplo Aplicativo XLIV – Professor João Roberto da Paciência Nabuco

Uma solução de cloreto de alumínio apresenta coeficiente de atividade médio igual a 0,96, pela lei de Debye Huckell. A partir desta informação, calcule a massa de cloreto de alumínio a partir de 800 gramas de água pura e também o valor das atividades dos íons alumínio e cloreto.

Resolução: $AlCl_{3(aquoso)} \rightarrow Al^{+3}_{(aquoso)} + 3Cl^-_{(aquoso)}$

Cálculo da força iônica (I), a partir da utilização da lei de Debye-Huckell:

$$\log \gamma^{\pm}_{x} = -|z_1 \text{ x } z_2| \text{ x } A \text{ x } \sqrt{I}$$

$$\log(0,96) = -|3 \text{ x } (-1)| \text{ x } 0,509 \text{ x } \sqrt{I}$$

$$\sqrt{I} = 1,16 \text{ x } 10^{-2}$$

$$\left(\sqrt{I}\right)^2 = (1,16 \text{ x } 10^{-2})^2$$

$$I = 1,35 \text{ x } 10^{-4}$$

Relação estequiométrica com relação da molalidade, através do processo de dissociação do cloreto de alumínio: $AlCl_{3(aquoso)} \rightarrow Al^{+3}_{(aquoso)} + 3Cl^-_{(aquoso)}$

Chamando de $\mathcal{M}$ a concentração molal da solução:

$$1 \text{ mol de } AlCl_{3(aq)} \;--\; 1 \text{ mol de } Al^{+3}_{(aq)} \;----\; 3 \text{ mol de } Cl^{-}_{(aq)}$$
$$\mathcal{M} \text{ mol de } AlCl_{3(aq)} \;--\; \mathcal{M} \text{ mol de } Al^{+3}_{(aq)} \;---\; 3\mathcal{M} \text{ mol de } Cl^{-}_{(aq)}$$

Cálculo da massa de cloreto de alumínio, a partir da força iônica:

$$I = \frac{1}{2} x \{z_i^2 \, x \, \mathcal{M}_{Al^{+3}} + z_i^2 \, x \, 3 \, x \, \mathcal{M}_{Cl^-}\}$$

$$I = \frac{1}{2} x \{(3)^2 x \, \mathcal{M} + (-1)^2 \, x \, 3\mathcal{M}\} = 6W$$

$$1{,}35 \text{ x } 10^{-4} = 6 \text{ x} \frac{m_{AlCl_3}}{<MM>_{AlCl_3} \text{ x } m^{(kg)}_{solvente}}$$

$$1{,}35 \text{ x } 10^{-4} = 6 \text{ x} \frac{m_{AlCl_3}}{133{,}5 \text{ x } 0{,}800}$$

$$m_{AlCl_3} = \frac{1{,}35 \text{ x } 10^{-4} \text{x } 133{,}5 \text{ x } 0{,}800}{6} = 2{,}40 \text{ x } 10^{-3} g$$

Cálculo da molalidade ($\mathcal{M}$): $\mathcal{M} = \dfrac{\frac{m_{AlCl_3}}{<MM>_{AlCl_3}}}{m^{(kg)}_{solvente}} = \dfrac{\frac{2{,}40 \text{ x } 10^{-3}}{133{,}5}}{0{,}800} = 2{,}25 \text{ x } 10^{-5} \dfrac{mol}{kg}$

Analisando o íon (cátion) alumínio:

$$a_{Al^{+3}} = \gamma^{\pm}_{x} \text{ x } [Al^{+3}] = 0{,}96 \text{ x } 2{,}25 \text{ x } 10^{-5} = 2{,}16 \text{ x } 10^{-5}$$

Analisando o íon (ânion) cloreto:

$$a_{Cl^-} = \gamma^{\pm}_{x} \text{ x } [Cl^-] = 0{,}96 \text{ x } 3 \text{ x } 2{,}25 \text{ x } 10^{-4} = 6{,}48 \text{ x } 10^{-4}$$

Exemplo Aplicativo XLV – Professor João Roberto da Paciência Nabuco

Os potenciais-padrão de redução de duas semirreações a uma temperatura igual a 25°C são fornecidas a seguir:

$O_{2(gás)} + 4H^{+}_{(aquoso)} + 4e^{-} \rightarrow 2H_2O_{(líquido)}$ $E^{o} = + 1{,}229$ V

$2H^{+}_{(aquoso)} + 2e^{-} \rightarrow H_{2(gás)}$ $E^{o} = + 0{,}00$ V

a) Escreva as semirreações que ocorrem no cátodo e no ânodo, além da reação global da célula galvânica.

b) Determine o valor da constante de equilíbrio da reação na célula galvânica, a 25°C.

c) Cálculo da variação da energia livre de Gibbs na temperatura mencionada e diga se o processo é espontâneo ou não.

d) Calcule a variação do potencial da célula galvânica (ΔE) a 90°C, sabendo que o ar atmosférico apresenta 20% de O_2 em volume, e que a pressão de H_2 é controlada para reagir completamente com o O_2.

Resolução:

Item a) Determinação da equação global da pilha, invertendo e multiplicando por dois a semirreação de hidrogênio:

$O_{2(gás)}$ + ~~$4H^{+}_{(aquoso)}$~~ + ~~$4e^{-}$~~ $\rightarrow 2H_2O_{(líquido)}$ $\Delta G° = -4 \text{ x F x } (+1{,}229)$

$2H_{2(gás)} \rightarrow$ ~~$4H^{+}_{(aquoso)}$~~ + ~~$4e^{-}$~~ $\Delta G° = -4 \text{ x F x } (+0{,}00)$ +

$2H_{2(gás)} + O_{2(gás)} \rightarrow 2H_2O_{(líquido)}$ $\Delta G° = -4 \text{ x F x } E°$

$-4 \text{ x F x E}° = -4 \text{ x F x } (+1{,}229) + [-4 \text{ x F x } (+0{,}00)]$
$\cancel{-4 \text{ x F}} \text{ x E}° = \cancel{-4 \text{ x F}} \text{ x } (+1{,}229) + [\cancel{-4 \text{ x F}} \text{ x } (+0{,}00)]$
$E° = +\,1{,}229 \text{ V}$

Equação global da pilha: $2H_{2(gás)} + O_{2(gás)} \rightarrow 2H_2O_{(líquido)}$
Semirreação que ocorre no ânodo: $2H_{2(gás)} \rightarrow 4H^+_{(aquoso)} + 4e^-$
Semirreação que ocorre no cátodo: $O_{2(gás)} + 4H^+_{(aquoso)} + 4e^- \rightarrow 2H_2O_{(líquido)}$

Item b) Cálculo da constante de equilíbrio:

$$-4 \text{ mol x } 96500 \text{ x } (+1{,}229) = -8{,}314 \text{ x } (25 + 273) \text{ x } \ln K_{eq}$$

$$-\ 474394 = -2477{,}57 \text{ x } \ln K_{eq}$$

$$\ln K_{eq} = \frac{-474394}{-2477{,}57} = +191{,}47$$

$$K_{eq} = e^{(+191{,}47)} = 1{,}43 \text{ x } 10^{+83}$$

Item c) Cálculo da variação da energia livre de Gibbs padrão:

$$\Delta G° = -4 \text{ x } 96500 \text{ x } (+1{,}229) = -474{,}39 \text{ kJ}$$

O processo é espontâneo, pois a variação da energia livre de Gibbs é negativa.

Item d) Utilizando a equação de Nersnt, temos: $E = E° - \frac{R \text{ x } T}{n \text{ x } F} \text{x} \ln Q$

$$E = E° - \frac{R \text{ x } T}{n \text{ x } F} \text{x} \ln\left\{\frac{a^2_{H_2O}}{P^2_{H_2} \text{ x } P_{O_2}}\right\} = E° - \frac{R.\,T}{n.\,F} \text{x} \ln\left\{\frac{1}{P^2_{H_2} \text{ x } P_{O_2}}\right\}$$

Equação química: $2H_{2(gás)} + O_{2(gás)} \rightarrow 2H_2O_{(líquido)}$

Cálculo das pressões parciais para cada composto orgânico:

P_{O2} = 0,20 x 1 atm = 0,20 atm

P_{H2} = 2 x 0,20 x 1 atm = 0,40 atm

Cálculo do potencial (E):

$$E = +1{,}229 - \frac{8{,}314 \text{ x } (90 + 273)}{4 \text{ x } 96500} \text{x} \ln\left\{\frac{1}{(0{,}40)^2 \text{ x } (0{,}20)}\right\}$$

$$E = +1{,}229 - \frac{8{,}314 \text{ x } 393}{386000} \text{x} \ln\left\{\frac{1}{0{,}032}\right\} = +1{,}20 \text{ V}$$

Exemplo Aplicativo XLVI – Professor João Roberto da Paciência Nabuco

Calcule a constante de dissociação da água, a 37°C, a partir das seguintes semirreações fornecidas abaixo:
$O_{2(gás)} + 2H_2O_{(líquido)} + 4e^- \rightarrow 4OH^-_{(aquoso)}$ E° = + 0,418 V a T = 37°C
$O_{2(gás)} + 4H^+_{(aquoso)} + 4\ e^- \rightarrow 2H_2O_{(líquido)}$E° = + 1,27 V a T = 37°C

Resolução: Cálculo da ddp do processo eletroquímico apresentado, invertendo a segunda reação química, temos:

$\cancel{O_{2(gás)}} + 2H_2O_{(líquido)} + \cancel{4e^-} \rightarrow 4OH^-_{(aquoso)}$ $\Delta G° = -4 \times F \times (+0{,}418)$
$2H_2O_{(líquido)} \rightarrow \cancel{O_{2(gás)}} + 4H^+_{(aquoso)} + \cancel{4e^-}$ $\Delta G° = -4 \times F \times (-1{,}27)$ +

$4H_2O_{(líquido)} \rightarrow 4H^+_{(aquoso)} + 4OH^-_{(aquoso)}$

$$\cancel{-4} \times \cancel{F} \times E° = \cancel{-4} \times \cancel{F} \times (+0{,}418) + [\cancel{-4} \times \cancel{F} \times (-1{,}27)]$$

$$E° = -0{,}852\ V$$

Dividindo a equação iônica de ionização da água por quatro (x 4), temos:
$H_2O_{(líquido)} \rightarrow H^+_{(aquoso)} + OH^-_{(aquoso)}$ E° = - 0,852 V

Cálculo da constante de equilíbrio, igualando as equações termodinâmicas:

$$(-1) \times 96500 \times (-0{,}852) = -8{,}314 \times (37 + 273) \times \ln K_W$$

$$\ln K_W = \frac{-82218}{2577{,}34} = -31{,}90$$

$$K_W = e^{(-31{,}90)} = 1{,}40 \times 10^{-14}$$

Exemplo Aplicativo XLVII – Professor João Roberto da Paciência Nabuco

Dentre as alternativas apresentadas logo abaixo, representado pelos elementos químicos I, II e III, assinale a alternativa que apresenta os produtos que coincide tanto na eletrólise aquosa quanto na ígnea, para o cloreto de magnésio.

I. $Mg_{(sólido)}$; II. $H_{2(gás)}$; III. $Cl_{2(gás)}$.

a) Somente I
b) Somente II
c) Somente III
d) Somente I e III
e) I, II e III

Resolução: Alternativa C.

Analisando a eletrólise aquosa do cloreto de magnésio:
$MgCl_{2(sólido)} \rightarrow Mg^{+2}_{(aquoso)} + 2Cl^-_{(aquoso)}$
$H_2O_{(líquido)} \rightarrow H^+_{(aquoso)} + OH^-_{(aquoso)}$

Quem descarrega com mais facilidade no cátodo (polo negativo), Mg^{+2} ou H^+?
Resposta: $2H^+_{(aquoso)} + 2e^- \rightarrow H_{2(gás)}$

Quem descarrega com mais facilidade no ânodo (polo positivo), Cl^- ou OH^-?
Resposta: $2Cl^-_{(aquoso)} \rightarrow Cl_{2(gás)} + 2e^-$

Somando todas as semirreações apresentadas:
$MgCl_{2(sólido)} \rightarrow 2Mg^{+2}_{(aquoso)} + \cancel{2Cl^-_{(aquoso)}}$
$2H_2O_{(líquido)} \rightarrow \cancel{2H^+_{(aquoso)}} + 2OH^-_{(aquoso)}$
$\cancel{2H^+_{(aquoso)}} + \cancel{2e^-} \rightarrow H_{2(gás)}$
$\cancel{2Cl^-_{(aquoso)}} \rightarrow Cl_{2(gás)} + \cancel{2e^-}$ +

$MgCl_{2(sólido)} + 2H_2O_{(líquido)} \rightarrow 2Mg^{+2}_{(aquoso)} + 2OH^-_{(aquoso)} + H_{2(gás)}\uparrow + Cl_{2(gás)}\uparrow$

Observa-se que na eletrólise aquosa do cloreto de magnésio há a produção de hidróxido de magnésio, gás hidrogênio e gás cloro.

Analisando a eletrólise ígnea do cloreto de magnésio:
$MgCl_{2(sólido)} \rightarrow \cancel{Mg^{+2}_{(líquido)}} + \cancel{2Cl^-}$
$\cancel{Mg^{+2}_{(líquido)}} + \cancel{2e^-} \rightarrow Mg_{(sólido)}$

$\cancel{2Cl^-} \rightarrow Cl_{2(gás)} + \cancel{2e^-}$ +

$MgCl_{2(sólido)} \rightarrow Mg_{(sólido)} + Cl_{2(gás)} \uparrow$

Na eletrólise ígnea do cloreto de magnésio há a produção de magnésio metálico e gás hidrogênio. O produto formado tanto na eletrólise ígnea quanto na aquosa, trata-se do gás cloro.

Exemplo Aplicativo XLVIII – Professor João Roberto da Paciência Nabuco

No fim de quanto tempo uma corrente de 20 A é capaz de produzir 2,30 g de sódio, a partir de carbonato de sódio fundido? Qual é a equação que representa o processo?

Resolução: Apresentando o processo de eletrólise ígnea do carbonato de sódio:

$Na_2CO_{3(sólido)} \rightarrow 2Na^+_{(líquido)} + CO_3^{-2}$

Semirreação que ocorre no cátodo: $Na^+_{(líquido)} + 1e^- \rightarrow Na_{(sólido)}$

Semirreação que ocorre no ânodo: $CO_3^{-2} \rightarrow CO_{2(gás)} \uparrow + \frac{1}{2}O_{2(gás)} \uparrow + 2e^-$

Multiplicando a semirreação de redução do sódio por dois e somando as equações iônicas:

$Na_2CO_{3(sólido)} \rightarrow \cancel{2Na^+_{(l)}} + \cancel{CO_3^{-2}}$

$\cancel{2Na^+_{(líquido)}} + \cancel{2e^-} \rightarrow 2Na_{(sólido)}$

$\cancel{CO_3^{-2}} \rightarrow CO_{2(gás)} + \frac{1}{2}O_{2(gás)} + \cancel{2e^-}$ +

$$Na_2CO_{3(sólido)} \rightarrow 2Na_{(sólido)} + CO_{2(gás)} \uparrow + \frac{1}{2}O_{2(gás)} \uparrow$$

A partir da semirreação de redução do sódio, temos: $Na^{+1}_{(líquido)} + 1e^- \rightarrow Na_{(sólido)}$

Cálculo da carga (Q):

$23\ g - - - - - - - 1\ \cancel{mol\ de\ e^-}\ x \frac{96500\ C}{\cancel{mol\ de\ e^-}}$

$2{,}30\ g - - - - - - Q$

$Q = 9630\ C$

Cálculo do tempo: $tempo = \frac{9650}{20} = 482{,}50\ s\ (\cong 8{,}04\ min)$

Exemplo Aplicativo XLIX – Professor João Roberto da Paciência Nabuco

Calcular o volume de gás liberado na eletrólise ígnea de 560 g de KOH, numa célula de eletrodos inertes. Esquematize as reações e suponha que o volume foi medido nas CNTP. Quanto tempo é necessário para que se produza essa transformação, sabendo-se que a intensidade da corrente que atravessa a massa fundida é 20000 A?

Resolução: Processo de eletrólise ígnea do hidróxido de potássio.

Equação de dissociação do hidróxido de potássio: $KOH_{(sólido)} \rightarrow K^+_{(líquido)} + OH^-_{(líquido)}$

Semirreação que ocorre no cátodo: $2K^{+1}_{(líquido)} + 2e^- \rightarrow 2K_{(sólido)}$

Semirreação que ocorre no ânodo: $2OH^-_{(líquido)} \rightarrow \frac{1}{2}O_{2(gás)} \uparrow + H_2O_{(líquido)} + 2e^-$

Somando as semirreações apresentadas acima, temos:

$2KOH_{(sólido)} \rightarrow \cancel{2K^+_{(líquido)}} + \cancel{2OH^-}$

$\cancel{2K^{+1}_{(líquido)}} + \cancel{2e^-} \rightarrow 2K_{(sólido)}$

$\cancel{2OH^-} \rightarrow \frac{1}{2}O_{2(gás)} + H_2O_{(líquido)} + \cancel{2e^-}$ +

$$2KOH_{(sólido)} \rightarrow 2K_{(sólido)} + \frac{1}{2}O_{2(gás)} \uparrow + H_2O_{(líquido)}$$

Cálculo do número de mol de hidróxido de potássio: $n = \frac{560}{56} = 10\ mol$

Cálculo do número de mol de gás oxigênio, a partir da equação química global do processo de eletrólise ígnea do hidróxido de potássio.

$2\ mol\ de\ KOH - - - \frac{1}{2}\ mol\ de\ O_2$

$10\ mol\ de\ KOH - - n_{O_2}$

$n_{O_2} = 2{,}50\ mol$

Cálculo do tempo:

$0{,}50\ mol\ de\ O_2 - - - - - - 2\ \cancel{mol\ de\ e^-}\ x \frac{96500\ C}{\cancel{mol\ de\ e^-}}$

$2{,}50\ mol\ de\ O_2 - - - - - - 20000\ x\ tempo$

$$tempo = \frac{2{,}50\ x\ 2{,}0\ x\ 96500}{0{,}50\ x\ 20000} = 48{,}25\ s$$

Exemplo Aplicativo L – Professor João Roberto da Paciência Nabuco

Determinar o volume de oxigênio liberado por uma corrente de cerca de 33,5 A, estabelecido durante 8 horas, através de uma solução de KOH. Considerar que o volume foi medido à 25°C e pressão normal.

Resolução: Processo de eletrólise ígnea do hidróxido de potássio.

$KOH_{(sólido)} \rightarrow K^+_{(líquido)} + OH^-$

Semirreação que ocorre no cátodo: $2K^{+1}_{(líquido)} + 2e^- \rightarrow 2K_{(sólido)}$

Semirreação que ocorre no ânodo: $2OH^- \rightarrow \frac{1}{2}O_{2(gás)} \uparrow + H_2O_{(líquido)} + 2e^-$

Somando as semirreações apresentadas:

$2KOH_{(sólido)} \rightarrow \cancel{2K^+_{(líquido)}} + \cancel{2OH^-}$

$\cancel{2K^{+1}_{(líquido)}} + \cancel{2e^-} \rightarrow 2K_{(sólido)}$

$\cancel{2OH^-} \rightarrow \frac{1}{2}O_{2(gás)} + H_2O_{(líquido)} + \cancel{2e^-}$ +

$$2KOH_{(sólido)} \rightarrow 2K_{(sólido)} + \frac{1}{2}O_{2(gás)} \uparrow + H_2O_{(líquido)}$$

A partir da equação química, há a liberação de 0,50 mol de gás oxigênio.

$0{,}50\ x\ 22{,}4\ L - - - 2\ \cancel{mol\ de\ e^-}\ x \frac{96500\ C}{\cancel{mol\ de\ e^-}}$

$Volume - - - - - 8\ x\ 3600\ x\ 33{,}5$

$$Volume = \frac{0{,}50\ x\ 22{,}4\ x\ 8\ x\ 3600\ x\ 33{,}5}{2\ x\ 96500} = 55{,}99\ L$$

EXERCÍCIOS PROPOSTOS

Questão 01

Em uma pilha Ni^0 / Ni^{2+} // Ag^+ / Ag^0, os metais estão mergulhados em soluções aquosas 1,0 mol.L^{-1} de seus respectivos sulfatos, a 25°C. Determine:

a) a equação global da pilha;
b) o sentido do fluxo de elétrons;
c) o valor da força eletromotriz (fem) da pilha. Dados:

$Ni^{2+}_{(aquoso)} + 2e^- \longrightarrow Ni^0_{(sólido)}$ $(E^0_{redução} = -0,25\ V)$
$Ag^+_{(aquoso)} + 1e^- \longrightarrow Ag^0_{(sólido)}$ $(E^0_{redução} = +0,80\ V)$

Questão 02

Tendo em conta os potenciais de redução indicados: E° (Fe^{+2}/Fe) = - 0,44 V e E° (Fe^{+3}/Fe^{+2}) = + 0,77 V. O potencial do par Fe^{+3}/Fe é:

a) + 0,037 V
b) – 0,037 V
c) + 0,330 V
d) + 0,110 V

Questão 03

A corrente necessária para, no período de 100 horas, produzir 1 kg de magnésio a partir de cloreto de magnésio fundido situa-se entre:

a) 5,0 e 10,0 A
b) 10,0 e 15,0 A
c) 15,0 e 20,0 A
d) 20,0 e 25,0 A
e) 25,0 e 30,0 A

Questão 04

A reação básica que ocorre em uma cela na qual Al_2O_3 e sais de alumínio são eletrolisados é: $Al^{+3}_{(aquoso)} + 3e^- \rightarrow Al_{(sólido)}$. Se a cela opera a 5,0 V e 1,0 x 10^5 A, quantos gramas de alumínio metálico serão depositados em 8 horas de operação da cela?

a) 27 kg
b) 85 kg
c) 180 kg
d) 270 kg
e) 540 kg

Questão 05

Se a quantidade de elétrons, assim como, a quantidade de cada uma das espécies químicas que intervêm numa reação de uma pilha, são multiplicadas por dois, então o potencial da pilha:

a) Aumenta para o dobro
b) Diminui para a metade
c) Eleva-se ao quadrado
d) Fica reduzido à raiz quadrada
e) Não varia

Questão 06

Considere uma pilha formada por duas lâminas metálicas, uma de zinco e outra de cobre imersos em suas respectivas soluções de Zn^{2+} e Cu^{2+} separados por uma ponte salina, conforme figura abaixo. Nessa pilha, é ligada uma lâmpada entre os eletrodos e após certo tempo de funcionamento, observa-se que a lâmina de zinco sofre uma diminuição de massa e a de cobre um aumento. Com relação a esta pilha é correto afirmar que:

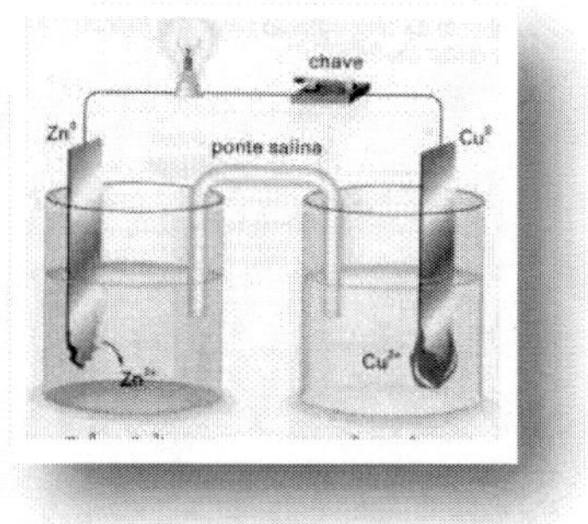

a) O cobre sofre oxidação
b) O íon Cu^{2+} é o agente redutor
c) O eletrodo de zinco é o polo (–)
d) No cátodo ocorre reação de oxidação
e) O sentido do fluxo de elétrons é do eletrodo de cobre para o de zinco passando pelo circuito externo

Questão 07

Um eletrodo de vanádio é oxidado eletroliticamente. A massa do eletrodo diminui de 114 mg após a passagem de 650 Coulombs de corrente. Qual o número de oxidação do vanádio no produto:
a) + 1
b) + 2
c) + 3
d) + 4
e) + 5

Questão 08

O sal de cozinha, indispensável para salgar e conservar os alimentos pode também ser formador de um combustível: o gás hidrogênio. Ao colocarmos o sal de cozinha em meio aquoso e passarmos por essa solução uma corrente elétrica, é possível produzir $H_{2(g)}$ pela eletrólise. Apesar de ser uma possível fonte energética para o futuro, o custo do projeto pode ser inviável devido ao gasto com a energia elétrica para manter um gerador ligado. Uma opção para sanar o problema seria o uso de fontes alternativas para alimentar o gerador, como a eólica, a solar fotovoltaica e o biogás. Observe abaixo o esquema de eletrólise de uma solução de sal de cozinha em meio aquoso usando eletrodos de grafite. Sobre eletrólise representada, pode-se afirmar que:

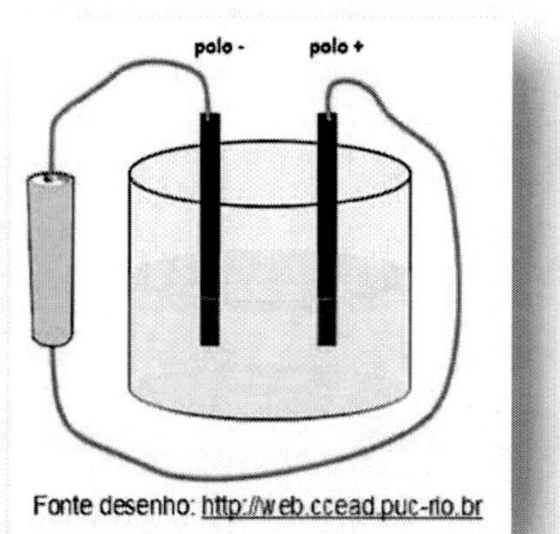

Fonte desenho: http://web.ccead.puc-rio.br

a) Haverá formação de gás hidrogênio no ânodo.
b) Haverá formação de gás oxigênio cátodo.
c) Haverá formação de gás cloro no polo positivo.
d) Nessa eletrólise haverá a decomposição da água.

Questão 09

Considere a pilha a seguir construída com os metais ferro e alumínio à 25ºC, 1 atm e com concentrações de soluções de 1mol.L^{-1}:

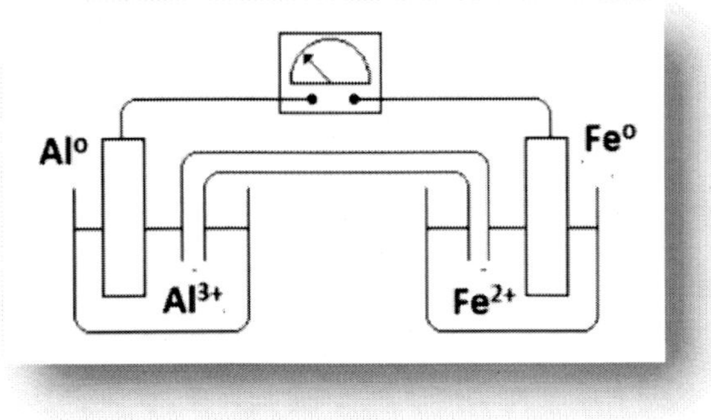

Dados:

$Fe^{2+}_{(aquoso)} + 2e^- \rightarrow Fe_{(sólido)}$ E° = -0,44 V

$Al^{3+}_{(aquoso)} + 3e^- \rightarrow Al_{(sólido)}$ E° = -1,66V

Pode-se afirmar que o ânodo, o cátodo e a diferença de potencial (ddp) dessa pilha, respectivamente, são:

a) Al; Fe; −2,1 V
b) Fe; Aℓ; -1,22 V
c) Al; Fe; +1,22 V
d) Fe; Aℓ; +2,0 V

Questão 10

Pretende-se avaliar se ocorre ou não corrosão do ferro em meio ácido e determinar a força eletromotriz (f.e.m.) padrão para esse processo. São dados os seguintes potenciais-padrões de eletrodos, a 298,15 K:

$Fe^{2+}_{(aquoso)} + 2e^- \rightarrow Fe_{(sólido)}$ E^0 = - 0,440 V

$2H^+_{(aquoso)} + \frac{1}{2} O_{2(gás)} + 2e^- \rightarrow H_2O_{(líquido)}$ E^0 = + 1,229 V

Com base nos dados apresentados, conclui-se que:

a) Ocorre corrosão em meio ácido e a fem. padrão da pilha é de − 0,789 V
b) Ocorre corrosão em meio ácido e a fem. padrão da pilha é de + 0,789 V
c) Ocorre corrosão em meio ácido, e a fem. padrão da pilha é de + 1,669 V
d) O ferro é depositado em meio ácido e a fem. padrão da pilha é de + 0,789 V
e) O ferro é depositado em meio ácido e a fem. padrão da pilha é de + 1,669 V

Questão 11

Descreva os procedimentos utilizados na determinação do potencial de um eletrodo de cobre $Cu_{(sólido)} \mid Cu^{2+}_{(aquoso)}$. De sua descrição devem constar:

a) A listagem de todo o material (soluções, medidores etc.) necessário para realizar a medição do potencial do eletrodo em questão.

b) O desenho esquemático do elemento galvânico montado para realizar a medição em questão. Deixe claro nesse desenho quais são os polos positivo e negativo e qual dos eletrodos será o âânodo e qual será o cátodo, quando corrente elétrica circular por esse elemento galvânico. Neste último caso, escreva as equações químicas que representam as reações anódicas e catódicas, respectivamente.

c) A explicação de como um aumento do valor das grandezas seguintes afeta o potencial do eletrodo de cobre (Aumenta? Diminui? Não altera?): área do eletrodo, concentração de cobre no condutor metálico, concentração de íons cobre no condutor eletrolítico e temperatura.

Questão 12

Relativamente à pilha representada a seguir, foram feitas as seguintes afirmações:

$Cu_{(sólido)} + 2Ag^+_{(aquoso)} \rightarrow Cu^{+2}_{(aquoso)} + 2Ag_{(sólido)}$

I) O eletrodo de prata é o polo positivo.
II) No ânodo, ocorre a oxidação do cobre.
III) A concentração de íons Ag^+ na solução irá diminuir.
IV) A massa da barra de cobre irá diminuir. São corretas as afirmativas:

a) Somente I e IV
b) Somente II e III
c) Somente II e IV
d) Somente II, III e IV
e) I, II, III e IV

Questão 13

A corrosão eletroquímica opera como uma pilha: ocorre transferência de elétrons quando dois metais de diferentes potenciais são colocados em contato. É o que acontece quando se usa zinco para proteger tubulações de ferro: o zinco funciona como âânodo (sofre corrosão) e o ferro como cátodo. As semirreações são:

$Zn^{2+} + 2e^- \longrightarrow Zn_{(sólido)}$ $E^o = -0{,}763V$

$Fe^{2+} + 2e^- \longrightarrow Fe_{(sólido)}$ $E^o = -0{,}440$ V

Qual é a ddp da pilha?
a) – 1,203 V
b) – 1,100 V
c) – 0,323 V
d) + 0,323 V
e) + 1,203 V

Questão 14

Que produtos são formados durante a eletrólise de uma solução concentrada de cloreto de sódio?
I) $Cl_{2(gás)}$
II) $NaOH_{(aquoso)}$
III) $H_{2(gás)}$
a) Somente I
b) Somente II
c) Somente I e II
d) Somente I e III
e) I, II e III

Questão 15

Considere uma pilha de níquel/zinco e as semirreações representadas a seguir, com seus respectivos potenciais de redução:

$Ni^{+2} + 2e^- \longrightarrow Ni$ $E^o = -0{,}25$ V

$Zn^{+2} + 2e^- \longrightarrow Zn$ $E^o = -0{,}76$ V

A diferença de potencial da pilha é:
a) 0,21 V
b) 0,31 V
c) 0,41 V
d) 0,50 V
e) 0,51 V

Questão 16

A) O ácido clorídrico puro, no estado líquido, pode ser eletrizado? Por quê?
B) As reações eletrolíticas são, sempre, reações de oxidação e redução? Por quê?

Questão 17

O trabalho produzido por uma pilha é proporcional à diferença de potencial (ddp) nela desenvolvida quando se une uma meia-pilha onde a reação eletrolítica de redução ocorre espontaneamente (cátodo) com outra meia-pilha onde a reação eletrolítica de oxidação, ocorre espontaneamente (ânodo). Como exemplo temos:

$Ag_{(sólido)} \longrightarrow Ag^+ + e^-$ $E° = -0{,}80$ V

$Cu_{(sólido)} \longrightarrow Cu^{2+} + 2e^-$ $E° = -0{,}34$ V

A ddp da pilha é de:
a) 0,28 V
b) 0,33 V
c) 0,41 V

d) 0,46 V
e) 0,56 V

Questão 18

As semirreações para as reações químicas que ocorrem em uma pilha seca (pilha de Leclanché) e seus respectivos potenciais padrão de redução são:

$Zn^{+2}_{(aquoso)} + 2e^- \rightarrow Zn_{(sólido)}$ $E^o = -0,76$ V

$2NH_4^+{}_{(aquoso)} + 2MnO_{4(sólido)} + 2e^- \rightarrow Mn_2O_{3(sólido)} + H_2O_{(líquido)} + 2NH_{3(aquoso)}$ $E^o = +0,74$ V

Responda as questões que se seguem:

a) Escreva a equação química da reação global que ocorre no interior de uma pilha seca.
b) Calcule a diferença de potencial eletroquímico (ΔE) da pilha de Leclanché.

Questão 19

Qual a massa de zinco metálico depositada após a eletrólise de uma solução aquosa de sulfato de zinco que durou aproximadamente 3,50 horas, sob corrente de 6,00 A?

a) 63,2 g
b) 51,2 g
c) 25,6 g
d) 7,12 mg
e) 427 mg

Questão 20

(GRILLO) Considere que o potencial-padrão do $Cu^{2+}_{(aquoso)}$ / Cu é +0,340 V, e o par $Cu^+_{(aquoso)}$ / Cu é +0,552 V. Determine o valor do potencial – padrão da seguinte semirreação ($Cu^{2+}_{(aquoso)}$ / $Cu^+_{(aquoso)}$) e a sua respectiva constante de equilíbrio.

Questão 21

Calculate Gibb's free energy change and equilibrium constant for the reaction, $Ni^{+2} + 2H_2O \rightarrow Ni(OH)_2 + 2H^+$. Given that $NiO_2 + 4H^+ + 2e^- \rightarrow Ni^{+2} + 2H_2O$ $E° = +1,678$ V and

$NiO_2 + 2H_2O + 2e^- \rightarrow Ni(OH)_2 + 2OH^-$ $E° = -0,49$ V

Questão 22

Em duas cubas eletrolíticas, ligadas em série, ocorrem as reações, cujas equações são mostradas a seguir, pela passagem de uma corrente elétrica de 1 Ampére:

Cuba A: $Ag^+_{(aquoso)} + 1e^- \rightarrow Ag_{(sólido)}$

Cuba B: $2H^+_{(aquoso)} + 2e^- \rightarrow H_{2(gás)}$. Pede-se:

a) o tipo de reação que está ocorrendo;
b) a denominação do eletrodo onde ocorrem essas reações;
c) o tempo necessário para que ocorra a deposição de 1,08 g de prata;
d) o volume, em litros nas CNTP, do hidrogênio produzido durante o tempo determinado na letra c.

Questão 23

Descreva como o hidróxido de sódio é obtido em escala industrial. Sua descrição deve incluir as matérias-primas utilizadas, as equações das reações químicas envolvidas no processo, as condições de operação e o aproveitamento de eventuais subprodutos obtidos no processo.

Questão 24

(GRILLO) Uma determinada corrente elétrica passa durante seis minutos através de um voltâmetro contendo ácido sulfúrico diluído, liberando 40×10^{-3} dm^3 de hidrogênio gasoso medido a 15°C e pressão igual a 748 mmHg. A partir destas informações, determine a corrente elétrica produzida por este processo.

Questão 25

O alumínio pode ser produzido industrialmente pela eletrólise do cloreto de alumínio fundido, o qual é obtido a partir do minério bauxita, cujo principal componente é o óxido de alumínio. Com base nas informações acima, calcule quantos dias são necessários para produzir 1,00 tonelada de alumínio puro, operando-se uma cuba eletrolítica com cloreto de alumínio fundido, na qual se faz passar uma corrente elétrica constante de 10,0 kA.

Questão 26

A corrente elétrica que passou através dos fios conectores de cobre do circuito durante a eletrólise foi igual a 1,6 x 10^{-2} ampère. Qual das opções abaixo contém a conclusão correta sobre o número de elétrons que passou, por segundo, através da seção (X --- Y) do fio de cobre, conforme assinalado na figura?

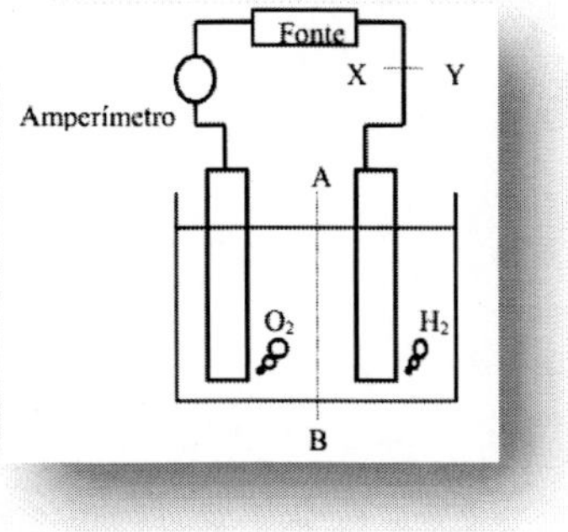

a) $1,6.10^{-2}$
b) $1,0.10^{12}$
c) $1,0.10^{17}$
d) $6,0.10^{20}$
e) $9,7.10^{21}$

Questão 27

Escreva as equações químicas das meia-reações que irão ocorrer em cada um dos eletrodos do elemento galvânico esquematizado adiante e justifique porque a frase a seguir está certa ou está errada: "a concentração de $ZnSO_4$ do lado esquerdo vai aumentar."

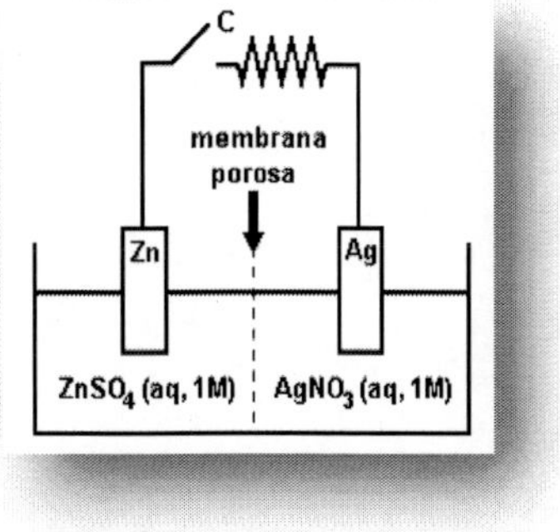

Questão 28

Calcule a intensidade da corrente elétrica que deve ser utilizada para depositar 2,54 x 10^{-4} kg de cobre, de uma solução de sulfato de cobre, no tempo de 3 minutos e 20 segundos.

Questão 29

Uma solução de sulfato de níquel II foi eletrolisada durante 1,50 h entre eletrodos inertes. Se foram depositados 35,0 g de níquel, qual o valor da corrente média?

a) 10,7 A
b) 12,3 A
c) 15,1 A
d) 21,3 A
e) 23,1 A

Questão 30

A bateria de níquel cádmio (também chamada NiCd) foi o segundo tipo de bateria recarregável a ser desenvolvida. Atualmente, os celulares e tabletes utilizam baterias de hidreto metálico ou de íons de lítio. As baterias NiCd estão em desuso, uma vez que sua vida útil é pequena e, além de tudo, é muito poluente. Considere uma célula eletroquímica de acordo com o esquema abaixo:

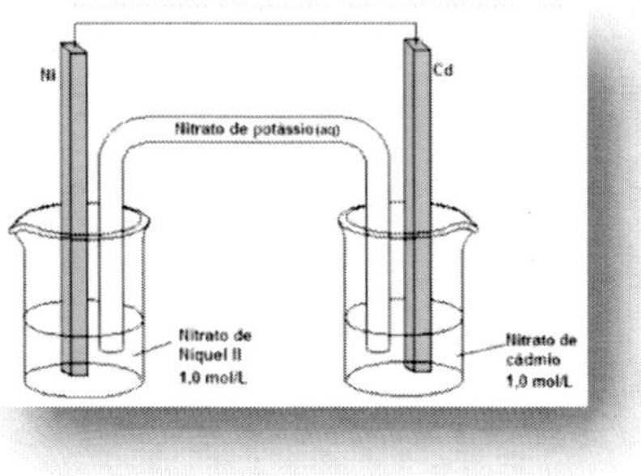

a) Escreva as semirreações envolvidas e a reação global balanceada, na forma iônica, da célula.

b) Qual é a espécie reduzida e a oxidada? Qual é o agente oxidante e redutor? Qual é o âanodo e o cátodo? Qual é a polaridade no eletrodo de cádmio?

c) Qual é o potencial padrão, E^0, da célula?

d) Qual a direção do fluxo de elétrons no fio externo? Qual a direção da migração dos íons presentes na ponte salina?

e) Se a concentração de Cd^{2+} for reduzida para 0,0010 mol/L e $[Ni^{2+}]$ = 1,0 mol/L, a fem da célula será maior ou menor de quando a concentração de Cd^{2+} era 1,0 mol/L? Justifique sua resposta em termos do Princípio de Le Chatelier.

f) Calcule o novo potencial da célula acima, considerando a temperatura de 25°C, e com as concentrações $[Ni^{2+}]$ = 0,1 mol/L e $[Cd^{2+}]$ = 0,0010 mol/L. Dados do problema: E^0 (Cd^{2+}/Cd) = – 0,402 V; E^0 (Ni^{2+}/Ni) = – 0,257 V

Questão 31

A galvanic cell is based on the half-reactions:

$Cr^{3+} + 3e^- \rightarrow Cr$ $E^\circ = -0,744$ V

$Ni^{2+} + 2e^- \rightarrow Ni$ $E^\circ = -0,236$ V

a) Write the balanced equation for the overall cell reaction.
b) State which electrode increases in mass as the cell operates. Explain your answer.
c) Calculate E°cell
d) Determine the value of ΔG° for the cell reaction at 25°C.
e) Calculate the value of K for the cell reaction at 25°C.
f) Find the voltage of the cell at 25°C if $[Cr^{3+}]$ and $[Ni^{2+}]$ are both changed to 0,010 M.

Questão 32

Uma pilha em solução aquosa foi montada usando eletrodos de: Prata ($Ag^+ + e^- \rightarrow Ag$, E° = + 0,80 V) e Níquel ($Ni^{2+} + 2e^- \rightarrow Ni$, E° = - 0,25 V). Sobre a pilha montada, faça o que se pede a seguir.
a) Escreva a equação global da pilha.
b) Determine o potencial-padrão E° da pilha e indique qual eletrodo será o cátodo e qual será o ânodo.

Questão 33

Considere os dois eletrodos (I e II) seguintes e seus respectivos potenciais na escala do eletrodo de hidrogênio (E^0) e nas condições-padrão:

I) $2F^-_{(aquoso)} \rightarrow 2e^-_{(CM)} + F_{2(gás)}$ $E^\circ_I = 2,87$ V

II) $Mn^{+2}_{(aquoso)} + 4H_2O_{(líquido)} \rightarrow 5e^-_{(CM)} + 8H^+_{(aquoso)} + MnO_4^-{}_{(aquoso)}$ $E^\circ_{II} = 1,51$ V

A força eletromotriz de um elemento galvânico construído com os dois eletrodos acima é de:
a) – 1,81 V
b) – 1,13 V

c) 0,68 V
d) 1,36 V
e) 4,38 V

Questão 34

Por uma célula eletrolítica passa uma corrente constante e igual a 0,965 ampère. Num dos eletrodos, a reação que ocorre é a seguinte: $Cr_2O_7^{2-} + 14H^+ + 6e^- \rightarrow 2Cr^{3+} + 7H_2O$. Qual é o tempo certo durante o qual essa corrente deve passar para que sejam produzidos 0,400 mol de íons Cr^{3+}?

Questão 35

(GRILLO) Considere os seguintes potenciais apresentados a seguir: $X^{2+}_{(aquoso)}$ / $X_{(sólido)}$ é igual a + 0,34 V, e o par $X^{+}_{(aquoso)}$ / $X_{(sólido)}$ é + 0,55 V. A partir desta informação, calcule E°, $\Delta G°$ e K_{eq} para o seguinte processo eletroquímico $X^{2+}_{(aquoso)}$ / $X^{+}_{(aquoso)}$.

Questão 36

Um certo fabricante produz pilhas comuns, nas quais o invólucro de zinco funciona como ânodo, enquanto que o cátodo é inerte. Em cada uma, utilizam-se 5,87 g de dióxido de manganês, 9,2 g de cloreto de amônio e um invólucro de zinco de 80 g. As semirreações dos eletrodos são:
$Zn \rightarrow Zn^{+2} + 2\ e^-$
$NH_4^+ + MnO_2 + e^- \rightarrow 1/2\ Mn_2O_3 + NH_3 + 1/2\ H_2O$
Determine o tempo que uma destas pilhas leva para perder 50% de sua carga, fornecendo uma corrente constante de 0,08 A. Dado: F = 96.500 C.

Questão 37

Os eletrodos de uma bateria de chumbo são Pb e PbO_2. A reação global de descarga é $Pb + PbO_2 + 2H_2SO_4 \rightarrow 2PbSO_4 + 2H_2O$. Admita que o "coeficiente de uso" seja de 25,0%. Este coeficiente representa a fração do Pb e PbO_2 presentes na bateria que são realmente usados nas reações dos eletrodos.
Calcule:
a) a massa mínima de chumbo em quilogramas (incluindo todas as formas em que se encontra esse elemento) que deve existir numa bateria para que ela possa fornecer uma carga de $38{,}6 \times 10^4$ C;
b) o valor aproximado da variação da energia livre da reação, sendo de 2,00 V a voltagem média da bateria quando fora de uso.

Questão 38

Uma bateria de automóvel apresenta as seguintes reações de eletrodos durante a descarga:
no ânodo: $Pb_{(sólido)} + SO_4^{2-}{}_{(aquoso)} \rightarrow PbSO_{4(sólido)} + 2e^-$
no cátodo: $PbO_{2(sólido)} + 4H^+_{(aquoso)} + SO_4^{2-}{}_{(aquoso)} + 2e^- \rightarrow PbSO_{4(sólido)} + 2H_2O_{(líquido)}$
A solução inicial de ácido sulfúrico contido na bateria tem uma concentração de 40%, em peso, de ácido sulfúrico e massa específica de 1,3 g/cm^3. Após a bateria ter sido utilizada, a solução foi analisada e apresentou uma concentração de 28,0%, em peso, de ácido sulfúrico com uma massa específica de 1,2 g/cm^3. Considerando fixo o volume da solução ácida na bateria em 2,0 litros, determine o valor da carga fornecida pela bateria em ampère-hora.

Questão 39

Determine el potencial estándar de reducción a 25°C para: $Fe^{3+}_{(aquoso)} + 3e \rightarrow Fe_{(sólido)}$.

Par Redox	E° (Reducción)
Fe^{3+} | Fe^{2+}	+ 0,77 V
Fe^{2+} | Fe	- 0,44 V

a) 0,11 V
b) - 0,037 V
c) - 0,11 V
d) 0,037 V

Questão 40

Calcule el valor de la constante de equilibrio de la celda electroquímica $Zn_{(sólido)}$ / $Zn^{2+}_{(aquoso)}$ // $Cu^{2+}_{(aquoso)}$ / $Cu_{(sólido)}$ a condiciones estándar (1 atm, 25°C). Potenciales estándar de reducción (V)
$Zn^{2+} + 2e^- \rightarrow Zn$ E° = – 0,76V
$Cu^{2+} + 2e^- \rightarrow Cu$ E° = + 0,34V
a) $1{,}9 \times 10^{-37}$
b) $4{,}4 \times 10^{18}$
c) $1{,}6 \times 10^{16}$

d) 1,5 x 10^{37}

Questão 41

By referring to the standard reduction potentials below, which of the species listed is the best oxidising agent?

$Cu^{2+}_{(aquoso)} + 2e^- \rightarrow Cu_{(sólido)}$ $E^0 = +0,34$ V

$Ni^{2+}_{(aquoso)} + 2e^- \rightarrow Ni_{(sólido)}$ $E^0 = -0,23$ V

$Cd^{2+}_{(aquoso)} + 2e^- \rightarrow Cd_{(sólido)}$ $E^0 = -0,40$ V

$Fe^{2+}_{(aquoso)} + 2e^- \rightarrow Fe_{(sólido)}$ $E^0 = -0,44$ V

$Zn^{2+}_{(aquoso)} + 2e^- \rightarrow Zn_{(sólido)}$ $E^0 = -0,76$ V

a) $Cd_{(sólido)}$
b) $Zn^{2+}_{(aquoso)}$
c) $Ni_{(sólido)}$
d) $Cu^{2+}_{(aquoso)}$
e) $Fe_{(sólido)}$

Questão 42

The following is a list of selected standard reduction potentials:

$Cd^{2+}_{(aquoso)} + 2e^- \rightarrow Cd_{(sólido)}$ $E^o = -0,40$ V

$Zn^{2+}_{(aquoso)} + 2e^- \rightarrow Zn_{(sólido)}$ $E^o = -0,76$ V

$Ni^{2+}_{(aquoso)} + 2e^- \rightarrow Ni_{(sólido)}$ $E^o = -0,23$ V

By refering to the standard reduction potentials above, which of the following species is the best oxidizing agent?

a) $Cd_{(sólido)}$
b) $Zn^{2+}_{(aquoso)}$
c) $Ni^{2+}_{(aquoso)}$
d) $Zn_{(sólido)}$
e) $Ni_{(sólido)}$

Questão 43

Voici les demi-réactions de la cellule illustrée:

$Zn^{2+}_{(aquoso)} + 2e^- \rightarrow Zn_{(sólido)}$ $E° = -0,76$ V

$Cu^{2+}_{(aquoso)} + 2e^- \rightarrow Cu_{(sólido)}$ $E° = +0,34$ V

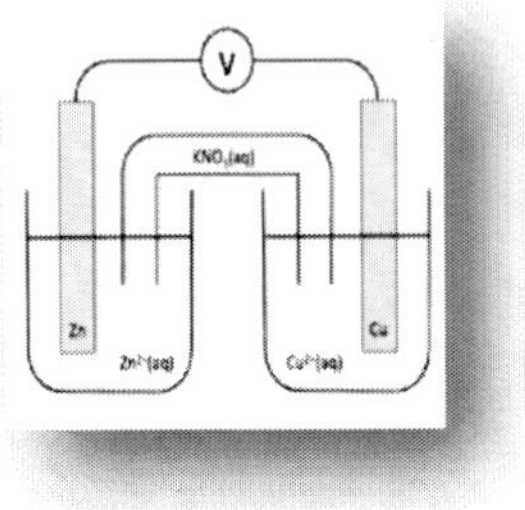

Si la réaction est spontanée, lequel des énoncés suivants est vrai?

a) Le Zn est l'anode; les électrons vont de l'anode à la cathode; les anions migrent à travers le pont salin de la demi-cellule Zn/Zn^{2+} à la demicellule Cu/Cu^{2+} et les cations migrent dans la direction opposée.

b) Le Zn est la cathode; les électrons vont de l'anode à la cathode; les anions migrent à travers le pont salin de la demi-cellule Zn/Zn^{2+} à la demi-cellule Cu/Cu^{2+} et les cations migrent dans la direction opposée.

c) Le Zn est l'anode; les électrons vont de la cathode à l'anode; les anions migrent à travers le pont salin de la demi-cellule Zn/Zn^{2+} à la demicellule Cu/Cu^{2+} et les cations migrent dans la direction opposée.

d) Le Zn est la cathode; les électrons vont de l'anode à la cathode; les cations migrent à travers le pont salin de la demi-cellule Zn/Zn^{2+} à la demi-cellule Cu/Cu^{2+} et les anions migrent dans la direction opposée.

e) Le Zn est l'anode; les électrons vont de l'anode à la cathode; les cations migrent à travers le pont salin de la demi-cellule Zn/Zn^{2+} à la demicellule Cu/Cu^{2+} et les anions migrent dans la direction opposée.

Questão 44

A working galvanic cell is constructed using an iron electrode in an iron(II) nitrate solution and a silver electrode in a silver(I) nitrate solution. When the cell runs down, it can be charged up again. Which of the following scenarios will occur during the charging process? $E^o(Ag^+_{(aquoso)}/Ag_{(sólido)}) = +0,80$ V and $E^o(Fe^{2+}_{(aquoso)}/Fe_{(sólido)}) = -0,41$ V

a) A minimum of 1,21 volts is applied to the cell and electrons move from the silver electrode to the iron electrode.
b) A minimum of 1,21 volts is applied to the cell and electrons move from the iron electrode to the silver electrode.
c) A minimum of 0,39 volts is applied to the cell and electrons move from the silver electrode to the iron electrode.
d) A minimum of 0,39 volts is applied to the cell and electrons move from the iron electrode to the silver electrode.
e) A minimum of 2,01 volts is applied to the cell and electrons move from the silver electrode to the iron electrode.

Questão 45

(GRILLO) Considere uma pilha galvânica operando a uma temperatura ambiente (25ºC) e pressão de 1 atm. A descrição da pilha está fundamentada da seguinte maneira: Pt | $Sn^{2+}_{(aquoso)}$ (0,1 mol.L^{-1}), $Sn^{4+}_{(aquoso)}$ (0,05 mol.L^{-1}) | | $Fe^{3+}_{(aquoso)}$ (0,01 mol.L^{-1}), $Fe^{2+}_{(aquoso)}$ (0,2 mol.L^{-1}) | Pt

a) Escreva a equação química iônica global de funcionamento da pilha e o cálculo da sua ddp.
b) Calcule a variação da energia livre de Gibbs padrão da pilha para a reação global.
c) Calcule o ΔG da reação quando as concentrações das espécies químicas são iguais às indicadas na notação da pilha, apresentada no topo da questão. A pilha funciona nessas condições?
d) Calcule a constante de equilíbrio, K, quando a pilha parar de gerar corrente elétrica. Dados:

$Fe^{3+}_{(aquoso)} + e^- \longrightarrow Fe^{2+}_{(aquoso)}$ $E^0 = +0,77$ V
$Sn^{4+}_{(aquoso)} + 2e^- \longrightarrow Sn^{2+}_{(aquoso)}$ $E^0 = +0,15$ V

Questão 46

(GRILLO) Considere a seguinte célula galvânica que opera a uma temperatura igual a 25°C:

| $Sn^{4+}_{(aquoso,\ 0,020\ mol.L^{-1})}$, $Sn^{2+}_{(aquoso,\ 0,035\ mol.L^{-1})}$ | | $O_{2(gás,\ 1,0\ atm)}$ | $H^+_{(aquoso,\ pH\ =\ 3,0)}$ |

a) Escreva a reação global da célula e calcule o valor do potencial padrão da célula galvânica.
b) Calcule o potencial da célula.
c) Calcule a energia livre de Gibbs, a partir das condições apresentadas acima. Dados para a resolução do problema:

$O_{2(gás)} + 4H^+_{(aquoso)} + 4e^- \longrightarrow 2H_2O_{(líquido)}$ $E° = +1,23$ V
$Sn^{+4}_{(aquoso)} + 2e^- \longrightarrow Sn^{+2}_{(aquoso)}$ $E° = +0,15$ V

Questão 47

Dadas as concentrações não padrão para a reação abaixo:

$Zn_{(sólido)} + Cu^{+2}_{(aquoso)}(0{,}100\ mol.L^{-1}) \rightarrow Zn^{+2}_{(aquoso)}(0{,}02\ mol.L^{-1}) + Cu_{(sólido)}$. Sabendo que os coeficientes de atividade iônica para Cu^{2+} e Zn^{2+}, nessas condições são 0,485 e 0,675 e que $E°(Cu^{2+}/Cu) = +0,34$ V e $E°(Zn^{2+}/Zn) = -0,76$ V, pode-se afirmar que E para esta pilha de Daniell é:

a) 1,10 V
b) 1,16 V
c) 1,04 V
d) 1,00 V
e) 0,96 V

Questão 48

Determine el potencial estándar a 25°C para la óxido-reducción $2PH_{3(gás)} \longrightarrow 2P_{(sólido)} + 3H_{2(gás)}$, E^o =?, dadas las siguientes reducciones a la misma temperatura:

$P_{(sólido)} + 3H^+_{(aquoso)} + 3e^- \longrightarrow PH_{3(gás)}$ $E^o = -0,063$ V
$2H^+_{(aquoso)} + 2e^- \longrightarrow H_{2(gás)}$ $E^o = 0,000$ V

a) $E^o = 0,0063$ V
b) $E^o = -0,0063$ V
c) $E^o = -0,0126$ V
d) $E^o = 0,0126$ V

Questão 49

Sobre a pilha representada abaixo, pede-se:

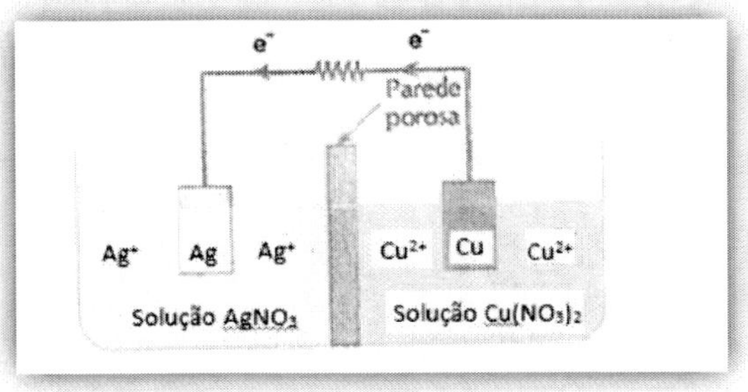

Potenciais de redução: $E°_{Cu}$ = +0,34 V; $E°_{Ag}$ = + 0,80 V.

a) Seu cátodo e seu ânodo.
b) Quem se oxida e quem se reduz.
c) Qual eletrodo terá sua massa aumentada?
d) Qual das soluções irá diluir-se?
e) A reação catódica.
f) A reação anódica.
g) A reação global.
h) Sua ddp.

Questão 50

Uma empresa de galvanoplastia produz peças especiais recobertas com zinco. Sabendo que cada peça recebe 7 g de Zn, que é utilizada uma corrente elétrica de 0,7 A e que a massa molar do zinco é igual a 65 $g.mol^{-1}$, qual o tempo necessário para o recobrimento dessa peça especial?

a) 4 h e 45 min
b) 6 h e 30 min
c) 8 h e 15 min
d) 10 h e 30 min
e) 12 h e 45 min

Questão 51

Realiza-se a eletrólise de uma solução aquosa diluída de ácido sulfúrico com eletrodos inertes durante 10 minutos. Determine a corrente elétrica média aplicada, sabendo-se que foram produzidos no cátodo 300 mL de hidrogênio, coletados a uma pressão total de 0,54 atm sobre a água, à temperatura de 300 K. Considere os seguintes dados: Pressão de vapor da água a 300K = 0,060 atm.

a) 2,20 A
b) 1,93 A
c) 1,08 A
d) 0,97 A
e) 0,48 A

Questão 52

Suponha que seja possível construir uma semicélula galvânica usando a semirreação $Cu^{2+}_{(aquoso)} + 1e^- \rightarrow Cu^+_{(aquoso)}$ e um eletrodo inerte. Na semicélula construída, as atividades em solução do Cu^+ e Cu^{2+} são de 0,01 e 0,50, respectivamente. Dados:

$Cu^{2+}_{(aquoso)} + 2e^- \rightarrow Cu_{(sólido)}$ E° = 0,339 V
$Cu^+_{(aquoso)} + 1e^- \rightarrow Cu_{(sólido)}$ E° = 0,521 V

Se for utilizada sob pressão de 1,00 bar e a 25°C, a semicélula apresentará potencial de:

a) 0,06 V
b) 0,18 V
c) 0,26 V
d) 0,43 V
e) 0,86 V

Questão 53

Considere que a reação abaixo ocorra em uma pilha: $2Fe^{+3} + Cu \longrightarrow Cu^{+2} + 2Fe^{+2}$. Assinale a alternativa que indica o valor correto do potencial padrão dessa pilha. Dados:

$Fe^{+2} \longrightarrow Fe^{+3} + e^-$ $E° = -0,77V$
$Cu^{+2} + 2e^- \longrightarrow Cu$ $E° = +0,34V$

a) + 1,20 V
b) – 0,43 V
c) + 1,88 V
d) – 1,20 V
e) + 0,43 V

Questão 54

A deposição eletrolítica de 2,975 g de um metal de massa atômica 119 gerou 9650 coulombs. O número de oxidação do metal é:

a) +1
b) +2
c) +3
d) +4
e) Nenhuma das respostas acima está certa

Questão 55

Em um projeto de feira de ciências, alunos montaram diversas pilhas e determinaram as diferenças de potencial (ddp) geradas. Todas as pilhas seguiram o mesmo padrão de montagem, ilustrado na figura abaixo, onde cada metal foi mergulhado numa solução de um sal do mesmo, em concentração de 1,0 mol/L. A temperatura em que os experimentos foram realizados foi de 25°C. Ao final de cada montagem, era indicado que metal funcionava como cátodo, que metal funcionava como âânodo e a ddp gerada. Com base nos dados fornecidos, a opção correta referente às pilhas montadas é:

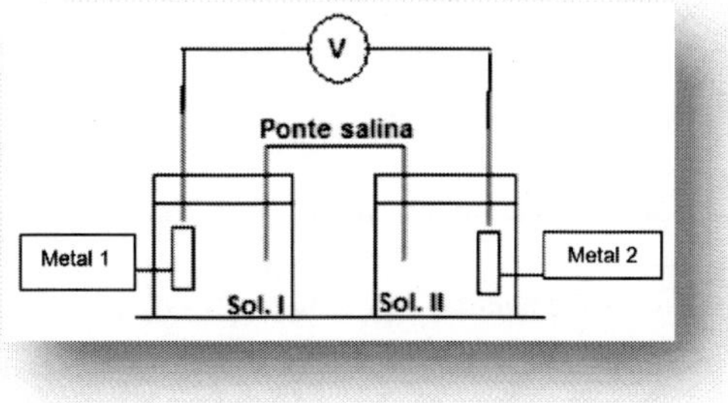

Potenciais:

$Cu^{2+} + 2e^- \longrightarrow Cu$ $E^0 = +0,34V$
$Al^{3+} + 3e^- \longrightarrow Al$ $E^0 = -1,67V$
$Zn^{2+} + 2e^- \longrightarrow Zn$ $E^0 = -0,76V$
$Ag^+ + e^- \longrightarrow Ag$ $E^0 = +0,80V$
$Pb^{2+} + 2e^- \longrightarrow Pb$ $E^0 = -0,13V$

a) Cátodo = alumínio; Ânodo = prata; ddp = + 2,47 V
b) Cátodo = cobre; Ânodo = alumínio; ddp = + 1,33 V
c) Cátodo = alumínio; Ânodo = zinco; ddp = + 2,43 V
d) Cátodo = chumbo; Ânodo = zinco; ddp = + 0,89 V
e) Cátodo = prata; Ânodo = cobre; ddp = + 0,46 V

Questão 56

(GRILLO) Foi necessário uma hora (1 h) para se eletrolisar completamente 100 mL de uma solução de nitrato de zinco com uma corrente de 3A. A partir desta informação, calcule a normalidade desta solução.

Questão 57

Calcule o tempo necessário para depositar um milimol de alumínio metálico pela passagem de uma corrente de 9,65 A através de uma solução aquosa de uma solução do íon alumínio.

Questão 58

Calculate the equilibrium constant for the reaction, $Fe^{+2}_{(aquoso)} + Ce^{+4}_{(aquoso)} \rightarrow Fe^{+3}_{(aquoso)} + Ce^{+3}_{(aquoso)}$, given $E^o_{Ce^{+4}/Ce^{+3}} = +1{,}44\ V$; $E^o_{Fe^{+3}/Fe^{+2}} = +\ 0{,}68\ V)$

Questão 59

Óxido de alumínio deve ser eletrolisado a uma temperatura igual a 1000°C para produzir alumínio. Calcule a carga para preparar 5,12 kg de alumínio.

Questão 60

Find the equilibrium constant for the reaction, $In^{+2}_{(aquoso)} + Cu^{+2}_{(aquoso)} \rightarrow In^{+3}_{(aquoso)} + Cu^{+}_{(aquoso)}$ at 298 K. Given $E^o_{Cu^{+2}/Cu^{+}} = +0{,}15\ V$; $E^o_{In^{+2}/In^{+}} = -0{,}40\ V$; $E^o_{In^{+3}/In^{+}} = -0{,}42\ V$.

Questão 61

The standard electrode potentials of Mn^{3+}/Mn^{2+} and Mn^{2+}/Mn electrodes at 25°C are 1,51 V and –1,18V, respectively. Calculate the standard electrode potential of $Mn^{3+} + 3\ e^- \rightarrow Mn$ and K_{eq}.

Questão 62

The density of Cu is 8,94 g cm^{-3}. The quantity of electricity needed to plate an area 10 cm x 10 cm to a thickness of 10^{-2} cm using $CuSO_4$ solution is:
a) 13586 C
b) 27172 C
c) 40758 C
d) 20348 C

Questão 63

São conhecidas três pilhas cujas reações totais são:

$$3Zn_{(sólido)} + Cr_2O^{-2}_{7(aquoso)} + 14H^{+}_{(aquoso)} \rightarrow 3Zn^{+2}_{(aquoso)} + 2Cr^{+3}_{(aquoso)} + 7H_2O_{(líquido)}$$

$$Zn_{(sólido)} + 2H^{+}_{(aquoso)} \rightarrow Zn^{+2}_{(aquoso)} + H_{2\,(gás)}$$

$$Zn_{(sólido)} + Cu^{+2}_{(aquoso)} \rightarrow Zn^{+2}_{(aquoso)} + Cu_{(sólido)}$$

E cujos potenciais observados nas condições padrões são respectivamente 2,09 V; 0,76 V e 1,10 V. A partir destes dados, determine os potenciais padrões de oxidação para as semirreações do zinco, do cobre e do dicromato envolvidas, e diga justificando se é espontânea a reação:

$$3Cu^{+2}_{(aquoso)} + 2Cr^{+3}_{(aquoso)} + 7H_2O_{(líquido)} \rightarrow 3Cu_{(sólido)} + Cr_2O^{-2}_{7(aquoso)} + 14H^{+}_{(aquoso)}$$

Questão 64

Para a redução do $Cr_2O^{-2}_{7(aquoso)}$ pelo $Br^{-}_{(aquoso)}$ em meio ácido, conhece-se as semirreações e os potenciais padrões de oxidação:

Equação iônica 1: $2Cr^{+}_{(aquoso)} + 7H_2O_{(líquido)} \rightarrow Cr_2O^{-2}_{7(aquoso)} + 14H^{+}_{(aquoso)} + 6e^-$
E° = -1,33 V

Equação iônica 2: $2Br^{-}_{(aquoso)} \rightarrow Br_{2(gás)} + 2e^-$ E° = -1,07 V

Pede-se:
a) Escrever a equação completa e balanceada.
b) Dizer se esta reação é espontânea, justificando.

Questão 65

Com base nos potenciais-padrão de redução (E^o_{red}) disponíveis abaixo, determine a constante de equilíbrio para a oxidação do íon Fe^{2+} por oxigênio, a 25ºC, em meio ácido, de acordo com a reação: $O_{2(gás)} + 4H^+_{(aquoso)} + 4Fe^{2+}_{(aquoso)} \longrightarrow 4Fe^{3+}_{(aquoso)} + 2H_2O_{(líquido)}$.
Dados:

$O_{2(gás)} + 4H^+_{(aquoso)} + 4e^- \longrightarrow 2H_2O_{(líquido)}$ $E^o_{red} = +1{,}23$ V
$Fe^{2+}_{(aquoso)} + 2e^- \longrightarrow Fe_{(sólido)}$ $E^o_{red} = -0{,}450$ V
$Fe^{3+}_{(aquoso)} + 3e^- \longrightarrow Fe_{(sólido)}$ $E^o_{red} = -0{,}0430$ V

Questão 66

For the galvanic cell $Zn_{(sólido)}|Zn^{2+}_{(aquoso)} \; || \; Cu^{2+}_{(aquoso)}|Cu_{(sólido)}$ the standard cell potential is 1,10 V. What is the potential at °C if the concentrations of Zn^{2+} and Cu^{2+} are 2,5 M and 0,10 M respectively?
a) 1,14 V
b) 1,10 V
c) 1,06 V
d) 1,02 V

Questão 67

Questions A and B should be answered with reference to the voltaic cell shown and these half-reactions.

$Rh^{+3}_{(aquoso)} + 3e^- \longrightarrow Rh_{(sólido)}$ $E^o = +0{,}80$ V
$Cu^+_{(aquoso)} + 1e^- \longrightarrow Cu_{(sólido)}$ $E^o = +0{,}52$ V

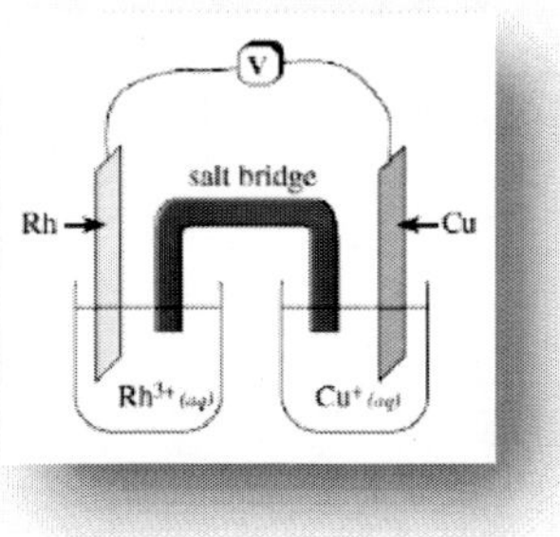

A – What is the direction of electron flow in the external circuit if the concentrations of Cu^+ and Rh^{3+} are each 1 M?
a) from the Rh anode to the Cu cathode
b) from the Rh cathode to the Cu anode
c) from the Cu anode to the Rh cathode
d) from the Cu cathode to the Rh anode
B – What is the voltage of this cell if the concentrations of Cu^+ and Rh^{3+} are each 1 M?
a) 0,28 V
b) 0,76 V
c) 1,32 V
d) 2,36 V

Questão 68

Construiu-se uma célula eletrolítica de eletrodos de platina, tendo como eletrólito uma solução aquosa de iodeto de potássio. A célula operou durante um certo intervalo de tempo sob corrente constante de 0,2A. Ao final da operação, o eletrólito foi completamente transferido para um outro recipiente e titulado com solução 0,1M de tiossulfato de sódio. Sabendo-se que foram consumidos 25 mL da solução de tiossulfato na titulação, determine o tempo durante o qual a célula operou.

$S_4O_6^{-2} + 2e^- \longrightarrow 2S_2O_3^{-2}$ $E^o = +0{,}08$ V
$I_2 + 2e^- \longrightarrow 2I^-$ $E^o = +0{,}54$ V

Questão 69

Dada a reação $Cu + 2HCl \rightarrow CuCl_2 + H_2$, assinale a afirmativa correta sabendo-se que os potenciais padrão de redução do cobre e do hidrogênio são respectivamente 0,34 e 0,00 V.

a) A reação produz corrente elétrica

b) A reação não ocorre espontaneamente

c) A reação ocorre nas pilhas de Daniell

d) O cobre é o agente oxidante

e) O hidrogênio sofre oxidação

Questão 70

A ddp para a reação, $2Cu^{+}_{(aquoso)} \rightarrow Cu_{(sólido)} + Cu^{+2}_{(aquoso)}$ é +0,36 V a 298 K. Calcule a constante de equilíbrio para esta reação.

Questão 71

Us the van der Waals equation of state to calculate the pressure at 35ºC that would result if the chlorine produced from electrolysis of 10 kg molten NaCl is compressed into a tank with a volume of 75 L. Assume 96% efficiency of the elestrolysis, a = 6,50 atm x L^2 x mol^{-2}, b = 0,0562 L/mol.

Questão 72

Considere as seguintes equações eletroquímicas apresentadas a seguir: $2IrCl_6^{3-} + 3HCOOH \rightarrow 2Ir + 3CO_2 + 12Cl^- + 6H^+$.

Dados referentes aos potenciais químicos:

$CO_2 + 2H_3O^+ + 2e^- \rightarrow HCOOH + 2H_2O \quad E^0 = -0{,}20 \text{ V}$

$IrCl_6^{3-} + 3e^- \rightarrow Ir + 6Cl^- \quad E^0 = +0{,}77 \text{ V}$

a) Determine o potencial padrão desta célula.

b) Esta reação como está escrita, é termodinamicamente espontânea? Explique.

Questão 73

Magnésio metálico é produzido comercialmente de maneira isolada através do cloreto de magnésio, através da eletrólise conforme a equação química a seguir: $MgCl_{2(sólido)} \rightarrow Mg_{(sólido)} + Cl_{2(gás)}$. Qual é a massa de magnésio que pode ser produzido se a corrente elétrica for igual a 430 A em 1 hora?

Questão 74

(GRILLO) Calcule a fem para uma pilha de Daniell a 25ºC, quando as concentrações das quantidades de matéria para o sulfato de cobre e para o sulfato de zinco são respectivamente iguais a 0,50 mol/L e 0,10 mol/L. Calcule novamente a fem para a mesma pilha de Daniell a 25ºC, levando em consideração que o coeficiente de atividade médio para o sulfato de cobre e sulfato de zinco são respectivamente iguais a 0,068 e 0,15. Informação para a resolução do problema:

$Zn^{+2}_{(aquoso)} + 2e^- \rightarrow Zn_{(sólido)}$ E° = - 0,76 V

$Cu^{+2}_{(aquoso)} + 2e^- \rightarrow Cu_{(sólido)}$ E° = + 0,34 V

Questão 75

Considere a célula galvânica,

$Zn_{(sólido)}|Zn^{+2}_{(aquoso)}\ (0{,}04\ M)||Cl^-_{(aquoso)}\ (0{,}005\ M)||Cl_{2(g)}(0{,}10\ atm)|Pt_{(sólido)}]$.

Determine a fem da célula e a constante de equilíbrio para a reação apresentada acima.

Questão 76

Em princípio, uma bateria poderia ser desenvolvida a partir de alumínio metálico e cloro gasoso.

a) escreva a equação balanceada que ocorre em uma bateria cujas semirreações são: $Al^{3+}_{(aquoso)}/Al_{(sólido)}$ e $Cl_{2(gás)}/2Cl^-_{(aquoso)}$.

b) diga que semirreação ocorre no ânodo e que semirreação ocorre no cátodo.

c) calcule o potencial padrão para esta bateria.

d) se a bateria produz uma corrente de 0,75 A, quanto tempo ela irá operar se o eletrodo de alumínio contiver 30,0 g do metal? (Considere que há quantidade suficiente de cloro). Dados:

$Cl_{2(gás)} + 2e^- \rightarrow 2Cl^-_{(aquoso)}$ E° = +1,36 V

$Al^{3+}_{(aquoso)} + 3e^- \rightarrow Al_{(sólido)}$ E° = -1,66 V

Questão 77

Uma célula eletroquímica é constituída por:

Eletrodo A - fio de platina que mergulha numa solução que contém íons Fe^{+3} e Fe^{+2}, ambos com concentração 1 mol/L.

Eletrodo B - vareta de tálio mergulhada numa solução 1 mol/L de Tl^{+1}. Sabendo que os potenciais-padrão referentes às semirreações:

$Tl^{+1} + e^- \rightarrow Tl$

$Fe^{+3} + e^- \rightarrow Fe^{+2}$ são, respectivamente, - 0,34 V e + 0,77 V, faça o que se pede:

a) Mostre as semirreações que ocorrem no cátodo e no ânodo.

b) Escreva a equação da reação que ocorre na célula.

c) Calcule o potencial da célula.

Questão 78

O citocromo, molécula que representaremos como $CyFe^{+2}$, reage com o ar que respiramos para fornecer energia necessária para sintetizar adenosina trifosfato (ATP). O corpo usa ATP como fonte de energia para outras reações. Com base nos potenciais de redução:

$O_{2(gás)} + 4H^+_{(aquoso)} + 4e^- \rightarrow 2H_2O_{(líquido)}$ $E^o = +0,82$ V

$CyFe^{+3} + 1e^- \rightarrow CyFe^{+2}$ $E^o = +0,22$ V

Responda as questões abaixo:

a) Considerando que esta reação ocorra em uma célula eletroquímica, indique os eletrodos (cátodo e ânodo) onde cada semirreação deve ocorrer.

b) Escreva a equação geral balanceada, e determine o potencial E° gerado nessa reação.

Questão 79

A produção comercial de alumínio metálico envolve a eletrólise do Al_2O_3, obtida a partir da bauxita. A equação balanceada é a seguinte: $2Al_2O_{3(sólido)} + C_{(sólido;\ grafite)} \rightarrow 4Al_{(sólido)} + 3CO_{2(gás)}$.

a) Calcule o número de mol de alumínio metálico, sendo produzido a partir de 12 mol de elétrons que passam através da célula eletroquímica.

b) Quantos quilogramas de alumínio metálico são produzidos se a corrente de 1250 A é atravessado por um período de 1,25 horas?

Questão 80

Considere os eletrodos representados pelas semirreações químicas seguintes e seus respectivos potenciais na escala do eletrodo de hidrogênio (E°) e nas condições-padrão:

I. $In^+_{(aquoso)} + e^-_{(CM)} \rightarrow In_{(sólido)}$ $E^o_I = -0,14$ V

II. $In^{+2}_{(aquoso)} + e^-_{(CM)} \rightarrow In^+_{(sólido)}$ $E^o_{II} = -0,40$ V

III. $In^{+3}_{(aquoso)} + 2e^-_{(CM)} \rightarrow In^+_{(sólido)}$ $E^o_{III} = -0,44$ V

IV. $In^{+3}_{(aquoso)} + e^-_{(CM)} \rightarrow In^{+2}_{(sólido)}$ $E^o_{IV} = -0,49$ V

Assinale a opção que contém o valor correto do potencial-padrão do eletrodo representado pela semirreação $In^{+3}_{(aquoso)} + 3e^-_{(CM)} \rightarrow In_{(sólido)}$.

a) −0,30V

b) −0,34V

c) −0,58V

d) −1,03V

e) −1,47

Questão 81

a) Calcular o decréscimo de massa do eletrodo de zinco, se uma corrente de 0,15 A, passa através da célula galvânica abaixo, durante 1,5 h: $Zn_{(sólido)}/Zn^{2+}_{(aquoso)} // Cu^{2+}_{(aquoso)}/Cu_{(sólido)}$.

b) Calcule o potencial padrão de redução da célula abaixo, a 25°C, sendo a concentração de Zn^{2+} igual a 0,1 mol/L e a de Ag^+ igual a 0,01 mol/L (E° = 1,56 V).

$Zn_{(sólido)}/Zn^{2+}_{(aquoso)} //Ag^+_{(aquoso)}/Ag_{(sólido)}$.

c) Dar a equação química da reação que ocorre espontaneamente na célula galvânica que consiste das seguintes meia-células:

$MnO_2 + 4H^+ + 2e^- \rightarrow Mn^{2+} + 2H_2O$ $E° = 1,21$ V

$Ag^+ + e^- \rightarrow Ag$ $E° = 0,80$ V

Questão 82

A galvanic cell is based on the half-reactions:

$Cr^{3+} + 3e^- \rightarrow Cr$ E° = – 0,744 V

$Ni^{2+} + 2e^- \rightarrow Ni$ E° = – 0,236 V

a) Write the balanced equation for the overall cell reaction.

b) State which electrode increases in mass as the cell operates. Explain your answer.

c) Calculate E°cell.

d) Calculate the value of ΔG° for the cell reaction at 25°C.

e) Calculate the value of K for the cell reaction at 25°C.

f) Find the voltage of the cell at 25°C if $[Cr_3^+]$ and $[Ni_2^+]$ are both changed to 0.010 M.

Questão 83

Dadas as reações de meia-célula:

$Cu^{2+} + e^- \rightarrow Cu^+$ $E^0 = +0,153$ V

$I_2 + 2e^- \rightarrow 2I^-$ $E^0 = +0,536$ V

pede-se:

a) Escrever a equação que representa a reação global da célula.

b) Calcular o potencial de eletrodo global (E^0).

c) Calcular a energia livre para a reação (ΔG^0), considerando que 1 mol de elétrons percorreu a célula eletroquímica.

Questão 84

a) Determinar o potencial padrão de uma célula formada por eletrodos de Cu e Cd, onde os eletrólitos são sais de Cu^{2+} e Cd^{2+}.

b) Indicar o eletrodo positivo, o ânodo e o metal que se reduz. Dados:

$Cu^{2+}_{(aquoso)} + 2e^- \rightarrow Cu_{(sólido)}$ E° = + 0,337 V

$Cd^{2+}_{(aquoso)} + 2e^- \rightarrow Cd_{(sólido)}$ E° = - 0,403 V

Questão 85

(CONCURSO PARA DOCENTE – INSTITUTO FEDERAL DO RIO DE JANEIRO - MODIFICADA) Amálgama dentário do mercúrio com uma liga contendo prata, estanho e cobre, além de zinco ou outros elementos em menores proporções. As utilizações desse tipo de amálgama na restauração de dentes apresentam duas desvantagens: a cor e o efeito de dor, causados quando acidentalmente se morde um talher de alumínio ou um papel confeccionado com alumínio. Assim, responda ao que se questiona:

a) O exemplo descrito refere-se a uma pilha galvânica ou a uma célula eletrolítica? Justifique, identificando as reações catódica e anódica, bem como a reação global, balanceada da pilha.

b) Calcule a força eletromotriz (fem.).

c) Determine o valor da Energia Livre de Gibbs (ΔG°), considerando as seguintes informações:

$Al^{+3}_{(aquoso)} + 3e^- \rightarrow Al_{(sólido)}$ ΔE° = - 1,66 V

$Hg^{+2}_{(aquoso)} + 2e^- \rightarrow 2Hg_{(amálgama\ de\ Ag)}$ ΔE° = + 0,85 V

d) Determine a constante de equilíbrio (K_{eq}).

Questão 86

"O Brasil possui um dos mais eficientes ciclos de reciclagem de alumínio do mundo. De acordo com a Associação Brasileira do Alumínio (Abal). Segundo o consultor de Marketing da Alcoa, Eduardo Lima, vem crescendo ano a ano no mundo o uso de alumínio primário reciclado em relação ao metal primário, passando de 17% em 1960 para 33% em 2004. A estimativa para 2020 é a de que o porcentual pule para 40%." (fonte: http://sustentar.net/2013/sem-categoria/reciclagem-de-aluminio-deve-saltar-para-40*)* A reciclagem do alumínio é de grande importância ambiental e energética, uma vez que a sua reciclagem economiza cerca de 95% de energia elétrica.

a) Equacione a reação da eletrólise ígnea do óxido de alumínio. Indique os produtos obtidos no cátodo e no ânodo da cuba eletrolítica.

b) Determine a massa de alumínio produzida em uma cuba eletrolítica com corrente constante de 8000 A durante 150 horas.

Questão 87

Deseja-se depositar uma camada de 0,85 g de níquel metálico no cátodo de uma célula eletrolítica, mediante a passagem de uma corrente elétrica de 5 A através de uma solução aquosa de nitrato de níquel. Assinale a opção que apresenta o tempo necessário para esta deposição, em minutos.

a) 4,3

b) 4,7
c) 5,9
d) 9,3
e) 17,0

Questão 88

(GRILLO) Considere as seguintes semirreações de redução para um aparato que se trata de uma pilha galvânica, apresentando os seguintes dados a seguir:

$Sn^{+2}_{(aquoso)}$ (0,01 mol.L^{-1}) + 2e$^-$ → $Sn_{(sólido)}$ E° = - 0,14 V
$Cu^{+2}_{(aquoso)}$ (0,50 mol.L^{-1}) + 2e$^-$ → $Cu_{(sólido)}$ E° = + 0,52 V
A partir das informações apresentadas, calcule E°, E, ΔG°, ΔG e K_{eq}.

Questão 89

(GRILLO) Observe os valores para a ddp padrão (E°) das seguintes semirreações:

$Ag^+_{(aquoso)}$ + 1e$^-$ → $Ag_{(sólido)}$ E° = +0,800 V
$AgBr_{(sólido)}$ + 1e$^-$ → $Ag_{(sólido)}$ + $Br^-_{(aquoso)}$ E° = +0,0713 V
Descreva como deve ser usado estes valores para a determinação do K_{ps}.

Questão 90

(GRILLO) Uma solução de cloreto de alumínio apresenta coeficiente de atividade médio igual a 0,96, pela lei de Debye Huckell. A partir desta informação, calcule a massa de cloreto de alumínio a partir de 800 gramas de água pura e também o valor das atividades dos íons alumínio e cloreto.

Questão 91

Calculate E° for Ag_2S + 2e$^-$ → 2Ag + S^{-2} if K_{ps} of Ag_2S = 6 x 10^{-50} and $E°_{Ag+/Ag}$ = +0,80 V.

Questão 92

What is the oxidation number of Re in $Mg(ReO_4)_2$?
a) + 4
b) + 5
c) + 6
d) + 7

Questão 93

Assinale a alternativa que apresenta o coeficiente estequiométrico do $I_{2(sólido)}$, quando a reação abaixo é balanceada a partir dos menores números inteiros.

$Cr_2O^{-2}_{7(aquoso)} + I^-_{(aquoso)} + H^+_{(aquoso)} \rightarrow I_{2(sólido)} + Cr^{+3}_{(aquoso)} + H_2O_{(líquido)}$
a) 2
b) 3
c) 4
d) 6

Questão 94

Sob condições ácidas (pH < 7), o peróxido de manganês reage na presença de peróxido de hidrogênio, conforme apresentado a seguir:

$MnO^-_{4(aquoso)} + H_2O_2 + H^+_{(aquoso)} \rightarrow Mn^{+2}_{(aquoso)} + O_{2(sólido)} + H_2O_{(líquido)}$
Realize o balanceamento desta equação iônica e apresente o agente redutor e o agente oxidante.

Questão 95

(GRILLO) Considere a equação iônica não balanceada apresentada a seguir: $Fe^{+2}_{(aquoso)} + Cr_2O^{-2}_{7(aquoso)} + H^+_{(aquoso)} \rightarrow Fe^{+3}_{(aquoso)} + Cr^{+3}_{(aquoso)} + H_2O_{(líquido)}$
a) Que elemento se oxida?
b) Que elemento se reduz?

c) Qual é o agente oxidante?
d) Qual é o agente redutor?
e) Qual é o valor do somatório dos coeficientes estequiométrico?

Questão 96

Considere as reações envolvendo o sulfeto de hidrogênio representadas pelas equações seguintes:
I) $2H_2S_{(gás)} + H_2SO_{3(aquoso)} \rightarrow 3S_{(sólido)} + 3H_2O_{(líquido)}$
II) $H_2S_{(gás)} + 2H^{+}_{(aquoso)} + SO_4^{-2}{}_{(aquoso)} \rightarrow SO_{2(gás)} + S_{(sólido)} + 2H_2O_{(líquido)}$
III) $H_2S_{(gás)} + Pb_{(sólido)} \rightarrow PbS_{(sólido)} + H_{2(gás)}$
IV) $2H_2S_{(gás)} + 4Ag_{(sólido)} + O_{2(gás)} \rightarrow Ag_2S_{(sólido)} + 2H_2O_{(líquido)}$
Nas reações representadas pelas equações acima, o sulfeto de hidrogênio é agente redutor em:
a) Apenas I
b) Apenas I e II
c) Apenas III
d) Apenas III e IV
e) Apenas IV

Questão 97

Nas Condições normais de temperatura e pressão, 1,12 litros de hidrogênio é obtido a partir de uma vazão em que a corrente é igual a 965 C em uma solução. Calcule o valor da corrente.

Questão 98

E^o_{cell} do Zn/Zn^{+2} // Cu^{+2}/Cu é 1,10 V a 25ºC. Calcule a constante de equilíbrio para esta reação: $\mathrm{Zn} + \mathrm{Cu}^{+2}_{(\mathrm{aquoso})} \rightarrow \mathrm{Cu} + \mathrm{Zn}^{+2}_{(\mathrm{aquoso})}$.

Questão 99

Calcule qual deve ser a massa de prata depositada através de uma carga de 965 C de eletricidade, a partir de uma solução de nitrato de prata.

Questão 100

Calcule o número de oxidação do enxofre no $Na_2S_4O_6$.

Questão 101

Calcule o número de oxidação do ferro no $K_4[Fe(CN)_6$.

Questão 102

$2Cr_{(sólido)} + 3Cu^{2+}_{(aquoso)} \rightarrow 2Cr^{3+}_{(aquoso)} + 3Cu_{(sólido)}$. Which expression gives the value for ΔG° in kJ.mol^{-1} for this reaction at 25°C?

a) $-6 \times 8{,}31 \times 0{,}43 \times 1000$

b) $\dfrac{-6 \times 96500 \times 0{,}43 \times 1000}{8{,}31}$

c) $\dfrac{-6 \times 96500 \times 0{,}43}{1000}$

d) $\dfrac{-6 \times 8{,}31 \times 0{,}43}{1000}$

Questão 103

$2Cr_{(sólido)} + 3Cu^{2+}_{(aquoso)} \rightarrow 2Cr^{3+}_{(aquoso)} + 3Cu_{(sólido)}$. Determine a voltagem deste processo eletroquímico, sabendo que $[Cu^{2+}]$ = 1,0 mol.L^{-1} e $[Cr^{3+}]$ = 0,010 mol.L^{-1}.
a) 1,2 V
b) 0,87 V
c) 0,47 V

d) 0,39 V

Questão 104

(GRILLO) As reações envolvidas no processo de oxirredução e seus respectivos potenciais padrões de redução são os seguintes:
$PbSO_{4(sólido)} + 2e^- \rightarrow Pb_{(sólido)} + SO_4^{2-}{}_{(aquoso)}$ $E^o = -\,0,36\ V$
$PbO_{2(sólido)} + 4H^+{}_{(aquoso)} + SO_4^{2-}{}_{(aquoso)} + 2e^- \rightarrow PbSO_{4(sólido)} + 2H_2O_{(líquido)}$ $E^o = +\,1,64\ V$
a) Escreva a reação de oxirredução global da pilha.
b) Calcule o valor da variação da energia livre de Gibbs padrão, ΔG^o. Esse resultado é esperado para uma pilha? Por quê?
c) Calcule ΔG, a 25°C quando o pH = 1 e a concentração de sulfato é de $5,0 \times 10^{-3}$ mol.L^{-1}.

Questão 105

Ouro metálico dissolve em água régia, uma mistura de ácido clorídrico e ácido nítrico concentrados e, na química do ouro, as seguintes reações são importantes:
$Au^{+3}{}_{(aquoso)} + 3e^- \rightarrow Au_{(sólido)}$ $E^o_{redução} = +1,498\ V$
$AuCl_4^-{}_{(aquoso)} + 3e^- \rightarrow Au_{(sólido)} + 4Cl^-{}_{(aquoso)}$ $E^o_{redução} = +1,002\ V$

Utilizando as semirreações acima e a semirreação:

$NO_3^-{}_{(aquoso)} + 4H^+{}_{(aquoso)} + 3e^- \rightarrow NO_{(gás)} + 2\ H_2O_{(líquido)}$ $E^o_{redução} = +0,96\ V$

Responda os itens (a), (b) e (c).

a) Dê a equação calibrada da reação entre o ouro e o ácido nítrico, para formar Au^{+3} e $NO_{(gás)}$ e calcule a fem. padrão (E^o) associada a esta reação. Esta reação é espontânea?

b) Dê a equação da reação entre o ouro e o ácido clorídrico, formando $AuCl_4^-{}_{(aquoso)}$ e $H_{2(gás)}$ e calcule a fem padrão (E^o) associada a esta reação. Esta reação, em condições-padrão, é espontânea?

c) Dê a reação entre o ouro e a água régia para dar $AuCl_4^-{}_{(aquoso)}$ e $NO_{(gás)}$ e calcule a fem. padrão (E^o) associada a esta reação. Esta reação, em condições-padrão, é espontânea?

Questão 106

(GRILLO) Calcule as atividades dos cátions e ânions de uma solução aquosa de cloreto de cálcio, que apresenta molalidade igual a 3×10^{-4} mol.kg^{-1} obedecendo à lei de Debye-Huckel.

Questão 107

a) When a current of 150 mA is used for 8,0 hr, what volume of fluorine gas at N.T.P can be produced from a molten mixture of potassium and hydrogen fluoride?
b) If the same current is passed for same intervalo f time, how many litre of oxygen gas could be produced from electrolysis of water?

Questão 108

Na aqueous solution of Na_2SO_4 was electrolysed for 30 min; 25 mL of O_2 was produced at the anode over water at 22°C at a total pressure of 722 torr. Determine the strenght of current that was used to produce the oxygen gas. Vapour pressure of water at 22°C is 19,83 torr.

Questão 109

(GRILLO) Considere os seguintes potenciais padrões a 25°C:
$Pd^{+2}{}_{(aquoso)} + 2e^- \rightarrow Pd_{(sólido)}$ $E^0 = +0,83\ V$
$PdCl_4^{-2}{}_{(aquoso)} + 2e^- \rightarrow Pd_{(sólido)} + 4Cl^-{}_{(aquoso)}$ $E^0 = +0,64\ V$
Item a) Calcule a constante de equilíbrio para a seguinte reação eletroquímica:
$Pd^{+2}{}_{(aquoso)} + 4Cl^-{}_{(aquoso)} \rightarrow PdCl_4^{-2}{}_{(aquoso)}$.
Item b) Calcule a variação da energia livre de Gibbs padrão.
Item c) Sabendo que $\left(\frac{\delta E}{\delta T}\right)_p = +2,30 \times 10^{-4}\,\frac{V}{K}$, calcule o valor da variação da entalpia padrão.

Item d) Calcule a entropia padrão.

Questão 110

The standard electromotive force of the cell: Fe | $Fe^{2+}_{(aq)}$ || Cd^{2+} | Cd is 0,0372 V The temperature coefficient of emf is –0,125 V.K^{-1}. Calculate the quantities ΔG°, ΔH° and ΔS° at 25°C.

Questão 111

(GRILLO) Calcule a atividade de uma solução de sulfato de magnésio que apresenta molalidade igual a 3,0 x 10^{-4} mol x kg^{-1}, obedecendo a lei de Debye-Huckell.

Questão 112

(GRILLO) Calcule a força iônica:
a) Solução de nitrato de sódio (0,10 mol x L^{-1}).
b) Solução de sulfato de sódio (0,01 mol x L^{-1}).
c) Solução de brometo de potássio (0,02 mol x L^{-1}) e sulfato de sódio (0,01 mol x L^{-1}).

Questão 113

What is the equilibrium constant of the reaction: $2Fe^{3+} + Au^{+} \rightarrow 2Fe^{2+} + Au^{3+}$? Given E°($Au^{+}$|Au) = 1,68 V, E° ($Au^{3+}$ / Au) = 1,50 V, E° (Fe^{3+} / Fe^{2+}) = 0,75 V
a) 1×10^{22}
b) 1×10^{-22}
c) 1×10^{-11}
d) 1×10^{-72}

Questão 114

(GRILLO) Calcule o coeficiente médio e as atividades iônicas para uma solução de cloreto de bário a 25ºC, sabendo que sua molalidade seja igual a 5,0 x 10^{-3} mol x kg^{-1}.

Questão 115

O alumínio é um dos metais mais abundantes na crosta terrestre. Apesar disso, sua obtenção a partir do minério bauxita (constituído por óxidos de alumínio) tem um custo elevado, pois requer grande quantidade de energia térmica e elétrica. Para a produção do alumínio, a bauxita é convertida em óxido de alumínio em pó e purificado, após essa etapa ele é fundido (P.F. > 2000 °C) para ser colocado em célula eletroquímica antes da etapa de eletrólise. Para diminuir a quantidade de energia necessária para fundir o óxido de alumínio e, com isso, reduzir o custo de produção de alumínio metálico, a criolita (Na_3AlF_6) que tem P.F. ≈ 1000 °C é usada como fundente, ou seja, a adição de criolita ao óxido de alumínio purificado promove a fusão do óxido de alumínio a temperatura mais baixa.
a) Com base no texto acima, escreva as reações balanceadas que mostram como o alumínio metálico é produzido a partir da bauxita.
b) Um diagrama do processo de eletrólise para produzir o alumínio metálico é apresentado abaixo. (i) Com base no diagrama, escreva as reações que ocorrem no cátodo (–), no ânodo (+) e a equação geral da eletrólise.

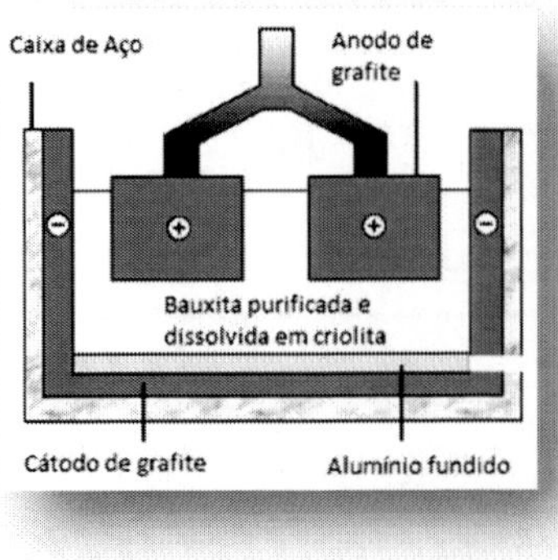

c) Considerando que a bauxita fundida usada na célula eletroquímica é 100 % pura, calcule a massa de alumínio que seria produzido, caso uma corrente 3×10^4 A fosse aplicada à célula eletroquímica durante uma hora [figura ilustrativa do item (b)]. Dado da constante de Faraday: $\mathrm{F} = 96500\ \mathrm{C.mol^{-1}}$. [Dica: a carga elétrica (Q) é o produto da corrente (I em amperes, A) e o tempo (t em segundos, s)].

Questão 116

A) For which reaction is ΔH (enthalpy change) most nearly equal to ΔE (internal energy change)?
a) $H_{2(gás)} + \frac{1}{2}O_{2(gás)} \longrightarrow H_2O_{(gás)}$
b) $Cl_{2(gás)} + F_{2(gás)} \longrightarrow 2ClF_{(gás)}$
c) $H_2O_{(líquido)} \longrightarrow H_2O_{(gás)}$
d) $2SO_{3(gás)} \longrightarrow 2SO_{2(gás)} + O_{2(gás)}$
B) What is the standard cell potential for the reaction, $2Cr_{(sólido)} + 3Sn^{2+}_{(aquoso)} \longrightarrow 3Sn_{(sólido)} + 2Cr^{3+}_{(aquoso)}$ given the E° values shown?
$Cr^{3+}_{(aquoso)} + 3e^- \longrightarrow Cr_{(sólido)}$ - 0,744 V
$Sn^{2+}_{(aquoso)} + 2e^- \longrightarrow Sn_{(sólido)}$ - 0,141 V
a) 0,945 V
b) 0,603 V
c) -0,603 V
d) -0,945 V

C) A $CuSO_4$ solution is electrolyzed for 20 minutes with a current of 2,0 amperes. What is the maximum mass of copper that could be deposited?
a) 0,20 g
b) 0,40 g
c) 0,79 g
d) 1,6 g

D) When an aqueous solution of potassium fluoride is electrolyzed, which of the following occurs?
a) O_2 and H^+ are produced at one electrode and H_2 and OH^- are formed at the other.
b) O_2 and OH^- are produced at one electrode and H_2 and H^+ are formed at the other.
c) Metallic K is formed at one electrode and O_2 and H^+ are formed at the other.
d) Metallic K is produced at one electrode and elemental F_2 is produced at the other.

E) The standard potential for the reaction $Cl_{2(gás)} + 2Br^-_{(aquoso)} \longrightarrow Br_{2(líquido)} + 2Cl^-_{(aquoso)}$ is 0,283 volts. What is the equilibrium constant for this reaction at 25°C?
a) $1,6 \times 10^{-5}$
b) 22
c) $6,1 \times 10^4$
d) $3,8 \times 10^9$

Questão 117

A) What is the density of propane, C_3H_8, at 25°C and 740,0 mmHg?
a) 0,509 g.L^{-1}
b) 0,570 g.L^{-1}
c) 1,75 g.L^{-1}
d) 1,96 g.L^{-1}

B) Gadolinium-153, which is used to detect osteoporosis, has a half-life of 242 days. Which value is closest to the percentage of the Gd-153 left in a patient's system after 2 years (730 days)?
a) 33%
b) 25%
c) 12,5%
d) 6,25%

C) A certain reaction is exothermic by 220 kJ and does 10 kJ of work. What is the change in the internal energy of the system at constant temperature?
a) +230 kJ

b) +210 kJ
c) –210 kJ
d) –230 kJ

D)
$Al^{3+}_{(aquoso)} + 3e^- \longrightarrow Al_{(sólido)}$ $E^o = -1,66$ V
$Cu^{2+}_{(aquoso)} + 2e^- \longrightarrow Cu_{(sólido)}$ $E^o = +0,34$ V

What voltage is produced under standard conditions by combining the half-reactions with these Standard Electrode Potentials?
a) 1,32 V
b) 2,00 V
c) 2,30 V
d) 4,34 V

Questão 118

Suponha que se tenha atribuído o potencial de redução zero para a reação: $I_2 + 2e^- \longrightarrow 2I^-_{(aquoso)}$, cujo potencial normal em referência ao hidrogênio é – 0,53 V.
a) O que ocorreria com a tabela de potencial de redução dos demais elementos?
b) Particularmente, qual seria o potencial padrão da semirreação $Na^+_{(aquoso)} + e^- \longrightarrow Na_{(sólido)}$, cujo valor referente ao hidrogênio é de $E^o = -2,71$ V?
c) Qual seria o potencial da reação $2Na + I_2 \rightarrow 2Na^+ + 2I^-$?

Questão 119

Para uma célula eletrolítica passa uma corrente constante igual a 0,965 amperes. Num dos eletrodos, a reação que ocorre é a seguinte: $Cr_2O_7^{-2} + 14H^+ + 6e^- \rightarrow 2Cr^{+3} + 7H_2O$. Qual o tempo certo durante o qual essa corrente deve passar para que sejam produzidos 0,400 mol de íons Cr^{+3}?

Questão 120

Alumínio metálico é obtido comercialmente por eletrólise Al_2O_3, misturado com criolita (Na_3AlF_6).
a) Quantos mol de elétrons devem passar através da célula de alumínio para produzir 5,00 kg?
b) Determine a corrente elétrica em amperes (A) produzido no item a, de alumínio durante 10 h.

Questão 121

(GRILLO) Calcule a constante de equilíbrio (25°C), para a seguinte semirreação: $Sn_{(sólido)} + Sn^{+4}_{(aquoso)} \longrightarrow 2Sn^{+2}_{(aquoso)}$. Dados das potências a 25°C:
$Sn^{+4}_{(aquoso)} + 2e^- \longrightarrow Sn^{+2}_{(aquoso)}$ $E_1° = +0,15$ V
$Sn^{+2}_{(aquoso)} + 2e^- \longrightarrow Sn_{(sólido)}$ $E_2° = -0,14$ V

Questão 122

A solution of sodium sulphate in water is electrolysed using inerts electrodes. The products at the cathode anda node are respctively:
a) H_2;O_2
b) O_2; H_2
c) O_2; Na
d) O_2; SO_2

Questão 123

Uma cuba eletrolítica com eletrodos de cobre e contendo solução aquosa de $Cu(NO_3)_2$ é ligada em série com outra provida de eletrodos de prata e contendo solução aquosa de $AgNO_3$. Esse conjunto de cubas em série é ligado a uma fonte durante certo intervalo de tempo. Nesse intervalo de tempo, um dos eletrodos de cobre teve um incremento de massa de 0,64 gramas. O incremento de massa em um dos eletrodos da outra célula deve ter sido:

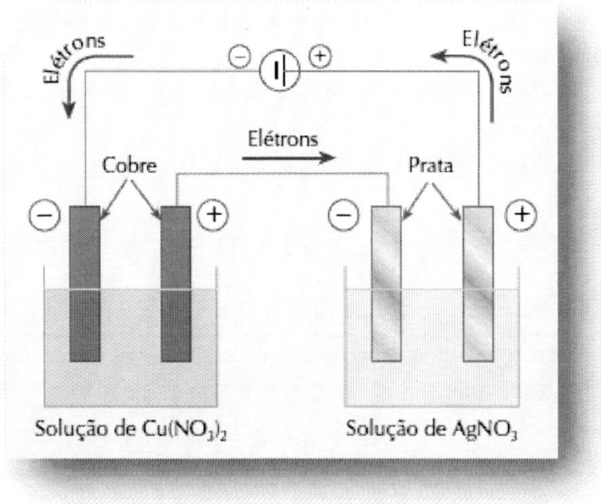

a) 0,32 g
b) 0,54 g
c) 0,64 g
d) 1,08 g
e) 2,16 g

Questão 124

(GRADUAÇÃO CEFETES - COLETÂNEA DE PROVAS) Temos representado no esquema abaixo, três cubas eletrolíticas em série. Calcule as massas dos metais Ag, Cu e Au depositadas, respectivamente, considerando o sistema submetido a uma corrente de 3 A, durante 30 minutos e 15 segundos.

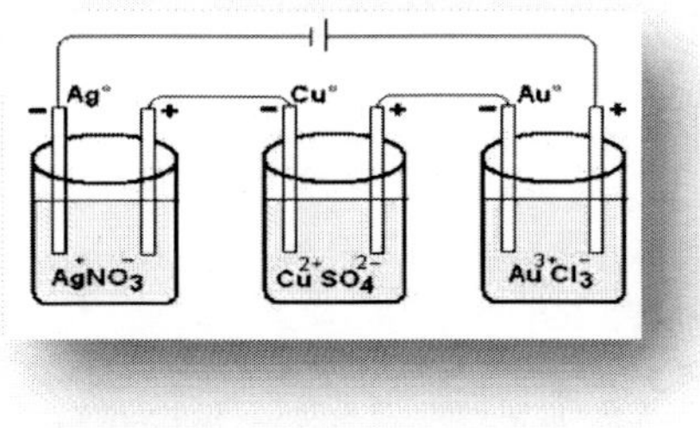

a) 0,1 g; 0,03 g e 0,062 g
b) 6,1 g; 3,6 g e 11,12 g
c) 6,1 g; 1,8 g e 3,7 g
d) 0,1 g; 0,06 g e 0,062 g
e) 6,1 g; 3,6 g e 5,6 g

Questão 125

Uma fonte de corrente contínua fornece corrente elétrica a um sistema composto por duas células eletrolíticas, ligadas em série através de um fio condutor. Cada célula é dotada de eletrodos inertes. Uma das células contém somente uma solução aquosa 0,3 mol.L^{-1} de $NiSO_4$ e a outra apenas uma solução aquosa 0,2 mol.L^{-1} de $AuCl_3$. Se durante todo o período de eletrólise as únicas reações que ocorrem no cátodo são as deposições dos metais, qual das opções corresponde ao valor da relação: massa de níquel depositado / massa de ouro depositado?
a) 0,19
b) 0,45
c) 1,0
d) 2,2
e) 5,0

Questão 126

Durante uma eletrólise, a única reação que ocorreu no cátodo foi a deposição de certo metal. Observou-se que a deposição de 8,81 gramas de metal correspondeu à passagem de 0,300 mol de elétrons pelo circuito. Qual das opções a seguir contém o metal que pode ter sido depositado?

a) Ni
b) Zn
c) Ag
d) Sn
e) Pb

Questão 127

Por uma célula eletrolítica passou uma carga correspondente a 0,20 F. Num dos eletrodos ocorreu a reação seguinte: $MnO_4^- + 8H^+ + 5e^- \rightarrow Mn^{+2} + 4H_2O$. Calcule a quantidade de água (mol) produzida neste eletrodo, em virtude desta reação de eletrodo.

Questão 128

É de 0,76 V a força eletromotriz padrão, E°, de uma célula eletroquímica, conforme a reação: $Zn_{(sólido)} + 2H^+_{(aquoso)} \rightarrow Zn^{+2}_{(aquoso)} + H_{2(gás)}$. Na concentração da espécie de Zn^{+2} igual a 1,0 mol.L^{-1} e pressão de H_2 de 1,0 bar, a 25°C, foi verificado que a força eletromotriz da célula eletroquímica é de 0,64 V. Nestas condições, assinale a concentração de íons H^+ em mol.L^{-1}.

a) $1{,}0 \times 10^{-12}$
b) $4{,}2 \times 10^{-4}$
c) $1{,}0 \times 10^{-4}$
d) $1{,}0 \times 10^{-2}$
e) $2{,}0 \times 10^{-2}$

Questão 129

A 25°C, o potencial da pilha descrita abaixo é de 0,56 V. Sendo E°(Cu^{+2}/Cu) = + 0,34 V, assinale a opção que indica aproximadamente o valor do pH da solução. $Pt_{(sólido)}|H_{2(gás,\ 1\ bar)}, H^+_{(aquoso,\ x\ mol.L^{-1})}||Cu^{+2}_{(aquoso,\ 1\ mol.L^{-1})}|Cu_{(sólido)}$

a) 6,5
b) 5,7
c) 3.7
d) 2,0
e) 1,5

Questão 130

Considere a reação química representada pela equação abaixo e sua respectiva força eletromotriz nas condições padrão: $O_{2(gás)} + 4H^+_{(aquoso)} + 4Br^-_{(aquoso)} \rightarrow 2Br_{2(gás)} + 2H_2O_{(líquido)}$, ΔE° = + 0,20 V. Agora, considere que um recipiente contenha todas as espécies químicas dessa equação, de forma que todas as concentrações sejam iguais as da condição padrão, exceto a de H^+. Assinale a opção que indica a faixa de pH na qual a reação química ocorrerá espontaneamente:

a) 2,8 < pH < 3,4
b) 3,8 < pH < 4,4
c) 4,8 < pH < 5,4
d) 5,8 < pH < 6,4
e) 6,8 < pH < 7,4

Questão 131

Para determinar o valor da constante de Faraday empregou-se uma célula eletrolítica construída pela imersão de duas chapas de prata em uma solução aquosa de nitrato de prata. O conjunto é ligado a uma fonte de corrente contínua em série com um amperímetro. Durante certo intervalo de tempo t verificou-se que pelo circuito passou uma corrente elétrica constante de valor i. Neste período de tempo t foi depositado no cátodo uma massa m de prata, cuja massa molar é representada por M. Admite-se que a única reação eletroquímica que ocorre no cátodo é a redução dos cátions de prata, a prata metálica. Denominando a constante de Avogadro de N_A e a área do cátodo imersa na solução de S, a constante de Faraday (F) calculada a partir deste experimento é igual a:

a) $F = \dfrac{i \times t \times M}{m}$

b) $F = i \times t \times N_A$

c) $F = \dfrac{i \times t \times m}{M \times S}$

d) $F = \dfrac{i \times t}{S \times N_A}$

e) $F = \frac{i \times m}{M}$

Questão 132

Considere os eletrodos representados pelas semiequações químicas seguintes e seus respectivos potenciais na escala do eletrodo de hidrogênio ($E^{\varnothing}$) e nas condições-padrão:

I) $In^{+}_{(aquoso)} + e^{-}_{(CM)} \longrightarrow In_{(sólido)}$ $\quad E^{\varnothing}_{I} = -0,14$ V
II) $In^{2+}_{(aquoso)} + e^{-}_{(CM)} \longrightarrow In^{+}_{(aquoso)}$ $\quad E^{\varnothing}_{II} = -0,40$ V
III) $In^{3+}_{(aquoso)} + 2e^{-}_{(CM)} \longrightarrow In^{+}_{(aquoso)}$ $\quad E^{\varnothing}_{III} = -0,44$ V
IV) $In^{3+}_{(aquoso)} + e^{-}_{(CM)} \longrightarrow In^{2+}_{(aquoso)}$ $\quad E^{\varnothing}_{IV} = -0,49$ V

Assinale a opção que contém o valor correto do potencial-padrão do eletrodo representado pela semiequação: $In^{3+}_{(aquoso)} + 3e^{-}_{(CM)} \longrightarrow In_{(sólido)}$.
a) – 0,30 V
b) – 0,34 V
c) – 0,58 V
d) – 1,03 V
e) – 1,47 V

Questão 133

(GRADUAÇÃO CEFET - ES) Qual a opção que apresenta o tempo requerido para se obter 7,10 g da substância produzida no ânodo durante a eletrólise de cloreto de magnésio fundido, usando uma corrente de 7,72 A?
a) 1250 s
b) 3250 s
c) 6500 s
d) 1625 s
e) 2500 s

Questão 134

Uma tubulação de aço enterrada em solo de baixa resistividade elétrica é protegida catodicamente contra corrosão, pela aplicação de corrente elétrica proveniente de um gerador de corrente contínua. Considere os seguintes parâmetros:
I) Área da tubulação a ser protegida: 480 m^2
II) Densidade de corrente de proteção: 10 $mA.m^{-2}$
Considere que a polaridade do sistema de proteção catódica seja invertida pelo período de uma hora. Assinale a opção correta que expressa a massa, em gramas, de ferro consumida no processo de corrosão., calculada em função de íons $Fe^{+2}_{(aquoso)}$. Admita que a corrente total fornecida pelo gerador será consumida no processo de corrosão da tubulação.
a) 1×10^{-3}
b) 6×10^{-2}
c) 3×10^{-1}
d) 5
e) 20

Questão 135

When aluminum oxide is electrolyzed in the industrial process for the production of aluminum metal, aluminum is produced at one electrode and oxygen gas is produced at the other. For a given quantity of electricity, what is the ratio of moles of aluminum to moles of oxygen gas?

a) 1:1
b) 2:1
c) 2:3
d) 4:3

Questão 136

A hidrazina (N_2H_4) e o tetróxido de dinitrogênio (N_2O_4) são utilizados na propulsão de foguete. A equação química não balanceada que representa a reação global entre esses dois reagentes químicos é $N_2H_{4(líquido)} + N_2O_{4(líquido)} \rightarrow N_{2(gás)} + H_2O_{(gás)}$. Analisando esta reação do ponto de vista eletroquímico:

a) Esquematize um dispositivo eletroquímico (célula de combustível) no qual é possível realizar a reação química representada pela equação do enunciado;
b) Escreva as equações químicas balanceadas das semirreações anódica e catódica que ocorrem no dispositivo eletroquímico.

Questão 137

Alumínio é um metal de alta redução. O padrão de redução para o $Al^{+3}_{(aquoso)}$ e $Fe^{+3}_{(aquoso)}$ são:

$Al^{3+}_{(aquoso)} + 3e^- \rightarrow Al_{(sólido)}$ $E^0 = -1,66$ V
$Fe^{3+}_{(aquoso)} + 3e^- \rightarrow Fe_{(sólido)}$ $E^0 = -0,04$ V

E a entropia padrão S° para estas espécies são:

Espécies	S° ($J.mol^{-1}.K^{-1}$)
$Al_{(sólido)}$	28
$Fe_{(sólido)}$	27
$Al^{+3}_{(aquoso)}$	- 293,3
$Fe^{+3}_{(aquoso)}$	- 313,8

a) Calcule ΔG° para a redução do $Fe^{+3}_{(aquoso)}$ pelo Al a 25°C.
b) Calcule ΔS° para a redução do $Fe^{+3}_{(aquoso)}$ pelo Al a 25°C.
c) Calcule ΔH° para a redução do $Fe^{+3}_{(aquoso)}$ pelo Al a 25°C.

Questão 138

Os potenciais padrões das seguintes reações abaixo são:

$[Zn(OH)_4]^{2-} + 2e^- \rightarrow Zn_{(sólido)} + 4OH^-$ E° = -1,285 V
$Zn^{2+} + 2e^- \rightarrow Zn_{(sólido)}$ E° = -0,762 V

Calcule a variação da energia livre de Gibbs padrão e a constante de formação global do complexo (β_4) $[Zn(OH)_4]^{2-}$.

Questão 139

Para se recuperar o níquel, em sua forma metálica, de uma solução contendo íons Ni^{+2}, introduziu-se na mesma uma barra de estanho metálico. Responda:

a) O processo descrito pode ocorrer sem a participação de um agente externo ao meio reacional? Justifique.
b) Qual a ordem de grandeza da constante de equilíbrio para a reação descrita no problema (a 27°C)? Dados: Potenciais de redução padrão a 27°C:

$Sn^{+2}_{(aquoso)} + 2e^- \rightarrow Sn_{(sólido)}$ $E^0 = -0,14$ V
$Ni^{+2}_{(aquoso)} + 2e^- \rightarrow Ni_{(sólido)}$ $E^0 = -0,25$ V

Questão 140

Um tanque de estocagem de produtos químicos foi revestido internamente com níquel puro para resistir ao efeito corrosivo de uma solução aquosa ácida contida em seu interior. Para manter o líquido aquecido, foi acoplado junto ao tanque um conjunto de resistores elétricos alimentados por um gerador de corrente contínua. Entretanto, uma falha no isolamento elétrico do circuito dos resistores promoveu a eletrificação do tanque, ocasionando um fluxo de corrente residual de intensidade suficiente para desencadear o processo de corrosão eletrolítica do revestimento metálico. Admitindo-se que a superfície do tanque é constituída por uma monocamada de níquel com densidade atômica igual a 1,61 x 10^{19} átomos.m^{-2} e que a área superficial do tanque exposta à solução ácida é de 5,0 m^2, calcule:

a) a massa, expressa em gramas, de átomos de níquel que constituem a monocamada atômica do revestimento metálico.

b) o tempo necessário, expresso em segundos, para que a massa de níquel da monocamada atômica seja consumida no processo de dissolução anódica pela passagem da densidade de corrente de corrosão de 7,0 μA.cm^{-2}.

Questão 141

Calcular a massa mínima de reagentes para uma pilha seca que deve gerar 0,0100 A durante 10 horas. As semirreações são: $Zn \rightarrow Zn^{+2} + 2e^-$ e $2MnO_2 + NH_4^+ + 2e^- \rightarrow Mn_2O_3 + NH_3 + OH^-$.

Questão 142

Uma célula eletroquímica fechada, usada para a produção da mistura gasosa de H_2 e O_2, possui dois eletrodos inertes mergulhados numa solução diluída de hidróxido de sódio. No volume livre de 4,50 L acima da solução, há uma válvula e um manômetro. A temperatura da célula é mantida constante em 27°C. No início da eletrólise, a válvula é fechada, sendo fornecida a célula uma corrente de 30 A. Calcule o tempo para a leitura do manômetro atingir 1,64 atm.

Questão 143

Para uma experiência em laboratório montou-se uma pilha com 100 ml de solução eletrolítica e eletrodos de prata e níquel, a qual descarregou-se totalmente em 9650 segundos, apresentando uma perda de massa de 1,475 g em um dos eletrodos.

a) A concentração inicial do eletrólito;

b) A corrente que percorreu o circuito;

c) O eletrodo positivo da pilha.

Semirreações e potencial a T = 25°C.

$Ni^{2+}_{(aquoso)} + 2e^- \rightarrow Ni_{(sólido)}$ $\quad E^o = -0,25$ V

$Ag^+_{(aquoso)} + 1e^- \rightarrow Ag_{(sólido)}$ $\quad E^o = +0,80$ V

Questão 144

Indique três métodos para retirar a cor azul a uma solução de sulfato de cobre. Justifique devidamente a sua escolha.

Questão 145

Uma pilha de combustível utiliza uma solução de KOH e dois eletrodos porosos de carbono, por onde são admitidos, respectivamente, hidrogênio e oxigênio. Este processo resulta numa reação global de combustão que gera eletricidade. Considerando que a pilha opera nas condições padrão:

a) Calcule a entropia padrão de formação da água líquida;

b) Justifique por que a reação de pilha é espontânea;

c) Avalie a variação de entropia nas vizinhanças do sistema. Calor de formação da água líquida: - 285,9 kJ/mol

$K^+ + e^- \rightleftarrows K$ $\quad E^o = -2,90$ V

$2H_2O + 2e^- \rightleftarrows H_2 + 2OH^-$ $\quad E^o = -0,80$ V

$2H^+ + 2e^- \rightleftarrows H_2$ $\quad E^o = +0,00$ V

$2O_2 + 2H_2O + 4e^- \rightleftarrows 4OH^-$ $\quad E^o = +0,40$ V

$O_2 + 4H^+ + 4e^- \rightleftarrows 2H_2O$ $\quad E^o = +1,20$ V

Questão 146

(CONCURSO PÚBLICO PARA ENGENHARIA DE PETRÓLEO - PETROBRAS) Um dos procedimentos experimentais para se obter sódio metálico é a eletrólise do cloreto de sódio fundido (eletrólise ígnea) em uma cuba eletrolítica. Considerando que a quantidade de eletricidade (carga) de 1 mol de elétrons é igual a 96500 C, qual o tempo, em s, necessário para se obter 9,2 g de sódio, por esse processo, utilizando uma corrente constante e igual a 10 A?

a) 965

b) 1930

c) 2895

d) 3860

e) 4825

Questão 147

Considere o seguinte processo eletroquímico a seguir: $Fe/Fe^{+2}(0{,}10\ mol\ x\ L^{-1})//Fe^{+2}(0{,}0010\ mol\ x\ L^{-1})/\ Fe$. A partir da notação eletroquímica apresentada, calcule o potencial gerado.

Questão 148

Apresente a equação de Nernst e explique a sua aplicabilidade.

Questão 149

Uma corrente elétrica constante atravessa duas células eletrolíticas ligadas em série, sendo que a primeira contém uma solução aquosa de sulfato cúprico e a segunda produz hidrogênio no cátodo e oxigênio no ânodo. Considerando essas informações e sabendo que o gás hidrogênio tem solubilidade desprezível em água:

a) escreva as semirreações e a reação global da eletrólise do sulfato cúprico em meio aquoso, ' envolvendo o fluxo de elétrons; '

b) determine o tempo, em minutos, necessário para o depósito de 0,254 g de cobre, quando se faz passar uma corrente de 2,0 A na solução da primeira célula eletroquímica;

c) calcule o pH da solução resultante do borbulhamento do hidrogênio gasoso, produzido no cátodo da segunda célula, em 200 mL de uma solução aquosa de NaOH 0,1 mol/L, a 298 K.

Questão 150

(GRILLO) Considere um cubo com uma aresta de aproximadamente igual a 1,0 cm que vem sendo utilizada com uma função de eletrodo, em um processo de eletrólise de solução de íons Cu^{+2}, a partir de uma corrente de 1,50 A para que nele haja uma deposição de uma película de cobre com uma espessura de $2{,}50 \times 10^{-4}$ centímetros. A partir das informações apresentadas e sabendo que a densidade do cobre é de 22,76 g/cm³, determine o valor do tempo de eletrólise.

Questão 151

The mass of silver (molar mass: 108 $g.mol^{-1}$) deposited on passing 10 A of current for 10 h in the solution of silver nitrate is about:

a) 253 g
b) 303 g
c) 353 g
d) 403 g

Questão 152

A current of 4 A is passed through a solution of silver nitrate to coat a metal surface of 80 cm^2 with 0,005 mm thick layers of silver. If the density of silver (molar mass: 108 $g.mol^{-1}$) is 10,8 $g.cm^{-3}$, the time for which the current is passed is about: a

a) 84,5 s
b) 90,5 s
c) 96,5 s
d) 100,5 s

Questão 153

In an electrolysis of a metallic chloride 3,283 g of the metal (molar mass 197 $g.mol^{-1}$) was deposited on the cathode by the passage of 4825 C of electric charge. The charge number of metal ion is:

a) 0,5
b) 1
c) 2
d) 3

Questão 154

A certain quantity of electricity is passed through an aqueous solution of $AgNO_3$ and $CuSO_4$ solution in series. If the mass of Ag deposited is 1,08 g, the mass of copper deposited will be:

a) 0,635 g
b) 6,35 g
c) 0,3175 g
d) 1,270 g

Questão 155

A current was passed in series through a solution of XCl and a solution of $ZnSO_4$ using zinc electrodes. If 0,348 g of X and 1,264 g on Zn (molar mass: 65,4 $g.mol^{-1}$) are deposited, the molar mass of X would be about:
a) 9 $g.mol^{-1}$
b) 12 $g.mol^{-1}$
c) 16 $g.mol^{-1}$
d) 20 $g.mol^{-1}$

Questão 156

The time required to coat a metal surface of 80 cm^2 with 5 x 10^{-3} cm thick layer of silver (density 10,5 g x cm^{-3}) with the passage of 3 A current through a silver nitrate solution is:
a) 1150s
b) 1250s
c) 1350s
d) 1450s

Questão 157

48250 C de eletricidade foi depositado no eletro de cobre presente em 0,50 L de $CuSO_4$ usando eletrodos inertes. A concentração da quantidade de matéria será:
a) 0,20 mol x L^{-1}
b) 1,00 mol x L^{-1}
c) 2,50 mol x L^{-1}
d) 0,50 mol x L^{-1}

Questão 158

Los potenciales normales de electrodo para el Al^{+3} / Al y Cr^{+3} / Cr son -1,66V y -0,74V, respectivamente. Cuál de las siguientes afirmaciones es cierta para la siguiente reacción em condiciones estándar? $Al + Cr^{+3} \rightarrow Al^{+3} + Cr$
a) E° = 2,40 V y la reacción es espontánea
b) E° = 0,92 V y la reacción es espontánea
c) E° = -0,92 V y la reacción es no espontánea
d) E° = -0,92 V y la reacción es espontánea
e) E° = -2,40 V y la reacción es no espontânea

Questão 159

Indique cuál de los siguientes elementos químicos tiene mayor carácter reductor:
a) Mg
b) Ge
c) Al
d) K
e) S

Questão 160

A sample of gadolinium metal (atomic mass: 157 u) is dessolved in hydrochloric acid and the resultant solution is electrolysed. If 0.87 g of gadolinium is deposited on passing 1608 C of charge, the charge number of gadolinium ion is:
a) 1
b) 2
c) 3
d) 4

Questão 161

Electrolysis of dilute aqueous NaCl solution was carried out by passing 10 milliampere current. The time required to liberate 0,01 mol of H_2 gas at the cathode is (1 Faraday constant = 96500 $C.mol^{-1}$)
a) 9,65 x 10^4 s
b) 19,3 x 10^4 s
c) 28,95 x 10^4 s

d) $38,6 \times 10^4$ s

Questão 162

In acidic medium, MnO_4^- is converted to Mn^{2+} when acts as an oxidizing agent. The quantity of electricity required to reduce 0,05 mol of MnO_4^- would be:

a) 0,01 F
b) 0,05 F
c) 0,25 F
d) 0,15 F

Questão 163

The amount or mass of Cl_2 produced when 1 A current is passed through NaCl solution for 30 min is:

a) 0,33 g
b) 0,66 g
c) 0,33 mol
d) 0,66 mol

Questão 164

Durante la electrólisis se hace circular una corriente de 1 A durante 30 minutos. Suponiendo que la única reacción catódica es la electrodeposición del cobre, calcule la masa teórica de cobre que se puede depositar en el cátodo.

Questão 165

(GRILLO) A constante de Avogadro foi inicialmente determinada empiricamente pela primeira vez em 1865, mesmo ano que Gregor Mendel formulou a sua teoria da hereditariedade com o artigo "Experimentos na hibridização de plantas". Este número foi conduzido por Josef Loschmid, a partir dos seus conhecimentos sobre a teoria cinética dos gases. Após esse experimento, muitos outros surgiram ao fim do século XIX e início do XX. Uma das maneiras de determinar este número de forma experimental é com bases eletroquímicas. Para a determinação da constante de Avogadro (N_{av}) pelo processo da eletroquímica, assinale de maneira correta uma expressão que seja válida entre a massa do metal (M_X) depositado no eletrodo, sua valência (a), massa molar da espécie metálica ($<MM>_X$), corrente elétrica (i) e o tempo de duração da eletrólise, levando em consideração que o valor da carga elétrica elementar seja igual a $1,60 \times 10^{-19}$C.

a) $M_X = \frac{a.\,N_{AV}.1,60 \times 10^{-19}}{<MM>_X.i.t}$

b) $\frac{M_X}{<MM>_X} = \frac{a.\,N_{AV}.1,60 \times 10^{-19}}{i.t}$

c) $\frac{<MM>_X}{M_X} = \frac{a.\,N_{AV}.1,60 \times 10^{-19}}{i.t}$

d) $M_X = \frac{<MM>_X.i.t}{a.\,N_{AV}.1,60 \times 10^{-19}}$

e) $< MM >_X = \frac{<MM>_X.i.t.1,60 \times 10^{-19}}{M_X.\,a.\,N_{AV}}$

Questão 166

(CONCURSO FEDERAL DA AERONÁUTICA – ENGENHARIA QUÍMICA) A Equação de Nernst, desenvolvida pelo químico e físico alemão Walther Hermann Nernst, é a relação quantitativa que permite calcular a força eletromotriz de uma pilha para concentrações de íons diferentes de uma unidade. Também é usada para cálculos em titulação de oxidação-redução. A equação a 25°C pode ser escrita de forma reduzida como: Sendo: R = 8,315 J x K^{-1} x mol^{-1}; T = 298,2 K (25°C); F = 96485 C x mol^{-1}. Calcule a força eletromotriz para a seguinte pilha a 25°C: Fe / Fe^{2+} (0,02M) || Cu^{2+} (0,2M) / Cu Dados: potencial padrão de redução (E° Fe = -0,44V e E° Cu = + 0,40V).

a) 0,81 V
b) 0,84 V

c) 0,86 V
d) 1,13 V

Questão 167

(CONCURSO FEDERAL DA AERONÁUTICA - ENGENHARIA QUÍMICA) Sobre o mecanismo eletroquímico para os processos corrosivos, é incorreto afirmar que:
a) a corrosão eletroquímica será mais intensa quanto menor for o valor do pH e/ou quanto maior a concentração de oxigênio no meio corrosivo.
b) o processo eletroquímico de corrosão pode ser decomposto em três etapas principais: processo anódico, deslocamento dos elétrons e íons e processo catódico.
c) o oxigênio não funciona somente como estimulador de corrosão, ele pode agir, até certo ponto, como protetor, pois é capaz de reagir diretamente com a superfície do metal, formando uma camada de óxido protetor.
d) corrosão em água ou soluções aquosas, corrosão atmosférica, corrosão no solo, corrosão em materiais plásticos e corrosão com sais fundidos são exemplos de mecanismos eletroquímicos aplicados aos processos corrosivos.

Questão 168

(CONCURSO FEDERAL DA AERONÁUTICA - ENGENHARIA QUÍMICA) Ao se passar uma corrente de 9,65 ampéres por uma solução de $AgNO_3$, pode-se prever que o tempo necessário para que se depositem 6,48g de prata seja aproximadamente de:
a) 5 minutos
b) 10 minutos
c) 30 minutos
d) 60 minutos

Questão 169

(GRILLO) Calcule a constante de dissociação da água, a 37°C, a partir das seguintes semirreações fornecidas a seguir:
$O_{2(gás)} + 2H_2O_{(líquido)} + 4e^- \rightarrow 4OH^-_{(aquoso)}$ E° = + 0,418 V a 37°C
$O_{2(gás)} + 4H^+_{(aquoso)} + 4\,e^- \rightarrow 2H_2O_{(líquido)}$ E° = + 1,27 V a 37°C

Questão 170

(GRILLO) A adiponitrila, $NC(CH_2)_4CN_{(l)}$, é uma substância necessária para a fabricação do nylon, sendo obtida industrialmente por um processo eletrolítico envolvendo a redução da acrilonitrila, $CH_2 = CHCN_{(líquido)}$.
a) Escreva a equação da reação global que ocorre nesse processo eletrolítico.
b) Calcule a quantidade, em massa, de adiponitrila que é produzida em 10,0 horas de processo eletrolítico com uma corrente constante de $3,00 \times 10^3$ A.
c) Calcule o volume, em litros, do gás O_2 produzido, a 740 mmHg e 25°C, nas mesmas condições do item b.

Informações para a resolução do problema:
Ânodo: $2H_2O_{(líquido)} \longrightarrow O_{2(gás)} + 4H^+_{(aquoso)} + 4e^-$
Cátodo: $2CH_2 = CHCN_{(líquido)} + 2H^+_{(aquoso)} + 2e^- \longrightarrow NC(CH_2)_4CN_{(líquido)}$

Questão 171

(GRILLO) Considere as seguintes semirreações, dadas a seguir:

$Zn^{2+}_{(aquoso)} + 2e^- \rightarrow Zn_{(sólido)}$ E° = - 0,763 V
$H^+_{(aquoso)} + e^- \rightarrow ½H_{2(gás)}$ E° = + 0,00 V

a) Escreva a reação global do processo para o funcionamento da célula galvânica.
b) Calcule o valor da constante de equilíbrio a 25°C.
c) Calcule o valor de $\Delta G°$ para a reação global.
d) Calcule o pH da solução desconhecida. Considere que a concentração de $Zn^{2+}_{(aq)}$ e a pressão parcial de $H_{2(g)}$ estão mantidas nas condições de estado padrão, e que o valor de ΔE, nessas condições, é 0,645 V.

Questão 172

(GRILLO) Considere a seguinte pilha galvânica, considerando que este processo eletroquímico esteja sendo operado a T = 25°C. $Sn_{(s)} | Sn^{2+}(0,15\ mol.L^{-1}) || Pb^{2+}(0,55\ mol.L^{-1}) | Pb_{(s)}$.

a) Calcule a variação de potencial, ΔE.
b) Calcule o valor de ΔE da pilha quando a concentração de Pb^{2+} decair para 0,50 mol.L^{-1}.
c) Calcule as concentrações de Sn^{2+} e Pb^{2+}, em mol.L^{-1}, quando o ΔE da pilha for zero.

Dados para a resolução do problema:

$Sn^{2+}_{(aquoso)} + 2e^- \rightarrow Sn_{(sólido)}$ $E^o = -0,136\ V$
$Pb^{2+}_{(aquoso)} + 2e^- \rightarrow Pb_{(sólido)}$ $E^o = -0,126\ V$

Questão 173

Por que o isolamento dos elementos do grupo 1 demorou tanto e com que processo estes elementos foram obtidos na forma metálica pela primeira vez?

EXERCÍCIOS PROPOSTOS - GABARITO

Questão 01

Para a determinação e funcionamento da pilha, será necessário inverter a semirreação do níquel e multiplicar por dois (x 2) a semirreação da prata. Diante disso, somando as semiequações eletroquímicas, temos:

$Ni_{(sólido)} \rightarrow Ni^{2+}_{(aquoso)} + 2e^-$ $\Delta G^0 = -2 \text{ x F x } (+0,25)$
$2Ag^+_{(aquoso)} + 2e^- \rightarrow 2Ag_{(sólido)}$ $\Delta G^0 = -2 \text{ x F x } (+0,80)$ +

$Ni_{(s)} + 2Ag^+_{(aquoso)} \rightarrow Ni^{2+}_{(aquoso)} + 2Ag_{(sólido)}$

$$\Delta G^0_{total} = -2 \text{ x F x } (+0,25) + [-2 \text{ x F x } (+0,80)]$$
$$\cancel{-2 \text{ x F}} \text{ x } E^0_{total} = \cancel{-2 \text{ x F}} \text{ x } (+0,25) + [\cancel{-2 \text{ x F}} \text{ x } (+0,80)]$$
$$E^0_{total} = 0,25 + 0,80 = +1,05\ V$$

Item a) Equação iônica global para o funcionamento da pilha galvânica: $Ni_{(sólido)} + 2Ag^+_{(aquoso)} \rightarrow Ni^{2+}_{(aquoso)} + 2Ag_{(sólido)}$

Item b) O fluxo de elétrons sai do ânodo (eletrodo de níquel) para o cátodo (eletrodo de prata).

Item c) $E^0_{total} = +1,05\ V$.

Este valor é caracterizado por ser um processo eletroquímico espontâneo.

Questão 02

Alternativa B.

Organizando as semirreações apresentadas pelo problema:

$Fe^{+2}_{(aquoso)} + 2e^- \rightarrow Fe_{(sólido)}$ $\Delta G^0 = -2 \text{ x F x } (-0,44)$
$Fe^{+3}_{(aquoso)} + 1e^- \rightarrow Fe^{+2}_{(aquoso)}$ $\Delta G^0 = -1\ x\ F\ x\ (+0,77)$ +

$Fe^{+3}_{(aquoso)} + 3e^- \rightarrow Fe_{(sólido)}$

Cálculo da ddp: $\Delta G^0_{total} = -2 \text{ x F x } (-0,44) + [-1 \text{ x F x } (+0,77)]$

$$-3 \text{ x } \cancel{F} \text{ x } E^0_{total} = -2 \text{ x } \cancel{F} \text{ x } (-0,44) + [-1 \text{ x } \cancel{F} \text{ x } (+0,77)]$$

$$-3 \text{ x } E^0_{total} = 0{,}88 - 0{,}77$$

$$E^0_{total} = -0{,}0367 \text{ V}$$

Para este valor negativo de potencial padrão negativo, isto implica que o processo não é espontâneo.

Questão 03

Alternativa D.

Estudando a eletrólise ígnea do cloreto de magnésio. $MgCl_{2(sólido)} \rightarrow Mg^{+2}_{(líquido)} + 2Cl^-$

Semirreação que ocorre no cátodo: $Mg^{+2}_{(líquido)} + 2e^- \rightarrow Mg_{(sólido)}$
Semirreação que ocorre no ânodo: $2Cl^- \rightarrow Cl_{2(gás)} + 2e^-$

Somando as semirreações:

$$MgCl_{2(s)} \rightarrow \cancel{Mg^{+2}_{(líquido)}} + \cancel{2Cl^-}$$
$$\cancel{Mg^{+2}_{(líquido)}} + \cancel{2e^-} \rightarrow Mg_{(sólido)}$$
$$\cancel{2Cl^-} \rightarrow Cl_{2(gás)} + \cancel{2e^-} \quad +$$

$$MgCl_{2(solido)} \rightarrow Mg_{(sólido)} + Cl_{2(gás)}$$

A partir da relação estequiométrica, temos:

$$24 \text{ g de magnésio} ----- 2 \text{ mol de elétrons x} \frac{96500 \text{ C}}{\text{mol de elétrons}}$$

$$1000 \text{ g de magnésio} ---- Q = 100 \text{ h x} \frac{3600 \text{ s}}{1\text{h}} \text{ x i}$$

$$i = \frac{1000 \text{ x } 2 \text{ x } 96500}{24 \text{ x } 100 \text{ x } 3600} = 22{,}34 \text{ A}$$

Questão 04

Alternativa D.

Estudando a eletrólise no cátodo – semirreação do alumínio.

$$Al^{+3}_{(aquoso)} + 3e^- \rightarrow Al_{(sólido)}$$

A partir da relação estequiométrica, temos:

$$27 \text{ g de alumínio} ----- 3 \text{ mol de elétrons x} \frac{96500 \text{ C}}{\text{mol de elétrons}}$$

$$\text{Massa de alumínio} ---- Q = 8 \text{ h x} \frac{3600 \text{ s}}{1\text{h}} \text{ x } 1{,}0 \text{ x } 10^5$$

$$\text{Massa de alumínio} = \frac{27 \text{ x } 8 \text{ x } 3600 \text{ x } 1{,}0 \text{ x } 10^5}{3 \text{ x } 96500} = 268601{,}04 \text{ g (268 kg)}$$

Questão 05

Alternativa E.

O potencial químico caracteriza-se por ser uma propriedade termodinâmica que não é uma função de estado. Diante disso, multiplicar o potencial por dois não irá variar o seu valor.

Questão 06

Alternativa C.

O eletrodo da esquerda trata-se da oxidação, enquanto o da direita é a redução. Diante disso, as semirreações são as seguintes:

$Cu^{+2}_{(aquoso)} + 2e^- \rightarrow Cu_{(sólido)}$ (semirreação que ocorre no ânodo)
$Zn_{(sólido)} \rightarrow Zn^{+2}_{(aquoso)} + 2e^-$ (semirreação que ocorre no cátodo)

$Zn_{(sólido)} + Cu^{+2}_{(aquoso)} \rightarrow Cu_{(sólido)} + Zn^{+2}_{(aquoso)}$ (equação iônica global)

Diante da equação eletroquímica global, o zinco é o agente redutor e íons cobre é o agente oxidante.

Item a) Falso. O cobre sofre redução.
Item b) Falso. O íon Cu^{2+} é o agente oxidante.
Item c) Verdadeiro.
Item d) Falso. No cátodo ocorre reação de redução.
Item e) Falso. O sentido do fluxo de elétrons é do eletrodo de zinco para o eletrodo de cobre.

Questão 07

Alternativa C.

Estudando a eletrólise no cátodo – semirreação de redução do vanádio:

$$V^{+a}_{(aquoso)} + a\ e^- \rightarrow V_{(sólido)}$$

A partir da relação estequiométrica, temos:

$$50{,}94\ \text{g de alumínio} - - - - \text{a mol de elétrons x} \frac{96500\ \text{C}}{\text{mol de elétrons}}$$
$$114 \times 10^{-3}\ \text{g} - - - - - - - 650\ \text{C}$$

$$a = \frac{50{,}94 \times 650}{114 \times 10^{-3} \times 96500} \cong +3{,}0$$

Questão 08

Alternativa C.

O tipo de eletrólise que será necessário analisar é a eletrólise aquosa do cloreto de sódio.

Equação de dissociação do cloreto de sódio: $NaCl_{(sólido)} \longrightarrow Na^+_{(aquoso)} + Cl^-_{(aquoso)}$
Equação de ionização da água: $H_2O_{(líquido)} \longrightarrow H^+_{(aquoso)} + OH^-_{(aquoso)}$

Semirreação que ocorre no cátodo:
$Na^+_{(aquoso)} + 1e^- \longrightarrow Na_{(sólido)}$
$2H^+_{(aquoso)} + 2e^- \longrightarrow H_{2(gás)}$

Quem descarrega com melhor facilidade no cátodo, Na^+ ou H^+?
Resposta: $2H^+_{(aquoso)} + 2e^- \longrightarrow H_{2(gás)}$
Semirreação que ocorre no ânodo:

$2\ OH\text{-}_{(aquoso)} \longrightarrow ½\ O_{2(gás)} + 2e^- + 2OH\text{-}_{(aquoso)}$
$2Cl^-_{(aquoso)} + 2e^- \longrightarrow Cl_{2(gás)}$

Quem descarrega com melhor facilidade no ânodo, Cl^- ou OH^-?
Resposta: $2Cl^-_{(aquoso)} \longrightarrow Cl_{2(gás)} + 2e^-$

Somando todas as semirreações apresentadas.

$2NaCl_{(sólido)} \longrightarrow 2Na^+_{(aquoso)} + \cancel{2Cl^-_{(aquoso)}}$
$\cancel{2}H_2O_{(líquido)} \longrightarrow \cancel{2H^+_{(aquoso)}} + 2OH^-_{(aquoso)}$
$\cancel{2H^+_{(aquoso)}} + \cancel{2e^-} \longrightarrow H_{2(gás)}$

$\cancel{2Cl^-_{(aquoso)}} \rightarrow Cl_{2(gás)} + \cancel{2e^-}$ +

$$2\,NaCl_{(sólido)} + H_2O_{(líquido)} \rightarrow \underbrace{2Na^+_{(aquoso)} + 2OH^-_{(aquoso)}}_{2\,NaOH_{(aquoso)}} + H_{2(gás)} \uparrow + Cl_{2(gás)} \uparrow$$

Nesta eletrólise aquosa do cloreto de sódio há a formação de soda cáustica, gás hidrogênio no cátodo (-) e produção de gás cloro no ânodo (+).

Questão 09

Alternativa C.

Na figura, o ânodo é o eletrodo de alumínio, enquanto o cátodo é o eletrodo de ferro. Organizando as semirreações, multiplicando a semirreação do ferro por três e invertendo e multiplicando a semirreação do alumínio por dois, temos:

$3Fe^{+2}_{(aquoso)} + 6e^- \rightarrow 3Fe_{(sólido)}$ $\quad \Delta G^0 = -6 \text{ x F x } (-0{,}44)$

$2Al_{(sólido)} \rightarrow 2\,Al^{+3}_{(aquoso)} + 6e^-$ $\quad \Delta G^0 = -6 \text{ x F x } (+1{,}66)$ +

$3Fe^{+2}_{(aquoso)} + 2Al_{(sólido)} \rightarrow 3Fe_{(sólido)} + 2Al^{+3}_{(aquoso)}$

$$\Delta G^0_{total} = -6 \text{ x F x } (-0{,}44) + [-6 \text{ x F x } (+1{,}66)]$$

$$\cancel{-6 \text{ x F}} \text{ x } E^0_{total} = \cancel{-6 \text{ x F}} \text{ x } (-0{,}44) + [\cancel{-6 \text{ x F}} \text{ x } (+1{,}66)]$$

$$E^0_{total} = -0{,}44 + 1{,}66 = +1{,}22 \text{ V}$$

A partir da equação química iônica, os íons ferro sofrem redução (agente oxidante), enquanto o alumínio metálico sofre oxidação (agente redutor).

Questão 10

Alternativa C.

Organizando as semirreações, invertendo a semirreação do ferro, temos:

$Fe_{(sólido)} \rightarrow Fe^{+2}_{(aquoso)} + \cancel{2e^-}$ $\quad \Delta G^0 = -2 \text{ x F x } (+0{,}440)$

$2H^+_{(aquoso)} + \frac{1}{2}O_{2(gás)} + \cancel{2e^-} \rightarrow H_2O_{(líquido)}$ $\quad \Delta G^0 = -2 \text{ x F x } (+1{,}229)$ +

$Fe_{(sólido)} + 2H^+_{(aquoso)} + \frac{1}{2}\,O_{2(gás)} \rightarrow Fe^{+2}_{(aquoso)} + H_2O_{(líquido)}$

$$\cancel{-2 \text{ x F}} \text{ x } E^0_{total} = \cancel{-2 \text{ x F}} \text{ x } (+0{,}440) + [\cancel{-2 \text{ x F}} \text{ x } (+1{,}229)]$$

$$E^0_{total} = +0{,}440 + 1{,}229 = +1{,}669 \text{ V}$$

Questão 11

Item a) Duas cubas de vidro, uma lâmina de cobre e uma lâmina de platina, fio condutor (por exemplo, fio de cobre), ponte salina (tubo de vidro recurvado contendo solução eletrolítica saturada, com as extremidades fechadas por algodão), tubo de vidro com entrada para hidrogênio gasoso, soluções apresentando $[H^+] = 1{,}0 \text{ mol x L}^{-1}$ e $[Cu^{2+}] = 1{,}0 \text{ mol x L}^{-1}$, voltímetro (o valor obtido no voltímetro será positivo para metais que se reduzem no processo). Temperatura: 25° C. Pressão do $H_{2(g)}$: 1 atm.

Item b)

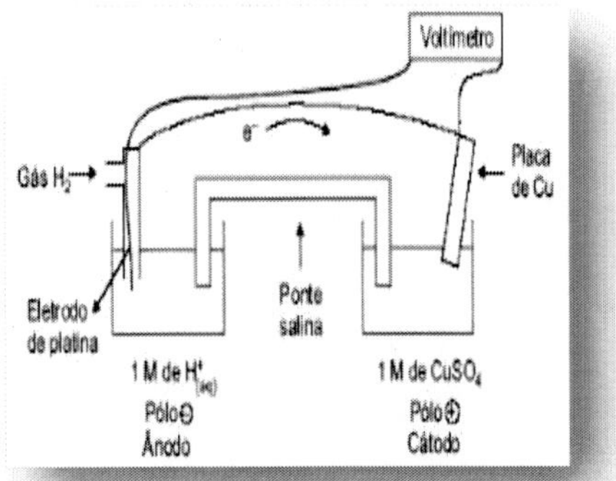

Semirreação anódica: $H_{2(gás)} \rightarrow 2H^+ + 2$ elétrons
Semirreação catódica: $Cu^{2+} + 2$ elétrons $\rightarrow Cu$

Item c) Área do eletrodo: não altera

Concentração do cobre no condutor metálico: não altera

Concentrações de íons cobre: aumenta, pois $E = E° - \frac{0,0592}{n} x \log \frac{[H^+]}{[Cu^{+2}]}$
Aumento da temperatura: diminui, pois $E = E° - \frac{R x T}{n x F} x \ln Q$

Questão 12

Alternativa E.

Equação iônica: $Cu_{(sólido)} + 2Ag^+_{(aquoso)} \rightarrow Cu^{+2}_{(aquoso)} + 2Ag_{(sólido)}$

Analisando a equação iônica global de funcionamento da pilha galvânica, podemos tirar as seguintes conclusões.

1) O cobre sofre oxidação, sendo o cobre metálico o agente redutor. Sua massa irá diminuir ao longo do funcionamento da pilha.

2) A prata irá sofrer um processo de redução (+), sendo os íons prata o agente oxidante. Sua massa vai aumentar ao longo do processo eletroquímico de funcionamento da pilha. A concentração de íons prata na solução vai diminuir.

Item I) Verdadeiro.
Item II) Verdadeiro.
Item III) Verdadeiro.
Item IV) Verdadeiro.

Questão 13

Alternativa D.

Para o funcionamento da pilha, será necessário inverter a semirreação de redução do zinco. Diante desta afirmativa, temos:

$Zn_{(sólido)} \rightarrow Zn^{+2}_{(aquoso)} + \cancel{2e^-}$ $\Delta G^0 = -2 x F x (+0,763)$
$Fe^{+2}_{(aquoso)} + \cancel{2e^-} \rightarrow Fe_{(sólido)}$ $\Delta G^0 = -2 x F x (-0,440) +$

$Zn_{(s)} + Fe^{+2}_{(aquoso)} \rightarrow Zn^{+2}_{(aquoso)} + Fe_{(sólido)}$

$$\Delta G^0_{total} = -2 x F x (+0,763) + [-2 x F x (-0,44)]$$

$$\cancel{-2 x F} x E^0_{total} = \cancel{-2 x F} x (+0,763) + [\cancel{-2 x F} x (-0,44)]$$

$E^0_{total} = +0{,}763 - 0{,}44 = +0{,}323\ V$

Questão 14

Alternativa E.

Equação de dissociação do cloreto de sódio: $NaCl_{(sólido)} \rightarrow Na^+_{(aquoso)} + Cl^-_{(aquoso)}$

Equação de ionização da água: $H_2O_{(líquido)} \rightarrow H^+_{(aquoso)} + OH^-_{(aquoso)}$

Semirreação que ocorre no cátodo:
$Na^+_{(aquoso)} + 1e^- \rightarrow Na_{(sólido)}$
$2H^+_{(aquoso)} + 2e^- \rightarrow H_{2(gás)}$

Quem descarrega com melhor facilidade no cátodo, Na^+ ou H^+?
Resposta: $2H^+_{(aquoso)} + 2e^- \rightarrow H_{2(gás)}$

Semirreação que ocorre no ânodo:
$2\ OH^-_{(aquoso)} \rightarrow \frac{1}{2}\ O_{2(gás)} + 2e^- + 2OH^-_{(aq)}$
$2Cl^-_{(aquoso)} + 2e^- \rightarrow Cl_{2(gás)}$

Quem descarrega com melhor facilidade no ânodo, Cl^- ou OH^-?
Resposta: $2Cl^-_{(aquoso)} \rightarrow Cl_{2(gás)} + 2e^-$

Somando todas as semirreações apresentadas, temos:

$2NaCl_{(sólido)} \rightarrow 2Na^+_{(aquoso)} + \cancel{2Cl^-_{(aquoso)}}$
$\cancel{2}H_2O_{(líquido)} \rightarrow \cancel{2H^+_{(aquoso)}} + 2OH^-_{(aquoso)}$
$\cancel{2H^+_{(aquoso)}} + \cancel{2e^-} \rightarrow H_{2(gás)}$
$\cancel{2Cl^-_{(aquoso)}} \rightarrow Cl_{2(gás)} + \cancel{2e^-}$ +

$$2\ NaCl_{(sólido)} + H_2O_{(líquido)} \rightarrow \underbrace{2Na^+_{(aquoso)} + 2OH^-_{(aquoso)}}_{2NaOH_{(aquoso)}} + H_{2(gás)} \uparrow + Cl_{2(gás)} \uparrow$$

Nesta eletrólise aquosa do cloreto de sódio há a formação de soda cáustica, gás hidrogênio no cátodo (-) e produção de gás cloro no ânodo (+).

Questão 15

Alternativa E.

Para o funcionamento da pilha, será necessário inverter a semirreação de redução do níquel. Diante desta afirmativa, temos:

$Zn_{(sólido)} \rightarrow Zn^{+2}_{(aquoso)} + \cancel{2e^-}$ $\qquad \Delta G^0 = -2\ x\ F\ x\ (+0{,}76)$
$Ni^{+2}_{(aquoso)} + \cancel{2e^-} \rightarrow Ni_{(sólido)}$ $\qquad \Delta G^0 = -2\ x\ F\ x\ (-0{,}25)$ +

$Zn_{(sólido)} + Ni^{+2}_{(aquoso)} \rightarrow Zn^{+2}_{(aquoso)} + Ni_{(sólido)}$

$\Delta G^0_{total} = -2\ x\ F\ x\ (+0{,}76) + [-2\ x\ F\ x\ (-0{,}25)]$

$\cancel{-2\ x\ F}\ x\ E^0_{total} = \cancel{-2\ x\ F}\ x\ (+0{,}76) + [\cancel{-2\ x\ F}\ x\ (-0{,}25)]$

$E^0_{total} = +0{,}76 - 0{,}25 = +0{,}51\ V$

Questão 16

Alternativa A.

Item A) Não, pois não apresenta cargas iônicas (cátions e ânions).

Item B) Sim. Para processos eletrolíticos, uma das principais premissas é que as reações químicas apresentem transferência de elétrons, ou seja, seja reação de oxidação e redução.

Questão 17

Alternativa D.

Para o funcionamento da pilha, será necessário inverter e multiplicar por dois a semirreação de redução da prata. Diante desta afirmativa, temos:

$Cu_{(sólido)} \rightarrow Cu^{+2}_{(aquoso)} + \cancel{2e^-}$ $\quad \Delta G^0 = -2 \text{ x F x } (-0,34)$

$2Ag^+_{(aquoso)} + \cancel{2e^-} \rightarrow 2Ag_{(sólido)}$ $\quad \Delta G^0 = -2 \text{ x F x } (+0,80)$ +

$Cu_{(s)} + 2Ag^+_{(aquoso)} \rightarrow Cu^{+2}_{(aquoso)} + 2Ag_{(sólido)}$

$$\Delta G^0_{total} = -2 \text{ x F x } (-0,34) + [-2 \text{ x F x } (+0,80)]$$

$$\cancel{-2 \text{ x F}} \text{ x } E^0_{total} = \cancel{-2 \text{ x F}} \text{ x } (-0,34) + [\cancel{-2 \text{ x F}} \text{ x } (+0,80)]$$

$$E^0_{total} = -0,34 + 0,80 = +\ 0,46 \text{ V}$$

Questão 18

Para o funcionamento da pilha, será necessário inverter a semirreação de redução do zinco. Diante desta afirmativa, temos:

$Zn_{(sólido)} \rightarrow Zn^{+2}_{(aquoso)} + \cancel{2e^-}$

$2NH_4^+{}_{(aquoso)} + 2MnO_{4(sólido)} + 2e^- \rightarrow Mn_2O_{3(sólido)} + H_2O_{(líquido)} + 2NH_{3(aquoso)}$ +

$Zn_{(sólido)} + 2NH_4^+{}_{(aquoso)} + 2MnO_{4(sólido)} \rightarrow Zn^{+2}_{(aquoso)} + Mn_2O_{3(sólido)} + H_2O_{(líquido)} + 2NH_{3(aquoso)}$

$$\Delta G^0_{total} = -2 \text{ x F x } (+0,76) + [-2 \text{ x F x } (+0,74)]$$

$$\cancel{-2 \text{ x F}} \text{ x } E^0_{total} = \cancel{-2 \text{ x F}} \text{ x } (+0,76) + [\cancel{-2 \text{ x F}} \text{ x } (+0,74)]$$

$$E^0_{total} = +0,76 + 0,74 = +\ 1,50 \text{ V}$$

Item a) Equação química global para o funcionamento da pilha galvânica:

$Zn_{(sólido)} + 2NH_4^+{}_{(aquoso)} + 2MnO_{4(sólido)} \rightarrow Zn^{+2}_{(aquoso)} + Mn_2O_{3(sólido)} + H_2O_{(líquido)} + 2NH_{3(aquoso)}$

Item b) $E^0_{total} = +0,76 + 0,74 = +\ 1,50 \text{ V}$

Questão 19

Alternativa C.

Solução de sulfato de zinco ($ZnSO_4$): $ZnSO_{4(sólido)} \rightarrow Zn^{+2}_{(aquoso)} + SO_4^{-2}{}_{(aquoso)}$

Semirreação que acontece no cátodo: $Zn^{+2}_{(aquoso)} + 2e^- \rightarrow Zn_{(sólido)}$

Conversão do tempo para segundos: $3,50 \cancel{h} \text{ x } \frac{3600 \text{ s}}{1 \cancel{h}} = 12600 \text{ s}$

Cálculo da massa de zinco depositada:

$$65,4 \text{ g} - - - - - 2 \text{ mol de elétrons x } \frac{96500 \text{ C}}{\text{mol de elétrons}}$$

$$\text{Massa} - - - - - 12600 \text{ x } 6,0$$

$$\text{Massa} = \frac{12600 \text{ x } 6,0 \text{ x } 65,40}{2 \text{ x } 96500} = 25,62 \text{ g}$$

Questão 20

(GRILLO) Organizando as semirreações:

$Cu^{+2}_{(aquoso)} + 2e^- \rightarrow Cu_{(sólido)}$ $\quad \Delta G^0_1 = -2 \text{ x F x } (+0{,}340)$
$Cu^{+}_{(aquoso)} + 1e^- \rightarrow Cu_{(sólido)}$ $\quad \Delta G^0_2 = -1 \text{ x F x } (+0{,}552)$

Invertendo a segunda semirreação:

$Cu^{+2}_{(aquoso)} + 2e^- \rightarrow \cancel{Cu_{(sólido)}}$ $\quad \Delta G^0_1 = -2 \text{ x F x } (+0{,}340)$
$\cancel{Cu_{(sólido)}} \rightarrow Cu^{+}_{(aquoso)} + 1e^-$ $\quad \Delta G^0_2 = -1 \text{ x F x } (-0{,}552)$ +

$Cu^{+2}_{(aquoso)} + 1e^- \rightarrow Cu^{+}_{(aquoso)}$ $\quad \Delta G^0_{total} = \Delta G^0_1 + \Delta G^0_2$

$$-1 \text{ x } \cancel{F} \text{ x } E^0_{total} = -2 \text{ x } \cancel{F} \text{ x } (+0{,}340) + [-1 \text{ x } \cancel{F} \text{ x } (-0{,}552)]$$
$$-1 \text{ x } E^0_{total} = -2 \text{ x } (+0{,}340) - (-0{,}552)$$
$$E^0_{total} = +0{,}128 \text{ V}$$

Cálculo da constante de equilíbrio (K_{eq}): $\Delta G^0_{eletroquímica} = \Delta G^0_{termodinâmica}$

$$-\text{ n x F x } E^0_{total} = -\text{R x T x} \ln K_{eq}$$

$$\ln K_{eq} = \frac{\text{n x F x } E^0_{total}}{\text{R x T}}$$

$$\ln K_{eq} = \frac{1 \text{ x } 96500 \text{ x } 0{,}128}{8{,}314 \text{ x } (25 + 273)} = 4{,}98$$

$$K_{eq} = e^{+4{,}98} = 146{,}28$$

Questão 21

Para a determinação do potencial padrão da equação iônica apresentada, será necessário inverter a primeira equação iônica.

$Ni^{+2} + 2H_2O \rightarrow NiO_2 + 4H^+ + 2e^-$ $\quad \Delta G^0_1 = -2 \text{ x F x } (-1{,}678)$
$NiO_2 + 2H_2O + 2e^- \rightarrow Ni(OH)_2 + 2OH^-$ $\quad \Delta G^0_2 = -2 \text{ x F x } (-0{,}49)$

Somando as duas equações iônicas apresentadas:

$Ni^{+2} + 2H_2O \rightarrow \cancel{NiO_2} + 4H^+ + \cancel{2e^-}$ $\quad \Delta G^0_1 = -2 \text{ x F x } (-1{,}678)$
$\cancel{NiO_2} + 2H_2O + \cancel{2e^-} \rightarrow Ni(OH)_2 + 2OH^-$ $\quad \Delta G^0_2 = -2 \text{ x F x } (-0{,}49)$ +

$Ni^{+2} + 4H_2O \rightarrow Ni(OH)_2 + 4H^+ + 2OH^-$ $\quad \Delta G^0_{total} = \Delta G^0_1 + \Delta G^0_2$

$$-2 \text{ x F x } E^0 = -2 \text{ x F x } (-1{,}678) + [-2 \text{ x F x } (-0{,}49)]$$
$$E^0 = -2{,}168$$

Cálculo da constante de equilíbrio, em função do potencial calculado:

$$-\text{R x T x} \ln K_{eq} = -\text{n x F x } E^0$$

$$-8{,}314 \text{ x } 298 \text{ x} \ln K_{eq} = -2 \text{ x } 96500 \text{ x } (-2{,}168)$$

$$\ln K_{eq} = -168{,}88$$

$$K_{eq} = e^{(-168{,}88)} = 4{,}51 \text{ x } 10^{-74}$$

Logo, $Ni^{+2} + 2H_2O \rightarrow Ni(OH)_2 + 4H^+ + 2OH^-$ e sua constante de equilíbrio é igual a

$$K_{eq} = e^{(-168,88)} = 4,51 \times 10^{-74}$$

Para a determinação da constante de equilíbrio da questão, será necessário levar a equação de dissociação da água com o valor da sua constante de equilíbrio em consideração. Diante disso,

$Ni^{+2} + 2H_2O \rightarrow Ni(OH)_2 + 4H^+ + 2OH^-$ $K_{eq} = 4,51 \times 10^{-74}$
$H_2O \rightarrow H^+ + OH^-$ $K_{eq} = 10^{-14}$

Multiplicando por dois a segunda equação iônica, temos:
$Ni^{+2} + 4H_2O \rightarrow Ni(OH)_2 + 4H^+ + 2OH^-$ $K_{eq} = 4,51 \times 10^{-74}$
$2H_2O \rightarrow 2H^+ + 2OH^-$ $K_{eq} = (10^{-14})^2$

Diminuindo as equações iônicas, temos:

$Ni^{+2} + 4H_2O \rightarrow Ni(OH)_2 + 4H^+ + 2OH^-$ $K_{eq} = 4,51 \times 10^{-74}$
$2H_2O \rightarrow 2H^+ + 2OH^-$ $K_{eq} = (10^{-14})^2$ -

$Ni^{+2} + 2H_2O \rightarrow Ni(OH)_2 + 2H^+$ $K_{eq}^{total} = \frac{4,51 \times 10^{-74}}{(10^{-14})^2}$

Cálculo da variação da energia livre de Gibbs padrão:

$$\Delta G^0_{termodinâmico} = -8,314 \times 298 \times \ln\frac{4,51 \times 10^{-74}}{(10^{-14})^2}$$

Questão 22

Item a) As equações iônicas apresentadas são definidas como reação de redução.

Item b) A denominação que se dá no eletrodo trata-se do termo "cátodo".

Item c) Cálculo da carga e do tempo para o processo de deposição de prata.

$$108\ g - - - - - 1\ mol\ de\ elétrons \times \frac{96500\ C}{mol\ de\ elétrons}$$
$$1,08\ g - - - - - Q$$

$$Q = \frac{1,08 \times 1 \times 96500}{108} = 965\ C$$

Cálculo do tempo: $tempo = \frac{965}{1} = 965\ s$

Item d) Cálculo do volume de gás hidrogênio nas CNTP, sabendo que são 2 mol de elétrons que participam na reação química.

$$22,4\ L - - - - - - - - - - 2\ mol\ de\ elétrons \times \frac{96500\ C}{mol\ de\ elétrons}$$
$$Volume - - - - - - - - - 965\ C$$

$$Volume = \frac{22,4 \times 965}{2 \times 96500} = 0,0112\ L$$

Questão 23

Para a produção de hidróxido de sódio (soda cáustica) as matérias-primas utilizadas são cloreto de sódio e água.

Equação de dissociação do cloreto de sódio: $NaCl_{(aquoso)} \overset{\Delta}{\rightarrow} Na^+_{(aquoso)} + Cl^-_{(aquoso)}$

Equação de ionização da água: $H_2O_{(líquido)} \rightarrow H^+_{(aquoso)} + OH^-_{(aquoso)}$

Quem descarrega com melhor facilidade no cátodo, $Na^+_{(aquoso)}$ ou $H^+_{(aquoso)}$?
Resposta: $2H^+_{(aquoso)} + 2e^- \rightarrow H_{2(gás)}$

Quem descarrega com melhor facilidade no ânodo, $Cl^-_{(aquoso)}$ ou $OH^-_{(aquoso)}$?
Resposta: $2Cl^-_{(aquoso)} \rightarrow Cl_{2(gás)} + 2e^-$

Multiplicando a primeira e a segunda semirreação por dois (x 2) e somando todas as demais equações, temos:

$$2NaCl_{(aquoso)} \rightarrow 2\,Na^+_{(aquoso)} + \cancel{2Cl^-_{(aquoso)}}$$
$$2H_2O_{(líquido)} \rightarrow \cancel{2H^+_{(aquoso)}} + 2OH^-_{(aquoso)}$$
$$\cancel{2H^+_{(aquoso)}} + \cancel{2e^-} \rightarrow H_{2(gás)}$$
$$\cancel{2Cl^-_{(aquoso)}} \rightarrow Cl_{2(gás)} + \cancel{2e^-} \qquad +$$
$$2\,NaCl_{(aquoso)} + 2H_2O_{(líquido)} \rightarrow \underbrace{2\,Na^+_{(aquoso)} + 2OH^-_{(aquoso)}}_{2NaOH_{(aquoso)}} + H_{2(gás)} \uparrow + Cl_{2(gás)} \uparrow$$

Observação: Esta é a forma eletroquímica para a produção de hidróxido de sódio (soda cáustica) a partir do cloreto de sódio, havendo a liberação dos gases $H_{2(gás)}$ e $Cl_{2(gás)}$.

Questão 24

(GRILLO) Analisando a eletrólise aquosa do ácido sulfúrico:

Equação de dissociação do ácido sulfúrico: $H_2SO_{4(aquoso)} \rightarrow 2H^+_{(aquoso)} + SO_4^{-2}{}_{(aquoso)}$

Equação de ionização da água: $H_2O_{(aquoso)} \rightarrow 2H^+_{(aquoso)} + OH^-_{(aquoso)}$
Resposta: o único que vai descarregar no cátodo, trata-se do hidrogênio: $2H^+_{(aquoso)} + 2e^- \rightarrow H_{2(gás)}$

Quem descarrega com maior facilidade no ânodo (polo positivo), $SO_4^{-2}{}_{(aq)}$ ou $OH^-_{(aq)}$?
Resposta: $2OH^-_{(aquoso)} \rightarrow ½O_{2(gás)} + 2e^- + H_2O_{(l)}$

Somando as semirreações mencionadas acima, temos:

$$H_2SO_{4(aquoso)} \rightarrow 2H^+_{(aquoso)} + SO_4^{-2}{}_{(aquoso)}$$
$$2H_2O_{(aquoso)} \rightarrow \cancel{2H^+_{(aquoso)}} + \cancel{2OH^-_{(aquoso)}}$$
$$\cancel{2H^+_{(aquoso)}} + \cancel{2e^-} \rightarrow H_{2(gás)}$$
$$\cancel{2OH^-_{(aquoso)}} \rightarrow ½O_{2(gás)} + \cancel{2e^-} + \cancel{H_2O_{(l)}} \qquad +$$
$$H_2SO_{4(aquoso)} + H_2O_{(líquido)} \rightarrow 2H^+_{(aquoso)} + SO_4^{-2}{}_{(aquoso)} + H_{2(gás)} \uparrow + ½O_{2(gás)} \uparrow$$

Através da eletrólise do ácido sulfúrico, observa-se que há sim a produção de gás hidrogênio.

Cálculo do número de mol de gás hidrogênio, utilizando a equação dos gases ideais, temos:

$$1 \text{ mol de } H_{2(g)} \text{ --------- } 2\,\cancel{\text{mol de e}^-} \times \frac{96500\text{ C}}{\cancel{\text{mol de e}^-}}$$
$$\frac{\left(\frac{748}{760}\right) \times 40 \times 10^{-3}}{0{,}08206 \times (15 + 273)} \text{ ------ } Q$$

$$Q = 2 \text{ x } 96500 \text{ x} \left\{ \frac{\left(\frac{748}{760}\right) \text{x } 40 \text{ x } 10^{-3}}{0,08206 \text{ x } 288} \right\} = \frac{5774560}{17961,29} = 321,50 \text{ C}$$

Cálculo da corrente (i): $i = \frac{Q}{\text{tempo}} = \frac{321,50}{360} = 0,893 \text{ A}$

Questão 25

Estudando a eletrólise ígnea do cloreto de alumínio. $AlCl_{3(sólido)} \rightarrow Al^{+3}_{(líquido)} + 3Cl^-$

Semirreação que ocorre no cátodo: $Al^{+3}_{(líquido)} + 3e^- \rightarrow Al_{(sólido)}$

Semirreação que ocorre no ânodo: $2Cl^- + 2e^- \rightarrow Cl_{2(gás)}$

Somando as três semirreações, temos:

$2AlCl_{3(sólido)} \rightarrow \cancel{2Al^{+3}_{(líquido)}} + \cancel{6Cl^-}$ (x 2)

$\cancel{2Al^{+3}_{(líquido)}} + \cancel{6e^-} \rightarrow 2Al_{(sólido)}$ (x 2)

$\cancel{6Cl^-} \rightarrow 3Cl_{2(gás)} + \cancel{6e^-}$ (x 3) +

$2AlCl_{3(sólido)} \rightarrow 2Al_{(sólido)} + 3Cl_{2(gás)}$

Estudando a semirreação de redução do alumínio: $Al^{+3}_{(líquido)} + 3e^- \rightarrow Al_{(sólido)}$

Cálculo da carga (Q):

$27 \text{ g} ------- 3 \text{ mol de elétrons x} \frac{96500 \text{ C}}{\text{mol de elétrons}}$

$10^6 \text{g} ------- Q$

$$Q = \frac{10^6 \text{ x } 3 \text{ x } 96500}{27} = 1,07 \text{ x } 10^{10} \text{ C}$$

Cálculo do tempo: $\text{tempo} = \frac{1,07 \text{ x } 10^{10} \text{ C}}{10000} = 1,07 \text{ x} 10^6 \text{ s}$

Convertendo o tempo para dias: $\text{tempo} = 1,07 \text{ x } 10^6 \cancel{s} \text{ x} \frac{1 \cancel{h}}{3600 \cancel{s}} \text{x} \frac{1 \text{ dia}}{24 \cancel{h}} = 12,41 \text{ dias}$

Questão 26

Alternativa C.

Sabendo que a expressão da corrente é dada por: $i = \frac{n \text{ x } q_{e^-}}{\text{tempo}}$

$$1,60 \text{ x } 10^{-2} = \frac{1,60 \text{ x } 10^{-19} \text{ x n}}{1}$$

$n = \frac{1,60 \text{ x } 10^{-2}}{1,60 \text{ x } 10^{-19}} = 10^{+17} \text{ elétrons}$

Questão 27

Semirreação da esquerda (oxidação - ânodo): $Zn_{(sólido)} \rightarrow Zn^{+2}_{(aquoso)} + 2e^-$

Semirreação da direita (redução-cátodo): $2Ag^{+1}_{(líquido)} + 2e^- \rightarrow Ag_{(sólido)}$

Equação iônica global que corresponde ao funcionamento da pilha galvânica:

$Zn_{(sólido)} + 2Ag^{+1}_{(líquido)} \rightarrow Ag_{(sólido)} + Zn^{+2}_{(aquoso)}$

"A concentração de $ZnSO_4$ do lado esquerdo vai aumentar."

A frase está errada. A concentração do íon Zn^{+} aumenta por causa da oxidação e a concentração de SO_2^{-2} fica constante.

Questão 28

Estudando a eletrólise no cátodo – semirreação do cobre. $Cu^{+2}_{(aquoso)} + 2e^{-} \rightarrow Cu_{(sólido)}$

Conversão do tempo: $\text{tempo} = 3\text{ min x}\frac{60\text{ s}}{1\text{ min}} + 20\text{ s} = 200\text{ s}$

A partir da relação estequiométrica, temos:

$$63{,}55\text{ g de Cu} - - - - 2\text{ mol de elétrons x}\frac{96500\text{ C}}{\text{mol de elétrons}}$$
$$0{,}254\text{ g} - - - - - - - (200\text{ x i})$$

$$i = \frac{0{,}254\text{ x }2\text{ x }96500}{63{,}5\text{ x }200} = 3{,}86\text{ A}$$

Questão 29

Alternativa D.

Estudando a eletrólise no cátodo – semirreação do níquel: $Ni^{+2}_{(aquoso)} + 2e^{-} \rightarrow Ni_{(sólido)}$

Conversão do tempo: $\text{tempo} = 1{,}50\text{ h x}\frac{3600\text{ s}}{1\text{ h}} = 5400\text{ s}$

A partir da relação estequiométrica, temos:

$$58{,}7\text{ g de Ni} - - - - 2\text{ mol de elétrons x}\frac{96500\text{ C}}{\text{mol de elétrons}}$$
$$35{,}0\text{ g} - - - - - - - (5400\text{ x i})$$

$$i = \frac{35{,}0\text{ x }2\text{ x }96500}{58{,}7\text{ x }5400} = 21{,}31\text{ A}$$

Questão 30

Item a) Apresentando as duas semirreações de redução a seguir.

Semirreação de redução do níquel: $Ni^{+2}_{(aquoso)} + 2e^{-} \rightarrow Ni_{(sólido)}$
Semirreação de redução do cádmio: $Cd^{+2}_{(aquoso)} + 2e^{-} \rightarrow Cd_{(sólido)}$

Para o funcionamento da pilha, será necessário inverter a semirreação do cádmio.

Equação iônica global para o funcionamento do dispositivo eletroquímico:

$Ni^{+2}_{(aquoso)} + \cancel{2e^{-}} \rightarrow Ni_{(sólido)}$

$Cd_{(sólido)} \rightarrow Cd^{+2}_{(aquoso)} + \cancel{2e^{-}}$ +

$Cd_{(sólido)} + Ni^{+2}_{(aquoso)} \rightarrow Ni_{(sólido)} + Cd^{+2}_{(aquoso)}$

Item b) $Cd_{(sólido)} + Ni^{+2}_{(aquoso)} \rightarrow Ni_{(sólido)} + Cd^{+2}_{(aquoso)}$

Espécie reduzida = níquel
Espécie oxidada = cádmio
Agente oxidante = cátion níquel
Agente redutor = cádmio metálico

Ânodo = cádmio
Cátodo = níquel
Polaridade no eletrodo de cádmio = polaridade negativa

Item c) Qual é o potencial padrão, E^0, da célula?

Semirreação da cela da esquerda:
$$Ni^{+2}_{(aquoso)} + 2e^- \rightarrow Ni_{(sólido)} \qquad \Delta G^0_1 = -2\ x\ F\ x\ (-\ 0{,}258)$$

Semirreação da cela da direita:
$$Cd_{(sólido)} \rightarrow Cd^{+2}_{(aquoso)} + 2e^- \qquad \Delta G^0_2 = -2\ x\ F\ x\ (+\ 0{,}402)$$

Equação iônica global:

$$Cd_{(sólido)} + Ni^{+2}_{(aquoso)} \rightarrow Ni_{(sólido)} + Cd^{+2}_{(aquoso)} \qquad \Delta G^0_{total} = \Delta G^0_1 + \Delta G^0_2$$

$$\cancel{-2\ x\ F}\ x\ E^0_{total} = \cancel{-2\ x\ F}\ x\ (-\ 0{,}258) + [\cancel{-2\ x\ F}\ x\ (+\ 0{,}402)]$$

$$E^0_{total} = -\ 0{,}258 + 0{,}402 = +0{,}144\ V$$

Item d) $Cd_{(sólido)} + Ni^{+2}_{(aquoso)} \rightarrow Ni_{(sólido)} + Cd^{+2}_{(aquoso)}$

Direção do fluxo de elétrons no fio externo = sai do ânodo (cádmio) para o cátodo (níquel).

Migração dos íons presentes na ponte salina = o cátion potássio (K^+) se direciona para a cuba do níquel, enquanto o ânion nitrato (NO_3^-) migra para a cuba do níquel.

Item e) Para a resolução deste item, será necessário utilizar a equação de Nersnt.

$$Cd_{(sólido)} + Ni^{+2}_{(aquoso)} \rightarrow Ni_{(sólido)} + Cd^{+2}_{(aquoso)}$$

$$E = E^0 - \frac{R\ x\ T}{n\ x\ F} x \ln \frac{a_{Ni}\ x\ [Cd^{+2}_{(aq)}]}{a_{Cd}\ x\ [Ni^{+2}_{(aq)}]}$$

$$E = +0{,}144 - \frac{8{,}314\ x\ 298}{2\ x\ 96500} x \ln \frac{1\ x\ 0{,}0010}{1\ x\ 1{,}0} = +0{,}233\ V$$

A partir do resultado obtido, o potencial será maior. Pelo princípio de Le Chatelier, diminuindo a concentração da quantidade de matéria de cádmio, o equilíbrio será deslocado para a direita.

Item f) Cálculo do novo potencial da célula: $[Ni^{2+}]$ = 0,1 mol/L e $[Cd^{2+}]$ = 0,0010 mol/L.

Para a resolução deste item, será necessário utilizar a equação de Nersnt.

$$Cd_{(sólido)} + Ni^{+2}_{(aquoso)} \rightarrow Ni_{(sólido)} + Cd^{+2}_{(aquoso)}$$

$$E = E^0 - \frac{R\ x\ T}{n\ x\ F} x \ln \frac{a_{Ni}\ x\ [Cd^{+2}_{(aq)}]}{a_{Cd}\ x\ [Ni^{+2}_{(aq)}]}$$

$$E = +0{,}144 - \frac{8{,}314\ x\ 298}{2\ x\ 96500} x \ln \frac{1\ x\ 0{,}0010}{1\ x\ 0{,}10} = +0{,}203\ V$$

Questão 31

Desenvolvendo todo o cálculo com relação à determinação da ddp e da equação global.

$Cr^{3+} + 3e^- \rightarrow Cr$ $\quad$ $E^\circ = -0,744$ V
$Ni^{2+} + 2e^- \rightarrow Ni$ $\quad$ $E^\circ = -0,236$ V

Invertendo a primeira semirreação e multiplicando por dois:
$2Cr \rightarrow 2Cr^{3+} + 6e^-$ $\quad$ $\Delta G_1^0 = -6 \text{ x F x } (+\,0{,}744)$

Multiplicando a segunda semirreação por três:
$3Ni^{2+} + 6e^- \rightarrow 3Ni$ $\quad$ $\Delta G_2^0 = -6 \text{ x F x } (-0{,}236)$

Somando as duas semirreações:

$2Cr \rightarrow 2Cr^{3+} + 6e^-$ $\quad$ $\Delta G_1^0 = -6 \text{ x F x } (+\,0{,}744)$
$3Ni^{2+} + 6e^- \rightarrow 3Ni$ $\quad$ $\Delta G_2^0 = -6 \text{ x F x } (-0{,}236)$ $\quad$ +

$2Cr + 3Ni^{2+} \rightarrow 2Cr^{3+} + 3Ni$

$$\Delta G^0_{total} = \Delta G_1^0 + \Delta G_2^0$$

$$\cancel{-6 \text{ x F}} \text{ x } E^0 = \cancel{-6 \text{ x F}} \text{ x } (+\,0{,}744) + \cancel{-6 \text{ x F}} \text{ x } (-0{,}236)$$

$$E^0_{total} = +\,0{,}744 - 0{,}236 = +0{,}508 \text{ V}$$

Item a) Equação iônica para o funcionamento da célula galvânica: $2Cr + 3Ni^{2+} \rightarrow 2Cr^{3+} + 3Ni$

Item b) O eletrodo que tem a sua massa aumentada é o eletrodo de níquel.

Item c) Potencial padrão para o processo eletroquímico: $E^0 = +0{,}508$ V

Item d) Cálculo do valor da energia livre de Gibbs padrão.

$$\Delta G^0_{reação} = -6 \text{ x } 96500 \text{ x } (+\,0{,}508) = -294132 \text{ J } (-\,294{,}1 \text{ kJ})$$

Item e) Cálculo da constante de equilíbrio: $\Delta G^0_{termodinâmico} = \Delta G^0_{eletroquímico}$

$$-8{,}314 \text{ x } 298 \text{ x } \ln K_{eq} = -294132$$

$$\ln K_{eq} = +118{,}72$$

$$K_{eq} = e^{(+118{,}72)}$$

Item f) Cálculo da ddp, a partir da utilização da equação de Nersnt: $2Cr + 3Ni^{2+} \rightarrow 2Cr^{3+} + 3Ni$

$$E = E^0 - \frac{R \text{ x } T}{n \text{ x } F} \text{ x} \ln \frac{\overbrace{a_{Ni}^3}^{1} \text{ x } \left[Cr^{+3}_{(aq)}\right]^2}{\underbrace{a_{Cr}^2}_{1} \text{ x } \left[Ni^{+2}_{(aq)}\right]^3}$$

$$E = +0{,}508 - \frac{8{,}314 \text{ x } 298}{6 \text{ x } 96500} \text{ x} \ln \frac{(0{,}010)^2}{(0{,}010)^3}$$

$$E = +0{,}488 \text{ V}$$

Questão 32

Para a determinação do potencial padrão e da equação iônica para o funcionamento da pilha galvânica, será necessário inverter a semirreação do níquel e multiplicar por dois a semirreação da prata.

$Ni \rightarrow Ni^{+2} + 2e^-$ $\quad \Delta G_1^0 = -2 \text{ x F x } (+0{,}25)$

$2\,Ag^+ + 2e^- \rightarrow 2Ag$ $\quad \Delta G_2^0 = -2 \text{ x F x } (+0{,}80)$

Somando as semirreações, temos:

$Ni \rightarrow Ni^{+2} + 2e^-$ $\quad \Delta G_1^0 = -2 \text{ x F x } (+0{,}25)$

$2\,Ag^+ + 2e^- \rightarrow 2Ag$ $\quad \Delta G_2^0 = -2 \text{ x F x } (+0{,}80)$

$Ni + 2\,Ag^+ \rightarrow Ni^{+2} + 2Ag$ $\quad \Delta G_{total}^0 = \Delta G_1^0 + \Delta G_2^0$

$$\cancel{-2 \text{ x F}} \text{ x } E^0 = \cancel{-2 \text{ x F}} \text{ x } (+0{,}25) + [\cancel{-2 \text{ x F}} \text{ x } (+0{,}80)]$$

$$E_{total}^0 = +1{,}05$$

Item a) Equação iônica para o funcionamento da pilha galvânica: $Ni + 2Ag^+ \rightarrow Ni^{+2} + 2Ag$

Item b) ddp = +1,05; ânodo = eletrodo de níquel e cátodo = eletrodo de prata.

Questão 33

Alternativa D.

Para a determinação do potencial padrão, será necessário inverter a segunda semirreação e multiplicar por dois e para a primeira semirreação será necessário multiplicar por cinco.

$10F^-_{(aquoso)} \rightarrow \cancel{10e^-_{(CM)}} + 5F_{2(gás)}$ $\quad E^0_I = 2{,}87$ V

$\cancel{10e^-_{(CM)}} + 16H^+_{(aquoso)} + 2MnO_4^-{}_{(aquoso)} \rightarrow 2Mn^{+2}_{(aquoso)} + 8H_2O_{(líquido)}$ $\quad E^0_{II} = -1{,}51$ V

$10F^-_{(aquoso)} + 16H^+_{(aquoso)} + 2MnO_4^-{}_{(aquoso)} \rightarrow 5F_{2(gás)} + 2Mn^{+2}_{(aquoso)} + 8H_2O_{(líquido)}$

$$\cancel{-10 \text{ x F}} \text{ x } E_{total}^0 = \cancel{-10 \text{ x F}} \text{ x } (+2{,}87) + [\cancel{-10 \text{ x F}} \text{ x } (-1{,}51)]$$

$$E_{total}^0 = +1{,}36 \text{ V}$$

Questão 34

A partir da análise quantitativa de Faraday, temos:

$$2 \text{ mol de Cr} - - - - 6 \text{ mol de elétrons x } \frac{96500 \text{ V}}{\text{mol de elétrons}}$$

$$0{,}400 \text{ mol de Cr} - - 0{,}965 \text{ x tempo}$$

$$\text{tempo} = \frac{0{,}400 \text{ x } 6 \text{ x } 96500}{2 \text{ x } 0{,}965} = 120000 \text{ s } (33{,}33 \text{ h})$$

Questão 35

(GRILLO) Arrumando as semirreações apresentadas pelos pares no enunciado do exercício.

$$X^{+2}_{(aquoso)} + 2e^- \rightarrow X_{(sólido)}$$

$$\Delta G° = -2 \text{ mol de elétrons x } \frac{96500 \text{ C}}{\text{mol de elétrons}} \text{ x } (+0{,}34)$$

$$X^{+1}_{(aquoso)} + 1e^- \rightarrow X_{(sólido)}$$

$$\Delta G^\circ = -1 \text{ mol de elétrons x} \frac{96500 \text{ C}}{\text{mol de elétrons}} \text{ x } (+0,55)$$

Para a determinação do potencial da semirreação $X^{+2}_{(aquoso)} + 1e^- \rightarrow X^{+1}_{(aquoso)}$ será necessário inverter a segunda semirreação.

$X^{+2}_{(aquoso)} + 2e^- \rightarrow \cancel{X_{(sólido)}}$ $\quad \Delta G^\circ = -2 \text{ mol de elétrons x} \frac{96500 \text{ C}}{\text{mol de elétrons}} \text{ x } (+0,34)$

$\cancel{X_{(sólido)}} \rightarrow X^{+1}_{(aquoso)} + 1e^-$ $\quad \Delta G^\circ = -1 \text{ mol de elétrons x} \frac{96500 \text{ C}}{\text{mol de elétrons}} \text{ x } (-0,55)$

$X^{+2}_{(aquoso)} + 1e^- \rightarrow X^{+1}_{(aquoso)}$

$$\Delta G^\circ = -1 \text{ mol de elétrons x} \frac{96500 \text{ C}}{\text{mol de elétrons}} \text{ x } E^\circ$$

Determinação do potencial padrão (E°): $-1 \text{ x } E^\circ = -2 \text{ x } (+0,34) + [-1 \text{ x } (-0,55)]$

$E^\circ = +0,13 \text{ V}$

Cálculo da variação da energia livre de Gibbs padrão ($X^{+2}_{(aquoso)} + 1e^- \rightarrow X^{+1}_{(aquoso)}$):

$$\Delta G^0 = -n \text{ x } F \text{ x } E^\circ = -1 \cancel{\text{mol}} \text{x} \frac{96500 \text{ C}}{\cancel{\text{mol}}} \text{ x } (+0,13)$$

$$\Delta G^0 = -12545 \text{ J}$$

Este processo eletroquímico é espontâneo, pelo fato da variação da energia livre de Gibbs for negativo.

Cálculo da constante de equilíbrio (K_{eq}):

$$-8,314 \text{ x } (25 + 273) \text{ x } \ln K_{eq} = -12545 \text{ J}$$

$$\ln K_{eq} = \frac{12545}{8,314 \text{ x } 298} = 5,06$$

$$K_{eq} = e^{(+5,06)}$$

Questão 36

Multiplicando a segunda semirreação por dois e determinando a equação eletroquímica global.

$Zn \rightarrow Zn^{+2} + 2e^-$

$2NH_4^+ + 2MnO_2 + 2e^- \rightarrow Mn_2O_3 + 2NH_3 + H_2O$ +

$Zn + 2NH_4^+ + 2MnO_2 \rightarrow Zn^{+2} + Mn_2O_3 + 2NH_3 + H_2O$

Para a resolução do problema, será necessário determinar o reagente limitante. Cálculo do número de mol para cada reagente.

$$n_{Zn} = \frac{80}{65,4} = 1,22 \text{ mol}$$

$$n_{NH_4Cl} = \frac{9,2}{53,5 \text{ x } 2} = 0,086 \text{ mol}$$

$$n_{MnO_2} = \frac{5,87}{86,94 \text{ x } 2} = 0,034 \text{ mol}$$ (reagente limitante)

Cálculo do tempo necessário:

$$2 \text{ mol de } MnO_2 --- 2 \text{ mol de } e^- \text{ x} \frac{96500 \text{ V}}{\text{mol de } e^-} \text{x } 0,50$$

$$\frac{5{,}87}{86{,}94}\ \text{mol} - - - - - 0{,}08 \text{ x tempo}$$

$$\text{tempo} = \frac{\frac{5{,}87}{86{,}94} \text{ x } 2 \text{ x } 96500 \text{ x } 0{,}50}{2 \text{ x } 0{,}08} = 40710{,}95 \text{ s } (\cong 11{,}31 \text{ h})$$

Questão 37

Item a) Cálculo da massa mínima de chumbo, a partir da seguinte relação estequiométrica:

$Pb_{(sólido)} + PbO_{2(sólido)} + 2H_2SO_{4(aquoso)} \rightarrow 2PbSO_{4(aquoso)} + 2H_2O_{(líquido)}$

$$2 \text{ x } 207{,}2 \text{ g de } (\text{Pb} + \text{PbO}_2) - - - - 2 \text{ x} \frac{96500 \text{ C}}{\text{mol de e}^-} \text{ x } \overbrace{0{,}25}^{\text{Rendimento do processo eletroquímico}}$$

$$\text{Massa de Pb} - - - - - - - - - - - 38{,}6 \text{ x } 10^4 \text{ C}$$

$$\text{Massa} = \frac{2 \text{ x } 207{,}2 \text{ x } 38{,}6 \text{ x } 10^4}{2 \text{ x } 96500 \text{ x } 0{,}25} = 3315{,}20 \text{ g}$$

Item b) Cálculo da variação da energia livre de Gibbs padrão: $\Delta G^0_{\text{reação}} = -\text{n x F x E}^0$

$$\Delta G^0_{\text{reação}} = -2 \text{ x } 96500 \text{ x } 2{,}0 = -3{,}86 \text{ x } 10^5 \text{ J}$$

Questão 38

Determinação da equação química iônica para o funcionamento da pilha.

$Pb_{(sólido)} + SO_4^{2-}{}_{(aquoso)} \rightarrow PbSO_{4(sólido)} + \cancel{2e^-}$

$PbO_{2(sólido)} + 4H^+_{(aquoso)} + SO_4^{2-}{}_{(aquoso)} + \cancel{2e^-} \rightarrow PbSO_{4(sólido)} + 2H_2O_{(líquido)}$

$Pb_{(sólido)} + SO_4^{2-}{}_{(aquoso)} + PbO_{2(sólido)} + 4H^+_{(aquoso)} + SO_4^{2-}{}_{(aquoso)} \rightarrow PbSO_{4(sólido)} + PbSO_{4(sólido)} + 2H_2O_{(líquido)}$

Cálculo da massa de ácido sulfúrico inicial:

$$\text{massa}_{\text{inicial}} = 0{,}40 \text{ x } 1{,}30 \frac{\text{g}}{\text{cm}^3} \text{ x } \frac{1 \text{ cm}^3}{10^{-3}\text{dm}^3} \text{ x } 2{,}0 \text{ L} = 1040 \text{ g}$$

$$\text{massa}_{\text{final}} = 0{,}28 \text{ x } 1{,}20 \frac{\text{g}}{\text{cm}^3} \text{ x } \frac{1 \text{ cm}^3}{10^{-3}\text{dm}^3} \text{ x } 2{,}0 \text{ L} = 672 \text{ g}$$

$$\text{massa}_{\text{acumulada}} = \text{massa}_{\text{inicial}} - \text{massa}_{\text{final}} = 1040 \text{ g} - 672 \text{ g} = 368 \text{ g}$$

Cálculo da carga fornecida pela bateria em ampère-hora:

$$2 \text{ x } 98 \text{ g de ácido} - - - - - 2 \text{ mol de e}^- \text{ x} \frac{96500 \text{ C}}{\text{mol de e}^-}$$

$$368 \text{ g de ácido} - - - - - - \text{Q}$$

$$\text{Q} = \frac{368 \text{ x } 2 \text{ x } 96500}{2 \text{ x } 98} = 362367{,}35 \text{ C x } \cancel{\text{s}} \text{ x} \frac{1 \text{ h}}{3600 \cancel{\text{s}}} = \boxed{100{,}66 \text{ A x h}}$$

Questão 39

Alternativa B.

Determinação da equação eletroquímica global e seu potencial.

Somando as duas semirreações apresentadas:

$Fe^{+3} + 1e^- \rightarrow$ ~~Fe^{+2}~~ $\Delta G_1^0 = -1 \text{ x F x } (+0{,}77)$
~~Fe^{+2}~~ $+ 2e^- \rightarrow Fe \quad \Delta G_2^0 = -2 \text{ x F x } (-0{,}44)$

$Fe^{+3} + 3e^- \rightarrow Fe \quad \Delta G_{total}^0 = \Delta G_1^0 + \Delta G_2^0$

$$-3 \text{ x F x } E_{total}^0 = -1 \text{ x F x } (+0{,}77) + [-2 \text{ x F x } (-0{,}44)]$$

$$E_{total}^0 = -0{,}037 \text{ V}$$

Questão 40

Alternativa E.

A partir das semirreações de redução, temos:

$Zn^{2+} + 2e^- \rightarrow Zn \qquad E^o = -\,0{,}76V$
$Cu^{2+} + 2e^- \rightarrow Cu \qquad E^o = +\,0{,}34V$

Invertendo a primeira semirreação:

$Zn \rightarrow Zn^{2+} + 2e^- \qquad \Delta G_1^0 = -2 \text{ x F x } (+\,0{,}76)$
$Cu^{2+} + 2e^- \rightarrow Cu \qquad \Delta G_2^0 = -2 \text{ x F x } (+0{,}34)$ +

$Zn + Cu^{2+} \rightarrow Zn^{2+} + Cu \qquad \Delta G_{total}^0 = \Delta G_1^0 + \Delta G_2^0$

$$\cancel{-2 \text{ x F}} \text{ x } E^0 = \cancel{-2 \text{ x F}} \text{ x } (+\,0{,}76) + \cancel{-2 \text{ x F}} \text{ x } (+0{,}34)$$
$$E_{total}^0 = +\,0{,}76 + 0{,}34 = +1{,}10 \text{ V}$$

Cálculo da constante de equilíbrio: $-\text{R x T x } \ln K_{eq} = -\text{n x F x } E^0$

$$-8{,}314 \text{ x } 298 \text{ x } \ln K_{eq} = -2 \text{ x } 96500 \text{ x } (+1{,}10)$$

$$\ln K_{eq} = \frac{-212300}{-2477{,}572}$$

$$K_{eq} = e^{(+85{,}69)} = 1{,}64 \text{ x } 10^{+37}$$

Questão 41

Alternativa D.

O melhor agente oxidante será aquele que apresenta a reação de redução com o maior valor de potencial. Diante desta afirmativa, trata-se do potencial do cátion cobre.

Questão 42

Alternativa C.

O melhor agente oxidante será aquele que vai apresentar a reação de redução com o maior valor de potencial. Diante desta afirmativa, trata-se do potencial do cátion níquel divalente (Ni^{+2}).

Questão 43

Alternativa E.

$Zn^{2+}_{(aquoso)} + 2e^- \rightarrow Zn_{(sólido)} \quad E° = -\,0{,}76 \text{ V}$
$Cu^{2+}_{(aquoso)} + 2e^- \rightarrow Cu_{(sólido)} \quad E° = +\,0{,}34 \text{ V}$

Invertendo a primeira semirreação.

$Zn_{(sólido)} \rightarrow Zn^{2+}_{(aquoso)} + 2e^-$ $\Delta G_1^0 = -2 \text{ x F x } (+\ 0{,}76)$
$Cu^{2+}_{(aquoso)} + 2e^- \rightarrow Cu_{(sólido)}$ $\Delta G_2^0 = -2 \text{ x F x } (+0{,}34)$ +

$Zn_{(sólido)} + Cu^{2+}_{(aquoso)} \rightarrow Zn^{2+}_{(aquoso)} + Cu_{(sólido)}$

$$\Delta G^0_{total} = \Delta G_1^0 + \Delta G_2^0$$
$$\cancel{-2 \text{ x F}} \text{ x } E^0_{total} = \cancel{-2 \text{ x F}} \text{ x } (+\ 0{,}76) + \cancel{-2 \text{ x F}} \text{ x } (+0{,}34)$$
$$E^0_{total} = +\ 0{,}76 + 0{,}34 = +1{,}10 \text{ V}$$

O fluxo de elétrons sai do eletrodo do zinco para o cobre.
O ânodo é o eletrodo de zinco e o cátodo é o eletrodo de cobre.
Os cátions da ponte salina vão em direção à célula de cobre, enquanto os ânions vão em direção à célula de zinco.

Questão 44

Alternativa B.

$Fe^{2+} + 2e^- \rightarrow Fe$ $E^o = -\ 0{,}41$ V
$Ag^+ + 1e^- \rightarrow Ag$ $E^o = +\ 0{,}80$ V

Invertendo a primeira semirreação e multiplicando a segunda semirreação.

$Fe \rightarrow Fe^{2+} + 2e^-$ $\Delta G_1^0 = -2 \text{ x F x } (+\ 0{,}41)$
$2Ag^+ + 2e^- \rightarrow 2Ag$ $\Delta G_2^0 = -2 \text{ x F x } (+0{,}80)$ +

$Fe + 2Ag^+ \rightarrow Fe^{2+} + 2Ag$ $\Delta G^0_{total} = \Delta G_1^0 + \Delta G_2^0$
$$\cancel{-2 \text{ x F}} \text{ x } E^0_{total} = \cancel{-2 \text{ x F}} \text{ x } (+\ 0{,}41) + \cancel{-2 \text{ x F}} \text{ x } (+0{,}80)$$
$$E^0_{total} = +\ 0{,}41 + 0{,}80 = +1{,}21 \text{ V}$$

O fluxo de elétrons sai do eletrodo de ferro para o eletrodo de prata.

Questão 45

(GRILLO) Invertendo a semirreação de estanho: $Sn^{2+}_{(aquoso)} \rightarrow Sn^{4+}_{(aquoso)} + 2e^-$
$\Delta G_1^0 = -2 \text{ x F x } (-\ 0{,}15)$

Multiplicando por dois a semirreação do Ferro: $2Fe^{3+}_{(aquoso)} + 2e^- \rightarrow 2Fe^{2+}_{(aquoso)}$
$\Delta G_2^0 = -2 \text{ x F x } (+\ 0{,}77)$

Somando as duas semirreações:

$Sn^{2+}_{(aquoso)} \rightarrow Sn^{4+}_{(aquoso)} + \cancel{2e^-}$
$2Fe^{3+}_{(aquoso)} + \cancel{2e^-} \rightarrow 2Fe^{2+}_{(aquoso)}$ +

$Sn^{2+}_{(aquoso)} + 2Fe^{3+}_{(aquoso)} \rightarrow Sn^{4+}_{(aquoso)} + 2Fe^{2+}_{(aquoso)}$

$$\Delta G^0_{total} = \Delta G_1^0 + \Delta G_2^0$$

$$-2 \text{ x F x } E^0_{total} = -2 \text{ x F x } (-\ 0{,}15) + [-2 \text{ x F x } (+\ 0{,}77)]$$

$$\cancel{-2 \text{ x F}} \text{ x } E^0_{total} = \cancel{-2 \text{ x F}} \text{ x } (-\ 0{,}15) + [\cancel{-2 \text{ x F}} \text{ x } (+\ 0{,}77)]$$

$$E^0_{total} = -\ 0{,}15 + 0{,}77 = +0{,}62 \text{ V}$$

Item a) A equação iônica global para a funcionamento da pilha é a seguinte:

$Sn^{2+}_{(aquoso)} + 2Fe^{3+}_{(aquoso)} \rightarrow Sn^{4+}_{(aquoso)} + 2Fe^{2+}_{(aquoso)}$

Item b) Cálculo da variação da energia Livre de Gibbs padrão ($\Delta G°$):

$$\Delta G° = -2 \text{ mol de elétrons x } \frac{96500 \text{ C}}{1 \text{ mol de elétrons}} \text{ x } (+0{,}62 \text{ V})$$

$$\boxed{\Delta G° = -119660 \text{ J}}$$

Item c) Cálculo da variação da energia Livre de Gibbs (ΔG):

$$\Delta G = \Delta G° + \text{R x T x ln}\left\{\frac{[Fe^{+2}]^2 \text{x} [Sn^{+4}]}{[Fe^{+3}]^2 \text{ x } [Sn^{+2}]}\right\}$$

$$\Delta G = -119600 + 8{,}314 \text{ x } 298 \text{ x ln}\left\{\frac{[0{,}20]^2 \text{x } 0{,}05}{[0{,}01]^2 \text{x } 0{,}10}\right\}$$

$$\Delta G = -119600 + 2477{,}57 \text{ x} \ln(200) = \boxed{-106533{,}04 \text{ J}}$$

Sim, a pilha galvânica funciona e de forma espontânea, pois a variação da energia livre de Gibbs é negativa ($\Delta G < 0$).

Item d) Quando a pilha parar de gerar corrente elétrica, a partir da variação da energia livre de Gibbs padrão, a constante de equilíbrio será a seguinte:

$$-119660 = -8{,}314 \text{ x } 298 \text{ x } \ln K_{eq}$$

$$\ln K_{eq} = +\,48{,}30$$

$$K_{eq} = e^{+\,48{,}30} = 9{,}44 \text{ x } 10^{20}$$

Questão 46

(GRILLO)

Item a) Invertendo a segunda semirreação e multiplicando por dois (x 2), temos:

$O_{2(gás)} + 4H^+_{(aquoso)} + 4e^- \rightarrow 2H_2O_{(líquido)}$ $\qquad \Delta G_1^0 = -4 \text{ x F x } (+1{,}23)$

$2Sn^{+2}_{(aquoso)} \rightarrow 2Sn^{+4}_{(aquoso)} + 4e^-$ $\qquad \Delta G_2^0 = -4 \text{ x F x } (-0{,}15)$ +

$O_{2(gás)} + 4H^+_{(aquoso)} + 2Sn^{+2}_{(aquoso)} \rightarrow 2H_2O_{(líquido)} + 2Sn^{+4}_{(aquoso)}$

$$\Delta G^0_{total} = \Delta G_1^0 + \Delta G_2^0$$

$$-4 \text{ x F x } E^0_{total} = -4 \text{ x F x } (+1{,}23) + [-4 \text{ x F x } (-0{,}15)]$$

$$\cancel{-4 \text{ x F}} \text{ x } E^0_{total} = \cancel{-4 \text{ x F}} \text{ x } (+1{,}23) + [\cancel{-4 \text{ x F}} \text{ x } (-0{,}15)]$$

$$E^0_{total} = +1{,}08 \text{ V}$$

Item b) Utilizando a equação de Nernst, temos: $E = E° - \left(\frac{0{,}0592}{n}\right) \text{x} \log Q$

$$E = +1{,}08 - \left(\frac{0{,}0592}{4}\right).\log\left\{\frac{[Sn^{+4}]^2.\,a^2_{H_2O}}{[Sn^{+2}]^2.\,P_{O_2}.\,[H^+]^4}\right\}$$

$$E = +1{,}08 - \left(\frac{0{,}0592}{4}\right).\log\left\{\frac{[0{,}020]^2 \text{x } (1)^2}{[0{,}035]^2 \text{x } 1{,}0\ [10^{-3}]^4}\right\}$$

$$E = +1{,}08 - 0{,}0148 \text{ x } 11{,}51 = +0{,}91 \text{ V}$$

Item c) Cálculo da energia livre de Gibbs (ΔG): $\Delta G = \Delta G° + \text{R x T x} \ln Q$

$$\Delta G = -n \times F \times E° + R \times T \times \ln\left\{\frac{[Sn^{+4}]^2 . a^2_{H_2O}}{[Sn^{+2}]^2 P_{O_2} . [H^+]^4}\right\}$$

$$\Delta G = -4 \times 96500 \times (+1{,}08) + 8{,}314 \times 298 \times \ln\left\{\frac{[0{,}020]^2 x\, (1)^2}{[0{,}035]^2 x\; 1{,}0 \times [10^{-3}]^4}\right\}$$

$$\Delta G = 351195{,}13\ (-351{,}19\ kJ)$$

Questão 47

Alternativa A.

Organizando as semirreações e calculando a ddp da pilha nas condições padrões.

$Zn_{(sólido)} \rightarrow Zn^{+2}_{(aquoso)} + \cancel{2e^-}$ $\quad \Delta G^0_1 = -2 \times F \times (+0{,}76)$

$Cu^{+2}_{(aquoso)} + \cancel{2e^-} \rightarrow Cu_{(sólido)}$ $\quad \Delta G^0_2 = -2 \times F \times (+0{,}34)$

$Zn_{(sólido)} + Cu^{+2}_{(aquoso)} \rightarrow Zn^{+2}_{(aquoso)} + Cu_{(sólido)}$ $\quad \Delta G^0_{total} = \Delta G^0_1 + \Delta G^0_2$

$$\cancel{-2 \times F} \times E^0_{total} = \cancel{-2 \times F} \times (+\ 0{,}76) + [\cancel{-2 \times F} \times (+\ 0{,}34)]$$

$$E^0_{total} = +\ 1{,}10\ V$$

Expressão da equação de Nernst: $E = E^0 - \left(\frac{0{,}0592}{n}\right)\log Q$

$$E = +1{,}10 - \left(\frac{0{,}0592}{2}\right) \times \underbrace{\log\left\{\frac{(0{,}675 \times 0{,}02) \times \overbrace{a_{Cu}}^{1}}{(0{,}485 \times 0{,}100) \times \underbrace{a_{Zn}}_{1}}\right\}}_{-0{,}555} = \boxed{+1{,}116\ V}$$

Questão 48

Alternativa A.

Invertendo a primeira semirreação e multiplicando por dois:

$2PH_{3(gás)} \longrightarrow 2P_{(sólido)} + 6H^+_{(aquoso)} + 6e^-$ $\quad \Delta G^0_1 = -6 \times F \times (+\ 0{,}063)$

Multiplicando a segunda semirreação por três:

$6H^+_{(aquoso)} + 6e^- \longrightarrow 3H_{2(gás)}$ $\quad \Delta G^0_2 = -6 \times F \times (+\ 0{,}00)$

Somando as semirreações, temos:

$2PH_{3(gás)} \longrightarrow 2P_{(sólido)} + \cancel{6H^+_{(aquoso)}} + \cancel{6e^-}$ $\quad \Delta G^0_1 = -6 \times F \times (+\ 0{,}063)$

$\cancel{6H^+_{(aquoso)}} + \cancel{6e^-} \longrightarrow 3H_{2(gás)}$ $\quad \Delta G^0_2 = -6 \times F \times (+\ 0{,}00)\ +$

$2PH_{3(gás)} \longrightarrow 2P_{(sólido)} + 3H_{2(gás)}$ $\quad \Delta G^0_{total} = \Delta G^0_1 + \Delta G^0_2$

$$\cancel{-6 \times F} \times E^0_{total} = \cancel{-6 \times F} \times (+\ 0{,}063) + [\cancel{-6 \times F} \times (+\ 0{,}00)]$$

$$E^0_{total} = +\ 0{,}063\ V$$

Questão 49

É importante observar na figura ilustrada pela questão, que o fluxo de elétrons sai do eletrodo de cobre para o eletrodo de prata.

Item a) Semirreação que ocorre no ânodo: $Cu^{+2}_{(aquoso)} + 2e^- \rightarrow Cu_{(sólido)}$

Semirreação que ocorre no cátodo: $Ag^+_{(aquoso)} + 1e^- \rightarrow Ag_{(sólido)}$

Item g; h) Determinação da reação eletroquímica global e o valor da ddp, invertendo a semirreação do cobre e multiplicando por dois a semirreação da prata.

$$Cu_{(sólido)} \rightarrow Cu^{+2}_{(aquoso)} + 2e^{-} \qquad \Delta G^0_1 = -2 \text{ x F x } (-0{,}34)$$
$$2Ag^{+}_{(aq)} + 2e^{-} \rightarrow 2Ag_{(sólido)} \qquad \Delta G^0_2 = -2 \text{ x F x } (+0{,}80)$$
$$Cu_{(sólido)} + 2Ag^{+}_{(aquoso)} \rightarrow Cu^{+2}_{(aquoso)} + 2Ag_{(sólido)} \quad \Delta G^0_{total} = \Delta G^0_1 + \Delta G^0_2$$

$$\cancel{-2 \text{ x F}} \text{ x } E^0_{total} = \cancel{-2 \text{ x F}} \text{ x } (-0{,}34) + [\cancel{-2 \text{ x F}} \text{ x } (+0{,}80)]$$
$$E^0_{total} = +0{,}46 \text{ V}$$

Item b) Agente oxidante: $Ag^{+}_{(aq)}$ e agente redutor: $Cu_{(sólido)}$

Item c) O eletrodo que terá sua massa aumentada é o eletrodo de prata.

Item d) A solução de nitrato de prata.

Item e) Equação iônica catódica: $Ag^{+}_{(aquoso)} + 1e^{-} \rightarrow Ag_{(sólido)}$

Item f) Equação iônica anódica: $Cu_{(sólido)} \rightarrow Cu^{+2}_{(aquoso)} + 2e^{-}$

Questão 50

Alternativa C.

Semirreação que ocorre no cátodo: $Zn^{+2}_{(aquoso)} + 2e^{-} \rightarrow Zn_{(aquoso)}$

Para a resolução do problema, será necessário utilizar o processo estequiométrico da eletrólise.

$$65 \text{ g de Zn} --- 2 \text{ mol de elétrons x} \frac{96500 \text{ C}}{\text{mol de elétrons}}$$
$$7{,}0 \text{ g de Zn} --- Q$$

$$Q = \frac{7 \text{ x } 2 \text{ x } 96500}{65} = 20784{,}61 \text{ C}$$

Cálculo do tempo: $0{,}70 = \frac{20784{,}61}{\text{tempo}}$

$$\text{tempo} = \frac{20784{,}61}{0{,}70} = 29692{,}31 \text{ s}$$

Conversão do tempo: $\text{tempo} = 29692{,}31 \text{ s x} \frac{1 \text{ h}}{3600 \text{ s}} = 8{,}25 \text{ h}$

$$\text{tempo} = 8{,}0 \text{ h} + 0{,}25 \text{ h x} \frac{60 \text{ min}}{1 \text{ h}} = \boxed{8{,}0 \text{ h} + 15 \text{ min}}$$

Questão 51

Alternativa B.

Processo de ionização do ácido sulfúrico: $H_2SO_{4(aquoso)} \rightarrow 2H^{+}_{(aquoso)} + SO^{-2}_{4(aquoso)}$

Semirreação que ocorre no cátodo: $2H^{+}_{(aquoso)} + 2e^{-} \rightarrow H_{2(gás)}$

Cálculo da pressão de gás hidrogênio seco: $P_{total} = P_{H_2} + P^{vapor}_{H_2O}$

$P_{H_2} = 0{,}54 \text{ atm} - 0{,}060 \text{ atm} = 0{,}48 \text{ atm}$

Cálculo do número de mol de gás hidrogênio: $n_{H_2} = \frac{0{,}48 \text{ x } 0{,}30}{0{,}08206 \text{ x } 300} = 5{,}85 \text{ x } 10^{-3} \text{ mol}$

Para a resolução do problema, será necessário utilizar o processo estequiométrico da eletrólise. Cálculo da carga elétrica:

$1 \text{ mol de } H_2 - - - - - - - 2 \text{ mol de elétrons x} \frac{96500 \text{ C}}{\text{mol de elétrons}}$

$5{,}85 \text{ x } 10^{-3} \text{ mol de } H_2 - - - Q$

$$Q = \frac{5{,}85 \text{ x } 10^{-3} \text{ x } 2 \text{ x } 96500}{1} = 1128{,}93 \text{ C}$$

Cálculo da corrente: $i = \frac{Q}{\text{tempo}} = \frac{1128{,}93}{600} = 1{,}88 \text{ A}$

Questão 52

Alternativa C.

Para a resolução deste problema, será necessário inverter a segunda semirreação.

$Cu^{2+}{}_{(aquoso)} + 2e^- \rightarrow \cancel{Cu_{(sólido)}}$	$\Delta G_1^0 = -2 \text{ x F x } (+\,0{,}339)$
$\cancel{Cu_{(sólido)}} \rightarrow Cu^+{}_{(aquoso)} + 1e^-$	$\Delta G_2^0 = -1 \text{ x F x } (-\,0{,}521)$
$Cu^{2+}{}_{(aquoso)} + 1e^- \rightarrow Cu^+{}_{(aquoso)}$	$\Delta G_{total}^0 = \Delta G_1^0 + \Delta G_2^0$

$$-1 \text{ x F x } E_{total}^0 = -2 \text{ x F x } (+\,0{,}339) + [-1 \text{ x F x } (-\,0{,}521)]$$

$$E_{total}^0 = +\,0{,}157 \text{ V}$$

Cálculo da ddp, levando em consideração aplicando a equação de Nernst:

$$E = +0{,}157 - \left(\frac{0{,}0592}{1}\right).\log\left\{\frac{a_{Cu^+}^1}{a_{Cu^{+2}}^1}\right\}$$

$$E = +0{,}157 - \left(\frac{0{,}0592}{1}\right).\underbrace{\log\left\{\frac{0{,}01}{0{,}50}\right\}}_{-1{,}70} = +0{,}157 + 0{,}100 = +0{,}257 \text{ V}$$

Questão 53

Alternativa E.

Invertendo a primeira semirreação e multiplicando por dois:

$2Fe^{+3} + 2e^- \rightarrow Fe^{+2}$ $\quad \Delta G_1^0 = -2 \text{ x F x } (+\,0{,}77)$

Invertendo a segunda semirreação por dois:

$Cu \rightarrow Cu^{+2} + 2e^-$ $\quad \Delta G_2^0 = -2 \text{ x F x } (-\,0{,}34)$

Somando as duas semirreações apresentadas acima, temos:

$2Fe^{+3} + \cancel{2e^-} \rightarrow Fe^{+2}$	$\Delta G_1^0 = -2 \text{ x F x } (+\,0{,}77)$
$Cu \rightarrow Cu^{+2} + \cancel{2e^-}$	$\Delta G_2^0 = -2 \text{ x F x } (-\,0{,}34)$ +
$2Fe^{+3} + Cu \rightarrow Fe^{+2} + Cu^{+2}$	$\Delta G_{total}^0 = \Delta G_1^0 + \Delta G_2^0$

$$\cancel{-2 \text{ x F}} \text{ x } E_{total}^0 = \cancel{-2 \text{ x F}} \text{ x } (+\,0{,}77) + [\cancel{-2 \text{ x F}} \text{ x } (-\,0{,}34)]$$

$$E_{total}^0 = +\,0{,}43 \text{ V}$$

Questão 54

Alternativa D.

Metal com massa atômica igual a 119 trata-se do estanho (Sn). Sabe-se que o estanho apresenta dois números de oxidação, sendo igual a +2 ou +4.

Cálculo do número de oxidação (a) do estanho.

$$119\ \text{g} - - - - - - - \ \text{a mol de elétrons x} \frac{96500\ \text{C}}{1\ \text{mol de elétrons}}$$
$$2{,}975\ \text{g} - - - - - - 9650\ \text{C}$$

$$a = \frac{119 \text{ x } 9650}{2{,}975 \text{ x } 96500} = +4;\ Sn^{+4}$$

Questão 55

Alternativa E.

Para a resolução deste problema, será necessário analisar os pares indicados pelas alternativas apresentadas.

Item a) Determinação da equação eletroquímica global:

$Al^0_{(sólido)} \longrightarrow Al^{3+}_{(aquoso)} + \cancel{3e^-}$ $\quad \Delta G^0 = -3 \text{ x F x } (+1{,}67)$

$3Ag^+_{(aquoso)} + \cancel{3e^-} \longrightarrow 3Ag^0_{(sólido)}$ $\quad \Delta G^0 = -3 \text{ x F x } (+0{,}80)$ $\quad +$

$Al^0_{(sólido)} + 3Ag^+_{(aquoso)} \longrightarrow Al^{3+}_{(aquoso)} + 3Ag^0_{(sólido)}$

Determinação do potencial padrão da célula eletroquímica:

$$\Delta G^0_{total} = -3 \text{ x F x } (+1{,}67) + [-3 \text{ x F x } (+0{,}80)]$$
$$\cancel{-3 \text{ x F}} \text{ x } E^0_{total} = \cancel{-2 \text{ x F}} \text{ x } (+1{,}67) + [\cancel{-3 \text{ x F}} \text{ x } (+0{,}80)]$$
$$E^0_{total} = +1{,}67 + 0{,}80 = +2{,}47 \text{ V}$$

Ânodo = alumínio e Cátodo = prata

Item b) Determinação da equação química global e do valor do potencial padrão:

$2Al^0_{(sólido)} \longrightarrow 2Al^{3+}_{(aquoso)} + \cancel{6e^-}$ $\quad \Delta G^0 = -6 \text{ x F x } (+1{,}67)$

$3Cu^{+2}_{(aquoso)} + \cancel{6e^-} \longrightarrow 3Cu^0_{(sólido)}$ $\quad \Delta G^0 = -6 \text{ x F x } (+0{,}34)$ $\quad +$

$2Al^0_{(sólido)} + 3Cu^{+2}_{(aquoso)} \longrightarrow 2Al^{3+}_{(aquoso)} + 3Cu^0_{(sólido)}$

$$\Delta G^0_{total} = -6 \text{ x F x } (+1{,}67) + [-6 \text{ x F x } (+0{,}34)]$$

$$\cancel{-6 \text{ x F}} \text{ x } E^0_{total} = \cancel{-6 \text{ x F}} \text{ x } (+1{,}67) + [\cancel{-6 \text{ x F}} \text{ x } (+0{,}34)]$$

$$E^0_{total} = +1{,}67 + 0{,}34 = +2{,}01 \text{ V}$$

Ânodo = alumínio e Cátodo = cobre

Item c) Determinação da equação química global e do valor do potencial padrão:

$2Al^0_{(sólido)} \longrightarrow 2Al^{3+}_{(aquoso)} + \cancel{6e^-}$ $\quad \Delta G^0 = -6 \text{ x F x } (+1{,}67)$

$3Zn^{+2}_{(aquoso)} + \cancel{6e^-} \longrightarrow 3Zn^0_{(sólido)}$ $\quad \Delta G^0 = -6 \text{ x F x } (-0{,}76)$ $\quad +$

$2Al^0_{(sólido)} + 3Zn^{+2}_{(aquoso)} \longrightarrow 2Al^{3+}_{(aquoso)} + 3Zn^0_{(sólido)}$

$\Delta G^0_{total} = -6 \text{ x F x } (+1{,}67) + [-6 \text{ x F x } (+0{,}34)]$
$\cancel{-6 \text{ x F}} \text{ x } E^0_{total} = \cancel{-6 \text{ x F}} \text{ x } (+1{,}67) + [\cancel{-6 \text{ x F}} \text{ x } (-0{,}76)]$
$E^0_{total} = +1{,}67 + 0{,}34 = +0{,}91 \text{ V}$

Ânodo = alumínio e Cátodo = zinco

Item d) Determinação da equação química global e do valor do potencial padrão:

$Pb^{2+}_{(aquoso)} + \cancel{2e^-} \rightarrow Pb^0_{(sólido)}$ $\Delta G^0 = -2 \text{ x F x } (-0{,}13)$
$Zn^0_{(sólido)} \rightarrow Zn^{+2}_{(aquoso)} + \cancel{2e^-}$ $\Delta G^0 = -2 \text{ x F x } (+0{,}76)$ +

$Zn^0_{(sólido)} + Pb^{+2}_{(aquoso)} \rightarrow Zn^{2+}_{(aquoso)} + Pb^0_{(sólido)}$

$\Delta G^0_{total} = -2 \text{ x F x } (-0{,}13) + [-2 \text{ x F x } (+0{,}76)]$
$\cancel{-2 \text{ x F}} \text{ x } E^0_{total} = \cancel{-2 \text{ x F}} \text{ x } (-0{,}13) + [\cancel{-2 \text{ x F}} \text{ x } (+0{,}76)]$
$E^0_{total} = -0{,}13 + 0{,}76 = +0{,}63 \text{ V}$

Ânodo = Zinco e Cátodo = Chumbo.

Item e) Determinação da equação química global e do valor do potencial padrão:

$Cu^0_{(sólido)} \rightarrow Cu^{+2}_{(aquoso)} + \cancel{2e^-}$ $\Delta G^0 = -2 \text{ x F x } (-0{,}34)$
$2Ag^+_{(aquoso)} + \cancel{2e^-} \rightarrow 2Ag_{(sólido)}$ $\Delta G^0 = -2 \text{ x F x } (+0{,}80)$ +

$Cu^0_{(sólido)} + 2Ag^+_{(aquoso)} \rightarrow Cu^{2+}_{(aquoso)} + 2Ag_{(sólido)}$

$\Delta G^0_{total} = -2 \text{ x F x } (-0{,}34) + [-2 \text{ x F x } (+0{,}80)]$
$\cancel{-2 \text{ x F}} \text{ x } E^0_{total} = \cancel{-2 \text{ x F}} \text{ x } (-0{,}34) + [\cancel{-2 \text{ x F}} \text{ x } (+0{,}80)]$
$E^0_{total} = -0{,}34 + 0{,}80 = +0{,}46 \text{ V}$

Ânodo = cobre e Cátodo = prata

Questão 56

(GRILLO) Estudo da eletrólise do nitrato de zinco. Dissociação do nitrato de zinco:

$Zn(NO_3)_{2(aquoso)} \rightarrow Zn^{+2}_{(aquoso)} + 2NO^-_{3(aquoso)}$

Semirreação que ocorre no cátodo: $Zn^{+2}_{(aquoso)} + 2e^- \rightarrow Zn_{(sólido)}$

Cálculo da massa de zinco:

$$65{,}41 \text{ g de Zn} --- 2 \cancel{\text{mol de elétrons}} \text{ x } \frac{96500 \text{ C}}{\cancel{1 \text{ mol de elétrons}}}$$
$$m_{Zn} ------- 3 \text{ x } 3600 \text{ C}$$

$$m_{Zn} = \frac{65{,}41 \text{ x } 3 \text{ x } 3600}{2 \text{ x } 96500} = \frac{706428}{193000} = 3{,}66 \text{ g}$$

Cálculo da normalidade (N):

$$N = \frac{m_{Zn}}{eqg_{Zn} \text{ x } V_{solução}} = \frac{3{,}66}{\frac{65{,}41}{2} \text{ x } 0{,}100} = \frac{3{,}66}{3{,}27} = 1{,}12 \text{ egg. } L^{-1}$$

Questão 57

Semirreação que ocorre no cátodo (alumínio): $Al^{+3}_{(aquoso)} + 3e^- \rightarrow Al_{(sólido)}$

$$1 \text{ mol} ------- 3 \cancel{\text{mol de elétrons}} \text{ x } \frac{96500 \text{ C}}{\cancel{\text{mol de elétrons}}}$$

$1 \text{ x } 10^{-3}\text{mol} - - - - \text{Q}$
$\text{Q} = 289{,}50 \text{ C}$

Cálculo do tempo: $\text{tempo} = \frac{289{,}50 \text{ C}}{9{,}65} = 30 \text{ s}$

Questão 58

Desenvolvendo as semirreações apresentadas no enunciado da questão:

$\text{Fe}^{+3}_{(\text{aquoso})} + 1\text{e}^- \rightarrow \text{Fe}^{+2}_{(\text{aquoso})}$ $\quad \text{E}^0 = +0{,}68 \text{ V}$
$\text{Ce}^{+4}_{(\text{aquoso})} + 1\text{e}^- \rightarrow \text{Ce}^{+3}_{(\text{aquoso})}$ $\quad \text{E}^0 = +1{,}44 \text{ V}$

Invertendo a semirreação do ferro:

$\text{Fe}^{+2}_{(\text{aquoso})} \rightarrow \text{Fe}^{+3}_{(\text{aquoso})} + \cancel{1\text{e}^-}$ $\quad \Delta\text{G}^0 = -1 \text{ x F x } (-0{,}68)$
$\text{Ce}^{+4}_{(\text{aquoso})} + \cancel{1\text{e}^-} \rightarrow \text{Ce}^{+3}_{(\text{aquoso})}$ $\quad \Delta\text{G}^0 = -1 \text{ x F x } (+1{,}44)$ +

$\text{Fe}^{+2}_{(\text{aquoso})} + \text{Ce}^{+4}_{(\text{aquoso})} \rightarrow \text{Fe}^{+3}_{(\text{aquoso})} + \text{Ce}^{+3}_{(\text{aquoso})}$

$\Delta\text{G}^0_{\text{total}} = -1 \text{ x F x } (-0{,}68) + [-1 \text{ x F x } (+1{,}44)]$
$\cancel{-1 \text{ x F}} \text{ x E}^0_{\text{total}} = \cancel{-1 \text{ x F}} \text{ x } (-0{,}68) + [\cancel{-1 \text{ x F}} \text{ x } (+1{,}44)]$
$\text{E}^0_{\text{total}} = -0{,}68 + 1{,}44 = +0{,}46 \text{ V}$

Cálculo da constante de equilíbrio: $\Delta\text{G}^0_{\text{eletroquímico}} = \Delta\text{G}^0_{\text{termodinâmico}}$
$-\text{n x F x E}^0_{\text{total}} = -\text{R x T x} \ln \text{K}_{\text{eq}}$

$$\ln \text{K}_{\text{eq}} = \frac{-\text{n x F x E}^0_{\text{total}}}{-\text{R x T}}$$

$$\ln \text{K}_{\text{eq}} = \frac{-1 \text{ x } 96500 \text{ x } 0{,}46}{-8{,}314 \text{ x } 298} = +17{,}92$$

$\text{K}_{\text{eq}} = \text{e}^{(+17{,}92)}$

Questão 59

A esta temperatura, a eletrólise realizada trata-se da ígnea.

$\text{Al}_2\text{O}_{3(\text{sólido})} \rightarrow 2\text{Al}^{+3}_{(\text{líquido})} + 3\text{O}^{-2}$

Semirreação que ocorre no cátodo: $\text{Al}^{+3}_{(\text{líquido})} + 3\text{e}^- \rightarrow \text{Al}_{(\text{sólido})}$

Semirreação que ocorre no ânodo: $\text{O}^{-2} \rightarrow \frac{1}{2}\text{O}_{2(\text{gás})} + 2\text{e}^-$

Multiplicando a semirreação do cátodo por dois e multiplicando a semirreação do ânodo por três.

$\text{Al}_2\text{O}_{3(\text{sólido})} \rightarrow \cancel{2\text{Al}^{+3}_{(\text{líquido})}} + 3\text{O}^{-2}$
$\cancel{2\text{Al}^{+3}_{(\text{líquido})}} + \cancel{6\text{e}^-} \rightarrow 2\text{Al}_{(\text{sólido})}$
$3\text{O}^{-2} \rightarrow \frac{3}{2}\text{O}_{2(\text{gás})} + \cancel{6\text{e}^-}$ +

$\text{Al}_2\text{O}_{3(\text{sólido})} \rightarrow 2\text{Al}_{(\text{sólido})} + 3\text{O}_{2(\text{gás})}$

Cálculo da carga (Q):

$27 \text{ g} - - - - - - 3 \cancel{\text{mol de elétrons}} \text{ x } \frac{96500 \text{ C}}{\cancel{\text{mol de elétrons}}}$

$5120\ g - - - - - Q$

$$Q = \frac{5120 \times 3 \times 96500}{27} = 5{,}49 \times 10^{+7}\ C$$

Questão 60

Cálculo do potencial para a primeira parte do problema:

$$In^{+2}_{(aquoso)} + 1e^- \rightarrow \cancel{In^{+}_{(aquoso)}} \qquad \Delta G^0 = -1 \times F \times (-0{,}40)$$
$$\cancel{In^{+}_{(aquoso)}} \rightarrow In^{+3}_{(aquoso)} + 2e^- \qquad \Delta G^0 = -2 \times F \times (+0{,}42)\ +$$
$$In^{+2}_{(aquoso)} \rightarrow In^{+3}_{(aquoso)} + 1e^-$$

$$\Delta G^0_{total} = -1 \times F \times (-0{,}40) + [-2 \times F \times (+0{,}42)]$$
$$-1 \times \cancel{F} \times E^0_{total} = -1 \times \cancel{F} \times (-0{,}40) + [-2 \times \cancel{F} \times (+0{,}42)]$$
$$E^0_{total} = +0{,}44\ V$$

Cálculo do potencial para a segunda parte:

$$In^{+2}_{(aquoso)} \rightarrow In^{+3}_{(aquoso)} + \cancel{1e^-} \qquad \Delta G^0 = -1 \times F \times (+0{,}44)$$
$$Cu^{+2}_{(aquoso)} + \cancel{1e^-} \rightarrow Cu^{+}_{(aquoso)} \qquad \Delta G^0 = -1 \times F \times (+0{,}15)\ +$$
$$In^{+2}_{(aquoso)} + Cu^{+2}_{(aquoso)} \rightarrow In^{+3}_{(aquoso)} + Cu^{+}_{(aquoso)}$$

$$\Delta G^0_{total} = -1 \times F \times (-0{,}40) + [-1 \times F \times (+0{,}42)]$$
$$\cancel{-1} \times \cancel{F} \times E^0_{total} = \cancel{-1} \times \cancel{F} \times (+0{,}44) + [\cancel{-1} \times \cancel{F} \times (+0{,}15)]$$
$$E^0_{total} = +0{,}59\ V$$

Cálculo da constante de equilíbrio: $-n \times F \times E^0_{total} = -R \times T \times \ln K_{eq}$

$$\ln K_{eq} = \frac{-n \times F \times E^0_{total}}{-R \times T} = \frac{-1 \times 96500 \times 0{,}59}{-8{,}314 \times 298} = +23{,}00$$

$$K_{eq} = e^{(+23{,}00)}$$

Questão 61

Cálculo do potencial para a primeira parte:

$$Mn^{+3}_{(aquoso)} + 1e^- \rightarrow \cancel{Mn^{+2}_{(aquoso)}} \qquad \Delta G^0 = -1 \times F \times (1{,}51)$$
$$\cancel{Mn^{+2}_{(aquoso)}} + 2e^- \rightarrow Mn^0_{(sólido)} \qquad \Delta G^0 = -2 \times F \times (-1{,}18)\ +$$
$$Mn^{+3}_{(aquoso)} + 3e^- \rightarrow Mn^0_{(sólido)}$$

$$\Delta G^0_{total} = -1 \times F \times (1{,}51) + [-2 \times F \times (-1{,}18)]$$
$$-3 \times \cancel{F} \times E^0_{total} = -1 \times \cancel{F} \times (1{,}51) + [-2 \times \cancel{F} \times (-1{,}18)]$$
$$E^0_{total} = -\ 0{,}283\ V$$

Cálculo da constante de equilíbrio: $\Delta G^0_{eletroquímico} = \Delta G^0_{termodinâmico}$

$$-n \times F \times E^0_{total} = -R \times T \times \ln K_{eq}$$

$$\ln K_{eq} = \frac{-n \times F \times E^0_{total}}{-R \times T}$$

$$\ln K_{eq} = \frac{-3 \times 96500 \times (-0{,}283)}{-8{,}314 \times 298}$$

$$\ln K_{eq} = \frac{-81928{,}5}{-2477{,}572} = +33{,}07$$

$$K_{eq} = e^{(+33{,}07)}$$

Questão 62

Alternativa B.

Semirreação que ocorre no cátodo: $Cu^{+2}_{(aquoso)} + 2e^- \rightarrow Cu_{(sólido)}$

Cálculo da massa de cobre, a partir da densidade: $d = \frac{massa}{volume}$

$massa = 8{,}94 \times (10 \times 10 \times 10^{-2}) = 8{,}94 \text{ g}$

$63{,}55 \text{ g} - - - - - 2 \cancel{\text{mol de elétrons}} \times \frac{96500 \text{ C}}{\cancel{\text{mol de elétrons}}}$

$8{,}94 \text{ g} - - - - - - Q$

$Q = 27150{,}59 \text{ C}$

Questão 63

Determinação do potencial de oxidação do processo eletroquímico:

$$\begin{array}{ll} Zn_{(sólido)} + \cancel{2H^+_{(aquoso)}} + \cancel{2e^-} \rightarrow Zn^{+2}_{(aquoso)} + \cancel{H_{2(gás)}} & \Delta G^0 = -2 \times F \times (+\,0{,}76) \\ \cancel{H_{2(gás)}} \rightarrow \cancel{2H^+_{(aquoso)}} + \cancel{2e^-} & \Delta G^0 = -2 \times F \times (+\,0{,}00) \\ \hline Zn_{(sólido)} \rightarrow Zn^{+2}_{(aquoso)} + 2e^- & \Delta G^0_{total} = -2 \times F \times E^0_{total} \end{array}$$

$-2 \times F \times E^0_{total} = -2 \times F \times (+\,0{,}76) + [-2 \times F \times (+\,0{,}00)]$

$E^0_{total} = +0{,}76 \text{ V}$

Determinação do potencial da semirreação de oxidação do cobre:

$$\begin{array}{ll} Zn_{(sólido)} + Cu^{+2}_{(aquoso)} \rightarrow Zn^{+2}_{(aquoso)} + Cu_{(sólido)} & \Delta G^0 = -2 \times F \times (+\,1{,}10) \\ Zn^{+2}_{(aquoso)} + 2e^- \rightarrow Zn_{(sólido)} & \Delta G^0 = -2 \times F \times (-0{,}76) \\ \hline Cu^{+2}_{(aquoso)} + 2e^- \rightarrow Cu_{(sólido)} & \Delta G^0_{total} = -2 \times F \times E^0_{total} \end{array}$$

$-2 \times F \times E^0_{total} = -2 \times F \times (+\,1{,}10) + [-2 \times F \times (-\,0{,}76)]$

$E^0_{total} = +0{,}34 \text{ V}$

Logo, o potencial de oxidação para a semirreação é:

$Cu_{(sólido)} \rightarrow Cu^{+2}_{(aquoso)} + 2e^-$

$E^0_{total} = -0{,}34 \text{ V}$

Determinação do potencial da semirreação de oxidação do dicromato:

$$\begin{array}{l} \cancel{3\,Zn_{(sólido)}} + Cr_2O^{-2}_{7(sólido)} + 14H^+_{(aquoso)} \rightarrow \cancel{3Zn^{+2}_{(aquoso)}} + 2Cr^{+3}_{(aquoso)} + 7H_2O_{(líquido)} \\ \cancel{3Zn^{+2}_{(aquoso)}} + 6e^- \rightarrow \cancel{3Zn_{(sólido)}} \qquad + \\ \hline Cr_2O^{-2}_{7(sólido)} + 14H^+_{(aquoso)} \rightarrow 2Cr^{+3}_{(aquoso)} + 7H_2O_{(líquido)} \end{array}$$

$\Delta G^0_{total} = -6 \times F \times E^0_{total}$

$$\cancel{-6 \text{ x } F} \text{ x } E^0_{total} = \cancel{-6 \text{ x } F} \text{ x } (+\,1{,}10) + [\cancel{-6 \text{ x } F} \text{ x } (-\,0{,}76)]$$
$$E^0_{total} = +1{,}33 \text{ V}$$

Determinação para analisar se o processo é espontâneo ou não espontâneo.

$$3Cu^{+2}_{(aquoso)} + 2Cr^{+3}_{(aquoso)} + 7H_2O_{(líquido)} \rightarrow 3Cu_{(sólido)} + Cr_2O^{-2}_{7(aquoso)} + 14H^+_{(aquoso)}$$

Cálculo do potencial padrão:

$$2Cr^{+3}_{(aquoso)} + 7H_2O_{(líquido)} \rightarrow Cr_2O^{-2}_{7(aquoso)} + 14H^+_{(aquoso)} \quad \Delta G^0_1 = -6 \text{ x F x } (-0{,}76)$$
$$3Cu^{+2}_{(aquoso)} + 6e^- \rightarrow 3Cu_{(sólido)} \quad \Delta G^0_2 = -6 \text{ x F x } (+0{,}34)$$

$$3Cu^{+2}_{(aquoso)} + 2Cr^{+3}_{(aquoso)} + 7H_2O_{(líquido)} \rightarrow 3Cu_{(sólido)} + Cr_2O^{-2}_{7(aquoso)} + 14H^+_{(aquoso)}$$

$$\cancel{-6 \text{ x } F} \text{ x } E^0_{total} = \cancel{-6 \text{ x } F} \text{ x } (-0{,}76) + [\cancel{-6 \text{ x } F} \text{ x } (+0{,}34)]$$

$$E^0_{total} = -0{,}76 + 0{,}34 = -0{,}42 \text{ V}$$

Determinação da variação da energia livre de Gibbs: $\Delta G^0_{total} = -6 \text{ x F x } E^0_{total}$

$$\Delta G^0_{total} = -6 \text{ x } 96500 \text{ x } (-0{,}42) = +243180 \text{ J}$$

Processo não espontâneo, uma vez que a variação da energia livre de Gibbs é maior que zero.

Questão 64

Item a) Invertendo a primeira semirreação e multiplicando por três a segunda semirreação:

$$Cr_2O^{-2}_{7(sólido)} + 14H^+_{(aquoso)} + 6e^- \rightarrow 2Cr^+_{(aquoso)} + 7H_2O_{(líquido)} \quad \Delta G^0_1 = -6 \text{ x F x } (+1{,}33)$$
$$6Br^-_{(aquoso)} \rightarrow 3Br_{2(gás)} + 6e^- \quad \Delta G^0_2 = -6 \text{ x F x } (-1{,}07)$$

$$Cr_2O^{-2}_{7(sólido)} + 14H^+_{(aquoso)} + 6Br^-_{(aquoso)} \rightarrow 2\,Cr^+_{(aquoso)} + 7H_2O_{(líquido)} + 3Br_{2(gás)}$$

$$\cancel{-6 \text{ x } F} \text{ x } E^0_{total} = \cancel{-6 \text{ x } F} \text{ x } (+1{,}33) + [\cancel{-6 \text{ x } F} \text{ x } (-1{,}07)]$$

$$E^0_{total} = +0{,}26 \text{ V}$$

Cálculo da variação da energia de Gibbs padrão da reação eletroquímica global:

$$\Delta G^0_{total} = -6 \text{ x F x } E^0_{total}$$

$$\Delta G^0_{total} = -6 \text{ x } 96500 \text{ x } (+0{,}26) = -150540 \text{ J}$$

Como o valor da energia livre de Gibbs é negativa, seu processo é espontâneo para o processo direto.

Questão 65

Para a resolução deste problema, será necessário calcular o potencial padrão do ferro.

$Fe^{2+}_{(aquoso)} + 2e^- \rightarrow Fe_{(sólido)}$ $E^o_{red} = -0{,}450$ V

$Fe^{3+}_{(aquoso)} + 3e^- \rightarrow Fe_{(sólido)}$ $E^o_{red} = -0{,}0430$ V

Multiplicando a primeira semirreação por quatro e invertendo e multiplicando por quatro a segunda semirreação, temos:

$\cancel{4Fe_{(sólido)}} \rightarrow 4Fe^{2+}_{(aquoso)} + 8e^-$ $\quad \Delta G^0_1 = -8 \text{ x F x } (+0{,}450)$

$4Fe^{3+}_{(aquoso)} + 12e^- \rightarrow \cancel{4Fe_{(sólido)}}$ $\quad \Delta G^0_2 = -12 \text{ x F x } (-0{,}0430)$

$4Fe^{3+}_{(aquoso)} + 4e^- \rightarrow 4Fe^{2+}_{(aquoso)}$ $\quad \Delta G^0_{total} = -4 \text{ x F x } E^0_{total}$

$$\Delta G^0_{total} = \Delta G^0_1 + \Delta G^0_2$$

$$-4 \text{ x } \cancel{F} \text{ x } E^0_{total} = -8 \text{ x } \cancel{F} \text{ x } (+0{,}450) - 12 \text{ x } \cancel{F} \text{ x } (-0{,}0430)$$

$$E^0_{total} = \frac{-3{,}60 + 0{,}516}{-4} = +0{,}771 \text{ V}$$

Cálculo do potencial padrão da reação apresentada a seguir:

$O_{2(gás)} + 4H^+_{(aquoso)} + 4Fe^{2+}_{(aquoso)} \longrightarrow 4Fe^{3+}_{(aquoso)} + 2H_2O_{(líquido)}$.

$O_{2(gás)} + 4H^+_{(aquoso)} + \cancel{4e^-} \longrightarrow 2H_2O_{(líquido)}$	$\Delta G^0_1 = -4 \text{ x F x } (+1{,}23)$
$4Fe^{2+}_{(aquoso)} \longrightarrow 4Fe^{3+}_{(aquoso)} + \cancel{4e^-}$	$\Delta G^0_2 = -4 \text{ x F x } (-0{,}771)$
$O_{2(gás)} + 4H^+_{(aquoso)} + 4Fe^{2+}_{(aquoso)} \longrightarrow 4Fe^{3+}_{(aquoso)} + 2H_2O_{(líquido)}$	

$$\Delta G^0_{total} = \Delta G^0_1 + \Delta G^0_2$$

$$-12 \text{ x F x } E^0_{total} = -4 \text{ x F x } (+1{,}23) - 4 \text{ x F x } (-0{,}771)$$

$$E^0_{total} = \frac{-4{,}92 + 3{,}084}{-12} = +0{,}153 \text{ V}$$

Cálculo da constante de equilíbrio: $-n \text{ x F x } E^0_{total} = -R \text{ x T x } \ln K_{eq}$

$$\ln K_{eq} = \frac{-12 \text{ x } 96500 \text{ x } (+0{,}153)}{-8{,}314 \text{ x } 298} = \frac{-177174}{-2477{,}572}$$

$$K_{eq} = e^{(+71{,}51)}$$

Questão 66

Alternativa C.

Para a resolução desta questão, como as concentrações das espécies químicas estão diferentes de 1,0 mol/L, será necessário aplicar a equação de Nernst. Equação iônica para o funcionamento da pilha: $Zn_{(sólido)} + Cu^{+2}_{(aquoso)} \rightarrow Cu_{(sólido)} + Zn^{+2}_{(aquoso)}$

$$E = E^0 - \frac{R \text{ x } T}{n \text{ x } F} \text{ x } \ln Q$$

$$E = +1{,}10 - \frac{8{,}314 \text{ x } 298}{2 \text{ x } 96500} \text{ x } \ln \frac{\overbrace{a_{Cu}}^{1} \text{ x } a_{Zn^{+2}}}{\underbrace{a_{Zn}}_{1} \text{ x } a_{Cu^{+2}}}$$

$$E = +1{,}10 - \frac{8{,}314 \text{ x } 298}{2 \text{ x } 96500} \text{ x } \ln \frac{\overbrace{a_{Cu}}^{1} \text{ x } 2{,}50}{\underbrace{a_{Zn}}_{1} \text{ x } 0{,}10} = +1{,}06 \text{ V}$$

Questão 67

Item A: **Alternativa C.**

$Rh^{+3}_{(aquoso)} + 3e^- \longrightarrow Rh_{(sólido)}$	$E^o = +\ 0{,}80$ V
$Cu^+_{(aquoso)} + 1e^- \longrightarrow Cu_{(sólido)}$	$E^o = +\ 0{,}52$ V

Invertendo a semirreação do cobre e multiplicando por três (x 3):

$Rh^{+3}_{(aquoso)} + \cancel{3e^-} \rightarrow Rh_{(sólido)}$	$\Delta G_1^0 = -3 \text{ x F x } (+0{,}80)$
$3Cu_{(s)} \rightarrow 3Cu^{+}_{(aquoso)} + \cancel{3e^-}$	$\Delta G_2^0 = -3 \text{ x F x } (-0{,}52)$
$Rh^{+3}_{(aquoso)} + 3Cu_{(sólido)} \rightarrow Rh_{(sólido)} + 3Cu^{+}_{(aquoso)}$	$\Delta G_{total}^0 = \Delta G_1^0 + \Delta G_2^0$

$$\cancel{-3 \text{ x F}} \text{ x } E_{total}^0 = \cancel{-3 \text{ x F}} \text{ x } (+0{,}80) \cancel{-3 \text{ x F}} \text{ x } (-0{,}52)$$

$E_{total}^0 = +\ 0{,}28$ V. $[Rh^{+3}_{(aquoso)}]$ = agente oxidante (cátodo) e $[Cu_{(sólido)}]$ = agente redutor (ânodo). O fluxo de elétrons sai do ânodo para o cátodo.

Item B: **Alternativa A.**

$Rh^{+3}_{(aquoso)} + 3e^- \rightarrow Rh_{(sólido)}$	$E^o = +\ 0{,}80$ V
$Cu^{+}_{(aquoso)} + 1e^- \rightarrow Cu_{(sólido)}$	$E^o = +\ 0{,}52$ V

Invertendo a semirreação do cobre e multiplicando por três (x 3):

$Rh^{+3}_{(aquoso)} + \cancel{3e^-} \rightarrow Rh_{(sólido)}$	$\Delta G_1^0 = -3 \text{ x F x } (+0{,}80)$
$3\ Cu_{(sólido)} \rightarrow 3Cu^{+}_{(aquoso)} + \cancel{3e^-}$	$\Delta G_2^0 = -3 \text{ x F x } (-0{,}52)$
$Rh^{+3}_{(aquoso)} + 3Cu_{(sólido)} \rightarrow Rh_{(sólido)} + 3Cu^{+}_{(aquoso)}$	$\Delta G_{total}^0 = \Delta G_1^0 + \Delta G_2^0$

$$\cancel{-3 \text{ x F}} \text{ x } E_{total}^0 = \cancel{-3 \text{ x F}} \text{ x } (+0{,}80) \cancel{-3 \text{ x F}} \text{ x } (-0{,}52)$$
$$E_{total}^0 = +\ 0{,}28 \text{ V}$$

Questão 68

Para a resolução do problema, será necessário inverter a primeira semirreação.

$2S_2O_3^{-2} \rightarrow S_4O_6^{-2} + 2e^-$	$\Delta G_1^0 = -2 \text{ x F x } (-0{,}08)$
$I_2 + 2e^- \rightarrow 2I^-$	$\Delta G_2^0 = -2 \text{ x F x } (+0{,}54)$
$2S_2O_3^{-2} + I_2 \rightarrow S_4O_6^{-2} + 2I^-$	(Equação iônica para o funcionamento da pilha)

$$\Delta G_{total}^0 = \Delta G_1^0 + \Delta G_2^0$$

$$\cancel{-2 \text{ x F}} \text{ x } E_{total}^0 = \cancel{-2 \text{ x F}} \text{ x } (-0{,}08) \cancel{-2 \text{ x F}} \text{ x } (+0{,}54)$$

$$E_{total}^0 = -0{,}08 + 0{,}54 = +0{,}46 \text{ V}$$

Cálculo do número de mol de tiossulfato:

$$n_{tiossulfato} = 0{,}10 \text{ x } 25 \text{ x } 10^{-3} = 2{,}50 \text{ x } 10^{-3} \text{ mol}$$

Cálculo do número de mol de iodo molecular, a partir da equação iônica: $2\ S_2O_3^{-2} + I_2 \rightarrow S_4O_6^{-2} + 2\ I^-$

$$\frac{n_{tiossulfato}}{2} = \frac{n_{iodo}}{1}$$

$$\frac{2{,}50 \text{ x } 10^{-3} \text{ mol}}{2} = \frac{n_{iodo}}{1}$$

$$n_{iodo} = 1{,}25 \text{ x } 10^{-3} \text{ mol}$$

Cálculo da carga produzida, a partir de iodo produzido. $I_2 \rightarrow 2I^- + 2e^-$

$$Q = 1{,}25 \text{ x } 10^{-3} \text{ x } 2 \cancel{\text{ mol de elétrons}} \text{ x } \frac{96500 \text{ C}}{1 \cancel{\text{ mol de elétrons}}} = 241{,}25 \text{ C}$$

Cálculo do tempo: $\text{tempo} = \frac{241{,}25}{0{,}20} = 120{,}250 \text{ s}$

Questão 69

Alternativa B.

$Cu_{(sólido)} + 2HCl_{(aquoso)} \longrightarrow$ não há formação de produtos.

O cobre não é atacado pela presença do ácido clorídrico.

Diante desta afirmativa, o processo não é espontâneo ($E^o < 0$ e $\Delta G^o > 0$).

Questão 70

Cálculo da constante de equilíbrio químico, a partir da seguinte relação termodinâmica.

$$-n \times F \times E^0_{total} = -R \times T \times \ln K_{eq}$$

$$\ln K_{eq} = \frac{-2 \times 96500 \times (+0{,}36)}{-8{,}314 \times 298} = +28{,}04$$

$$K_{eq} = e^{(+28{,}04)}$$

Questão 71

É bastante interessante apresentar o processo de eletrólise ígnea do cloreto de sódio.

$$NaCl_{(sólido)} \rightarrow Na^+_{(líquido)} + Cl^-$$

Semirreação que ocorre no ânodo: $2Cl^- \rightarrow Cl_{2(gás)} + 2e^-$

Semirreação que ocorre no cátodo: $Na^+_{(líquido)} + 1e^- \rightarrow Na_{(sólido)}$

Multiplicando a semirreação do sódio por dois e somando as semirreações:

$$2NaCl_{(sólido)} \rightarrow \cancel{2Na^+_{(líquido)}} + \cancel{2Cl^-}$$
$$\cancel{2Cl^-} \rightarrow Cl_{2(gás)} + \cancel{2e^-}$$
$$\cancel{2Na^+_{(líquido)}} + \cancel{2e^-} \rightarrow 2Na_{(sólido)} \quad +$$

$$2NaCl_{(sólido)} \rightarrow 2Na_{(sólido)} + Cl_{2(gás)}$$

Diante desta análise da eletrólise ígnea do cloreto de sódio, observa-se que há a produção de sódio metálico e também do gás cloro.

Para um rendimento de 96%, o número de mol de gás cloro será calculado pela relação estequiométrica.

$$2 \text{ mol de NaCl} ----- 1 \text{ mol de } Cl_{2(g)} \times 0{,}96$$
$$\frac{10000}{58{,}5} \text{ mol} ------ n_{Cl_2}$$
$$n_{Cl_2} = \frac{0{,}96 \times \frac{10000}{58{,}5}}{2} = 82{,}05 \text{ mol}$$

Expressão da equação dos gases de van der Waals e aplicando os dados.

$$\left\{p^{real} + \frac{a}{V_{molar}^2}\right\} x \{V_{molar} - b\} = R\,x\,T$$

$$\left\{p^{real} + \frac{6{,}50}{\left(\frac{75}{82{,}05}\right)^2}\right\} x \left\{\frac{75}{82{,}05} - 0{,}0562\right\} = 0{,}08206\,x\,308$$

$$p^{real} = 21{,}68\ atm$$

Questão 72

Item a) Para a determinação da ddp padrão, será necessário inverter e multiplicar por três a segunda semirreação e multiplicar por dois a segunda semirreação.

$$3HCOOH + 6H_2O \rightarrow 3CO_2 + 6H_3O^+ + \cancel{6e^-}$$
$$2IrCl_6^{3-} + \cancel{6e^-} \rightarrow 2Ir + 12Cl^- \qquad +$$
$$3HCOOH + 6H_2O + 2IrCl_6^{3-} \rightarrow 3CO_2 + 6H_3O^+ + 2Ir + 12Cl^-$$

$$\Delta G_{total}^0 = \Delta G_1^0 + \Delta G_2^0$$
$$\cancel{-6\,x\,F}\,x\,E_{total}^0 = \cancel{-6\,x\,F}\,x\,(+0{,}20)\cancel{-6\,x\,F}\,x\,(+0{,}77)$$
$$E_{total}^0 = +\,0{,}20 + 0{,}77 = +0{,}97\ V$$

Item b) Observando o valor da ddp padrão, o processo é sim espontâneo uma vez que se trata de um valor positivo ($E_{total}^0 > 0$).

Questão 73

Para a resolução deste problema, é importante ressaltar e apresentar o processo da eletrólise ígnea do cloreto de magnésio.
$MgCl_{2(sólido)} \rightarrow Mg_{(líquido)}^{+2} + 2Cl^-$

Semirreação que ocorre no ânodo: $2Cl^- \rightarrow Cl_{2(gás)} + 2e^-$
Semirreação que ocorre no cátodo: $Mg_{(líquido)}^{+2} + 2e^- \rightarrow Mg_{(sólido)}$

Somando as semirreações:

$$MgCl_{2(sólido)} \rightarrow \cancel{Mg_{(líquido)}^{+2}} + \cancel{2Cl^-}$$
$$\cancel{2Cl^-} \rightarrow Cl_{2(gás)} + \cancel{2e^-}$$
$$\cancel{Mg_{(líquido)}^{+2}} + \cancel{2e^-} \rightarrow Mg_{(sólido)} \qquad +$$
$$MgCl_{2(sólido)} \rightarrow Mg_{(sólido)} + Cl_{2(gás)}$$

Cálculo da massa de magnésio produzido, através da eletrólise ígnea.

$$24{,}0\ g ------ 2\ \cancel{mol\ de\ elétrons}\ x\,\frac{96500\ C}{\cancel{mol\ de\ elétrons}}$$
$$Massa ------ 3600\,x\,430\ C$$
$$Massa = \frac{3600\,x\,430\,x\,24}{2\,x\,96500} = 192{,}50\ g$$

Questão 74

(GRILLO) Para a primeira parte do problema, será necessário calcular o potencial-padrão, invertendo a semirreação do zinco.

$Cu_{(aquoso)}^{+2} + 2e^- \rightarrow Cu_{(sólido)}$ (semirreação que ocorre no ânodo)
$Zn_{(sólido)} \rightarrow Zn_{(aquoso)}^{+2} + 2e^-$ (semirreação que ocorre no cátodo)

$Zn_{(sólido)} + Cu_{(aquoso)}^{+2} \rightarrow Cu_{(sólido)} + Zn_{(aquoso)}^{+2}$ (equação química global)

$$\cancel{-2\text{ x F}}\text{ x }E^0_{total} = \cancel{-2\text{ x F}}\text{ x }(+0{,}76) + [\cancel{-2\text{ x F}}\text{ x }(+0{,}34)]$$
$$E^0_{total} = +0{,}76 + 0{,}34 = +1{,}10\text{ V}$$

Cálculo do potencial aplicando a equação de Nernst com relação à concentração da quantidade de matéria:

$$E = E^0 - \frac{R\text{ x }T}{n\text{ x }F}\text{ x }\ln\frac{[Zn^{+2}]}{[Cu^{+2}]}$$

$$E = +1{,}10 - \frac{8{,}314\text{ x }298}{2\text{ x }96500}\text{ x }\ln\frac{0{,}10}{0{,}50} = +1{,}121\text{ V}$$

Cálculo do potencial levando em consideração as atividades químicas.

$$E = E^0 - \frac{R\text{ x }T}{n\text{ x }F}\text{ x }\ln\frac{a_{Zn^{+2}}\text{ x }a_{Cu}}{a_{Cu^{+2}}\text{ x }a_{Zn}}$$

Cálculo das atividades:

$$a_{Zn^{+2}} = \gamma_{Zn^{+2}}\text{ x }[Zn^{+2}] = 0{,}15\text{ x }0{,}10 = 0{,}015$$

$$a_{Cu^{+2}} = \gamma_{Cu^{+2}}\text{ x }[Cu^{+2}] = 0{,}068\text{ x }0{,}50 = 0{,}034$$

$$E = +1{,}10 - \frac{8{,}314\text{ x }298}{2\text{ x }96500}\text{ x }\ln\frac{0{,}015}{0{,}034} = +1{,}111\text{ V}$$

Questão 75

Expressão com relação à equação eletroquímica para o funcionamento da pilha.

Semirreação que ocorre no ânodo: $Zn_{(sólido)} \rightarrow Zn^{+2}_{(aquoso)} + 2e^-$

Semirreação que ocorre no cátodo: $2Cl^- \rightarrow Cl_{2(gás)} + 2e^-$

Invertendo a segunda semirreação, temos:

$Cl_{2(gás)} + 2e^- \rightarrow 2Cl^-$ E° = + 1,36 V
$Zn_{(sólido)} \rightarrow Zn^{+2}_{(aquoso)} + 2e^-$ E° = + 0,76 V

$Zn_{(sólido)} + Cl_{2(gás)} \rightarrow 2Cl^- + Zn^{+2}_{(aquoso)}$ (equação química global)

$$\Delta G^0_{total} = -2\text{ x F x }(+0{,}76) + [-2\text{ x F x }(+1{,}36)]$$
$$\cancel{-2\text{ x F}}\text{ x }E^0_{total} = \cancel{-2\text{ x F}}\text{ x }(+0{,}76) + [\cancel{-2\text{ x F}}\text{ x }(+1{,}36)]$$
$$E^0_{total} = +2{,}12\text{ V}$$

Cálculo da ddp, aplicando a equação de Nernst:

$$E = E^0 - \frac{R\text{ x }T}{n\text{ x }F}\text{ x }\ln\frac{[Zn^{+2}]\text{ x }[Cl^-]^2}{a_{Zn}\text{ x }p_{Cl_2}}$$

$$E = +2{,}12 - \frac{8{,}314\text{ x }298}{2\text{ x }96500}\text{ x }\ln\frac{0{,}04\text{ x }(0{,}005)^2}{1\text{ x }0{,}10} = +2{,}27\text{ V}$$

Questão 76

Invertendo a semirreação do alumínio e multiplicando por dois (x 2):

$2Al^0_{(sólido)} \rightarrow 2Al^{3+}_{(aquoso)} + \cancel{6e^-}$ $\quad \Delta G^0 = -6 \text{ x F x } (+1{,}66)$

Multiplicando por três (x 3) a semirreação do cloro.

$3Cl_{2(gás)} + 6e^- \rightarrow 6Cl^-_{(aquoso)}$ $\quad \Delta G^0 = -6 \text{ x F x } (+1{,}36)$

Equação eletroquímica global:

$2Al^0_{(sólido)} \rightarrow 2Al^{3+}_{(aquoso)} + \cancel{6e^-}$ $\quad \Delta G^0 = -6 \text{ x F x } (+1{,}66)$

$3Cl_{2(gás)} + 6e^- \rightarrow 6Cl^-_{(aquoso)}$ $\quad \Delta G^0 = -6 \text{ x F x } (+1{,}36)$ $\quad +$

$2Al^0_{(sólido)} + 3Cl_{2(gás)} \rightarrow 2Al^{3+}_{(aquoso)} + 6Cl^-_{(aquoso)}$

$$\Delta G^0_{total} = -6 \text{ x F x } (+1{,}66) + [-6 \text{ x F x } (+1{,}36)]$$
$$\cancel{-6 \text{ x F}} \text{ x } E^0_{total} = \cancel{-6 \text{ x F}} \text{ x } (+1{,}66) + [\cancel{-6 \text{ x F}} \text{ x } (+1{,}36)]$$
$$E^0_{total} = +1{,}66 + 1{,}36 = +3{,}02 \text{ V}$$

Item a) Equação química global para o processo eletroquímico:

$2Al_{(sólido)} + 3Cl_{2(gás)} \rightarrow 2Al^{3+}_{(aquoso)} + 6Cl^-_{(aquoso)}$

Item b) O ânodo corresponde ao alumínio, enquanto o cátodo trata-se do cloro.

Item c) $E^0_{total} = +\ 3{,}02 \text{ V}$

Item d) Cálculo da massa de alumínio depositada.

$$27{,}0 \text{ g} ------ 3 \cancel{\text{ mol de elétrons}} \text{ x } \frac{96500 \text{ C}}{\cancel{\text{mol de elétrons}}}$$
$$24{,}0 \text{ g} ------ Q$$

$$Q = \frac{24 \text{ x } 3 \text{ x } 96500}{27} = 321666{,}67 \text{ C}$$

Cálculo do tempo: $\text{tempo} = \frac{321666{,}67}{0{,}75} = 4{,}29 \text{ x } 10^5 \text{ s x} \frac{1 \text{ hora}}{3600 \text{ s}} = 119{,}13 \text{ h}$

Questão 77

Invertendo a primeira semirreação e determinando a equação eletroquímica global.

$Tl^0_{(sólido)} \rightarrow Tl^+_{(aquoso)} + \cancel{1e^-}$ $\quad \Delta G^0 = -1 \text{ x F x } (+0{,}34)$

$Fe^{+3}_{(aquoso)} + \cancel{1e^-} \rightarrow Fe^{+2}_{(aquoso)}$ $\quad \Delta G^0 = -1 \text{ x F x } (+0{,}77)$ $\quad +$

$Tl^0_{(sólido)} + Fe^{+3}_{(aquoso)} \rightarrow Tl^+_{(aquoso)} + Fe^{+2}_{(aquoso)}$

$$\Delta G^0_{total} = -1 \text{ x F x } (+0{,}34) + [-1 \text{ x F x } (+0{,}77)]$$
$$\cancel{-1 \text{ x F}} \text{ x } E^0_{total} = \cancel{-1 \text{ x F}} \text{ x } (+0{,}34) + [\cancel{-1 \text{ x F}} \text{ x } (+0{,}77)]$$
$$E^0_{total} = +0{,}77 + 0{,}34 = +1{,}11 \text{ V}$$

Item a) As semirreações que ocorrem no cátodo e no ânodo são as seguintes:

Cátodo: $Fe^{+3}_{(aquoso)} + \cancel{1e^-} \rightarrow Fe^{+2}_{(aquoso)}$

Ânodo: $Tl^0_{(sólido)} \rightarrow Tl^+_{(aquoso)} + \cancel{1e^-}$

Item b) Equação eletroquímica global: $Tl^0_{(sólido)} + Fe^{+3}_{(aquoso)} \rightarrow Tl^+_{(aquoso)} + Fe^{+2}_{(aquoso)}$

Item c) Cálculo do potencial da célula: $E^0_{total} = +0{,}77 + 0{,}34 = +1{,}11 \text{ V}$

Questão 78

Invertendo a segunda semirreação e multiplicando por quatro (x 4).

$O_{2(gás)} + 4H^+_{(aquoso)} + 4e^- \rightarrow 2H_2O_{(líquido)}$ $E^o = +0,82$ V
$4CyFe^{+2} \rightarrow 4CyFe^{+3} + 4e^-$ $E^o = +0,22$ V

$O_{2(gás)} + 4H^+_{(aquoso)} + 4CyFe^{+2} \rightarrow 2H_2O_{(líquido)} + 4CyFe^{+3}$

$$\Delta G^0_{total} = -4 \text{ x F x } (+0,82) + [-4 \text{ x F x } (-0,22)]$$
$$\cancel{-4 \text{ x F}} \text{ x } E^0_{total} = \cancel{-4 \text{ x F}} \text{ x } (+0,82) + [\cancel{-4 \text{ x F}} \text{ x } (-0,22)]$$
$$E^0_{total} = +0,82 - 0,22 = +0,60 \text{ V}$$

Item a) As semirreações que ocorrem no cátodo e no ânodo são as seguintes:

Cátodo: $O_{2(gás)} + 4H^+_{(aquoso)} + 4e^- \rightarrow 2H_2O_{(líquido)}$
Ânodo: $4CyFe^{+2} \rightarrow 4CyFe^{+3} + 4e^-$

Item b) Somando as duas semirreações apresentadas e calculando o potencial padrão do sistema eletroquímico:

$O_{2(g)} + 4H^+_{(aquoso)} + 4e^- \rightarrow 2H_2O_{(líquido)}$ $E^o = +0,82$ V
$4CyFe^{+2} \rightarrow 4CyFe^{+3} + 4e^-$ $E^o = +0,22$ V

$O_{2(gás)} + 4 H^+_{(aquoso)} + 4CyFe^{+2} \rightarrow 2H_2O_{(líquido)} + 4CyFe^{+3}$

$$\cancel{-4 \text{ x F}} \text{ x } E^0_{total} = \cancel{-4 \text{ x F}} \text{ x } (+0,82) + [\cancel{-4 \text{ x F}} \text{ x } (-0,22)]$$
$$E^0_{total} = +0,82 - 0,22 = +0,60 \text{ V}$$

Questão 79

Estudando a eletrólise ígnea, para a produção de alumínio metálico:

$$Al_2O_{3(sólido)} \rightarrow 2Al^{+3}_{(líquido)} + 3O^{-2}$$

Semirreação que ocorre no cátodo: $2Al^{+3}_{(líquido)} + 6e^- \rightarrow 2Al^0_{(sólido)}$
Semirreação que ocorre no ânodo: $3O^{-2} \rightarrow \frac{3}{2}O^0_{2(gás)} + 6e^-$

Somando as semirreações:

$$2Al^{+3}_{(líquido)} + \cancel{6e^-} \rightarrow 2Al^0_{(sólido)}$$
$$3O^{-2} \rightarrow \frac{3}{2}O^0_{2(gás)} + \cancel{6e^-} \quad +$$

$$2Al^{+3}_{(líquido)} + 3O^{-2} \rightarrow \frac{3}{2}O^0_{2(gás)} + 2Al^0_{(sólido)}$$

Item a) Cálculo do número de mol de alumínio metálico.

2 mol de Al ---- 6 mol de elétrons
n_{Al} --------------- 12 mol de elétrons
n_{Al} = 4 mol de alumínio metálico

Item b) Cálculo da massa de alumínio metálico:

$$27,0 \text{ g} ------ 3 \cancel{\text{ mol de elétrons}} \text{ x } \frac{96500 \text{ C}}{\cancel{\text{mol de elétrons}}}$$
$$\text{Massa} ------ 1250 \text{ x } 1,25 \text{ x } 3600 \text{ C}$$
$$\text{Massa} = 524,61 \text{ g } (0,525 \text{ kg})$$

Questão 80

Alternativa B.

A partir da primeira e da terceira semirreações, temos:

$In^{+}_{(aquoso)} + e^{-}_{(CM)} \rightarrow In_{(sólido)}$ $E^{o}_{I} = -0,14$ V $\Delta G^0 = -1 \text{ x F x } (-0,14)$

$In^{+3}_{(aquoso)} + 2e^{-}_{(CM)} \rightarrow In^{+}_{(aquoso)}$ $E^{o}_{III} = -0,44$ V $\Delta G^0 = -2 \text{ x F x } (-0,44)$

Somando as semirreações:

$\cancel{In^{+}_{(aquoso)}} + e^{-}_{(CM)} \rightarrow In_{(sólido)}$ $E^{o}_{I} = -0,14$ V $\Delta G^0 = -1 \text{ x F x } (-0,14)$

$In^{+3}_{(aq)} + 2e^{-}_{(CM)} \rightarrow \cancel{In^{+}_{(aq)}}$ $E^{o}_{III} = -0,44$ V $\Delta G^0 = -2 \text{ x F x } (-0,44)+$

$In^{+3}_{(aquoso)} + 3e^{-}_{(CM)} \rightarrow In_{(sólido)}$ $\Delta G^0_{total} = -1 \text{ x F x } (-0,14) + [-2 \text{ x F x } (-0,44)]$

$$-3 \text{ x } \cancel{F} \text{ x } E^0_{total} = +0,14 \text{ x } \cancel{F} + 0,88 \text{ x } \cancel{F}$$

$$E^0_{total} = +\frac{1,02}{-3} = -0,34 \text{ V}$$

Questão 81

Item a) Semirreação do zinco: $Zn^{+2}_{(aquoso)} + 2e^{-} \rightarrow Zn_{(sólido)}$

$$65,4 \text{ g} ----- 2 \cancel{\text{mol de elétrons}} \text{ x } \frac{96500 \text{ C}}{\cancel{\text{mol de elétrons}}}$$

$$\text{Massa} ----- 0,15 \text{ x } 1,50 \text{ x } 3600 \text{ C}$$

$$\text{Massa} = 0,277 \text{ g}$$

Item b) Aplicando a equação de Nernst, para a seguinte equação química global:

$Zn_{(sólido)} + 2Ag^{+}_{(aquoso)} \rightarrow Zn^{2+}_{(aquoso)} + 2Ag_{(sólido)}$

$$E = +1,56 - \frac{8,314 \text{ x } 298}{2 \text{ x } 96500} \text{ x } \ln \frac{\overbrace{a_{Cu}}^{1} \text{ x } [Zn^{+2}]}{\underbrace{a_{Zn}}_{1} \text{ x } [Ag^{+2}]^2}$$

$$E = +1,56 - \frac{8,314 \text{ x } 298}{2 \text{ x } 96500} \text{ x } \ln \frac{\overbrace{a_{Cu}}^{1} \text{ x } 0,10}{\underbrace{a_{Zn}}_{1} \text{ x } (0,01)^2} = +1,47 \text{ V}$$

Item c) Invertendo e multiplicando por dois (x 2) a semirreação da prata.

$MnO_{2(sólido)} + 4H^{+}_{(aquoso)} + \cancel{2e^{-}} \rightarrow Mn^{+2}_{(aquoso)} + 2H_2O_{(líquido)}$

$2Ag_{(sólido)} \rightarrow 2\ Ag^{+}_{(aquoso)} + \cancel{2e^{-}}$

$MnO_{2(sólido)} + 4H^{+}_{(aquoso)} + 2Ag_{(sólido)} \rightarrow Mn^{+2}_{(aquoso)} + 2H_2O_{(líquido)} + 2Ag^{+}_{(aquoso)}$

$\cancel{-2 \text{ x F}} \text{ x } E^0_{total} = \cancel{-2 \text{ x F}} \text{ x } (+1,21) + [\cancel{-2 \text{ x F}} \text{ x } (-0,80)]$

$$E^0_{total} = +0,41 \text{ V}$$

Questão 82

Para a determinação da equação eletroquímica global, será necessário inverter e multiplicar por dois a semirreação do cromo e multiplicar por três a semirreação do níquel.

$2Cr_{(sólido)} \rightarrow \cancel{6e^{-}} + 2Cr^{+3}_{(aquoso)}$

$3Ni^{+2}_{(aquoso)} + \cancel{6e^{-}} \rightarrow 3Ni_{(sólido)}$

$2Cr_{(sólido)} + 3Ni^{+2}_{(aquoso)} \rightarrow 2Cr^{+3}_{(aquoso)} + 3Ni_{(sólido)}$

(Equação química global para o funcionamento da célula galvânica)

Cálculo do potencial padrão:

$$\Delta G^0_{total} = -6 \text{ x F x } (+0{,}744) + [-6 \text{ x F x } (-0{,}236)]$$
$$\cancel{-6 \text{ x F}} \text{ x } E^0_{total} = \cancel{-2 \text{ x F}} \text{ x } (+0{,}744) + [\cancel{-6 \text{ x F}} \text{ x } (-0{,}236)]$$
$$E^0_{total} = +0{,}508 \text{ V}$$

Item a) Equação química para o funcionamento da pilha:

$$2Cr_{(sólido)} + 3Ni^{+2}_{(aquoso)} \rightarrow 2Cr^{+3}_{(aquoso)} + 3Ni_{(sólido)}$$

Item b) O eletrodo que vai apresentar a sua massa aumentada trata-se do eletrodo de níquel.

Item c) Potencial padrão: $E^0_{total} = +0{,}508 \text{ V}$

Item d) Cálculo da variação da energia livre de Gibbs padrão: $\Delta G^0_{total} = -n \text{ x F x } E^0_{total}$

$$\Delta G^0_{total} = -6 \text{ x } 96500 \text{ x } (+0{,}508) = -294132 \text{ J } (-294{,}1 \text{ kJ})$$

Item e) Cálculo da constante de equilíbrio químico. $\ln K_{eq} = \frac{-294132}{-8{,}314 \text{ x } 298} = +118{,}72$

$$K_{eq} = e^{+118{,}72}$$

Item f) Para a resolução deste item será necessário aplicar a equação de Nernst:

$$2Cr_{(sólido)} + 3Ni^{+2}_{(aquoso)} \rightarrow 2Cr^{+3}_{(aquoso)} + 3Ni_{(sólido)}$$

$$E = +0{,}508 - \frac{8{,}314 \text{ x } 298}{6 \text{ x } 96500} \text{ x } \ln \frac{a^3_{Ni} \text{ x } [Cr^{+3}]^2}{a^2_{Cr} \text{ x } [Ni^{+2}]^3}$$

$$E = +0{,}508 - \frac{8{,}314 \text{ x } 298}{6 \text{ x } 96500} \text{ x } \ln \frac{\overbrace{a^3_{Ni}}^{1} \text{ x } (0{,}010)^2}{\underbrace{a^2_{Cr}}_{1} \text{ x } (0{,}010)^3}$$

Questão 83

Para a determinação da equação eletroquímica global, será necessário inverter a primeira semirreação e multiplicar por dois (x 2).

$$2Cu^{+}_{(aquoso)} \rightarrow \cancel{2e^-} + 2Cu^{+2}_{(aquoso)}$$
$$I^0_{2(aquoso)} + \cancel{2e^-} \rightarrow 2I^-_{(aquoso)}$$

$2Cu^{+}_{(aquoso)} + I^0_{2(aquoso)} \rightarrow 2Cu^{+2}_{(aquoso)} + 2I^-_{(aquoso)}$ (Equação iônica global)

$$\cancel{-2 \text{ x F}} \text{ x } E^0_{total} = \cancel{-2 \text{ x F}} \text{ x } (-0{,}153) + [\cancel{-2 \text{ x F}} \text{ x } (+0{,}536)]$$
$$E^0_{total} = +0{,}383 \text{ V}$$

Item a) Equação iônica global: $2Cu^{+}_{(aquoso)} + I^0_{2(aquoso)} \rightarrow 2Cu^{+2}_{(aquoso)} + 2I^-_{(aquoso)}$

Item b) $E^0_{total} = +0{,}383 \text{ V}$

Item c) Cálculo da variação da energia livre de Gibbs: $\Delta G^0_{reação} = -n \text{ x F x } E^0$

$$\Delta G^0_{reação} = -2 \text{ x } 96500 \text{ x } (+0{,}383) = -73919 \text{ J}$$

Questão 84

Item a) Para a determinação da equação eletroquímica global, será necessário inverter a semirreação do cádmio.

$$\cancel{2e^-} + Cu^{+2}_{(aquoso)} \rightarrow Cu^{0}_{(sólido)}$$
$$Cd^{0}_{(sólido)} \rightarrow \cancel{2e^-} + Cd^{+2}_{(aquoso)}$$

$$Cd^{0}_{(sólido)} + Cu^{+2}_{(aquoso)} \rightarrow Cu^{0}_{(sólido)} + Cd^{+2}_{(aquoso)}$$ (Equação iônica global)

$$\Delta G^{0}_{total} = -2 \text{ x F x } (+0{,}337) + [-2 \text{ x F x } (+0{,}403)]$$
$$\cancel{-2 \text{ x F}} \text{ x } E^{0}_{total} = \cancel{-2 \text{ x F}} \text{ x } (+0{,}337) + [\cancel{-2 \text{ x F}} \text{ x } (+0{,}403)]$$
$$E^{0}_{total} = +0{,}740 \text{ V}$$

Item b)
Ânodo = cádmio (Cd); Eletrodo positivo = cobre (Cu);
Metal que apresenta sua massa reduzida = cádmio (Cd).

Questão 85

(CONCURSO PARA DOCENTE – INSTITUTO FEDERAL DO RIO DE JANEIRO - MODIFICADA)

Item a) O processo descrito refere-se a uma pilha galvânica, pelo fato deste efeito ser espontâneo. Invertendo e multiplicando por dois (x 2) a primeira semirreação:

$2Al_{(sólido)} \longrightarrow 2Al^{+3}_{(aquoso)} + 6e^-$ $\quad \Delta G° = -6 \text{ x F x } (+1{,}66)$

Multiplicando a segunda semirreação por três (x 3):
$3Hg^{+2}_{(aquoso)} + 6e^- \longrightarrow 3Hg_{(amálgama\ de\ Ag)}$ $\quad \Delta G° = -6 \text{ x F x } (+0{,}85)$

Somando as duas semirreações apresentadas acima:

$2Al_{(sólido)} \longrightarrow 2Al^{+3}_{(aquoso)} + \cancel{6e^-}$
$3Hg^{+2}_{(aquoso)} + \cancel{6e^-} \longrightarrow 3Hg_{(amálgama\ de\ Ag)}$ +

$2Al_{(sólido)} + 3Hg^{+2}_{(aquoso)} \longrightarrow 2Al^{+3}_{(aquoso)} + 3Hg_{(amálgama\ de\ Ag)}$

Semirreação de oxidação: $2Al_{(sólido)} \longrightarrow 2Al^{+3}_{(aquoso)}$ (Semirreação no ânodo)
Semirreação de redução: $3Hg^{+2}_{(aquoso)} \longrightarrow 3Hg$ (Semirreação no cátodo)

Item b) Cálculo da força eletromotriz:

$$\cancel{-6 \text{ x F}} \text{ x } E^{0}_{total} = \cancel{-6 \text{ x F}} \text{ x } (+\ 1{,}66) + [\cancel{-6 \text{ x F}} \text{ x } (+\ 0{,}85)]$$
$$E^{0}_{total} = +1{,}66 + 0{,}85 = +\ 2{,}51 \text{ V}$$

Item c) Cálculo da energia livre de Gibbs padrão (ΔG°):

$$\Delta G° = -6 \text{ mol de elétrons x} \frac{96500 \text{ C}}{1 \text{ mol de elétrons}} \text{x } (+2{,}51)$$

$$\Delta G° = -1453290 \text{ J } (-1453{,}29 \text{ kJ})$$

Item d) Cálculo da constante de equilíbrio: $-\ 1453290 = -\ 8{,}314 \text{ x } (25 + 273) \text{ x } \ln K_{eq}$

$$\ln K_{eq} = \frac{-\ 1453290}{-\ 2477{,}572} = 586{,}58$$

$K_{eq} = e^{+586,58}$

Questão 86

Item a) $Al_2O_{3(\text{sólido})} \rightarrow 2Al^{+3}_{(\text{líquido})} + 3O^{-2}$

Semirreação que ocorre no cátodo: $Al^{+3}_{(\text{líquido})} + 3e^- \rightarrow Al^0_{(\text{sólido})}$

Semirreação que ocorre no ânodo: $O^{-2}_{(\text{líquido})} \rightarrow \frac{1}{2}O_{2(\text{gás})} + 2e^-$

Multiplicando a primeira semirreação por dois (x 2) e multiplicando a segunda semirreação por três (x 3).

Semirreação que ocorre no cátodo: $2Al^{+3}_{(\text{líquido})} + 6e^- \rightarrow 2Al^0_{(\text{sólido})}$
Semirreação que ocorre no ânodo: $3O^{-2} \rightarrow \frac{3}{2}O_{2(\text{gás})} + 6e^-$

Item b) Somando as semirreações apresentadas:

$$2Al^{+3}_{(\text{líquido})} + \cancel{6e^-} \rightarrow 2Al^0_{(\text{sólido})}$$
$$3O^{-2} \rightarrow \frac{3}{2}O_{2(\text{gás})} + \cancel{6e^-} \quad +$$

$$2Al^{+3}_{(\text{líquido})} + 3O^{-2} \rightarrow 2Al^0_{(\text{sólido})} + \frac{3}{2}O_{2(\text{gás})}$$

Produto formado no cátodo: alumínio metálico e Produto formado no ânodo: oxigênio gasoso

Item b) Cálculo da massa de alumínio metálico produzido:

$$54 \text{ g de de } Al_{(s)} ---- 6 \text{ mol de } e^- \text{ x} \frac{96500 \text{ C}}{1 \text{ mol de } e^-}$$
$$m_{Al_{(s)}} --------- 8000 \text{ x } 150 \cancel{h} \text{ x} \frac{3600 \text{ s}}{1\cancel{h}}$$

$$m_{Al_{(s)}} = \frac{8000 \text{ x } 150 \text{ x } 3600 \text{ x } 54}{6 \text{ x } 96500} = 402901,55 \text{ g } (\cong 403 \text{ kg})$$

Questão 87

Alternativa D.

Equação de dissociação do nitrato de níquel:

$$Ni(NO_3)_{2(\text{aquoso})} \rightarrow Ni^{+2}_{(\text{aquoso})} + 2NO^-_{3(\text{aquoso})}$$

Semirreação que ocorre no cátodo (semirreação de redução):

$$Ni^{+2}_{(\text{aquoso})} + 2e^- \rightarrow Ni_{(\text{sólido})}$$

Quantidade de carga (Q):

$$58,70 \text{ g} ------ 2 \cancel{\text{mol de elétrons}} \text{ x} \frac{96500 \text{ C}}{\cancel{\text{mol de elétrons}}}$$
$$0,85 \text{ g} ------ Q$$

$$Q = \frac{0,85 \text{ x } 96500 \text{ x } 2}{58,70} = 2794,72 \text{ C}$$

Cálculo do tempo:

$$\text{tempo} = \frac{Q}{i} = \frac{2794,72\ C}{5,0\ A} = 558,94\ \cancel{s}\ x \frac{1\ \text{min}}{60\ \cancel{s}} = 9,31\ \text{min}$$

Questão 88

(GRILLO) Cálculo do potencial padrão (E°), invertendo a primeira semirreação do estanho:

$Sn_{(sólido)} \rightarrow Sn^{+2}_{(aquoso)} + 2e^-$ $\Delta G° = -2\ x\ F\ x\ (+0,14)$

$Cu^{+2}_{(aquoso)} + 2e^- \rightarrow Cu_{(sólido)}$ $\Delta G° = -2\ x\ F\ x\ (+0,52)$ +

$Sn_{(sólido)} + Cu^{+2}_{(aquoso)} \rightarrow Sn^{+2}_{(aquoso)} + Cu_{(sólido)}$

$$\cancel{-2\ x\ F}\ x\ E^0_{total} = \cancel{-2\ x\ F}\ x\ (+0,14) + [\cancel{-2\ x\ F}\ x\ (+0,52)]$$

$$E^0_{total} = +0,14 + 0,52 = +\ 0,66\ V$$

Cálculo da variação da energia livre de Gibbs padrão (ΔG°): $\Delta G° = -n\ x\ F\ x\ E°$

$$\Delta G° = -2\ \cancel{\text{mol de elétrons}}\ x \frac{96500\ C}{\cancel{\text{mol de elétrons}}}\ x\ (+0,66)$$

$$\Delta G° = -127380\ J\ (-127,38\ kJ)$$

Cálculo do potencial padrão fora das condições padrões (E), a partir da equação de Nernst:

$$E = E° - \frac{R\ x\ T}{n\ x\ F}\ x\ \ln \frac{[Sn^{+2}_{(aq)}]}{[Cu^{+1}_{(aq)}]}$$

$$E = +\ 0,66 - \frac{8,314\ x\ (25 + 273)}{2\ x\ 96500}\ x\ \underbrace{\ln \frac{0,01}{\underbrace{0,50}_{0,20}}}_{-\ 3,91} = +\ 0,71\ V$$

Cálculo da variação da energia livre de Gibbs (ΔG): $\Delta G = \Delta G° + R\ x\ T\ x\ \ln Q$

$$\Delta G = \Delta G° + R\ x\ T\ x\ \ln \frac{[Sn^{+2}_{(aq)}]}{[Cu^{+1}_{(aq)}]^2}$$

$$\Delta G = -127380 + 8,314\ x\ (25 + 273)\ x\ \underbrace{\ln \frac{0,01}{\underbrace{0,50}_{0,20}}}_{-\ 3,91}$$

$$\Delta G = -\ 137067,31 \frac{J}{mol}\ (-137,07 \frac{kJ}{mol})$$

Questão 89

(GRILLO) Invertendo a primeira semirreação.

$\cancel{Ag_{(sólido)}} \rightarrow Ag^+_{(aquoso)} + \cancel{1e^-}$ $\Delta G° = -1\ x\ F\ x\ (-0,800)$

$AgBr_{(sólido)} + \cancel{1e^-} \rightarrow \cancel{Ag_{(sólido)}} + Br^-_{(aquoso)}$ $\Delta G° = -1\ x\ F\ x\ (+0,0713)$ +

$AgBr_{(sólido)} \rightarrow Ag^+_{(aquoso)} + Br^-_{(aquoso)}$

$$-1\ x\ F\ x\ E^0_{total} = -1\ x\ F\ x\ (-0,800) + [-1\ x\ F\ x\ (+0,0713)]$$

$$\cancel{-1\ x\ F}\ x\ E^0_{total} = \cancel{-1\ x\ F}\ x\ (-0,800) + [-1\ x\ F\ x\ (+0,0713)]$$

$E^0_{total} = -0{,}7287\ V$

Cálculo do valor do produto de solubilidade: $\Delta G° = -1 \times F \times E° = -R \times T \times \ln K_{ps}$

$-1 \times 96500 \times (-0{,}7287) = -8{,}314 \times (25 + 273) \times \ln K_{ps}$

$K_{ps} = e^{-28{,}38} = 4{,}72 \times 10^{-13}$

Questão 90

(GRILLO) $AlCl_{3(aquoso)} \rightarrow Al^{+3}_{(aquoso)} + 3Cl^{-}_{(aquoso)}$

Cálculo da força iônica (I), a partir da utilização da lei de Debye-Huckell:

$\log\gamma^{\pm}_{x} = -|z_1 \times z_2| \times A \times \sqrt{I}$

$\log(0{,}96) = -|3 \times (-1)| \times 0{,}509 \times \sqrt{I}$

$-1{,}16 \times 10^{-2} = -3 \times 0{,}509 \times \sqrt{I}$

$\sqrt{I} = 1{,}16 \times 10^{-2}$

$\left(\sqrt{I}\right)^2 = (1{,}16 \times 10^{-2})^2$

$I = 1{,}35 \times 10^{-4}$

Relação estequiométrica com a molalidade através da reação de dissociação do cloreto de alumínio: $AlCl_{3(aquoso)} \rightarrow Al^{+3}_{(aquoso)} + 3Cl^{-}_{(aquoso)}$

Chamando de W a concentração molal da solução, temos:

$1\ mol\ de\ AlCl_{3(aq)} - -1\ mol\ de\ Al^{+3}_{(aq)} - - -\ 3\ mol\ de\ Cl^{-}_{(aq)}$
$\mathcal{M}\ mol\ de\ AlCl_{3(aq)} - - \mathcal{M}\ mol\ de\ Al^{+3}_{(aq)} - - 3\mathcal{M}\ mol\ de\ Cl^{-}_{(aq)}$

Cálculo da massa de cloreto de alumínio, a partir da força iônica:

$$I = \frac{1}{2} \times \{z_i^2 \times \mathcal{M}_{Al^{+3}} + z_i^2 \times 3 \times \mathcal{M}_{Cl^-}\}$$

$$I = \frac{1}{2} \times \{(3)^2 \times \mathcal{M} + (-1)^2 \times 3\mathcal{M}\} = 6\mathcal{M}$$

$$1{,}35 \times 10^{-4} = 6 \times \frac{m_{AlCl_3}}{\langle MM\rangle_{AlCl_3} \times m^{(kg)}_{solvente}}$$

$$1{,}35 \times 10^{-4} = 6 \times \frac{m_{AlCl_3}}{133{,}5 \times 0{,}800}$$

$$m_{AlCl_3} = \frac{1{,}35 \times 10^{-4} \times 133{,}5 \times 0{,}800}{6} = 2{,}40 \times 10^{-3} g$$

Cálculo da molalidade: $\mathcal{M} = \dfrac{\frac{m_{AlCl_3}}{\langle MM\rangle_{AlCl_3}}}{m^{(kg)}_{solvente}} = \dfrac{\frac{2{,}40 \times 10^{-3}}{133{,}5}}{0{,}800} = 2{,}25 \times 10^{-5}\ \frac{mol}{kg}$

Analisando o íon (cátion) alumínio:

$$a_{Al^{+3}} = \gamma_x^{\pm} \text{ x } [Al^{+3}]$$
$$a_{Al^{+3}} = 0{,}96 \text{ x } 2{,}25 \text{ x } 10^{-5} = 2{,}16 \text{ x } 10^{-5}$$

Analisando o íon (ânion) cloreto:

$$a_{Cl^-} = \gamma_x^{\pm} \text{ x } [Cl^-]$$

$$a_{Cl^-} = 0{,}96 \text{ x } 3 \text{ x } 2{,}25 \text{ x } 10^{-4} = 6{,}48 \text{ x } 10^{-4}$$

Observação: A equação apresentada pela questão trata-se da lei de Debye-Huckell. Trata-se de uma lei em que é possível calcular as atividades iônicas das espécies químicas, válidas para soluções aquosas a 25ºC e muito diluídas. Trata-se de uma lei que confronta as previsões teóricas com os dados experimentais. Os valores apresentados e calculados para estas duas situações são bastante próximas e sua concordância, a lei, é simplesmente excelente.

Questão 91

Cálculo do valor do potencial padrão a partir da constante do produto de solubilidade.

$Ag_2S_{(sólido)} \rightarrow 2Ag^+_{(aquoso)} + S^{-2}_{(aquoso)}$

$$\Delta G^\circ = -2 \text{ x F x } E^\circ = -R \text{ x T x } \ln K_{ps}$$
$$-2 \text{ x } 96500 \text{ x } E^\circ = -8{,}314 \text{ x } (25 + 273) \text{ x} \ln(6{,}0 \text{ x } 10^{-50})$$

$$E^\circ = \frac{280801{,}80}{-193000} = -1{,}45 \text{ V}$$

Informação do problema: $Ag^+_{(aquoso)} + 1e^- \longrightarrow Ag_{(sólido)}$ $E^0 = +0{,}80$ V

Para a determinação do potencial será necessário multiplicar a semirreação da prata por dois. Diante desta afirmativa, temos:

$Ag_2S_{(sólido)} \longrightarrow \cancel{2Ag^+_{(aquoso)}} + S^{-2}_{(aquoso)}$ $\Delta G^\circ = -2 \text{ x F x } (-1{,}45)$
$\cancel{2\,Ag^+_{(aquoso)}} + 2e^- \longrightarrow 2Ag_{(sólido)}$ $\Delta G^\circ = -2 \text{ x F x } (+0{,}80)$

$Ag_2S_{(sólido)} + 2e^- \longrightarrow 2Ag_{(sólido)} + S^{-2}_{(aquoso)}$

$$\cancel{-2 \text{ x F}} \text{ x } E^0_{total} = \cancel{-2 \text{ x F}} \text{ x } (-1{,}45) + [-2 \text{ x F x } (+0{,}80)]$$
$$E^0_{total} = -1{,}45 + 0{,}80 = -0{,}65 \text{ V}$$

Questão 92

Alternativa D.

Sabendo que o número de oxidação do magnésio é igual a (+2) e do oxigênio igual a (-2), temos: $+2 + 2x - 16 = 0$
$x = +7$

Questão 93

Alternativa D.

Para esta equação química, o dicromato é o agente oxidante enquanto o iodeto é o agente redutor. Diante disso, a equação balanceada fica da seguinte maneira:

$$2Cr_2O^{-2}_{7(aquoso)} + 12I^-_{(aquoso)} + 28H^+_{(aquoso)} \rightarrow 6I_{2(sólido)} + 4Cr^{+3}_{(aquoso)} + 14H_2O_{(líquido)}$$

Questão 94

Para esta equação química, o íon permanganato é o agente oxidante enquanto a água oxigenada é o agente redutor. Diante disso, a equação balanceada fica da seguinte maneira:

$$2MnO^{-}_{4(aquoso)} + 5H_2O_{2(aquoso)} + 6H^{+}_{(aquoso)} \rightarrow 2Mn^{+2}_{(aquoso)} + O_{2(gás)} \uparrow + 8H_2O_{(líquido)}$$

Questão 95

(GRILLO)
Item a) Cátion ferroso
Item b) Cromo
Item c) Íon dicromato
Item d) A equação iônica balanceada fica da seguinte maneira:

$$6Fe^{+2}_{(aquoso)} + Cr_2O^{-2}_{7(aquoso)} + 14H^{+}_{(aquoso)} \rightarrow 6Fe^{+3}_{(aquoso)} + 2Cr^{+3}_{(aquoso)} + 7H_2O_{(líquido)}$$

Soma dos coeficientes estequiométricos: 6 + 1 + 14 + 6 + 2 + 7 = 36

Questão 96

Alternativa B.

Analisando cada equação química:

Equação química I) $S^{-2} \rightarrow S^{0}$ + 2 elétrons; para este caso a reação é de oxidação e o sulfeto de hidrogênio é o agente redutor.

Equação química II) $S^{-2} \rightarrow S^{+4}$ + 6 elétrons; para este caso a reação é de oxidação e o sulfeto de hidrogênio é o agente redutor.

Equação química III) $S^{-2} \rightarrow S^{-2}$; não se tratando de uma reação de oxirredução.

Equação química IV) $S^{-2} \rightarrow S^{-2}$; não se tratando de uma reação de oxirredução.

Questão 97

Semirreação do hidrogênio. $2H^{+}_{(aquoso)} + 2e^{-} \rightarrow H_{2(gás)}$

Quantidade de carga (Q):

$$22{,}4\ L ------ 2\ \cancel{mol\ de\ elétrons}\ x \frac{96500\ C}{\cancel{mol\ de\ elétrons}}$$
$$1{,}12\ L ------ Q$$

$$Q = 9650\ C$$

Cálculo da corrente: $i = \frac{Q}{tempo} = \frac{9650}{965\ A} = 10\ A$

Questão 98

Sabendo que a relação termodinâmica com a eletroquímica é dada por:

$$-n\ x\ F\ x\ E^{0}_{total} = -R\ x\ T\ x \ln K_{eq}$$

$$\ln K_{eq} = \frac{-n\ x\ F\ x\ E^{0}_{total}}{-R\ x\ T}$$

$$\ln K_{eq} = \frac{-2\ x\ 96500\ x\ 1{,}10}{-8{,}314\ x\ 298} = +85{,}69$$
$$K_{eq} = e^{(+85{,}69)}$$

Questão 99

Semirreação que ocorre no cátodo: $Ag^{+}_{(aquoso)} + 1e^{-} \rightarrow Ag_{(sólido)}$

Cálculo da massa no eletrodo de prata:

$$108\ g - - - - - 1\ \cancel{mol\ de\ elétrons}\ x\ \frac{96500\ C}{\cancel{mol\ de\ elétrons}}$$
$$Massa - - - - - 965\ C$$

$$Massa = \frac{108\ x\ 965}{96500} = 1{,}08\ g$$

Questão 100

Sabendo que o número de oxidação do sódio é igual a (+1) e do oxigênio igual a (-2), temos: $+(2\ x\ 1) + 4x - 12 = 0$
$x = +\ 2{,}50$

Questão 101

Sabendo que o número de oxidação do potássio é igual a (+1) e do cianeto igual a menos um (-1), temos: $+(4\ x\ 1) + x - 1x\ 6 = 0$
$x = +\ 2$

Questão 102

Alternativa C.

A expressão que representa a variação da energia livre de Gibbs padrão em relação ao processo eletroquímico é dada pela seguinte equação matemática:

$$\Delta G° = -\ n\ x\ F\ x\ E° = -6\ x\ 96500\ x\ 0{,}43\ \left(\frac{J}{mol}\right)$$

Dividindo a expressão por 1000, temos: $\Delta G° = \frac{-6\ x\ 96500\ x\ 0{,}43}{1000}\ \left(\frac{kJ}{mol}\right)$

Questão 103

Alternativa C.

Aplicando a equação de Nernst, temos: $E = E° - \frac{R\ x\ T}{n\ x\ F} x\ \ln\left\{\frac{[Cr^{+3}]^2\ x\ a^3_{Cu}}{a^2_{Cr}\ x\ [Cu^{+2}]^3}\right\}$

Onde as atividades dos sólidos são unitários, $a_{Cr} = a_{Cu} = 1$.

$$E = E° - \frac{R\ x\ T}{n\ x\ F} x\ \ln\left\{\frac{[Cr^{+3}]^2 x\ a^3_{Cu}}{a^2_{Cr}\ x\ [Cu^{+2}]^3}\right\}$$

$$E = +\ 0{,}43 - \frac{8{,}314\ x\ (25 + 273)}{6\ x\ 96500} x\ \ln\left\{\frac{(0{,}010)^2\ x\ (1)^3}{(1)^2 x\ (1)^3}\right\}$$

$$E = +\ 0{,}43 - \frac{8{,}314\ x\ 298}{6\ x\ 96500} x\ \ln(10^{-4}) = +\ 0{,}469\ V$$

Questão 104

(GRILLO) Item a) Invertendo a primeira semirreação, temos:

$Pb_{(sólido)} + SO_4^{2-}{}_{(aquoso)} \rightarrow PbSO_{4(sólido)} + 2e^-$ $\qquad E° = +\ 0{,}36\ V$
$PbO_{2(sólido)} + 4H^+_{(aquoso)} + SO_4^{2-}{}_{(aquoso)} + 2e^- \rightarrow PbSO_{4(sólido)} + 2H_2O_{(líquido)}$ $\qquad E° = +\ 1{,}64\ V$

$Pb_{(sólido)} + PbO_{2(sólido)} + 2SO_4^{2-}{}_{(aquoso)} + 4H^+{}_{(aquoso)} \rightarrow 2PbSO_{4(sólido)} + 2H_2O_{(líquido)}$

E° = + 0,36 + 1,64 = + 2,00 V

Item b) Cálculo da variação de energia livre de Gibbs padrão:

$$\Delta G° = -2\ \text{mol x } 96500\ \frac{\text{C}}{\text{mol}}\ \text{x } (+2{,}00\ \text{V}) = -386000\ \text{J}$$

Sim, o resultado é esperado, uma vez que caracteriza a espontaneidade da pilha apresentando um valor negativo ($\Delta G° < 0$ e $E° > 0$), o que se trata de uma das principais características da pilha.

Item c) Cálculo da concentração da quantidade de matéria de $[H^+]$, a partir do pH:

pH = - log$[H^+]$

1 = - log$[H^+]$

$[H^+] = 10^{-1}$ mol.L^{-1}

Utilizando a equação termodinâmica que relaciona a energia livre de Gibbs:

$$\Delta G = \Delta G° + RT\ln\left\{\frac{a^2_{PbSO_4}\ \text{x}\ a^2_{H_2O}}{a_{Pb}\ \text{x}\ a_{PbO_2}\ \text{x}\ [SO_4{}^{-2}]^2\ \text{x}\ [H^+]^4}\right\}$$

$$\Delta G = -386000 + 8{,}314\ \text{x}\ 298\ \text{x}\ \ln\left\{\frac{(1)^2\ \text{x}\ (1)^2}{1\ \text{x}\ 1\ \text{x}\ (5{,}0\ \text{x}\ 10^{-3})^2\ \text{x}\ (10^{-1})^4}\right\}$$

$$\Delta G = -386000 + 8{,}314\ \text{x}\ 298\ \text{x}\ \ln\left\{\frac{1}{25{,}0\ \text{x}\ 10^{-10}}\right\} = -336926{,}79\ \text{J}\ (-336{,}93\ \text{kJ})$$

Questão 105

Item a) Invertendo a semirreação do ouro:

$Au_{(sólido)} \rightarrow Au^{+3}{}_{(aquoso)} + \cancel{3e^-}$ $\qquad \Delta G^0 = -3\ \text{x F x } (-1{,}498)$

$NO_3^-{}_{(aquoso)} + 4H^+{}_{(aquoso)} + \cancel{3e^-} \rightarrow NO_{(gás)} + 2H_2O_{(líquido)}$ $\qquad \Delta G^0 = -3\ \text{x F x } (+0{,}96)$

$Au_{(sólido)} + NO_3^-{}_{(aquoso)} + 4H^+{}_{(aquoso)} \rightarrow Au^{+3}{}_{(aquoso)} + NO_{(gás)} + 2H_2O_{(líquido)}$

$$\cancel{-3\ \text{x F}}\ \text{x}\ E^0_{total} = \cancel{-3\ \text{x F}}\ \text{x}\ (-1{,}498) + [\cancel{-3\ \text{x F}}\ \text{x}\ (+0{,}96)]$$

$$E^0_{total} = -1{,}498 + 0{,}96 = -\ 0{,}538\ \text{V}$$

Para um potencial negativo, o processo não é espontâneo.

Item b) Invertendo a semirreação e multiplicando por dois (x 2):

$2Au_{(sólido)} + 2Cl^-{}_{(aquoso)} \rightarrow 2AuCl_4^-{}_{(aquoso)} + 6e^-$ $\qquad \Delta G^0 = -6\ \text{x F x } (+1{,}002)$

Multiplicando a semirreação de redução do hidrogênio por três (x 3):

$2Au_{(s)} + 2Cl^-{}_{(aquoso)} \rightarrow 2AuCl_4^-{}_{(aquoso)} + 6e^-$ $\qquad \Delta G^0 = -6\ \text{x F x } (+1{,}002)$

$6H^+{}_{(aquoso)} + 6e^- \rightarrow 3H_{2(gás)}$ $\qquad \Delta G^0 = -6\ \text{x F x } (+0{,}00)$ +

$2Au_{(sólido)} + 2Cl^-{}_{(aquoso)} + 6H^+{}_{(aquoso)} \rightarrow 3H_{2(gás)} \uparrow + 2AuCl_4^-{}_{(aquoso)}$

$-\cancel{6 \text{ x F}} \text{ x } E^0_{total} = -\cancel{6 \text{ x F}} \text{ x } (+1{,}002) + [-\cancel{6 \text{ x F}} \text{ x } (+0{,}00)]$

$E^0_{total} = +1{,}002 + 0{,}00 = +1{,}002 \text{ V}$

Para um potencial padrão positivo, o processo é espontâneo.

Item c) Somando as semirreações apresentadas acima, sua equação global fica da seguinte maneira.

$Au_{(sólido)} + 4Cl^-_{(aquoso)} \rightarrow AuCl_4^-{}_{(aquoso)} + \cancel{3e^-}$ $\Delta G^0 = -3 \text{ x F x } (-1{,}002)$

$NO_3^-{}_{(aquoso)} + 4H^+_{(aquoso)} + \cancel{3e^-} \rightarrow NO_{(gás)} + 2H_2O_{(líquido)}$ $\Delta G^0 = -3 \text{ x F x } (+0{,}96)$

$Au_{(sólido)} + 4Cl^-_{(aquoso)} + NO_3^-{}_{(aquoso)} + 4H^+_{(aquoso)} + \cancel{3e^-} \rightarrow AuCl_4^-{}_{(aquoso)} + NO_{(gás)} \uparrow + 2H_2O_{(líquido)}$

$-\cancel{3 \text{ x F}} \text{ x } E^0_{total} = -\cancel{3 \text{ x F}} \text{ x } (-1{,}002) + [-\cancel{3 \text{ x F}} \text{ x } (+0{,}96)]$

$E^0_{total} = -0{,}042 \text{ V}$

Para este potencial calculado sendo negativo, o processo não é espontâneo para a reação direta.

Questão 106

(GRILLO)

Equação de dissociação do cloreto de cálcio: $CaCl_{2(aquoso)} \rightarrow Ca^{+2}_{(aquoso)} + 2\ Cl^-_{(aquoso)}$

$1 \text{ mol de } CaCl_{2(aquoso)} \rightarrow 1 \text{ mol de } Ca^{+2}_{(aquoso)} + 2 \text{ mol de } Cl^-_{(aquoso)}$

$3{,}0 \text{ x } 10^{-4} \frac{mol}{kg} - - - - 3{,}0 \text{ x } 10^{-4} \frac{mol}{kg} - - - \ 6{,}0 \text{ x } 10^{-4} \frac{mol}{kg}$

Cálculo da força iônica (I): $I = \frac{1}{2} \text{ x } \{z_i^2 \text{ x } \mathcal{M}_{Ca^{+2}} + z_i^2 \text{ x } 3 \text{ x } \mathcal{M}_{Cl^-}\}$

$$I = \frac{1}{2} \text{ x } \{(+2)^2 \text{ x } 3{,}0 \text{ x } 10^{-4} + (-1)^2 \text{ x } 6{,}0 \text{ x } 10^{-4}\}$$

$$I = \frac{1}{2} \text{ x } \{12{,}0 \text{ x } 10^{-4} + 6{,}0 \text{ x } 10^{-4}\} = 9{,}0 \text{ x } 10^{-4}$$

Cálculo do coeficiente médio de atividade, a partir da utilização da lei de Debye-Huckell: $\log\gamma^{\pm} = -|z_1 \text{ x } z_2| \text{ x A x } \sqrt{I}$

$$\log\gamma^{\pm} = -|2 \text{ x } (-1)| \text{ x } 0{,}509 \text{ x } \sqrt{9{,}0 \text{ x } 10^{-4}}$$

$$\log\gamma^{\pm} = -2 \text{ x } 0{,}509 \text{ x } 3{,}0 \text{ x } 10^{-2}$$

$$\log\gamma^{\pm} = -3{,}054 \text{ x } 10^{-2}$$

$$\gamma^{\pm} = 10^{(-3{,}054 \text{ x } 10^{-2})} = 0{,}932$$

Cálculo das atividades dos íons:

Analisando o íon (cátion) cálcio: $a_{Ca^{+2}} = 0{,}932 \text{ x } 3{,}0 \text{ x } 10^{-4} = 2{,}80 \text{ x } 10^{-4}$

Analisando o íon (ânion) cloreto: $a_{Cl^-} = 0{,}932 \text{ x } 6{,}0 \text{ x } 10^{-4} = 5{,}59 \text{ x } 10^{-4}$

Questão 107

Item a) Semirreação de redução do flúor: $F_{2(gás)} + 2e^- \rightarrow 2F^-_{(aquoso)}$

Cálculo da carga: $Q = i \text{ x } t$

$Q = 150 \text{ x } 10^{-3} \text{ x } 8 \text{ x } 3600 = 4320 \text{ C}$

$22{,}4 \text{ L} ------ 2 \text{ mol de elétrons x} \dfrac{96500 \text{ C}}{1 \text{ mol de elétrons}}$

$\text{Volume} ----- 4320 \text{ C}$

$\text{Volume} = 0{,}501 \text{ L}$

Item b) Eletrólise da água: $H_2O_{(\text{líquido})} \rightarrow 2H^+_{(\text{aquoso})} + \frac{1}{2}O_{2(\text{gás})} \uparrow +2e^-$

$\dfrac{1}{2} \text{x } 22{,}4 \text{ L} ------ 2 \text{ mol de elétrons x} \dfrac{96500 \text{ C}}{1 \text{ mol de elétrons}}$

$\text{Volume} ------- 150 \text{ x } 10^{-3} \text{ x } 8 \text{ x } 3600$

$\text{Volume} = \dfrac{48384}{193000} = 0{,}251 \text{ L}$

Questão 108

Analisando a eletrólise aquosa do sulfato de sódio.

Equação de dissociação do sulfato de sódio: $Na_2SO_{4(\text{aquoso})} \overset{\Delta}{\rightleftarrows} 2Na^+_{(\text{aquoso})} + SO_{4(\text{aquoso})}^{-2}$

Equação de ionização da água: $H_2O_{(\text{líquido})} \rightarrow H^+_{(\text{aquoso})} + OH^-_{(\text{aquoso})}$

Quem descarrega com melhor facilidade no cátodo, $Na^+_{(\text{aquoso})}$ ou $H^+_{(\text{aquoso})}$?

Resposta: $2H^+_{(\text{aquoso})} + 2e^- \rightarrow H_{2(\text{gás})}$

Quem descarrega com melhor facilidade no ânodo, $SO_{4(\text{aquoso})}^{-2}$ ou $OH^-_{(\text{aquoso})}$?

Resposta: $2OH^-_{(\text{aquoso})} \rightarrow H_2O_{(\text{líquido})} + \frac{1}{2}O_{2(\text{gás})} + 2e^-$

Multiplicando a segunda semirreação por dois e somando todas as reações, temos:

$Na_2SO_{4(\text{aquoso})} \overset{\Delta}{\rightleftarrows} 2Na^+_{(\text{aquoso})} + SO_{4(\text{aquoso})}^{-2}$

$2H_2O_{(\text{líquido})} \rightarrow \cancel{2H^+_{(\text{aquoso})}} + \cancel{2OH^-_{(\text{aquoso})}}$

$\cancel{2H^+_{(\text{aquoso})}} + 2e^- \rightarrow H_{2(\text{gás})}$

$\cancel{2OH^-_{(\text{aquoso})}} \rightarrow H_2O_{(\text{líquido})} + \frac{1}{2}O_{2(\text{gás})} + 2e^- \quad +$

$Na_2SO_{4(\text{aquoso})} + 2H_2O_{(\text{líquido})} \rightarrow \underbrace{2\,Na^+_{(\text{aquoso})} + SO_{4(\text{aquoso})}^{-2}}_{Na_2SO_{4(\text{aquoso})}} + H_{2(\text{gás})} \uparrow +2H^+_{(\text{aquoso})} + \dfrac{1}{2}O_{2(\text{gás})} \uparrow$

Realmente, na eletrólise aquosa do sulfato de sódio, há a produção ½ mol de oxigênio molecular.

Cálculo da pressão de oxigênio puro: $P_{O_2}^{\text{seco}} = P^{\text{atm}} - P_{H_2O}^{\text{vapor}}$

$P_{O_2}^{\text{seco}} = 722 \text{ torr} - 19{,}83 \text{ torr} = 702{,}17 \text{ torr}$

Cálculo do número de mol de oxigênio molecular: $n_{O_2} = \dfrac{\frac{702{,}17}{760} \text{ x } 25 \text{ x } 10^{-3}}{0{,}08206 \text{ x } 295} = 9{,}54 \text{ x } 10^{-4} \text{ mol}$

Cálculo da carga utilizada:

$\dfrac{1}{2} \text{x } 22{,}4 \text{ L} ------ 2 \text{ mol de elétrons x} \dfrac{96500 \text{ C}}{1 \text{ mol de elétrons}}$

$9{,}54 \text{ x } 10^{-4} \text{ mol} --- Q$

$Q = 16{,}44 \text{ C}$

Cálculo da corrente: $i = \frac{16,44}{1800} = 0,00913\ A$

Questão 109

(GRILLO) Invertendo a segunda semirreação eletroquímica, temos:

$\cancel{Pd_{(sólido)}} + 4Cl^- \rightarrow PdCl_{4(aquoso)}^{-2} + \cancel{2e^-}$ $\Delta G^0 = -2 \times F \times (-0,64)$

$Pd^{+2}_{(aquoso)} + \cancel{2e^-} \rightarrow \cancel{Pd_{(sólido)}}$ $\Delta G^0 = -2 \times F \times (+0,83)$

$Pd^{+2}_{(aquoso)} + 4Cl^- \rightarrow PdCl_{4(aquoso)}^{-2}$ $\Delta G^0_{total} = -2 \times F \times E^0_{total}$

$$-2 \times F \times E^0_{total} = -2 \times F \times (-0,64) + [-2 \times F \times (+0,83)]$$
$$\cancel{-2 \times F} \times E^0_{total} = \cancel{-2 \times F} \times (-0,64) + [\cancel{-2 \times F} \times (+0,83)]$$
$$E^0_{total} = +0,19\ V$$

Item b) Cálculo da variação da energia livre de Gibbs padrão: $\Delta G° = -n \times F \times E°$

$$\Delta G° = -2\ mol \times 96500 \frac{C}{mol} \times (+0,19\ V)$$
$$\Delta G° = -36670\ J$$

Item a) Cálculo da K_{eq}: $\Delta G° = -36670\ J = -R \times T \times \ln K_{eq}$

$$-36670\ J = -8,314 \times 298 \times \ln K_{eq}$$

$$\ln K_{eq} = \frac{-36670}{-2477,572} = 14,80$$

$$K_{eq} = e^{(+14,80)}$$

Item c) Cálculo da variação da entalpia padrão: $\Delta H^o_{reação} = -n \times F \times \left[E^0 - \left(\frac{\delta E}{\delta T}\right)_p\right]$

$$\Delta H^o_{reação} = -2 \times 96500 \times [0,19 - (+2,30 \times 10^{-4})]$$

$$\Delta H^o_{reação} = -23441,78 \frac{J}{mol}\ \text{(processo exotérmico)}$$

Item d) Cálculo da entropia. Primeira maneira do cálculo da entropia: $\left(\frac{\delta E}{\delta T}\right)_p = \frac{\Delta S^0}{n \times F}$

$$+2,30 \times 10^{-4} = \frac{\Delta S^0}{2 \times 96500}$$

$$\Delta S^0 = +44,39 \frac{J}{K}$$

Segunda maneira de cálculo: $\Delta S^o_{reação} = \frac{-36670 + 23441,78}{-298} = +44,39 \frac{J}{K}$

Questão 110

Para esta reação eletroquímica, há a participação de dois (2) elétrons.

Cálculo da variação da energia livre de Gibbs padrão: $\Delta G° = -n \times F \times E°$

$$\Delta G° = -2\ mol \times 96500 \frac{C}{mol} \times (+0,0372\ V) = -7179,60\ J$$

Cálculo da variação da entropia padrão: $\frac{\Delta S^o_{reação}}{n \times F} = \left(\frac{\delta E}{\delta T}\right)_p$

$$\frac{\Delta S^{o}_{reação}}{2 \text{ x } 96500} = -0{,}125$$

$$\Delta S^{o}_{reação} = -24125 \frac{J}{K}$$

A partir da equação de Gibbs: $-7179{,}60 = \Delta H^{o}_{reação} - T \text{ x } (-24125)$

$$\Delta H^{o}_{reação} = -7196429{,}6 \text{ J } (-7196{,}43 \text{ kJ})$$

Questão 111

(GRILLO) Equação de dissociação do sulfato de magnésio:

$$MgSO_{4(aquoso)} \rightarrow Mg^{+2}_{(aquoso)} + SO^{-2}_{4(aquoso)}$$

$$1 \text{ mol de } Mg^{+2}_{(aq)} ------ 1 \text{ mol de } SO^{-2}_{4(aq)}$$
$$3{,}0 \text{ x } 10^{-4} \text{mol de } Mg^{+2}_{(aq)} -- 3{,}0 \text{ x } 10^{-4} \text{mol de } SO^{-2}_{4(aq)}$$

Cálculo da força iônica (I):

$$I = \frac{1}{2} \text{x} \left\{ z_i^2 \text{ x } \mathcal{M}_{Mg^{+2}} + z_i^2 \text{ x } \mathcal{M}_{SO_4^{-2}} \right\}$$

$$I = \frac{1}{2} \text{x} \{(+2)^2 \text{x } 3{,}0 \text{ x } 10^{-4} + (-2)^2 \text{ x } 3{,}0 \text{ x } 10^{-4}\} = 12{,}0 \text{ x } 10^{-4}$$

Cálculo do coeficiente de atividade médio a partir da utilização da lei de Debye-Huckell:

$$\log\gamma^{\pm}_{x} = -|z_1 \text{ x } z_2| \text{ x A x } \sqrt{I}$$

$$\log\gamma^{\pm}_{x} = -|2 \text{ x } (-2)| \text{ x } 0{,}509 \text{ x } \sqrt{12{,}0 \text{ x } 10^{-4}}$$

$$\log\gamma^{\pm}_{x} = -0{,}233$$

$$\gamma^{\pm}_{x} = 0{,}598$$

Analisando o íon (cátion) magnésio: $a_{Mg^{+2}} = \gamma^{\pm}_{x} \text{ x } \mathcal{M}_{Mg^{+2}}$

$$a_{Mg^{+2}} = 0{,}598 \text{ x } 3{,}0 \text{ x } 10^{-4} = 2{,}16 \text{ x } 10^{-5}$$

Analisando o íon (ânion) sulfato: $a_{SO^{-2}_{4(aq)}} = \gamma^{\pm}_{x} \text{ x } \mathcal{M}_{SO^{-2}_{4(aq)}}$

$$a_{SO^{-2}_{4(aq)}} = 0{,}598 \text{ x } 3{,}0 \text{ x } 10^{-4}$$

Questão 112

(GRILLO)

Item a) Analisando a solução de nitrato de sódio:

$$NaNO_{3(aquoso)} \rightarrow Na^{+}_{(aquoso)} + NO^{-}_{3(aquoso)}$$

Cálculo da força iônica (I): $I = \frac{1}{2} \text{x} \left\{ z_i^2 \text{ x } \mathcal{M}_{Na^{+1}} + z_i^2 \text{ x } \mathcal{M}_{NO_3^-} \right\}$

$$I = \frac{1}{2} x \{(+1)^2 x\ 0{,}10 + (-1)^2\ x\ 0{,}10\} = 0{,}10$$

Item b)

Analisando a solução de sulfato de sódio: $Na_2SO_{4(aquoso)} \rightarrow 2Na^+_{(aquoso)} + SO^{-2}_{4(aquoso)}$

$2\ \text{mol de}\ Na^+_{(aq)}$ ------ $1\ \text{mol de}\ SO^{-2}_{4(aq)}$
$0{,}02\ \text{mol de}\ Na^+_{(aq)}$ ----- $0{,}01\ \text{mol de}\ SO^{-2}_{4(aq)}$

Cálculo da força iônica (I): $I = \frac{1}{2} x \left\{ z_i^2\ x\ \mathcal{M}_{Na^+_{(aq)}} + z_i^2\ x\ \mathcal{M}_{SO_4^{-2}} \right\}$

$$I = \frac{1}{2} x \{(+1)^2 x\ 0{,}02 + (-2)^2\ x\ 0{,}01\} = 0{,}03$$

Item c) Analisando a solução de brometo de potássio: $KBr_{(aquoso)} \rightarrow K^+_{(aquoso)} + Br^-_{(aquoso)}$

Cálculo da força iônica (I): $I = \frac{1}{2} x \{z_i^2\ x\ \mathcal{M}_{K^{+1}} + z_i^2\ x\ \mathcal{M}_{Br^-}\}$

$$I = \frac{1}{2} x \{(+1)^2 x\ 0{,}02 + (-1)^2\ x\ 0{,}02\} = 0{,}02$$

Analisando o sulfato de sódio: $Na_2SO_{4(aquoso)} \rightarrow 2Na^+_{(aquoso)} + SO^{-2}_{4(aquoso)}$

$2\ \text{mol de}\ Na^+_{(aq)}$ ------ $1\ \text{mol de}\ SO^{-2}_{4(aq)}$
$0{,}02\ \text{mol de}\ Na^+_{(aq)}$ ----- $0{,}01\ \text{mol de}\ SO^{-2}_{4(aq)}$

Cálculo da força iônica (I): $I = \frac{1}{2} x \left\{ z_i^2\ x\ \mathcal{M}_{Na^+_{(aq)}} + z_i^2\ x\ \mathcal{M}_{SO_4^{-2}} \right\}$

$$I = \frac{1}{2} x \{(+1)^2 x\ 0{,}02 + (-2)^2\ x\ 0{,}01\} = 0{,}03$$

Força iônica total: $I_{total} = 0{,}02 + 0{,}03 = 0{,}05$

Questão 113

Alternativa A.

Analisando a semirreação do ouro:

$Au^+_{(aquoso)} + 1e^- \rightarrow Au_{(sólido)}$ $E^0 = +1{,}68\ V$
$Au^{+3}_{(aquoso)} + 3e^- \rightarrow Au_{(sólido)}$ $E^0 = +1{,}50\ V$

Invertendo a segunda semirreação:

$Au^+_{(aquoso)} + 1e^- \rightarrow \cancel{Au_{(sólido)}}$ $\Delta G^0 = -1\ x\ F\ x\ (+1{,}68)$
$\cancel{Au_{(sólido)}} \rightarrow Au^{+3}_{(aquoso)} + 3e^-$ $\Delta G^0 = -3\ x\ F\ x\ (-1{,}50)$ +

$Au^+_{(aquoso)} \rightarrow Au^{+3}_{(aquoso)} + 2e^-$

$$-2\ x\ F\ x\ E^0_{total} = -1\ x\ F\ x\ (+1{,}68) + [-3\ x\ F\ x\ (-1{,}50)]$$

$$E^0_{total} = -1{,}41\ V$$

Multiplicando a semirreação do ferro por dois:

$Au^{+}_{(aquoso)} \rightarrow Au^{+3}_{(aquoso)} + \cancel{2e^-}$ $\quad \Delta G^0 = -2 \text{ x F x } (-1{,}41)$

$2Fe^{+3}_{(aquoso)} + \cancel{2e^-} \rightarrow 2Fe^{+2}_{(aquoso)}$ $\quad \Delta G^0 = -2 \text{ x F x } (+0{,}75)$ +

$Au^{+}_{(aquoso)} + 2Fe^{+3}_{(aquoso)} \rightarrow Au^{+3}_{(aquoso)} + 2Fe^{+2}_{(aquoso)}$

$$\cancel{-2 \text{ x F}} \text{ x } E^0_{total} = \cancel{-2 \text{ x F}} \text{ x } (-1{,}41) + [\cancel{-2 \text{ x F}} \text{ x } (+0{,}75)]$$

$$E^0_{total} = -1{,}41 + 0{,}75 = -\ 0{,}66 \text{ V}$$

Cálculo da constante de equilíbrio: $-\text{R x T x ln K}_{eq} = -\text{n x F x } E^0_{total}$

$$-8{,}314 \text{ x } 298 \text{ x } 2{,}303 \text{ x log K}_{eq} = -2 \text{ x } 96500 \text{ x } (-0{,}66)$$

$$K_{eq} = 10^{+22{,}32}$$

Questão 114

(GRILLO) Analisando a solução de cloreto de bário:

$$BaCl_{2(aquoso)} \rightarrow Ba^{+2}_{(aquoso)} + 2Cl^{-}_{(aquoso)}$$

$1 \text{ mol de } Ba^{+2}_{(aq)} --- 2 \text{ mol de } Cl^{-}_{(aq)}$

$5{,}0\ x\ 10^{-3} ----- 10{,}0\ x\ 10^{-3}$

Cálculo da força iônica (I): $I = \frac{1}{2} \text{x} \left\{ z_i^2 \text{ x } \mathcal{M}_{Ba^{+2}_{(aq)}} + z_i^2 \text{ x } \mathcal{M}_{Cl^{-}_{(aq)}} \right\}$

$$I = \frac{1}{2} \text{x} \{(+2)^2 \text{x } 5{,}0 \text{ x } 10^{-3} + (-1)^2 \text{ x } 10{,}0 \text{ x } 10^{-3}\} = 15{,}0 \text{ x } 10^{-3}$$

Cálculo do coeficiente de atividade médio a partir da utilização da lei de Debye-Huckell:

$$\log\gamma^{\pm}_{x} = -|z_1 \text{ x } z_2| \text{ x A x } \sqrt{I}$$

$$\log\gamma^{\pm}_{x} = -|2 \text{ x } (-1)| \text{ x } 0{,}509 \text{ x } \sqrt{15{,}0 \text{ x } 10^{-3}}$$

$$\log\gamma^{\pm}_{x} = -0{,}125$$

$$\gamma^{\pm}_{x} = 0{,}750$$

Analisando o íon (cátion) bário: $a_{Ba^{+2}} = \gamma^{\pm}_{x} \text{ x } \mathcal{M}_{Ba^{+2}}$

$$a_{Ba^{+2}} = 0{,}750 \text{ x } 5{,}0 \text{ x } 10^{-3} = 3{,}75 \text{ x } 10^{-3}$$

Analisando o íon (ânion) cloreto: $a_{Cl^-} = \gamma^{\pm}_{x} \text{ x } \mathcal{M}_{Cl^-}$

$$a_{Cl^-} = 0{,}750 \text{ x } 10{,}0 \text{ x } 10^{-3} = 7{,}5 \text{ x } 10^{-3}$$

Questão 115

Item a) Estudando a eletrólise fundida ou também conhecida como a eletrólise ígnea do óxido de alumínio.

$$Al_2O_{3(sólido)} \rightarrow 2Al^{+3}_{(líquido)} + 3O^{-2}_{(líquido)}$$

Semirreação que ocorre no cátodo: $2Al^{+3}_{(líquido)} + 6e^- \rightarrow 2Al^0_{(sólido)}$

Semirreação que ocorre no ânodo: $3O^{-2}_{(líquido)} \rightarrow \frac{3}{2}O^0_{2(gás)} + 6e^-$

Somando as semirreações apresentadas acima:

$$2Al^{+3}_{(líquido)} + \cancel{6e^-} \rightarrow 2Al^{0}_{(sólido)}$$
$$3O^{-2}_{(líquido)} \rightarrow \frac{3}{2}O^{0}_{2(gás)} + \cancel{6e^-} \qquad +$$

$$2Al^{+3}_{(líquido)} + 3O^{-2}_{(líquido)} \rightarrow \frac{3}{2}O^{0}_{2(gás)} + 2Al^{0}_{(sólido)}$$

Multiplicando a equação química por dois (x 2):

$$4Al^{+3}_{(líquido)} + 6O^{-2}_{(líquido)} \rightarrow 3O^{0}_{2(gás)} + 4Al^{0}_{(sólido)}$$

Item b) As semirreações que ocorrem em cada compartimento eletroquímico, fica descrito logo a seguir.

Semirreação que ocorre no cátodo (polo negativo): $2Al^{+3}_{(líquido)} + 6e^- \rightarrow 2Al^{0}_{(sólido)}$

Semirreação que ocorre no ânodo (polo positivo): $3O^{-2}_{(líquido)} \rightarrow \frac{3}{2}O^{0}_{2(gás)} + 6e^-$

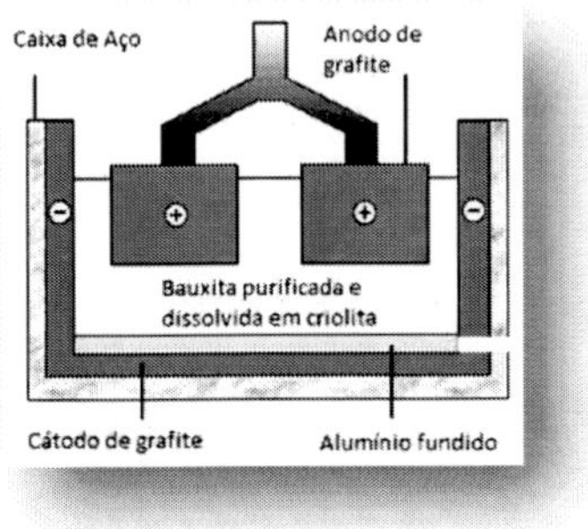

Item c) Estudando a eletrólise no cátodo – semirreação de redução do alumínio.

$Al^{+3}_{(aquoso)} + 3e^- \rightarrow Al_{(sólido)}$.

A partir da relação estequiométrica, temos:

$$27 \text{ g de alumínio} ----- 3 \text{ mol de elétrons x} \frac{96500 \text{ C}}{\text{mol de elétrons}}$$
$$\text{Massa de alumínio} ---- Q = \cancel{1h} \text{ x} \frac{3600 \text{ s}}{\cancel{1h}} \text{ x } 3{,}0 \text{ x } 10^4$$

$$\text{Massa de alumínio} = \frac{27 \text{ x } 3600 \text{ x } 3{,}0 \text{ x } 10^4}{3 \text{ x } 96500} = 10072{,}54 \text{ g}$$

Questão 116

A) **Alternativa B.** Sabendo que a relação termodinâmica entre a energia interna (ΔE) e a entalpia é dada por:

$$\Delta E = \Delta H + pV$$

Considerando que o processo reacional apresenta comportamento ideal, temos:

$$\Delta E = \Delta H + \Delta n \text{ x } R \text{ x } T$$

A alternativa que apresenta a variação da energia interna igual a entalpia trata-se da alternativa B, pelo fato da variação do número de mol ser igual a zero.

$\Delta E = \Delta H + (n_{produtos} - n_{reagentes})\ x\ R\ x\ T$
$\Delta E = \Delta H + (2 - 2)\ x\ R\ x\ T$
$\Delta E = \Delta H$

B) **Alternativa B.** Invertendo e multiplicando por dois (x 2) a semirreação do cromo:
$2Cr_{(sólido)} \rightarrow 2Cr^{3+}_{(aquoso)} + 6e^-$
$\Delta G° = -6\ x\ F\ x\ (+0{,}744)$

Multiplicando por três (x 3) a semirreação do estanho: $3Sn^{2+}_{(aquoso)} + 6e^- \rightarrow 3Sn_{(sólido)}$
$\Delta G° = -6\ x\ F\ x\ (-0{,}141)$

Somando as duas semirreações:
$2Cr_{(sólido)} \rightarrow 2Cr^{3+}_{(aquoso)} + \cancel{6e^-}$ $\qquad \Delta G° = -6\ x\ F\ x\ (+0{,}744)$
$3Sn^{2+}_{(aquoso)} + \cancel{6e^-} \rightarrow 3Sn_{(sólido)}$ $\qquad \Delta G° = -6\ x\ F\ x\ (-0{,}141)$

$2Cr_{(sólido)} + 3Sn^{2+}_{(aquoso)} \rightarrow 2Cr^{3+}_{(aquoso)} + 3Sn_{(sólido)}$

$\cancel{-6\ x\ F}\ x\ E° = \cancel{-6\ x\ F}\ x\ (+0{,}744) + [\cancel{-6\ x\ F}\ x\ (-0{,}141)]$
$E° = +\ 0{,}744 + (-0{,}141) = +\ 0{,}603\ V$

C) **Alternativa C.** Semirreação que ocorre no cátodo: $Cu^{+2}_{(aquoso)} + 2e^- \rightarrow Cu_{(sólido)}$

Cálculo da massa de cobre depositada:

$$63{,}55\ g\ de\ Cu - - - - - - - 2\ mol\ de\ e^-\ x \frac{96500\ C}{1\ mol\ de\ e^-}$$
$$m_{Cu} - - - - - - - - - - - - (20\ x\ 60\ x\ 2{,}0)\ C$$

$$m_{Cu} = \frac{152520}{193000} = 0{,}790\ g$$

D) **Alternativa A.**

Analisando a eletrólise aquosa do fluoreto de potássio (KF).

Equação de dissociação do fluoreto de potássio: $KF_{(aquoso)} \rightarrow K^+_{(aquoso)} + F^-_{(aquoso)}$

Equação de ionização da água: $H_2O_{(líquido)} \rightarrow H^+_{(aquoso)} + OH^-_{(aquoso)}$

Quem descarrega com melhor facilidade no cátodo, $K^+_{(aquoso)}$ ou $H^+_{(aquoso)}$?
Resposta: $2H^+_{(aquoso)} + 2e^- \rightarrow H_{2(gás)} \uparrow$

Quem descarrega com melhor facilidade no ânodo, $F^-_{(aquoso)}$ ou $OH^-_{(aquoso)}$?
Resposta: $2OH^-_{(aquoso)} \rightarrow H_2O_{(líquido)} + \frac{1}{2}O_{2(gás)} \uparrow + 2e^-$

Somando todas as equações químicas:

$KF_{(aquoso)} \rightarrow K^+_{(aquoso)} + F^-_{(aquoso)}$
$\cancel{2}H_2O_{(l)} \rightarrow \cancel{2H^+_{(aquoso)}} + \cancel{2OH^-_{(aquoso)}}$
$\cancel{2H^+_{(aquoso)}} + \cancel{2e^-} \rightarrow H_{2(gás)}$
$\cancel{2OH^-_{(aquoso)}} \rightarrow \cancel{H_2O_{(líquido)}} + \frac{1}{2}O_{2(gás)} + \cancel{2e^-}$ $\qquad +$

$$KF_{(aquoso)} + H_2O_{(líquido)} \rightarrow K^+_{(aquoso)} + F^-_{(aquoso)} + H_{2(gás)} \uparrow + \frac{1}{2}O_{2(gás)} \uparrow$$

O_2 e H^+ são formados em um eletrodo e H_2 e OH^- estão sendo formados em um outro eletrodo.

E) Alternativa D.

Sabendo que a relação termodinâmica entre as energias livre de Gibbs é dada por:

$$-\,R \times T \times \ln_{K_{eq}} = -\,n \times F \times E^0$$

$$-\,8{,}314 \times (25 + 273) \times \ln_{K_{eq}} = -\,2 \text{ mol de e}^- \times \frac{96500\ C}{1 \text{ mol de e}^-} \times (+0{,}283)$$

$$K_{eq} = e^{(22{,}04)} = 3{,}73 \times 10^9$$

Questão 117

A) **Alternativa A.** Sabendo que a relação entre a densidade e a pressão é dada pela seguinte equação química: $d = \frac{p \times \langle MM \rangle}{R \times T}$.

Substituindo os valores na equação acima, temos:

$$d = \frac{\left(\frac{740}{760}\right) \times 44}{0{,}08206 \times (25+273)} = 1{,}75\,\frac{g}{L}$$

B) **Alternativa C.**

Sabendo que para o processo radioativo a cinética é de primeira ordem.

Cálculo da constante radioativa:

$$t_{\frac{1}{2}} = \frac{\ln 2}{\lambda}$$

$$\lambda = \frac{\ln 2}{t_{\frac{1}{2}}} = \frac{0{,}693}{242} = 2{,}86 \times 10^{-3}\ \text{dias}^{-1}$$

Cálculo do percentual $\frac{[A]_{Final}}{[A]_{nicial}}$: $\left(\frac{[A]_{Final}}{[A]_{nicial}}\right) = -\lambda \times \text{tempo}$

$$\ln\left(\frac{[A]_{Final}}{[A]_{nicial}}\right) = -2{,}86 \times 10^{-3} \times 2\ \cancel{\text{anos}} \times \frac{365 \text{ dias}}{1\ \cancel{\text{ano}}}$$

$$\ln\left(\frac{[A]_{Final}}{[A]_{nicial}}\right) = -2{,}09$$

$$\frac{[A]_{Final}}{[A]_{nicial}} = e^{(-2{,}09)} = 0{,}1237\ (12{,}37\%)$$

C) **Alternativa D.** Pela primeira lei da termodinâmica, temos: $\Delta U = Q + W$

$$\Delta U = -220 + (-10) = -230\ kJ$$

D) **Alternativa B.** Invertendo e multiplicando por dois a primeira semirreação:

$2Al_{(sólido)} \longrightarrow 2Al^{3+}_{(aquoso)} + 6e^-$; $\Delta G° = -6 \times F \times (+1{,}66)$

Multiplicando por três a segunda semirreação:

$3Cu^{2+}_{(aquoso)} + 6e^- \rightarrow 3Cu_{(sólido)}$; $\Delta G° = -6 \text{ x F x } (+0{,}34)$

Somando as duas semirreações:

$2Al_{(sólido)} \rightarrow 2Al^{3+}_{(aquoso)} + 6e^-$ $\Delta G° = -6 \text{ x F x } (+1{,}66)$
$3Cu^{2+}_{(aquoso)} + 6e^- \rightarrow 3Cu_{(sólido)}$ $\Delta G° = -6 \text{ x F x } (+0{,}34)$

$2Al_{(s)} + 3Cu^{2+}_{(aquoso)} + 6e^- \rightarrow 2Al^{3+}_{(aquoso)} + 3Cu_{(sólido)} + 6e^-$

$\cancel{-6 \text{ x F}} \text{ x } E° = \cancel{-6 \text{ x F}} \text{ x } (+1{,}66) + [\cancel{-6 \text{ x F}} \text{ x } (+0{,}34)]$
$E° = +1{,}66 + 0{,}34 = +2{,}00 \text{ V}$

Questão 118

Item a) O potencial eletroquímico dos outros elementos químicos aumentaria no valor de +0,53V.

Item b) Conforme mencionado no item a o potencial para a semirreação do sódio seria igual a: $E° = -2{,}71 + 0{,}53 = -2{,}18$ V

Item c) Para a determinação do potencial padrão, será necessário multiplicar a semirreação do sódio por dois e inverter seu sentido.

Diante disso:

$2Na + I_2 \rightleftarrows 2Na^+ + 2I^-$; $\Delta G° = -2 \text{ x F x } E^0_{total}$

Somando as duas semirreações apresentadas:

$2Na_{(sólido)} \rightarrow 2Na^+_{(aquoso)} + 2e^-$ $\Delta G° = -2 \text{ x F x } (+2{,}71)$
$I_2 + 2e^- \rightarrow 2I^-_{(aquoso)}$ $\Delta G° = -2 \text{ x F x } (-0{,}53)$

$2Na_{(sólido)} + I_2 \rightarrow 2Na^+_{(aquoso)} + 2I^-_{(aquoso)}$

$\cancel{-2 \text{ x F}} \text{ x } E^0_{total} = \cancel{-2 \text{ x F}} \text{ x } (+2{,}71) + [\cancel{-2 \text{ x F}} \text{ x } (-0{,}53)]$

$E° = +2{,}71 - 0{,}53 = +2{,}18 \text{ V}$

Questão 119

Através da estequiometria proveniente da equação química, temos:

$$2 \text{ mol de } Cr^{+3} ----- 6 \text{ mol de elétrons x} \frac{96500 \text{ C}}{\text{mol de elétrons}}$$
$$0{,}400 \text{ mol de } Cr^{+3} --- Q$$

$$Q = \frac{0{,}400 \text{ x } 6 \text{ x } 96500}{2} = 115800 \text{ C}$$

Cálculo do tempo, a patir do valor da carga elétrica obtida acima.

$$0{,}95 \text{ x tempo} = 115800$$

$$\text{tempo} = \frac{115800}{0{,}95} = 120000 \text{ s } (33{,}33 \text{ horas})$$

Questão 120

Item a) Cálculo do número de mol de elétrons produzidos no cátodo: semirreação de redução do alumínio: $Al^{+3}_{(aquoso)} + 3e^- \rightarrow Al_{(sólido)}$

Cálculo da carga (Q), a partir de uma proporção estequiométrica:

27,0 g de Al --------------- 3 mol de elétrons

5000 g de Al ------------- n
n = 555,56 mol de elétrons

Item b) Convertendo o tempo para segundos: $\text{tempo} = 10\ \text{h}\ \text{x} \frac{3600\text{s}}{1\text{h}} = 36000\ \text{s}$
Cálculo da carga (Q): Q = 555,56 x 96500 = 5,36 x 10^7 C

Cálculo da corrente (i): $i = \frac{Q}{t} = \frac{5{,}36 \times 10^7}{36000} = 1489{,}20\ \text{A}$

Questão 121

(GRILLO) Analisando a primeira semirreação: $Sn^{+4}_{(aquoso)} + 2e^- \rightarrow Sn^{+2}_{(aquoso)}$
$\Delta G°_1 = -2.F.(+0{,}15)$

Analisando a segunda semirreação, invertendo a segunda semirreação, temos:
$Sn_{(sólido)} \rightarrow Sn^{+2}_{(aquoso)} + 2e^-$ $\Delta G°_2 = -2.F.(+0{,}14)$

Determinação da equação global para o sistema eletroquímico:
$Sn^{+4}_{(aquoso)} + 2e^- \rightarrow Sn^{+2}_{(aquoso)}$ $\Delta G°_1 = -2.F.(+0{,}15)$
$Sn_{(sólido)} \rightarrow Sn^{+2}_{(aquoso)} + 2e^-$ $\Delta G°_2 = -2.F.(+0{,}14)$ +

$Sn^{+4}_{(aquoso)} + \cancel{2e^-} + Sn_{(sólido)} \rightarrow Sn^{+2}_{(aquoso)} + Sn^{+2}_{(aquoso)} + \cancel{2e^-}$

$Sn^{+4}_{(aquoso)} + Sn_{(sólido)} \rightarrow 2Sn^{+2}_{(aquoso)}$ $\Delta G°_T = -2.F.(E°)$

Cálculo do potencial padrão da reação global (E°): $\Delta G°_T = \Delta G°_1 + \Delta G°_2$
$\cancel{-2.F}.(E°) = \cancel{-2.F}.(+0{,}15) + [\cancel{-2.F}.(+0{,}14)]$
$E° = +0{,}29\ V$

Cálculo da constante de equilíbrio (K_{eq}): $-\ n\ \text{x}\ F\ \text{x}\ E° = -\ R\ \text{x}\ T\ \text{x}\ \ln K_{eq}$

$$\ln K_{eq} = \frac{n\ \text{x}\ F\ \text{x}\ E°}{R\ \text{x}\ T} = \frac{2\ \text{x}\ 96500\ \text{x}\ 0{,}29}{8{,}314\ \text{x}\ 298} = \frac{55970}{2477{,}572} = +22{,}59$$

$$K_{eq} = e^{+22{,}59}$$

Questão 122

Alternativa A.

Equação de dissociação do sulfato de sódio: $Na_2SO_{4(aquoso)} \rightarrow 2Na^+_{(aquoso)} + SO^{-2}_{4(aquoso)}$

Equação de ionização da água: $H_2O_{(líquido)} \rightarrow H^+_{(aquoso)} + OH^-_{(aquoso)}$

Quem descarrega com maior facilidade no cátodo, $H^+_{(aquoso)}$ ou $Na^+_{(aquoso)}$?
Resposta: $2H^+_{(aquoso)} + 2e^- \rightarrow H_{2(gás)}$

Quem descarrega com maior facilidade no ânodo, $SO^{-2}_{4(aquoso)}$ ou $OH^-_{(aquoso)}$?
Resposta: $2OH^-_{(aquoso)} \rightarrow H_2O_{(líquido)} + \frac{1}{2}O_{2(gás)} + 2\ \text{elétrons}$

Somando todas as semirreações, temos:

$Na_2SO_{4(aquoso)} \rightarrow 2Na^+_{(aquoso)} + \cancel{SO^{-2}_{4(aq)}}$
$\cancel{2}H_2O_{(líquido)} \rightarrow \cancel{2H^+_{(aquoso)}} + \cancel{2OH^-_{(aquoso)}}$
$\cancel{2H^+_{(aquoso)}} + \cancel{2\ \text{elétrons}} \rightarrow H_{2(gás)}$
$\cancel{2OH^-_{(aquoso)}} \rightarrow \cancel{H_2O_{(líquido)}} + \frac{1}{2}O_{2(gás)} + \cancel{2\ \text{elétrons}}$ +

$$Na_2SO_{4(aquoso)} + H_2O_{(líquido)} \rightarrow 2Na^+_{(aquoso)} + H_{2(gás)} \uparrow + \frac{1}{2}O_{2(gás)} \uparrow$$

Questão 123

Alternativa E.

Analisando a solução de nitrato de cobre II (AgNO$_3$):

$$Cu(NO_3)_{2(aquoso)} \rightarrow Cu^{+2}_{(aquoso)} + 2NO^-_{3(aquoso)}$$

Semirreação que ocorre no cátodo: $Cu^{+2}_{(aquoso)} + 2e^- \rightarrow Cu_{(sólido)}$

$$\begin{aligned} &63{,}55\ g - - - - - - 2\ \cancel{mol\ de\ e^-}\ x \frac{96500\ C}{1\ \cancel{mol\ de\ elétrons}} \\ &0{,}64\ g - - - - - - Q \end{aligned}$$

$$Q = \frac{0{,}64 \times 2 \times 96500}{63{,}55} = \frac{123520}{63{,}55} = 1943{,}67\ C$$

Analisando a solução de nitrato de prata (AgNO$_3$):

$$AgNO_{3(aquoso)} \rightarrow Ag^+_{(aquoso)} + NO^-_{3(aquoso)}$$

Semirreação que ocorre no cátodo: $Ag^+_{(aquoso)} + 1e^- \rightarrow Ag_{(sólido)}$

Cálculo da massa de prata depositada:

$$\begin{aligned} &108\ g - - - - - 1\ \cancel{mol\ de\ e^-}\ x \frac{96500\ C}{1\ \cancel{mol\ de\ elétrons}} \\ &m_{Ag} - - - - - 1943{,}67\ C \end{aligned}$$

$$m_{Ag} = \frac{108 \times 1943{,}67}{96500} = \frac{209916{,}36}{96500} = 2{,}17\ g$$

Questão 124

(GRADUAÇÃO CEFETES – COLETÂNEA DE PROVAS) Alternativa C.

Para a resolução do problema, é importante ressaltar que a corrente elétrica é constante por todo o processo, conforme pode ser observado na figura fornecida pelo problema.

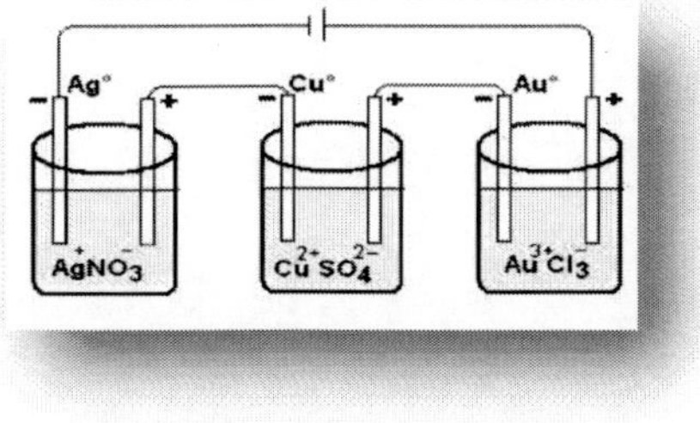

Cálculo da quantidade de carga (Q): $Q = i \times tempo = 3{,}0 \times \left(30min \times \frac{60\ s}{1\ min} + 15\ s\right)$

$$Q = 3{,}0 \times (1800 + 15) = 3{,}0 \times 1815 = 5445\ C$$

Analisando a solução de nitrato de prata (AgNO$_3$):

$$AgNO_{3(aquoso)} \rightarrow Ag^+_{(aquoso)} + NO^-_{3(aquoso)}$$

Semirreação que ocorre no cátodo: $Ag^{+}_{(aquoso)} + 1e^{-} \rightarrow Ag_{(sólido)}$

$$108\ g - - - - - 1\ \cancel{mol\ de\ e^{-}}\ x \frac{96500\ C}{1\ \cancel{mol\ de\ elétrons}}$$
$$m_{Ag}\ - - - - -\ 5445\ C$$

$$m_{Ag} = \frac{108 \times 5445}{96500} = \frac{17{,}62}{96500} = \frac{588060}{96500} = 6{,}09\ g$$

Analisando a solução de sulfato de cobre II ($CuSO_4$):

$$CuSO_{4(aquoso)} \rightarrow Cu^{+2}_{(aquoso)} + SO^{-2}_{4(aquoso)}.$$

Semirreação que ocorre no cátodo: $Cu^{+2}_{(aquoso)} + 2e^{-} \rightarrow Cu_{(sólido)}$

$$63{,}55\ g - - - - - 2\ \cancel{mol\ de\ e^{-}}\ x \frac{96500\ C}{1\ \cancel{mol\ de\ elétrons}}$$
$$m_{Cu}\ - - - - - -\ 5445\ C$$

$$m_{Cu} = \frac{63{,}55 \times 5445}{2 \times 96500} = \frac{346029{,}75}{193000} = 1{,}79\ g$$

Analisando a solução de cloreto de ouro III ($AuCl_3$):

$$AuCl_{3(aquoso)} \rightarrow Au^{+3}_{(aquoso)} + 3Cl^{-}_{(aquoso)}$$

Semirreação que ocorre no cátodo: $Au^{+3}_{(aquoso)} + 3e^{-} \rightarrow Au_{(sólido)}$

$$197\ g - - - - - - 3\ \cancel{mol\ de\ e^{-}}\ x \frac{96500\ C}{1\ \cancel{mol\ de\ elétrons}}$$
$$m_{Au}\ - - - - - -\ 5445\ C$$

$$m_{Au} = \frac{197 \times 5445}{3 \times 96500} = \frac{1072665}{289500} = 3{,}70\ g$$

Questão 125

Alternativa B.

Analisando a solução de sulfato de níquel II: $Ni^{+2}_{(aquoso)} + 2e^{-} \rightarrow Ni_{(sólido)}$

Analisando a solução de cloreto de ouro: $Au^{+3}_{(aquoso)} + 3e^{-} \rightarrow Au_{(sólido)}$

Multiplicando por três (x 3) a primeira semirreação e a segunda semirreação por dois (x 2):

$3Ni^{+2}_{(aquoso)} + 6e^{-} \rightarrow 3Ni_{(sólido)}$

$2Au^{+3}_{(aquoso)} + 6e^{-} \rightarrow 2Au_{(sólido)}$

Com isso, observa-se que são produzidos 2 mol de ouro e 3 mol de níquel.

Cálculo: $\frac{m_{Ni}}{m_{Au}} = \frac{3 \times 58{,}7\ g}{2 \times 197\ g} = \frac{176{,}1\ g}{394\ g} = 0{,}447\ (\cong 0{,}45)$

Questão 126

Alternativa A.

Dos metais apresentados no enunciado do problema, os elementos níquel (Ni), zinco (Zn), estanho (Sn) e chumbo (Pb) apresentam número de oxidação igual a +2. Diante de uma escolha, vamos analisar e calcular a massa molar do metal com número de oxidação +2.

Semirreação de redução no câtodo: $X^{+2}_{(aquoso)} + 2e^- \rightarrow X_{(sólido)}$, em que X representa o elemento metálico com número de oxidação igual a +2.

$< MM >_X - - - - 2 \text{ mol de } e^-$
$8{,}81 \text{ g} - - - - - 0{,}300 \text{ mol de } e^-$

$$< MM >_X = \frac{8{,}81 \text{ x } 2}{0{,}300} = \frac{17{,}62}{0{,}300} = 58{,}73 \frac{g}{mol} \text{ (Níquel, Ni)}$$

Questão 127

Através da relação estequiométrica apresentada pelo problema, temos:

$5F - - - - - - - 4 \text{ mol de } H_2O$
$0{,}20F - - - - - - n_{H_2O}$

$$n_{H_2O} = \frac{0{,}20 \text{ x } 4}{5} = 0{,}16 \text{ mol}$$

Questão 128

Alternativa D.

Cálculo da concentração do íon hidrogeniônico, a partir da utilização da equação de Nernst:

$$E = E° - \frac{0{,}0592}{n} \text{x} \log Q$$

$$0{,}64 = 0{,}76 - \frac{0{,}0592}{2} \text{x} \log \frac{[Zn^{+2}] \text{ x } P_{H_2}}{[H^+]^2 \text{ x } a_{Zn}}$$

Sabendo que a pressão de hidrogênio é igual a 1 bar, $[Zn^{+2}] = 1 \text{ mol.L}^{-1}$ e a atividade do zinco (a_{Zn}) igual a 1, temos:

$$0{,}64 = 0{,}76 - \frac{0{,}0592}{2} \text{x} \log \frac{[Zn^{+2}] \text{ x } P_{H_2}}{[H^+]^2 \text{ x } a_{Zn}}$$

$$0{,}64 - 0{,}76 = -\frac{0{,}0592}{2} \text{x} \log \frac{1 \text{ x } 1}{[H^+]^2 \text{ x } 1}$$

$$-0{,}12 = -\frac{0{,}0592}{2} \text{x} \log \frac{1}{[H^+]^2}$$

$$\frac{-0{,}12}{-0{,}0592} = -\log[H^+]$$

$$[H^+] = 10^{-2{,}03} \text{ mol. L}^{-1}$$

Questão 129

Alternativa C.

Analisando a semirreação do cobre: $Cu^{+2}_{(aquoso)} + 2e^- \rightarrow Cu_{(sólido)}$

$E^{\varnothing}_{I} = +0{,}34$ V $\qquad \Delta G° = -2 \text{ x } F \text{ x } (+0{,}34)$

Analisando a semirreação do hidrogênio:

$H_{2(gás)} \longrightarrow 2H^+_{(aquoso)} + 2e^-$ $\quad \Delta G^\circ = -2 \text{ x F x } (+0{,}00)$

Somando as duas semirreações, temos:

$Cu^{+2}_{(aquoso)} + 2e^- \longrightarrow Cu_{(sólido)}$ $\quad \Delta G^\circ = -2 \text{ x F x } (+0{,}34)$

$H_{2(gás)} \longrightarrow 2H^+_{(aquoso)} + 2e^-$ $\quad \Delta G^\circ = -2 \text{ x F x } (+0{,}00)$ +

$Cu^{+2}_{(aquoso)} + H_{2(gás)} \longrightarrow Cu_{(sólido)} + 2H^+_{(aquoso)}$ $\quad \Delta G^\circ = -2 \text{ x F x E}^\circ$

Cálculo do potencial-padrão:

$$\cancel{-2 \text{ x F}} \text{ x E}^\circ = \cancel{-2 \text{ x F}} \text{ x } (0{,}34) + [\cancel{-2 \text{ x F}} \text{ x } (0{,}00)]$$

$$E^\circ = +0{,}34 \text{ V}$$

Cálculo do pH, a partir da equação de Nersnt:

$$0{,}56 = 0{,}34 - \frac{0{,}0592}{2} \text{x} \log \frac{a_{Cu} \text{ x } [H^+]^2}{[Cu^{+2}] \text{ x } P_{H_2}}$$

$$0{,}56 - 0{,}34 = -\frac{0{,}0592}{2} \text{x} \log\left(\frac{1 \text{ x } [H^+]^2}{1 \text{ x } 1}\right)$$

$$0{,}22 = -\frac{0{,}0592}{2} \text{x} \log[H^+]^2$$

$$0{,}22 = -\frac{0{,}0592}{2} \text{x } 2 \text{ x} \log[H^+]$$

$$0{,}22 = 0{,}0592 \text{ x } \underbrace{(-\log[H^+])}_{pH}$$

$$0{,}22 = 0{,}0592 \text{ x pH}$$

$$pH = \frac{0{,}22}{0{,}0592} = 3{,}72$$

Questão 130

Alternativa A.

Utilizando a equação de Nernst, temos: $E = E^\circ - \frac{0{,}0592}{n} \text{x} \log Q$

$$E = E^\circ - \frac{0{,}0592}{n} \text{x} \log\left[\frac{P^2_{Br_2} \text{ x } a^2_{H_2O}}{P_{O_2} \text{ x } [H^+]^4 \text{ x } [Br^-]^2}\right]$$

Levando em consideração que nas condições padrões, a pressão de um gás é igual 1 atm, a concentração da quantidade de matéria igual a 1 mol.L^{-1} e a atividade de um líquido, por convenção é unitário (a = 1), a equação de Nernst fica da seguinte maneira:

$$0 = 0{,}20 - \frac{0{,}0592}{4} \text{x} \log\left[\frac{(1)^2 \text{ x } (1)^2}{1 \text{ x } [H^+]^4 \text{ x } (1)^2}\right]$$

$$0 = 0{,}20 - \frac{0{,}0592}{4} \text{x} \log\left[\frac{1}{[H^+]^4}\right]$$

$$(-0{,}20) \times 4 = -\,0{,}0592 \times \log\left[\frac{1}{[H^+]^4}\right]$$

$$\frac{0{,}80}{0{,}0592} = \log\left[\frac{1}{[H^+]^4}\right]$$

$$13{,}51 = \log\left[\frac{1}{[H^+]^4}\right]$$

$$13{,}51 = 4 \times pH$$

$$pH = \frac{13{,}51}{4} = 3{,}38$$

Questão 131

Alternativa A.

A questão leva em consideração de uma célula eletrolítica com duas placas metálicas de prata na presença de uma solução de nitrato de prata. Semirreação que ocorre no cátodo:

$Ag^+_{(aquoso)} + 1\ e^- \longrightarrow Ag_{(sólido)}$

MM_{Ag} ---------- 1 mol de e^- x (F/mol de elétrons)
m_{Ag} ------------ Q

$$Q \times (< MM >_{Ag}) = F \times m_{Ag}$$

$$Q = \frac{F \times m_{Ag}}{< MM >_{Ag}}$$

Sabendo que a carga (Q) é o produto da corrente com o tempo, temos: $Q = \frac{F \times m_{Ag}}{<MM>_{Ag}}$

$$i \times t = \frac{F \times m_{Ag}}{< MM >_{Ag}}$$

Isolando F: $\boxed{F = \frac{i \times t \times <MM>_{Ag}}{m_{Ag}}}$

Questão 132

Alternativa B.

A semirreação de redução em questão pode ser determinada a partir das semirreações de redução I e III.

Analisando a semirreação I:

$In^+_{(aquoso)} + e^-\ (CM) \longrightarrow In_{(sólido)}$ $\quad \Delta G° = -1 \times F \times (-0{,}14)$

Analisando a semirreação III:

$In^{+3}_{(aquoso)} + 2e^-\ (CM) \longrightarrow In^+_{(aquoso)}$ $\quad \Delta G° = -2 \times F \times (-0{,}44)$

Somando as semirreações apresentadas:

$In^+_{(aquoso)} + e^-_{(CM)} \longrightarrow In_{(sólido)}$ $\quad \Delta G° = -1 \times F \times (-0{,}14)$
$In^{+3}_{(aquoso)} + 2e^-_{(CM)} \longrightarrow In^+_{(aquoso)}$ $\quad \Delta G° = -2 \times F \times (-0{,}44)$ +

$In^{+3}_{(aquoso)} + 3e^-_{(CM)} \longrightarrow In_{(sólido)}$ $\Delta G° = -3 \times F \times E°$

Cálculo do potencial-padrão: $-3 \times \not{F} \times E° = -1 \times \not{F} \times (-0{,}14) + [-2 \times \not{F} \times (-0{,}44)]$

$-3 \times E° = +0{,}14 + 0{,}88$

$$E° = \frac{-1{,}02}{3} = -0{,}34\ V$$

Observação: O potencial-padrão (E°) deste eletrodo pode ser calculado considerando a sua relação com a variação de energia livre de Gibbs ($\Delta G°$) através da seguinte expressão termodinâmica, $\Delta G° = -nFE°$, onde: n é o número de mols de elétrons recebidos na redução; F a constante de Faraday e E° o potencial-padrão da semicélula de redução.

Questão 133

(GRADUAÇÃO CEFETES) Alternativa E.

Cloreto de magnésio na presença de água, irá ocorrer a dissociação da seguinte forma:
$MgCl_{2(aquoso)} \longrightarrow Mg^{+2}_{(aquoso)} + 2Cl^-_{(aquoso)}$

Reação que ocorre no ânodo, representado pela seguinte semirreação iônica:
$2Cl^-_{(aquoso)} \rightarrow Cl_{2(gás)} + 2\ e^-$

Cálculo do tempo durante o processo de eletrólise aquosa do ânodo (Cl^-):
71,0 g de Cl^- -------------- 2 mol de elétrons x (96500 C/mol de elétrons)
7,10 g de Cl^- -------------- Q = (7,72 x tempo)
Tempo = 2500 s

Questão 134

Alternativa D.

Cálculo da corrente, em amperes, a partir da seguinte equação matemática: $j = \frac{i}{A}$, onde:
J = densidade de corrente, I = corrente elétrica e A = área.

i = J x A = 10 x 10^{-3} x 480 = 4,80 A

Semirreação do cátodo: $Fe^{+2}_{(aquoso)} + 2e^- \longrightarrow Fe_{(sólido)}$

Cálculo da massa de ferro depositada:

56 g ---------- 2 mol de elétron x (96500 C/mol de elétron)
m_{Fe} ----------- (4,80 x 3600) C
m_{Fe} = 5,01 g de ferro metálico

Questão 135

Alternativa D.

O processo ocorre através de uma eletrólise ígnea.

Processo de fundição do óxido de alumínio: $Al_2O_{3(sólido)} \rightarrow 2Al^{+3}_{(líquido)} + 3O^{-2}$

Semirreação que ocorre no cátodo: $Al^{+3}_{(líquido)} + 3e^- \rightarrow Al_{(sólido)}$

Semirreação que ocorre no ânodo: $2O^{-2} \rightarrow O_{2(gás)} + 4e^-$

Multiplicando a primeira semirreação por quatro: $4Al^{+3}_{(líquido)} + 12e^- \rightarrow 4Al_{(sólido)}$

Multiplicando a segunda semirreação por três: $6O^{-2} \rightarrow 3O_{2(gás)} + 12e^-$

Somando as semirreações, temos:

$$4Al^{+3}_{(líquido)} + 12e^- \rightarrow 4Al_{(sólido)}$$
$$6O^{-2} \rightarrow 3O_{2(gás)} + 12e^- \; +$$

$$4\,Al^{+3}_{(líquido)} + 6O^{-2} \rightarrow 4Al_{(sólido)} + 3O_{2(gás)}$$

Questão 136

Alternativa D.

Item a) O funcionamento está ilustrado na figura a seguir.

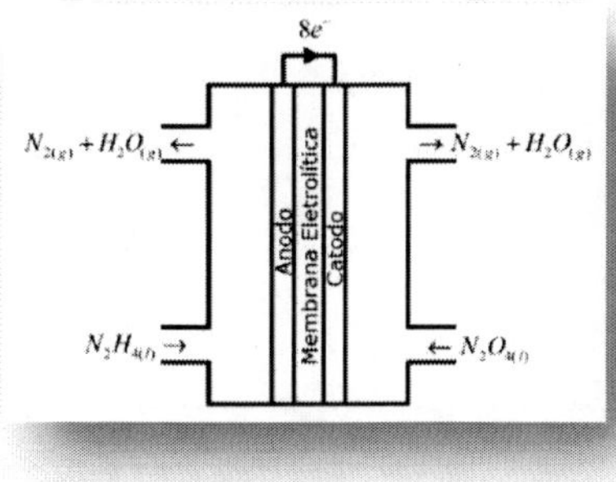

Item b) Semirreações do processo:

Semirreação catódica: $N_2O_4 + 6H^+_{(aquoso)} + 8e^- \rightarrow N_{2(gás)} + 4H_2O_{(líquido)}$

Semirreação anódica: $2N_2H_4 + 8OH^-_{(aquoso)} \rightarrow 2N_{2(gás)} + 8H_2O_{(líquido)} + 8e^-$

Questão 137

Item a) Cálculo da energia livre de Gibbs (ΔG°), mas primeiramente será necessário calcular a ddp da pilha galvânica. Invertendo a semirreação do alumínio:

$Al_{(sólido)} \longrightarrow Al^{+3}_{(aquoso)} + 3e^-$ $\quad \Delta G° = -3 \text{ x F x } (+1{,}66)$

Semirreação do ferro:

$Fe^{+3}_{(aquoso)} + 3e^- \longrightarrow Fe_{(sólido)}$ $\quad \Delta G° = -3 \text{ x F x } (-0{,}04)$

Somando as semirreações:

$Al_{(sólido)} \longrightarrow Al^{+3}_{(aquoso)} + \cancel{3e^-}$ $\quad \Delta G° = -3 \text{ x F x } (+1{,}66)$

$Fe^{+3}_{(aquoso)} + \cancel{3e^-} \longrightarrow Fe_{(sólido)}$ $\quad \Delta G° = -3 \text{ x F x } (-0{,}04) \; +$

$Al_{(sólido)} + Fe^{+3}_{(aquoso)} \longrightarrow Fe_{(sólido)} + Al^{+3}_{(aquoso)}$

$$\cancel{-3 \text{ x F}} \text{ x E°} = \cancel{-3 \text{ x F}} \text{ x } (+1{,}66) + [\cancel{-3 \text{ x F}} \text{ x } (-0{,}04)]$$
$$E° = +1{,}66 - 0{,}04 = +1{,}62 \text{ V}$$

Cálculo da variação da energia livre de Gibbs padrão: $\Delta G° = -3 \text{ x F x E°}$

$$\Delta G° = -3 \text{ mol de elétrons x} \frac{96500 \text{ C}}{1 \text{ mol de elétrons}} \text{x } (+\,1{,}62)$$

$\Delta G° = -468990\ \text{J}\ (\cong -469\ \text{kJ})$

Item b) Cálculo da entropia padrão da reação: $\Delta S^0_{\text{reação}} = \sum S^0_{\text{produtos}} - \sum S^0_{\text{reagentes}}$

$\Delta S^0_{\text{reação}} = \{1 \text{ x } S^0_{Al^{+3}} + 1 \text{ x } S^0_{Fe}\} - \{1 \text{ x } S^0_{Fe^{+3}} + 1 \text{ x } S^0_{Al}\}$

$\Delta S^0_{\text{reação}} = \{1 \text{ x } (-293{,}3) + 1 \text{ x } 27\} - \{1 \text{ x } (-313{,}8) + 1 \text{ x } 28\}$

$\Delta S^0_{\text{reação}} = +19{,}50 \dfrac{\text{J}}{\text{mol x K}}$

Item c) Cálculo da entalpia padrão da reação: $\Delta G^0_{\text{reação}} = \Delta H^0_{\text{reação}} - \text{T x } \Delta S^0_{\text{reação}}$

$-468990 = \Delta H^0_{\text{reação}} - (25 + 273) \text{ x } 19{,}50$

$\Delta H^0_{\text{reação}} = -468990 + (298 \text{ x } 19{,}50)$

$\Delta H^0_{\text{reação}} = -463179 \dfrac{\text{J}}{\text{mol}} (\cong -463{,}2 \dfrac{\text{kJ}}{\text{mol}})$

Questão 138

Invertendo a primeira semirreação, temos:

$Zn_{(sólido)} + 4OH^- \rightleftharpoons [Zn(OH)_4]^{2-} + 2e^-$ $\Delta G° = -2 \text{ x F x } (+1{,}285)$
$Zn^{2+} + 2e^- \rightleftharpoons Zn_{(sólido)}$ $\Delta G° = -2 \text{ x F x } (-0{,}762)$

Somando as semirreações apresentadas:

$\cancel{Zn_{(sólido)}} + 4\ OH^- \rightleftharpoons [Zn(OH)_4]^{2-} + \cancel{2e^-}$ $\Delta G° = -2 \text{ x F x } (+1{,}285)$
$Zn^{2+} + \cancel{2e^-} \rightleftharpoons \cancel{Zn_{(sólido)}}$ $\Delta G° = -2 \text{ x F x } (-0{,}762) +$

$Zn^{2+} + 4OH^- \rightleftharpoons [Zn(OH)_4]^{2-}$

$\cancel{-2 \text{ x F}} \text{ x } E° = \cancel{-2 \text{ x F}} \text{ x } (+1{,}285) + [\cancel{-2 \text{ x F}} \text{ x } (-0{,}762)]$
$E° = +0{,}523\ \text{V}$

Cálculo da variação da energia livre de Gibbs padrão: $\Delta G° = -2 \text{ x F x } E°$

$\Delta G° = -2 \text{ mol de elétrons x} \dfrac{96500\ \text{C}}{1 \text{ mol de elétrons}} \text{x } (+\ 0{,}523)$
$\Delta G° = -100939\ \text{J}\ (\cong -101\ \text{kJ})$

Cálculo da constante de equilíbrio químico, a partir da variação da energia livre de Gibbs padrão:

$$\Delta G° = -\text{R x T x} \ln K_{eq}$$

$\ln K_{eq} = -\dfrac{(-100939)}{8{,}314 \text{ x } 298} = +40{,}74$

$K_{eq} = e^{(+40{,}74)}$

Questão 139

Item a) Não. Pelo fato que sem a participação de um agente externo o processo irá apresentar uma variação da energia livre de Gibbs maior que zero ($\Delta G > 0$), ou seja, um processo não espontâneo.

Item b) Cálculo do potencial-padrão (E°):

Invertendo a semirreação do níquel: $Ni_{(sólido)} \longrightarrow Ni^{2+}_{(aquoso)} + 2e^-$ $\Delta G° = - 2.F.(+ 0,25)$

Semirreação de redução do estanho: $Sn^{+2}_{(aquoso)} + 2e^- \longrightarrow Sn_{(sólido)}$ $\Delta G° = - 2.F.(- 0,14)$

Determinação da equação química global da pilha:

$Ni_{(sólido)} \longrightarrow Ni^{2+}_{(aquoso)} + \cancel{2e^-}$
$Sn^{+2}_{(aq)} + \cancel{2e^-} \longrightarrow Sn_{(sólido)}$ +

$Ni_{(sólido)} + Sn^{+2}_{(aquoso)} \longrightarrow Ni^{+2}_{(aquoso)} + Sn_{(sólido)}$ (Processo global da pilha)

$\Delta G°_T = \Delta G°_{Ni} + \Delta G°_{Sn}$
$\cancel{-2.F}.E° = \cancel{-2.F}.(+ 0,25) + \{\cancel{-2.F}.(- 0,14)\}$
$E° = + 0,25 - 0,14 = + 0,11$ V

Cálculo da constante de equilíbrio (K_{eq}): $\ln K_{eq} = \frac{n \text{ x } F \text{ x } E°}{R \text{ x } T}$

$$\ln K_{eq} = \frac{2 \text{ x } 96500 \text{ x } 0,11}{8,314 \text{ x } 300} = \frac{21230}{2494,2} = 8,51$$

$$K_{eq} = e^{8,51} = 4964,16 \text{ J}$$

Questão 140

Item a) Número de átomos de níquel (n_{Ni}):

$$n_{Ni} = 1,61 \text{ x } 10^{19} \frac{\text{átomos}}{\cancel{m^2}} \text{x } 5,0 \cancel{m^2} = 8,05 \text{ x } 10^{19} \text{átomos}$$

58,7 g -------- 6,02 x10^{23} átomos de Ni
M_{Ni} ----------- 8,05 x10^{19} átomos de Ni
Massa de Níquel depositada = 7,85 x 10^{-3} g

Item b) Semirreação de redução do níquel: $Ni^{+2}_{(aquoso)} + 2e^- \longrightarrow Ni_{(sólido)}$

Sabendo que a densidade de corrente é definida como sendo a razão da corrente pela área, temos:

$$j = \frac{i}{A} = 7,0\mu\frac{A}{cm^2} x \frac{10000 \text{ cm}^2}{1 \text{ m}^2} = 7,0 \text{ x } 10^{-2}\frac{A}{m^2}$$

Para 5,0 m² de área, temos: $j = 7,0 \text{ x } 10^{-2} \frac{A}{\cancel{m^2}} \text{ x } 5,0 \cancel{m^2} = 35,0 \text{ x } 10^{-2}$ A

Cálculo do tempo de operação da célula eletroquímica: $Ni^{+2}_{(aquoso)} + 2e^- \longrightarrow Ni_{(sólido)}$

58,69 g de Ni ------------------- 2 mol de e^- x 96500 C/mol de e^-
7,85 x 10^{-3} g de Ni ------------ Q = (35 x 10^{-2} x tempo)
tempo = 73,75 g

Questão 141

Determinação da equação eletroquímica global, para o funcionamento da pilha.

$Zn \longrightarrow Zn^{+2} + 2e^-$
$2MnO_2 + NH_4^+ + 2e^- \longrightarrow Mn_2O_3 + NH_3 + OH^-$ +

$Zn + 2MnO_2 + NH_4^+ \longrightarrow Zn^{+2} + Mn_2O_3 + NH_3 + OH^-$

Convertendo o tempo para segundos: $\text{tempo} = 10 \text{ horas x } \frac{3600 \text{ s}}{1 \text{ h}} = 36000 \text{ s}$

Cálculo da massa mínima de Zinco (Zn):

65,4 g de Zn --------------- 2 mol de elétrons x 96500 C/mol de elétrons
m_{Zn} --------------------------- (0,0100 x 36000) C
m_{Zn} = 0,122 g de Zn

Cálculo da massa mínima de dióxido de manganês (MnO_2):
2 mol x 86,90 g/mol de MnO_2 -------- 2 mol x (96500 C/mol)
m_{MnO2} -------------------------------------- (0,0100 x 36000) C
m_{MnO2} = 0,326 g de MnO_2

Questão 142

Para a produção de H_2 e O_2 será necessário analisar as reações no ânodo e no cátodo.

Equação que ocorre no ânodo: $2OH^-_{(aquoso)} \longrightarrow H_2O_{(líquido)} + ½O_{2(gás)} + 2e^-$
Equação que ocorre no cátodo: $2H_2O_{(líquido)} + 2e^- \longrightarrow H_{2(gás)} + 2OH^-_{(aq)}$

Somando as duas semirreações eletroquímicas, temos:

$\cancel{2OH^-_{(aq)}} \longrightarrow H_2O_{(líquido)} + ½O_{2(gás)} + \cancel{2e^-}$
$2\ H_2O_{(líquido)} + \cancel{2e^-} \longrightarrow H_{2(gás)} + \cancel{2OH^-_{(aquoso)}}$ +

$H_2O_{(líquido)} \longrightarrow H_{2(gás)} + ½O_{2(gás)}$

Observa-se que há a produção de 1,50 mol de gases, a partir de dois mols de elétrons, provenientes da eletrólise da água.

Cálculo da pressão de gás no cilindro:
$P_{cilindro} = P_{manômetro} - P_{barômtero}$ = 1,64 atm – 1,00 atm = 0,64 atm

Cálculo do número de mol dos gases no cilindro: $n_{gases} = \frac{0,64 \text{ x } 4,50}{0,08206 \text{ x } 300} = 0,117 \text{ mol}$

Cálculo da carga (Q) de gases produzido:

1 mol de gases ----------------- 2 mol de e^- x (96500/mol de elétrons)
0,117 mol de gases ----------- Q
Q = 15054 C

Cálculo do tempo, para uma corrente igual de 30 A: $30 = \frac{15054}{t}$
$tempo = 501,8\ s$

Questão 143

Invertendo a primeira semirreação:
$Ni_{(sólido)} \longrightarrow Ni^{2+}_{(aquoso)} + 2e^-$ E°= + 0,25 V

Multiplicando a segunda semirreação por dois (x 2):
$2Ag^+_{(aquoso)} + 2e^- \longrightarrow 2Ag_{(sólido)}$ E°= + 0,80 V

Somando as duas semirreações apresentadas acima:
$Ni_{(sólido)} \longrightarrow Ni^{2+}_{(aquoso)} + 2e^-$ E°= + 0,25 V
$2Ag^+_{(aquoso)} + 2e^- \longrightarrow 2Ag_{(sólido)}$ E°= + 0,80 V +

$Ni_{(sólido)} + 2Ag^+_{(aquoso)} \longrightarrow Ni^{2+}_{(aquoso)} + 2Ag_{(sólido)}$ E°= + 1,05 V

Cálculo da corrente que percorre o circuito:

58,71 g de $Ni_{(s)}$ -------------------- 2 mol x 96500 C /mol
1,475 g g de MnO_2 --------------- 9650 x i
i = 0,502 A

Item a) Cálculo da concentração da quantidade de matéria, M:

$$[M] = \frac{1,475}{0,100 \text{ x } 58,71} = 0,251 \frac{\text{mol}}{\text{L}}$$

Item b) Corrente elétrica: i = 0,502 A

Item c) O eletrodo positivo (cátodo) é a prata.

Questão 144

- Fazer reagir hidróxido de sódio com o sulfato de cobre II. Este processo ocasiona a precipitação do cobre II. $CuSO_4 + 2NaOH \rightarrow Na_2SO_4 + Cu(OH)_2$

- Adicionar na solução zinco metálico. Este processo faz com que haja maior poder redutor que o cobre, reduzindo o íon cuproso (Cu^{+2}), formando cobre metálico e cátions zinco.

- Realizar o processo de diluição.

Questão 145

Para a determinação do processo eletroquímico na formação da água líquida, as semirreações deverão ser as seguintes:

$2H^+ + 2e^- \rightarrow H_2$ $E^o = +0,00$ V
$O_2 + 4H^+ + 4e^- \rightarrow 2H_2O$ $E^o = +1,20$ V

Para a determinação do potencial padrão, será necessário inverter e multiplicar por dois a semirreação do hidrogênio.

$2H_2 \rightarrow \cancel{4H^+} + \cancel{4e^-}$ $\Delta G^0 = -4 \text{ x F x } (0,00)$
$O_2 + \cancel{4H^+} + \cancel{4e^-} \rightarrow 2H_2O$ $\Delta G^0 = -4 \text{ x F x } (1,20)$ +

$2H_{2(gás)} + O_{2(gás)} \rightarrow 2H_2O_{(líquido)}$ $\Delta G^0 = -4 \text{ x F x } E^0_{total}$

$$\cancel{-4 \text{ x F}} \text{ x } E^0_{total} = \cancel{-4 \text{ x F}} \text{ x } (0,00) \cancel{-4 \text{ x F}} \text{ x } (1,20)$$

$$E^0_{total} = +1,20 \text{ V}$$

Para a reação de formação da água líquida, o seu potencial padrão é igual a $E^0_{total} = +1,20$ V.

Cálculo da variação da energia livre de Gibbs para a reação apresentada, $2H_{2(gás)} + O_{2(gás)} \rightleftarrows 2\,H_2O$.

$$\Delta G^0 = -4 \text{ x F x } E^0_{total}$$

$$\Delta G^0 = -4 \text{ x } 96500 \text{ x } 1,20 = -463200 \frac{\text{J}}{\text{mol}}$$

Importante observar que o cálculo da variação da energia livre de Gibbs padrão foi realizado para 2 mol. Logo, para 1 mol de água formada, será necessário dividir a variação da energia livre de Gibbs por dois.

$\Delta G^0 = -\frac{463200}{2} = -231600 \frac{\text{J}}{\text{mol}}$, com a equação $H_2 + ½O_2 \rightleftarrows H_2O$.

Item a) Cálculo da variação da entropia padrão, a partir da equação de Gibbs-Helmholtz:

$$-231600 = -285900 - 298 \text{ x } \Delta S^0$$

$$\Delta S^0 = \frac{-231600 + 285900}{-298} = -182{,}21 \frac{\text{J}}{\text{mol x K}}$$

Item b) O processo é sim espontâneo, uma vez que pode ser observado tanto pelo potencial padrão da pilha ($E^o > 0$) como também pelo cálculo realizado da variação da energia livre de Gibbs padrão ($\Delta G^0 < 0$).

Item c) Como o valor da energia de entropia padrão é negativa, o que constitui a entropia padrão do sistema, a variação da entropia padrão das vizinhanças deverá ser positiva, uma vez que pela segunda lei da termodinâmica a entropia do universo deve ser positiva ($\Delta S^0_{\text{universo}} > 0$).

$$\Delta S^0_{\text{universo}} > \Delta S^0_{\text{sistema}} + \Delta S^0_{\text{vizinhança}}$$

$$0 > -182{,}21 \frac{\text{J}}{\text{mol x K}} + \Delta S^0_{\text{vizinhança}}$$

$$\Delta S^0_{\text{vizinhança}} < +\, 182{,}21 \frac{\text{J}}{\text{mol x K}}$$

Questão 146

(CONCURSO PÚBLICO PARA ENGENHARIA DE PETRÓLEO - PETROBRAS) Alternativa D.

Semirreação que ocorre no cátodo: $Na^+_{(aquoso)}$ + 1 elétron ⟶ $Na_{(sólido)}$

A partir da relação estequiométrica no processo de eletrólise apresentada, temos:
23 gramas de sódio ------- 1 mol de elétron x 96500 C / mol de elétron
9,2 gramas de sódio ------ Q

$$Q = \frac{9{,}2 \text{ x } 96500}{23} = 38600 \text{ C}$$

Cálculo do tempo em segundos (s): $10 \text{ x tempo} = 38600 \text{ C}$

$$\text{tempo} = \frac{38600}{10} = 3860 \text{ s}$$

Questão 147

Organizando o sistema eletroquímico apresentado, temos:

$Fe_{(sólido)} \rightleftarrows Fe^{+2}_{(aquoso)}$ + 2 elétrons $\quad \Delta G^0 = -2 \text{ x F x } (+0{,}44)$
$Fe^{+2}_{(aquoso)}$ + 2 elétrons $\rightleftarrows Fe_{(sólido)} \quad \Delta G^0 = -2 \text{ x F x } (-0{,}44)$

Para a determinação do potencial padrão, será necessário somar as semirreações apresentadas.

$Fe_{(sólido)} \rightleftarrows Fe^{+2}_{(aquoso)}$ + 2 elétrons $\quad \Delta G^0 = -2 \text{ x F x } (+0{,}44)$
$Fe^{+2}_{(aquoso)}$ + 2 elétrons $\rightleftarrows Fe_{(sólido)} \quad \Delta G^0 = -2 \text{ x F x } (-0{,}44)$ +

$Fe_{(sólido)} + Fe^{+2}_{(aquoso)}$ [0,10 mol x L^{-1}] $\rightleftarrows Fe_{(sólido)} + Fe^{+2}_{(aquoso)}$ [0,0010 mol x L^{-1}]

$$E = E^0 - \frac{\text{R x T}}{\text{n x F}} \text{x} \ln Q$$

A partir da aplicação da equação de Nernst, o potencial do sistema eletroquímico fora do sistema padronizado será:

$$E = 0 - \frac{8{,}314 \text{ x } 298}{2 \text{ x } 96500} \text{x} \ln \frac{[Fe^{+2}; 0{,}0010]}{[Fe^{+2}; 0{,}10]}$$

$$E = 0 - \frac{8{,}314 \text{ x } 298}{2 \text{ x } 96500} \text{x} \ln \frac{0{,}0010}{0{,}10} = +0{,}059 \text{ V}$$

Questão 148

A dedução da equação de Nernst é proveniente da equação da isoterma de van't Hoff.
$\Delta G = \Delta G^0 + R \text{ x } T \text{ x } \ln Q$, em que:

ΔG = variação da energia livre de Gibbs fora do estado padrão; ΔG^o = variação da energia livre de Gibbs padrão; R = constante dos gases ideais (8,314 J/mol x K ou 1,987 cal/mol x K); T = temperatura absoluta e Q = coeficiente reacional. Desenvolvendo a equação, temos:

$$-\text{ n x F x E} = -\text{n x F x E}^0 + \text{R x T x} \ln Q$$

Dividindo a equação acima por (n x F), temos: $\frac{-\text{ n x F x E}}{\text{n x F}} = \frac{-\text{n x F x E}^0}{\text{n x F}} + \frac{\text{R x T}}{\text{n x F}} \text{ x} \ln Q$

$$\boxed{E = E^0 - \frac{\text{R x T}}{\text{n x F}} \text{x} \ln Q}$$

A equação de Nernst é utilizada para determinar o valor da diferença de potencial fora do estado padrão (1 atm; 25°C e 1,0 mol x L^{-1}).

Questão 149

Item a) As semirreações que ocorrem tanto no cátodo e no ânodo são as seguintes:

Semirreação no cátodo: $Cu^{+2}_{(aquoso)}$ + 2 elétrons ⇄ $Cu_{(sólido)}$

Semirreação no ânodo: $H_2O_{(líquido)}$ ⇄ ½ $O_{2(gás)}$ + $2H^+_{(aquoso)}$ + 2 elétrons

Somando as semirreações apresentadas acima, o processo global de funcionamento para este processo eletroquímico passa a ser o seguinte:

Semirreação no cátodo: $Cu^{+2}_{(aquoso)}$ + 2 elétrons ⇄ $Cu_{(sólido)}$

Semirreação no ânodo: $H_2O_{(líquido)}$ ⇄ ½ $O_{2(gás)}$ + $2H^+_{(aquoso)}$ + 2 elétrons

Equação química global: $Cu^{+2}_{(aquoso)}$ + $H_2O_{(líquido)}$ ⇄ $Cu_{(sólido)}$ + ½ $O_{2(gás)}$ + $2H^+_{(aquoso)}$

Item b) Semirreação que ocorre no cátodo, ou seja, representado pelo seguinte processo:
$Cu^{+2}_{(aquoso)}$ + 2 elétrons ⇄ $Cu_{(sólido)}$.

Cálculo da carga (Q):

63,5 g de Cu ------------------ 2 mol de elétrons x 96500 C/mol de elétrons
0,254 g ------------------------ Q

$$Q = \frac{2 \text{ x } 96500 \text{ x } 0{,}254}{63{,}5} = 772 \text{ C}$$

Cálculo do tempo (t): $2{,}0 = \frac{772 \text{ C}}{\text{tempo}}$

$$\text{tempo} = 386 \cancel{s} \text{ x} \frac{1 \text{ min}}{60 \cancel{s}} = 6{,}43 \text{ min}$$

Item c) O gás hidrogênio produzido diretamente neste processo eletroquímico, sendo mais especificamente no cátodo, não irá alterar em absolutamente nada no potencial hidrogeniônico (pH) na solução alcalina de hidróxido de sódio. Diante disso e, considerando que a concentração da quantidade de matéria do hidróxido de sódio seja igual a 0,10 mol/L, seu pOH será igual a 13. Consequentemente a 25ºC, seu respectivo potencial hidrogeniônico será igual a um (pH = 1).

Questão 150

(GRILLO) Primeiramente será necessário calcular a área total do cubo formado por cobre, a partir da seguinte forma:

$$\text{Área}_{\text{total}} = 6 \text{ x } a^2 = 6 \text{ x } (1 \text{ cm})^2 = 6\text{cm}^2$$

Cálculo da massa de cobre a partir da sua densidade: $\text{densidade} = \frac{\text{massa}}{\text{volume}}$

$$\text{massa} = 22{,}76 \frac{\text{g}}{\text{cm}^3} \text{ x } \underbrace{(2{,}50 \text{ x } 10^{-4} \text{ x } 6)}_{\text{volume}} = 3{,}414 \text{ x } 10^{-2} \text{ g}$$

Cálculo da carga (Q), a partir da massa de cobre calculada acima:

63,5 g de Cu ------------------ 2 mol de elétrons x 96500 C/mol de elétrons
3,414 x 10^{-2} g ----------------- Q
$Q = 103{,}76 \text{ C}$

Cálculo do tempo: $\text{tempo} = \frac{103{,}76}{1{,}50} = 69{,}17 \text{ s}$

Questão 151

Alternativa D.
Para a resolução deste problema será necessário utilizar a relação estequiométrica em função do processo eletroquímico.

$108 \text{ g} ----- 1 \text{ ~~mol de elétrons~~ x } \frac{96500 \text{ C}}{1 \text{ ~~mol de elétrons~~}}$
$\text{Massa} ----- 10 \text{ x } 10 \text{ x } 3600$
$\text{Massa} = 402{,}90 \text{ g}$

Questão 152

Alternativa C.
Equação de dissociação da solução de nitrato de prata:

$$AgNO_{3(aquoso)} \rightarrow Ag^+_{(aquoso)} + NO^-_{3(aquoso)}$$

Semirreação que ocorre no cátodo: $Ag^+_{(aquoso)} + 1e^- \rightarrow Ag_{(sólido)}$

Cálculo da massa de cobre (Cu) a partir da densidade: $d = \frac{\text{massa}}{\text{volume}}$

$$10{,}8 \frac{\text{g}}{\text{cm}^3} = \frac{\text{massa}}{80 \text{ x } 0{,}0005}$$

$\text{massa} = 0{,}432 \text{ g}$

Cálculo da carga (Q):

$108{,}0 \text{ g} ----- 1 \text{ ~~mol de elétrons~~ x } \frac{96500 \text{ C}}{1 \text{ ~~mol de elétrons~~}}$
$0{,}432 \text{ g} ----- Q$

$$Q = \frac{0{,}432 \text{ x } 1 \text{ x } 96500}{108} = 386{,}0 \text{ C}$$

Cálculo do tempo: $4{,}0 = \frac{386}{\text{tempo}}$

$$\text{tempo} = \frac{386}{4{,}0} = 96{,}5\ \text{s}$$

Questão 153

Alternativa D.

Equação de dissociação: $XCl_{a(aquoso)} \rightarrow X^{+a}_{(aquoso)} + aCl^{-}_{(aquoso)}$

Semirreação que ocorre no cátodo: $X^{+a}_{(aquoso)} + \text{a elétrons} \rightarrow X_{(sólido)}$

Cálculo do número de oxidação do metal:

$$197{,}0 ------ \text{a}\ \cancel{\text{mol de elétrons}}\ \text{x}\ \frac{96500\ \text{C}}{\cancel{\text{mol de elétrons}}}$$
$$3{,}283\ \text{g} ----- 4825\ \text{C}$$

$$\text{a} = \frac{197{,}0 \text{ x } 4825}{3{,}283 \text{ x } 96500} = +3$$

Questão 154

Alternativa C.

Cálculo da carga em coulomb a partir do eletrodo de prata:
$Ag^{+}_{(aquoso)} + 1\ \text{elétrons} \rightarrow Ag_{(sólido)}$

$$108{,}0\ \text{g} ------ 1\ \cancel{\text{mol de elétrons}}\ \text{x}\ \frac{96500\ \text{C}}{\cancel{\text{mol de elétrons}}}$$
$$1{,}08\ \text{g} ------ \text{Q}$$

$$\text{Q} = \frac{1{,}08 \text{ x } 96500}{108} = 965\ \text{C}$$

Semirreação que ocorre no cátodo de cobre: $Cu^{+2}_{(aquoso)} + 2\ \text{elétrons} \rightarrow Cu_{(sólido)}$

$$63{,}50\ \text{g} ------ 2\ \cancel{\text{mol de elétrons}}\ \text{x}\ \frac{96500\ \text{C}}{\cancel{\text{mol de elétrons}}}$$
$$\text{Massa} ------ 965\ \text{C}$$

$$\text{Massa} = \frac{63{,}50 \text{ x } 965}{2 \text{ x } 96500} = 0{,}3175\ \text{g}$$

Questão 155

Alternativa A.

Cálculo da carga em coulomb a partir do eletrodo de zinco: $Zn^{+2}_{(aquoso)} + 2\ \text{elétrons} \rightarrow Zn_{(sólido)}$

$$65{,}40\ \text{g} ------ 2\ \cancel{\text{mol de elétrons}}\ \text{x}\ \frac{96500\ \text{C}}{\cancel{\text{mol de elétrons}}}$$
$$1{,}264\ \text{g} ------ \text{Q}$$
$$\text{Q} = \frac{1{,}264 \text{ x } 2 \text{ x } 96500}{65{,}40} = 3730{,}15\ \text{C}$$

Semirreação que ocorre no cátodo: $X^{+}_{(aquoso)} + 1\ \text{elétrons} \rightarrow X_{(sólido)}$

$$< MM >_X - - - - - 1 \text{ mol de elétrons} \times \frac{96500 \text{ C}}{\text{mol de elétrons}}$$
$$0{,}348 \text{ g} - - - - - - 3730{,}15 \text{ C}$$

$$< MM >_X = \frac{0{,}348 \times 96500}{3730{,}15} = 9{,}0 \frac{\text{g}}{\text{mol}}$$

Questão 156

Alternativa B.

Semirreação que ocorre no cátodo: $Ag^{+}_{(aquoso)} + 1e^{-} \rightarrow Ag_{(sólido)}$

Cálculo da massa de cobre a partir da densidade: $10{,}5 \frac{g}{cm^3} = \frac{\text{massa}}{80 \times 0{,}005}$
$\text{massa} = 4{,}20 \text{ g}$

Cálculo da carga em coulomb a partir do eletrodo de prata:
$$108 \text{ g} - - - - - - 1 \text{ mol de elétrons} \times \frac{96500 \text{ C}}{\text{mol de elétrons}}$$
$$4{,}20 \text{ g} - - - - - Q$$

$$Q = \frac{4{,}20 \times 1 \times 96500}{108} = 3752{,}78 \text{ C}$$

Cálculo do tempo, a partir da corrente elétrica: $i = \frac{Q}{\text{tempo}}$

$$3{,}0 = \frac{3752{,}78}{\text{tempo}}$$

$$\text{tempo} = \frac{3752{,}78}{3{,}0} = 1250{,}92 \text{ s}$$

Questão 157

Alternativa A.

Semirreação que ocorre no cátodo: $Cu^{+2}_{(aquoso)} + 2e^{-} \rightarrow Cu_{(sólido)}$

Cálculo da massa a partir do eletrodo de cobre:

$$63{,}5 \text{ g} - - - - - - 2 \text{ mol de elétrons} \times \frac{96500 \text{ C}}{\text{mol de elétrons}}$$
$$\text{Massa} - - - - - - 48250 \text{ C}$$

$$\text{Massa} = \frac{63{,}50 \times 48250}{2 \times 96500} = 15{,}875 \text{ g}$$

Cálculo da concentração da quantidade de matéria da solução de sulfato de cobre:

$$[CuSO_4] = \frac{m_{CuSO_4}}{< MM >_{CuSO_4} \times V_{solução}}$$

$$[CuSO_4] = \frac{15{,}875}{(63{,}50 + 32{,}0 + 64{,}0) \times 0{,}50} = 0{,}200 \frac{\text{mol}}{\text{L}}$$

Questão 158

Alternativa B.

Organizando as semirreações de redução apresentadas pelo problema:

$Al^{+3}_{(aquoso)} + 3e^- \rightarrow Al_{(sólido)}$ E° = - 1,66 V
$Cr^{+3}_{(aquoso)} + 3e^- \rightarrow Cr_{(sólido)}$ E° = - 0,74 V

Para a determinação da equação global do processo eletroquímico, será necessário inverter a primeira semirreação.

$Al_{(sólido)} \rightarrow Al^{+3}_{(aquoso)} + \cancel{3e^-}$ $\Delta G° = - 3 \times F \times (+ 1,66)$
$Cr^{+3}_{(aquoso)} + \cancel{3e^-} \rightarrow Cr_{(sólido)}$ $\Delta G° = - 3 \times F \times (- 0,74)$ +

$Al_{(sólido)} + Cr^{+3}_{(aquoso)} \rightarrow Cr_{(sólido)} + Al^{+3}_{(aquoso)}$
Cálculo do potencial padrão: $\cancel{-3 \times F} \times E° = \cancel{-3 \times F} \times (+ 1,66) + [\cancel{-3 \times F} \times (-0,74)]$

$E° = +1,66 - 0,74 = + 0,92$ V

Questão 159

Alternativa D.

Os elementos químicos que fazem parte dos metais alcalinos são as espécies que apresentam maior poder de redução. Diante das alternativas apresentadas, o maior poder de redução trata-se do potássio (K).

Questão 160

Alternativa C.

Semirreação eletroquímica que ocorre no cátodo: $Ga^{+a}_{(aquoso)} + a \text{ elétrons} \rightarrow Ga_{(sólido)}$

Cálculo do número de oxidação do metal:

$$157,0 \text{ ------ } a \, \cancel{\text{mol de elétrons}} \times \frac{96500 \text{ C}}{\cancel{\text{mol de elétrons}}}$$
$$0,87 \text{ g ------ } 1608 \text{ C}$$

$$a = \frac{157,0 \times 1608}{0,87 \times 96500} = +3$$

Questão 161

Alternativa B.

Para a resolução deste problema será necessário estudar a eletrólise aquosa do cloreto de sódio.

Equação de dissociação do cloreto de sódio: $NaCl_{(aquoso)} \rightarrow Na^+_{(aquoso)} + Cl^-_{(aquoso)}$

Equação de ionização da água: $H_2O_{(líquido)} \rightarrow H^+_{(aquoso)} + OH^-_{(aquoso)}$

Quem descarrega com mais facilidade no cátodo, $Na^+_{(aquoso)}$ ou $H^+_{(aquoso)}$?
Resposta: $2H^+_{(aquoso)} + 2 \text{ elétrons} \rightarrow H_{2(gás)}$

Quem descarrega com mais facilidade no ânodo, $Cl^-_{(aquoso)}$ ou $OH^-_{(aquoso)}$?
Resposta: $2Cl^-_{(aquoso)} \rightarrow Cl_{2(gás)} + 2 \text{ elétrons}$

Somando todas as semirreações apresentadas acima:

$$2NaCl_{(aquoso)} \rightarrow 2Na^{+}_{(aquoso)} + \cancel{2Cl^{-}_{(aquoso)}}$$
$$2H_2O_{(líquido)} \rightarrow \cancel{2H^{+}_{(aquoso)}} + 2OH^{-}_{(aquoso)}$$
$$\cancel{2H^{+}_{(aquoso)}} + \cancel{2\ elétrons} \rightarrow H_{2\,(gás)}$$
$$\cancel{2Cl^{-}_{(aquoso)}} \rightarrow Cl_{2\,(gás)} + \cancel{2\ elétrons} \qquad +$$

$$2NaCl_{(aquoso)} + 2H_2O_{(líquido)} \rightarrow 2Na^{+}_{(aquoso)} + 2OH^{-}_{(aquoso)} + H_{2\,(gás)} \uparrow + Cl_{2\,(gás)} \uparrow$$

Cálculo da carga para uma quantidade de 0,01 mol de gás hidrogênio:

$$1{,}0\ mol - - - - - - - 2\ \cancel{mol\ de\ elétrons}\ x\ \frac{96500\ C}{\cancel{mol\ de\ elétrons}}$$
$$0{,}01\ mol - - - - - - Q$$

$$Q = 0{,}01\ x\ 2\ x\ 96500 = 1930\ C$$

Cálculo do tempo: $i = \frac{Q}{tempo} = \frac{1930\ C}{0{,}01\ s} = 19{,}30\ x\ 10^4\ s$

Questão 162

Alternativa C.

Semirreação de redução do manganês: $Mn^{+7}_{(aquoso)} + 5\ elétrons \rightarrow Mn^{+2}_{(aquoso)}$

Cálculo da quantidade de carga:
$$1{,}0\ mol - - - - - - 5F$$
$$0{,}05\ mol - - - - - Q$$
$$Q = 0{,}05\ x\ 5 = 0{,}25F$$

Questão 163

Alternativa B.

Eletrólise aquosa do cloreto de sódio.
$$NaCl_{(aquoso)} \rightarrow Na^{+}_{(aquoso)} + Cl^{-}_{(aquoso)}$$
$$H_2O_{(líquido)} \rightarrow H^{+}_{(aquoso)} + OH^{-}_{(aquoso)}$$

Quem descarrega com mais facilidade no cátodo, $Na^{+}_{(aquoso)}$ ou $H^{+}_{(aquoso)}$?
Resposta: $2H^{+}_{(aquoso)} + 2\ elétrons \rightarrow H_{2\,(gás)}$

Quem descarrega com mais facilidade no ânodo, $Cl^{-}_{(aquoso)}$ ou $OH^{-}_{(aquoso)}$?
Resposta: $2Cl^{-}_{(aquoso)} \rightarrow Cl_{2\,(gás)} + 2\ elétrons$

Somando todas as semirreações:

$$2NaCl_{(aquoso)} \rightarrow 2Na^{+}_{(aquoso)} + \cancel{2Cl^{-}_{(aquoso)}}$$
$$2H_2O_{(líquido)} \rightarrow \cancel{2H^{+}_{(aquoso)}} + 2OH^{-}_{(aquoso)}$$
$$\cancel{2H^{+}_{(aquoso)}} + \cancel{2\ elétrons} \rightarrow H_{2\,(gás)}$$
$$\cancel{2Cl^{-}_{(aquoso)}} \rightarrow Cl_{2\,(gás)} + \cancel{2\ elétrons} \qquad +$$

$$2NaCl_{(aquoso)} + 2H_2O_{(líquido)} \rightarrow 2Na^{+}_{(aquoso)} + 2OH^{-}_{(aquoso)} + H_{2\,(gás)} \uparrow + Cl_{2\,(gás)} \uparrow$$

Cálculo da massa:

$$71{,}0\ g - - - - - - - 2\ \cancel{mol\ de\ elétrons}\ x\ \frac{96500\ C}{\cancel{mol\ de\ elétrons}}$$

$\text{Massa} ------- 1{,}0 \text{ x } 30 \text{ x } 60 \text{ C}$
$\text{Massa} = 0{,}662 \text{ g}$

Questão 164

Semirreação que ocorre no cátodo: $Cu^{+2}_{(aquoso)} + 2 \text{ elétrons} \rightarrow Cu_{(sólido)}$

Cálculo da massa eletrodeposição de cobre metálico:

$$63{,}55 \text{ g} -------- 2 \cancel{\text{mol de elétrons}} \text{ x } \frac{96500 \text{ C}}{\cancel{\text{mol de elétrons}}}$$
$$\text{Massa} -------- 1 \text{ x } 30 \text{ x } 60 \text{ C}$$

$$\text{Massa} = \frac{63{,}55 \text{ x } 1 \text{ x } 30 \text{ x } 60}{2 \text{ x } 96500} = 0{,}593 \text{ g}$$

Questão 165

(GRILLO) Alternativa C.

Considerando o metal X, a partir da semirreação de redução: $X^{+a} + a\ elétrons \rightarrow X^0$

A partir da relação estequiométrica, temos:

$$1 \text{ mol de X} . (< MM >_X) ------ a . N_{av} . \overbrace{Q}^{1{,}60 \text{ x } 10^{-19}}$$
$$m_X ---------------- i . t$$

$$\frac{< MM >_X}{M_X} = \frac{a . N_{AV} . 1{,}60 \text{ x } 10^{-19}}{i . t}$$

Questão 166

(CONCURSO FEDERAL DA AERONÁUTICA - ENGENHARIA QUÍMICA) Alternativa C.

Organizando as semirreações de redução apresentadas pelo problema:

$Fe^{+2}_{(aquoso)} + 2e^- \longrightarrow Fe_{(sólido)}$ E° = - 0,44 V
$Cu^{+2}_{(aquoso)} + 2e^- \longrightarrow Cu_{(sólido)}$ E° = + 0,40 V

Para a determinação da equação global do processo eletroquímico, será necessário inverter a primeira semirreação.

$Fe_{(sólido)} \longrightarrow Fe^{+2}_{(aquoso)} + \cancel{2e^-}$ $\Delta G°$ = - 2 x F x (+ 0,44)
$Cu^{+2}_{(aquoso)} + \cancel{2e^-} \longrightarrow Cu_{(sólido)}$ $\Delta G°$ = - 2 x F x (+ 0,40) +

$Fe_{(sólido)} + Cu^{+2}_{(aquoso)} \longrightarrow Fe^{+2}_{(aquoso)} + Cu_{(sólido)}$

Cálculo do potencial padrão: $\cancel{-2 \text{ x } F}$ x E° = $\cancel{-2 \text{ x } F}$ x (+ 0,44) + [$\cancel{-2 \text{ x } F}$ x (+0,40)]
E° = (+ 0,44) + 0,40 = + 0,84 V

Utilizando a equação de Nernst:

$$E = E° - \frac{R \text{ x } T}{n \text{ x } F} \text{ x } \ln \left\{ \frac{[Fe^{+2}_{(aq)}]^1}{[Cu^{+2}_{(aq)}]^1} \right\}$$

$$E = +0{,}84 - \frac{8{,}314 \text{ x } (25 + 273)}{2 \text{ x } 96500} \text{ x } \ln \left\{ \frac{0{,}02}{0{,}20} \right\}$$

$$E = +0{,}84 - 12{,}84 \times 10^{-3} \times (-2{,}30) = +0{,}869\ V$$

Questão 167

(CONCURSO FEDERAL DA AERONÁUTICA – ENGENHARIA QUÍMICA) Alternativa D.

O processo de corrosão em materiais plásticos ocorre via mecanismo químico e não mecanismo eletroquímico. Para que ocorra a corrosão eletroquímica, é necessário a geração de corrente elétrica, o que não acontece em corrosão de materiais plásticos. Fonte: GENTIL, Vicente. Corrosão. 5ª ed. Rio de Janeiro: LTC, 2007.

Questão 168

(CONCURSO FEDERAL DA AERONÁUTICA – ENGENHARIA QUÍMICA) Alternativa B.

Semirreação que ocorre no cátodo: $Ag^{+}_{(aquoso)} + 1\ \text{elétrons} \rightarrow Ag_{(sólido)}$

Cálculo do tempo eletrodeposição da prata metálica:

$$108\ g - - - - - - - 1\ \cancel{\text{mol de elétrons}} \times \frac{96500\ C}{\cancel{\text{mol de elétrons}}}$$
$$6{,}48\ g - - - - - - - 9{,}65 \times A \times \text{tempo}$$

$$\text{tempo} = \frac{6{,}48 \times 1 \times 96500}{9{,}65 \times 108} = 600\ s$$

Convertendo para segundos, temos: $600\ s \times \frac{1\ min}{60\ s} = 10\ min$

Questão 169

(GRILLO) Cálculo da ddp do processo eletroquímico apresentado:

Invertendo a segunda reação química, temos:

$O_{2(gás)} + 2H_2O_{(líquido)} + 4e^- \rightarrow 4OH^-_{(aquoso)}$ E° = + 0,418 V
$2H_2O_{(líquido)} \rightarrow O_{2(gás)} + 4H^+_{(aquoso)} + 4e^-$ E° = - 1,27 V +

$4H_2O_{(líquido)} \rightarrow 4H^+_{(aquoso)} + 4OH^-_{(aquoso)}$ E° = + 0,40 + (-1,27) = - 0,852 V

Dividindo a equação química por quatro, temos:

$H_2O_{(líquido)} \rightarrow H^+_{(aquoso)} + OH^-_{(aquoso)}$ E° = - 0,852 V

Sabendo que a energia livre de Gibbs padrão eletroquímica ($\Delta G°$) é dada por:
$\Delta G° = - n.F.E°$ (Equação 1) e
$\Delta G° = - R.T.\ln K_W$ (Equação 2)

Igualando as equações (1) e (2) termodinâmicas, temos:

$$-n.F.E° = -R \times T \times \ln K_W$$

$$(-1) \times 96500 \times (-0{,}852) = -(8{,}314).(37 + 273).\ln K_W$$

$$\ln K_W = -31{,}90$$

$$K_W = e^{(-31{,}90)} = 1{,}40 \times 10^{-14}$$

Questão 170

(GRILLO)

Item a) Determinação da reação global do processo eletrolítico. Multiplicando a semirreação do cátodo por dois, temos:

$4CH_2 = CHCN_{(líquido)} + \cancel{4H^+_{(aquoso)}} + \cancel{4e^-} \longrightarrow 2NC(CH_2)_4CN_{(líquido)}$
$2H_2O_{(líquido)} \longrightarrow O_{2(gás)} + \cancel{4H^+_{(aquoso)}} + \cancel{4e^-}$ +

$4CH_2 = CHCN_{(líquido)} + 2H_2O_{(líquido)} \longrightarrow O_{2(gás)} + 2NC(CH_2)_4CN_{(líquido)}$

Item b) Cálculo da massa, em gramas, de adiponitrila:

2 mol de $NC(CH_2)_4CN_{(l)}$ ---------- 4 mol x $\frac{96500\ C}{mol}$

Massa -------------------------------- $\left(10\ h\ x \left(\frac{3600\ s}{1h}\right) x\ 3000\right) C$

Massa = 60435,23 g

Item c) Cálculo do número de mol de Oxigênio:

1 mol de $O_{2(g)}$ --------------------- 4 mol de elétrons x $\frac{96500\ C}{mol\ de\ elétrons}$

n_{O2} ------------------------------------ $\left(10\ h\ x \left(\frac{3600\ s}{1h}\right) x\ 3000\right) C$

n_{O2} = 279,79 mol

Cálculo do volume de $O_{2(g)}$, levando em consideração o comportamento ideal.

$$\left(\frac{740}{760}\right).V_{O_2} = 279{,}90\ x\ 0{,}08206\ x\ (25 + 273)$$

$$V_{O_2} = 7026{,}87\ L$$

Questão 171

(GRILLO) Invertendo a primeira semirreação do Zinco e multiplicando a segunda equação por dois, temos:

$Zn_{(sólido)} \longrightarrow Zn^{+2}_{(aquoso)} + \cancel{2e^-}$ E° = + 0,763 V
$2H^+_{(aquoso)} + \cancel{2e^-} \rightarrow H_{2(gás)}$ E° = + 0,00 V +

$Zn_{(sólido)} + 2H^+_{(aquoso)} \longrightarrow Zn^{+2}_{(aquoso)} + H_{2(gás)}$ E° = + 0,763 + (+ 0,00) = + 0,763 V

Item a) Equação química global para o processo eletroquímico apresentado (pilha):
$Zn_{(sólido)} + 2H^+_{(aquoso)} \longrightarrow Zn^{+2}_{(aquoso)} + H_{2(gás)}$ 'E° = + 0,763 V

Item b) Cálculo da constante de equilíbrio (K_{eq}): $\Delta G° = -n.F.E° = -R.T.\ln K_{eq}$

$$-(2\ mol)\ x \left(96500 \frac{C}{mol}\right) x\ (+0{,}763\ V) = -8{,}314\ x\ (25 + 273).\ln K_{eq}$$

$$\ln K_{eq} = +59{,}44$$

$$K_{eq} = e^{(+59{,}44)} = 6{,}50\ x\ 10^{25}$$

Item c) Cálculo da variação da energia livre de Gibbs padrão: $\Delta G° = -n.F.E°$

$$\Delta G° = -2\ mol\ x\ 96500 \frac{C}{mol} x\ (+0{,}763\ V)$$

$$\Delta G° = -147259\ J$$

Item d) Utilizando a equação de Nernst, temos: $E = E° - \left(\frac{0{,}0592}{n}\right).\log Q$

$$E = E° - \left(\frac{0,0592}{n}\right).\log\left\{\frac{[Zn^{+2}] \times P_{O_2}}{[H^+]^2 \times a_{Zn}}\right\}$$

$$0,645 = 0,763 - \left(\frac{0,0592}{2}\right).\log\left\{\frac{1 \times 1}{[H^+]^2 \times 1}\right\}$$

$$-0,118 = -\left(\frac{0,0592}{2}\right).\log[H^+]^{-2}$$

$$-0,118 = -\left(\frac{0,0592}{2}\right).\log[H^+]^{-2}$$

$$-0,118 = -\left(\frac{0,0592}{2}\right).(-2).\log[H^+]$$

$$-0,118 = +0,0592.\log[H^+]$$

Sabendo que o pH = - log[H+], temos:

$$-0,118 = +0,0592.(-pH)$$

$$pH = \frac{0,118}{0,0592} = 1,99$$

Questão 172

(GRILLO) Item a) Invertendo a semirreação do estanho, temos:

$Sn_{(sólido)} \rightarrow Sn^{2+}_{(aquoso)} + \cancel{2e^-}$ E° = + 0,136 V

$Pb^{2+}_{(aquoso)} + \cancel{2e^-} \rightarrow Pb_{(sólido)}$ E° = - 0,126 V   +

$Sn_{(sólido)} + Pb^{2+}_{(aquoso)} \rightarrow Sn^{2+}_{(aquoso)} + Pb_{(sólido)}$ E° = +0,136 + (- 0,126) = + 0,010 V

Utilizando a equação de Nernst, temos: $E = E° - \left(\frac{0,0592}{n}\right).\log Q$

$$E = E° - \left(\frac{0,0592}{n}\right).\log\left\{\frac{[Sn^{+2}] \times a_{Pb}}{a_{Sn} \times [Sn^{+2}]}\right\}$$

$$E = (+0,010) - \left(\frac{0,0592}{2}\right).\log\left\{\frac{0,150 \times 1}{1 \times 0,550}\right\}$$

$$E = +\,0,027\ V$$

Item b) Para a resolução deste item será necessário utilizar a equação de Nersnt. Primeira situação: diminuindo a concentração de $Pb^{+2}_{(aquoso)}$, temos:

0,550 mol.L^{-1} – 0,050 mol.L^{-1} = 0,500 mol.L^{-1}

Segunda situação: aumentando a concentração de $Sn^{+2}_{(aquoso)}$, temos:

0,150 mol.L^{-1} + 0,050 mol.L^{-1} = 0,200 mol.L^{-1}

$$E = E° - \left(\frac{0,0592}{n}\right).\log Q$$

$$E = E° - \left(\frac{0,0592}{n}\right).\log\left\{\frac{[Sn^{+2}]\ x\ a_{Pb}}{a_{Sn} x\ [Sn^{+2}]}\right\}$$

$$E = (+0,010) - \left(\frac{0,0592}{2}\right).\log\left\{\frac{0,200\ x\ 1}{1\ x\ 0,500}\right\}$$

$$E = +0,0218\ V$$

Item c) Diminuindo a ddp para zero, temos:

A concentração de estanho (+2) aumenta, $[Sn^{+2}]$ = 0,150 + Y, enquanto a concentração de chumbo (+2) diminui, $[Pb^{+2}]$ = 0,550 – Y.

Utilizando a equação de Nernst, temos: $E = E° - \left(\frac{0,0592}{n}\right).\log Q$

$$E = E° - \left(\frac{0,0592}{n}\right).\log\left\{\frac{[Sn^{+2}]\ x\ a_{Pb}}{a_{Sn} x\ [Sn^{+2}]}\right\}$$

$$0 = (+0,010) - \left(\frac{0,0592}{2}\right).\log\left\{\frac{0,150 + Y}{0,550 - Y}\right\}$$

$$\log\left\{\frac{0,150 + Y}{0,550 - Y}\right\} = +0,338$$

$$\left\{\frac{0,150 + Y}{0,550 - Y}\right\} = 10^{(+0,338)}$$

$$\left\{\frac{0,150 + Y}{0,550 - Y}\right\} = 2,18$$

$$Y = +0,330\ mol.L^{-1}$$

Logo, as concentrações das quantidades de matéria serão as seguintes:

$[Sn^{+2}]$ = 0,150 + Y = 0,150 + 0,330 = 0,480 mol.L^{-1}

$[Pb^{+2}]$ = 0,550 - Y = 0,550 – 0,330 = 0,220 mol.L^{-1}

Questão 173

O processo de isolamento demorou pelo fato da flata de redutores apropriados. Diasnte disso, os elementos alcalinos (grupo 1) foram descobertos pela primeira vez na foam metálica, a partir do estudo da eletroquímica, mais precisamente da eletrólise ígnea.

CAPÍTULO X – ESTUDO DA TERMODINÂMICA QUÍMICA

Questão 01 – Defina termodinâmica.

Resposta: Trata-se de um dos três métodos básicos da Físico-Química. Esta linda ciência nasceu no início do século XIX pelo fato dos problemas de aperfeiçoamento das máquinas térmicas. Hoje em dia, a termodinâmica é amplamente utilizada como as bases reacionais, as quais permitem prever as condições de ocorrência de diversos processos e reações químicas, além da obtenção de novos materiais. A termodinâmica macroscópica apresenta como interação o sistema termodinâmico com a sua vizinhança.

Questão 02 – Defina termoquímica.

Resposta: Termoquímica é um dos ramos da química, mais propriamente da físico-química que estuda a quantidade de calor de uma reação química a pressão constante. A termoquímica é uma das consequências diretas da primeira lei da termodinâmica, sendo definido a partir da seguinte expressão termodinâmica: $\boxed{dH = dU + pdV + Vdp}$.

Questão 03 – Defina calor.

Resposta: Uma forma de deslocamento de energia associada com uma diferença de temperatura entre o sistema e a vizinhança. Não há nenhum tipo de ordenamento quando a energia se desloca na forma de calor, designado pela letra Q.

Questão 04 – Como a entalpia pode ser medida experimentalmente?

Resposta: Experimentalmente, a variação de entalpia de uma substância pode ser medida em um calorímetro a pressão constante, cujo C_p é conhecido (tabelado). O tipo clássico de calorímetro é o calorímetro de queda, onde uma pequena massa da substância a $T_s >> T_{amb}$ é deixada cair sob gravidade no interior do calorímetro a $T_c = T_{amb}$, conforme esquematizado na figura abaixo:

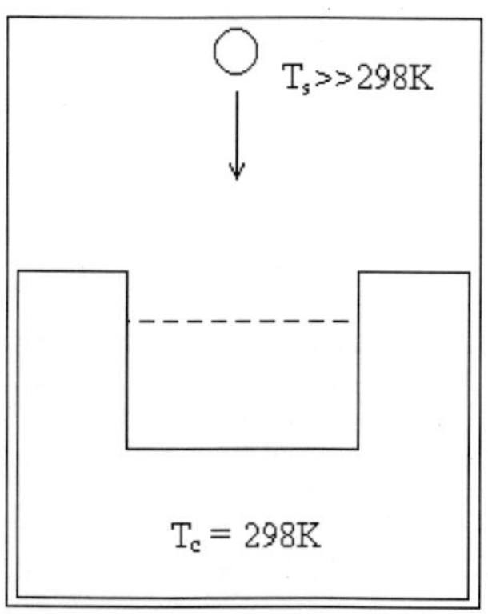

O interior do calorímetro é preenchido com um fluido bom condutor de calor e as variações de temperatura no calorímetro são medidas através de termopares. A variação total de entalpia do sistema combinado "substância + calorímetro" é nula, ou seja:

$\Delta H_{total} = (H_{Tf,c} + H_{298,s}) - (H_{298,c} + H_{Ts,s}) = 0 \quad => \quad \Delta H_s + \Delta H_c = 0$

Não havendo mudança de fase da substância até o equilíbrio ser atingido,

$C_{p,s}\,\Delta T_s + C_{p,c}\,\Delta T_c = 0 \quad => \quad m_s c_s\,(298 - T_s) = C_{p,c}\,(T_f - 298)$,

onde m_s é a massa (g) e c_s o calor específico a pressão constante (cal/g.K) da substância. Como $C_{p,c}$ e m_s são previamente conhecidos, o calorímetro efetua as medições de temperatura para determinar ΔT_s e ΔT_c e fornece como resultado o valor $\Delta H_s = m_s c_s \Delta T_s$.

Questão 05 – Qual a diferença entre os processos exotérmicos e endotérmicos? Qual o sinal adotado para os processos exotérmicos e endotérmicos?

Resposta:
Processo exotérmico = libera energia na forma de calor, em que a entalpia dos reagentes é maior que a entalpia dos produtos. Exemplo clássico para um processo exotérmico trata-se do processo de combustão para compostos definidos como hidrocarbonetos. A reação exotérmica é representada por um sinal negativo ($\Delta H < 0$).
Processo endotérmico = Absorve energia na forma de calor, em que a entalpia dos produtos é maior que a entalpia dos reagentes. Podemos dar como exemplo clássico, a vaporização da água. A reação endotérmica é representada por um sinal positivo ($\Delta H > 0$).

Questão 06 – Quais são os fatores que afetam a variação de entalpia (ΔH).

Resposta: Os principais fatores que afetam a variação de entalpia são: temperatura, pressão e as fases dos participantes da reação química.

Questão 07 – Defina entalpia de formação.

Resposta: Calor de formação ($H^0_{\text{formação}}$) é o calor trocado na formação de 1 mol de um determinado composto, a partir das suas substâncias simples mais estáveis correspondentes aos elementos formadores do composto. A entalpia-padrão de substância simples na variedade alotrópica mais estável é igual a ZERO ($H^0_{\text{formação}} = 0$), por convenção, quando este se encontra a uma pressão igual a 1 bar e temperatura T, que em sua grande maioria trata-se da temperatura igual a 25°C (298 K).

Questão 08 – Defina energia de ligação ou entalpia de ligação.

Resposta: É a energia necessária para a quebra de 1 mol de ligações da substância no estado gasoso.

Questão 09 – Defina energia de combustão ou entalpia de combustão.

Resposta: Quantidade de calor liberada (processo exotérmico) na queima de um mol de uma substância, estando todos os componentes da reação química no estado padrão, a 25°C e 1 bar.

Questão 10 – Em que consiste a lei de Hess?

Resposta: A lei de Hess é uma combinação das entalpias-padrão de <u>**n**</u> reações químicas, para a obtenção da entalpia da reação de interesse, operando de maneira algébrica.

Questão 11 – Enuncie a lei de Kirchoff.

Resposta: A Lei de Kirchoff, idealizada e apresentada por Robert Kirchhoff (1824-1887), estuda a variação da entalpia com a temperatura. As entalpias de muitas reações químicas foram determinadas em diferentes temperaturas, por isso, é possível estimar as entalpias-padrão de reação em diferentes temperaturas, a partir das capacidades caloríficas e da entalpia de reação em uma temperatura T_1 definida. A lei de Kirchoff pode ser expressa pela equação matemática: $\boxed{\Delta H_{T_2} = \Delta H_{T_1} + \int C_p \, x \, dT}$.

Questão 12 – Quais são as unidades no Sistema Internacional de entalpia, energia interna, capacidade calorífica, temperatura, quantidade de calor e quantidade de trabalho?

Resposta: Entalpia (H) = $J.mol^{-1}$; Energia interna (U) = J; Capacidade calorífica específica (Cp) = $J.mol^{-1}.\ K^{-1}$; Temperatura (T) = K; Quantidade de calor (Q) = J; Trabalho (W) = J.

Questão 13 – Que difere a função de estado entalpia pela função de estado energia interna?

Resposta: A entalpia (H) é a medida da quantidade de calor liberada ou absorvida durante uma transformação a pressão constante. A entalpia é considerada uma função de estado, uma vez que U, P e V também são funções de estado. Já a variação da energia interna (U), mede a quantidade de calor liberada ou absorvida durante um processo a volume constante.

Questão 14 – Qual a principal característica de uma função de estado?

Resposta: Uma função de estado depende apenas do estado final e inicial do sistema. Qualquer coisa que aconteça no caminho de um ponto a outro, ou seja, os chamados pontos intermediários, não são levados em consideração.

Questão 15 – Quantidades de calor e trabalho são funções de estado?

Resposta: A quantidade de calor e o trabalho de um sistema não são considerados funções de estado. São propriedades definidas como variáveis de processo e dependem do caminho percorrido, as chamadas etapas da trajetória experimental.

Questão 16 – Energia interna e entalpia são funções de estado?

Resposta: Tanto a energia interna quanto a entalpia são consideradas funções de estado, pois dependem apenas dos estados inicial e final do sistema e não da forma como ocorreu a transformação.

Questão 17 – Explique a diferença entre propriedades extensivas e propriedades intensivas.

Resposta: A principal diferença entre os dois tipos de propriedades (extensiva e intensiva) é que a propriedade extensiva depende do tamanho do sistema. Exemplo de propriedades extensivas: volume, massa, entalpia, entropia. Em relação às propriedades intensivas, são as que não dependem da quantidade de massa, independem da extensão da amostra. Servem de exemplo: densidade, volume molar. A razão entre duas propriedades extensivas resulta numa propriedade intensiva.

Questão 18 – Indique com um X no quadro a seguir, se as propriedades são extensivas ou intensivas.

	Propriedade Extensiva	**Propriedade Intensiva**
Densidade		
Energia Interna		
Temperatura		
Pressão		
Quantidade de calor		
Número de mol		
Composição molar		
Quantidade de trabalho		
Massa		

Resposta: A tabela seguir apresenta para cada propriedade termodinâmica sua respectiva característica relacionada à extensiva ou intensiva.

	Propriedade Extensiva	**Propriedade Intensiva**
Densidade		X
Energia Interna	X	
Temperatura		X
Pressão		X
Quantidade de calor	X	
Número de mol	X	
Composição molar		X
Quantidade de trabalho	X	
Massa	X	

Questão 19 – Defina processo adiabático.

Resposta: Processo este que não ocorre troca de calor entre o sistema que está sendo estudado e a vizinhança. Por definição, um processo adiabático não envolve nenhum fluxo de calor, ou seja, não ocorre troca de energia nem por radiação, nem por condução e nem por convecção. A única forma de realizar um processo adiabático perfeito seria com um corpo branco (não absorve nem emite radiação) no vácuo, eliminando a condução e a convecção. No entanto, diversos processos mais comuns ao nosso redor são considerados adiabáticos.

Questão 20 – Defina temperatura adiabática de chama.
Resposta: A temperatura adiabática de chama é uma abstração, pois nenhum processo real pode ser adiabático, e tanto mais difícil em altas temperaturas, geralmente produzidas em condições de chama. Além disso, a dissociação começa a se fazer sentir em temperaturas acima de 2000 K, e o calor desprendido tende a ser menor que o calculado. De qualquer maneira, o cálculo pode ser útil para efeito de comparação de potenciais de combustíveis para uma dada necessidade de calor e temperatura. Observe que no cálculo da massa de gases produzidos está implícita a relação ar/combustível, pois os produtos de combustão somam as massas do ar de combustão e do combustível consumido no processo. A temperatura adiabática de chama pode ser então calculada para uma massa unitária de combustível, desde que se estabeleça a relação ar/combustível.

Questão 21 – Defina e apresente as condições de referência para o estudo da termoquímica.

Resposta: As condições de referência para o estudo da termoquímica, na verdade, para a termodinâmica como um todo, são definidas e conhecidas como condições padrões, ou condições normais, a uma temperatura especificada como T, sendo em sua grande maioria adotada como sendo igual a 25°C e a uma pressão igual a um bar (1 bar). Nestas condições, a entalpia é conhecida como entalpia padrão de reação ou calor padrão de reação. Esta representação é simbolizada através da seguinte expressão, $\Delta H^0_{reação}$.

Questão 22 – Defina sistemas termodinâmicos.

Resposta: Sistema aberto: Sistema termodinâmico caracterizado por haver troca de massa e troca de energia entre o sistema e a sua vizinhança.
Sistema fechado: Sistema termodinâmico caracterizado por não haver troca de massa, mas podendo haver troca de energia entre o sistema e a vizinhança. Em um processo termodinâmico, a quantidade de massa em um sistema fechado permanece inalterado.
Sistema Isolado: Sistema idealizado, em que não há interação entre sistema e vizinhança, não havendo troca de massa e nem de energia.

Questão 23 – Enuncie o processo de troca de calor por condução.

Resposta: O processo de transmissão de calor por condução é a troca de energia entre sistemas que apresentam temperaturas distintas em que a transferência de energia ocorrerá pela interação molecular, na qual moléculas de alto nível energético transferem energia àquelas de baixo conteúdo energético. A lei básica da Condução de Calor é baseada nas observações experimentais de Biot e Fourier, que definiu a propriedade térmica da condutividade térmica de forma a compatibilizar a taxa de troca de calor (W) com a área transversal à direção de troca de calor (m^2) e o gradiente de temperaturas na direção do fluxo de calor ($^oC.m^{-1}$).

Questão 24 – Enuncie o processo de troca de calor por radiação.

Resposta: O processo de transmissão de calor por radiação pode ser definido como o processo pelo qual a quantidade de calor é transferida de uma superfície de alta temperatura para uma superfície de baixa temperatura, quando tais superfícies estão separadas no espaço. Ao contrário dos outros dois mecanismos apresentados anteriormente, o processo de radiação não precisa de um meio interveniente, ocorrendo perfeitamente no vácuo, não havendo, portanto, necessidade de um meio material para a colisão de partículas ou transferência de massa. Isto acontece porque a radiação térmica se propaga através de ondas eletromagnéticas.

Questão 25 – Enuncie o processo de troca de calor por convecção.

Resposta: A transferência de calor por convecção se dá quando a transferência de energia ocorre entre uma superfície e um fluido em movimento, havendo uma diferença de temperatura entre os dois sistemas. O processo convectivo pode ser definido como o processo pelo qual a energia é transferida das porções quentes para as porções frias de um fluido através da ação combinada de: condução de calor, armazenamento de energia e movimento de mistura, podendo ser classificado de duas maneiras.

Questão 26 – Enuncie a Primeira Lei da Termodinâmica.

Resposta: Enunciado da primeira lei da termodinâmica apresentado por Clausius (1850):
"Quando um sistema sofre uma transformação, a soma algébrica das diversas variações de energia, do fluxo de calor, do trabalho efetuado etc., é independente do mecanismo dessa transformação. Ela só depende dos estados inicial e final do sistema."
A primeira lei da termodinâmica expressa o princípio físico da conservação de energia em suas transformações.

Questão 27 – Enuncie a Segunda Lei da Termodinâmica.

Resposta: Segundo Sadi Carnot, a Segunda Lei pode ser enunciada da seguinte maneira: "Em qualquer transformação que se produza em um determinado sistema termodinâmico isolado, a entropia do sistema aumenta ou permanece constante, não havendo nenhum sistema térmico perfeito em que toda a quantidade de calor é transformada em trabalho. Há diante disso, sempre uma perda de energia".

Questão 28 – Apresente o enunciado da Segunda Lei da termodinâmica segundo Kelvin.

Resposta: "Nenhum processo é possível em que a única resultante seja o processo de absorção de calor de um recipiente e a sua completa (100%) conversão em trabalho mecânico".
"É impossível remover energia térmica de um sistema a uma temperatura constante e converter esta energia em trabalho mecânico sem provocar uma outra alteração no sistema ou nas vizinhanças do sistema ".

Questão 29 – Apresente o enunciado da Segunda Lei da termodinâmica segundo Clausius.

Resposta: "É meramente IMPOSSÍVEL um processo cujo único efeito apresentado seja o processo de transmissão de calor de um corpo com uma temperatura menor para outro com maior temperatura".

Questão 30 – Explique o que vem a ser entropia.

Resposta: Para qualquer processo termodinâmico, a entropia do universo ($dS_{universo} = dS_{sistema} + dS_{vizinhança}$) nunca irá diminuir, não sendo afetada para processos reversíveis (Reagentes $\rightleftarrows$ Produtos), porém crescente para processos irreversíveis (Reagentes $\longrightarrow$ Produtos).

Questão 31 – Qual o significado do coeficiente de Poisson?

Resposta: O coeficiente designado pela letra γ é conhecido como coeficiente Poisson. Este coeficiente relaciona a razão entre a capacidade calorífica à pressão constante (C_P) pela capacidade calorífica a volume constante (C_V). Sua expressão termodinâmica é dada por:

$$\gamma = \frac{C_P}{C_V} = \frac{\text{Capacidade calorífica à pressão constante}}{\text{Capacidade calorífica a volume constante}}.$$

Questão 32 – Enuncie a Terceira Lei da Termodinâmica.

Resposta: O zero absoluto é inatingível, ou também pode ser explicado em que o estado de ordem absoluta só é alcançado quando a temperatura for igual a zero, ou seja, para $T = 0K \longrightarrow dS = 0$.

Questão 33 – Enuncie a lei Zero da Termodinâmica.

Resposta: Considere três sistemas termodinâmicos A, B e C. Quando o sistema termodinâmico A está em equilíbrio térmico (temperatura igual) com B e B está em equilíbrio térmico com C, logo é possível concluir que o sistema termodinâmico A está em equilíbrio térmico com C.

Questão 34 – O que caracteriza um sistema termodinâmico em equilíbrio?

Resposta: Um sistema encontra-se em equilíbrio termodinâmico, relacionado ao estudo macroscópico, quando suas variáveis são constantes com relação ao tempo, sendo uniformes através de todo o sistema em estudo.

EXERCÍCIO DE FIXAÇÃO

Questão 01

Considerando que 100% do calor liberado na combustão de CH_4 sejam utilizados para converter 100 kg de água a 10ºC em vapor a 100ºC, calcule o volume de metano consumido, medido nas CNTP, supondo que ele se comporte como um gás ideal. Dados: Constante universal dos gases (R) = 0,08206 atm.L.mol^{-1}.K^{-1}; Calor latente de vaporização da água = 2260 J.g^{-1}; Calor específico da água = 4,2 J.g^{-1}.ºC^{-1}; Calor de combustão do metano = 890 kJ.mol^{-1}.

Questão 02

Determine a massa de água que, com uma variação de temperatura de 30ºC, fornece energia equivalente ao calor de formação de um mol de sulfeto de carbono sólido. Dados: calor de combustão do sulfeto de carbono = - 265 kcal.mol^{-1}; calor de formação do gás sulfuroso = - 71 kcal.mol^{-1}; calor de formação do dióxido de carbono = - 96 kcal.mol^{-1}; capacidade calorífica da água líquida = 1,0 cal.g^{-1}.

Questão 03

Que quantidade de calor é liberada por uma reação química que é capaz de elevar 20˚C para 28˚C a temperatura de 2 kg de água? Dado: calor específico da água = 1 cal/g.ºC.

Questão 04

O consumo de água quente de uma casa é de 0,489 m^3 por dia. A água está disponível a 10,0°C e deve ser aquecida até 60,0°C pela queima de gás propano. Admitindo que não haja perda de calor para o ambiente e que a combustão seja completa, calcule o volume (em m^3) necessário deste gás, medido a 25,0°C e 1,00 atm, para atender a demanda diária. Dados: constante universal dos gases = 82,0 x 10^{-6} m^3.atm.K^{-1}.mol^{-1}; massa específica da água = 1,00 x 10^3 kg x m^{-3}; calor especifico da água = 1,00 kcal x kg^{-1} x °C^{-1}. Dados de formação a 298 K a partir de seus elementos: $C_3H_{8(g)}$ = - 25,0 kcal.mol^{-1}; $H_2O_{(g)}$ = - 58,0 kcal.mol^{-1}; $CO_{2(g)}$ = - 94,0 kcal.mol^{-1}.

Questão 05

Calcule o valor da reação $H_{2(gás)} + Cl_{2(gás)} \longrightarrow 2HCl_{(gás)}$ a 25°C, sabendo-se que as energias de ligação de H_2, Cl_2 e HCl a mesma temperatura a 1 atm são iguais a + 436 kJ.mol^{-1}, + 243 kJ.mol^{-1} e + 431 kJ.mol^{-1}, respectivamente.

Questão 06

Calcule a quantidade de calor liberado na queima de 130 kg de acetileno a 25˚C e 1 atm. Dados a 298K: (ΔH^o_f) CO_2 = - 94,1 kcal.mol^{-1}; (ΔH^o_f) H_2O = - 57,8 kcal.mol^{-1};(ΔH^o_f) C_2H_2 = + 54,2 kcal.mol^{-1}.

Questão 07

Calcule o calor de formação do meta-dimetilbenzeno, sabendo-se que:

a) o calor de combustão do meta-dimetilbenzeno é 1087,90 kcal.mol^{-1};

b) o calor de formação do gás carbônico é 94,00 kcal.mol^{-1};

c) o calor de formação da água é 68,30 kcal.mol^{-1}.

Questão 08

Calcular a variação da energia interna, a 25°C, para a combustão de 1 (um) mol de benzeno líquido à pressão constante. Dados a 25°C: $(\Delta H°_{Formação})^{H2O}$ = - 68320 cal.mol^{-1}; $(\Delta H°_{Formação})^{CO2}$ = - 94050 cal.mol^{-1}; $(\Delta H°_{Formação})^{C6H6}$ = + 11720 cal.mol^{-1}.

Questão 09

Calcule a mudança da energia interna, em kJ, para a reação de formação de dois mol de $SO_2Cl_{2(g)}$, a partir de $S_{(gás)}$, $O_{2(gás)}$ e $Cl_{2(gás)}$, a 298 K. Dados: $(\Delta H°_{FORMAÇÃO})^{S}$ = + 277 kJ.mol^{-1}; $(\Delta H°_{FORMAÇÃO})^{SOCl2}$ = - 210 kJ.mol^{-1}.

Questão 10

A combustão de 1 mol de naftaleno ($C_{10}H_8$) sólido a 25°C, realizada em um calorímetro adiabático a volume constante, libera 1227 kcal com formação apenas de um produto gasoso, o gás carbônico. Calcule o calor liberado por essa reação a pressão constante.

Questão 11

A partir dos dados fornecidos abaixo, calcule o calor de hidrogenação do propeno, indicando se a reação é exotérmica ou endotérmica. Dados:

a) Calor de formação da água no estado líquido, 68,3 kcal.mol^{-1};

b) Calor de combustão do propano, 530,6 kcal.mol^{-1};

c) Calor de combustão do propeno, 491,9 kcal.mol^{-1}.

Questão 12

O valor experimental para o calor liberado na queima de benzeno líquido a 25ºC, com formação de dióxido de carbono e água liquida, é 780 Kcal/mol. A combustão é feita em uma bomba calorimétrica a volume constante. Considerando comportamento ideal para os gases formados e R = 2,0 cal/mol.K, determine:

a) calor padrão de combustão do benzeno a 25ºC;

b) se o calor calculado no item anterior é maior ou menor quando a água é formada no estado gasoso. Justifique sua resposta.

Questão 13

Uma amostra de 0,640 gramas de naftaleno sólido ($C_{10}H_8$) foi queimada num calorímetro de volume constante, produzindo somente dióxido de carbono e água. Após a reação, verificou-se um acréscimo de 2,4°C na temperatura do calorímetro. Sabendo-se que a capacidade calorífica do calorímetro era de 2.570 cal/ºC e considerando-se que a variação de pressão foi muito pequena, calcule a entalpia de formação do naftaleno. Dados: Entalpia de formação do $CO_{2\,(gás)}$: – 94,1 kcal/mol; Entalpia de formação da água $_{(líquido)}$: – 68,3 kcal/mol.

Questão 14

A 25ºC e pressão de 1atm, a queima completa de um mol de n-hexano produz dióxido de carbono e água no estado gasoso e libera 3883 kJ, enquanto que a queima completa da mesma quantidade de n-heptano produz as mesmas substâncias no estado gasoso e libera 4498 kJ.

a) Escreva as equações químicas, balanceadas, para as reações de combustão em questão.

b) Utilizando as informações fornecidas no enunciado desta questão, faça uma estimativa do valor do calor de combustão do n-decano. Deixe claro o seu raciocínio.

c) Caso a água formada na reação de combustão do estado líquido, a quantidade de calor liberado seria maior, menor ou igual a 3383 kJ? Por quê?

Questão 15

A queima de metano na presença de oxigênio pode produzir três produtos distintos, contendo carbono: fuligem (partículas muito pequenas de grafite), monóxido de carbono gasoso e dióxido de carbono gasoso.

a) Escreva três equações químicas equilibradas, correspondendo às reações de metano gasoso com oxigênio que levam a cada um dos produtos acima citados. Em todos os casos admita que o outro produto é a água, $H_2O_{(líquido)}$;

b) Determine as entalpias padrões de cada uma das reações do item (a);

c) Por que, havendo oxigênio em quantidade suficiente, o $CO_{2(gás)}$ é o produto "carbônico" predominante na combustão do metano?

Dados: ΔH_f^0 (kJ.mol^{-1}): $CO_{(gás)}$ = -110,5; $CO_{2(gás)}$ = -393,5; $H_2O_{(líquido)}$ = -285,83; $CH_{4(gás)}$ = -74,81.

Questão 16

(GRILLO) Pesquise sobre a história de Germain Henri Hess.

Questão 17

(GRILLO) Determine os calores de formação da amônia e a hidrogenação do propeno. Informações para a resolução do problema: Energias de ligação (kcal.mol^{-1}): (C – C) = 82,6; (N ≡ N) = 225,8; (N – H) = 93,4; (C = C) = 154,8; (C – H) = 98,8; (H – H) = 104,2.

Questão 18

Determine a quantidade de calor produzida na combustão de 1 mol de sacarose, sabendo que m gramas de sacarose libertam q kcal na sua combustão.

Questão 19

Óxido de zinco e carbono, ambos a 25°C, são alimentados em quantidades estequiométricas em um reator operado a 1,0 atm, onde ocorre a seguinte reação química: $ZnO_{(s)} + C_{(s)} \rightarrow Zn_{(g)} + CO_{(g)}$. A reação é completa e os produtos saem do reator a 1,0 atm e a uma temperatura de 1000°C. Calcule o calor que é adicionado ou removido do reator, por quilograma de zinco.

Espécie	C_p [J/(mol.K)]	ΔH^o_{298} [kJ.mol^{-1}]
$ZnO_{(sólido)}$	52,5	-350,5
$C_{(sólido)}$	19,8	0
$Zn_{(gás)}$	20,9	130,4
$CO_{(gás)}$	31,6	-110,5

Questão 20

Calcular a variação de entalpia de 2 mol de RbF quando aquecido de 300 K até 1200 K.

	C_p/R		$\Delta H_{fusão}$ [$J.mol^{-1}$]
Faixa de T(K)	298 – 1048	1048 – 1500	T_f = 1048K
RbF	7,3	8,8	26300

Questão 21

Usando os dados abaixo, calcule o calor de reação a 70°C e 1,0 atm para a seguinte reação química descrita a seguir: $H_2S_{(gás)}$ + $3/2O_{2(gás)} \longrightarrow H_2O_{(líquido)} + SO_{2(gás)}$.

	ΔH^o_{298} ($kJ.mol^{-1}$)	C_P ($J.mol^{-1}.K^{-1}$)
$H_2S_{(gás)}$	-20,6	26,6 + (24,1 x 10^{-3}).T
$O_{2(gás)}$	0	25,8
$H_2O_{(líquido)}$	-285,8	29,9
$SO_{2(gás)}$	-296,8	25,8 + (58,2 x10^{-3}).T

Questão 22

Calcule a temperatura adiabática de chama da queima completa de um gás natural contendo metano puro a 1 atm com:

a) em função do oxigênio molecular;

b) em função do ar atmosférico.

Espécie	$\Delta H°_{298}$ [$kJ.mol^{-1}$]	$Cp_{médio}$ [J/(mol.K)]
$CH_{4(gás)}$	-74,8	35,3
$O_{2(gás)}$	0	29,4
$N_{2(gás)}$	0	29,1
$H_2O_{(gás)}$	-241,8	34,4
$CO_{2(gás)}$	-393,5	37,1

Questão 23

Calcule a temperatura adiabática de chama da queima completa do gás metano a uma pressão de uma atmosfera e 50% de excesso de ar.

Espécie	$\Delta H°_{298}$ ($cal.mol^{-1}$)	$Cp_{médio}$ [cal/(mol.K)]
$CH_{4(gás)}$	-17895	9,85
$O_{2(gás)}$	0	9,17
$N_{2(gás)}$	0	5,95
$H_2O_{(gás)}$	-57798	10,04
$CO_{2(gás)}$	-94050	14,78

Questão 24

Nas combustões completas de x gramas de acetileno e de y gramas de benzeno são liberados, respectivamente, Q_1 kcal e Q_2 kcal. Determine o calor liberado, em kcal, na formação de z gramas de benzeno a partir do acetileno.

Questão 25

A toda reação química corresponde uma variação de energia interna, ΔU, e uma variação de entalpia, ΔH. Explique em que condições ΔU tem valor igual ao de ΔH.

Questão 26

A combustão completa de uma amostra de certo hidrocarboneto gasoso, acíclico, realizada em recipiente a pressão constante, consumiu 62,5 cm³ de oxigênio e liberou 0,359 kcal. A mistura gasosa continha 50,0 cm³ de um gás que foi totalmente absorvido em hidróxido de potássio. Considerando que todas as medidas foram realizadas nas CNTP, e que a hidrogenação de um mol desse hidrocarboneto consome dois mols de hidrogênio, determine o seu calor de formação. Dados: ΔH_f do CO_2 = - 94,3 kcal/mol e ΔH_f do H_2O = - 68,8 kcal/mol.

Questão 27

Qual o ΔH da reação $C_{(gás)} + 2H_{2(gás)} \rightarrow CH_{4(gás)}$, tendo como dados as reações abaixo?

$C_{(gás)} + O_{2(gás)} \rightarrow CO_{2(gás)}$ ΔH = - 94,1 kcal

$H_{2(gás)} + \frac{1}{2} O_{2(gás)} \rightarrow H_2O_{(líquido)}$ ΔH = - 68,3 kcal

$CH_{4(gás)} + 2O_{2(gás)} \rightarrow CO_{2(g)} + 2H_2O_{(líquido)}$ ΔH = - 212,8 kcal

Questão 28

Alguns anos atrás, Texas City (Texas – USA), foi abalada por uma explosão de um depósito de nitrato de amônio, composto muito usado como fertilizante.

Este composto, quando aquecido, pôde decompor exotermicamente em N_2O e água, conforme a equação:

$NH_4NO_{3(sólido)} \rightarrow N_2O_{(gás)} + 2H_2O_{(gás)}$ (Equação 1).

Se o calor liberado nesta reação ficar aprisionado, altas temperaturas sendo atingidas, e assim, o NH_4NO_3 pode decompor explosivamente em N_2, H_2O e O_2.

$2NH_4NO_{3(sólido)} \rightarrow 2N_{2(gás)} + 4H_2O_{(vapor)} + O_{2(gás)}$ (Equação 2).

Usando as informações fornecidas abaixo, responda:

a) Qual o calor liberado (à pressão constante de 1 atm e à temperatura de 25°C) na primeira reação?

b) Se 8,00 kg de nitrato de amônio são misturados com alumínio em pó, em excesso estequiométrico, qual a quantidade de calor produzida (à pressão constante)?

c) Nitrato de amônio reage com alumínio em pó, produzindo Al_2O_3, segundo a equação: $2Al_{(sólido)} + 3NH_4NO_{3(sólido)} \rightarrow 3N_{2(gás)} + 6H_2O_{(gás)} + Al_2O_{3(sólido)}$.

Se 8,00 kg de nitrato de amônio são misturados com alumínio em pó, em excesso estequiométrico, qual a quantidade de calor produzida (à pressão constante)? Dados a 25°C ($kJ.mol^{-1}$): $Al_2O_{3(gás)}$ = - 1675,7; $H_2O_{(gás)}$ = - 241,8; $NH_4NO_{3(sólido)}$ = - 365,6; $N_2O_{(gás)}$ = 82,0.

Questão 29

300 gramas de gelo a 0°C foram adicionados a 400 gramas de água a 55°C. Determine a temperatura final do sistema em condição adiabática. Dados: calor de fusão do gelo = 80 $cal.g^{-1}$; calor específico do gelo = 0,50 $cal.g^{-1}.°C^{-1}$; calor específico da água = 1,0 $cal.g^{-1}.°C^{-1}$.

Questão 30

(GRILLO) Considere a equação da capacidade calorífica a pressão constante do brometo de hidrogênio: $C_p = 6{,}5776.T + 0{,}9549 \times 10^{-3}.T + 1{,}581 \times 10^{-7}.T^2$. A partir desta informação, determine a quantidade de calor para um mol deste gás, de 0°C a 500°C.

Questão 31

Em função do calor de formação do dióxido de carbono ($\Delta H°_{formação,CO2(gás)}$); do calor de formação do vapor d'água ($\Delta H°_{formação,H2O(gás)}$); e do calor da combustão completa de uma mistura de metano e oxigênio, em proporção estequiométrica ($\Delta H_{reação}$), deduza a expressão do calor de formação do metano ($\Delta H°_{formação,CH4(gás)}$).

Questão 32

O sulfeto de hidrogênio é aquecido de 77°C para 227°C dentro de um reator fluidizado. Determine a variação de entalpia por ocasião deste aquecimento, sabendo que a capacidade calorífica a pressão constante média é dada pela seguinte equação: $C_p = 6{,}037 + 5{,}886 \times 10^{-3}.T + 0{,}387 \times 10^{-5}.T^{-2} - 1{,}175 \times 10^{-6}.T^2$, onde C_p = cal/mol.K.

Questão 33

A reforma com vapor d´água, a temperaturas altas, é um método industrial para produção de hidrogênio a partir de metano. Calcule a entalpia de reação desse processo. Dados:

I) Entalpias de combustão:
$C_{(grafite)}$ ... $\Delta H° = - 394\ kJ.mol^{-1}$
$H_{2(gás)}$ ... $\Delta H° = - 286\ kJ.mol^{-1}$ (forma água líquida)
$CH_{4(gás)}$ ... $\Delta H° = - 890\ kJ.mol^{-1}$ (forma água líquida)
II) $CO_{(gás)} + H_{2(gás)} \rightarrow C_{(grafite)} + H_2O_{(vapor)}$ $\Delta H° = - 131\ kJ.mol^{-1}$

Questão 34

A combustão de etano produz dióxido de carbono e água líquida a 25°C.
a) Escreva a equação para esta reação.
b) Sabendo que $\Delta H°_{combustão}$ para o etano sob estas condições é -1560 $kJ.mol^{-1}$ de etano, calcule:
i) $\Delta H°_f$ para o etano; Dados:

	$\Delta H°\ (kJ.mol^{-1})$
$CO_{2(gás)}$	- 393,5
$H_2O_{(líquido)}$	- 285,8

ii) A energia de ligação para a ligação C = O.

	Energia de ligação ($kJ.mol^{-1}$)
C - C	347
H - C	413
H - O	164
O = O	195

c) Sabendo que $\Delta G° = - 1467,5\ kJ.mol^{-1}$. Calcule $\Delta S°$ para esta reação em $J.mol^{-1}.K^{-1}$.

Questão 35

A entalpia de combustão do octano líquido, $C_8H_{18(líquido)}$ para a formação de produtos gasosos, é – 5090 $kJ.mol^{-1}$. Use este valor para responder as questões abaixo, assumindo uma temperatura de 100°C.
a) Escreva a equação balanceada para a combustão completa do octano líquido.
b) Determine a entalpia molar de formação, $\Delta H°_f$, para o estado líquido. Dados: $H°_{CO2} = - 393,5\ kJ.mol^{-1}$; $H°_{H2O} = - 241,8\ kJ.mol^{-1}$.
c) Calcule o valor da energia interna, para a reação de combustão.
d) Se $\Delta G°$ para a combustão do octano é – 5230 $kJ.mol^{-1}$, calcule o valor da $\Delta S°$.

Questão 36

(GRILLO) Dadas as equações químicas numeradas por (1) e (2), calcule a variação de entalpia da equação química (3).
(1) $H_{2(gás)} + I_{2(gás)} \rightarrow 2HI_{(gás)}$ $\Delta H_{(1)} = + 52,96$ kJ/mol
(2) $2H_{2(gás)} + O_{2(gás)} \rightarrow 2H_2O_{(gás)}$ $\Delta H_{(2)} = - 483,64$ kJ/mol
(3) $4HI_{(gás)} + O_{2(gás)} \rightarrow 2I_{2(gás)} + 2H_2O_{(gás)}$ $\Delta H_{(3)} =$?

Questão 37

Dados um copo com água, outro com $HCl_{(aquoso)}$ e outro com $NaOH_{(aquoso)}$ concentrados, todos a mesma temperatura, como fazer para retirar, o mais rapidamente possível, um diamante retido num cubo de gelo, usando estes líquidos. Justifique.

Questão 38

A 1000K, o valor da entalpia para a síntese da amônia $N_{2(gás)} + 3H_{2(gás)} \rightarrow 2NH_{3(gás)}$, é igual a – 123,77 $kJ.mol^{-1}$.

Substância	$\overline{C_p}/R$
$N_{2(gás)}$	3,502
$H_{2(gás)}$	3,466
$NH_{3(gás)}$	4,217

Determine o valor da entalpia de síntese da amônia a 300 K, para cada mol de $NH_{3(gás)}$.

Questão 39

A capacidade calorífica do óxido de chumbo sólido, PbO, é dada pela seguinte equação da capacidade calorífica: $C_p = 44{,}35 + 1{,}67 \times 10^{-3}T$. A partir desta informação, determine a variação de entalpia do óxido, à pressão constante, de 500 K para 300 K.

Questão 40

Considere a reação de combustão do composto X, de massa molar igual a 27,7 g.mol^{-1}, representada pela seguinte equação química balanceada: $X_{(gás)} + 3O_{2(gás)} \longrightarrow Y_{(sólido)} + 3H_2O_{(vapor)}$; $\Delta H° = -2035$ kJ.mol^{-1}. Calcule o valor numérico, em kJ, da quantidade de calor liberado na combustão de:

a) 1,0 X 10^3 g de X;
b) 1,0 x 10^2 mol de X;
c) 2,6 x 10^{22} moléculas de X;
d) uma mistura de 10,0 g de X e 10,0 g de O_2.

Questão 41

Uma pequena célula eletroquímica blindada por eletrodos de alumínio e de níquel, deve operar a temperatura constante de 298 K. Para tanto, recebe uma camisa de refrigeração, isolada do meio externo, contendo 100 g de água. Supondo que a célula transfere ao exterior, de maneira reversível, uma carga de 1 Faraday, calcule a elevação da temperatura que ocorrerá na água dentro da camisa de refrigeração. Ademais, sabe-se que essa célula apresenta uma variação de potencial na razão de 1,5 x 10^{-4} V/K. Considere que o calor específico da água de refrigeração é de 4,20 J/g.K.

Questão 42

Com base em medidas experimentais e cálculos de mudanças de entalpia, o químico suíço G. H. Hess sugeriu em 1840, que para uma dada reação, a variação de entalpia é sempre a mesma, esteja essa reação ocorrendo em uma ou em várias etapas (Lei de Hess). Para exemplificar, em um experimento para estimar a entalpia molar padrão de formação de butano (a partir de seus elementos), os seguintes valores foram determinados por calorimetria:

$C_4H_{10(gás)} + 13/2O_{2(gás)} \longrightarrow 4CO_{2(gás)} + 5H_2O_{(gás)}$ $\quad \Delta_cH^0 = -2657{,}4$ kJ/mol
$C_{(sólido)} + O_{2(gás)} \longrightarrow CO_{2(gás)}$ $\quad \Delta_fH^0 = -393{,}5$ kJ/mol
$2H_{2(gás)} + O_{2(gás)} \longrightarrow 2H_2O_{(gás)}$ $\quad \Delta_cH^0 = -483{,}6$ kJ/mol

Considerando os dados acima, qual é a variação de entalpia molar padrão de formação do butano?

Questão 43

Calcule a mudança de energia interna, em kJ, para a reação de formação de dois mol de $SOCl_{2(gás)}$ a partir de $S_{(gás)}$, $O_{2(gás)}$ e $Cl_{2(gás)}$ a 298 K. Dados: $\Delta H°_f\ S_{(gás)} = 277$ kJ.mol^{-1}; $\Delta H°_{f\ SOCl2(gás)} = -210$ kJ.mol^{-1} e R = 8,314 J.mol^{-1}.K^{-1}.

Questão 44

Sabendo que a reação de combustão completa do etanol formando água no estado vapor, apresenta energia interna igual a $\Delta U = -1373$ kJ.mol^{-1}. A partir desta informação, determine a variação da entalpia padrão para este processo de queima, a T = 25°C.

Questão 45

(GRILLO) Considere a reação de combustão completa do acetileno, representada pela equação química a seguir: $C_2H_{2(gás)} + O_{2(gás)} - 1255\ kJ \longrightarrow CO_{2(gás)} + H_2O_{(vapor)}$. Determine a quantidade de energia na forma de calor, que é liberada a partir de 130 g de acetileno, sabendo que esse processo apresenta rendimento de aproximadamente igual a 80%.

Questão 46

(GRILLO) Determine a entalpia da reação de oxidação do álcool etílico, $C_2H_5OH_{(líquido)} + ½O_{2(gás)} \longrightarrow C_2H_4O_{(líquido)} + H_2O_{(líquido)}$, a partir das equações químicas apresentadas a seguir.

Equação química (1): $C_2H_5OH_{(líquido)} + 3O_{2(gás)} \longrightarrow 2CO_{2(gás)} + 3H_2O_{(líquido)}$ $\quad \Delta H = -327{,}6$ kcal
Equação química (2): $C_2H_4O_{(líquido)} + 5/2O_{2(gás)} \longrightarrow 2CO_{2(gás)} + 2H_2O_{(líquido)}$ $\quad \Delta H = -279{,}0$ kcal

Questão 47

A partir das entalpias das reações dadas abaixo:

$2C_{(grafite)} + 2H_{2(gás)} \rightarrow C_2H_{4(gás)}$ $\Delta H° = + 52,0$ kJ

$C_2H_4Cl_{2(gás)} \rightarrow Cl_{2(gás)} + C_2H_{4(gás)}$ $\Delta H° = + 116,0$ kJ

Podemos concluir que a entalpia molar de formação (em $kJ.mol^{-1}$) do $C_2H_4Cl_{2(gás)}$, será igual a:

a) – 64 $kJ.mol^{-1}$
b) + 64 $kJ.mol^{-1}$
c) - 168 $kJ.mol^{-1}$
d) + 168 $kJ.mol^{-1}$
e) + 220 $kJ.mol^{-1}$

Questão 48

A hidrazina (H_2N – NH_2) é muito utilizada como combustível em motores de foguete. Sua reação de combustão pode ser representada pela equação química balanceada: $H_2N - NH_{2(gás)} + O_{2(gás)} \rightarrow N_{2(gás)} + 2H_2O_{(vapor)}$. Na tabela abaixo, estão apresentados os valores das entalpias por mol de ligações químicas. A partir desta informação, determine:

Ligação química	Entalpia ($kJ.mol^{-1}$)
H - H	436
H - O	463
N - N	163
N = N	514
N ≡ N	946
C - H	415
N - H	391
O = O	498
O - O	134
C = O	724

a) a entalpia de combustão da hidrazina.
b) a variação da energia interna, em $kJ.mol^{-1}$, a 25°C.

Questão 49

Calcule a temperatura adiabática de chama da queima do gás metano a uma pressão de uma atmosfera considerando duas situações:

a) com relação ao oxigênio molecular puro;
b) com relação ao ar atmosférico, levando em consideração que a composição do ar seja 20% de O_2 e 80% de N_2.

Espécie	$\Delta H°_{298}$ ($cal.mol^{-1}$)	$C_{p(médio)}$ [cal/mol.K]
$CH_{4(gás)}$	- 17895	9,85
$O_{2(gás)}$	0	9,17
$N_{2(gás)}$	0	5,95
$H_2O_{(gás)}$	- 57798	10,04
$CO_{2(gás)}$	- 94050	14,78

Questão 50

Que quantidade de calor é liberada por uma reação química que é capaz de elevar 10°C até 78°C a temperatura de 1,50 kg de água? Informação para a resolução do problema: calor específico da água = 1 cal/g.°C.

Questão 51

Sabe-se que a 25°C, as entalpias de combustão (em $kJ.mol^{-1}$) de grafita, gás hidrogênio e gás metano são, respectivamente: -393,5; -285,9 e –890,5. Assinale a alternativa que apresenta o valor correto da entalpia da seguinte reação: $C_{(grafita)} + 2H_{2(gás)} \rightarrow CH_{4(gás)}$.

a) -211,1 $kJ.mol^{-1}$
b) – 74,8 $kJ.mol^{-1}$

c) 74,8 $kJ.mol^{-1}$
d) 136,3 $kJ.mol^{-1}$
e) 211,1 $kJ.mol^{-1}$

Questão 52

(GRILLO) A entalpia de formação do nitrato de amônio no estado sólido é igual a -367,5 kJ e as demais espécies, $N_2O_{(gás)}$ e $H_2O_{(líquido)}$ são +81,46 kJ e -285,78 kJ, respectivamente, para T = 25°C e pressão de uma atmosfera. A partir das informações apresentadas, calcule a variação da entalpia e da energia interna para o seguinte processo químico apresentado a seguir. $NH_4NO_{3(sólido)} \rightarrow N_2O_{(gás)} + 2H_2O_{(líquido)}$.

Questão 53

1,00 kg de carbonato de cálcio, na temperatura de 298 K, é introduzido em um forno que opera a 101 kPa. O forno é então aquecido até a temperatura T_c na qual ocorrerá a calcinação do carbonato de cálcio. Sabendo-se que o módulo da variação da energia livre de Gibbs da reação de calcinação à temperatura T_c é igual a 10,7 kJ/mol, determine a temperatura de calcinação T_c e a quantidade de calor necessária à completa calcinação do carbonato. Despreze os efeitos de mistura e considere que, para o sistema reacional, aplicam-se as seguintes equações:

$$\Delta G = \Delta H - T \times \Delta S;\ \Delta H = \Delta H_f^0 + C_p\Delta T;\ \Delta S = \Delta S_f^0 + \frac{c_p\Delta T}{T}$$

Dados: Entalpias e entropias de formação a 298 K e capacidades caloríficas médias:

Substância	ΔH^o_{298} ($kJ.mol^{-1}$)	ΔS^o_{298} ($J.mol^{-1}.K^{-1}$)	C_p (J/mol x K)
$CaCO_{3(sólido)}$	- 1207	94,0	110
$CaO_{(sólido)}$	- 636	39,0	56,0
$CO_{2(gás)}$	- 394	213	54,0

Questão 54

Na escolha de combustíveis, em função da aplicação a ser feita, consideram-se propriedades físicas e químicas, tais como volatilidade e reatividade. Além disso, é fundamental determinar seu potencial energético, ou seja, a quantidade de energia produzida por unidade de massa. Considere as reações termoquímicas do etanol e do butano, respectivamente:

$C_2H_5OH_{(líquido)} + 3O_{2(gás)} \rightarrow 2CO_{2(gás)} + 3H_2O_{(vapor)}$ $\Delta H° = -1368$ kJ x mol^{-1}

$C_4H_{10(gás)} + 13/2O_{2(gás)} \rightarrow 4CO_{2(gás)} + 5H_2O_{(vapor)}$ $\Delta H° = -2860$ kJ x mol^{-1}

Os potenciais energéticos, em kJ/g, do etanol e do butano são respectivamente:

a) 21,50 e 44,90
b) 23,79 e 67,89
c) 29,74 e 67,89
d) 29,74 e 49,31
e) 36,76 e 49,31

Questão 55

Considere a reação de decomposição do gás amoníaco, apresentado pela seguinte equação química: $NH_{3(gás)} \rightarrow 1/2N_{2(gás)} + 3/2H_{2(gás)}$. Sabendo que a variação da entalpia padrão é igual a 46150,0 $J.mol^{-1}$, caracterizando um processo endotérmico, calcule a variação da energia interna (ΔU).

Questão 56

Calcule o valor da entalpia padrão a uma temperatura igual a 125°C, a partir da seguinte reação química balanceada: $C_{(grafite)} + H_2O_{(gás)} \rightarrow CO_{(gás)} + H_{2(gás)}$. Considere que a entalpia padrão deste processo a 25°C seja igual a 131,30 $kJ.mol^{-1}$, caracterizando um processo endotérmico. Dados para a resolução do problema:

Substância	$\bar{C}_{p_{médio}}$ [J/mol.K]
$C_{(grafite)}$	8,64
$H_2O_{(gás)}$	33,58
$CO_{(gás)}$	29,14
$H_{2(gás)}$	28,84

Questão 57

Considere as seguintes equações termoquímicas apresentadas a seguir:

a) $Ag_2O_{(sólido)} + 2HCl_{(gás)} \rightarrow 2AgCl_{(sólido)} + H_2O_{(líquido)}$ $\Delta H° = -77,610$ kcal.mol^{-1}

b) $2Ag_{(sólido)} + 1/2O_{2(gás)} \rightarrow Ag_2O_{(sólido)}$ $\Delta H° = -7,30$ kcal.mol^{-1}

c) $½H_{2(gás)} + 1/2Cl_{2(gás)} \rightarrow HCl_{(gás)}$ $\Delta H° = -22,10$ kcal.mol^{-1}

d) $H_{2(gás)} + 1/2O_{2(gás)} \rightarrow H_2O_{(líquido)}$ $\Delta H° = -68,30$ kcal.mol^{-1}

a) Calcule a variação da energia de entalpia para a reação de formação de cloreto de prata a 25°C.

b) Calcule também a variação da energia interna à mesma temperatura.

Questão 58

Considere a reação de produção de zinco gasoso e dióxido de carbono conforme a equação química a seguir: $ZnO_{(sólido)} + CO_{(gás)} \rightarrow Zn_{(gás)} + CO_{2(gás)}$. A expressão da entalpia em função da temperatura é dada pela expressão a seguir:

$$\overrightarrow{\Delta H(J.mol^{-1}) = 47,39 - 0,70.T - 3,29 \times 10^{-3}.T^2 + 1,25 \times 10^{-6}.T^3}$$

A partir das informações apresentadas pelo exercício, calcule a variação da energia interna (ΔU) e valor da entalpia (ΔH) a 227°C. Informação para a resolução do problema: expressão geral da capacidade calorífica a pressão constante: $C_p = A + BT + CT^2 + DT^3$.

Questão 59

Usando as constantes da capacidade calorífica molar a pressão constante apresentada na tabela abaixo com relação ao dióxido de carbono, calcule a quantidade de calor a pressão constante além da quantidade de calor a volume constante, quando utilizados 350 g desta amostra gasosa na faixa de temperatura compreendida entre 300 a 500K.

Substância	$\bar{C}_p$ [J/mol.K]			
$CO_{2(gás)}$	A	B x 10^3	C x 10^7	D x 10^9
	5,166	15,177	- 95,78	2,260

Questão 60

Considere os valores das seguintes variações de entalpia (ΔH) para as reações químicas representadas pelas equações I e II, onde (graf) significa grafite. Com base nestas informações e considerando que todos ΔH se referem à temperatura e pressão citadas acima, assinale a opção correta:

a) $C_{(graf)} + ½O_{2(gás)} \rightarrow CO_{(gás)}$ $\Delta H = +110$ kJ

b) $2C_{(graf)} + O_{2(gás)} \rightarrow 2CO_{(gás)}$ $\Delta H = -110$ kJ

c) $2C_{(graf)} + ½O_{2(gás)} \rightarrow C_{(graf)} + CO_{(gás)}$ $\Delta H = +110$ kJ

d) $2C_{(graf)} + 2O_{2(gás)} \rightarrow 2CO_{(gás)} + O_{2(gás)}$ $\Delta H = +220$ kJ

e) $C_{(graf)} + O_{2(gás)} \rightarrow CO_{(gás)} + ½O_{2(gás)}$ $\Delta H = -110$ kJ

Questão 61

Assinale a opção errada que apresenta (em kJ.mol^{-1}) a entalpia padrão de formação (ΔH_f) da substância a 25°C:

a) $\Delta H_f (H_{2(gás)}) = 0$

b) $\Delta H_f (F_{2(gás)}) = 0$

c) $\Delta H_f (N_{2(gás)}) = 0$

d) $\Delta H_f (Br_{2(gás)}) = 0$

e) $\Delta H_f (Cl_{2(gás)}) = 0$

Questão 62

Qual das opções a seguir apresenta a equação química balanceada para a reação de formação de óxido de ferro (II) sólido nas condições-padrão?

a) $Fe_{(sólido)} + Fe_2O_{3(sólido)} \rightarrow 3FeO_{(sólido)}$

b) $Fe_{(sólido)} + ½O_{2(gás)} \rightarrow FeO_{(sólido)}$

c) $Fe_2O_{3(sólido)} \rightarrow 2FeO_{(sólido)} + ½O_{2(gás)}$

d) $Fe_{(sólido)} + CO_{(gás)} \rightarrow FeO_{(sólido)} + C_{(grafite)}$

e) $Fe_{(sólido)} + CO_{2(gás)} \rightarrow FeO_{(sólido)} + C_{(grafite)} + ½O_{2(gás)}$

Questão 63

Num cilindro, provido de um pistão móvel sem atrito, é realizada a combustão completa de carbono (grafita). A temperatura no interior do cilindro é mantida constante desde a introdução dos reagentes até o final da reação. Considere as seguintes afirmações:
I) A variação da energia interna do sistema é igual a zero.
II) O trabalho realizado pelo sistema é igual a zero.
III) A quantidade de calor trocada entre o sistema e a vizinhança é igual a zero.
IV) A variação da entalpia do sistema é igual à variação da energia interna. Destas afirmações, está(ão) correta(s):
a) apenas I
b) apenas I e IV
c) apenas I, II e III
d) apenas II e IV
e) apenas III e IV

Questão 64

Sabe-se que a 25°C, as entalpias de combustão (em $kJ.mol^{-1}$) de grafita, gás hidrogênio e gás metano são, respectivamente: -393,5; -285,9 e –890,5. Assinale a alternativa que apresenta o valor correto da entalpia da seguinte reação: $C_{(grafita)} + 2H_{2(gás)} \longrightarrow CH_{4(gás)}$.
a) -211,1 $kJ.mol^{-1}$
b) – 74,8 $kJ.mol^{-1}$
c) 74,8 $kJ.mol^{-1}$
d) 136,3 $kJ.mol^{-1}$
e) 211,1 $kJ.mol^{-1}$

Questão 65

Nitrato de amônio pode explodir porque a sua decomposição é exotérmica. Qual das opções a seguir contém a equação química, envolvendo este composto que representa a reação mais exotérmica?
a) $NH_4NO_{3(c)} \longrightarrow 2N_{(gás)} + 4H_{(gás)} + 3O_{(gás)}$
b) $NH_4NO_{3(c)} \longrightarrow NH_{3(gás)} + HNO_{3(gás)}$
c) $NH_4NO_{3(c)} \longrightarrow N_{2(gás)} + H_2O_{(gás)} + H_2O_{2(gás)}$
d) $NH_4NO_{3(c)} \longrightarrow N_{2(gás)} + 2H_2O_{(gás)} + \frac{1}{2}O_{2(gás)}$
e) $NH_4NO_{3(c)} \longrightarrow N_{2(gás)} + 2H_{2(gás)} + \frac{1}{2}O_{2(gás)}$

Questão 66

Considere as seguintes equações termoquímicas apresentadas a seguir:

$Fe_2O_{3(sólido)} + 3/2C_{(sólido)} \longrightarrow 3/2CO_{2(gás)} + 2Fe_{(sólido)}$ $\Delta H° = + 234,1$ kJ
$C_{(sólido)} + O_{2(gás)} \longrightarrow CO_{2(gás)}$ $\Delta H° = - 393,5$ kJ

A partir das informações apresentadas, calcule $\Delta H°$ para a seguinte reação:
$4Fe_{(sólido)} + 3O_{2(gás)} \longrightarrow 2Fe_2O_{3(sólido)}$.

a) – 1648,7 kJ
b) – 1255,3 kJ
c) – 1021,2 kJ
d) – 129,4 kJ

Questão 67

Assinale a opção que indica a variação correta de entalpia, em $kJ.mol^{-1}$, da reação química a 298,15 K e 1 bar, representada pela seguinte equação: $C_4H_{10(gás)} \longrightarrow C_4H_{8(gás)} + H_{2(gás)}$. Dados eventualmente necessários: $\Delta H°_f$ ($C_4H_{8(gás)}$) = - 11,4; $\Delta H°_f$ ($CO_{2(gás)}$) = - 393,5; $\Delta H°_f$ ($H_2O_{(líquido)}$) = - 285,8 e $\Delta H°_c$ ($C_4H_{10(gás)}$) = - 2877,6, em que $\Delta H°_f$ e $\Delta H°_c$, em $kJ.mol^{-1}$, representam as variações de entalpia de formação e de combustão a 298,15 K e 1 bar, respectivamente:
a) – 3568,3
b) – 2186,9
c) + 2186,9

d) + 125,4
e) + 114,0

Questão 68

A entalpia de fusão de uma determinada substância é 200 $kJ.kg^{-1}$, e seu ponto de fusão normal é 27°C. Após a solidificação de 3 kg do material, pode-se afirmar que a entalpia desse sistema:
a) Diminui 2 $kJ.K^{-1}$
b) Diminui 600 $kJ.K^{-1}$
c) Não variou
d) Aumentou 2 $kJ.K^{-1}$
e) Aumentou 600 $kJ.K^{-1}$

Questão 69

A figura a seguir mostra como a entalpia dos reagentes e dos produtos de uma reação química do tipo $A_{(gás)} + B_{(gás)} \rightarrow C_{(gás)}$ varia com a temperatura.

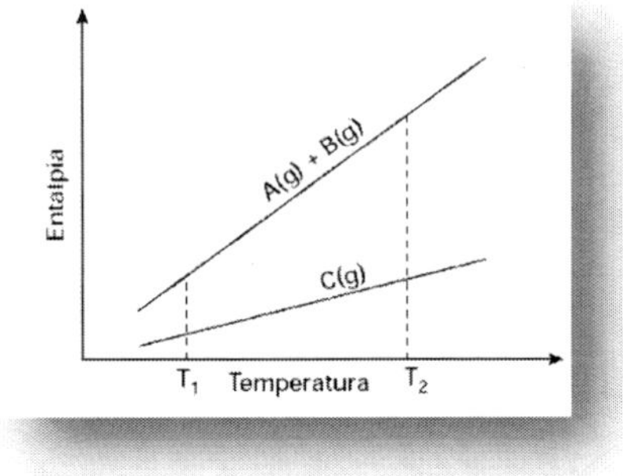

Levando em consideração as informações fornecidas nesta figura, e sabendo que a variação de entalpia (ΔH) é igual ao calor trocado pelo sistema à pressão constante, é errado afirmar que:
a) Na temperatura T_1 a reação ocorre com liberação de calor
b) Na temperatura T_1, a capacidade calorífica dos reagentes é maior que a dos produtos
c) No intervalo de temperatura compreendido entre T_1 e T_2, a reação ocorre com absorção de calor (ΔH > zero)
d) O ΔH, em módulo, da reação aumenta com o aumento da temperatura
e) Tanto a capacidade calorífica dos reagentes quanto a dos produtos aumentam com o aumento da temperatura

Questão 70

Sob 1 atm e a 25°C, qual das reações abaixo equacionadas deve ser a mais exotérmica?
a) $H_{2(gás)} + F_{2(gás)} \rightarrow 2HF_{(gás)}$
b) $H_{2(gás)} + Cl_{2(gás)} \rightarrow 2HCl_{(gás)}$
c) $H_{2(gás)} + I_{2(gás)} \rightarrow 2HI_{(gás)}$
d) $Br_{2(gás)} + I_{2(gás)} \rightarrow 2BrI_{(gás)}$
e) $Cl_{2(gás)} + Br_{2(gás)} \rightarrow 2ClBr_{(gás)}$

Questão 71

O acetileno ou etino (C_2H_2) é um gás de grande uso comercial, sobretudo em maçaricos de oficinas de lanternagem. Assinale a opção que corresponde à quantidade de calor liberada pela combustão completa de 1 mol de acetileno, a 25°C, de acordo com a reação abaixo: $2C_2H_{2(gás)} + 5O_{2(gás)} \rightarrow 4CO_{2(gás)} + 2H_2O_{(gás)}$. Dados: $\Delta H°_f [C_2H_{2(gás)}] = + 227\ kJ.mol^{-1}$; $\Delta H°_f [CO_{2(gás)}] = - 394\ kJ.mol^{-1}$; $\Delta H°_f [H_2O_{(gás)}] = - 242\ kJ.mol^{-1}$.
a) 204 kJ
b) 409 kJ
c) 863 kJ
d) 1257 kJ
e) 2514 kJ

Questão 72

A combustão do propan-2-ol ocorre de acordo com a equação química: $2CH_3CHOHCH_{3(líquido)} + 9O_{2(gás)} \longrightarrow 6CO_{2(gás)} + 8H_2O_{(líquido)}$. Qual é o valor de q para a combustão de 15,0 gramas de propan-2-ol?

Espécie	ΔH_f (kJ.mol^{-1})
$CH_3CHOHCH_{3(líquido)}$	- 318,2
$CO_{2(gás)}$	- 393,5
$H_2O_{(líquido)}$	- 285,8

a) – 5,01 x 10^2 kJ
b) – 1,00 x 10^3 kJ
c) – 2,01 x 10^3 kJ
d) – 4,01 x 10^3 kJ

Questão 73

Considere a energia liberada em:
I) combustão completa (estequiométrica) do octano e em II) célula de combustível de hidrogênio e o oxigênio. Assinale a opção que apresenta a razão correta entre a quantidade de energia liberada por átomo de hidrogênio na combustão do octano e na célula de combustível. Dados: Energias de ligação, em kJ.mol^{-1}:

C – C	347	H – H	436
C – H	413	H – O	464
C = O	803	O = O	498

a) 0,280
b) 1,18
c) 2,35
d) 10,5
e) 21,0

Questão 74

Um botijão de gás, contendo unicamente butano, foi utilizado em um fogão durante certo tempo, apresentando uma diminuição de massa de 5,8 kg. Sabendo-se que: $C_4H_{10(gás)} + O_{2(gás)} \longrightarrow CO_{2(gás)} + 5H_2O_{(gás)}$, ΔH = - 2900 kJ/mol, a quantidade de calor produzido no fogão, em kJ, devido à combustão do butano, foi de aproximadamente:
a) 5,0 x 10^4
b) 1,0 x 10^5
c) 1,5 x 10^5
d) 2,0 x 10^5
e) 2,9 x 10^5

Questão 75

A partir das entalpias das reações dadas abaixo:

$2C_{(grafite)} + 2H_{2(gás)} \longrightarrow C_2H_{4(gás)}$ $\quad \Delta H^0 = +\,52,0$ kJ

$C_2H_4Cl_{2(gás)} \longrightarrow Cl_{2(gás)} + C_2H_{4(gás)}$ $\quad \Delta H^0 = +\,116,0$ kJ

Podemos concluir que a entalpia molar de formação (em kJ.mol^{-1}) do $C_2H_4Cl_{2(g)}$, será igual a:
a) - 64 kJ.mol^{-1}
b) + 64 kJ.mol^{-1}
c) - 168 kJ.mol^{-1}
d) + 168 kJ.mol^{-1}
e) + 220 kJ.mol^{-1}

Questão 76

Através das energias de ligação, determine o ΔH para a seguinte reação. $H_{2(gás)} + O_{2(gás)} \longrightarrow H_2O_{2(gás)}$.

Ligação Química	Energia de ligação (H)
H-H	436 $kJ.mol^{-1}$
O-O	142 $kJ.mol^{-1}$
O=O	499 $kJ.mol^{-1}$
H-O	460 $kJ.mol^{-1}$

a) –127 kJ
b) –209 kJ
c) –484 kJ
d) –841 kJ

Questão 77

O trióxido de boro é um composto utilizado como aditivo de fibra óptica, na produção de vidro de borossilicato, entre outros. Esse composto é obtido pela desidratação do ácido bórico, porém também é possível consegui-lo a partir das seguintes etapas de reação:

Etapa 1: $B_2O_{3(sólido)} + 3H_2O_{(gás)} \rightarrow 3O_{2(gás)} + B_2H_{6(gás)}$ 2035 ΔH/kJ
Etapa 2: $H_2O_{(líquido)} \rightarrow H_2O_{(gás)}$ 44 ΔH/kJ
Etapa 3: $H_{2(gás)} + 1/2O_{2(gás)} \rightarrow H_2O_{(líquido)}$ - 286 ΔH/kJ
Etapa 4: $2B_{(sólido)} + 3H_{2(gás)} \rightarrow B_2H_{6(gás)}$ 36 ΔH/kJ

Tendo como base as reações acima e suas respectivas entalpias, calcule a entalpia geral de formação do trióxido de boro e informe sua equação global.

Questão 78

Determine o calor de reação para este processo: $FeO_{(sólido)} + Fe_2O_{3(s)} \rightarrow Fe_3O_{4(s)}$. Considere as seguintes informações:
$2Fe_{(sólido)} + O_{2(gás)} \rightarrow 2FeO_{(sólido)}$ $\Delta H^o = -544,0$ kJ
$4Fe_{(sólido)} + 3O_{2(gás)} \rightarrow 2Fe_2O_{3(sólido)}$ $\Delta H^o = -1648,4$ kJ
$Fe_3O_{4(sólido)} \rightarrow 3Fe_{(sólido)} + 2O_{2(gás)}$ $\Delta H^o = +1118,4$ kJ
a) –1074,0 kJ
b) –22,2 kJ
c) +249,8 kJ
d) +2214,6 kJ

Questão 79

Calcule o ΔH° para a seguinte reação: $TiCl_{4(gás)} + 2H_2O_{(líquido)} \rightarrow TiO_{2(sólido)} + 4HCl_{(gás)}$.

ΔH°_f ($kJ.mol^{-1}$)	
$TiCl_{4(gás)}$	- 763
$H_2O_{(líquido)}$	- 286
$TiO_{2(sólido)}$	- 945
$HCl_{(gás)}$	- 92

a) –264 kJ
b) 12 kJ
c) 22 kJ
d) 298 kJ

Questão 80

Os produtos da combustão do $H_2S_{(gás)}$ são $H_2O_{(gás)}$ e $SO_{2(gás)}$. Usando as informações dadas nas equações termoquímicas abaixo:
$H_{2(gás)} + S_{(sólido)} \rightarrow H_2S_{(gás)}$ ΔH = - 21 kJ
$S_{(sólido)} + O_{2(gás)} \rightarrow SO_{2(gás)}$ ΔH = - 297 kJ
$H_{2(gás)} + ½O_{2(gás)} \rightarrow H_2O_{(gás)}$ ΔH = - 242 kJ
Conclui-se que a energia desprendida na combustão de 1 mol de $H_2S_{(g)}$ é:

a) – 67 kJ
b) 34 kJ
c) – 560 kJ
d) – 34 kJ
e) – 518 kJ

Questão 81

Assinale a opção que apresenta a equação química da reação, cuja entalpia é a entalpia padrão de formação do gás etano (C_2H_6):
a) $2C_{(gás)} + 6H_{(gás)} \rightarrow C_2H_{6(gás)}$
b) $2C_{(sólido)} + 6H_{(gás)} \rightarrow C_2H_{6(gás)}$
c) $2C_{(gás)} + 3H_{2(gás)} \rightarrow C_2H_{6(gás)}$
d) $2C_{(sólido)} + 3H_{2(gás)} \rightarrow C_2H_{6(gás)}$
e) $CH_{4(gás)} + H_{2(gás)} \rightarrow C_2H_{6(gás)}$

Questão 82

Qual é o ΔH° para a reação abaixo? $2H_2S_{(gás)} + 3O_{2(gás)} \rightarrow 2H_2O_{(líquido)} + 2SO_{2(gás)}$.

Composto Químico	ΔH°_f, kJ.mol^{-1}
$H_2S_{(gás)}$	- 20,15
$H_2O_{(líquido)}$	- 285,8
$SO_{2(gás)}$	- 296,4

a) – 19,4 kJ.mol^{-1}
b) – 374,7 kJ.mol^{-1}
c) – 562,1 kJ.mol^{-1}
d) – 1124,1 kJ.mol^{-1}

Questão 83

Considere as seguintes afirmações a respeito da variação, em módulo, da entalpia e da energia interna das reações químicas, respectivamente representadas pelas equações químicas abaixo, cada uma mantida a temperatura e pressão constantes.

I) $H_2O_{(gás)} + ½O_{2(gás)} \rightarrow H_2O_{2(gás)}$ $|\Delta H_I| > |\Delta U_I|$
II) $4NH_{3(gás)} + N_{2(gás)} \rightarrow 3N_2H_{4(gás)}$ $|\Delta H_{II}| < |\Delta U_{II}|$
III) $H_{2(gás)} + F_{2(gás)} \rightarrow 2HF_{(gás)}$ $|\Delta H_{III}| < |\Delta U_{III}|$
IV) $HCl_{(gás)} + 2O_{2(gás)} \rightarrow HClO_{4(líquido)}$ $|\Delta H_{IV}| < |\Delta U_{IV}|$
V) $CaO_{(sólido)} + 3C_{(sólido)} \rightarrow CO_{(gás)} + CaC_{2(sólido)}$ $|\Delta H_V| > |\Delta U_V|$

Das afirmações acima, estão corretas:
a) Apenas I, II e V
b) Apenas I, III e IV
c) Apenas II, IV e V
d) Apenas III e V
e) Todas

Questão 84

Nos Estados Unidos, em 1947, a explosão de um navio cargueiro carregado do fertilizante nitrato de amônio causou a morte de cerca de 500 pessoas. A reação ocorrida pode ser representada pela equação: $2NH_4NO_{3(sólido)} \rightarrow 2N_{2(gás)} + O_{2(gás)} + 4H_2O_{(líquido)}$, ΔH = - 411,2 kJ. Nesse processo, quando há decomposição de 1,0 mol do sal, ocorre:
a) liberação de 411,2 kJ
b) liberação de 205,6 kJ
c) absorção de 411,2 kJ
d) liberação de 305,6 kJ
e) absorção de 205,6 kJ

Questão 85

Considere as seguintes afirmativas:
I) Uma reação química a temperatura e pressão constantes será espontânea se a variação da energia livre de Gibbs (ΔG) for menor que zero.

II) Em um sistema reacional onde a única forma de trabalho observável é o trabalho de expansão, a variação da entalpia (ΔH) é igual à quantidade de calor liberada ou absorvida pela reação, a pressão constante.
III) Para uma substância simples que admite mais de uma forma alotrópica, não há variação de entalpia na conversão de uma forma em outra. São corretas:
a) Somente I
b) Somente II
c) Somente III
d) I e II
e) I e III

Questão 86

Considere os seguintes processos conduzidos a 25°C e 1 atm:
(1) $4Fe_{(sólido)} + 3O_{2(gás)} \rightarrow 2Fe_2O_{3(sólido)}$
(2) $H_2O_{(sólido)} \rightarrow H_2O_{(líquido)}$
(3) $CH_{4(gás)} + 2O_{2(gás)} \rightarrow CO_{2(gás)} + 2H_2O_{(gás)}$
(4) $Cu_2S_{(sólido)} \rightarrow 2Cu_{(sólido)} + S_{(sólido)}$, com $\Delta G = + 82,2$ kJ
(5) $S_{(s)} + O_{2(gás)} \rightarrow SO_{2(gás)}$, com $\Delta G = - 300,4$ kJ
(6) $Cu_2S_{(sólido)} + O_{2(gás)} \rightarrow 2Cu_{(sólido)} + SO_{2(gás)}$
(7) $2NO_{(gás)} + O_{2(gás)} \rightarrow 2NO_{2(gás)}$
Assinale a afirmativa correta.
a) Os processos (1), (4) e (5) não são espontâneos
b) O processo (2) é exotérmico e apresenta variação de entropia positiva
c) O processo (3) é endotérmico e apresenta variação de entropia negativa
d) Os processos (2) e (7) apresentam variação de entropia positiva
e) Os processos (1), (2) e (6) são espontâneos

Questão 87

Considere as reações representadas pelas seguintes equações químicas balanceadas:
$C_2H_5OH_{(líquido)} + O_{2(gás)} \rightarrow 2C_{(sólido)} + 3H_2O_{(gás)}$; $\Delta H_{I(T)}$; $\Delta U_{I(T)}$.
$C_2H_5OH_{(líquido)} + 2O_{2(gás)} \rightarrow 2CO_{(gás)} + 3H_2O_{(líquido)}$; $\Delta H_{II(T)}$; $\Delta U_{II(T)}$.
Sendo $\Delta H_{(T)}$ e $\Delta U_{(T)}$, respectivamente, a variação da entalpia e a energia interna do sistema na temperatura T. Admita que as reações acima são realizadas sob pressão constante, na temperatura T, e que a temperatura dos reagentes é igual a dos produtos. Considere que, para as reações representadas pelas equações acima, sejam feitas as seguintes comparações:
I) $|\Delta E_I| = |\Delta U_{II}|$
II) $|\Delta H_I| = |\Delta H_{II}|$
III) $|\Delta H_{II}| > |\Delta U_{II}|$
IV) $|\Delta H_I| < |\Delta U_I|$
Das comparações acima, está(ão) correta(s):
a) apenas I
b) apenas I e II
c) apenas II
d) apenas III
e) apenas IV

Questão 88

Para determinar a entalpia de vaporização do composto hipotético $MX_{4(l)}$, o mesmo foi colocado num recipiente equipado com uma serpentina de aquecimento resistivo, a 80ºC e sob pressão de 1,0 bar. Para a manutenção da temperatura, foi utilizada uma fonte de 30 V com passagem de corrente de 900 mA durante 30 segundos, tendo sido vaporizados 2,0 g de $MX_{4(l)}$. Sabendo que a massa molar desse composto é 200 $g.mol^{-1}$, assinale a opção que apresenta a entalpia molar de vaporização em $kJ.mol^{-1}$, a 80ºC.
a) 4,1
b) 8,1
c) 81
d) 405
e) 810

Questão 89

Considere as informações contidas nas seguintes equações termoquímicas, todas referentes à temperatura de 25°C e pressão de uma atmosfera:

1) $H_2O_{(líquido)} \rightarrow H_2O_{(gás)}$ $\Delta H_1 = 44,0$ kJ.mol^{-1}
2) $CH_3CH_2OH_{(líquido)} \rightarrow CH_3CH_2OH_{(gás)}$ $\Delta H_2 = 42,6$ kJ.mol^{-1}
3) $CH_3CH_2OH_{(líquido)} + 7/2O_{2(gás)} \rightarrow 2CO_{2(gás)} + 3H_2O_{(líquido)}$ $\Delta H_3 = -1366,8$ kJ.mol^{-1}
4) $CH_3CH_2OH_{(líquido)} + 7/2O_{2(gás)} \rightarrow 2CO_{2(gás)} + 3H_2O_{(gás)}$ $\Delta H_4 = ?$
5) $CH_3CH_2OH_{(gás)} + 7/2O_{2(gás)} \rightarrow 2CO_{2(gás)} + 3H_2O_{(líquido)}$ $\Delta H_5 = ?$
6) $CH_3CH_2OH_{(gás)} + 7/2O_{2(gás)} \rightarrow 2CO_{2(gás)} + 3H_2O_{(gás)}$ $\Delta H_6 = ?$

Em relação ao exposto acima, é errado afirmar que:

a) As reações representadas pelas equações 1 e 2 são endotérmicas;
b) As reações representadas pelas equações 3, 4, 5 e 6 são exotérmicas;
c) $\Delta H_4 = -1234,8$ kJ.mol^{-1}
d) $\Delta H_5 = -1324,2$ kJ.mol^{-1}
e) $\Delta H_6 = -1277,4$ kJ.mol^{-1}

Questão 90

(CONCURSO PÚBLICO FEDERAL - PERITO CRIMINAL - ENGENHARIA QUÍMICA) Com base nas entalpias-padrão (ΔH^o) para as reações abaixo, determine a entalpia padrão para a reação de formação do etano a partir do carbono sólido e do gás hidrogênio.

1) $C_{(sólido)} + O_{2(gás)} \rightarrow CO_{2(gás)}$ $\Delta H^\circ = -393,5$ kJ.mol^{-1}
2) $H_{2(gás)} + ½O_{2(gás)} \rightarrow H_2O_{(gás)}$ $\Delta H^\circ = -285,8$ kJ.mol^{-1}
3) $CH_{4(gás)} + 2O_{2(gás)} \rightarrow CO_{2(gás)} + 2H_2O_{(gás)}$ $\Delta H^\circ = -890,3$ kJ.mol^{-1}
4) $C_2H_{6(gás)} + H_{2(gás)} \rightarrow 2CH_{4(gás)}$ $\Delta H^\circ = -65,9$ kJ.mol^{-1}

a) +276,9 kJ/mol
b) +776,7 kJ/mol
c) -276,9 kJ/mol
d) -83,7 kJ/mol
e) -3776,7 kJ/mol

Questão 91

(CONCURSO PÚBLICO FEDERAL - PERITO CRIMINAL - ENGENHARIA QUÍMICA) A figura abaixo descreve um sistema do tipo cilindro-pistão. Considere que não existe atrito entre o pistão e a parede do cilindro. Inicialmente a pressão no interior do cilindro, para que o sistema atinja a nova condição de equilíbrio após retirada do pino "A". Considere também que o processo é isotérmico e que a pressão externa é a atmosférica.

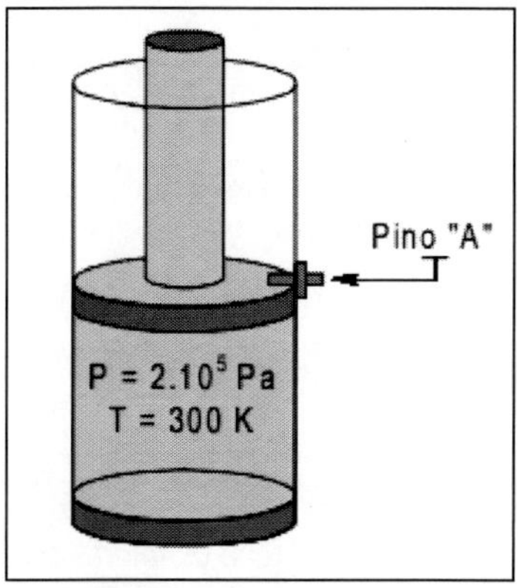

Questão 92

(CONCURSO PÚBLICO PARA INGRESSO NO CORPO DE ENGENHEIROS DA MARINHA) Um sistema gasoso recebe de uma fonte térmica uma quantidade de calor equivalente a 30 J e expande-se. Ao final, verifica-se que houve um aumento de 20 J na energia interna do sistema. O trabalho realizado pelo gás na expansão foi de:

a) -50 J
b) -10 J
c) 0 J

d) 10 J
e) 50 J

Questão 93

(CONCURSO PÚBLICO FEDERAL – PERITO CRIMINAL – ENGENHARIA QUÍMICA) Nitrogênio gasoso e oxigênio gasoso foram postos em um recipiente que se atingisse o equilíbrio para a reação de formação do óxido nítrico (NO): $N_{2(gás)} + O_{2(gás)} \rightleftarrows 2NO_{(gás)}$. A constante do equilíbrio para essa reação foi medida em duas temperaturas e foram obtidos os seguintes resultados:
- 1700ºC: $K_C = 4{,}1 \times 10^{-4}$
- 2200ºC: $K_C = 36{,}0 \times 10^{-4}$
Responda e justifique se a formação do óxido nítrico (NO) é exotérmica ou endotérmica.

Questão 94

(CONCURSO PARA PERITO CRIMINAL – ENGENHARIA QUÍMICA) A síntese da amônia é exotérmica. Quando realizada em um recipiente fechado, para ocorrer um aumento na concentração de equilíbrio do $NH_{3(gás)}$ é necessário que o sistema tenha reduzido(a):
a) a sua temperatura
b) o teor de hidrogênio
c) a quantidade de reagentes
d) a pressão parcial do nitrogênio

Questão 95

(CONCURSO PARA PERITO CRIMINAL – ENGENHARIA MECÂNICA) Qual o processo que ocorre com um gás ideal, sabendo-se que pV = constante?
a) Isocórico
b) Isobárico
c) Isentrópico
d) Isotérmico
e) Adiabático

Questão 96

(CONCURSO PARA PERITO CRIMINAL – ENGENHARIA NAVAL) Um gás é submetido a um ciclo de Carnot com rendimento de 0,3. Calcule a temperatura mais alta que o gás atinge supondo que:
a) a temperatura mais baixa do gás nesse ciclo é 150ºC.
b) a temperatura mais baixa é reduzida para 75ºC.

Questão 97

(CONCURSO FEDERAL PARA DOCENTE – QUÍMICA) Qual das opções a seguir apresenta uma equação química balanceada, cuja variação de entalpia a 25ºC e 1 atm é denominada entalpia padrão de formação?
a) $SO_{2(gás)} + H_2O_{(gás)} \rightarrow SO_{3(gás)}$
b) $HCl_{(aquoso)} + NaOH_{(aquoso)} \rightarrow NaCl_{(aquoso)} + H_2O_{(líquido)}$
c) $2Al_{(sólido)} + 3/2O_{2(gás)} \rightarrow A\ell_2O_{3(sólido)}$
d) $2NH_{3(gás)} \rightarrow N_{2(gás)} + 3H_{2(gás)}$
e) $C_2H_{4(gás)} + H_{2(gás)} \rightarrow C_2H_{6(gás)}$

Questão 98

(CONCURSO FEDERAL PARA DOCENTE – QUÍMICA) A variação da energia livre (ΔG) é o melhor critério para traduzir a espontaneidade de uma reação, que ocorre num sistema fechado, à pressão e temperatura constantes. Ela resume os fatores que determinam a direção da mudança espontânea, ou seja, variação de entalpia (ΔH), variação de entropia (ΔS) e temperatura (T). Sobre espontaneidade das reações, podemos afirmar corretamente que:
a) um processo não espontâneo exotérmico com ΔS negativo pode tornar-se espontâneo se a temperatura for aumentada.
b) quando ΔH e ΔS forem ambos negativos, a reação será sempre espontânea.
c) quando ΔH e ΔS forem ambos positivos, a reação será sempre não espontânea.
d) um processo espontâneo exotérmico com ΔS positivo pode tornar-se não espontâneo se diminuirmos a temperatura.
e) quando ΔH for negativo e ΔS positivo, a reação será sempre espontânea.

Questão 99

(CONCURSO FEDERAL PARA DOCENTE FEDERAL – QUÍMICA) A síntese de Haber–Bosch é a produção da amônia a altíssima temperatura e pressão, na presença de ferro como catalisador, dada pela reação química a seguir. $N_{2(gás)} + 3H_{2(gás)} \rightleftarrows 2NH_{3(gás)}$ $\Delta H = -22$ kcal. Supondo que a reação esteja em equilíbrio químico, assinale a alternativa que apresenta uma possível situação, que venha a favorecer uma maior formação de amônia.

a) Reduzir a quantidade de gás hidrogênio
b) Aumentar a quantidade de catalisador
c) Diminuir a quantidade de catalisador
d) Aumentar a temperatura do sistema
e) Aumentar a pressão do sistema

Questão 100

(CONCURSO FEDERAL PARA ENGENHARIA QUÍMICA – PETROBRAS) Sabendo-se que o calor envolvido na liquefação do gelo é de 364 kJ/kg, o valor da variação de entropia, quando 1,5 kg de água no estado líquido, a 0 °C, passa para o estado sólido a 0°C, é:

a) - 2.000 J / K
b) - 200 J / K
c) + 20 J / K
d) + 200 J / K
e) + 2.000 J / K

Questão 101

(CONCURSO FEDERAL PARA ENGENHARIA QUÍMICA – PETROBRAS) A reação hipotética, reversível e em fase gasosa $A_{(gás)} + B_{(gás)} \rightleftarrows R_{(gás)} + S_{(gás)}$ é processada em um reator batelada que opera a 25°C. Se as pressões parciais iniciais dos reagentes A e B são iguais a 1,5 atm, o ΔG^0_{298K} da reação é igual a zero e a constante universal dos gases é igual a 82,06 (atm.cm³) / (mol.K), o valor da pressão parcial do produto $R_{(g)}$, em atm, no equilíbrio, será:

a) 1,75
b) 1,00
c) 0,75
d) 0,50
e) 0,25

Questão 102

(CONCURSO FEDERAL PARA ENGENHARIA QUÍMICA – PETROBRAS) O gráfico abaixo mostra a variação da energia para uma reação X + Y → Z.

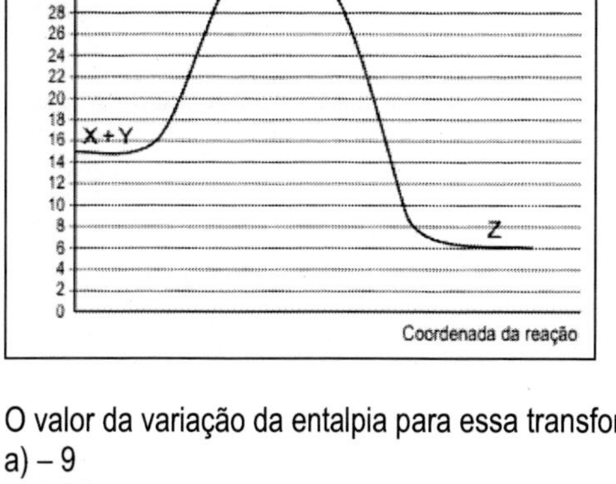

O valor da variação da entalpia para essa transformação, em kJ, é:

a) – 9
b) – 20
c) – 29
d) + 9
e) + 29

Questão 103

(CONCURSO PÚBLICO FEDERAL - PERITO) Seja a reação de oxidação do dióxido de enxofre em fase gasosa: $SO_{2(gás)}$ + $½O_{2(gás)} \rightleftarrows SO_{3(gás)}$. Sabe-se que a reação é exotérmica e que a mistura reacional está em equilíbrio. Assinale a opção mais adequada para aumentar a conversão de equilíbrio.

a) Aumentar a temperatura e a pressão do reator

b) Aumentar a temperatura e diminuir a pressão do reator

c) Diminuir a temperatura e aumentar a pressão do reator

d) Diminuir a temperatura e a pressão do reator

e) Não é possível melhorar a conversão porque o sistema já está em equilíbrio

Questão 104

(GRILLO) A partir da capacidade calorífica do silicato de magnésio [$MgSiO_3$], $C_p = 24,53 + 4,74 \times 10^{-3} \times T - 6,08 \times 10^{+5} \times T^{-2}$ [cal x mol^{-1} x K^{-1}], calcule a capacidade calorífica média do próprio composto inorgânico, entre as temperaturas 298 K e 1298 K.

Questão 105

A energia de ligação do $H_{2(gás)}$ é 436 kJ/mol e do $N_{2(gás)}$ é 941 kJ x mol^{-1}. Calcule a energia de ligação N – H se a entalpia padrão de formação da amônia é igual a – 46 kJ x mol^{-1}.

Questão 106

Calcule a entalpia de reação para a hidrogenação de etino para etano, sabendo que a entalpia de combustão do etino, etano e hidrogênio são respectivamente, -1300; -1560 e -286 kJ x mol^{-1}.

Questão 107

Um gás se comportando de maneira ideal para se expandir reversivelmente e adiabaticamente até dobrar o seu volume. Sendo a temperatura inicial igual a 25°C e $C_{v,m} = 5R/2$, calcule ΔU_m e ΔH_m.

Questão 108

Um gás ideal é comprimido isotermicamente de 2,0 atm e 2,0 L para 4,0 atm e 1,0 L. A partir das informações apresentadas, calcule os valores das funções de estado apresentadas (ΔU e ΔH), para os processos que ocorrem (a) reversivelmente e (b) irreversivelmente.

Questão 109

Quanto de calor pode ser produzido a partir de uma mistura de 50 g de óxido de ferro III e 25 g de alumínio na reação da térmita: $Fe_2O_{3(sólido)} + 2Al_{(sólido)} \longrightarrow Al_2O_{3(sólido)} + 2Fe_{(sólido)}$, $\Delta H^o = -851,5$ kJ x mol^{-1}.

Questão 110

Por que a capacidade calorífica a pressão constante é sempre maior que a capacidade calorífica a volume constante para uma mesma substância?

Questão 111

Observe o gráfico abaixo, que representa a curva de aquecimento da água a 1 atm, e responda às questões abaixo:

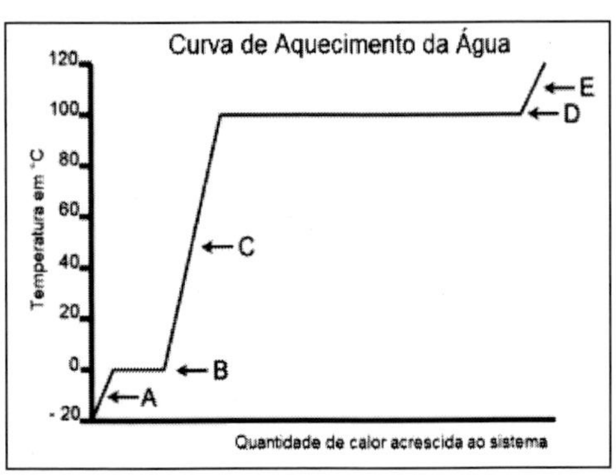

a) A que correspondem as etapas de A, B, C, D e E representadas no gráfico?
b) Por que as etapas B e D são paralelas ao eixo das abscissas?
c) Por que a etapa D necessita de mais calor que a etapa B?

Questão 112

Considere o equilíbrio químico hipotético abaixo: $aA_{(aquoso)} + bB_{(aquoso)} \rightleftarrows cC_{(aquoso)} + dD_{(aquoso)}$. Os valores a, b, c e d são os coeficientes estequiométricos, enquanto A, B, C e D são os componentes do equilíbrio. No equilíbrio é possível obter a razão entre as constantes de velocidade da reação direta (k_d) e da reação inversa (k_i). A partir destes dados, é possível afirmar que a constante de equilíbrio é igual a razão entre as constantes de velocidade quando:
a) A solução reacional apresenta comportamento ideal.
b) As reações direta e inversa são elementares.
c) As concentrações padrões são iguais às concentrações dos componentes do equilíbrio químico.
d) A solução reacional apresenta comportamento ideal e as reações direta e inversa são elementares. Isso será verdade independente da estequiometria da reação química.
e) Nenhuma das alternativas.

Questão 113

A economia do hidrogênio baseia-se na sua produção a partir da água usando energia solar. Uma das principais vantagens de usar hidrogênio como combustível é o fato de ele não ser poluente. Uma grande desvantagem é que ele é um gás e, portanto, é mais difícil de armazenar do que os líquidos e sólidos. A combustão do gás faz-se de acordo com a equação: $2H_{2(gás)} + O_{2(gás)} \longrightarrow 2H_2O_{(líquido)}$. Considere o comportamento ideal dos gases e que 1,0 galão contém 2,66 kg de octano. O volume de hidrogênio, a 25°C e 1,00 atm, necessário para produzir uma quantidade de energia equivalente à obtida na combustão de 1,0 galão de octano (C_8H_{18}) é: Dados: 1,0 galão = 3,785 L; $\Delta_rH(C_8H_{18(gás)})$ = -249,9 kJ.mol^{-1}; $\Delta_rH(CO_{2(gás)})$ = -393,5 kJ.mol^{-1}; $\Delta_rH(H_2O_{(líquido)})$ = -285,8 kJ.mol^{-1}; R = 0,08206 atm x L x mol^{-1} x K^{-1}.
a) 1,10 × 10^4 L
b) 5,47 × 10^3 L
c) 1,27 × 10^5 L
d) 0,80 × 10^4 L
e) 1,27 × 10^3 L

Questão 114

O valor da constante de equilíbrio para a reação $2NH_{3(gás)} \rightleftarrows N_{2(gás)} + 3H_{2(gás)}$ quando 3 mol/L de NH_3 produzem 2 mol/L de N_2 e 3 mol/L de H_2. Além disso, calcule a variação da energia livre de Gibbs padrão.

Questão 115

Em um gráfico de pressão versus volume, represente o diagrama do ciclo idealizado por Carnot (máquina térmica) para uma transformação cíclica, ininterrupta, e sem perdas de calor e trabalho, e vice-versa. Identifique e denomine as quatro etapas dessa transformação cíclica.

Questão 116

Considere o diagrama de fase hipotético representado esquematicamente na figura ao lado. O que representa os pontos A, B, C, D e E?

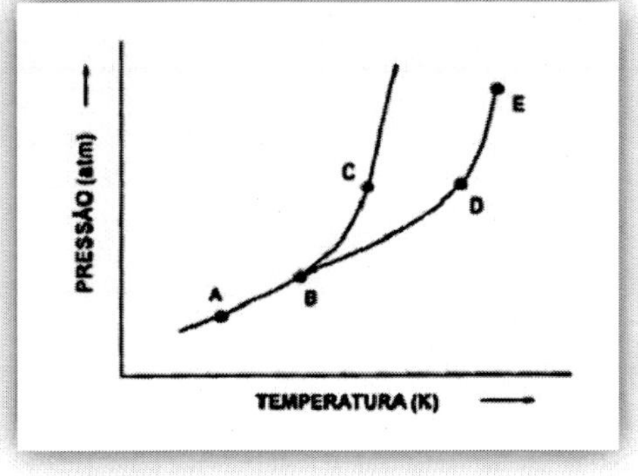

Questão 117

(CONCURSO PÚBLICO PARA DOCENTE FEDERAL – ENGENHARIA QUÍMICA – UNIVERSIDADE FEDERAL DOS VALES DO JEQUITINHONHA E MUCURI) Com relação às propriedades termodinâmicas energia interna, U, e entalpia, H, é correto afirmar que:

a) U e H são funções de estado
b) Somente H é função de estado
c) Somente U é função de estado
d) U e H não são funções de estado

Questão 118

Retardantes de chama são substâncias que atenuam e/ou inibem o processo de combustão de um material. Considere os seguintes fenômenos:

I) Criação de um dissipador de calor usando um composto que se decompõe em um processo altamente exotérmico, gerando produtos voláteis não combustíveis.
II) Aumento da transferência de calor na superfície em combustão por eliminação do material fundido.
III) Envenenamento da chama pela evolução de espécies químicas que capturam os radicais H ou OH que são atrativos na propagação da termoxidação da chama.
IV) Limitação da transferência de calor e massa pela criação de uma camada de carbonização isolante na superfície do material sólido em combustão. Assinale a opção que apresenta corretamente o(s) fenômeno(s) que pode(m) ser atribuído(s) a ações de retardantes de chama.

a) Apenas I e II
b) Apenas I e IV
c) Apenas II, III e IV
d) Apenas III
e) Todos

Questão 119

Tomou-se uma amostra de 130 g de zinco metálico para reagir com uma solução aquosa diluída de ácido clorídrico em quantidade estequiométrica. Dessa reação, observou-se a formação de gás, que foi aquecido a 227°C e transportado para um balão fechado de 50 L. Esse balão continha, inicialmente, iodo em fase gasosa a 227°C e 3,28 atm. Após o equilíbrio, verificou-se que a constante de equilíbrio K_c a 227°C é igual a 160. Considerando que a temperatura permaneceu constante durante o processo, determine a pressão final total no balão e a variação da energia livre de Gibbs para a mesma temperatura do processo apresentado.

Questão 120

A entropia de um sistema descreve o grau de desordem das moléculas nele presentes e pode, ainda, auxiliar na previsão da espontaneidade desse sistema. A variação da entropia de um sistema pode ser alterada quando ocorre:

a) somente no processo de mudança de estado físico, do estado menos energético para o mais energético, com $\Delta S < 0$.
b) em um processo endotérmico de mudança de estado físico, ou, em uma reação química com produtos em um estado mais energético do que os reagentes, obtendo $\Delta S > 0$.
c) somente em uma reação química, na qual os produtos estão no estado gasoso e o $\Delta S > 0$.
d) em um processo de mudança de estado físico, do mais energético para o menos energético, ou, em uma reação química com produtos em um estado mais energético do que os reagentes, com $\Delta S < 0$.
e) somente em uma reação química com produtos em um estado menos energético do que os reagentes, com $\Delta S < 0$.

Questão 121

O pentano (C_5H_{12}) é um hidrocarboneto linear que apresenta diversos usos na indústria e na pesquisa, sendo principalmente utilizado como solvente. Ele pode ser obtido da destilação fracionada do petróleo ou a partir de reações, como a representada abaixo: $5CO_{(gás)} + 11H_{2(gás)} \rightarrow C_5H_{12(líquido)} + 5H_2O_{(líquido)}$, $\Delta_rH^o = ?$. Baseando-se nos dados do quadro abaixo e sabendo que a reação de combustão completa do pentano libera 3.509 kJ.mol^{-1}, assinale a alternativa que contém o valor correto da entalpia padrão (em kJ) da reação representada acima.

Substância	Entalpia padrão de formação Δ_fH^o (kJ.mol^{-1})
$H_2O_{(líquido)}$	- 285,8
$CO_{(gás)}$	- 110,5
$CO_{2(gás)}$	- 393,5

a) −173,3
b) −1049,8
c) −2154,8
d) −3005,0

Questão 122

Calcule a variação de entalpia (em J) no processo de decomposição de 600 mg de nitroglicerina ($C_3H_5N_3O_9$) que produz nitrogênio, dióxido de carbono e oxigênio gasosos, além de água líquida. Dados: ΔH^0_f ($C_3H_5N_3O_{9(líquido)}$ = − 354 kJ x mol^{-1}; ΔH^0_f ($H_2O_{(líquido)}$) = − 286 kJ x mol^{-1}; ΔH^0_f ($CO_{2(gás)}$) = − 394 kJ x mol^{-1}.

Questão 123

Os cicloalcenos podem sofrer hidrogenação catalítica segundo uma reação orgânica bem conhecida. A seguir, observa-se os dados de energia de ligação:

Entalpia de ligação (kJ.mol^{-1})	
H - H	437
C - H	414
C - C	335
C = C	600

Usando as energias de ligação tabeladas, calcule a variação de entalpia, em kJ, que ocorre na hidrogenação de 20,4g do ciclopenteno.
a) − 30,0
b) − 37,8
c) − 68,1
d) + 133,0
e) + 218,8

Questão 124

Assinale a equação que apresenta o maior aumento de entropia.
a) $ClF_{(sólido)} \longrightarrow ClF_{(gás)}$
b) $ClF_{(sólido)} \longrightarrow ClF_{(líquido)}$
c) $ClF_{(líquido)} \longrightarrow ClF_{(gás)}$
d) $ClF_{(gás)} \longrightarrow 1/2Cl_{2(gás)} + 1/2F_{2(gás)}$

Questão 125

Elemental tin forms two allotropes, white tin and gray tin. For the conversion of white tin to gray tin, $\Delta H°$ = −2,02 kJ.mol^{-1} and $\Delta S°$ = −7,04 J.mol^{-1}.K^{-1}. Which statement best describes the stability of the two phases?
a) White tin is stable below 13,8°C and gray tin is stable above this temperature.
b) Gray tin is stable below 13,8°C and white tin is stable above this temperature.
c) White tin is stable below 0,3°C and gray tin is stable above this temperature.
d) Gray tin is stable below 0,3°C and white tin is stable above this temperature.

Questão 126

What is the standard enthalpy of formation of $C_2H_{2(g)}$?
$C_2H_{2(gás)} + 5/2O_{2(gás)} \longrightarrow 2CO_{2(gás)} + H_2O_{(líquido)}$ $\Delta H°_{rxn,}$ (kJ.mol^{-1}) = −1229.6
$C_{(s,\ graphite)} + O_{2(gás)} \longrightarrow CO_{2(gás)}$ $\Delta H°_{rxn,}$ (kJ.mol^{-1}) = −393.5
$H_{2(gás)} + ½O_{2(gás)} \longrightarrow H_2O_{(líquido)}$ $\Delta H°_{rxn,}$ (kJ.mol^{-1}) = −285.9
a) −2302,5 kJ.mol^{-1}
b) −1909,0 kJ.mol^{-1}
c) 156,7 kJ.mol^{-1}
d) 550,2 kJ.mol^{-1}

Questão 127

The K_{sp} of AgBr is 5,0 × 10^{-13} at 25,0°C and 6,5 × 10^{-12} at 50,0°C. What is ΔH°rxn for the precipitation of AgBr shown? $Ag^+_{(aquoso)}$ + $Br^-_{(aquoso)}$ → $AgBr_{(sólido)}$ $\Delta H°_{rxn}$ = ???

a) –82 $kJ.mol^{-1}$
b) –1.1 $kJ.mol^{-1}$
c) 1.1 $kJ.mol^{-1}$
d) 82 $kJ.mol^{-1}$

Questão 128

(CONCURSO PÚBLICO FEDERAL - DOCENTE) A obtenção do gás de síntese (CO + H_2) pode ser representada pela equação química abaixo, cuja energia de Gibbs padrão de reação (Δ_rG^o) é + 91,4 $kJ.mol^{-1}$. $C_{(s,grafite)}$ + $H_2O_{(g)}$ → $CO_{(g)}$ + $H_{2(g)}$. Analise essa reação com base nos dados constantes da tabela a seguir.

Dados (298 K)	S°f, ($J.mol^{-1}.K^{-1}$)	ΔH°f, ($kJ.mol^{-1}$)
$C_{(s,grafite)}$	5,7	0
$H_2O_{(gás)}$	188,8	- 241,8
$CO_{(gás)}$	197,7	- 110,5
$H_{2(gás)}$	130,7	0

A partir das informações dadas e da análise, assinale a afirmativa correta.

a) A reação é endotérmica com Δ_rH^o = + 131,3 $kJ.mol^{-1}$ e não espontânea com Δ_rG^o = + 91,4 $kJ.mol^{-1}$
b) A reação é endotérmica com Δ_rH^o = + 131,3 $kJ.mol^{-1}$ e espontânea com Δ_rS^o = + 133,9 $J.K^{-1}$ .mol^{-1}
c) A reação é exotérmica com ΔrH^o = - 131,3 $kJ.mol^{-1}$ e espontânea com Δ_rG^o = + 91,4 $kJ.mol^{-1}$
d) A reação é exotérmica com ΔrH^o = - 131,3 $kJ.mol^{-1}$ e não espontânea com Δ_rS^o = - 133,9 $J.K^{-1}.mol^{-1}$

Questão 129

Por que é impossível obter um rendimento de 100% para uma máquina operando em ciclo?

Questão 130

É possível retirar calor de uma fonte fria e rejeitá-lo integralmente para uma fonte quente, sem a realização de trabalho? Explique.

Questão 131

Um gás ideal e monoatômico contido em uma garrafa fechada com 0,1 m^3 está inicialmente a 300 K e a 100 kPa. Em seguida, esse gás é aquecido, atingindo 600 K. Nessas condições, o calor fornecido ao gás, em kJ, foi:

a) 5
b) 10
c) 15
d) 30
e) 45

Questão 132

Um mol de um gás monoatômico ideal, a 27°C e 1,00 MPa de pressão, é expandido, adiabaticamente, a uma pressão final de 0,100 MPa contra uma pressão oposta de 0,100 MPa. Calcule a temperatura final para o processo adiabático.

a) 223 K
b) 192 K
c) 155 K
d) 119 K
e) 101 K

Questão 133

Uma amostra de argônio gasoso a 1 atm de pressão e 27°C, expande-se, reversível e adiabaticamente, de 1,25 até 2,50 L. Calcule a variação de entalpia para o processo, sabendo que Cv = 1,5R.

a) – 117,3 J
b) – 101,3 J
c) – 95,4 J
d) – 81,8 J
e) – 68,1 J

Questão 134

(CONCURSO PÚBLICO FEDERAL - INGRESSO NO CORPO DE ENGENHARIA DA MARINHA - ENGENHARIA MECÂNICA) A eficiência máxima de um determinado ciclo térmico é de 40%. Se este ciclo térmico recebe o calor transferido de gases quentes a uma temperatura de 227°C, calcule a temperatura em que descarrega energia por troca de calor para a atmosfera.

Questão 135

(GRILLO) Um recipiente apresenta 2,50 mol de argônio a uma temperatura igual a 327°C. Este gás é comprimido por um pistão com uma pressão de aproximadamente igual a 40 atmosferas. Depois de um certo momento, a pressão do sistema fica reduzida a ¼ do estado inicial e com isso o gás se expande adiabaticamente e reversível. A partir destas informações, calcule os seguintes itens apresentados a seguir.
a) o volume no estado inicial;
b) o volume no estado final;
c) a temperatura no estado final.

Questão 136

(GRILLO) Dez gramas de gás nitrogênio se encontra inicialmente a 17°C. Esta massa gasosa é comprimida adiabaticamente e reversivelmente a partir de um volume inicial de 8,0 litros para um volume final igual a 5,0 litros. A partir desta informação, calcule a temperatura final e o trabalho realizado pelo gás. Além disso, calcule a variação da energia interna (ΔU) e a variação da entalpia (ΔH). Informação para a resolução do problema: $C_p = (7/2)R$.

Questão 137

(GRILLO) Considere a seguinte situação termodinâmica: em um recipiente são colocados 10 mol de gás nitrogênio molecular a uma temperatura igual a 27°C por um pistão a 40 atm de pressão. Depois de um certo momento do processo, a pressão do sistema é reduzida para 10 atm e o gás se expande de forma adiabaticamente. Sabendo que a capacidade calorífica a volume constante é igual a 20,8 $J.mol^{-1}.K^{-1}$, calcule cada item abaixo:
a) O volume inicial;
b) A temperatura final e o volume final;
c) A quantidade de calor;
d) A variação da energia interna;
e) A variação da entalpia;
f) O trabalho realizado.

Questão 138

Um mol de um gás apresentando comportamento ideal, expande a partir de uma pressão inicial igual a 6,50 atm e temperatura inicial de 550K para uma situação final igual a 3 atm de pressão. Considerando esta trajetória termodinâmica (a) adiabática; (b) isotérmica e (c) isocórica, admitindo que o processo apresenta reversibilidade mecânica, calcule Q, W, ΔU e ΔH para cada processo. Informações para a resolução do problema: $C_p = 7R/2$ e $C_V = 5R/2$.

Questão 139

(CONCURSO PÚBLICO FEDERAL - DOCENTE) O dissulfeto de carbono (CS_2) é um líquido transparente inflamável e venenoso, porém pode ser utilizado com muito cuidado como solvente em laboratórios de pesquisa e na indústria química. Dadas as equações termoquímicas a seguir:

$CO_{2(gás)} \rightarrow C_{(sólido)} + O_{2(gás)}$ $\Delta H = + 393,50$ kJ
$S_{(sólido)} + O_{2(gás)} \rightarrow SO_{2(gás)}$ $\Delta H = -296,80$ kJ
$½CS_{2(líquido)} + 3/2O_{2(gás)} \rightarrow ½CO_{2(gás)} + SO_{2(gás)}$ $\Delta H = -551,95$ kJ

a) Qual a variação de entalpia para a formação do $CS_{2(líquido)}$ a partir de $C_{(sólido)}$ e $S_{(sólido)}$?
b) Qual o calor liberado na combustão de 266g de $CS_{2(líquido)}$?
c) Qual a hibridização do átomo de carbono e a geometria da molécula do $CS_{2(líquido)}$?
d) Qual a polaridade da molécula de $CS_{2(líquido)}$? Justifique.

Questão 140

(GRILLO) Em um recipiente, colocam-se 1,0 mol de SO_2 e 1,0 mol de O_2, a 400 K. Quando o equilíbrio é alcançado, o frasco reacional contém 0,6 mol de SO_3 e as correspondentes quantidades remanescentes de SO_2 e O_2, de acordo com a equação química apresentada a seguir: $2SO_{2(gás)} + O_{2(gás)} \rightleftarrows 2SO_{3(gás)}$. A partir das informações apresentadas e sabendo que o recipiente apresentado um volume de 250 mL, calcule a variação da energia livre de Gibbs apresentada nesta mesma temperatura citada no texto.

Questão 141

Para um recipiente foram transferidos, a 25°C, os gases NO_2 e SO_2. A reação que ocorre entre esses gases é representada abaixo: $NO_{2(gás)} + SO_{2(gás)} \rightleftarrows NO_{(gás)} + SO_{3(gás)}$ Decorrido algum tempo, a pressão parcial dos gases presentes no recipiente é: NO, 0,7 bar; NO_2, 10^{-6} bar; SO_2, 0,005 bar e SO_3, 0,05 bar. Indique a alternativa que apresenta a variação de energia de Gibbs da reação, Δ_rG (em $kJ.mol^{-1}$). Dados de valores padrão para 25°C:

Gás	$\Delta H°_f$, ($kJ.mol^{-1}$)	$S°_f$, ($J.mol^{-1}.K^{-1}$)
$NO_{(gás)}$	+90,25	+210,76
$NO_{2(gás)}$	+33,18	+240,06
$SO_{2(gás)}$	-296,83	+248,22
$SO_{3(gás)}$	-395,72	+256,76

a) + 3,42
b) – 41,82
c) – 35,63
d) – 3,42
e) + 4,18

Questão 142

Durante uma expansão adiabática quase-estática de um gás perfeito, a pressão e o volume estão relacionados pela expressão pV^{γ}= constante, em que γ é uma constante.
a) Qual é a expressão para o trabalho realizado na expansão do estado (p_i,V_i) para o estado (p_f,V_f)?
b) Se estes estados forem (1,00×10^6 Pa, 1,00 L) e (2,00×10^5 Pa, 3,16 L) e γ = 1,41, qual o valor do trabalho realizado?

Questão 143

Dado: $C_{(grafite)} + CO_{2(gás)} \longrightarrow 2CO_{(gás)}$. $\Delta H°$ = + 172,5 kJ (25°C, 1 atm); $\Delta S°$ = + 176,3 J (25°C, 1 atm)
a) Determine $\Delta G°$ (25°C, 1 atm) dessa reação.
b) A que temperatura essa reação é espontânea?

Questão 144

(CONCURSO PÚBLICO FEDERAL – PERITO CRIMINAL) O estado termodinâmico de um sistema é definido por um conjunto de propriedades termodinâmicas, entre as quais a temperatura Kelvin é a escala de temperatura termodinâmica, na qual a temperatura do ponto triplo da água é 273,16 K. Considerando essa referência, o ponto de vapor da água à pressão de 1 atm corresponde à temperatura de:
a) –273,16 K
b) 173,16 K
c) 100 K
d) 373,16 K
e) 0 K

Questão 145

(CONCURSO PÚBLICO FEDERAL – PERITO CRIMINAL) Sobre a primeira lei da termodinâmica, considere as afirmativas abaixo:

1) A primeira lei da termodinâmica pode também ser chamada de lei da conservação da energia, pois enuncia que a energia não pode ser criada ou destruída, mas pode ser transformada de uma forma para outra.

2) Num sistema isolado, não entra ou sai nem massa nem calor ou trabalho durante o intervalo de tempo considerado entre t_1 e t_2. Pode haver trocas entre as energias potencial, cinética e interna dentro do sistema, mas a energia total do sistema permanece inalterada.
3) Num sistema fechado, não há nenhuma massa entrando ou saindo do sistema, entretanto pode haver troca de calor ou trabalho com os arredores do sistema considerado.
4) Num sistema aberto, massas podem entrar ou sair, entretanto calor ou trabalho não podem ser trocados com os arredores do sistema considerado. Assinale a alternativa correta.

a) As afirmativas 1, 2, 3 e 4 são verdadeiras
b) Somente as afirmativas 2, 3 e 4 são verdadeiras
c) Somente as afirmativas 1, 2 e 3 são verdadeiras
d) Somente a afirmativa 1 é verdadeira
e) Somente as afirmativas 1 e 4 são verdadeiras

Questão 146

(CONCURSO PÚBLICO FEDERAL – PERITO CRIMINAL) O físico alemão Clausius, em 1850, provou por uma desigualdade que, aplicando apenas a primeira lei da termodinâmica, não se podia explicar o balanço térmico dos sistemas. A segunda lei da termodinâmica estabelece uma nova propriedade que pode mostrar se o sistema está ou não em completo equilíbrio e daí indicar se a mudança de estado do sistema será ou não possível. Essa propriedade Clausius chamou de:
a) psicrometria
b) energia
c) exergia
d) entalpia
e) entropia

Questão 147

(CONCURSO PÚBLICO FEDERAL – INGRESSO NO CORPO DE ENGENHEIROS DA MARINHA – ENGENHARIA MECÂNICA) Um ciclo térmico recebe o calor transferido de gases quentes à temperatura de 500 K e descarrega energia por troca de calor para a atmosfera a 300K. Para que uma aplicação industrial desse ciclo seja viável, é necessário que haja uma eficiência de ao menos 50%. Essa aplicação industrial é viável? Justifique.

Questão 148

(CONCURSO PÚBLICO FEDERAL – INGRESSO NO CORPO DE ENGENHEIROS DA MARINHA – ENGENHARIA QUÍMICA) Oxigênio (O_2) e dióxido de carbono (CO_2) são postos cada um em um recipiente com o mesmo volume e a mesma pressão. O recipiente A está a 47°C e, nele, há 2,5 mol de oxigênio, no recipiente B, há 4,0 mol de dióxido de carbono. Determine a temperatura, em °C, do dióxido de carbono no recipiente B.

Questão 149

(CONCURSO PÚBLICO FEDERAL – DOCENTE) Considere um sistema contendo um gás ideal, que sofre uma transformação isocórica. As expressões para o trabalho e o calor dessa transformação são, respectivamente:
a) $W = 0$; $q = n.R.T.\ln(V_F/V_i)$
b) $W = n.C_V.\Delta T$; $q = 0$
c) $W = 0$; $q = n.C_V.\Delta T$
d) $q = n.R.T.\ln(V_F/V_i)$; $q = n.C_p.\Delta T$

Questão 150

(CONCURSO PÚBLICO FEDERAL – DOCENTE) Uma máquina térmica real produz trabalho, transferindo energia em forma de calor de uma fonte quente, a 150°C, para uma temperatura de 30°C. O rendimento máximo é de aproximadamente:
a) 28%
b) 40%
c) 20%
d) 80%

Questão 151

The gas-phase equilibrium between nitryl chloride (NO_2Cl) and nitrosyl chloride (NOCl) was studied: $NO_2Cl_{(gás)} + NO_{(gás)} \rightleftharpoons NOCl_{(gás)} + NO_{2(gás)}$. The equilibrium constant for reaction 4a was measured as $K_1 = 1,12 \times 10^4$ at 298 K and $K_2 = 4,68 \times 10^3$ at 340 K.

a) Calculate $\Delta G°$ at both 298 K and 340 K.

b) Calculate $\Delta H°$ and $\Delta S°$ (assuming that they are essentially independent of temperature).

Questão 152

O calor específico do acetileno é representado através da seguinte equação empírica: $7,33 + 12,62 \times 10^{-3}T - 3,89 \times 10^{-6}T^{-2}$, em $cal.mol^{-1}.K^{-1}$, com a temperatura em Kelvin. Calcule o calor específico médio em um intervalo de temperatura que compreende entre 298 K e 500 K.

Questão 153

Abaixo são apresentadas três equações químicas com as respectivas entalpia e entropia de reação a 27°C e 1 atm. Analise-as, separadamente e indique, em cada caso, se a 27°C e 1 atm a transformação é espontânea ou não.

I) $TiO_2 + 2Cl_2 \rightarrow TiCl_4 + O_2$; $\Delta H = + 38,7$ kcal; $\Delta S = - 9,18\ cal.K^{-1}$

II) $Fe_2O_3 + 2Al \rightarrow 2Fe + Al_2O_3$; $\Delta H = -202,6$ kcal; $\Delta S = - 11,86\ cal.K^{-1}$

III) $2HNO_3 \rightarrow H_2 + N_2 + 3O_2$; $\Delta H = + 82,8$ kcal; $\Delta S = + 149,6\ cal.K^{-1}$

Questão 154

O equilíbrio químico é um dos pilares da ciência Química. Baseando-se apenas nos fenômenos relacionados a ele, é possível entender e fazer previsões a respeito dos mecanismos de diversas reações. Dentro do equilíbrio químico há um outro conceito muito importante, a constante de equilíbrio. Para uma reação qualquer em equilíbrio sua constante de equilíbrio químico K depende fundamentalmente da:

a) temperatura a qual a reação está ocorrendo

b) pressão a qual a reação está ocorrendo

c) concentração dos produtos

d) concentração dos reagentes

Questão 155

Uma questão muito importante dentro da Química é a observação da espontaneidade do processo. Isso pode ser quantificado pelo que se chama de Energia Livre de Gibbs (dG), uma função termodinâmica cuja variação pode ser expressa pela seguinte equação: $\Delta G = \Delta H - T\Delta S$. Onde ΔH é a variação de entalpia; T, a temperatura absoluta e ΔS, a variação de entropia. Entropia, de uma forma simplificada, é o grau de desorganização das partículas de um sistema. Um postulado da termodinâmica diz que a entropia de um sistema isolado aumenta no decorrer de uma mudança espontânea, ou seja, a desordem, em um processo global, tende sempre a aumentar. Um exemplo de processo em que há aumento de entropia é aquele em que uma molécula quebra em duas ou mais, aumentando o número de combinações possíveis entre as partículas resultantes. De forma bem simplificada pode-se dizer que a variação de entropia é dada por: $\Delta S = \frac{Q_{rev}}{T}$. Onde Q_{rev} é o calor transferido reversivelmente e T, a temperatura absoluta. Fazendo uma pequena análise da equação, então, podemos dizer que um processo será espontâneo se $\Delta G < 0$ e não será espontâneo se $\Delta G > 0$. Assim sabendo, julgue as afirmativas abaixo, indique C, se estiverem certas e E, se estiverem erradas:

I - Depreende-se das equações colocadas acima que um processo, em que a variação de entropia leve a uma organização muito pequena do sistema, se for exotérmico, será espontâneo.

II - Podemos esperar que a entropia das vizinhanças aumente quando o gelo congela, pois esse é um processo exotérmico.

III - Um processo endotérmico não pode ser espontâneo.

IV - Quanto menor o ΔG, menos espontâneo.

V - Depreende-se da equação colocada acima que um processo exotérmico pode não ser espontâneo se a temperatura for grande o suficiente e a variação de entropia pequena o suficiente.

Marque a alternativa que contém a sequência certa:

a) CCEEC

b) ECCEC

c) EEECC

d) CCEEE

Questão 156

Considere as duas situações que ocorrem para um gás ideal poliatômico que sofre transformação adiabática em que a relação termodinâmica $(pV)^{\gamma}$ é válida.

Estado (I): P_I = ?; V_I = 110 L; T_I = 320 K

Estado (II): P_{II} = 1,0 atm; V_{II} = 250 L; T_{II} = ?

Determine o coeficiente termodinâmico γ, a pressão inicial no estado (I) e a temperatura final no estado (II).

Questão 157

O calor específico do monóxido de carbono é dado pela seguinte equação: C_p ($J.mol^{-1}.K^{-1}$) = 6,395 + 6,77 x $10^{-4}T$ + 1,30 x $10^{-7}T^2$. Qual é a variação de entalpia associada com o aquecimento do monóxido de carbono de 500°C até 1000°C?

Questão 158

Uma fábrica de cal (CaO) necessita reduzir o custo da produção para se manter no mercado com preço competitivo para seu produto. A direção da fábrica solicitou ao departamento técnico o estudo da viabilidade de reduzir a temperatura do forno de calcinação de carbonato de cálcio, dos atuais 1500 K para 800 K. Considerando apenas o aspecto termodinâmico, pergunta-se: o departamento técnico pode aceitar a nova temperatura de calcinação? Em caso afirmativo, o departamento técnico pode oferecer uma outra temperatura de operação que proporcione maior economia? Em caso negativo, qual é a temperatura mais econômica para se operar o forno de calcinação? Dados:

	S^o (J/mol.K)	H^o (kJ/mol)
$CaCO_{3(sólido)}$	92,9	-1206,9
$CaO_{(sólido)}$	39,8	-635,1
$CO_{2(gás)}$	213,6	-393,5

Observação: Desconsidere a variação das propriedades como a temperatura.

Questão 159

Assinale a opção que apresenta valores de ΔH e ΔS para uma reação que ocorre espontaneamente a qualquer temperatura:

a) ΔH < 0 e ΔS < 0
b) ΔH > 0 e ΔS < 0
c) ΔH > 0 e ΔS = 0
d) ΔH = 0 e ΔS < 0
e) ΔH < 0 e ΔS > 0

Questão 160

Para a seguinte reação: $NO_{(gás)} + CO_{(gás)} \rightleftarrows 1/2N_{2(gás)} + CO_{2(gás)}$, ΔH = -374 kJ. As condições que favorecem a máxima conversão de reagentes em produto são:

a) baixa temperatura e alta pressão
b) baixa temperatura e baixa pressão
c) alta temperatura e baixa pressão
d) alta temperatura e alta pressão
e) apenas alta temperatura

Questão 161

Calcule a temperatura mínima para que ocorra a redução do óxido de manganês por carbono sólido em um vácuo a 10^{-3} mmHg.

$MnO_{(sólido)} \longrightarrow Mn_{(sólido)} + ½O_{2(gás)}$ ΔG° (cal x mol^{-1}) = 91950 - 17,40 x T

$C_{(sólido)} + ½O_{2(gás)} \longrightarrow CO_{(gás)}$ ΔG° (cal x mol^{-1}) = - 26700 - 20.95 x T

Questão 162

A partir da reação de combustão do carbono, calcule o trabalho realizado a uma temperatura de aproximadamente igual a 27°C.

Questão 163

O fenol (C_6H_5OH) é um composto utilizado industrialmente na produção de plásticos e corantes. Quando 2,0 g desse composto são queimados completamente, a quantidade de calor liberada é de 64,98 kJ. Utilize os dados da tabela abaixo para responder às questões que seguem.

Substância	$\Delta H_f°$, 25°C (kJ/mol)	S°, 25°C (J/mol.K)
$C_{(grafite)}$	0,00	5,69
$H_{2(gás)}$	0,00	130,6
$O_{2(gás)}$	0,00	205,0
$CO_{2(gás)}$	-395,5	213,6
$H_2O_{(gás)}$	-285,85	69,91
$C_6H_5OH_{(sólido)}$	?	144,0

a) Calcule a entalpia padrão de combustão, ΔH_c, para o fenol, a 25°C.
b) Calcule a entalpia padrão de formação, ΔH_f, para o fenol, a 25°C.
c) Calcule o valor da energia livre, $\Delta G°$, para a reação de combustão do fenol, a 25°C.

Questão 164

(CONCURSO PÚBLICO FEDERAL – INGRESSO NO CORPO DE ENGENHEIROS DA MARINHA – ENGENHARIA MECÂNICA) A termodinâmica é a ciência que estabelece a dependência de todas as propriedades do universo da temperatura. Seu estudo sempre é delineado em termos de universo, sistema, fronteira e vizinhança. Informe se é verdadeiro (V) ou falso (F) o que se afirma abaixo, e, a seguir, assinale a alternativa que apresenta a sequência correta.
( ) A palavra termodinâmica, do grego termo = calor e dinâmica = movimento, tratava, originalmente, da conversão de calor em movimento.
( ) Em termodinâmica, as propriedades extensivas dependem da quantidade de massa em estudo.
( ) Energia interna e entalpia são propriedades termodinâmicas intensivas.
( ) Estado termodinâmico de um sistema é a condição em que o sistema se encontra em determinado momento.
( ) Em um sistema fechado não existe fluxo de massa, nem de energia, através de sua fronteira.
a) V – V – F – V – F
b) V – F – F – V – V
c) F – F – V – F – V
d) F – V – V – F – F

Questão 165

(GRILLO) O gás butano é um hidrocarboneto com características importantes como combustíveis. É sabido que o seu poder calorífico superior é da ordem de 687,99 kcal/mol enquanto seu poder calorífico inferior é de aproximadamente igual a 636,00 kcal/mol. Em um processo de combustão em que todos os reagentes e produtos estão a 27°C e a uma pressão de uma atmosfera, responda as seguintes considerações apresentadas a seguir.
a) Apresente as equações termoquímicas para as duas situações apresentadas, tanto para o poder calorífico superior quanto para a inferior.
b) Calcule a entalpia de vaporização da água.

Questão 166

(ENADE – QUÍMICA) A densidade dos fluidos supercríticos é da mesma ordem de grandeza da densidade dos líquidos, enquanto sua viscosidade e difusibilidade são maiores que a dos gases, porém menores que a dos líquidos. É bastante promissora a substituição de solventes orgânicos por CO_2 supercrítico em extrações. O ponto triplo no diagrama de fases do CO_2, bem como sua região supercrítica, é apresentado no diagrama mostrado a seguir.

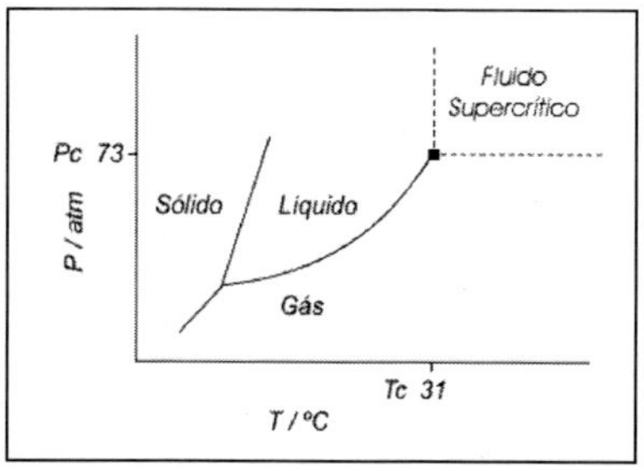

Considerando as informações contidas no diagrama de fases do CO_2, analise as afirmações abaixo.

I - As fases sólida, líquida e gasosa encontram-se em equilíbrio no ponto triplo.
II - As fases líquida e gasosa encontram-se em equilíbrio na região supercrítica.
III - Em temperaturas acima de 31°C, não será possível liquefazer o CO_2 supercrítico por compressão.
IV - Em pressões acima de 73 atm, o CO_2 só será encontrado no estado sólido.
São corretas apenas as afirmações:
a) I e II
b) I e III
c) I e IV
d) II e III
e) II e IV

Questão 167

(ENADE – ENGENHARIA QUÍMICA) O valor da variação da energia de Gibbs padrão de reação a 298,15 K para a reação $H_{2(gás)}$ + $1/2O_{2(gás)} \rightleftarrows H_2O_{(gás)}$ é igual a (-218 kJ.mol^{-1}). A partir desse valor, conclui-se que a reação:
a) ocorre, pois hidrogênio e oxigênio são estáveis na fase gasosa a 298,15 K
b) ocorre, pois hidrogênio e oxigênio não são estáveis a 298,15 K
c) ocorre, pois a água não é estável na fase gasosa a 298,15 K
d) é termodinamicamente favorável a 298,15 K
e) é termodinamicamente favorável, pois é exotérmica

Questão 168

(ENADE – ENGENHARIA QUÍMICA) A água é uma das poucas substâncias que apresenta uma anomalia no diagrama PT (P é pressão, T é temperatura) referente à curva de equilíbrio sólido-líquido. A justificativa para essa anomalia é que:
a) a temperatura de ebulição da água é elevada
b) a entropia da fase líquida é menor que a da fase sólida
c) a entalpia da fase líquida é menor que a da fase sólida
d) o volume da fase líquida é menor que o da fase sólida
e) o valor da massa molar da água é muito baixo

Questão 169

(ENADE – QUÍMICA) A 700°C e 1 atm, a constante de equilíbrio para a reação $C_{(sólido,grafite)} + H_2O_{(gás)} \rightleftarrows CO_{(gás)} + H_{2(gás)}$ é igual a 1,6. Nessas condições, ao atingir o equilíbrio, qual a fração molar aproximada de hidrogênio na fase gasosa?
a) 0,12
b) 0,26
c) 0,33
d) 0,44
e) 0,55

Questão 170

(ENADE – QUÍMICA) A termodinâmica é a área da Química que se dedica ao estudo das transformações de energia. O entendimento da primeira lei da termodinâmica envolve a compreensão de algumas formas de energia, tais como o calor e trabalho. A respeito da primeira lei da termodinâmica, avalie as afirmações a seguir:

I) A energia interna permanece constante independente de qual seja o sistema de estudo.

II) A variação da energia interna de um sistema fechado é igual à energia transferida como calor ou trabalho através das suas fronteiras.
III) Para processos adiabáticos, a variação da energia interna está associada ao trabalho realizado pelo sistema ou sobre o sistema.
IV) Em um processo de expansão livre em que não há trocas de calor com a vizinhança, a energia interna diminui.
É correto apenas o que se afirma em:

a) I e II
b) II e III
c) III e IV
d) I, II e IV
e) I, III e IV

Questão 171

(ENADE – QUÍMICA) Os gráficos abaixo representam valores de energia livre de Gibbs, de acordo com a extensão da reação, em três situações distintas.

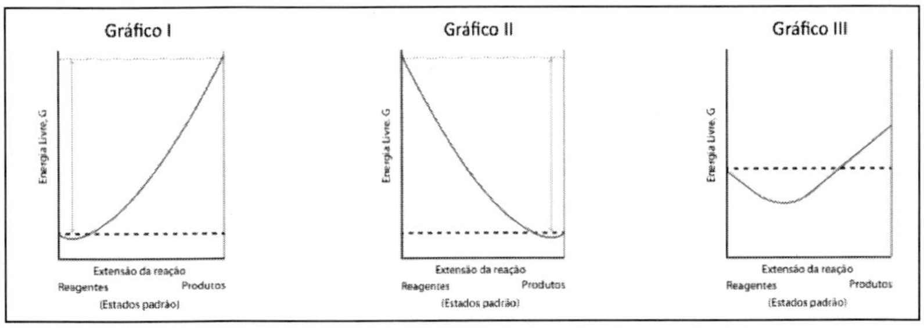

Com relação a esse tema, assinale a opção que descreve corretamente o comportamento representado em cada um dos gráficos acima.

a) No gráfico I, a reação é espontânea e os produtos são favorecidos em relação aos reagentes; no gráfico II, a reação não é espontânea e os reagentes são favorecidos em relação aos produtos; no gráfico III, os produtos e os reagentes são igualmente favorecidos.
b) No gráfico I, a reação não é espontânea e os produtos são favorecidos em relação aos reagentes; no gráfico II, a reação é espontânea e os reagentes são favorecidos em relação aos produtos; no gráfico III, os produtos são favorecidos em relação aos reagentes.
c) No gráfico I, a reação é endotérmica e os produtos são favorecidos em relação aos reagentes; no gráfico II, a reação é exotérmica e os reagentes são favorecidos em relação aos produtos; no gráfico III, a reação não é espontânea e os produtos são favorecidos em relação aos reagentes.
d) No gráfico I, a reação não é espontânea e os reagentes são favorecidos em relação aos produtos; no gráfico II, a reação é espontânea e os produtos são favorecidos em relação aos reagentes; no gráfico III, os produtos e os reagentes são favorecidos de forma aproximada.
e) No gráfico I, a reação não está em equilíbrio e os reagentes são favorecidos em relação aos produtos; no gráfico II, a reação não é espontânea e os reagentes são favorecidos em relação aos produtos; no gráfico III, a reação é espontânea e os produtos e reagentes são igualmente favorecidos.

Questão 172

(ENADE – QUÍMICA) A equação dos gases ideais é válida para todos os gases em pressões suficientemente baixas, sendo válida somente quando $p \rightarrow 0$. Quando a pressão de uma certa quantidade de gás é elevada, surgem desvios na equação do gás ideal. Consequentemente, os gases reais possuem propriedades diferentes das preditas pela lei dos gases ideais. Uma das melhores maneiras de mostrar esses desvios é medir o fator de compressibilidade (Z). O gráfico PV/RT em função da pressão mostra a variação experimental de Z para vários gases.

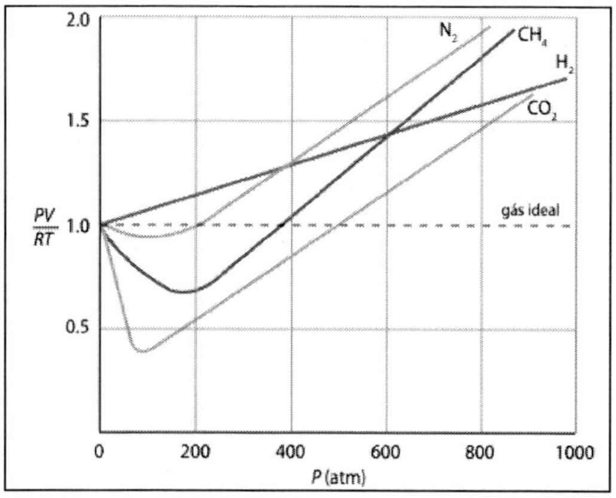

Sobre o comportamento dos gases no gráfico acima, avalie as afirmações a seguir.

I) Os gases desviam-se do valor de Z = 1 quando a pressão aumenta, comportando-se como gases reais.
II) Os desvios do comportamento ideal podem ser relacionados à existência de interações intermoleculares.
III) Nos gases que estão sob condições de pressão e temperatura tais que Z < 1, as repulsões são mais importantes do que as atrações intermoleculares.
IV) Para alguns gases reais, nos quais as atrações intermoleculares são muito fracas, Z é sempre maior do que 1. É correto apenas o que se afirma em:
a) I e II
b) I e III
c) III e IV
d) I, II e IV
e) II, III e IV

Questão 173

(ENADE – QUÍMICA) O processo exotérmico de combustão de um mol de metano é representado a seguir. $CH_{4(gás)} + 2O_{2(gás)} \rightarrow CO_{2(gás)} + 2H_2O_{(líquido)}$. Considerando que a variação da energia livre de Gibbs é dada por $\Delta G = \Delta H - T\Delta S$ e varia de acordo com a fase da matéria, discuta as condições de espontaneidade dessa reação do ponto de vista termodinâmico.

Questão 174

(ENADE – QUÍMICA) A interação, que ocorre entre as moléculas de gases reais, é um dos principais fatores que os distanciam de apresentarem um comportamento ideal e seguirem as relações observadas na equação dos gases perfeitos pV = nRT. Essas interações podem ser do tipo repulsivas, responsáveis por promover a expansão do gás, ou atrativas, responsáveis pela compressão. Foi solicitado a um químico que buscasse as condições necessárias para que um gás de alta pureza apresentasse comportamento mais próximo possível de um gás ideal. Considerando essas informações, o profissional deverá trabalhar:
a) em pressões altas
b) com um gás mais polar
c) em temperaturas altas
d) com um gás que tenha volume molar elevado
e) com um gás em condições acima do ponto crítico

Questão 175

(GRILLO) Pode a entropia de uma substância diminuir durante um processo irreversível? E a entropia do universo?

Questão 176

(GRILLO) A figura a seguir apresenta a relação da energia potencial versus o caminho da reação, representado a seguir, pela seguinte equação química hipotética: A + B $\rightarrow$C.

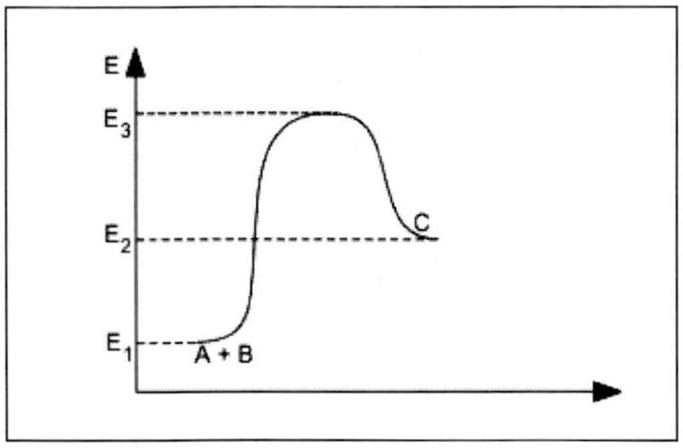

Responda os seguintes itens a seguir:

a) Diga o que cada energia representa.

b) A partir do diagrama, trata-se de um processo endotérmico ou exotérmico. Explique a sua resposta.

c) Represente através de uma equação matemática relacionada a energia de ativação (E_{at}).

Questão 177

(GRILLO) A 1000K, a constante K_p para a decomposição do carbonato de cálcio, $CaCO_{3(sólido)}$, é de 4,0 x 10^{-2} atm. $CaCO_{3(sólido)} \rightarrow CaO_{(sólido)} + CO_{2(gás)}$. Uma determinada massa de $CaCO_{3(sólido)}$ é colocada em um recipiente de 5,0 L a 1000 K até que a reação atinja o equilíbrio. Quantos gramas de $CaO_{(sólido)}$ são produzidos na condição de equilíbrio e calcule a variação da energia livre de gibbs padrão nesta mesma temperatura apresentada e informe se o processo é espontâneo ou não espontâneo.

Questão 178

(GRILLO) A partir da reação de combustão do hidrocarboneto apresentado logo a seguir, a uma temperatura de 25°C, com seus respectivos valores de ΔH^o e ΔS^o responda os seguintes itens apresentados a seguir: $C_2H_{4(gás)} + 3O_{2(gás)} \rightleftarrows 2CO_{2(gás)} + 2H_2O_{(gás)}$, ΔH^o = – 1323 kJ; ΔS^o = – 30 J.K^{-1}.

a) Calcule o ΔG^o da reação e sua constante de equilíbrio, K_p.

b) Utilizando cálculos indique a direção em que a reação é espontânea quando as pressões são as seguintes: P_{C2H4} = 0,010 atm; P_{O2} = 0,020 atm; P_{CO2} = 20 atm e P_{H2O} = 0,010 atm.

c) Calcule a temperatura em que esta reação vem a ser não espontânea? Comente o resultado baseado nos valores termodinâmicos da reação. Observação: Leve em consideração que tanto o ΔH^o quanto a ΔS^o não variam com a temperatura.

Questão 179

Para a decomposição do óxido de prata, a 298 K e 1 atm, segundo a equação química: $Ag_2O_{(sólido)} \rightarrow 2Ag_{(sólido)} + ½O_{2(gás)}$ se sabe que ΔH = -30,6 kJ e ΔS = 60,2 J/mol.K. Calcule:

a) O valor de ΔG para essa reação e o valor da constante de equilíbrio.

b) A temperatura em que ΔG = 0. (Suponha que ΔH e ΔS não variam com a temperatura e seu estado é de 1 atm).

c) A temperatura em que a reação será espontânea.

d) A pressão de vapor do oxigênio molecular.

Questão 180

Para a reação hipotética $A_{(gás)} + B_{(gás)} \rightarrow C_{(gás)} + D_{(gás)}$, tem condições também hipotéticas, a energia de ativação é 32 kJ.mol^{-1}. Para a reação inversa a energia de ativação é 58 kJ.mol^{-1}. Explique se a reação é endotérmica ou exotérmica.

Questão 181

(GRILLO) Calcule a temperatura a partir da reação de formação da água no estado líquido, para que o processo seja espontâneo. Informação para a resolução do problema: ΔH = -58 kcal/mol e ΔS = -10,60 cal/mol.K.

Questão 182

(GRILLO) Acima de que temperatura a reação de formação do cloreto de iodo se torna espontânea? Informação para a resolução do problema: ΔH = 8,4 kcal/mol e ΔS = +37,0 cal/mol.K.

Questão 183

(GRILLO) Considere a reação de síntese da amônia, levando em consideração que o processo libera calor para as vizinhanças. Pergunta: em qual sentido o processo de entalpia e entropia é maior?

Questão 184

(GRILLO) Considere o processo de combustão do álcool etílico de maneira completa, ou seja, formando dióxido de carbono e água ambos no estado gasoso. Esse processo de transformação pode ser classificado da seguinte maneira:
a) Processo exotérmico com a diminuição da entropia
b) Processo endotérmico com a diminuição da entropia
c) Processo exotérmico com a diminuição da entropia
d) Processo exotérmico com o aumento da entropia
e) Processo atérmico

Questão 185

O primeiro passo para a produção de silício com alta pureza para semicondutores está representado pela seguinte equação química:
$SiO_{2(sólido)} + 2C_{(sólido)} \rightarrow Si_{(sólido)} + 2CO_{(gás)}$, $\Delta H° = + 689{,}9$ kJ.

a) Calcule $\Delta H^0_{\text{formação}}$ para $SiO_{2(sólido)}$. Dado: $\Delta H^0_{\text{formação}}$ para $CO_{(gás)} = - 110{,}5$ kJ.mol^{-1}.

b) Calcule $\Delta S^0_{\text{reação}}$ para a produção de silício puro.
Dado:
$S^0_C = 5{,}7 \frac{J}{mol \times K}$; $S^0_{CO} = +197{,}6 \frac{J}{mol \times K}$; $S^0_{Si} = 18{,}8 \frac{J}{mol \times K}$ e $S^0_{SiO} = 41{,}8 \frac{J}{mol \times K}$.

c) Determine $\Delta G^0_{\text{reação}}$ para uma temperatura igual a 25°C.

d) Determine a constante de equilíbrio.

e) Calcule a temperatura em graus Celsius, para que o processo seja espontâneo. Assume que ΔH^oe ΔS^o não variam com a temperatura.

Questão 186

A entalpia de combustão do octano líquido, $C_8H_{18(líquido)}$ para a formação de produtos gasosos, é – 5090 kJ.mol^{-1}. Use este valor para responder as questões abaixo, assumindo uma temperatura de 100°C.
a) Escreva a equação balanceada para a combustão completa do octano líquido.
b) Determine a entalpia molar de formação, ΔH^0_f, para o estado líquido.
Dados: $H^0_{CO_2} = -393{,}5 \frac{kJ}{mol}$; $H^0_{H_2O} = -241{,}8 \frac{kJ}{mol}$.
c) Calcule o valor da energia interna, para a reação de combustão.
d) Se ΔG^0 para a combustão do octano é – 5230 kJ.mol^{-1}, calcule o valor da ΔS^0.

Questão 187

Glucose, $C_6H_{12}O_6$, is readily metabolized in the body.
a) Write a balanced equation for the metabolism of $C_6H_{12}O_6$ to CO_2 and H_2O.
b) Calculate ΔG^o metabolism for glucose. Given: The free energy of formation, $\Delta G_f^°$, is – 917 kJ.mol^{-1} for $C_6H_{12}O_{6(sólido)}$; –394,4 kJ.mol^{-1} for $CO_{2(gás)}$; – 237,2 kJ.mol^{-1} for $H_2O_{(l)}$.
c) If ΔH^o for this process is –2801,3 kJ, calculate ΔS^o at 25°C.

Questão 188

Diferentemente da dinâmica newtoniana, que não distingue passado e futuro, a direção temporal tem papel marcante no nosso dia. Assim, por exemplo, ao aquecer uma parte de um corpo macroscópico e o isolarmos termicamente, a temperatura deste se torna gradualmente uniforme, jamais se observando o contrário, o que indica a direcionalidade do tempo. Diz-se então que os processos macroscópicos são irreversíveis, evoluem do passado para o futuro e exibem o que o famoso cosmólogo Sir Arthur Eddington denominou de seta do tempo. A lei física que melhor traduz o tema do texto é:

a) a segunda lei de Newton
b) a lei de conservação da energia
c) a segunda lei da termodinâmica
d) a lei zero da termodinâmica
e) a lei de conservação da quantidade de movimento

Questão 189

(GRILLO) Assinale a alternativa correta que apresenta as funções termodinâmicas e suas correlações para que o processo seja espontâneo em qualquer temperatura.
a) entalpia positiva e entropia positiva
b) entalpia negativa e entropia negativa
c) entalpia positiva e entropia negativa
d) entalpia negativa e entropia positiva
e) entalpia positiva e entropia nula

Questão 190

Um mol de um gás ideal sofre uma expansão adiabática reversível de um estado inicial cuja pressão é Pi e o volume é Vi para um estado final em que a pressão é P_f e o volume é V_f. Sabe-se que $\gamma = \frac{C_P}{C_V}$ é o expoente de Poisson, em que C_p e C_V são os respectivos calores molares a pressão e a volume constantes. Obtenha a expressão do trabalho realizado pelo gás em função de P_i, V_i, P_f, V_f e γ.

Questão 191

Mistura-se a água contida em dois recipientes, designados por A e B, de forma adiabática. Cada um contém a mesma massa m de água no estado líquido. Inicialmente, as temperaturas são T no recipiente A e T + ΔT no recipiente B. Após a mistura, a água atinge a temperatura final de equilíbrio térmico. Mostre que a variação de entropia do processo de mistura é positiva. Dado: onde $\Delta S = m \times C_p \times \ln(T_2/T_1)$, onde T_2 e T_1 são duas temperaturas em dois estados diferentes do processo e c_p é o calor específico da água, considerado constante.

Questão 192

Num calorímetro a 17ºC colocamos 100 cm^3 de água a 30ºC e 100 cm^3 de água a 15ºC. A temperatura de equilíbrio é 22ºC. Qual o equivalente em água do calorímetro?

Questão 193

Um mol de um gás a uma temperatura igual a 27°C é comprimido isotermicamente e reversivelmente a partir de um volume inicial de 10 litros para um volume final de 0,20 L. Calcule o trabalho realizado no sistema a partir da equação do gás real $(V_m - b)P = RT$, sabendo que a constante de Van der Waals de b é igual a 0,03 L/mol.

Questão 194

Assinale a alternativa aproximada da pressão exercida por uma amostra de 9 kg de gás argônio que se encontra dentro de um recipiente de 2,50 m^3 a uma temperatura igual a 150°C, considerando que este mesmo gás apresenta comportamento de um gás de van der Waals. Informações para a resolução do problema: a = 1,363 $atm.L^2mol^{-2}$ e b = 3,219 x 10^{-2} $L.mol^{-1}$.
a) 2,0 atm
b) 2,50 atm
c) 3,12 atm
d) 3,95 atm
e) Nenhuma das respostas anteriores

Questão 195

Certa quantidade de oxigênio (considerado aqui como gás ideal) ocupa um volume V_1 a uma temperatura T_1 e pressão p_1. A seguir, toda essa quantidade é comprimida, por meio de um processo adiabático e quase estático, tendo reduzido o seu volume para $V_{final} = \frac{V_{inicial}}{2}$. Dê o valor da expressão do trabalho realizado sobre esse gás.

Questão 196

Um quilograma de ar atmosférico é aquecido de forma reversível a pressão constante de 27°C e 1 atm, até que o seu volume triplique. Calcule W, Q, ΔU e ΔH para o processo sabendo que o ar apresenta capacidade calorífica a pressão constante igual a 29 J/mol.K.

Questão 197

Um corpo recebe 40 Joules de calor de um outro corpo e rejeita 10 Joules para um ambiente. Simultaneamente, o corpo realiza um trabalho de 200 Joules. Estabeleça baseado na primeira lei da termodinâmica, o que acontece com a temperatura do corpo em estudo.

Questão 198

A combustão do gás de água é uma mistura de hidrogênio e dióxido de carbono com a razão molar de 1:1. Para atingir sua combustão completa, a quantidade de O_2 fornecida na forma de ar (21% de O_2 e 79% de N_2) deve ser o dobro da quantidade necessária da reação. A 298 K, os dados termodinâmicos das espécies envolvidas nas reações estão listados na tabela abaixo.

	$H_2O_{(gás)}$	$CO_{(gás)}$	$N_{2(gás)}$	$O_{2(gás)}$	$CO_{2(gás)}$
$\Delta_f H^\circ_m$ (298 K) (kJ.mol^{-1})	-241,83	-110,52			-393,51
$\Delta_f G^\circ_m$ (298 K) (kJ.mol^{-1})		-137,27			-394,38
$C^\circ_{p,m}$ (J.mol^{-1}.K^{-1})	33,58	29,14	29,12	29,36	37,13

a) Calcule a temperatura mais alta que o sistema pode atingir se a temperatura inicial for 298 K, a pressão é mantida constante em 10^5 Pa, a combustão prossegue de maneira adiabática.

b) A entalpia e a entropia são funções da temperatura e estão apresentadas nas equações a seguir: $\Delta_r H^0_m(T_2) = \Delta_r H^0_m(T_1) + \Delta_r C^0_p(T_2 - T_1)$ e $\Delta_r S^0_m(T_2) = \Delta_r S^0_m(T_1) + \Delta_r C^0_p \ln\frac{T_2}{T_1}$

Questão 199

Assuming 1 mol of CO_2 (regarded as an ideal gas) expands isothermally at the temperature (T) of 273.15 K, if the expansion process is reversible and known work (W) is 5,23 kJ. Calculate the heat (Q), change of internal energy (ΔU), change of enthalpy (ΔH), change of entropy (ΔS), and change of Gibbs free energy (ΔG) of this process.

Questão 200

Para condensar o vapor de 1-butanol a 273K, a razão de supersaturação (a razão entre a pressão de vapor real necessária para a condensação e a pressão de vapor saturado no topo de uma superfície líquida plana) tem que ser 4. A 273 K, a tensão superficial de 1-butanol, σ, é 2,61 x 10^{-2} N.m^{-1}, densidade, ρ, 0,81 x 10^{-3} kg.m^{-3}, e a massa molar, M, é 74 x 10^{-3} kg.mol^{-1}. A relação entre a pressão de vapor saturado no topo de uma superfície curva, p, e a pressão de vapor saturado no topo de uma superfície plana, p0, é dada pela equação de Kelvin:

$$\ln\frac{p}{p_0} = \frac{2\sigma M}{\rho R T r}$$

a) Calcule o raio de uma gotícula quando a relação de supersaturação é 4.

b) Calcule o número de moléculas na gotícula do butan-1-ol.

Questão 201

Hidrogênio gasoso pode ser produzido a partir da reação entre carvão e vapor d´água, como mostra a reação: $C_{(sólido)} + H_2O_{(gás)} \rightarrow CO_{(gás)} + H_{2(gás)}$.

a) Calcule a ΔG° para esta reação a 25°C, considerando que $C_{(sólido)}$ é grafite.

b) Calcule K_p para esta reação a 25°C.

c) Esta reação ocorre espontaneamente sob estas mudanças? Se não, a que temperatura ela se tornará espontânea? Dados: R = 8,314 J.mol^{-1}.K^{-1}

Espécie	ΔH^o_{298} [kJ.mol^{-1}]	ΔS^o_{298} [J.mol^{-1}.K^{-1}]	ΔG^o_{298} [kJ.mol^{-1}]
$H_2O_{(gás)}$	- 241,8	+ 188,8	- 228,6
$CO_{(gás)}$	- 110,5	+ 197,7	- 137,2
$C_{(sólido)}$	0	+ 5,740	0

$H_{2(gás)}$	0	+ 130,68	0

Questão 202

Propano é queimado completamente em um reator com uma quantidade estequiométrica de oxigênio. Calcule a temperatura adiabática de chama, assumindo que os gases são alimentados a 25°C. Calcule também quando a alimentação é feita com ar atmosférico ao invés de oxigênio. Explique a diferença.

Espécie	ΔH^o_f (298K) (kJ.mol^{-1})	C_p (J/mol·K)
$C_3H_{8(gás)}$	-105,0	73,5
$CO_{2(gás)}$	-393,5	45,4
$H_2O_{(gás)}$	-241,8	34,4
$N_{2(gás)}$	0	29,1
$O_{2(gás)}$	0	29,4

Questão 203

$2NO_{2(gás)} + O_{3(gás)} \longrightarrow N_2O_{5(gás)} + O_{2(gás)}$, $\Delta H° = - 198$ kJ e $\Delta S° = - 168$ J.K^{-1}. Ozônio reage com dióxido de nitrogênio de acordo com a equação química acima.

a) Calcule a entalpia padrão de formação do dióxido de nitrogênio em kJ.mol^{-1}.
Dado: [$\Delta H°$(kJ.mol^{-1}): $O_{3(gás)}$ = 143 e $N_2O_{5(gás)}$ = 11].
b) Explique o significado do sinal de $\Delta S°$.
c) Calcule o valor de $\Delta G°$ para 25°C.
d) Calcule o valor da constante de equilíbrio.
e) Utilize a tabela a seguir, determine a lei de taxa para a reação entre $NO_{2(gás)}$ e $O_{3(gás)}$.

NO_2 (mol.L^{-1})	O_3 (mol.L^{-1})	Taxa (mol.L^{-1}.s^{-1})
0,0015	0,0025	$1,8 \times 10^{-8}$
0,0022	0,0025	$7,2 \times 10^{-8}$
0,0022	0,0050	$1,4 \times 10^{-8}$

f) Calcule a velocidade específica para a seguinte reação.

Questão 204

Óxidos metálicos podem ser reduzidos pelo hidrogênio gasoso, produzindo os respectivos metais: $ZnO_{(sólido)} + H_{2(gás)} \longrightarrow Zn_{(sólido)} + H_2O_{(gás)}$. Prediga os efeitos de cada um dos seguintes procedimentos sobre a posição do equilíbrio, ou seja, para que lado o equilíbrio será deslocado em cada caso:

a) Adição de $ZnO_{(sólido)}$
b) Adição de $H_{2(gás)}$
c) Retirada do $Zn_{(sólido)}$
d) Retirada de vapor d´água

Usando os dados termodinâmicos fornecidos abaixo, responda os quesitos que se seguem:

e) Em que direção o equilíbrio será deslocado por um aumento de temperatura?
f) Calcule o valor de $\Delta G°$ para esta reação?
g) Esta reação deverá ocorrer espontaneamente ou não?
h) A constante de equilíbrio para esta reação é maior ou menor que 1?

Espécie	$\Delta H°_f$(298,15 K) kJ.mol^{-1}	$S°_f$(298,15 K) J.mol^{-1}.K^{-1}	$\Delta G°_f$(298,15 K) J.mol^{-1}.K^{-1}
$H_2O_{(gás)}$	- 241,818	188,825	- 228,572
$ZnO_{(sólido)}$	- 348,28	43,64	- 318,30

Fonte: The NBS Tables Chemical Thermodynamics Properties, 1982.

Questão 205

Ureia, $CO(NH_2)_2$, reage com água produzindo dióxido de carbono e amônia. Os dados termodinâmicos para os possíveis reagentes e produtos são dados abaixo (negligencie a solubilidade do dióxido de carbono e da amônia em água líquida).

Composto	ΔH°_f (kJ.mol^{-1})	S°_f (J.mol^{-1}.K^{-1})
$CO(NH_2)_{2(sólido)}$	- 333,51	104,60
$H_2O_{(líquido)}$	- 285,83	69,91
$H_2O_{(gás)}$	- 241,82	188,83
$CO_{2(gás)}$	- 393,51	213,74
$NH_{3(gás)}$	- 46,11	192,45

a) Considere a hidrólise de ureia com $H_2O_{(líquido)}$ (reação A) e com $H_2O_{(gás)}$ (reação B), respectivamente. Calcule ΔH^0, ΔS^0 e ΔG^0 a 25°C, para cada reação e especifique se a reação é espontânea ou não.
b) Considerando que ambos, ΔH^0e ΔS^0, são independentes da temperatura, encontre a temperatura na qual a reação A ocorrerá espontaneamente.
c) Calcule K_p a 25°C para cada reação, expressando esse valor em unidades apropriadas.

Questão 206

Consider the thermodynamic data given below:

Espécies	ΔH^o_f (kJ x mol^{-1})	S^o_f (J x mol^{-1} x K^{-1})
$H^+_{(aquoso)}$	0	0
$OH^-_{(aquoso)}$	- 229,9	-
$H_2O_{(líquido)}$	- 285,83	69,95

The autoionization of water can be described according to the equation below. Its equilibrium constant, K_w, is $1,0 \times 10^{-14}$ at 25ºC.
$H_2O_{(líquido)} \rightleftharpoons H^+_{(aquoso)} + OH^-_{(aquoso)}$.
a) Calculate ΔH^o for the autoionization of water.
b) Calculate ΔG^o (at 298 K) for the autoionization of water.
c) Calculate ΔS^o for the autoionization of water and rationalize its sign.
d) Calculate S^o for $OH^-_{(aquoso)}$.
e) Calculate K_w at 50ºC.

Questão 207

Um reator foi projetado para promover a hidrogenação do benzeno a cicloexano. $C_6H_{6(líquido)} + 3H_{2(gás)} \longrightarrow C_6H_{12(líquido)}$ (Equação I). Para a execução do projeto fez-se necessário o levantamento dos dados termodinâmicos da reação.

Entalpias-padrão de combustão (considerando combustão completa das espécies)	
Composto	ΔH°_c (kJ.mol^{-1})
$C_6H_{6(líquido)}$	- 3267
$H_{2(gás)}$	- 285,8
$C_6H_{12(líquido)}$	- 3930
Entropias-padrão	
Composto	S° (J.K^{-1}.mol^{-1})
$C_6H_{6(líquido)}$	174
$H_{2(gás)}$	130,7
$C_6H_{12(líquido)}$	204

a) Determine a variação de entalpia para a reação 1.

b) Determine a variação de entropia para a reação 1.
c) Na temperatura ambiente, 25°C, a reação 1 é espontânea? Justifique.
d) Calcule a constante de equilíbrio.

Questão 208

Calcule o valor da variação da energia livre, a 25°C, para a reação a seguir: $2Na_2O_{2(sólido)} + 2H_2O_{(líquido)} \longrightarrow 4NaOH_{(sólido)} + O_{2(gás)}$.
Dados:

Substância	Entalpia de formação a 25°C (kJ.mol^{-1})	S° a 25°C (J.mol^{-1}.K^{-1})
$H_2O_{(líquido)}$	-286,0	69,69
$Na_2O_{2(sólido)}$	-510,9	94,60
$NaOH_{(sólido)}$	-426,8	64,18
$O_{2(gás)}$	0	205,00

Questão 209

Calcule a que temperatura a reação abaixo é espontânea: $CO_{(gás)} + ½O_{2(gás)} \longrightarrow CO_{2(gás)}$.

Substância	Entalpia de formação a 25°C (kJ.mol^{-1})	S° a 25°C (J.mol^{-1}.K^{-1})
$CO_{(gás)}$	-110,5	198
$CO_{2(sólido)}$	-393,5	214
$O_{2(gás)}$	0	205

Questão 210

Considere um mol de ar atmosférico a uma temperatura de aproximadamente 423 K e pressão de 7,90 atm sofre um processo reversível. Esta quantidade de ar expande de forma isotérmica até que a pressão fique a três atmosferas, quando a temperatura seja 323 K, com todo este processo ocorrendo a volume constante. Considerando que a capacidade calorífica a volume constante seja igual a (5R/2) e a capacidade calorífica a pressão constante igual a (7R /2), calcule Q, W, ΔU e ΔH.

Questão 211

A diferença entre calor da reação a pressão e volume constante para a seguinte equação química apresentada a seguir $2C_6H_{6(líquido)} + 15O_{2(gás)} \longrightarrow 12CO_{2(gás)} + 6H_2O_{(líquido)}$, a 25°C em quilojoules é apresentada pelo seguinte item:
a) – 7,43
b) + 3,72
c) – 3,72
d) + 7,43

Questão 212

A diferença entre calor da reação a pressão e volume constante para a formação do monóxido de carbono a 25°C é:
a) – 2477,57 J
b) + 2477,57 J
c) – 1238,78 J
d) + 1238,78 J

Questão 213

Considere um gás poliatômico que expande adiabaticamente para um volume do qual é duas vezes maior do que o volume inicial. Sabendo que a temperatura inicial é igual a 18°C, assinale a alternativa correta que representa de forma aproximada o valor da temperatura final.
a) – 40°C
b) – 52,0°C
c) – 110°C
d) + 120°C
e) Nenhuma das respostas anteriores

Questão 214

(GRILLO) Considere uma reação hipotética que apresenta uma variação de entalpia igual a 20 $kcal.mol^{-1}$, caracterizando um processo endotérmico. Sabendo que a variação de entropia é igual a 90 $cal.mol^{-1}.K^{-1}$, assinale o valor da energia livre em kcal/mol, a T = 327°C.

a) – 53,9
b) – 34,0
c) – 9,4
d) – 29,4
e) + 74,0

Questão 215

Um determinado gás ideal apresenta capacidade calorífica a volume constante igual a 6,76 $cal.mol^{-1}.K^{-1}$. Se 10 mol deste gás são aquecidos em um intervalo entre 373K a 473K, determine a variação da energia interna e a entalpia do referido processo.

Questão 216

Uma amostra com um recipiente contendo gás hélio com uma massa igual a 3350 g a 25°C sofre uma expansão adiabática reversível de 250 mL até 1,50 litros. A partir desta informação, assinale a alternativa correta que apresenta a temperatura final do processo e também a variação da energia interna realizada pelo gás. Informação para a resolução do problema: $C_{p,m}$ = 20,8 $J.mol^{-1}.K^{-1}$.

a) T_{final} = 91,3 K e ΔU = + 6940 kJ
b) T_{final} = 550 K e ΔU = + 9940 kJ
c) T_{final} = 700 K e ΔU = - 6940 kJ
d) T_{final} = 91.3 K e ΔU = + 2162 kJ
e) T_{final} = 91,3 K e ΔU = - 2162 kJ

Questão 217

Considere as reações abaixo:

$H_{2(gás)} + \frac{1}{2}O_{2(gás)} \rightarrow H_2O_{(líquido)}$ (I)

$H_{2(gás)} + \frac{1}{2}O_{2(gás)} \rightarrow H_2O_{(gás)}$ (II)

Assinale a alternativa correta.

a) o decréscimo de entropia é menor na reação (I) do que na reação (II)
b) o acréscimo de entropia na reação (I) é maior do que na reação (II)
c) o decréscimo de entropia é menor na reação (II) do que na reação (I)
d) o acréscimo de entropia na reação (II) é maior do que na reação (I)
e) a variação de entropia é igual em ambas as reações.

Questão 218

1000 dm^3 de um determinado gás ideal que se encontra inicialmente a 600 K e 1000 kPa sofre expansão para uma situação cinco vezes maior o volume inicial. A partir desta informação, determine a temperatura final, a pressão final, a energia interna e o trabalho realizado pelo gás para cada item proposto, sabendo que a capacidade calorífica a pressão constante é igual a 21 J/mol.K.

a) Através de um processo isotérmico e reversível.
b) Através de um processo adiabático e reversível.

Questão 219

Assinale a alternativa que apresenta o valor correto do trabalho consumido na compressão a 20°C de 2 kg de hélio, desde 1 atm até 1 MPa.

a) 1,20 x 10^6 J
b) 2,00 x 10^6 J
c) 2,79 x 10^6 J
d) 3,50 x 10^6 J
e) 5,00 x 10^6 J

Questão 220

(GRILLO) Assinale a alternativa correta do trabalho resultante de uma expansão adiabática reversível, apresentando uma temperatura inicial igual a 650 K, de uma amostra gasosa de pentóxido de dinitrogênio com uma massa igual a 4,20 kg. Devido a este gás apresentar um processo de expansão, o volume final é dez vezes maior em relação ao volume inicial.

a) 500 K
b) 1000 K
c) 1800 K
d) 2500 K
e) Nenhuma das respostas anteriores

Questão 221

(GRILLO) Assinale a alternativa que apresenta a massa do gás argônio que se expande de forma isotérmica, a 127°C de 4000 cm^3 para 32 m^3, realizando trabalho reversível igual a 800 kJ.

a) 2,50 kg
b) 3,60 kg
c) 4,25 kg
d) 4,63 kg
e) Nenhuma das respostas anteriores

Questão 222

Assinale a pressão final aproximada de uma quantidade de dióxido de carbono que se expande de forma reversível e adiabaticamente de 100 torr e 350 mL até o volume final igual a 1550 mL.

a) 200
b) 210
c) 250
d) 300
e) 308

Questão 223

Um mol de um gás ideal, inicialmente a pressão de 1 atm, é comprimido adiabaticamente e reversivelmente de 20 L para 10 L. Se a capacidade calorífica molar a volume constante do gás for C_V = 2R, podemos prever que sua temperatura final será de aproximadamente igual a:

a) 200 K
b) 300 K
c) 350 K
d) 450 K
e) 500 K

Questão 224

Em um botijão de gás, a pressão interna é igual a dez atmosferas a uma temperatura igual a 20°C. A partir desta informação, calcule a temperatura do gás quando sai do botijão e fica exposto a pressão constante. Considere que o coeficiente termodinâmico que relaciona as capacidades caloríficas seja igual a 7/5 (γ).

Questão 225

Assinale a temperatura final de uma amostra de dióxido de carbono que apresenta uma massa igual a 1200 g que se expande reversível e adiabaticamente de 2,50 L a 37°C até um volume final de 3,25 L.

a) 250 K
b) 285 K
c) 300 K
d) 350 K
e) 390 K

Questão 226

Assinale a alternativa aproximada da massa de monóxido de nitrogênio que se expande isotermicamente apresentando uma temperatura de 10°C com volume 22,4 cm^3 para um volume de 44,8 cm^3, realizando um trabalho reversível de 300 kJ.

a) 3,0 kg
b) 4,0 kg
c) 4,75 kg
d) 5,52 kg
e) 6,12 kg

Questão 227

(GRILLO) O óxido de cobre é reduzido a cobre metálico por hidrogênio a uma temperatura de aproximadamente igual a 1200°C.
a) Apresente a reação química de redução do óxido de cobre na presença de gás hidrogênio.
b) Calcule a variação da entalpia padrão e diga se o processo é endotérmico ou exotérmico.
c) Calcule a energia interna deste processo. Informações para a resolução do problema a 25°C:

Substância	$\Delta H°_{fomação}$ ($kJ \cdot mol^{-1}$)
$CuO_{(sólido)}$	-157
$H_{2(gás)}$	0
$Cu_{(sólido)}$	0
$H_2O_{(gás)}$	-242

Questão 228

Determine o valor da variação da energia interna e da variação de entalpia, nas condições normais de temperatura e pressão, quando 100 L de gás hélio são aquecidos de 0°C até 100°C em um recipiente fechado, considerando que a capacidade calorífica a volume contente é igual a $C_V = 3R/2$.

Questão 229

Em um compartimento de uma bomba calorimétrica (volume constante) rodeado de 945 g de água, a combustão de 1,048 g de benzeno, $C_6H_{6(líquido)}$, elevou a temperatura da água desde 23,640°C a 32,692°C. A capacidade do calorímetro é de 891 kJ/°C e a da água é 4,184 J/g.°C.
a) Escreva a equação química balanceada para a reação de combustão do benzeno.
b) Calcule $\Delta U_{combustão}$ (C_6H_6) expresso em kJ/mol.

Questão 230

O gás nitrogênio está confinado em um recipiente esférico com um pistão. A pressão inicial de gás nitrogênio é igual a 7 atm e o volume inicial corresponde a 100 dm³. O pistão está fixo através de travas na parede esférica do recipiente. Todo o conjunto (gás + recipiente esférico + pistão) é colocado no vácuo. A partir desta informação, determine a variação da energia interna se as travas forem removidas de forma que o gás aumente o seu volume inicial até dobrar. Observação: o pistão fica novamente fixo pelas travas no final do processo.

Questão 231

Um mol de nitrogênio molecular apresenta comportamento ideal considerando que a temperatura medida foi igual a 25°C. Este gás se expande reversivelmente e adiabaticamente de 20 atm a 1 atm. Determine o volume final e a temperatura final, levando em consideração que a capacidade calorífica a volume constante é igual a 3/2R.

Questão 232

Durante a titulação de uma solução de triiodeto (I_3^-) com uma solução de tiossulfato de sódio ($Na_2S_2O_3$) ocorrem as seguintes reações, com seus potenciais padrão de redução:

$I_3^- + 2e^- \longrightarrow 3I^-$ E° = + 0,54 V
$S_4O_6^{-2} + 2e^- \longrightarrow 2S_2O_3^{-2}$ E° = + 0,08 V

a) Escreva a reação global da redução do triiodeto pelo íon tiossulfato e calcule o potencial de redução padrão desta reação.
b) O íon triodeto (I_3^-), em solução aquosa, permanece em equilíbrio com o iodo molecular (I_2) e íon iodeto (I^-), de acordo com a equação I. Equação química: $I^- + I_2 \longrightarrow I_3^-$. Os dados termodinâmicos, a temperatura de 25°C, para essas três espécies encontram-se na tabela abaixo.

Espécie	$\Delta H°_{formação}$ (kJ.mol^{-1})	$\Delta G°_{formação}$ (kJ.mol^{-1})	$\Delta S°_{formação}$ (J.mol^{-1})
I^-	55,2	- 51,6	111,3
I_2	22,5	16,4	137,2
I^-_3	51,5	- 51,4	239,3

Calcule o valor da constante de equilíbrio, K, para a reação apresentada na equação I, utilizando os dados da tabela.

Questão 233

Considere que três mols de um gás ideal apresentando capacidade calorífica a pressão constante igual a (5/2R) esteja sujeita à transformação irreversível segundo a seguinte sequência: 600 K; 10 atm ⟶ 300K; 5 atm. Diante desta informação, calcule as seguintes propriedades termodinâmicas:
a) a variação da entalpia
b) variação da energia interna
c) a quantidade de calor
d) o trabalho realizado

Questão 234

Considere uma amostra de dióxido de carbono com 0,125 mol que se expande isotermicamente a uma temperatura de 327°C a partir de um volume inicial de 112 L para 224 L. Assinale a alternativa correta que apresenta o valor do trabalho realizado (W), da variação da energia interna (ΔU) e da quantidade de calor (Q). Informação para a resolução do problema: Capacidade calorífica a volume (C_V) constante igual a 3R.
a) W = + 423J; ΔU = 0 e Q = - 423J
b) W = + 423J; ΔU = 0 e Q = + 423J
c) W = - 423J; ΔU = 0 e Q = + 423J
d) W = + 423J; ΔU = - 423 J e Q = 0
e) Nenhuma das respostas anteriores

Questão 235

Considere que um gás ideal sofre um processo de compressão adiabática e reversível do volume passando do estado I (V_I) para o estado II (V_{II}). A partir desta informação diga quais das grandezas apresentadas a seguir serão nulas, positivas e negativas.
a) Temperatura no estado II (T_{II})
b) Variação da temperatura (ΔT)
c) Variação da pressão (ΔP)
d) Trabalho (W)
e) Quantidade de calor (Q)
f) Variação da entropia (ΔS)
g) Variação da energia interna (ΔU)
h) Variação da entalpia (ΔH)

Questão 236

Assinale a alternativa correta que apresenta os valores da variação de entalpia, variação de energia interna e da quantidade de calor, quando são aquecidos 4,50 mol de oxigênio molecular com uma pressão constante de 4,25 atm, a uma temperatura sendo elevada de 350 K para 425 K. Considere que a capacidade calorífica molar a pressão constante do referido gás seja igual a 29,4 J/K.mol.
a) 9922J; 7117J; 9922J
b) 9922J; 3558J; 3558J
c) 3558J; 7117J; 3558J
d) 19845J; 19845J; 3558J
e) 19845J; 7117J; 9922J

Questão 237

Um mol de gás ideal apresenta uma capacidade calorífica a volume constante igual a C_V = (5R/2), apresentando as seguintes situações destacadas abaixo, ocorrendo transformação reversível.
Estado Termodinâmico (I): P_I = 8,00 atm; V_1 = ?; T_1 = 600 K
Estado Termodinâmico (2): P_2 = 1 atm; V_2 = ?; T_2 = ?

Estes estados estão de acordo com os seguintes processos descritos em:
a) processo isocórico
b) processo isotérmico
c) processo adiabático

Questão 238

Uma amostra de dióxido de carbono sofre expansão isotermicamente a uma temperatura de 0°C de 0,224 cm^3 para 0,448 cm^3, realizando trabalho reversível de 300 kJ. A partir destas informações, determine a massa deste gás no sistema, a variação da energia interna (ΔU) e o calor trocado (Q).

Questão 239

Calcule o calor de combustão do resfriamento de 800 g de oxigênio molecular, em que a temperatura varia de 200°C para 10°C. Informação para a resolução do problema: $C_p = 29{,}96 + 4{,}18 \times 10^{-3}\,T - 1{,}67 \times 10^{-5}\,T^3$, sabendo que a unidade da capacidade calorífica a pressão constante é dada por $\frac{\text{cal}}{\text{mol x °C}}$.

Questão 240

Considere uma amostra gasosa monoatômico de 1,25 mol, apresentando as seguintes características quanto a pressão e temperatura no estado inicial: p_I = 1,00 atm e T_I = 350 K. Este gás é aquecido de forma reversível até 450 K, considerando que o processo ocorre a volume constante, determine:
a) A pressão final
b) O trabalho realizado
c) A energia interna
d) A quantidade de calor
e) A entalpia

Questão 241

A capacidade calorífica de 2,50 mol de um gás ideal apresenta a seguinte expressão: $C_p = 6 + 2{,}50 \times 10^{-2}T$. A partir desta informação, determine a variação de entalpia que este gás sofre, a partir de um aquecimento em que a temperatura varia de 125°C até 625°C.

Questão 242

Um fluido gasoso está em uma tubulação cilíndrica de diâmetro D equipado por um pistão se deslocando sem nenhum atrito e adiabático.
Pergunta 1: A energia na forma de trabalho pode ser transferida para o fluido?
Pergunta 2: Determine a variação de energia interna quando há aumento da pressão de P_A para P_B.

Questão 243

Considere que um determinado gás ideal ocupa um volume igual a 8000 dm^3 a uma pressão igual a 4,0 atm e temperatura igual a 27°C. O gás se expande até que a pressão caia para uma atmosfera. A partir destas informações, calcule os seguintes itens que se pede:
a) O volume final
b) A temperatura final
c) O trabalho realizado
d) O calor absorvido
e) A variação de energia interna
f) A variação da entalpia

Questão 244

(GRILLO) Dadas às reações químicas designadas pelas letras (a) e (b) a seguir, assinale a alternativa que apresenta o valor correto da variação da energia interna e diga se a reação é exotérmica ou endotérmica. Informação para a resolução do problema:

(a) $2H_{2(gás)} + O_{2(gás)} \rightarrow 2H_2O_{(gás)}$ $\Delta H°_{reação} = -484$ kJ.mol^{-1}
(b) $H_{2(gás)} + I_{2(sólido)} \rightarrow 2HI_{(gás)}$ $\Delta H°_{reação} = +53$ kJ.mol^{-1}

Para a equação $4HI_{(gás)} + O_{2(gás)} \rightarrow 2I_{2(sólido)} + 2H_2O_{(gás)}$

a) + 587,52 kJ/mol e endotérmico
b) – 587,52 kJ/mol e exotérmico
c) + 587,52 kJ/mol e exotérmico
d) – 587,52 kJ/mol e endotérmico
e) Nenhuma das respostas anteriores

Questão 245

100 gramas de água líquida foram aquecidos utilizando o calor liberado na combustão de 0,25 gramas de etanol. Sabendo que a variação da temperatura da água foi de 12,5°C, assinale a alternativa que apresenta o valor correto para a entalpia molar de combustão do etanol. Considere que a capacidade calorífica da água é igual a 4,18 $kJ.kg^{-1}.°C^{-1}$ e que a energia liberada na combustão do etanol foi utilizada exclusivamente no aquecimento da água.
a) – 961 kJ
b) – 5,2 kJ
c) + 4,2 kJ
d) + 5,2 kJ
e) + 961 kJ

Questão 246

Considere a compressão isotérmica de um gás perfeito a uma temperatura de 273 K (0°C) com um número de mol igual a 0,10. Sabendo que a pressão inicial é igual a 1 atm e o volume final corresponde a 1/5 do volume inicial, assinale a alternativa correta do valor do trabalho realizado e do calor transferido:
a) W = - 365,30 J e Q = - 365,30 J
b) W = + 365,30 J e Q = + 365,30 J
c) W = + 365,30 J e Q = - 365,30 J
d) W = - 365,30 J e Q = + 365,30 J
e) Nenhuma das respostas anteriores

Questão 247

Uma massa de ar atmosférica com massa igual a 2,0 kg passa por um ciclo ilustrado logo a seguir. A partir do ciclo apresentado, determine o trabalho líquido neste determinado ciclo.

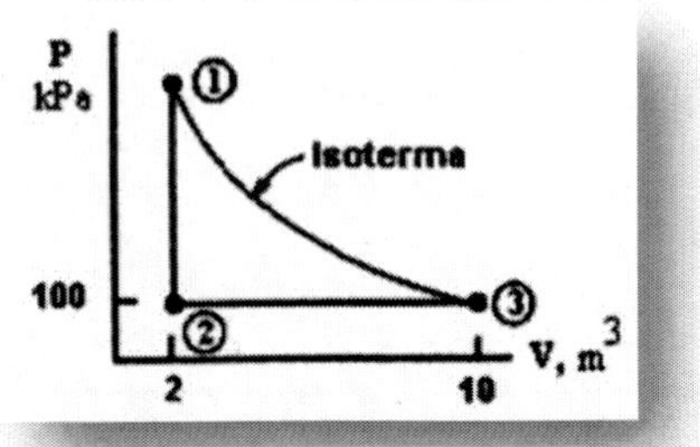

Questão 248

Num cilindro, provido de um pistão móvel sem atrito, é realizada a combustão completa de carbono (grafita). A temperatura no interior do cilindro é mantida constante desde a introdução dos reagentes até o final da reação. Considere as seguintes afirmações:
I) A variação da energia interna do sistema é igual a zero.
II) O trabalho realizado pelo sistema é igual a zero.
III) A quantidade de calor trocada entre o sistema e a vizinhança é igual a zero.
IV) A variação da entalpia do sistema é igual à variação da energia interna.
Destas afirmações, está(ão) correta(s):
a) apenas I
b) apenas I e IV
c) apenas I, II e III
d) apenas II e IV
e) apenas III e IV

Questão 249

Dois litros de nitrogênio gasoso a 0°C e pressão igual a 5 atm expande reversivelmente e isotermicamente, ficando confinado a uma pressão igual a 1 atm. Assumindo que o gás apresenta comportamento ideal, calcule W, q, ΔU e ΔH para este processo de expansão.

Questão 250

(GRILLO) Calcular a energia liberada na forma de quantidade de calor, para a combustão completa de gás acetileno, do qual se encontra em um reator industrial, do tipo CSTR, de volume igual a 100 litros a 147°C e pressão de 25 atm. Informações para a resolução do problema:

Substâncias	ΔH_f^o (kJ/mol)
$C_2H_{2(gás)}$	- 227
$O_{2(gás)}$	0
$H_2O_{(gás)}$	- 242
$CO_{2(gás)}$	- 394

Questão 251

Para transformar completamente 1cm^3 de água a 100°C e 1 atm em vapor (que ocupará 1671 cm^3) a 100°C e 1 atm, é necessário fornecer 539 calorias. Nestas condições, o trabalho realizado pelo gás em expansão e o aumento da energia interna serão, respectivamente (valores aproximados):

a) 0,17 kJ e 2,09 kJ
b) 2,09 kJ e 0,17 kJ
c) 0,17 kJ e 2,26 kJ
d) 1,13 kJ e 1,13 kJ
e) Nenhum dos resultados acima

Questão 252

Um cilindro provido de um pistão móvel, que se desloca sem atrito, contém 3,2 g de gás hélio que ocupa um volume, de 19,0 L sob pressão 1,2 x 10^5 N.m^{-2}. Mantendo a pressão constante, a temperatura do gás é diminuída de 15 K e o volume ocupado pelo gás diminui para 18,2 L. Sabendo que a capacidade calorífica molar do gás hélio à pressão constante é igual a 20,8 J.K^{-1}.mol^{-1}, a variação da energia interna neste sistema é aproximadamente igual a:

a) – 0,35 kJ
b) – 0,25 kJ
c) – 0,20 kJ
d) – 0,15 kJ
e) – 0,10 kJ

Questão 253

Cinco mol de um gás perfeito expande de forma isotérmica a uma temperatura constante igual a 127°C, para quatro vezes o seu volume. A partir desta informação, determine o trabalho realizado pelo gás e o fluxo de calor em relação ao sistema.

Questão 254

Uma mistura de 11,02 mmol de H_2S e 5,48 mmol de CH_4 foi colocada em um reator com um catalisador de platina e, o equilíbrio $H_2S_{(gás)} + CH_{4(gás)} \rightleftarrows H_{2(gás)} + CS_{2(gás)}$ foi estabelecido em 700°C e 762 torr. Retirou-se o catalisador da mistura reacional e em seguida a mistura foi resfriada. Através de análises no equilíbrio encontrou-se 0,711 mmol de CS_2. Determine:

a) As frações molares de cada substância envolvida;
b) As porcentagens molares;
c) As pressões parciais;
d) K_p e o ΔG° para a reação em 700°C.

Questão 255

Considere a proposta de um processo para a obtenção da cementita, esquematizada abaixo.

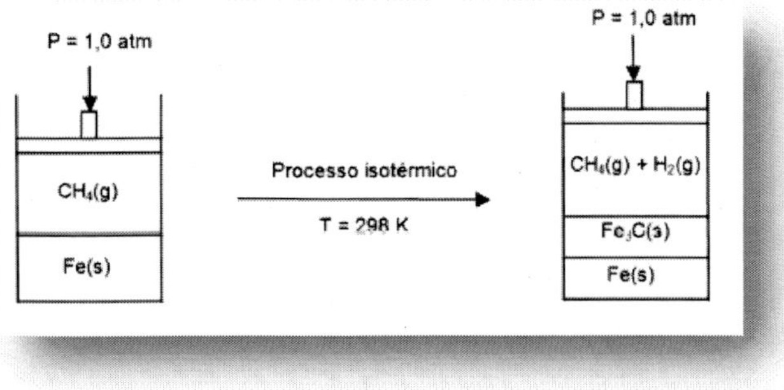

Sabe-se que a energia livre de Gibbs molar está relacionada diretamente com a constante de equilíbrio de uma reação química, conforme a seguinte equação termodinâmica: $\Delta G_{reação}$ = - R x T x lnK_p. Determine as frações molares na fase gasosa, na situação de equilíbrio, e avalie se o processo é viável.

	$Fe_{(sólido)}$	$Fe_3C_{(sólido)}$	$CH_{4(gás)}$	$H_{2(gás)}$
ΔH^o_f (kJ.mol^{-1})	0	25,10	- 74,80	0
ΔS^o_f (J.mol^{-1}.K^{-1})	27,30	104,6	186,2	130,6

Questão 256

A combustão de etano produz dióxido de carbono e água líquida a 25°C.

a) Escreva a equação para esta reação.

b) Sabendo que a variação de entalpia padrão de combustão para o etano sob estas condições é – 1560 kJ.mol^{-1} de etano, calcule:

i. $\Delta H^0_{formação}$ para o etano.

Dado:

	$\Delta H°$ (kJ.mol^{-1})
$CO_{2(gás)}$	- 393,5
$H_2O_{(líquido)}$	- 285,8

ii. A energia de ligação para a ligação C = O.

	Energia de ligação (kJ.mol^{-1})
C – C	347
H – C	413
H – O	164
O = O	195

c) Sabendo que ΔG^0 = - 1467,5 kJ.mol^{-1}. Calcule ΔS^0 para esta reação em J.mol^{-1}.K^{-1}.

Questão 257

Considere que 1 mol de um gás ideal que expande de forma reversível e isotermicamente a 300 K quando o volume triplica em relação a situação inicial. A partir desta informação, determine a variação de entropia do universo ($\Delta S_{universo}$).

Questão 258

O oxigênio e o hidrogênio combinam-se, em células de combustível, produzindo água líquida e gerando corrente elétrica. O máximo trabalho elétrico útil que essas células produzem é dado por $\Delta G°$ = - 237 x 10^3 J.mol^{-1}. Com base nos dados fornecidos, calcule o ponto de ebulição da água. Aproxime ΔH por ΔH° e ΔS por ΔS°. Dados termodinâmicos:

$O_{2(gás)}$	$H_{2(gás)}$	$H_2O_{(líquido)}$	$H_2O_{(gás)}$
S° = 206 $J.mol^{-1}.K^{-1}$	S° = 131 $J.mol^{-1}.K^{-1}$	S° = 70,0 $J.mol^{-1}.K^{-1}$	S° = 189,0 $J.mol^{-1}.K^{-1}$
			H° = $-242x10^3$ $J.mol^{-1}$

Questão 259

(CONCURSO PARA DOCENTE FEDERAL – INSTITUTO FEDERAL DO RIO DE JANEIRO) Num recipiente de 20 litros, inseriu-se 1,0 mol de bicarbonato de sódio. Após algum tempo, estabeleceu-se o equilíbrio apresentado a seguir. Ao longo de todo o processo, a temperatura permaneceu constante, 25°C. Equação química balanceada: $2NaHCO_{3(s)} \rightleftarrows Na_2CO_{3(s)} + H_2O_{(g)} + CO_{2(g)}$.

Substância	$\Delta H°_{298}$ ($kJ.mol^{-1}$)	$S°_{298}$ ($J.mol^{-1}.K^{-1}$)
$NaHCO_{3(sólido)}$	- 947	102
$Na_2CO_{3(sólido)}$	- 1133	136
$H_2O_{(gás)}$	- 242	189
$CO_{2(gás)}$	- 393	213

Admitindo que todos os gases envolvidos apresentam comportamento de gás ideal, determine a variação da energia livre de Gibbs, a variação da energia interna do sistema reacional e também a constante de equilíbrio para o sistema na temperatura em questão.

Questão 260

The thermodynamic data of the species involved in the reactions are listed in the table below:

	$Ag_2CO_{3(sólido)}$	$Ag_2O_{(sólido)}$	$CO_{2(gás)}$
$\Delta_f H°_{m,(298\ K)}$ ($kJ.mol^{-1}$)	-501,66	-30,58	-393,51
$S°_{m,(298\ K)}$ ($kJ.mol^{-1}$)	167,4	121,8	213,8
$C°_{p,m}$ ($J.mol^{-1}.K^{-1}$)	109,6	65,7	37,6

a) The decomposition of Ag_2CO_3 proceeds with the chemical equation: $Ag_2CO_{3(sólido)} \rightarrow Ag_2O_{(sólido)} + CO_{2(gás)}$. Calculate the standard equilibrium constant, o (298 K) K_p , of the reaction at 298 K.

b) The enthalpy and entropy changes with temperature are given by the equations:

$\Delta_r H_m^0(T_2) = \Delta_r H_m^0(T_1) + \Delta_r C_p^0(T_2 - T_1)$ e $\Delta_r S_m^0(T_2) = \Delta_r S_m^0(T_1) + \Delta_r C_p^0 \ln\frac{T_2}{T_1}$

In order to dry $Ag_2CO_{3(sólido)}$ with a hot air flow under a constant pressure of 10^5 Pa and a constant temperature of 383 K, calculate the minimum partial pressure of $CO_{2(g)}$ needed in the air flow to avoid the decomposition of $Ag_2CO_{3(s)}$.

Questão 261

Um sistema A transfere, naturalmente, uma determinada quantidade de energia, na forma de calor, para um sistema B, que envolve totalmente A. Assinale a única alternativa correta.

a) A entropia do universo decrescerá.
b) A entropia do sistema A crescerá.
c) O aumento da entropia do sistema B será maior do que o decréscimo da entropia do sistema A.
d) O aumento da entropia do sistema B será menor do que o decréscimo da entropia do sistema A.
e) O aumento da entropia do sistema B será necessariamente igual ao decréscimo da entropia do sistema A.

EXERCÍCIO DE FIXAÇÃO - GABARITO

Questão 01

Equação química da combustão completa do gás metano:

$CH_{4(gás)} + 2O_{2(gás)} \rightarrow CO_{2(gás)} + 2H_2O_{(líquido)}$ $\Delta H = - 890\ kJ.mol^{-1}$

Cálculo da quantidade de calor total (Q_{TOTAL}) necessário para a conversão de 100 kg de $H_2O_{(l)}$ em $H_2O_{(v)}$: $Q_{TOTAL} = Q_{L(calor\ latente)} + Q_{S(calor\ sensível)}$

Cálculo da quantidade de calor latente: $Q_L = m \times L_V$
$Q_L = 100000\ g \times 2260\ J/g = 226000000\ J$
$Q_L = 2{,}26 \times 10^8\ J$ ($Q_L = 2{,}26 \times 10^5\ kJ$)

Cálculo da quantidade de calor sensível: $Q_S = m \times c \times \Delta T$
$Q_S = 100000\ g \times 4{,}2\ J/g^oC \times (100 - 10)^oC$
$Q_S = 100000\ g \times 4{,}2\ J/g^oC \times 90^oC = 37800000\ J$
$Q_S = 3{,}78 \times 10^7 J$ ($Q_S = 3{,}78 \times 10^4\ kJ$)

$Q_{TOTAL} = Q_{L(calor\ latente)} + Q_{S(calor\ sensível)} = (2{,}26 \times 10^5 + 3{,}78 \times 10^4)\ kJ = 2{,}638 \times 10^5\ kJ$

Cálculo do número de mol de gás metano (n_{CH4}):
1 mol de CH_4 ---------- 890 kJ
n_{CH4} ---------------------- $2{,}638 \times 10^5\ kJ$
$n_{CH4} = 296{,}40$ mol

Cálculo do volume de gás metano, medido nas condições normais de temperatura e pressão:

$$V_{CH_4} = \frac{296{,}4 \text{ x } 0{,}08206 \text{ x } 273}{1} = 6640{,}06 \text{ L}$$

Questão 02

Equação química da combustão do sulfeto de carbono: $CS_2 + 3O_2 \rightarrow CO_2 + 2SO_2$
$\Delta H = - 265\ kcal.mol^{-1}$

Equação química de formação do dióxido de enxofre: $S + O_2 \rightarrow SO_2$ $\Delta H = - 71\ kcal.mol^{-1}$
Equação química de combustão do dióxido de carbono: $C + O_2 \rightarrow CO_2$ $\Delta H = - 96\ kcal.mol^{-1}$

Aplicando o princípio da Lei de Hess, temos:

$\cancel{CO_2} + \cancel{2SO_2} \rightarrow CS_2 + \cancel{3O_2}$ $\Delta H = - 265\ kcal.mol^{-1}$
$2\ S + \cancel{2O_2} \rightarrow \cancel{2SO_2}$ $\Delta H = (- 71\ kcal.mol^{-1}) \times 2$
$C + \cancel{O_2} \rightarrow \cancel{CO_2}$ $\Delta H = - 96\ kcal.mol^{-1}$ +

$C + 2S \rightarrow CS_2$ $\Delta H = + 27\ kcal.mol^{-1}$

Sabendo que o processo a pressão constante, a variação da entalpia é igual a quantidade de calor, $\Delta H = Q_p$. Então: $\Delta H_f(CS_2) = Q_p = + 27{,}0$ kcal/mol = 27000 cal/mol de CS_2

Cálculo da capacidade calorífica a pressão constante (C_p): $Q_p = C_p \times \Delta T$
$27000\ cal = C_p \times 30$
$C_p = 900\ cal/^oC$

Cálculo da massa de água capaz de fornecer 27000 calorias quando resfriada a 30°C:

$Q = m \times C_p$

900 = Massa x C_p

Massa x 1 $cal.g^{-1}°C^{-1}$ = 900 cal/°C

Massa de água = 900 g

Questão 03

Considerando que o processo ocorre a pressão constante ($Q_p = \Delta H$), temos:

$$\Delta H_{reação} = Q_p = m \times c \times \Delta T$$
$$\Delta H_{reação} = 2000 \text{ g} \times 1 \frac{\text{cal}}{\text{g} \times °\text{C}} \times (28 - 20)°\text{C}$$
$$\Delta H_{reação} = 16000 \text{ cal}$$

Questão 04

Cálculo da massa de água consumida diariamente, a partir da sua densidade: $d = \frac{m_{água}}{V}$

$$m_{água} = d \times V = 1000 \frac{\text{kg}}{\text{m}^3} \times 0{,}489 \text{ m}^3 = 489 \text{ kg } (489000 \text{ g})$$

Cálculo da variação da temperatura, sabendo que a temperatura inicial é igual a 10°C e a temperatura final é de 60°C: $\Delta T = T_F - T_i$ = 50°C

Cálculo da quantidade de calor para o aquecimento da água: Q = m x c x ΔT
Q = 489000 g x 1 $cal.g^{-1}.°C^{-1}$ x (60 – 10)°C = 24450000 cal

Cálculo da entalpia de combustão do gás propano: ΔH = {3 x (-94,0) + 4 x (-58,0)} – {(-25,0) + 5 x 0} = - 489 kcal/mol de propano queimado

Cálculo do número de mol de gás propano queimado:
1 mol de gás propano -------- 489000 cal
$n_{propano}$ ---------------------------- 24450000 cal
$n_{propano}$ = 50 mol de gás propano

Cálculo do volume do gás propano, medido nas Condições Normais Ambientais de Temperatura e Pressão (CNATP): $1 \times V = 50 \times 82 \times 10^{-6} \times 298$
$V = 1{,}22 \text{ m}^3$

Questão 05

Organizando os dados apresentados pela questão em uma tabela que relaciona as ligações químicas com suas respectivas energias de ligação.

Ligação Química	Energia ($kJ.mol^{-1}$)
H – H	+ 436
Cl – Cl	+ 243
H – Cl	+ 431

Cálculo da entalpia (H) $kJ.mol^{-1}$ dos reagentes (processo endotérmico):

$$H_{reagentes} = +[\,1 \times (H - H) + 1 \times (Cl - Cl)]$$
$$H_{reagentes} = +[\,1 \times (+\,436) + 1 \times (+243)] = +\,679 \frac{\text{kJ}}{\text{mol}}$$

Cálculo da entalpia (H) em $kJ.mol^{-1}$ dos produtos (processo exotérmico):

$$H_{produtos} = -2 \text{ x } (H - Cl) = -2 \text{ x } (+431) = -862 \frac{kJ}{mol}$$

Cálculo da entalpia da reação: $\Delta H_{reação} = H_{produtos} + H_{reagentes}$

$$\Delta H_{reação} = -862 \frac{kJ}{mol} + 679 \frac{kJ}{mol} = -183 \frac{kJ}{mol}$$

Questão 06

Equação química: $C_2H_{2(gás)} + 5/2O_{2(gás)} \rightarrow 2CO_{2(gás)} + H_2O_{(vapor)}$

Cálculo da variação de entalpia da combustão do gás acetileno:

$$\Delta H^0_{reação} = [2 \text{ x } H^0_{CO_2} + 1 \text{ x } H^0_{H_2O}] - [1 \text{ x } H^0_{C_2H_2} + \frac{5}{2} \text{ x } H^0_{O_2}]$$

$$\Delta H^0_{reação} = [2 \text{ x } (-94{,}10) + 1 \text{ x } (-57{,}80)] - \left[1 \text{ x } (+54{,}20) + \frac{5}{2} \text{ x } 0\right]$$

$$\Delta H^0_{reação} = -300{,}20 \frac{kcal}{mol}$$

Cálculo do número de mol do gás acetileno:

$$n_{C_2H_2} = \frac{130000 \text{ g}}{26 \text{ g.mol}^{-1}} = 5000 \, mol$$

Cálculo da entalpia para 130 kg de acetileno, a partir de uma regra de três simples e direta:
1 mol de C_2H_2 ------------- (- 300,20 kcal)
5000 mol de C_2H_2 --------- $Q_p = \Delta H°$
$Q_p = \Delta H° = 1{,}50 \times 10^6$ kcal

Questão 07

Cálculo do valor da variação de entalpia da reação de formação do meta-dimetilbenzeno:
$8C + 5H_2 \rightarrow C_8H_{10}$ $\Delta H = ?$

Calor de combustão do meta-dimetilbenzeno: $C_8H_{10} + 21/2O_2 \rightarrow 8CO_2 + 5H_2O$
ΔH = - 1087,90 kcal/mol

Calor de formação do dióxido de carbono: $C + O_2 \rightarrow CO_2$ ΔH = - 94,00 kcal.mol^{-1}

Calor de formação da água: $H_2 + ½ O_2 \rightarrow H_2O$ ΔH = - 68,30 kcal.mol^{-1}

Para a resolução do problema será necessário aplicar o princípio da lei de Hess.

Invertendo a primeira equação química: $8CO_2 + 5H_2O \rightarrow C_8H_{10} + (21/2)O_2$
ΔH = - 1087,90 kcal.mol^{-1}

Multiplicando a segunda equação por oito: $8C + 8O_2 \rightarrow 8CO_2$
ΔH = 8 x (- 94,00) kcal.mol^{-1}

Multiplicando a terceira equação por cinco: $5H_2 + 5/2O_2 \rightarrow 5H_2O$
ΔH = 5 x (- 68,30) kcal.mol^{-1}

Somando as equações químicas apresentadas acima, a partir do princípio de Hess, temos:

$\cancel{8CO_2} + \cancel{5H_2O} \rightarrow C_8H_{10} + \cancel{(21/2)O_2}$ $\Delta H = + 1087{,}90\ kcal.mol^{-1}$

$8C + \cancel{8O_2} \rightarrow \cancel{8CO_2}$ $\Delta H = 8 \times (- 94{,}00)\ kcal.mol^{-1}$

$5H_2 + \cancel{5/2O_2} \rightarrow \cancel{5H_2O}$ $\Delta H = 5 \times (- 68{,}30)\ kcal.mol^{-1}$ +

$8C + 5H_2 \rightarrow C_8H_{10}$

$\Delta H_{reação} = + 1087{,}90 + [5 \times (-68{,}30) + [8 \times (- 94{,}00)] = - 5{,}60\ kcal.mol^{-1}$

Questão 08

Equação química da combustão completa do benzeno líquido: $C_6H_{6(líquido)} + 15/2O_{2(gás)} \rightarrow 6CO_{2(gás)} + 3H_2O_{(gás)}$

Cálculo da variação de entalpia para a combustão do benzeno líquido:

$$\Delta H^0_{reação} = \left[6 \times H^0_{CO_2} + 3 \times H^0_{H_2O}\right] - \left[1 \times H^0_{C_6H_6} + \frac{15}{2} \times H^0_{O_2}\right]$$

$$\Delta H^0_{reação} = [6 \times (-94050) + 3 \times (-68320)] - \left[1 \times (+11720) + \frac{15}{2} \times 0\right]$$

$$\Delta H^0_{reação} = 780980 \frac{cal}{mol}$$

Cálculo da energia interna, a partir da equação termodinâmica: $\Delta H = \Delta U + \Delta nRT$

$$-780980 \frac{cal}{mol} = \Delta U + (9 - 7{,}50)\cancel{mol} \times 2 \frac{cal}{\cancel{mol} \times \cancel{K}} \times (25 + 273)\cancel{K}$$

$$-780980\ cal = \Delta U + 1{,}50 \times 2\ cal \times 298$$

$$\Delta U = -780980\ cal - 894\ cal = -781874\ cal$$

Questão 09

Equação química: $2S_{(gás)} + O_{2(gás)} + 2Cl_{2(gás)} \rightarrow 2SO_2Cl_{2(gás)}$

Cálculo da variação da entalpia para o processo químico apresentado.

$$\Delta H^0_{reação} = \left[2 \times H^0_{SO_2Cl_2}\right] - \left[2 \times H^0_S + 1 \times H^0_{O_2} + 2 \times H^0_{Cl_2}\right]$$

$$\Delta H^0_{reação} = [2 \times (-210)] - [2 \times (+277) + 1 \times 0 + 2 \times 0] = -974 \frac{kJ}{mol}$$

Considerando que os gases que participam na reação química apresentam comportamento ideal, temos:

$$\Delta H = \Delta U + \left(n_{produtos} - n_{reagentes}\right) \times R \times T$$

$$-974000 = \Delta U + (2 - 5) \times 8{,}314 \times 298$$

$$-974000 = \Delta U - 7432{,}72$$

$$\Delta U = -966567{,}28 \frac{J}{mol}\ \left(-966{,}57 \frac{kJ}{mol}\right)$$

Questão 10

Equação de combustão do naftaleno: $C_{10}H_{8(sólido)} + 12O_{2(gás)} \rightarrow 10CO_{2(gás)} + 4H_2O_{(líquido)}$.

Sendo o processo a volume constante, o trabalho será igual a zero (W = 0).

Através da primeira lei da termodinâmica, temos: $\Delta U = Q + 0$

$\Delta U = Q_V = - 1227\ kcal$

A partir da definição da função de estado entalpia, temos: $H = U + pV$

$$\Delta H = \Delta U + (n_{produtos} - n_{reagentes})\ x\ R\ x\ T$$

$$\Delta H = -1227000 + \{(10 - 12)\ x\ 1{,}987\ x\ (25 + 273)\}$$

$$\Delta H = -1227000 - \{2\ x\ 1{,}987\ x\ 298\} = -1228184{,}25\ cal\ (-1228{,}82\ kcal)$$

Questão 11

a) $H_{2(gás)} + ½O_{2(gás)} \rightarrow H_2O_{(líquido)}$ $\Delta H = -68{,}3\ kcal.mol^{-1}$
b) $C_3H_{8(gás)} + 5O_{2(gás)} \rightarrow 3CO_{2(gás)} + 4H_2O_{(líquido)}$ $\Delta H = -530{,}6\ kcal.mol^{-1}$
c) $C_3H_{6(gás)} + 9/2O_{2(gás)} \rightarrow 3CO_{2(gás)} + 3H_2O_{(líquido)}$ $\Delta H = -491{,}9\ kcal.mol^{-1}$

Equação de hidrogenação do gás propeno: $C_3H_{6(gás)} + H_{2(gás)} \rightarrow C_3H_{8(gás)}$ $\Delta H = ?$

Aplicando o princípio de Hess:

$H_{2(gás)}$ + ~~$½O_{2(gás)}$~~ $\rightarrow$ ~~$H_2O_{(líquido)}$~~ $\Delta H = -68{,}3\ kcal.mol^{-1}$
~~$3CO_{2(gás)}$~~ + ~~$4H_2O_{(líquido)}$~~ $\rightarrow C_3H_{8(gás)}$ + ~~$5O_{2(gás)}$~~ $\Delta H = +530{,}6\ kcal.mol^{-1}$
$C_3H_{6(gás)}$ + ~~$9/2O_{2(gás)}$~~ $\rightarrow$ ~~$3CO_{2(gás)}$~~ + ~~$3H_2O_{(líquido)}$~~ $\Delta H = -491{,}9\ kcal.mol^{-1}$ +

$C_3H_{6(gás)} + H_{2(gás)} \rightarrow C_3H_{8(gás)}$ $\Delta H = -29{,}60\ kcal.mol^{-1}$

Este valor de entalpia caracteriza um processo exotérmico.

Questão 12

Item a) Para um processo que ocorra a volume constante, W = 0. A partir da primeira lei da termodinâmica, temos a seguinte relação: $\Delta U = Q + W$
$\Delta U = Q + 0$
$\Delta U = Q_V = -780000\ kcal.mol^{-1}$

Item b) Equação de combustão completa do benzeno líquido:

$C_6H_{6(líquido)} + 7{,}5O_{2(gás)} \rightarrow 6CO_{2(gás)} + 3H_2O_{(líquido)}$

$$\Delta H = \Delta U + (n_{produtos} - n_{reagentes})\ x\ R\ x\ T$$

$$\Delta H = -780000 + \{(6 - 7{,}5)\ x\ 2{,}0\ x\ (25 + 273)\ \} = -780894\ cal\ (-780{,}89\ kcal)$$

Item c) Equação de combustão completa do benzeno líquido, havendo a produção de vapor d´água:

$C_6H_{6(líquido)} + 7{,}5O_{2(gás)} \rightarrow 6CO_{2(gás)} + 3H_2O_{(vapor)}$

$$\Delta H = \Delta U + (n_{produtos} - n_{reagentes})\ x\ R\ x\ T$$

$$\Delta H = -780000 + \{(9 - 7{,}5)\ x\ 2{,}0\ x\ (25 + 273)\} = \boxed{-779106\ cal\ (-779{,}11\ kcal)}$$

Questão 13

Equação química da combustão completa do hidrocarboneto naftaleno: $C_{10}H_{8(sólido)} + 12O_{2(gás)} \rightarrow 10CO_{2(gás)} + 4H_2O_{(líquido)}$

Sendo o processo a volume constante, o trabalho realizado é igual a zero (W = 0).
$\Delta U = Q + W$
$\Delta U = Q + 0 = Q_V$

Cálculo da quantidade de calor a volume constante: $\Delta U = Q_v = n\ x\ Q_v\ x\ \Delta T$

$$\Delta U = Q_v = 2570 \frac{cal}{°C} x\ 2{,}40°C = 6168\ cal$$

Cálculo do número de mol de naftaleno: $n_{C_{10}H_8} = \frac{massa}{<MM>} = \frac{0{,}640}{128} = 0{,}0050\ mol$

Cálculo da quantidade de calor a volume constante (kcal.mol^{-1}):

$$Q_v = \frac{6168\ cal}{0{,}0050\ mol} = 1233600 \frac{cal}{mol} = 1233{,}60 \frac{kcal}{mol}$$

Como o processo ocorre através da queima de um hidrocarboneto, o que caracteriza que o processo é exotérmico, temos: ΔU = - 1233,60 kcal.mol^{-1}.

Considerando que a pressão seja muito baixa, p ⟶ 0, logo: $\Delta U = \Delta H$ = - 1233,60 kcal.mol^{-1}

Cálculo da entalpia de formação do naftaleno:

$$\mathbf{\Delta H^0_{reação} = [10\ x\ H^0_{CO_2} + 4\ x\ H^0_{H_2O}] - [1\ x\ H^0_{C_{10}H_8} + 12\ x\ H^0_{O_2}\ ]}$$

$$-\ 1233{,}60 = [10\ x\ (-94{,}10) + 4\ x\ (-68{,}30)] - [1\ x\ H^0_{C_{10}H_8} + 12\ x\ 0]$$

$$\mathbf{H^0_{C_{10}H_8} = +19{,}40 \frac{kcal}{mol}}$$

Questão 14

Equações químicas a serem analisadas:

$C_6H_{14(líquido)} + 19/2O_{2(gás)} \longrightarrow 6CO_{2(gás)} + 7H_2O_{(vapor)}$ ΔH = -3883 kJ

$C_7H_{16(líquido)} + 11O_{2(gás)} \longrightarrow 7CO_{2(gás)} + 8H_2O_{(vapor)}$ ΔH = - 4498 Kj

Item a) Cálculo da variação da entalpia para a seguinte equação química:

$C_{10}H_{22(líquido)} + 31/2O_{2(gás)} \longrightarrow 10CO_{2(gás)} + 11H_2O_{(vapor)}$ ΔH = ?

Na combustão do heptano foram produzidos uma molécula a mais de dióxido de carbono (CO_2) e uma molécula a mais de água (H_2O) em comparação a combustão do hexano, e com isso, haverá maior liberação da quantidade de calor, na ordem de 615 kJ a mais. Considerando que a variação de entalpia do C_6H_{14}, ΔH do C_7H_{16} e do $C_{10}H_{22}$ não apresentam diferenças tão significativas, pode-se estimar que o valor da variação de entalpia da combustão do $C_{10}H_{22}$ sendo igual a (4 x 615) a mais do que o valor da variação de entalpia de combustão do C_6H_{14} em função da produção de quatro moléculas de dióxido de carbono e também de quatro moléculas de água (4 CO_2 + 4 H_2O).

Cálculo da entalpia de combustão do n-decano: ΔH = 4 x (- 615) + $\Delta H_{combustão\ do\ n\text{-}hexano}$

ΔH = 4 x (-615 kJ) + (-3883 kJ) = - 2460 kJ – 3883 kJ = - 6343 kJ

Item b) Para esta alternativa será necessário aplicar a Lei de Hess. Sabendo que a entalpia de formação da água líquida é menor que a entalpia de formação da água no estado vapor, temos com isso a seguinte relação: $\Delta H_{f\ H2O(líquido)} < \Delta H_{f\ H2O(gás)}$.

$C_6H_{14} + 19/2O_{2(gás)} \longrightarrow 6CO_{2(gás)} + 7H_2O_{(vapor)}$	ΔH = - 3883 kJ	
$7H_2O_{(gás)} \longrightarrow 7H_2O_{(líquido)}$	ΔH = - X	+
$C_6H_{14} + 19/2O_{2(gás)} \longrightarrow 6O_{2(gás)} + 7H_2O_{(líquido)}$	ΔH = - (3883 + X)	

Questão 15

Item a) Equação química (a) da combustão completa do gás metano:

$CH_{4(gás)} + 2O_{2(gás)} \longrightarrow CO_{2(gás)} + 2H_2O_{(líquido)}$

Equação química da combustão incompleta do gás metano:

$CH_{4(gás)} + 3/2O_{2(gás)} \longrightarrow CO_{(gás)} + 2H_2O_{(líquido)}$

Equação química da combustão incompleta do gás metano:
$CH_{4(gás)} + O_{2(gás)} \longrightarrow C_{(sólido)} + 2H_2O_{(líquido)}$

Item b) Cálculo da variação de entalpia de combustão completa do gás metano da equação química (a):

$$\Delta H^0_{reação} = [1 \text{ x } H^0_{CO_2} + 2 \text{ x } H^0_{H_2O}] - [1 \text{ x } H^0_{CH_4} + 1 \text{ x } H^0_{O_2}]$$

$$\Delta H^0_{reação} = [1 \text{ x } (-393,5) + 2 \text{ x } (-285,83)] - [1 \text{ x } (-74,81) + 1 \text{ x } 0]$$

$$\Delta H^0_{reação} = -890,35 \frac{kJ}{mol}$$

Cálculo da variação de entalpia de combustão incompleta do gás metano da equação química (b):

$$\Delta H^0_{reação} = \left[1 \text{ x } H^0_{CO} + 2 \text{ x } H^0_{H_2O}] - [1 \text{ x } H^0_{CH_4} + \frac{3}{2} \text{ x } H^0_{O_2}\right]$$

$$\Delta H^0_{reação} = \left[1 \text{ x } (-110,5) + 2 \text{ x } (-285,83)] - [1 \text{ x } (-74,81) + \frac{3}{2} \text{ x } 0\right]$$

$$\Delta H^0_{reação} = -607,35 \frac{kJ}{mol}$$

Cálculo da variação de entalpia de combustão incompleta do gás metano da equação química as:

$$\Delta H^0_{reação} = [1 \text{ x } H^0_{C} + 2 \text{ x } H^0_{H_2O}] - [1 \text{ x } H^0_{CH_4} + 1 \text{ x } H^0_{O_2}]$$

$$\Delta H^0_{reação} = [1 \text{ x } 0 + 2 \text{ x } (-285,83)] - [1 \text{ x } (-74,81) + 1 \text{ x } 0] = -496,85 \frac{kJ}{mol}$$

Item c) O dióxido de carbono (CO_2) é o produto mais predominante pelo fato de ser o mais exotérmico, o que pode ser observado no valor obtido na equação química do item b.

Questão 16

(GRILLO) Germain Henri Hess (1802-1850), foi médico e químico, nasceu na Suíça, mas viveu toda a sua vida na Rússia. Considerado o pai da termoquímica, publicou seus trabalhos em 1840 e 1842. Seu livro Fundamentos de Química Pura foi durante muito tempo o padrão didático na Rússia, só sendo suplantado dez anos após sua morte pelos livros de Mendeleev.

Questão 17

(GRILLO) Equação química para a formação do gás amoníaco: $N_{2(gás)} + 3H_{2(gás)} \longrightarrow 2NH_{3(gás)}$

Cálculo das entalpias (Reagentes e Produtos):

$$H_{reagentes} = +[1 \text{ x } H_{N\equiv N} + 3 \text{ x } H_{H-H}]$$

$$H_{reagentes} = +[1 \text{ x } 225,8 + 3 \text{ x } 104,2] = +538,40 \frac{kcal}{mol}$$

$$H_{produtos} = -[2 \text{ x } 3 \text{ x } H_{N-H}] = -[6 \text{ x } 93,40] = -560,40 \frac{kcal}{mol}$$

Cálculo da variação de entalpia da reação ($\Delta H_{reação}$):

$$\Delta H_{reação} = H_{produtos} + H_{reagentes} = -560,40 + 538,40$$

$$\Delta H_{reação} = H_{produtos} + H_{reagentes} = -22,00 \frac{kcal}{mol}$$

Analisando a segunda reação – reação de hidrogenação do propeno:

$C_3H_{6(gás)} + 3H_{2(gás)} \rightarrow 2C_3H_{8(g)}$

$$\mathbf{H_{reagentes} = +[1\ x\ H_{C=C} + 1\ x\ H_{C-C} + 6\ x\ H_{C-H}] + [1\ x\ H_{H-H}]}$$

$$H_{reagentes} = +[1\ x\ 145{,}8 + 1\ x\ 82{,}6 + 6\ x\ 98{,}8] + [1\ x\ 104{,}2]$$

$$H_{reagentes} = +925{,}40\frac{kcal}{mol}$$

$$H_{produtos} = -[2\ x\ H_{C-C} + 8\ x\ H_{C-H}\ ]$$

$$H_{produtos} = -[2\ x\ 82{,}60\ + 8\ x\ 98{,}80] = -955{,}60\frac{kcal}{mol}$$

Cálculo da variação de entalpia da reação ($\Delta H_{reação}$): $\Delta H_{reação} = H_{produtos} + H_{reagentes}$

$$\Delta H_{reação} = -955{,}60 + 925{,}40 = -30{,}20\frac{kcal}{mol}$$

Questão 18

Equação química de combustão completa: $C_{12}H_{22}O_{11} + 35/2O_2 \rightarrow 12CO_2 + 11H_2O$

Considerando que a reação ocorra a pressão constante, logo: $Q_p = \Delta H$.
342 g ----------- q'
Massa ---------- q
Logo: $q' = 342\ x\left(\frac{q}{m}\right)$

Questão 19

Equação química: $ZnO_{(sólido)} + C_{(sólido)} \rightarrow Zn_{(gás)} + CO_{(gás)}$

Cálculo da variação de entalpia a 298 K: $\Delta H^0_{reação} = \sum H^0_{produtos} - \sum H^0_{reagentes}$

$$\Delta H^0_{reação} = [1\ x\ H^0_{Zn} + 1\ x\ H^0_{CO}] - [1\ x\ H^0_{ZnO} + 1\ x\ H^0_{C}\ ]$$

$$\Delta H^0_{reação} = [1\ x\ (130{,}40) + 1\ x\ (-110{,}50)] - [1\ x\ (-350{,}5) + 1\ x\ 0\ ]$$

$$\Delta H^0_{reação} = +370{,}40\frac{kJ}{mol}$$

Estudo do balanço térmico:

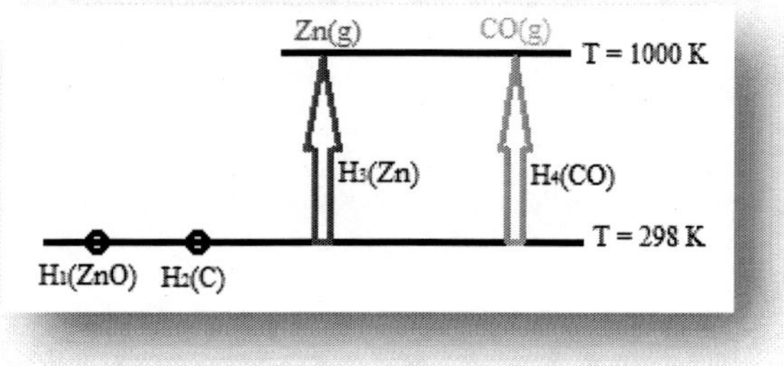

Cálculo da entalpia em relação ao $ZnO_{(sólido)}$:

$$\Delta H_1 = \int n \times C_p \times dT = \int_{T_1}^{T_2} 1 \times C_p \times dT = \int_{298}^{298} 1 \times C_p \times dT = 0$$

Cálculo da entalpia em relação ao $C_{(sólido)}$:

$$\Delta H_2 = \int n \times C_p \times dT = \int_{T_1}^{T_2} 1 \times C_p \times dT = \int_{298}^{298} 1 \times C_p \times dT = 0$$

Cálculo da entalpia em relação ao $Zn_{(gás)}$:

$$\Delta H_3 = \int n \times C_p \times dT = \int_{T_1}^{T_2} 1 \times C_p \times dT$$

$$\Delta H_3 = \int_{298}^{1273} 1 \times 20{,}90 \times dT = \int_{298}^{1273} 20{,}90 \times dT$$

$$\Delta H_3 = 20{,}90 \times T|_{298}^{1273} = 20{,}90 \times (1273 - 298) = 20377{,}50 \frac{J}{mol}$$

Cálculo da entalpia em relação ao $CO_{(g)}$:

$$\Delta H_4 = \int_{T_1}^{T_2} 1 \times C_p \times dT = \int_{298}^{1273} 1 \times 31{,}60 \times dT = \int_{298}^{1273} 31{,}60 \times dT$$

$$\Delta H_3 = 31{,}60 \times T|_{298}^{1273} = 31{,}60 \times (1273 - 298) = 30810 \frac{J}{mol}$$

Sabendo que o processo ocorre a pressão constante, então: $Q_p = \sum \Delta H$

$$Q_p = \Delta H^0_{reação} + \Delta H_1 + \Delta H_2 + \Delta H_3 + \Delta H_4$$

$$Q_p = 370{,}40 \frac{kJ}{mol} + 0 + 0 + 20{,}38 \frac{kJ}{mol} + 30{,}81 \frac{kJ}{mol} = 421{,}59 \frac{kJ}{mol}$$

Cálculo da quantidade de calor para 1 quilograma de zinco gasoso:
65,4 g de Zn ------------ 421,59 kJ
1000 g de Zn ----------- Q_p
$Q_p = \Delta H = 6446{,}33$ kJ

Questão 20

$$\Delta H_{RbF} = \int_{T_1}^{T_2} C_p \times dT + H_{RbF}^{Fusão} + \int_{T_3}^{T_3} C_p \times dT$$

$$\Delta H_{RbF} = \int_{300}^{1048} 7{,}3 \times R \times dT + H_{RbF}^{Fusão} + \int_{1048}^{1200} 8{,}8 \times R \times dT$$

$$\Delta H_{RbF} = 7{,}3 \times R \times T|_{300}^{1048} + 26300 + 8{,}8 \times R \times T|_{1048}^{1200}$$

$$\Delta H_{RbF} = 7{,}3 \times R \times (1048 - 300) + 26300 + 8{,}8 \times R \times (1200 - 1048)$$

$$\Delta H_{RbF} = 7{,}3 \times 8{,}314 \times (1048 - 300) + 26300 + 8{,}8 \times 8{,}314 \times (1200 - 1048)$$

$$\Delta H_{RbF} = 82818{,}57 \frac{J}{mol} \ (82{,}82 \frac{kJ}{mol})$$

Logo, para dois mols de fluoreto de rubídio, a entalpia será:

$$\Delta H_{RbF} = 2 \times 82{,}82 \frac{kJ}{mol} = 165{,}64 \text{ kJ}$$

Questão 21

Cálculo da variação da entalpia a 298K: $\Delta H^0_{reação} = \sum H^0_{produtos} - \sum H^0_{reagentes}$

$$\Delta H^0_{reação} = \left[1 \text{ x } H^0_{H_2O} + 1 \text{ x } H^0_{SO_2} - 1 \text{ x } H^0_{H_2S} - \frac{3}{2} \text{x } H^0_{O_2}\right]$$

$$\Delta H^0_{reação} = \left[1 \text{ x } (-285{,}80) + 1 \text{ x } (-296{,}80)\right] - \left[1 \text{ x } (-20{,}6) + \frac{3}{2} \text{ x } 0\right]$$

$$\Delta H^0_{reação} = -562{,}00 \frac{kJ}{mol}$$

Cálculo da entalpia a uma temperatura igual a 70°C:

$$\Delta H^{70°C}_{reação} = \Delta H^{\circ} + \int_{298}^{298} C_{p_{H_2S}} \text{ x } dT + \frac{3}{2} \text{x} \int_{298}^{298} Cp_{O_2} \text{ x } dT + \int_{298}^{343} 1 \text{ x } C_{H_2O} \text{ x } dT + \int_{298}^{343} 1 \text{ x } C_{SO_2} \text{ x } dT$$

$$\Delta H^{70°C}_{reação} = \Delta H^{\circ} + \int_{298}^{298} C_{p_{H_2S}} \text{ x } dT + \frac{3}{2} \text{x} \int_{298}^{298} Cp_{O_2} \text{ x } dT + \int_{298}^{343} C_{H_2O} \text{ x } dT + \int_{298}^{343} C_{SO_2} \text{ x } dT$$

$$\Delta H^{70°C}_{reação} = \Delta H^{\circ} + 0 + 0 + \int_{298}^{343} C_{H_2O} \text{ x } dT + \int_{298}^{343} C_{SO_2} \text{ x } dT$$

$$\Delta H^{70°C}_{reação} = \Delta H^{\circ} + \int_{298}^{343} C_{H_2O} \text{ x } dT + \int_{298}^{343} C_{SO_2} \text{ x } dT$$

$$\Delta H^{70°C}_{reação} = \Delta H^{\circ} + \int_{298}^{343} 29{,}9 \text{ x } dT + \int_{298}^{343} (25{,}8 + 58{,}2 \text{ x } 10^{-3}T) \text{ x } dT$$

$$\Delta H^{70°C}_{reação} = \Delta H^{\circ} + 29{,}9 \text{ x } T|_{298}^{343} + \left\{25{,}8 \text{ x } T|_{298}^{343} + 58{,}2 \text{ x } 10^{-3} \text{ x} \left(\frac{T^2}{2}\right)\Bigg|_{298}^{343}\right\}$$

$$\Delta H^{70°C}_{reação} = \Delta H^{\circ} + 29{,}90 \text{ x } (343 - 298) + \left\{25{,}8 \text{ x } (343 - 298) + 58{,}2 \text{ x } 10^{-3} \text{ x} \left(\frac{343^2}{2}\right) - \left(\frac{298^2}{2}\right)\right\}$$

$$\Delta H^{70°C}_{reação} = \Delta H^{\circ} + (29{,}90 \text{ x } 45) + \{25{,}8 \text{ x } 45 + 58{,}2 \text{ x } 10^{-3} \text{ x } (58824{,}50 - 44402)\}$$

$$\Delta H^{70°C}_{reação} = -562000 + 1345{,}50 + \{1161 + 839{,}39\} = -558654{,}11 \frac{J}{mol}$$

Questão 22

Item a) Considerando o estudo em função do oxigênio molecular. Equação química da combustão completa do gás metano: $CH_{4(gás)} + 2O_{2(gás)} \longrightarrow CO_{2(gás)} + 2H_2O_{(vapor)}$

Cálculo da variação de entalpia padrão de combustão completa do gás metano:

$$\Delta H^0_{reação} = [1 \text{ x } H^0_{CO_2} + 2 \text{ x } H^0_{H_2O}] - [1 \text{ x } H^0_{CH_4} + 2 \text{ x } H^0_{O_2}]$$

$$\Delta H^0_{reação} = [1 \text{ x } (-393{,}5) + 2 \text{ x } (-241{,}8)] - [1 \text{ x } (-74{,}8) + 2 \text{ x } 0] = -802{,}30 \frac{kJ}{mol}$$

Estudo do balanço térmico:

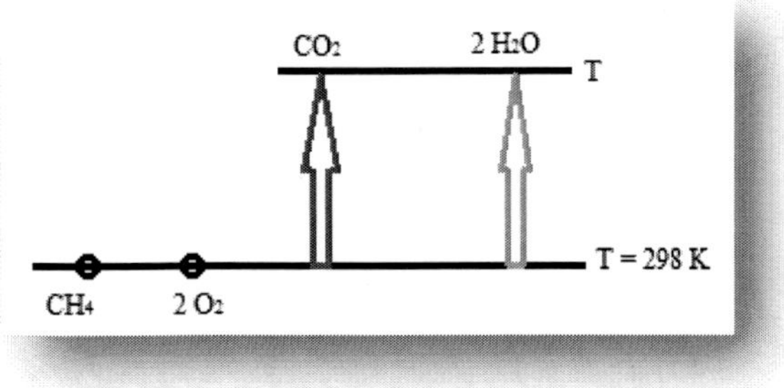

Cálculo da temperatura adiabática de chama com a presença de O_2. Sabendo que o processo ocorre a pressão constante, então:
$Q_p = \sum \Delta H$

$$\mathbf{Q_p = \Delta H^0_{reação} + \Delta H_1 + \Delta H_2 + \Delta H_3 + \Delta H_4}$$

$$Q_p = -802300 + \int_{298}^{298} 1 \text{ x } 35{,}30 \text{ x } dT + \int_{298}^{298} 2 \text{ x } 29{,}40 \text{ x } dT + \int_{298}^{T} 1 \text{ x } 37{,}10 \text{ x } dT + \int_{298}^{T} 2 \text{ x } 34{,}40 \text{ x } dT$$

$$\mathbf{Q_p = -802300 + \int_{298}^{298} 35,30 \text{ x } dT + \int_{298}^{298} 58,80 \text{ x } dT + \int_{298}^{T} 37,10 \text{ x } dT + \int_{298}^{T} 68.80 \text{ x } dT}$$

$$\mathbf{Q_p = -802300 + 0 + 0 + \int_{298}^{T} 37,10 \text{ x } dT + \int_{298}^{T} 68.80 \text{ x } dT}$$

$$\mathbf{Q_p = -802300 + 37,10 \text{ x } (T - 298) + 68,80 \text{ x } (T - 298)}$$

Processo adiabático ($\mathbf{Q_p = 0}$):

$$\mathbf{0 = -802300 + 37,10 \text{ x } (T - 298) + 68,80 \text{ x } (T - 298)}$$

$$802300 = (37{,}10 + 68{,}80) \text{ x } (T - 298)$$

$$T - 298 = \frac{802300}{(37{,}10 + 68{,}80)}$$

$$T = 7874 \text{ K}$$

Item b) Levando em consideração que o ar atmosférico apresenta 20% de $O_{2(gás)}$ e 80% de $N_{2(gás)}$.

Cálculo do número de mol de gás nitrogênio:
2 mol de O_2 ---------- 20%
n_{N2} --------------------- 80%
n_{N2} = 8 mol de $N_{2(gás)}$

Equação química com a presença de $N_{2(gás)}$:

$CH_{4(gás)} + 2O_{2(gás)} + 8N_{2(gás)} \longrightarrow CO_{2(gás)} + 2H_2O_{(gás)} + 8N_{2(gás)}$

$$\Delta H^0_{reação} = \sum H^0_{produtos} - \sum H^0_{reagentes}$$

$$\Delta H^0_{reação} = [1 \text{ x } H^0_{CO_2} + 2 \text{ x } H^0_{H_2O} + 8 \text{ x } H^0_{N_2}] - [1 \text{ x } H^0_{CH_4} + 2 \text{ x } H^0_{O_2} + 8 \text{ x } H^0_{N_2}]$$

$$\Delta H^0_{reação} = [1 \text{ x } (-393,5) + 2 \text{ x } (-241,8) + 8 \text{ x } 0] - [1 \text{ x } (-74,8) + 2 \text{ x } 0 + 8 \text{ x } 0]$$

$$\Delta H^0_{reação} = -802,30 \frac{kJ}{mol}$$

Estudo do balanço térmico com a presença de nitrogênio gasoso:

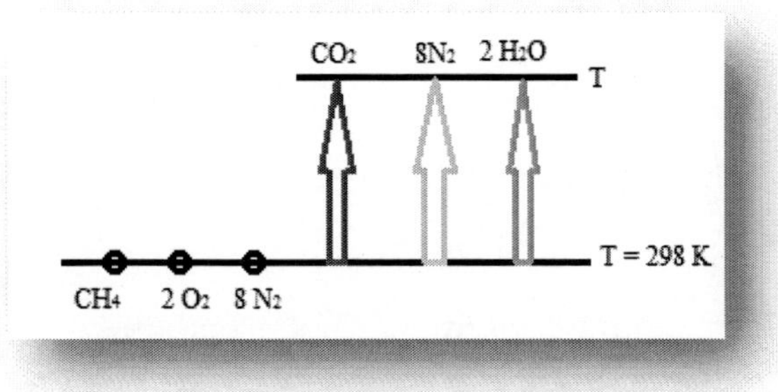

Cálculo da temperatura adiabática de chama com a presença de ar atmosférico:

$$Q_p = \Delta H^0_{reação} + \Delta H_1 + \Delta H_2 + \Delta H_3 + \Delta H_4$$

$$Q_p = -802300 + \int_{298}^{298} 1 \text{ x } 35,30 \text{ x } dT + \int_{298}^{298} 2 \text{ x } 29,40 \text{ x } dT + \int_{298}^{298} 8 \text{ x } 29,10 \text{ x } dT + \int_{298}^{T} 1 \text{ x } 37,10 \text{ x } dT + \int_{298}^{T} 2 \text{ x } 34,40 \text{ x } dT + \int_{298}^{T} 8 \text{ x } 29,10 \text{ x } dT$$

$$Q_p = -802300 + 0 + 0 + 0 + 37,10 \text{ x } (T - 298) + 68,80 \text{ x } (T - 298) + 232,8 \text{ x } (T - 298)$$

$$Q_p = -802300 + 37,10 \text{ x } (T - 298) + 68,80 \text{ x } (T - 298) + 232,8 \text{ x } (T - 298)$$

Processo adiabático: $\mathbf{0 = -\,802300 + (37,10 + 68,80 + 232,80) \text{ x } (T - 298)}$

$T = 2667 \text{ K}$

Questão 23

Equação química da combustão completa do gás metano: $CH_{4(gás)} + 2O_{2(gás)} \longrightarrow CO_{2(gás)} + 2H_2O_{(vapor)}$

Cálculo do número de mol de $O_{2(gás;excesso)}$:
2 mol de O_2 ---------- 100%
n_{O2} ---------------------- 50%
n_{O2} = 1 mol

$$n_{O_2}^{excesso} = n_{O_2}^{inicial} + n_{O_2}^{reagido} = 2 \text{ mol} + 1 \text{ mol} = 3 \text{ mol}$$

Cálculo do número de mol de $N_{2(gás)}$, considerando que o ar atmosférico apresenta 21% de $O_{2(gás)}$ e 79% de $N_{2(gás)}$:

3 mol de O_2 -------- 21%
n_{N2} -------------------- 79%
n_{N2} = 11,28 mol de $N_{2(gás)}$

Equação química da combustão completa do gás metano com a presença de $N_{2(gás)}$:

$CH_{4(gás)} + 3O_{2(gás)} + 11,28N_{2(gás)} \longrightarrow CO_{2(gás)} + 2H_2O_{(vapor)} + 11,28N_{2(gás)}$.

Cálculo da variação de entalpia padrão da reação de combustão do gás metano:

$$\Delta H^0_{reação} = [1 \text{ x } H^0_{CO_2} + 2 \text{ x } H^0_{H_2O} + 11{,}28 \text{ x } H^0_{N_2}] - [1 \text{ x } H^0_{CH_4} + 3 \text{ x } H^0_{O_2} + 11{,}28 \text{ x } H^0_{N_2}]$$

$$\Delta H^0_{reação} = [1 \text{ x } (-94050) + 2 \text{ x } (-57798) + 11{,}28 \text{ x } 0] = -191751 \frac{cal}{mol}$$

Estudo do balanço térmico:

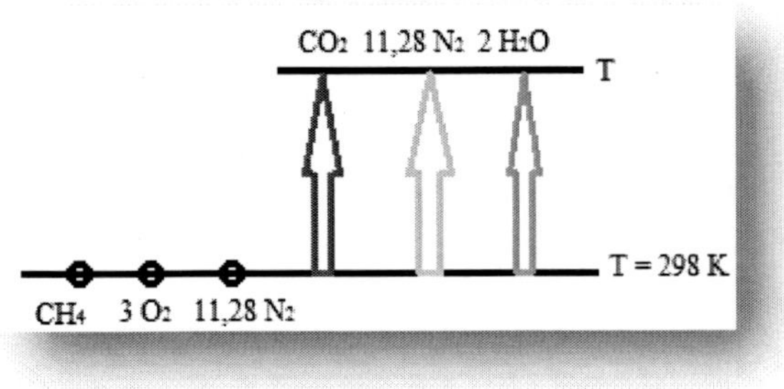

Cálculo da temperatura adiabática de chama com a presença de ar atmosférico:

$$Q_p = \Delta H^0_{reação} + \Delta H_1 + \Delta H_2 + \Delta H_3 + \Delta H_4$$

$$Q_p = -191751 + \int_{298}^{298} 1 \text{ x } 9{,}85 \text{ x } dT + \int_{298}^{298} 3 \text{ x } 9{,}17 \text{ x } dT + \int_{298}^{298} 11{,}28 \text{ x } 5{,}95 \text{ x } dT + \int_{298}^{T} 1 \text{ x } 14{,}78 \text{ x } dT + \int_{298}^{T} 2 \text{ x } 10{,}04 \text{ x } dT + \int_{298}^{T} 11{,}28 \text{ x } 5{,}95 \text{ x } dT$$

$$Q_p = -191751 + 0 + 0 + 0 + 14{,}78 \text{ x } (T - 298) + 20{,}08 \text{ x } (T - 298) + 67{,}12 \text{ x } (T - 298)$$

$$Q_p = -191751 + 14{,}78 \text{ x } (T - 298) + 20{,}08 \text{ x } (T - 298) + 67{,}12 \text{ x } (T - 298)$$

Processo Adiabático:

$$Q_p = -191751 + 14{,}78 \text{ x } (T - 298) + 20{,}08 \text{ x } (T - 298) + 67{,}12 \text{ x } (T - 298) = 0$$

$$191751 = (14{,}78 + 20{,}08 + 67{,}12) \text{ x } (T - 298)$$

$$T = 2178{,}28 \text{ K}$$

Questão 24

Equação química do processo de combustão completa do acetileno:
$C_2H_{2(gás)} + 5/2O_{2(gás)} \rightarrow 2CO_{2(gás)} + H_2O$ (Equação Química 1)

Sendo a massa molar do acetileno igual a 26 g.mol^{-1}, temos: $\Delta H = Q \text{ x } n$

$$\Delta H_1 = \frac{-26 \text{ x } Q_1}{x}$$

Equação de combustão completa do benzeno: $C_6H_6 + 15/2O_2 \rightarrow 6CO_2 + 3H_2O$ (Equação 2)

Sendo a massa molar do benzeno igual a 76 g.mol^{-1}, temos: $\Delta H = Q \text{ x } n$

$$\Delta H_2 = \frac{-78 \text{ x } Q_1}{y}$$

Equação química de formação do benzeno a partir do acetileno, utilizando a Lei de Hess: $3C_2H_{2(gás)} \rightarrow C_6H_6$

Multiplicando a primeira equação química por três: $3C_2H_{2(gás)} + 15/2O_2 \rightarrow 6CO_2 + 3H_2O$

$$\Delta \mathbf{H_1} = \left(\frac{-\ 26 \text{ x } \mathbf{Q_1}}{\mathbf{x}}\right) \text{x } 3 = \left(\frac{-\ 78 \text{ x } \mathbf{Q_1}}{\mathbf{x}}\right)$$

Invertendo a segunda equação química: $6CO_2 + 3H_2O \rightarrow C_6H_6 + 15/2O_2$

$$\Delta H_2 = \frac{+\ 78 \text{ x } Q_2}{y}$$

Somando as duas equações químicas:

$3C_2H_{2(gás)} + \cancel{15/2O_2} \rightarrow \cancel{6CO_2} + \cancel{3H_2O}$
$\cancel{6CO_2} + \cancel{3H_2O} \rightarrow C_6H_6 + \cancel{15/2O_2}$ +

$3C_2H_{2(gás)} \rightarrow C_6H_6$ $\Delta H_{total} = \Delta H_1 + \Delta H_2 = -\frac{78 \text{ x } Q_1}{x} + \frac{78 \text{ x } Q_2}{y}$

$$\Delta H_{total} = -\ 78 \text{ x} \left\{\frac{Q_1}{x} - \frac{Q_2}{y}\right\} \frac{kcal}{mol}$$ (Calor liberado por mol)

Calor liberado por z gramas de benzeno:

$$\Delta H_{total} = -\ 78 \text{ x} \left\{\frac{Q_1}{x} - \frac{Q_2}{y}\right\} \frac{kcal}{mol} \text{x} \frac{1 \text{ mol de Z}}{78} = -\ z. \left\{\frac{Q_1}{x} - \frac{Q_2}{y}\right\} \frac{kcal}{mol}$$

Questão 25

Considerando que o gás apresenta comportamento ideal, temos a seguinte relação termodinâmica: $\Delta H = \Delta U + \Delta n \text{ x } R \text{ x } T$

Equação química para a formação de cloreto de hidrogênio: $H_{2(gás)} + Cl_{2(gás)} \rightarrow 2HCl_{(gás)}$

$$\Delta H = \Delta U + \left(n_{produtos} - n_{reagentes}\right) \text{x R x T}$$

$$\Delta H = \Delta U + \{(2 - 2) \text{ x R x T }\}$$

$$\Delta H = \Delta U$$

Questão 26

Como o processo de hidrogenação de 1 mol do hidrocarboneto consome 2 mol de gás hidrogênio [$H_{2(gás)}$], o possível hidrocarboneto apresenta cadeia acíclica, podendo ser um alcino ou alcadieno, cuja fórmula global é C_nH_{2n-2}.

Equação química geral da combustão de um alcino ou de um alcadieno:

$$C_nH_{2n-2} + \frac{3n-1}{2}O_2 \rightarrow nCO_2 + (n-1)H_2O$$

Dados do problema:

i) A reação consumiu 62,5 cm^3 de O_2;
ii) KOH absorve CO_2, assim foi gerado na combustão 50 cm^3 de CO_2.

Em reações que ocorrem sob pressão constante e temperatura constante, os volumes dos participantes gasosos são proporcionais ao número de mol. Assim:

$$C_nH_{2n-2} + \frac{3n-1}{2}O_2 \rightarrow nCO_2 + (n-1)H_2O$$

$$\frac{V_{O_2}}{\left(\frac{3n-1}{2}\right)} = \frac{V_{CO_2}}{n}$$

$$\frac{62{,}50}{\left(\frac{3n-1}{2}\right)} = \frac{50}{n}$$

n = 2

Trata-se então do gás acetileno, com fórmula molecular igual a C_2H_2. Assim a reação de combustão fica da seguinte maneira: $C_2H_2 + 5/2O_2 \rightarrow 2CO_2 + H_2O$.

Nas Condições Normais de Temperatura e Pressão (CNTP), temos a seguinte proporção em quantidade de matéria – energia:

2 mol de CO_2 ---------- $\Delta H_{(\text{combustão do acetileno})}$

$$\frac{50\ \text{cm}^3}{22{,}4\ \text{x}\ 10^3\ \text{cm}^3}\ \text{mol de}\ CO_2 = -0{,}359\ \text{kcal}$$

A partir do princípio de Hess, temos:

$$-321{,}60 = [2\ \text{x}\ (-94{,}30) + (-68{,}80)] - \Delta H^{C_2H_2}_{\text{formação}}$$

$$\Delta H^{C_2H_2}_{\text{formação}} = +\ 64{,}20\,\frac{\text{kcal}}{\text{mol}}$$

Questão 27

Equação química para o processo de combustão da grafita: $C_{(gás)} + O_{2(gás)} \rightarrow CO_{2(gás)}$
ΔH = - 94,1 kcal

Multiplicando a equação química por dois: $2H_{2(gás)} + O_{2(gás)} \rightarrow 2H_2O_{(líquido)}$ $\Delta H = 2 \text{ x } (-68{,}3)$ kcal

Invertendo a equação química: $CO_{2(gás)} + 2H_2O_{(líquido)} \rightarrow CH_{4(gás)} + 2O_{2(gás)}$ $\Delta H = +\ 212{,}8$ kcal

Aplicação do princípio de Hess e somando as três equações químicas, temos:

$C_{(gás)} + \cancel{O_{2(gás)}} \rightarrow \cancel{CO_{2(gás)}}$ ΔH = - 94,1 kcal
$2H_{2(gás)} + \cancel{O_{2(gás)}} \rightarrow \cancel{2H_2O_{(líquido)}}$ $\Delta H = 2 \text{ x } (-68{,}3)$ kcal
$\cancel{CO_{2(gás)}} + \cancel{2H_2O_{(líquido)}} \rightarrow CH_{4(gás)} + \cancel{2O_{2(gás)}}$ $\Delta H = +\ 212{,}8$ kcal +
$C_{(gás)} + 2H_{2(gás)} \rightarrow CH_{4(gás)}$

ΔH = - 94,1 kcal + [2 x (- 68,3) kcal] + 212,8 kcal = -17,90 kcal

Questão 28

Item a) Cálculo da quantidade de calor para a primeira reação química: $NH_4NO_{3(sólido)} \rightarrow N_2O_{(gás)} + 2H_2O_{(gás)}$

$$\Delta H^0_{\text{reação}} = \left[1\ \text{x}\ H^0_{NO_2} + 2\ \text{x}\ H^0_{H_2O}\right] - \left[1\ \text{x}\ H^0_{NH_4NO_3}\right]$$

$$\Delta H^0_{\text{reação}} = [1\ \text{x}\ 82{,}0 + 2\ \text{x}\ (-241{,}8)] - [1\ \text{x}\ (-365{,}6)] = -36{,}0\,\frac{\text{kJ}}{\text{mol}}$$

Item b) Cálculo da quantidade de calor considerando 8,00 kg de nitrato de amônio:

$2NH_4NO_{3(sólido)} \rightarrow 2N_{2(gás)} + 4H_2O_{(gás)} + O_{2(gás)}$

$$\Delta H^0_{\text{reação}} = [2 \text{ x } H^0_{N_2} + 4 \text{ x } H^0_{H_2O} + 1 \text{ x } H^0_{O_2}] - [2 \text{ x } H^0_{NH_4NO_3}]$$

$$\Delta H^0_{\text{reação}} = [1 \text{ x } 0 + 4 \text{ x } (-241{,}8) + 1 \text{ x } 0] - [2 \text{ x } (-365{,}6)] = -263{,}0 \frac{\text{kJ}}{\text{mol}}$$

A partir da relação estequiométrica, temos:

160 g de NH_4NO_3 ---------- (- 263,00) kJ
8000 g de NH_4NO_3 -------- Q_p
Q_p = - 13150,0 kJ

Item b) Cálculo da quantidade de calor considerando 8,00 kg de nitrato de amônio:

$2Al_{(sólido)} + 3NH_4NO_{3(sólido)} \longrightarrow 3N_{2(gás)} + 6H_2O_{(gás)} + Al_2O_{3(sólido)}$

$$\Delta H^0_{\text{reação}} = [3 \text{ x } H^0_{N_2} + 6 \text{ x } H^0_{H_2O} + 1 \text{ x } H^0_{Al_2O_3}] - [2 \text{ x } H^0_{Al} + 3 \text{ x } H^0_{NH_4NO_3}]$$

$$\Delta H^0_{\text{reação}} = [3 \text{ x } 0 + 6 \text{ x } (-241{,}8) + 1 \text{ x } (-1675{,}7)] - [2 \text{ x } 0 + 3 \text{ x } (-365{,}6)]$$

$$\Delta H^0_{\text{reação}} = -2030{,}0 \frac{\text{kJ}}{\text{mol}}$$

Pela relação estequiométrica, apresentada pela equação química, temos:
240 g de NH_4NO_3 ---------- (- 2030,00) kJ
8000 g de NH_4NO_3 -------- Q_p
Q_p = - 67666,67 kJ

Questão 29

Cálculo da quantidade de calor (Q_1) para o processo de fusão do gelo: Q_1 = m x L = 300 x 80 = 24000 cal

Cálculo da temperatura final (equilíbrio) do sistema água/gelo: $Q_1 + Q_2 = 0$
24000 + 400 x 1,0 x (T – 55) = 0
T = - 5°C. A esta temperatura calculada, não há processo de fusão.

Questão 30

(GRILLO) Informação do problema: $C_p = 6{,}5776 + 0{,}9549 \times 10^{-3}.T + 1{,}581 \times 10^{-7}.T^2$ para 1 mol de brometo de hidrogênio (HBr).

Cálculo da quantidade de calor para o brometo de hidrogênio:

$$\Delta H = Q_p = 1 \text{ x } (6{,}5776 + 0{,}9549 \text{ x } 10^{-3} \text{ x } T + 1{,}581 \text{ x } 10^{-7} \text{ x } T^{-2}) \, dT$$

$$\Delta H = Q_p = \int_{273}^{773} 6{,}5776 \text{ x } dT + \int_{273}^{773} (0{,}9549 \text{ x } 10^{-3} \text{ x } T) \text{ x } dT + \int_{273}^{773} (1{,}581 \text{ x } 10^{-7} \text{ x } T^2) \text{x } dT$$

$$\Delta H = Q_p = 6{,}5776 \text{ x } T|_{273}^{773} + 0{,}9549 \text{ x } 10^{-3} \text{ x} \left(\frac{T^2}{2}\right)\Bigg|_{273}^{773} + (1{,}581 \text{ x } 10^{-7} \text{ x} \left(\frac{T^3}{3}\right)\Bigg|_{273}^{773}$$

$$\Delta H = Q_p = 6{,}5776 \text{ x } (773 - 273) + 0{,}9549 \text{ x } 10^{-3} \text{ x} \left\{\frac{(773)^2}{2} - \frac{(273)^2}{2}\right\} + 1{,}581 \text{ x } 10^{-7} \text{ x} \left\{\frac{(773)^3}{3} - \frac{(273)^3}{3}\right\}$$

$$\Delta H = Q_p = +\,3561{,}78 \frac{\text{cal}}{\text{mol}}$$

Questão 31

Dados do problema:

Calor de formação do gás metano: $C_{(sólido)} + 2H_{2(gás)} \rightarrow CH_{4(gás)}$ ($\Delta H°_{f,CH4} = ?$)

Calor de formação do dióxido de carbono: $C_{(sólido)} + O_{2(gás)} \rightarrow CO_{2(gás)}$ ($\Delta H°_{f,CO2}$)

Calor de formação de vapor d´água: $H_{2(gás)} + ½O_{2(gás)} \rightarrow H_2O_{(gás)}$ ($\Delta H°_{f,H2O}$)

Calor de combustão do gás metano: $CH_{4(gás)} + 2O_{2(gás)} \rightarrow CO_{2(gás)} + 2H_2O_{(gás)}$ (ΔH_r)

Aplicando o princípio de Hess para a determinação da entalpia de formação do gás metano.

Equação de formação do dióxido de carbono: $C_{(sólido)} + O_{2(gás)} \rightarrow CO_{2(gás)}$ ($\Delta H°_{f,CO2}$)

Multiplicando por dois a equação de formação do vapor d´água:
$2H_{2(gás)} + O_{2(gás)} \rightarrow 2H_2O_{(gás)}$ ($2 \times \Delta H°_{f,H2O}$)

Invertendo a equação de combustão do gás metano:
$CO_{2(gás)} + 2H_2O_{(gás)} \rightarrow CH_{4(gás)} + 2O_{2(gás)}$ ($- \Delta H_r$)

Somando as equações químicas, a partir da aplicação do princípio de Hess.

$C_{(sólido)} + \cancel{O_{2(gás)}} \rightarrow \cancel{CO_{2(gás)}}$ ($\Delta H°_{f,CO2}$)
$2H_{2(gás)} + \cancel{O_{2(gás)}} \rightarrow \cancel{2H_2O_{(gás)}}$ ($2 \times \Delta H°_{f,H2O}$)
$\cancel{CO_{2(gás)}} + \cancel{2H_2O_{(gás)}} \rightarrow CH_{4(gás)} + \cancel{2O_{2(gás)}}$ ($- \Delta H_r$) +

$C_{(sólido)} + 2H_{2(gás)} \rightarrow CH_{4(gás)}$ $\Delta H°_{f,CH4} = (\Delta H°_{f,CO2}) + 2 \times \Delta H°_{f,H2O} - \Delta H_r$

Logo, a entalpia de formação do gás metano fica representado através da seguinte expressão, $\Delta H°_{f,CH4} = \Delta H°_{f,CO2} + 2 \times \Delta H°_{f,H2O} - \Delta H_r$.

Questão 32

Base de cálculo: 1 mol de sulfeto de hidrogênio.

Cálculo da variação de entalpia do H_2S: $dH = Q_p = n \times C_p \times dT$, em que Q_p é a quantidade de calor a pressão constante.

$$\Delta H = (6{,}037 + 5{,}886 \times 10^{-3} \times T + 0{,}387 \times 10^{-5} \times T^{-2} - 1{,}175 \times 10^{-6} \times T^2)dT$$

$$\Delta H = \int_{350}^{500} 6{,}037 \times dT + \int_{350}^{500} (5{,}886 \times 10^{-3} \times T) \times dT - \int_{350}^{500} (1{,}175 \times 10^{-6} \times T^2) \times dT$$

$$\Delta H = 6{,}037 \times T|_{350}^{500} + 5{,}886 \times 10^{-3} \times \left(\frac{T^2}{2}\right)\Big|_{350}^{500} - 1{,}175 \times 10^{-6} \times \left(\frac{T^3}{3}\right)\Big|_{350}^{500}$$

$$\Delta H = 6{,}037 \times (500 - 350) + 5{,}886 \times 10^{-3} \times \left\{\frac{(500)^2}{2} - \frac{(350)^2}{2}\right\} - 1{,}175 \times 10^{-6} \times \left\{\frac{(500)^3}{3} - \frac{(350)^3}{3}\right\}$$

$$\Delta H = 6{,}037 \times 150 + 5{,}886 \times 10^{-3} \times (125000 - 61250) - 1{,}175 \times 10^{-6} \times (4166666{,}67 - 14291666{,}67)$$

$$\Delta H = 6{,}037 \times 150 + 5{,}886 \times 10^{-3} \times (63750) - 1{,}175 \times 10^{-6} \times (27375000)$$

$$\Delta H = 905{,}55 + 375{,}23 - 32{,}16 = 1248{,}62 \frac{cal}{mol} (\cong 1{,}25 \frac{kcal}{mol})$$

Questão 33

Equação química representativa do gás metano com o vapor d´água:
$CH_{4(gás)} + H_2O_{(gás)} \rightarrow 3H_{2(gás)} + CO_{(gás)}$ $\Delta H° = ?$

Calor de combustão do carbono grafite: $C_{(grafite)} + O_{2(gás)} \rightarrow CO_{2(gás)}$ $\Delta H° = - 394 \text{ kJ.mol}^{-1}$
Calor de combustão do hidrogênio gasoso: $H_{2(gás)} + \frac{1}{2}O_{2(gás)} \rightarrow H_2O_{(líquido)}$ $\Delta H° = - 286 \text{ kJ.mol}^{-1}$

Calor de combustão do gás metano: $CH_{4(gás)} + 2O_{2(gás)} \rightarrow CO_{2(gás)} + 2H_2O_{(líquido)}$
$\Delta H° = - 890 \text{ kJ.mol}^{-1}$

Equação química fornecida: $CO_{(gás)} + H_{2(gás)} \rightarrow C_{(grafite)} + H_2O_{(gás)}$ $\Delta H° = - 131 \text{ kJ.mol}^{-1}$
Aplicando o princípio de Hess para a determinação da equação do gás metano com o vapor d´água.
$\cancel{CO_{2(gás)}} \rightarrow \cancel{C_{(grafite)}} + \cancel{O_{2(gás)}}$ $\Delta H° = + 394 \text{ kJ.mol}^{-1}$
$CH_{4(gás)} + \cancel{2O_{2(gás)}} \rightarrow \cancel{CO_{2(gás)}} + \cancel{2H_2O_{(líquido)}}$ $\Delta H° = - 890 \text{ kJ.mol}^{-1}$
$\cancel{C_{(grafite)}} + H_2O_{(gás)} \rightarrow CO_{(gás)} + H_{2(gás)}$ $\Delta H° = + 131 \text{ kJ.mol}^{-1}$
$\cancel{2H_2O_{(líquido)}} \rightarrow 2H_{2(gás)} + \cancel{O_{2(gás)}}$ $\Delta H° = 2 \text{ x } (+ 286) \text{ kJ.mol}^{-1}$ +

$CH_{4(gás)} + H_2O_{(gás)} \rightarrow CO_{(gás)} + 3H_{2(gás)}$ $\Delta H° = + 207 \text{ kJ.mol}^{-1}$

Questão 34

Item a) Equação química que corresponde a combustão completa do etano:

$C_2H_{6(líquido)} + 7/2O_{2(gás)} \rightarrow 2CO_{2(gás)} + 3H_2O_{(líquido)}$.

Item b) Item i) $\Delta H^0_{reação} = \sum H^0_{produtos} - \sum H^0_{reagentes}$

$$\Delta H^0_{reação} = \left[(2 \text{ x } H^0_{CO_2} + 3 \text{ x } H^0_{H_2O}) - (1 \text{ x } H^0_{C_2H_6} + \frac{7}{2} \text{x } H^0_{O_2})\right]$$

$$-1560 = [2 \text{ x } (-393{,}5) + 3 \text{ x } (-285{,}8)] - \left[(1 \text{ x } H^0_{C_2H_6} + \frac{7}{2} \text{ x } 0)\right]$$

$$-1560 = -787 - 857{,}40 - H^0_{C_2H_6}$$

$$\mathbf{H^0_{C_2H_6} = -84{,}40\ kJ}$$

Item ii) Cálculo das entalpias tanto para os reagentes quanto para os produtos:
REAGENTES:

$$H^0_{reagentes} = +\left[1 \text{ x } 1 \text{ x } H_{C-C} + 6 \text{ x } H_{C-H} + \frac{7}{2} \text{ x } H_{O=O}\right]$$

$$H^0_{reagentes} = +\left[347 + 6 \text{ x } 413 + \frac{7}{2}\text{x } 495\right] = +4557{,}50 \frac{kJ}{mol}$$

PRODUTOS:

$$H^0_{produtos} = -[2 \text{ x } 2 \text{ x } H_{C=O} + 3 \text{ x } 2 \text{ x } H_{O-H}]$$

$$H^0_{produtos} = -[4 \text{ x } H_{C=O} + 6 \text{ x } H_{O-H}] = -[4 \text{ x } H_{C=O} + 6 \text{ x } 464]$$

$$H^0_{produtos} = -[4 \text{ x } H_{C=O} + 2784]$$

Finalizando: $\mathbf{-1560 = -4 \text{ x } H_{C=O} - 2784 + 4557{,}50}$

$$-1560 = -4 \text{ x } H_{C=O} + 1773{,}50$$

$$-1560 - 1773{,}50 = -4 \text{ x } H_{C=O}$$

$$\mathbf{H_{C=O} = \frac{-1560 - 1773,50}{-4} = +833,37\frac{kJ}{mol}}$$

Item c) Cálculo da entropia padrão ($\Delta S°$): - 1467500 = - 1560500 – (25 + 273) x $\Delta S°$

- 1467500 + 1560500 = – 298 x $\Delta S°$

$\Delta S°$ = - 312,50 J.mol^{-1}.K^{-1}

Questão 35

Item a) Equação química da combustão do octano líquido: $C_8H_{18(líquido)} + 25/2O_{2(gás)} \rightarrow 8CO_{2(gás)} + 9H_2O_{(gás)}$.

Item b) Cálculo da entalpia molar de formação do octano líquido:

$$\Delta H^0_{reação} = \left[\left(8 \text{ x } H^0_{CO_2} + 9 \text{ x } H^0_{H_2O}\right) - \left(1 \text{ x } H^0_{C_8H_{18}} + \frac{25}{2} \text{ x } H^0_{O_2}\right)\right]$$

$$-5090 = \left[8 \text{ x } (-393{,}5) + 9 \text{ x } (-241{,}8)\right] - \left[1 \text{ x } H^0_{C_8H_{18}} + \frac{25}{2} \text{ x } 0\right]$$

$$-5090 = \left[8 \text{ x } (-393{,}5) + 9 \text{ x } (-241{,}8)\right] - 1 \text{ x } H^0_{C_8H_{18}}]$$

$$-5090 = -5324{,}20 - H^0_{C_8H_{18}}$$

$$H^0_{C_8H_{18}} = -234{,}20\frac{kJ}{mol}$$

Item c) Cálculo da energia interna, a partir da seguinte relação estequiométrica: $\Delta H = \Delta U + pV$
Considerando que os gases apresentam um comportamento ideal (pV = nRT:

$\Delta H = \Delta U + (n_{produtos} - n_{reagentes})$ x R x T

- 5090000 = ΔU + (17 – 12,5) x (8,314) x (100 + 273)

- 5090000 = ΔU + (4,50 x 8,314 x 373)

ΔU = (- 5090000 – 13955,089) J.mol^{-1} = - 5103,95 kJ.mol^{-1}

Item d) Cálculo da entropia ($\Delta S°$): - 5230 + 5090 = - (100 + 273) x $\Delta S°$

- 5230 + 5090 = - 373 x $\Delta S°$

$\Delta S°$ = + 0,375 kJ.mol^{-1}.K^{-1} (processo espontâneo)

Questão 36

(GRILLO) Para a resolução deste exercício, será necessário aplicar o princípio de Hess. Invertendo a reação (1) e multiplicando por dois, temos:

$4HI_{(gás)} \rightarrow \cancel{2H_{2(gás)}} + 2I_{2(gás)}$	$\Delta H_{(1)}$ = 2 x (- 52,96) kJ.mol^{-1}
$\cancel{2H_{2(gás)}} + O_{2(gás)} \rightarrow 2H_2O_{(gás)}$	$\Delta H_{(2)}$ = - 483,64 kJ.mol^{-1}
$4HI_{(gás)} + O_{2(gás)} \rightarrow 2I_{2(gás)} + 2H_2O_{(gás)}$	$\Delta H_{(3)}$ = -105,92 – 483,64 = - 589,56 kJ.mol^{-1}

Questão 37

Para retirar o diamante rapidamente que está preso no cubo de gelo, será necessário misturar ácido clorídrico com hidróxido de sódio, o que vai gerar uma reação de neutralização. Para este processo, trata-se de uma reação exotérmica, logo colocando na presença do cubo de gelo, haverá o derretimento de forma rápida e com isso o diamante ficará livre.

Questão 38

Cálculo da variação da capacidade calorífica molar: $\left(\frac{\bar{C}_p}{R}\right)_{\text{Reação}} = \bar{C}_{p_{\text{produtos}}} - \bar{C}_{p_{\text{reagentes}}}$

$$\left(\frac{\bar{C}_p}{R}\right)_{\text{Reação}} = 2 \times (4{,}217) - [1 \times (3{,}502) + 3 \times (3{,}466)] = 8{,}434 - 13{,}90 = -5{,}47$$

Utilizando a lei de Kirchoff: $\mathbf{\Delta H^0_{300K} = -123770 + \int_{1000}^{300}(-5{,}47) \times dT}$

$$\Delta H^0_{300K} = -123770 - 5{,}47 \times \int_{1000}^{300} dT$$

$$\Delta H^0_{300K} = -123770 - 5{,}47 \times (300 - 1000) = -119941 \frac{J}{mol}$$

A partir da relação estequiométrica da síntese da amônia, há a formação de 2 mol. Logo, para 1 mol temos:

2 mol de $NH_{3(g)}$ ---------- (- 119941)
1 mol de $NH_{3(g)}$ ---------- $\Delta H°$ ($J.mol^{-1}$)

$\Delta H°$ = - 59971,9 $J.mol^{-1}$ (- 59,97 $kJ.mol^{-1}$)

Questão 39

Cálculo do valor da entalpia (ΔH) do óxido de chumbo (PbO): $dH = Q_p = n \times C_p \times dT$

$$\Delta H = (44{,}35 + 1{,}67 \times 10^{-3} \times T)dT$$

$$\Delta H = \int_{500}^{300} 44{,}35 \times dT + \int_{350}^{500} (1{,}67 \times 10^{-3} \times T) \times dT$$

$$\Delta H = 44{,}35 \times T|_{500}^{300} + 1{,}67 \times 10^{-3} \times \left(\frac{T^2}{2}\right)\Bigg|_{500}^{300}$$

$$\Delta H = 44{,}35 \times (300 - 500) + 1{,}67 \times 10^{-3} \times \left\{\frac{(300)^2}{2} - \frac{(500)^2}{2}\right\}$$

$$\Delta H = \boxed{-9003{,}6 \frac{J}{mol} \left(-9{,}0 \frac{kJ}{mol}\right)}$$

Questão 40

Item a) 1,0 x 10^3 g de X: $X_{(gás)} + 3O_{2(gás)} \longrightarrow Y_{(sólido)} + 3H_2O_{(vapor)}$; $\Delta H°$ = - 2035 $kJ.mol^{-1}$.
27,7 g ----------- (- 2035 kJ)
1000 g ---------- $\Delta H°$
$\Delta H°$ = (- 7,35 x 10^4 kJ)

Item b) 1,0 x 10^2 mol de X: $X_{(gás)} + 3O_{2(gás)} \longrightarrow Y_{(sólido)} + 3H_2O_{(vapor)}$; $\Delta H°$ = - 2035 $kJ.mol^{-1}$.
1 mol de $X_{(gás)}$ ---------------- (- 2035 kJ)
100 mol de $X_{(gás)}$ ------------- $\Delta H°$
$\Delta H°$ = - 2,035 x 10^5 kJ

Item c) Equação química: $X_{(gás)} + 3O_{2(gás)} \longrightarrow Y_{(sólido)} + 3H_2O_{(vapor)}$; $\Delta H°$ = - 2035 $kJ.mol^{-1}$

$6,02 \times 10^{23}$ moléculas de X --------- (- 2035 kJ)
$2,6 \times 10^{22}$ moléculas de X ----------- $\Delta H°$
$\Delta H° = - 87,89$ kJ

Item d) Cálculo do número de mol para cada reagente químico:
$n_X = \frac{10,0}{27,7} = 0,361 \text{ mol}$ e $n_{O_2} = \frac{10,0}{32,0} = \frac{0,3125}{3} = 0,104 \text{ mol}$

A partir do número de mol de cada reagente químico, o oxigênio molecular é o reagente limitante, logo: $X_{(gás)} + 3O_{2(gás)} \longrightarrow Y_{(sólido)} + 3H_2O_{(g)}$; $\Delta H° = - 2035 \text{ kJ.mol}^{-1}$

(3 x 32) g de $O_{2(gás)}$ ----------- (- 2035 kJ)
10 g de $O_{2(gás)}$ ------------------ $\Delta H°$
$\Delta H° = (- 211,98 \text{ kJ})$

Para este valor de entalpia, o processo é caracterizado como sendo exotérmico.

Questão 41

Cálculo da energia (E): $E = 1,50 \times 10^{-4} \text{ (V/K)} \times 96500 \text{ C} = 4313,55 \text{ J}$

Cálculo da variação da temperatura (ΔT): $E = Q_s = m \times c \times \Delta T$, em que Q_s corresponde a quantidade de calor sensível.

$4313,55 = 100 \times 4,2 \times \Delta T$

$4313,55 = 420 \times \Delta T$

$\Delta T = + 10,27 \text{ K}$

Questão 42

Para a resolução do problema, será necessário aplicar a lei de Hess.

$4CO_{2(gás)} + 5H_2O_{(gás)} \longrightarrow C_4H_{10(gás)} + 13/2O_{2(gás)}$	$\Delta_cH^0_m = +2657,4$ kJ/mol
$4C_{(sólido)} + 4O_{2(gás)} \longrightarrow 4CO_{2(gás)}$	$\Delta_fH^0_m = -393,5$ kJ/mol x 4
$5H_{2(gás)} + 5/2O_{2(gás)} \longrightarrow 5H_2O_{(gás)}$	$\Delta_cH^0_m = -483,6$ kJ/mol x 2,5
$4C_{(sólido)} + 5H_{2(gás)} \longrightarrow C_4H_{10(gás)}$	$\Delta_fH^o_m = \Delta_1H^o_m + \Delta_2H^o_m + \Delta_3H^o_m$

$$\Delta_fH^o_m = (+2657,4 - 1574,0 - 1209,0)\text{kJ mol}^{-1} = -125,6\text{kJ mol}^{-1}$$

Questão 43

Equação química: $S_{(gás)} + ½O_{2(gás)} + Cl_{2(gás)} \longrightarrow SOCl_{2(gás)}$

Cálculo da variação da entalpia padrão ($\Delta H°$): $\Delta H^0_{reação} = \sum H^0_{produtos} - \sum H^0_{reagentes}$

$$\Delta H^0_{reação} = H^0_{SOCl_2} - \left\{1 \times H^0_S + \frac{1}{2} \times H^0_{O_2} + 1 \times H^0_{Cl_2}\right\}$$

$$\Delta H^0_{reação} = -210,0 - \left\{1 \times (277) + \frac{1}{2} \times 0 + 1 \times 0\right\} = -487,0 \frac{\text{kJ}}{\text{mol}}$$

O problema pede para dois mols de cloreto de sulfurila, então:
1 mol de SO_2Cl_2 ---------- (- 483,28) kJ
2 mol de SO_2Cl_2 --------- ΔU (kJ.mol^{-1})
$\Delta U = - 966,57$ kJ

Questão 44

Equação química que corresponde o processo de combustão completa do etanol (C_2H_6O):

$C_2H_6O_{(líquido)} + 3O_{2(gás)} \longrightarrow 2CO_{2(gás)} + 3H_2O_{(vapor)}$

Cálculo da entalpia (ΔH), utilizando a relação termodinâmica entre a função entalpia e a energia interna.

$\Delta H = \Delta U + \Delta n \times R \times T$

$\Delta H = \Delta U + (n_{produtos} - n_{reagentes}) \times R \times T$

$\Delta H = -1373000 + \{(5 - 3) \times 8{,}314 \times (25 + 273)\} = -1373000 + 4955{,}14 = -1368{,}04\ kJ.mol^{-1}$

Questão 45

(GRILLO) Equação química: $C_2H_{2(gás)} + 5/2O_{2(gás)} - 1255\ kJ \longrightarrow 2CO_{2(gás)} + H_2O_{(gás)}$

Cálculo da quantidade de calor à pressão contante para 130 g:

1 mol de $C_2H_{2(g)}$ -------------------- (– 1255 kJ)
26 g de $C_2H_{2(g)}$ ---------------------- (– 1255 kJ) x 0,80
130 g de $C_2H_{2(g)}$ -------------------- ΔH
ΔH = - 5020 kJ

Questão 46

(GRILLO) Para a resolução deste problema será necessário aplicar a Lei de Hess. A primeira equação não irá sofrer nenhuma alteração, mas a segunda será invertida, conforme pode ser observado a seguir:

$C_2H_5OH_{(líquido)} + 3O_{2(gás)} \longrightarrow 2CO_{2(gás)} + 3H_2O_{(líquido)}$ $\Delta H = -327{,}6\ kcal$
$2CO_{2(gás)} + 2H_2O_{(líquido)} \longrightarrow C_2H_4O_{(líquido)} + 5/2O_{2(gás)}$ $\Delta H = +279{,}0\ kcal$

Somando as duas equações termoquímicas e automaticamente aplicando o princípio de Hess.

$C_2H_5OH_{(líquido)} + 3O_{2(gás)} \longrightarrow \cancel{2CO_{2(gás)}} + \cancel{3}H_2O_{(líquido)}$ $\Delta H = -\ 327{,}6\ kcal$
$\cancel{2CO_{2(gás)}} + \cancel{2H_2O_{(líquido)}} \longrightarrow C_2H_4O_{(líquido)} + 5/2O_{2(gás)}$ $\Delta H = +\ 279{,}0\ kcal$ +

$C_2H_5OH_{(líquido)} + (3 - 5/2)\ O_{2(gás)} \longrightarrow C_2H_4O_{(líquido)} + H_2O_{(líquido)}$

Somando os valores das entalpias: $\Delta H = -\ 327{,}6\ kcal + 279{,}0\ kcal = -\ 48{,}6\ kcal$

Questão 47

Alternativa A.

Invertendo a segunda equação termoquímica e aplicando o princípio de Hess:

$2C_{(grafite)} + 2H_{2(gás)} \longrightarrow \cancel{C_2H_{4(gás)}}$ $\Delta H° = +\ 52{,}0\ kJ$
$Cl_{2(gás)} + \cancel{C_2H_{4(gás)}} \longrightarrow C_2H_4Cl_{2(gás)}$ $\Delta H° = -\ 116{,}0\ kJ$ +

$2C_{(grafite)} + 2H_{2(gás)} + Cl_{2(gás)} \longrightarrow C_2H_4Cl_{2(gás)}$

Somando os valores das entalpias: $\Delta H° = +\ 52{,}0 + (-\ 116) = -\ 64\ kJ$ (processo exotérmico)

Questão 48

Item a) Cálculo da variação de entalpia de ligação para os reagentes ($\Delta H_{reagentes}$): $H_2N - NH_{2(gás)} + O_{2(gás)} \longrightarrow$

Analisando as ligações químicas dos reagentes observa-se as seguintes configurações eletrônicas: quatro ligações N-H, uma ligação N – N e uma ligação dupla entre os átomos de oxigênio, O = O.

Para os reagentes, o processo é endotérmico, ou seja, o sistema absorve calor para a quebra das ligações químicas, como pode ser observado na equação a seguir:

$$\Delta H_{reagentes} = +\,[4\text{ x }H_{N-H} + 1\text{ x }H_{N-N} + 1\text{ x }H_{O=O}]$$

$$\Delta H_{reagentes} = +\,[4\text{ x }389 + 1\text{ x }163 + 1\text{ x }498] = +\,2217\frac{kJ}{mol}$$

Cálculo da variação de entalpia de ligação para os produtos ($\Delta H_{produtos}$): $\longrightarrow N_{2(gás)} + 2H_2O_{(gás)}$

Analisando as ligações químicas dos produtos, observa-se as seguintes configurações eletrônicas: uma ligação tripla para o nitrogênio, N ≡ N, duas ligações O-H na molécula de água. Para os produtos, o processo passa a ser exotérmico, ou seja, o sistema perde calor para as vizinhanças, havendo a formação de novas ligações químicas.

$$\Delta H_{produtos} = -\,[1\text{ x }H_{N\equiv N} + 2\text{ x }(2\text{ x }H_{O-H})]$$

$$\Delta H_{produtos} = -\,[1\text{ x }946 + 2\text{ x }2\text{ x }463)] = -\,2798\frac{kJ}{mol}$$

Cálculo da entalpia do processo da combustão da hidrazina: $\Delta H_{reação} = \Delta H_{reagentes} + \Delta H_{produtos}$

$\Delta H_{reação}$ = + 2217 + (- 2798) = - 581 kJ.mol^{-1}.

Item b) Equação química homogênea: $H_2N - NH_{2(gás)} + O_{2(gás)} \longrightarrow N_{2(gás)} + 2H_2O_{(g)}$

Cálculo da variação da energia interna, à 25°C: $\Delta U = \Delta H - \{(n_{produtos} - n_{reagentes}) \text{ x } R \text{ x } T\}$

ΔH = - 581000 – {(3 – 2) x 8,314 x 298} = - 581000 – 2477,572 = - 583,48 kJ.mol^{-1}

Questão 49

Item a) Considerando o oxigênio puro: $CH_{4(gás)} + 2O_{2(gás)} \longrightarrow CO_{2(gás)} + 2H_2O_{(vapor)}$

Cálculo da variação de entalpia padrão da reação de combustão do gás metano (CH_4):

$$\Delta H^0_{reação} = \sum H^0_{produtos} - \sum H^0_{reagentes}$$

$$\Delta H^0_{reação} = [1\text{ x }H^0_{CO_2} + 2\text{ x }H^0_{H_2O}] - [1\text{ x }H^0_{CH_4} + 2\text{ x }H^0_{O_2}]$$

$$\Delta H^0_{reação} = [1\text{ x }(-94050) + 2\text{ x }(-57798)] - [1\text{ x }(-17895) + 2\text{ x }0]$$

$$\Delta H^0_{reação} = -191751\frac{cal}{mol}$$

Análise do balanço térmico, com a presença do oxigênio molecular:

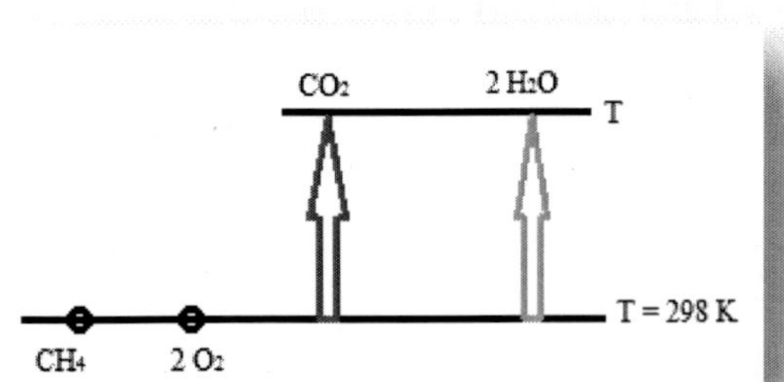

Cálculo da temperatura adiabática de chama na presença de oxigênio molecular: $Q_p = \sum \Delta H$

$$Q_p = \int_{298}^{298}(1\text{ x }9{,}85)dT + \int_{298}^{298}(2\text{ x }9{,}17)dT + \int_{298}^{T}(1\text{ x }14{,}78)dT + \int_{298}^{T}(2\text{ x }10{,}04)dT + (-191751)$$

$$\mathbf{Q_p = 0 + 0 + 14,78.(T - 298) + 20,08.(T - 298) - 191751}$$

$$\mathbf{Q_p = (T - 298)\ x\ [14,78 + 20,08] - 191751}$$

Sabendo que o processo é adiabático (Q = 0), temos:

$$0 = (T - 298)\ x\ [14{,}78 + 20{,}08] - 191751$$

$$191751 = (T - 298)\ x\ [14{,}78 + 20{,}08]$$

$$T = 5798{,}60\ K$$

Item b) Cálculo do número de mol de gás nitrogênio, considerando que a composição do ar atmosférico seja de 20% de $O_{2(gás)}$ e 80% de $N_{2(gás)}$:

2 mol de O_2 --------- 20%

n_{N2} -------------------- 80%

n_{N2} = 8,0 mol de $N_{2(gás)}$

Equação química da combustão completa com a presença de $N_{2(gás)}$: $CH_{4(gás)} + 2O_{2(gás)} + 8N_{2(gás)} \rightarrow CO_{2(gás)} + 2H_2O_{(vapor)} + 8N_{2(gás)}$

$$\Delta H^0_{reação} = \sum H^0_{produtos} - \sum H^0_{reagentes}$$

$$\Delta H^0_{reação} = [1\ x\ H^0_{CO_2} + 2\ x\ H^0_{H_2O} + 8\ x\ H^0_{N_2}] - [1\ x\ H^0_{CH_4} + 2\ x\ H^0_{O_2} + 8\ x\ H^0_{N_2}]$$

$$\Delta H^0_{reação} = [1\ x\ (-94050) + 2\ x\ (-57798) + 8\ x\ 0)] - [1\ x\ (-17895) + 2\ x\ 0 + 8\ x\ 0] = -191751 \frac{cal}{mol}$$

Estudo do balanço térmico, com a presença do nitrogênio gasoso:

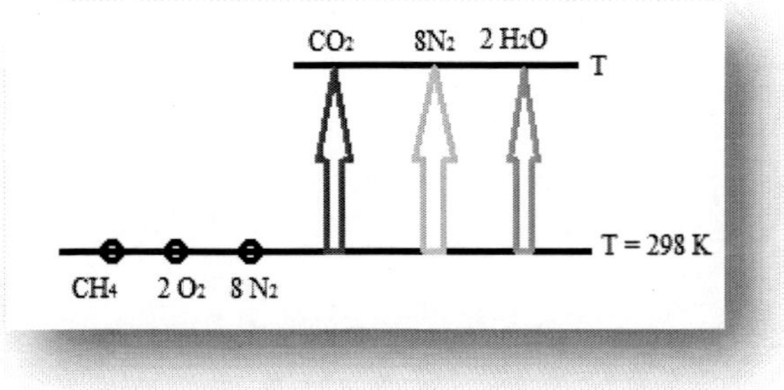

Cálculo da temperatura adiabática de chama (T) com a presença do ar atmosférico: $Q_p = \sum \Delta H$

$$Q_p = \int_{298}^{298} (1\ x\ 9{,}8)dT + \int_{298}^{298} (2\ x\ 9{,}17)dT + \int_{298}^{298} (8\ x\ 5{,}95)dT + \int_{298}^{T} (1\ x\ 14{,}78)dT + \int_{298}^{T} (8\ x\ 5{,}95)dT + \int_{298}^{T} (2\ x\ 10{,}04)dT + (-191751)$$

$$\mathbf{Q_p = 14,78.(T - 298) + 20,08.(T - 298) + 47,6.(T - 298) - 191751}$$

$$\mathbf{Q_p = (T - 298)\ x\ [14,78 + 20,08 + 47,6] - 191751}$$

Sabendo que o processo é adiabático (Q = 0):

$$0 = (T - 298)\ x\ [14{,}78 + 20{,}08 + 47{,}6] - 191751$$

T = 2623,38 K

Questão 50

Considerando que este processo ocorre a pressão constante ($Q_p = \Delta H$):

$$Q = \Delta H_{reação} = massa \times c_p \times \Delta T$$

$$Q = \Delta H_{reação} = 1500\,\cancel{g} \times 1{,}0\,\frac{cal}{\cancel{g} \times \cancel{^{o}C}} \times (78 - 10)\cancel{^{o}C} = 102000\ cal\ (102\ kcal)$$

Questão 51

Alternativa B.

Cálculo da entalpia de formação do gás metano (CH_4) a partir da utilização da Lei de Hess.

Equação química de combustão da grafita: $C_{(grafita)} + O_{2(gás)} \rightarrow CO_{2(gás)}$
$\Delta H = -393{,}5\ kJ.mol^{-1}$

Equação química de combustão do gás hidrogênio: $H_{2(gás)} + \frac{1}{2}O_{2(gás)} \rightarrow H_2O_{(gás)}$
$\Delta H = -285{,}9\ kJ.mol^{-1}$

Equação química de combustão do gás metano: $CH_{4(gás)} + 2O_{2(gás)} \rightarrow CO_{2(gás)} + 2H_2O_{(gás)}$
$\Delta H = -890{,}5\ kJ.mol^{-1}$

Para a resolução do problema, será necessário aplicar o princípio de Hess:

$C_{(grafita)} + \cancel{O_{2(gás)}} \rightarrow \cancel{CO_{2(gás)}}$ $\Delta H = -393{,}5\ kJ.mol^{-1}$
$2H_{2(gás)} + \cancel{O_{2(gás)}} \rightarrow \cancel{2H_2O_{(gás)}}$ $\Delta H = 2 \times (-285{,}9\ kJ.mol^{-1})$
$\cancel{CO_{2(gás)}} + \cancel{2H_2O_{(gás)}} \rightarrow CH_{4(gás)} + \cancel{2O_{2(g)}}$ $\Delta H = +890{,}5\ kJ.mol^{-1}$ +

$C_{(grafita)} + 2H_{2(gás)} \rightarrow CH_{4(gás)}$ $\Delta H = -74{,}8\ kJ.mol^{-1}$

Questão 52

(GRILLO) Organizando as equações termoquímicas de formação para cada espécie química:
$N_{2(gás)} + 2H_{2(gás)} + 3/2O_{2(gás)} \rightarrow NH_4NO_{3(sólido)}$ $\Delta H^0_{formação} = -367{,}5\ kJ$
$N_{2(gás)} + \frac{1}{2}O_{2(gás)} \rightarrow N_2O_{(gás)}$ $\Delta H^0_{formação} = +81{,}46\ kJ$
$H_{2(gás)} + \frac{1}{2}O_{2(gás)} \rightarrow H_2O_{(líquido)}$ $\Delta H^0_{formação} = -285{,}78\ kJ$

Para a determinação do valor da entalpia de decomposição do nitrato de amônio, $NH_4NO_{3(sólido)} \rightarrow N_2O_{(gás)} + 2H_2O_{(líquido)}$, será necessário aplicar a lei de Hess, conforme pode ser observado a seguir.

$2H_{2(gás)} + O_{2(gás)} \rightarrow 2H_2O_{(líquido)}$ $\Delta H^0_{formação} = -285{,}78\ kJ \times 2$
$N_{2(gás)} + \frac{1}{2}O_{2(gás)} \rightarrow N_2O_{(gás)}$ $\Delta H^0_{formação} = +81{,}46\ kJ$
$NH_4NO_{3(sólido)} \rightarrow N_{2(gás)} + 2H_{2(gás)} + 3/2O_{2(gás)}$ $\Delta H^0_{formação} = +367{,}5\ kJ$

Somando as equações termoquímicas.
$\cancel{2H_{2(gás)}} + \cancel{O_{2(gás)}} \rightarrow 2H_2O_{(líquido)}$ $\Delta H^0_{formação} = -285{,}78\ kJ \times 2$
$\cancel{N_{2(gás)}} + \cancel{\frac{1}{2}O_{2(gás)}} \rightarrow N_2O_{(gás)}$ $\Delta H^0_{formação} = +81{,}46\ kJ$
$NH_4NO_{3(sólido)} \rightarrow \cancel{N_{2(gás)}} + \cancel{2H_{2(gás)}} + \cancel{3/2O_{2(gás)}}$ $\Delta H^0_{decomposição} = +367{,}5\ kJ$ +

$NH_4NO_{3(sólido)} \rightarrow 2H_2O_{(líquido)} + N_2O_{(gás)}$ $\Delta H^0_{decomposição} = -122{,}6\ kJ$

Cálculo da variação da energia interna (ΔU): $\Delta H = \Delta U + \Delta n \times R \times T$

$-122600 = \Delta U + (1 - 0) \times 8{,}314 \times 298$

ΔU = -1205077 J (-1205,01 kJ)

Questão 53

Primeiramente será necessário calcular o número de mol de carbonato de cálcio.

$$n = \frac{1000}{100} = 10{,}0 \text{ mol}$$

Equação química para a decomposição térmica do carbonato de cálcio:

$CaCO_{3(sólido)} \longrightarrow CaO_{(sólido)} + CO_{2(gás)}$

Cálculo da variação da entalpia para a decomposição de carbonato (1,0 mol):

$$\Delta H^0_{\text{reação}} = 1 \text{ x } (-636) + 1 \text{ x } (-394) - [1 \text{ x } (-1207)] = +177 \frac{\text{kJ}}{\text{mol}}$$

Para uma quantidade de 10 mol, a entalpia vai corresponder a 1770 kJ/mol.

Cálculo da variação da entropia para a decomposição de carbonato (1,0 mol):

$$\Delta S^0_{\text{reação}} = 1 \text{ x } 39 + 1 \text{ x } 213 - [1 \text{ x } 94] = +158 \frac{\text{J}}{\text{mol x K}}$$

Para uma quantidade de 10 mol, a entropia corresponde a 1580 J/K.

Cálculo da variação da capacidade calorífica molar média:

$$\Delta Cp_{\text{médio}} = 1 \text{ x } 56 + 1 \text{ x } 54 - [1 \text{ x } (110)] = 0 \frac{\text{J}}{\text{mol x K}}$$

Este valor para a variação da capacidade calorífica molar média, apresenta como consequência:

$$\Delta H = \Delta H^0_f + 0 \text{ x } \Delta T = \Delta H^0_f$$

$$\Delta S = \Delta S^0_f + \frac{0 \text{ x } \Delta T}{T} = \Delta S^0_f$$

Para a mesma quantidade de 10 mol, a variação da energia livre de Gibbs será igual a 10,7 kJ. Cálculo da temperatura crítica, a partir da equação de Gibbs: $10700 = 1770000 - T \text{ x } 1580$

$$T = \frac{10700 - 1770000}{-1580} = +1188 \text{ K}$$

Cálculo da quantidade de calor do processo global do processo de calcinação do carbonato de cálcio:

$$Q_1 = 10 \text{ mol x } 110 \frac{\text{J}}{\text{mol x K}} \text{x } (1188 - 298)\text{K} = 979000 \text{ J}$$

Cálculo da quantidade de calor de operação do forno à pressão constante:

$$Q_2 = 10 \text{ mol x } 177000 \frac{\text{J}}{\text{mol}} = 1770000 \text{ J } (1770 \text{ kJ})$$

Cálculo da quantidade de calor total: $Q_1 + Q_2 = 2749000 \text{ J } (2749 \text{ kJ})$

Questão 54

Alternativa D.

Conversão de unidades: $\frac{\text{kJ}}{\text{mol}} \overset{\text{conversão}}{\leftrightarrows} \text{kJ x} < \text{MM} > \text{espécie}$

Analisando o processo de combustão do etanol, realizando a conversão para $\frac{kJ}{g}$:

$$\Delta H^0 = \frac{-1368\ kJ}{\cancel{mol}} x \frac{1\ \cancel{mol}}{46\ g} = -29{,}74\frac{kJ}{mol}$$

Analisando o processo de combustão do butano:

$$\Delta H^0 = \frac{-2860\ kJ}{\cancel{mol}} x \frac{1\ \cancel{mol}}{58\ g} = -49{,}31\frac{kJ}{mol}$$

Questão 55

Decomposição da molécula gasosa de amônia: $NH_{3(gás)} \longrightarrow 1/2N_{2(gás)} + 3/2H_{2(gás)}$

$$\Delta H = \Delta U + pV = \Delta U + \Delta n \text{ x R x T}$$

$$\Delta H = \Delta U + (n_{produtos} - n_{reagentes}) \text{ x R x T}$$

$$+46150 = \Delta U + \left[\left(\frac{1}{2} + \frac{3}{2}\right) - 1\right] x\ 8{,}314\ x\ (25 + 273)$$

$$\Delta U = +43672{,}43\frac{J}{mol}(+43{,}67\frac{kJ}{mol})$$

Questão 56

Para a resolução do problema será necessário utilizar a lei de Kirchhoff. Esta lei consiste na determinação da entalpia em temperaturas diferentes do estado padrão.

Cálculo da variação da entalpia padrão para o seguinte processo químico:
$C_{(grafite)} + H_2O_{(gás)} \longrightarrow CO_{(gás)} + H_{2(gás)}$

$$\Delta H^0_{reação} = [1\ x\ H^0_{CO} + 1\ x\ H^0_{H_2}] - [1\ x\ H^0_C + 1\ x\ H^0_{H_2O}] = +131{,}30\frac{kJ}{mol}$$

Cálculo da variação da capacidade calorífica a pressão constante:

$$\Delta\bar{C}_{p_{médio}} = \sum \bar{C}_{p\ \underset{dos\ produtos}{médio}} - \sum \bar{C}_{p\ \underset{dos\ reagentes}{médio}}$$

A partir da tabela fornecida, temos:

$$\Delta\bar{C}_{p_{médio}} = [1\ x\ 29{,}14 + 1\ x\ 28{,}8] - [1\ x\ 8{,}64 + 1\ x\ 33{,}58] = +15{,}72\frac{J}{mol\ x\ K}$$

Cálculo da variação de entalpia para T = 125°C, a partir da entalpia padrão:

$$\mathbf{\Delta H = 131300 + \int_{(25+273)}^{(125+273)} 15,72\ x\ dT}$$

$$\Delta H = 131300 + 15{,}72\ x\ (398 - 298) = +132872\frac{J}{mol}(+132{,}87\frac{kJ}{mol})$$

Questão 57

Equação de formação do cloreto de prata: $Ag_{(sólido)} + ½Cl_{2(gás)} \longrightarrow AgCl_{(sólido)}$
ΔH° = ?

Item a) Para a resolução deste problema será necessário utilizar o princípio de Hess.

Multiplicando a terceira equação química por dois (x 2): $H_{2(gás)} + Cl_{2(gás)} \rightarrow 2HCl_{(gás)}$
$\Delta H° = 2 \times (-\ 22{,}10\ kcal.mol^{-1})$

Invertendo a quarta equação química: $H_2O_{(líquido)} \rightarrow H_{2(gás)} + ½O_{2(gás)}$

$\Delta H° = +\ 68{,}30\ kcal.mol^{-1}$

Permanecendo as mesmas características para as equações (a) e (b):

$\cancel{Ag_2O_{(sólido)}} + \cancel{2HCl_{(gás)}} \rightarrow 2AgCl_{(sólido)} + \cancel{H_2O_{(líquido)}}$ $\Delta H° = -\ 77{,}61\ kcal.mol^{-1}$
$2Ag_{(sólido)} + \cancel{½O_{2(gás)}} \rightarrow \cancel{Ag_2O_{(sólido)}}$ $\Delta H° = -\ 7{,}30\ kcal.mol^{-1}$
$\cancel{H_{2(gás)}} + Cl_{2(gás)} \rightarrow \cancel{2HCl_{(gás)}}$ $\Delta H° = 2 \times (-\ 22{,}10\ kcal.mol^{-1})$
$\cancel{H_2O_{(líquido)}} \rightarrow \cancel{H_{2(gás)}} + \cancel{½O_{2(gás)}}$ $\Delta H° = +\ 68{,}30\ kcal.mol^{-1}$ +

$2Ag_{(sólido)} + Cl_{2(gás)} \rightarrow 2AgCl_{(sólido)}$ (Equação química global)

$\Delta H° = -\ 77{,}61\ kcal.mol^{-1} + (-\ 7{,}30\ kcal.mol^{-1}) + (-\ 44{,}20\ kcal.mol^{-1}) + 68{,}30\ kcal.mol^{-1}$

Dividindo a equação química obtida por dois: $Ag_{(sólido)} + ½Cl_{2(gás)} \rightarrow AgCl_{(sólido)}$

$$\Delta H° = -\frac{60{,}81\ kcal}{2} = -30{,}405\frac{kcal}{mol}$$

Item b) Cálculo da variação da energia interna a 25°C:

$$\Delta H = \Delta U + (n_{produtos} - n_{reagentes}) \times R \times T$$

$$-\ 30405 = \Delta U + \left(0 - \frac{1}{2}\right) \times 1{,}987 \times (25 + 273)$$

$$\Delta U = -\ 23624{,}36\frac{cal}{mol}$$

Questão 58

Sabendo que a equação termodinâmica que relaciona ΔH com ΔU é dada por:

$$\Delta H = \Delta U + \Delta n \times R \times T = \Delta U + (n_{produtos} - n_{reagentes}) \times R \times T$$

Considerando que os gases apresentam comportamento ideal, temos:

$$47{,}39 - 0{,}70.T - 3{,}29 \times 10^{-3}.T^2 + 1{,}25 \times 10^{-6}.T^3 = \Delta U + (n_{produtos} - n_{reagentes}) \times R \times T$$

$$47{,}39 - 0{,}70.T - 3{,}29 \times 10^{-3}.T^2 + 1{,}25 \times 10^{-6}.T^3 = \Delta U + (2 - 1) \times 8{,}314 \times T$$

$$47{,}39 - 0{,}70.T - 3{,}29 \times 10^{-3}.T^2 + 1{,}25 \times 10^{-6}.T^3 = \Delta U + 8{,}314\,.T$$

$$\Delta U = 47{,}39 - 0{,}70.T - 3{,}29 \times 10^{-3}.T^2 + 1{,}25 \times 10^{-6}.T^3 - 8{,}314.T$$

$$\Delta U = 47{,}39 - 9{,}014.T - 3{,}29 \times 10^{-3}.T^2 + 1{,}25 \times 10^{-6}.T^3$$

Cálculo da variação de entalpia para T = 227°C:

$$\Delta H(J.mol^{-1}) = 47{,}39 - 0{,}70.T - 3{,}29 \times 10^{-3}.T^2 + 1{,}25 \times 10^{-6}.T^3$$

$$\Delta H(J.mol^{-1}) = 47{,}39 - 0{,}70x\,(227 + 273) - 3{,}29 \times 10^{-3}x\,(227 + 273)^2 + 1{,}25 \times 10^{-6}x\,(227 + 273)^3$$
$$\Delta H(J.mol^{-1}) = 47{,}39 - 0{,}70 \times 500 - 3{,}29 \times 10^{-3} \times (500)^2 + 1{,}25 \times 10^{-6}x\,(500)^3$$

$$\Delta H(J.mol^{-1}) = 47{,}39 - 350 - 822{,}5 + 156{,}25 = -968{,}86$$

Cálculo da variação da energia interna para T = 227°C:

$$\Delta U(J.mol^{-1}) = 47{,}39 - 9{,}014.T - 3{,}29 \times 10^{-3}.T^2 + 1{,}25 \times 10^{-6}.T^3$$

$$\Delta U(J.mol^{-1}) = 47{,}39 - 9{,}014 \times (227 + 273) - 3{,}29 \times 10^{-3} \times (227 + 273)^2 + 1{,}25 \times 10^{-6} \times (227 + 273)^3$$

$$\Delta U(J.mol^{-1}) = 47{,}39 - 9{,}014 \times 500 - 3{,}29 \times 10^{-3} \times (500)^2 + 1{,}25 \times 10^{-6} \times (500)^3$$

$$\Delta U(J.mol^{-1}) = 47{,}39 - 4507 - 822{,}5 + 156{,}25 = \boxed{-5125{,}95}$$

Questão 59

Cálculo do número de mol de dióxido de carbono: $n = \frac{350}{44} = 7{,}95 \text{ mol}$

Expressão da equação matemática da capacidade calorífica a pressão constante:
$C_p = 5{,}166 - 15{,}177 \times 10^3 \times T - 95{,}78 \times 10^7 \times T^2 + 2{,}260 \times 10^9 \times T^3$

Analisando primeiramente o processo a pressão constante.

Cálculo da variação da entalpia, considerando a variação de temperatura igual a 300 – 500 K:

$$\Delta H = \int n \times C_p \times dT$$

$$\Delta H = \int_{300\,K}^{500\,K} 7{,}95 \times (5{,}166 + 15{,}177 \times 10^3 \times T - 95{,}78 \times 10^7 \times T^2 + 2{,}260 \times 10^9 \times T^3) \times dT$$

$$\Delta H = 7{,}95 \times \left\{ \int_{300\,K}^{500\,K} 5{,}166 \times dT + \int_{300\,K}^{500\,K} 15{,}177 \times 10^3 \times T \times dT - \int_{300\,K}^{500\,K} 95{,}78 \times 10^7 \times T^2 \times dT + \int_{300\,K}^{500\,K} 2{,}260 \times 10^9 \times T^3 \times dT \right\}$$

$$\Delta H = 7{,}95 \times \left\{ 5{,}166 \times T\big|_{300}^{500} + 15{,}177 \times 10^3 \times \left(\frac{T^2}{2}\right)\Bigg|_{300}^{500} - 95{,}78 \times 10^7 \times \left(\frac{T^3}{3}\right)\Bigg|_{300}^{500} + 2{,}260 \times 10^9 \times \left(\frac{T^4}{4}\right)\Bigg|_{300}^{500} \right\}$$

$$\Delta H = 7{,}95 \times \left\{ 5{,}166 \times (500 - 300) + 15{,}177 \times 10^3 \times \left[\frac{(500)^2}{2} - \frac{(300)^2}{2}\right] - 95{,}78 \times 10^7 \times \left[\frac{(500)^3}{3} - \frac{(300)^3}{3}\right] + 2{,}260 \times 10^9 \times \left[\frac{(500)^4}{4} - \frac{(300)^4}{4}\right] \right\}$$

$$\Delta H = 7{,}95 \times \{5{,}166 \times 200 + 15{,}177 \times 10^3 \times 80000 - 95{,}78 \times 10^7 \times 3{,}26 \times 10^7 + 2{,}260 \times 10^9 \times 1{,}36 \times 10^{10}\} = 2{,}44 \times 10^{20} \frac{J}{mol}$$

Cálculo da capacidade calorífica a volume constante (C_V):

$$5{,}166 + 15{,}177 \times 10^3 \times T - 95{,}78 \times 10^7 \times T^2 + 2{,}260 \times 10^9 \times T^3 - C_V = R$$

$$C_V = 5{,}166 + 15{,}177 \times 10^3 \times T - 95{,}78 \times 10^7 \times T^2 + 2{,}260 \times 10^9 \times T^3 - R$$

$$C_V = 5{,}166 + 15{,}177 \times 10^3 \times T - 95{,}78 \times 10^7 \times T^2 + 2{,}260 \times 10^9 \times T^3 - 8{,}314$$

$$C_V = -3{,}148 + 15{,}177 \times 10^3 \times T - 95{,}78 \times 10^7 \times T^2 + 2{,}260 \times 10^9 \times T^3$$

Cálculo da variação da energia interna:

$$\Delta U = \int_{300\,K}^{500\,K} 7{,}95 \times (-3{,}148 + 15{,}177 \times 10^3 \times T - 95{,}78 \times 10^7 \times T^2 + 2{,}260 \times 10^9 \times T^3) \times dT$$

$$\Delta U = 7{,}95 \times \left\{ \int_{300\,K}^{500\,K} (-3{,}148) \times dT + \int_{300\,K}^{500\,K} 15{,}177 \times 10^3 \times T \times dT - \int_{300\,K}^{500\,K} 95{,}78 \times 10^7 \times T^2 \times dT + \int_{300\,K}^{500\,K} 2{,}260 \times 10^9 \times T^3 \times dT \right\}$$

$$\Delta U = 7{,}95 \times \left\{ (-3{,}148) \times T|_{300}^{500} + 15177 \times \left(\frac{T^2}{2}\right)\Big|_{300}^{500} - 95{,}78 \times 10^7 \times \left(\frac{T^3}{3}\right)\Big|_{300}^{500} + 2{,}260 \times 10^9 \times \left(\frac{T^4}{4}\right)\Big|_{300}^{500} \right\}$$

$$\Delta U = 7{,}95 \times \left\{ -3{,}148 \times (500 - 300) + 15{,}177 \times 10^3 \times \left[\frac{(500)^2}{2} - \frac{(300)^2}{2}\right] - 95{,}78 \times 10^7 \times \left[\frac{(500)^3}{3} - \frac{(300)^3}{3}\right] + 2{,}260 \times 10^9 \times \left[\frac{(500)^4}{4} - \frac{(300)^4}{4}\right] \right\}$$

$$\Delta U = 7{,}95 \times \{-629{,}6 + 15{,}177 \times 10^3 \times 80000 - 95{,}78 \times 10^7 \times 3{,}26 \times 10^7 + 2{,}260 \times 10^9 \times 1{,}36 \times 10^{10}\} = 2{,}44 \times 10^{20} \frac{J}{mol}$$

Questão 60

Alternativa E.

Aplicando a Lei de Hess, através das reações apresentadas, será necessário inverter a reação II:

$C_{(grafite)} + O_{2(gás)} \longrightarrow CO_{2(gás)}$ $\Delta H_{(298\,K;\,1atm)} = -393$ kJ
$CO_{2(gás)} \longrightarrow CO_{(gás)} + \frac{1}{2}\, O_{2(gás)}$ $\Delta H_{(298\,K;\,1atm)} = +283$ kJ +

$C_{(grafite)} + O_{2(gás)} \longrightarrow CO_{(gás)} + \frac{1}{2}\, O_{2(gás)}$ $\Delta H_{(298\,K;\,1atm)} = -393 + 283$ kJ $= -110$ kJ

Questão 61

Alternativa D.

Todas as substâncias químicas com exceção do bromo estão na sua forma física mais estável. Convencionou-se que a entalpia de qualquer substância elementar em seu estado físico mais estável a uma temperatura igual a 25°C (298 K) e sob uma pressão igual a uma atmosfera (1 atm) seja igual a zero. Então, na forma estável a estas condições, o bromo encontra-se na fase líquida e não na fase gasosa, conforme é apresentado.

Questão 62

Alternativa B.

O calor de formação é a variação da entalpia que acompanha a formação de um mol de um determinado composto a partir de seus constituintes elementares na sua forma estável, à temperatura de 25°C e 1 atm. Logo, para a formação de óxido de ferro II, temos: $Fe_{(sólido)}$ e $O_{2(gás)}$ encontram-se na sua forma mais estável.

Questão 63

Alternativa D.

Considerando que o processo ocorra com pistão móvel sem atrito, W = 0.

Equação química de combustão do grafite: $C_{(grafite)} + O_{2(gás)} \longrightarrow CO_{2(gás)}$

Através da definição de entalpia, temos: $\Delta H = \Delta U + (n_{produtos} - n_{reagentes}) \times R \times T$

$\Delta H = \Delta U + (1 - 1) \times R \times T = \Delta U + 0 \times R \times T$
$\Delta H = \Delta U$

Conclusão: Para a reação de combustão do grafite, a variação da entalpia será igual a variação de energia interna, $\Delta H = \Delta U$.

Item I) Falso. A variação da energia interna do sistema é igual a variação da entalpia.

Item II) Verdadeiro. Como o processo ocorre através de uma expansão livre, o trabalho realizado pelo sistema é igual a zero.

Item III) Falso. A quantidade de calor trocada entre o sistema e a vizinhança é a variação da energia interna.

Item IV) Verdadeira. A variação da entalpia do sistema é igual à variação da energia interna.

Questão 64

Alternativa B.
Equação química de combustão da grafita: $C_{(grafita)} + O_{2(gás)} \longrightarrow CO_{2(gás)}$
$\Delta H = - 393,5\ kJ.mol^{-1}$

Equação química de combustão do gás hidrogênio: $H_{2(gás)} + ½O_{2(gás)} \longrightarrow H_2O_{(gás)}$
$\Delta H = - 285,9\ kJ.mol^{-1}$

Equação química de combustão do gás metano: $CH_{4(gás)} + 2O_{2(gás)} \longrightarrow CO_{2(gás)} + 2H_2O_{(gás)}$
$\Delta H = - 890,5\ kJ.mol^{-1}$

Somando todas as equações químicas apresentadas:

$C_{(grafita)} + \cancel{O_{2(gás)}} \longrightarrow \cancel{CO_{2(gás)}}$ $\quad \Delta H = - 393,5\ kJ.mol^{-1}$
$2H_{2(gás)} + \cancel{O_{2(gás)}} \longrightarrow \cancel{2H_2O_{(gás)}}$ $\quad \Delta H = 2 \times (- 285,9\ kJ.mol^{-1})$
$\cancel{CO_{2(gás)}} + \cancel{2H_2O_{(gás)}} \longrightarrow CH_{4(gás)} + \cancel{2O_{2(gás)}}$ $\quad \Delta H = + 890,5\ kJ.mol^{-1}$ +

$C_{(grafita)} + 2H_{2(gás)} \longrightarrow CH_{4(gás)}$ $\quad \Delta H = – 74,8\ kJ.mol^{-1}$

Questão 65

Alternativa D.

A reação química mais exotérmica refere-se à alternativa D, pelo fato da formação de água no estado gasoso. Para a alternativa C, há a formação de água oxigenada, o que não torna a reação mais exotérmica em comparação à alternativa D.

Questão 66

Alternativa A.
Invertendo a primeira equação química e multiplicando por dois (x 2):

$3CO_{2(gás)} + 4Fe_{(sólido)} \longrightarrow 2Fe_2O_{3(sólido)} + 3C_{(sólido)}$ $\quad \Delta H° = 2 \times (- 234,1\ kJ)$

Multiplicando a segunda equação química por três (x 3):
$3C_{(sólido)} + 3O_{2(gás)} \longrightarrow 3CO_{2(gás)}$ $\quad \Delta H° = 3 \times (- 393,5)\ kJ$

Somando as equações químicas e suas respectivas entalpias, temos:

$\cancel{3CO_{2(gás)}} + 4Fe_{(sólido)} \longrightarrow 2Fe_2O_{3(sólido)} + \cancel{3C_{(sólido)}}$ $\quad \Delta H° = 2 \times (- 234,1\ kJ)$
$\cancel{3C_{(sólido)}} + 3O_{2(gás)} \longrightarrow \cancel{3CO_{2(gás)}}$ $\quad \Delta H° = 3 \times (- 393,5\ kJ)$ +

$4Fe_{(sólido)} + 3O_{2(gás)} \longrightarrow 2Fe_2O_{3(sólido)}$

Somando os valores das entalpias: $\Delta H° = 2 \times (- 234,1\ kJ) + 3 \times (- 393,5\ kJ) = - 1648,7\ kJ$

Questão 67

Alternativa E.

Entalpia de formação do buteno: $4C_{(sólido)} + 4H_{2(gás)} \rightarrow C_4H_{8(gás)}$
$\Delta H° = - 11,4\ kJ.mol^{-1}$

Entalpia de formação do dióxido de carbono: $C_{(sólido)} + O_{2(gás)} \rightarrow CO_{2(gás)}$
$\Delta H° = - 393,5\ kJ.mol^{-1}$

Entalpia de formação da água no estado líquido: $H_{2(g)} + ½O_{2(gás)} \rightarrow H_2O_{(vapor)}$
$\Delta H° = - 285,8\ kJ.mol^{-1}$

Entalpia de combustão completa do butano: $C_4H_{10(gás)} + 13/2O_{2(gás)} \rightarrow 4CO_{2(gás)} + 5H_2O_{(gás)}$
$\Delta H° = - 2877,6\ kJ.mol^{-1}$

Somando as quatro equações químicas apresentadas acima:

$\cancel{4C_{(sólido)}} + \cancel{4H_{2(gás)}} \rightarrow C_4H_{8(gás)}$ $\Delta H° = - 11,4\ kJ.mol^{-1}$
$\cancel{4CO_{2(gás)}} \rightarrow \cancel{4C_{(sólido)}} + \cancel{4O_{2(gás)}}$ $\Delta H° = 4 \times (+ 393,5)\ kJ.mol^{-1}$
$\cancel{5H_2O_{(vapor)}} \rightarrow 5H_{2(gás)} + \cancel{5/2O_{2(gás)}}$ $\Delta H° = 5 \times (+ 285,8)\ kJ.mol^{-1}$
$C_4H_{10(gás)} + \cancel{13/2O_{2(gás)}} \rightarrow \cancel{4CO_{2(gás)}} + \cancel{5H_2O_{(vapor)}}$ $\Delta H° = - 2877,6\ kJ.mol^{-1}$ +

$C_4H_{10(gás)} \rightarrow H_{2(gás)} + C_4H_{8(gás)}$

$\Delta H°_{TOTAL} = - 11,4 + [4 \times (+ 393,5)] + [5 \times (+ 285,8)] + (- 2877,6) = + 114,0\ kJ.mol^{-1}$

Questão 68

Alternativa A.

Cálculo da quantidade de calor para uma massa igual a 3 kg:
1 kg --------------- 200 kJ
3 kg --------------- Q
Q = 600 kJ
Sabendo que o processo de solidificação reduz a entropia do sistema:

$$dS = -\frac{Q_{reversível}}{dT} = \frac{-600\ kJ}{(27 + 273)K} = -\frac{600\ kJ}{300\ K} = -2\frac{kJ}{kg}$$

Questão 69

Alternativa C.
No intervalo de temperatura entre T_1 e T_2, a reação ocorre com liberação de calor, uma vez que o patamar dos reagentes ($H_{reagentes}$) é maior que a dos produtos ($H_{produtos}$), o que caracteriza como exotérmico ($\Delta H < 0$).

Questão 70

Alternativa A.
A maior diferença de eletronegatividade entre os elementos químicos apresentados ocorre entre o flúor (F) e o hidrogênio (H). Por isso, a ligação H – F, é a reação mais exotérmica.

Questão 71

Alternativa D.

Cálculo da entalpia padrão, a partir do processo de combustão total do acetileno: $2C_2H_{2(gás)} + 5O_{2(gás)} \rightarrow 4CO_{2(gás)} + 2H_2O_{(vapor)}$

$$\Delta H^0_{reação} = \sum H^0_{produtos} - \sum H^0_{reagentes}$$
$$\Delta H^0_{reação} = [4 \times H^0_{CO_2} + 2 \times H^0_{H_2O}] - [2 \times H^0_{C_2H_2} + 5 \times H^0_{O_2}]$$

$$\Delta H^0_{\text{reação}} = [4 \text{ x } (-394) + 2 \text{ x } (-242)] - [2 \text{ x } (+\,227) + 5 \text{ x } 0] = -\,2514\ \frac{\text{kJ}}{\text{mol}}$$

Cálculo da quantidade de calor para a queima de 1 mol de acetileno:
2 mol de C_2H_2 ---------- (- 2514 kJ)
1 mol de C_2H_2 ---------- ΔH°
ΔH° = - 1257,00 kJ

Questão 72

Alternativa A.

Considerando que o processo ocorra a pressão constante, temos a seguinte relação termodinâmica: $Q_p = \Delta H$.

Equação química: $2CH_3CHOHCH_{3(\text{líquido})} + 9O_{2(\text{gás})} \rightarrow 6CO_{2(\text{gás})} + 8H_2O_{(\text{líquido})}$

Dividindo a equação química por dois, temos: $CH_3CHOHCH_{3(\text{líquido})} + 9/2O_{2(\text{gás})} \rightarrow 3CO_{2(\text{gás})} + 4H_2O_{(\text{líquido})}$

$$\Delta H^0_{\text{reação}} = \sum H^0_{\text{produtos}} - \sum H^0_{\text{reagentes}}$$

$$\Delta H^0_{\text{reação}} = \left[3 \text{ x } H^0_{CO_2} + 4 \text{ x } H^0_{H_2O}\right] - \left[1 \text{ x } H^0_{C_3H_8O} + \frac{9}{2} \text{ x } H^0_{O_2}\right]$$

$$\Delta H^0_{\text{reação}} = [3 \text{ x } (-393{,}5) + 4 \text{ x } (-285{,}8)] - [1 \text{ x } (-318{,}2) + 2 \text{ x } 0]$$

$$\Delta H^0_{\text{reação}} = -2005{,}50\ \frac{\text{kJ}}{\text{mol}}$$

A partir da relação estequiométrica, temos:

60 g ---------------- (-2005,50 kJ)
15 g ---------------- $\Delta H = Q_p$
$\Delta H = Q_p$ = -501,37 kJ

Questão 73

Alternativa C.

Cálculo da entalpia de ligação com relação aos reagentes: $C_8H_{18} + 25/2O_2 \rightarrow 8CO_2 + 9H_2O$

$\Delta H_{\text{Reagentes}}$ = + {(7 x 347) + (18 x 416) + (12,5 x 498)} = + 16142 kJ.mol^{-1}

Cálculo da entalpia de ligação para os produtos:

$\Delta H_{\text{Produtos}}$ = - {(16 x 803) + (18 x 464)} = - 21200 kJ.mol^{-1}

Cálculo da entalpia de reação: $\Delta H_{\text{Reação}} = \Delta H_{\text{Produtos}} + \Delta H_{\text{Reagentes}}$

$\Delta H_{\text{Reação}}$ = - 21200 kJ.mol^{-1} + 16142 kJ.mol^{-1} = - 5058,00 kJ.mol^{-1} (para cada mol de octano)

Para cada mol de átomo de hidrogênio (H), teremos: $\Delta H_H = \frac{-\,5058{,}00}{18} = -281\,\frac{\text{kJ}}{\text{mol}}$

Analisando a reação para a célula combustível – Cálculo da entalpia de ligação:

$H_{2(g)} + ½O_{2(g)} \rightarrow H_2O_{(g)}$

$H_{Reagentes}$ = + {(1 x 436) + (0,50 x 498)} = + 436 + 249 = + 685 kJ.mol^{-1}

$H_{Produtos}$ = - (2 x 464) = - 928 kJ.mol^{-1}

Cálculo da entalpia de reação: $\Delta H_{Reação} = \Delta H_{Produtos} + \Delta H_{Reagentes}$

$\Delta H_{Reação}$ = - 243 kJ.mol^{-1} (para cada mol de gás hidrogênio)

Para cada mol de átomo de hidrogênio (H), teremos: $\Delta H_H = \frac{-281{,}00}{-121{,}50} = +2{,}31$

Questão 74

Alternativa E.

Equação química para o processo de combustão completa:
$C_4H_{10(gás)} + 13/2O_{2(gás)} \longrightarrow 4CO_{2(gás)} + 5H_2O_{(vapor)}$ ΔH = - 2900 kJ/mol

Considerando que a reação é processada à pressão constante: $Q_p = \Delta H$
58 g ------------------ (- 2900 kJ)
5800 g --------------- $Q_p = \Delta H_{reação}$
$Q_p = \Delta H_{reação} = -2{,}9 \times 10^5$ kJ

Questão 75

Alternativa A.

Equação química (1):

$2C_{(grafite)} + 2H_{2(gás)} \longrightarrow C_2H_{4(gás)}$ ΔH^0 = + 52,0 kJ

Invertendo a segunda equação química (2):

$C_2H_{4(gás)} + Cl_{2(gás)} \longrightarrow C_2H_4Cl_{2(gás)}$ ΔH^0 = - 116,0 kJ

Aplicando o princípio de Hess.

$2C_{(grafite)} + 2H_{2(gás)} \longrightarrow \cancel{C_2H_{4(gás)}}$ ΔH^0 = + 52,0 kJ
$\cancel{C_2H_{4(gás)}} + Cl_{2(gás)} \longrightarrow C_2H_4Cl_{2(gás)}$ ΔH^0 = - 116,0 kJ   +

$2C_{(grafite)} + 2H_{2(gás)} + Cl_{2(gás)} \longrightarrow C_2H_4Cl_{2(gás)}$

Somando os valores das entalpias:
$\Delta H°_{REAÇÃO}$ = - 64,00 kJ para cada 1 mol de formação de $C_2H_4Cl_{2(g)}$.

Questão 76

Alternativa A.

Equação química: $H_{2(gás)} + O_{2(gás)} \longrightarrow H_2O_{2(gás)}$

(H – H) + (O = O) $\rightarrow$ H – O – O – H

Cálculo da entalpia dos reagentes:

$$H^0_{reagentes} = +[1 \text{ x } H_{H-H} + 1 \text{ x } H_{O=C}] = +[1 \text{ x } 436 + 1 \text{ x } 499] = +935 \frac{kJ}{mol}$$

Cálculo da entalpia dos produtos:

$$H^0_{produtos} = -[2 \text{ x } H_{H-O} + 1 \text{ x } H_{O-O}] = -[2 \text{ x } 460 + 1 \text{ x } 142] = -1062 \frac{kJ}{mol}$$

Cálculo da variação de entalpia da reação:

$$\Delta H_{reação} = H^0_{produtos} + H^0_{produtos} = -1062 + 935 = -127\frac{kJ}{mol}$$

Questão 77

Aplicando o princípio de Hess. Invertendo a etapa 1:

$3O_{2(gás)} + B_2H_{6(gás)} \rightarrow B_2O_{3(sólido)} + 3H_2O_{(gás)}$ 2035 ΔH/kJ

Multiplicando por três (x 3) e invertendo a etapa 2:

$3H_2O_{(gás)} \rightarrow 3H_2O_{(líquido)}$ 3.(- 44) ΔH/kJ

Multiplicando por três (x 3) e invertendo a etapa 3:

$3H_2O_{(líquido)} \rightarrow 3H_{2(gás)} + 3/2O_{2(gás)}$ 3x (+ 286) ΔH/kJ

Etapa 4: $2B_{(sólido)} + 3H_{2(gás)} \rightarrow B_2H_{6(gás)}$ 36 ΔH/kJ

Somando as equações químicas e suas respectivas entalpias:

$3O_{2(gás)} + \cancel{B_2H_{6(g)}} \rightarrow B_2O_{3(sólido)} + \cancel{3H_2O_{(gás)}}$ 2035 ΔH/kJ

$\cancel{3H_2O_{(gás)}} \rightarrow \cancel{3H_2O_{(líquido)}}$ 3 x (- 44) ΔH/kJ

$\cancel{3H_2O_{(líquido)}} \rightarrow \cancel{3H_{2(gás)}} + 3/2O_{2(gás)}$ 3 x (+ 286) ΔH/kJ

$2B_{(sólido)} + \cancel{3H_{2(gás)}} \rightarrow \cancel{B_2H_{6(gás)}}$ 36 ΔH/kJ +

$2B_{(sólido)} + 3/2O_{2(gás)} \rightarrow B_2O_{3(sólido)}$

Somando os valores das entalpias:

ΔH_{TOTAL} = 2035 ΔH/kJ + 3 x (- 44) ΔH/kJ + 3 x (+ 286) ΔH/kJ + 36 ΔH/kJ = -1273 (ΔH/kJ)

ΔH_{TOTAL} = -1273 (ΔH/kJ)

Questão 78

Alternativa D.

Para a resolução do problema será necessário aplicar a Lei de Hess.

Invertendo e dividindo por dois a primeira reação: $FeO_{(sólido)} \rightarrow Fe_{(sólido)} + ½O_{2(gás)}$

ΔH^o = (+ 544 / 2) kJ

Invertendo a segunda reação e dividindo por dois: $Fe_2O_{3(sólido)} \rightarrow 2Fe_{(sólido)} + 3/2O_{2(gás)}$

ΔH^o = (+ 1648 / 2) kJ

Invertendo a terceira equação: $3Fe_{(sólido)} + 2O_{2(gás)} \rightarrow Fe_3O_{4(sólido)}$

ΔH^o = + 1118,4 kJ

Cálculo da entalpia total: $\Delta H°_{TOTAL}$ = (+ 544 / 2) kJ + (+ 1648 / 2) kJ + 1118,4 kJ = + 2214,6 kJ

Questão 79

Alternativa C.

Cálculo da entalpia da reação química ($\Delta H°_{reação}$): $\Delta H^0_{reação} = \sum H^0_{produtos} - \sum H^0_{reagentes}$

$$\Delta H^0_{reação} = [1 \text{ x } H^0_{TiO_2} + 4 \text{ x } H^0_{HCl}] - [1 \text{ x } H^0_{TiCl_4} + 2 \text{ x } H^0_{H_2O}]$$

$$\Delta H^0_{reação} = [1 \text{ x } (-945) + 4 \text{ x } (-92)] - [1 \text{ x } (-763) + 2 \text{ x } (-286)]$$

$$\Delta H^0_{\text{reação}} = +\,22{,}0\ \frac{\text{kJ}}{\text{mol}}$$

Questão 80

Alternativa E.

Equação química a ser determinada sua entalpia: $H_2S_{(gás)} + 3/2O_{2(gás)} \rightarrow SO_{2(gás)} + H_2O_{(vapor)}$

Invertendo a equação química: $H_2S_{(gás)} \rightarrow H_{2(gás)} + S_{(sólido)}$ $\Delta H = +\,21$ kJ
$S_{(sólido)} + O_{2(gás)} \rightarrow SO_{2(gás)}$ $\Delta H = -\,297$ kJ
$H_{2(gás)} + ½O_{2(gás)} \rightarrow H_2O_{(gás)}$ $\Delta H = -\,242$ kJ

Somando as equações químicas, temos: $H_2S_{(gás)} + 3/2O_{2(gás)} \rightarrow SO_{2(gás)} + H_2O_{(vapor)}$

$\Delta H_{TOTAL} = +\,21$ kJ + (- 297 kJ) + (- 242 kJ) = + 21 kJ – 297 kJ – 242 kJ = - 518 kJ

Questão 81

Alternativa D.

A entalpia de formação do gás etano ($\Delta H_{formação}$) ocorre segundo as substâncias na sua forma mais estável. Logo, a reação de formação refere-se a seguinte equação química: $2C_{(sólido)} + 3H_{2(gás)} \rightarrow C_2H_{6(gás)}$.

Questão 82

Alternativa D.

Equação química que representa a formação de dióxido de enxofre a partir do sulfeto de hidrogênio: $2H_2S_{(gás)} + 3O_{2(gás)} \rightarrow 2H_2O_{(líquido)} + 2SO_{2(gás)}$
Cálculo da variação de entalpia padrão:

$$\Delta H^0_{\text{reação}} = [2 \text{ x } H^0_{H_2O} + 2 \text{ x } H^0_{SO_2}] - [2 \text{ x } H^0_{H_2S} + 3 \text{ x } H^0_{O_2}]$$

$$\Delta H^0_{\text{reação}} = [2 \text{ x } (-285{,}8) + 2 \text{ x } (-296{,}4)] - [2 \text{ x } (-\ 20{,}15) + 3 \text{ x } 0]$$

$$\Delta H^0_{\text{reação}} = -\,1124{,}1\ \frac{\text{kJ}}{\text{mol}}$$

Questão 83

Alternativa C.

Analisando a primeira reação química – I: $\Delta H_I = \Delta U_I + \Delta n \text{ x R x T}$
$\Delta H_I = \Delta U_I + (1 - 1{,}50) \text{ x R x T}$
$\Delta H_I = \Delta U_I - 0{,}50 \text{ x R x T}$
$\Delta U_I = \Delta H_I + 0{,}50 \text{ x R x T}$
Conclusão: $|\Delta H_I| < |\Delta U_I|$

Analisando a segunda reação química – II: $\Delta H_{II} = \Delta U_{II} + \Delta n \text{ x R x T}$
$\Delta H_{II} = \Delta U_{II} + (3 - 5) \text{ x R x T}$
$\Delta H_{II} = \Delta U_{II} - 2 \text{ x R x T}$
$\Delta U_{II} = \Delta H_{II} + 2 \text{ x R x T}$
Conclusão: $|\Delta H_{II}| < |\Delta U_{II}|$

Analisando a terceira reação química – III: $\Delta H_{III} = \Delta U_{III} + \Delta n \text{ x R x T}$
$\Delta H_{III} = \Delta U_{III} + (2 - 2) \text{ x R x T}$
$\Delta H_{III} = \Delta U_{III} + 0 \text{ x R x T}$

Conclusão: $|\Delta H_{III}| = |\Delta U_{III}|$

Analisando a quarta reação química – IV: $\Delta H_{IV} = \Delta U_{IV} + \Delta n \text{ x R x T}$
$\Delta H_{IV} = \Delta U_{IV} + (0 - 3) \text{ x R x T}$
$\Delta H_{IV} = \Delta U_{IV} - 3 \text{ x R x T}$
$\Delta U_{IV} = \Delta H_{IV} + 3 \text{ x R x T}$
Conclusão: $|\Delta H_{IV}| < |\Delta U_{IV}|$

Analisando a quinta reação química – V: $\Delta H_{V} = \Delta U_{V} + \Delta n \text{ x R x T}$
$\Delta H_{V} = \Delta U_{V} + (1 - 0) \text{ x R x T}$
$\Delta H_{V} = \Delta U_{V} + 1 \text{ x R x T}$
$\Delta H_{V} = \Delta U_{V} + \text{R x T}$
Conclusão: $|\Delta H_{V}| > |\Delta U_{V}|$

Questão 84

Alternativa B.

A partir da relação estequiométrica entre o número de mol e a quantidade de calor, temos:
2 mol de NH_4NO_3 ---------- (- 411,2) kJ
1 mol de NH_4NO_3 ---------- ΔH

$$\Delta H = -\frac{411,2}{2} = -205,60 \text{ kJ}$$

Questão 85

Alternativa D.

Item I) Verdadeiro. ΔG é uma propriedade termodinâmica extensiva (dependente da massa) definida como a variação da energia livre de Gibbs e que mede o trabalho útil, ou seja, trabalho total menos o trabalho executado contra uma pressão externa, o que se traduz pela relação termodinâmica.

$\Delta G = \Delta A + p \text{ x } \Delta V$
$\Delta G = W_{máximo} + W_{expansão}$
$\Delta G < 0$

Para $\Delta G < 0$, o processo se caracteriza como um espontâneo.

Item II) Verdadeiro. A partir da primeira lei da termodinâmica, temos: $\Delta U = Q + W$
$\Delta U = Q - p\Delta V$

$$U_B - U_A = Q - p \text{ x } (V_B - V_A)$$

$$\underbrace{U_B + pV_B}_{H_B} - \underbrace{(U_A + pV_A)}_{H_A} = Q$$

$\boxed{\Delta H = Q_p}$. A variação da entalpia é igual ao calor trocado à pressão constante.

Item III) Falso. Por convenção, a entalpia para substâncias simples na sua forma mais estável é igual a zero (formas alotrópicas). Para formas não alotrópicas, a entalpia será diferente de zero.

Questão 86

Alternativa E.

Item a) O processo é espontâneo, uma vez que se trata do processo de corrosão do ferro. Logo $\Delta G < 0$.
Item b) O processo é endotérmico, uma vez que se trata da fusão do gelo.

Item c) A reação de combustão do gás metano é um processo exotérmico.
Item d) A reação (7) apresenta variação de entropia negativa, pelo fato do menor número de mol de gases no produto.

Questão 87

Alternativa E.

Item I) Falso. Analisando a primeira reação química, a partir da definição termodinâmica da entalpia.

$\Delta H_I = \Delta U_I + (3 - 1) \text{ x R x T}$

$\Delta H_I = \Delta U_I + 2 \text{ x R x T}$

Analisando a segunda reação química, a partir da definição termodinâmica da entalpia.

$\Delta H_{II} = \Delta U_{II} + (2 - 2) \text{ x R x T}$

$\Delta H_{II} = \Delta U_{II}$

Item II) Falso. Como as reações químicas são diferentes, a variação química da entalpia é distinta, ou seja, $\Delta H_I \neq \Delta H_{II}$

Item III) Falso. Através da reação química II, temos: $C_2H_5OH_{(líquido)} + 2O_{2(gás)} \rightarrow 2CO_{(gás)} + 3H_2O_{(líquido)}$; $\Delta H_{II(T)}$; $\Delta U_{II(T)}$.

$\Delta H_{II} = \Delta U_{II} + (2 - 2) \text{ x R x T}$

$\Delta H_{II} = \Delta U_{II}$

Item IV) Verdadeiro. Através da reação química I, temos: $C_2H_5OH_{(líquido)} + O_{2(gás)} \rightarrow 2C_{(sólido)} + 3H_2O_{(gás)}$; $\Delta H_{I(T)}$; $\Delta E_{I(T)}$

$\Delta H_I = \Delta U_I + (3 - 1) \text{ x R x T}$

$\Delta H_I = \Delta U_I + 2 \text{ x R x T}$

Como se trata de uma reação exotérmica, a equação termodinâmica ficará da seguinte maneira: $|\Delta U_I| = |-\Delta H_I - 2 \text{ x R x T}|$

$|\Delta U_I| > |\Delta H_I|$

Questão 88

Alternativa C.

Cálculo do número de mol de $MX_{4(l)}$: $n = \frac{2,0}{200} = 10^{-2} \text{ mol}$

Cálculo da potência: $P = V \text{ x } i = 30 \text{ x } (900 \text{ x } 10^{-3}) = 27 \text{ W } (27 \text{ J.s}^{-1})$

$Q = 27,0 \frac{J}{s} \text{x } 30 \text{ s} = 810,0 \text{ J}$

Cálculo da entalpia molar de vaporização: $\Delta H_{vaporização} = \frac{810 \text{ J}}{10^{-2} \text{ mol}} = 81000 \frac{J}{mol} \left(81 \frac{kJ}{mol}\right)$

Questão 89

Alternativa D.

Item a) As equações químicas 2 e 3 são definidas como processos endotérmicos, pois ΔH > 0.

Item b) Aplicando o princípio de Hess para a obtenção da reação 3 e multiplicando a primeira reação por três (x 3), temos:

~~$3H_2O_{(líquido)}$~~ $\rightarrow 3H_2O_{(gás)}$ — $(3 \text{ x } 44,0 \text{ kJ.mol}^{-1})$

$CH_3CH_2OH_{(líquido)} + 7/2O_{2(gás)} \rightarrow 2CO_{2(gás)} +$ ~~$3H_2O_{(líquido)}$~~ — $(-1366,8 \text{ kJ.mol}^{-1})$ +

$CH_3CH_2OH_{(líquido)} + 7/2O_{2(gás)} \rightarrow 2CO_{2(gás)} + 3H_2O_{(gás)}$ — $-1234,8 \text{ kJ.mol}^{-1}$

Aplicando a lei de Hess para a obtenção da reação 5, multiplicando a primeira equação por três (x 3), temos:

$CH_3CH_2OH_{(gás)} \rightarrow$ ~~$CH_3CH_2OH_{(líquido)}$~~ — $(-42,6 \text{ kJ.mol}^{-1})$

~~$CH_3CH_2OH_{(líquido)}$~~ $+ 7/2O_{2(gás)} \rightarrow 2CO_{2(gás)} + 3H_2O_{(líquido)}$ (- 1366,8 kJ.mol^{-1}) +

$CH_3CH_2OH_{(gás)} + 7/2O_{2(gás)} \rightarrow 2CO_{2(gás)} + 3H_2O_{(líquido)}$ - 1409,4 kJ.mol^{-1}

Aplicando o princípio de Hess para a obtenção da reação química 6, multiplicando a primeira reação por três (x 3), temos:

$CH_3CH_2OH_{(gás)} \rightarrow$ ~~$CH_3CH_2OH_{(líquido)}$~~ ΔH_2 = - 42,6 kJ.mol^{-1}
~~$CH_3CH_2OH_{(líquido)}$~~ $+ 7/2O_{2(gás)} \rightarrow 2CO_{2(gás)} +$ ~~$3H_2O_{(líquido)}$~~ ΔH_3 = - 1366,8 kJ.mol^{-1}
~~$3H_2O_{(líquido)}$~~ $\rightarrow 3H_2O_{(gás)}$ ΔH_1 = 3 x (44,0) kJ.mol^{-1} +

$CH_3CH_2OH_{(gás)} + 7/2O_{2(gás)} \rightarrow 2CO_{2(gás)} + 3H_2O_{(gás)}$ ΔH_3 = - 1277,4 kJ.mol^{-1}

Questão 90

(CONCURSO PÚBLICO FEDERAL – PERITO CRIMINAL – ENGENHARIA QUÍMICA) Alternativa D.

Equação termoquímica para a formação de gás etano: $2C_{(sólido)} + 3H_{2(gás)} \rightarrow C_2H_{6(gás)}$

Aplicando o princípio de Hess:

$2C_{(sólido)} +$ ~~$2O_{2(gás)}$~~ $\rightarrow$ ~~$2CO_{2(gás)}$~~ ΔH° = 2 x (-393,5 kJ.mol^{-1})
~~$2CO_{2(gás)}$~~ $+$ ~~$4H_2O_{(gás)}$~~ $\rightarrow$ ~~$2CH_{4(gás)}$~~ $+$ ~~$4O_{2(gás)}$~~ ΔH° = 2 x (+890,3 kJ.mol^{-1})
~~$2CH_{4(gás)}$~~ $\rightarrow C_2H_{6(gás)} + H_{2(gás)}$ ΔH° = +65,9 kJ.mol^{-1}
$4H_{2(gás)} +$ ~~$2O_{2(gás)}$~~ $\rightarrow$ ~~$4H_2O_{(gás)}$~~ ΔH° = 4 x (-285,8) kJ.mol^{-1} +

$2C_{(sólido)} + 3H_{2(gás)} \rightarrow C_2H_{6(gás)}$

Somando os valores das entalpias:

ΔH° = 2 x (-393,5 kJ.mol^{-1}) + 2 x (+890,3 kJ.mol^{-1}) + 65,9 kJ.mol^{-1} + 4 x (-285,8) kJ.mol^{-1}

ΔH° = -83,7 kJ/mol

Questão 91

(CONCURSO PÚBLICO FEDERAL - PERITO CRIMINAL - ENGENHARIA QUÍMICA) Para a determinação do trabalho que é realizado de forma reversível e isotermicamente, será necessário calcular o volume para as duas situações, ou seja, para uma pressão de 2 x 10^5 Pascal e 1 x 10^5 Pascal.

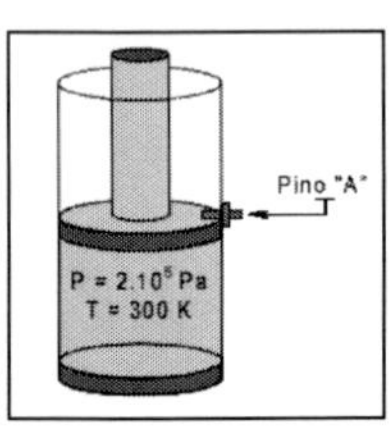

Cálculo do volume para a primeira situação levando em consideração que o gás confinado no pistão apresenta comportamento ideal, conforme pode ser apresentado na figura acima. Cabe ressaltar que a constante dos gases que deve ser levado em consideração, devido à unidade colocada no problema, trata-se do calor 8,314 Pa x m^3 / mol x K.

$$V_1 = \frac{1 \text{ x } 8{,}314 \text{ x } 300}{2{,}0 \text{ x } 10^5} = 0{,}012471 \text{ m}^3$$

Cálculo do volume para a segunda situação: $V_2 = \frac{1 \text{ x } 8{,}314 \text{ x } 300}{1{,}0 \text{ x } 10^5} = 0{,}024942 \text{ m}^3$

Cálculo do trabalho:

$$W = -n \text{ x } R \text{ x } T \text{ x } \ln\frac{V_2}{V_1} = -1 \text{ x } 8{,}314 \text{ x } 300 \text{ x } \ln\frac{0{,}024942}{0{,}012471} = -1728{,}8\frac{J}{mol}$$

Questão 92

(CONCURSO PÚBLICO PARA INGRESSO NO CORPO DE ENGENHEIROS DA MARINHA) Alternativa B.

Para a resolução deste problema será necessário calcular o trabalho a partir da primeira lei da termodinâmica. $\Delta U = Q + W$
$+20\ J = +30\ J + W$
$W = -10\ J$

Questão 93

(CONCURSO PÚBLICO FEDERAL - PERITO CRIMINAL - ENGENHARIA QUÍMICA) Para a resolução deste problema será necessário utilizar a equação de van´t Hoff.

$$\ln\frac{K_{C_1}}{K_{C_2}} = \frac{\Delta H^\circ}{R} x \left\{\frac{1}{T_2} - \frac{1}{T_1}\right\}$$

$$\ln\frac{4{,}10 \times 10^{-4}}{36{,}0 \times 10^{-4}} = \frac{\Delta H^\circ}{8{,}314} x \left\{\frac{1}{273 + 2200} - \frac{1}{273 + 1700}\right\}$$

$$\Delta H^\circ = +176261{,}47\ \frac{J}{mol}$$

A formação do óxido nítrico é endotérmica, pelo fato da variação da entalpia ser positiva.

Questão 94

(CONCURSO PARA PERITO CRIMINAL – ENGENHARIA QUÍMICA) Alternativa A.
Equação química reversível: $N_{2(gás)} + 3H_{2(gás)} \rightleftarrows 2NH_{3(gás)}$, $\Delta H < 0$.
Para maior conversão ou aumento da concentração da quantidade de matéria de amônia, será necessário:
- Diminuir a temperatura;
- Aumentar a pressão do sistema reacional;
- Aumentar a concentração da quantidade de matéria do gás hidrogênio;
- Aumentar a concentração da quantidade de matéria do gás nitrogênio.

Questão 95

(CONCURSO PARA PERITO CRIMINAL – ENGENHARIA MECÂNICA) Alternativa D.
Para um processo pV = constante, o processo se chama isotérmico, estudo realizado por Robert Boyle e Edmé Mariotte.

Questão 96

(CONCURSO PARA PERITO CRIMINAL – ENGENHARIA NAVAL)

Item a) Cálculo da temperatura mais baixa levando em consideração os dados apresentados:

$$H = 1 - \frac{T_{fria}}{T_{quente}}$$

$$0{,}30 = 1 - \frac{T_{fria}}{150 + 273}$$

$$T_{fria} = +\ 296{,}10\ K$$

Item b) Cálculo da menor temperatura: $\eta = 1 - \frac{T_{fria}}{T_{quente}}$

$$0{,}30 = 1 - \frac{T_{fria}}{75 + 273}$$

$$T_{fria} = +\ 243{,}6\ K$$

Questão 97

(CONCURSO FEDERAL PARA DOCENTE – QUÍMICA) Alternativa C.

A entalpia de formação se caracteriza pelo fato de se caracterizar na formação de 1 mol do produto a partir das substâncias mais estáveis à temperatura T e pressão igual a 1,0 bar.

Questão 98

(CONCURSO FEDERAL PARA DOCENTE – QUÍMICA) Alternativa E.

O processo de espontaneidade se caracteriza pelo fato da variação da entalpia ser exotérmica e a variação da entropia ser positiva e diante disso a variação da energia livre de Gibbs será caracterizada como espontânea.

Questão 99

(CONCURSO FEDERAL PARA DOCENTE FEDERAL – QUÍMICA) Alternativa D.

Equação química: $N_{2(gás)} + 3H_{2(gás)} \rightleftarrows 2NH_{3(gás)}$ $\Delta H = -22$ kcal

Para maior produção de gás amoníaco é possível pelo princípio de Le Chatelier, utilizar as seguintes situações:
- Diminuindo a temperatura do sistema reacional;
- Aumentando a pressão do sistema reacional;
- Aumentar a concentração da quantidade de matéria do gás nitrogênio;
- Aumentar a concentração da quantidade de matéria do gás hidrogênio;
- A implementação não afeta o valor da constante de equilíbrio, mas faz com que o equilíbrio se estabilize mais rapidamente.

Questão 100

(CONCURSO FEDERAL PARA ENGENHARIA QUÍMICA – PETROBRAS) Alternativa A.

Cálculo da quantidade de calor para uma massa igual a 1,50 kg.
1,0 kg ------- 364 kJ
1,50 kg ----- Q
Q = 546 kJ

Cálculo da entropia do sistema termodinâmico: $\Delta S_{\text{solidificação}} = -\frac{546000\,\text{J}}{273\,\text{K}} = -2000\,\frac{\text{J}}{\text{K}}$

Questão 101

(CONCURSO FEDERAL PARA ENGENHARIA QUÍMICA – PETROBRAS) Alternativa C.

Para a resolução do problema será necessário utilizar a tabela de equilíbrio químico:

	$A_{(gás)}$ (atm)	$B_{(gás)}$ (atm)	$\rightleftarrows$	$C_{(gás)}$ (atm)	$D_{(gás)}$ (atm)
Início	1,50	1,50		0	0
Reage	p	p		p	p
Equilíbrio	1,50 – p	1,50 – p		p	p

Expressão da constante de equilíbrio em função das pressões parciais: $K_p = \frac{p^2}{(1{,}50-p)^2}$

Cálculo da constante de equilíbrio em função das pressões parciais, sabendo que a variação da energia livre de Gibbs é igual a zero. $0 = -\text{R x T x} \ln \text{K}_{\text{eq}}$

$\ln \text{K}_{\text{eq}} = 0$

$\text{K}_{\text{eq}} = 1$

Cálculo da pressão p do equilíbrio químico: $1 = \frac{p^2}{(1{,}50-p)^2}$

Tirando a raiz quadrada desta expressão matemática anterior, temos: $\sqrt{1} = \sqrt{\frac{p^2}{(1{,}50-p)^2}}$

$p = 1{,}50 - p$

$$p = 0{,}75\ \text{atm}$$

Logo, a pressão parcial do composto gasoso R(gás) no equilíbrio é igual a 0,75 atm.

Questão 102

(CONCURSO FEDERAL PARA ENGENHARIA QUÍMICA – PETROBRAS) Alternativa A.
A partir do diagrama que relaciona a energia pela coordenada da reação, a variação da entalpia será determinada pela diferença entre os dois patamares de energia.

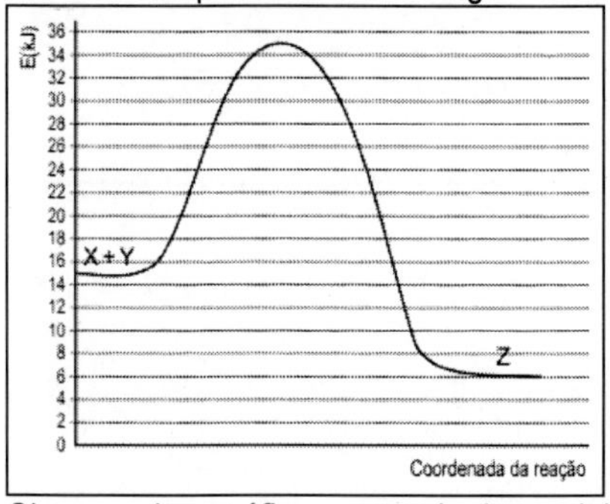

Observando o gráfico, a energia de entalpia será: 6 kJ – 15 kJ = -9 kJ.

Questão 103

(CONCURSO PÚBLICO FEDERAL – PERITO) Alternativa C.

Equação química reversível: $SO_{2(gás)}$ + $\frac{1}{2}O_{2(gás)} \rightleftarrows SO_{3(gás)}$, sendo um processo exotérmico. Para que haja um deslocamento de equilíbrio será necessário diminuir a temperatura do sistema reacional e aumentar a pressão total do sistema reacional.

Questão 104

(GRILLO) Cálculo da entalpia para o silicato de magnésio, a partir da integração entre a temperatura mínima de 298 K e máxima 1298 K.

$$\Delta H = \int_{298}^{1298} [24{,}55 + 4{,}74 \times 10^{-3} \times T - 6{,}08 \times 10^{5} \times T^{-2}] \times dT$$

$$\Delta H = 24{,}55 \times T|_{298}^{1298} + 4{,}74 \times 10^{-3} \times \frac{T^2}{2}\Big|_{298}^{1298} - 6{,}08 \times 10^{5} \times \left(\frac{-1}{T}\right)\Big|_{298}^{1298}$$

$$\Delta H = 24{,}55 \times (1298 - 298) + 4{,}74 \times 10^{-3} \times \left[\left(\frac{1298}{2}\right)^2 - \left(\frac{298}{2}\right)^2\right] - 6{,}08 \times 10^{5} \times \left[\frac{-1}{1298} + \frac{1}{298}\right]$$

$$\boxed{\Delta H = +2670{,}66\,\frac{\text{cal}}{\text{mol}}}$$

Questão 105

Informação do problema: entalpia de formação do gás amoníaco.

$\frac{1}{2}N_{2(gás)} + \frac{3}{2}H_{2(gás)} \rightarrow NH_{3(gás)}$ $\Delta H^0 = -46$ kJ x mol^{-1}

$\frac{1}{2}N \equiv N + \frac{3}{2}H - H_{(gás)} \rightarrow NH_{3(gás)}$

Analisando a entalpia de ligação para os reagentes: $H_{reagentes} = +\left[\frac{1}{2} \times H_{N \equiv N} + \frac{3}{2} \times H_{H-H}\right]$

Analisando a entalpia de ligação para os produtos: $H_{produtos} = -[3 \times H_{N-H}]$

Cálculo da entalpia da reação de ligação, a partir das entalpias analisadas acima: $H_{reagentes} + H_{produtos} = \Delta H_{reação}$

$$\frac{1}{2} x\ H_{N \equiv N} + \frac{3}{2} x\ H_{H-H} - 3\ x\ H_{N-H} = \Delta H_{reação}$$

$$\frac{1}{2} x\ 941{,}20 + \frac{3}{2} x\ 436 - 3\ x\ H_{N-H} = -\ 46$$

$$H_{N-H} = \frac{-\ 1170{,}65}{-\ 3} = +\ 390{,}22 \frac{kJ}{mol}$$

Questão 106

Entalpia de hidrogenação etino, sendo um hidrocarboneto classificado como alcino.

Entalpia de hidrogenação do etino: $C_2H_{2(gás)} + 2H_{2(gás)} \longrightarrow C_2H_{6(gás)}$ $\Delta H = ?$

Informações coletadas no enunciado no problema:

$C_2H_{2(gás)} + 5/2\ O_{2(gás)} \longrightarrow 2CO_{2(gás)} + H_2O_{(vapor)}$ $\Delta H = -\ 1300\ kJ\ x\ mol^{-1}$
$C_2H_{6(gás)} + 7/2\ O_{2(gás)} \longrightarrow 2CO_{2(gás)} + 3H_2O_{(vapor)}$ $\Delta H = -\ 1560\ kJ\ x\ mol^{-1}$
$H_{2(gás)} + 1/2\ O_{2(gás)} \longrightarrow H_2O_{(vapor)}$ $\Delta H = -\ 286\ kJ\ x\ mol^{-1}$

Aplicando a lei de Hess:

$C_2H_{2(gás)} + 5/2\ O_{2(gás)} \longrightarrow 2CO_{2(gás)} + H_2O_{(vapor)}$ $\Delta H = -\ 1300\ kJ\ x\ mol^{-1}$
$2CO_{2(gás)} + 3H_2O_{(vapor)} \longrightarrow C_2H_{6(gás)} + 7/2\ O_{2(gás)}$ $\Delta H = +\ 1560\ kJ\ x\ mol^{-1}$
$2H_2O_{(vapor)} \longrightarrow 2H_{2(gás)} + O_{2(gás)}$ $\Delta H = (-\ 286\ kJ\ x\ mol^{-1})\ x\ 2$

Somando todas as equações químicas apresentadas a partir da aplicação da lei de Hess, temos: $C_2H_{2(gás)} + 2H_{2(gás)} \longrightarrow C_2H_{6(gás)}$ $\Delta H = -1300 + 1560 - 572 = -\ 312\ kJ\ x\ mol^{-1}$.

Questão 107

Informação do problema: $V_{final} = 2\ x\ V_{inicial}$

Relação termodinâmica entre as capacidades térmicas: $C_{p,m} - C_{v,m} = R$

$$C_{p,m} - \frac{5R}{2} = R$$

$$C_{p,m} = \frac{7R}{2}$$

Cálculo do coeficiente de Poisson: $\gamma = \frac{C_{p,m}}{C_{V,m}} = \frac{\frac{7R}{2}}{\frac{5R}{2}} = 1{,}40$

Cálculo da temperatura final, considerando processo adiabático: $\left(\frac{V_{inicial}}{V_{final}}\right)^{\gamma-1} = \frac{T_{final}}{T_{inicial}}$

$$\left(\frac{V_{inicial}}{2\ x\ V_{inicial}}\right)^{1{,}40-1} x\ 298 = T_{final}$$

$$T_{final} = 225\ K$$

Cálculo da energia interna molar: $\underbrace{\frac{\Delta U}{n}}_{\Delta U_{molar}} = \frac{5R}{2} x\ (225 - 298) = -1517{,}30 \frac{J}{mol}$

Cálculo da entalpia molar: $\underbrace{\frac{\Delta H}{n}}_{\Delta H_{molar}} = \frac{7R}{2} x\ (225 - 298) = -2124{,}23 \frac{J}{mol}$

Questão 108

Sabendo que a energia interna (ΔU e ΔH) é apresentada a partir da seguinte equação termodinâmica, $\Delta U = n \times C_V \times \Delta T$, e a função de estado definida como entalpia é dada por $\Delta H = n \times C_p \times \Delta T$. Para ambas as equações termodinâmicas, é bastante nítido a dependência de ambas as funções de estado em função da temperatura. Logo, tanto na forma (a) reversível quanto na forma (b) irreversível, seus valores serão nulos, ou seja, $\Delta U = 0$ e $\Delta H = 0$.

Questão 109

Equação termoquímica apresentada no enunciado da questão:

$Fe_2O_{3(sólido)} + 2Al_{(sólido)} \rightarrow Al_2O_{3(sólido)} + 2Fe_{(sólido)}$, $\Delta H^o = -851{,}5\ kJ \times mol^{-1}$

Como o problema apresentou a informação de dois reagentes químicos, será a partir de cálculos a determinação do reagente limitante e o excesso.

$$n_{óxido} = \frac{50}{112 + 48} = 0{,}9125\ mol$$

$$n_{metal} = \frac{25}{2 \times 27} = 0{,}463\ mol$$

A partir do cálculo do número de mol, reagente limitante trata-se do óxido de ferro III. A partir da relação estequiométrica, temos:

160 g de Fe_2O_3 --------------- (- 851,5 kJ)
50 g de Fe_2O_3 ----------------- ΔH
ΔH = - 266,09 kJ

Questão 110

Por definição, a entalpia é definida por $dH = dQ_p = C_p \times dT$ e a energia interna a volume constante por $dU = C_v dT$. A entalpia também pode ser definida por $H = U + pV$, sendo assim temos que:

$dH = dU + pdV$.

Substituindo a entalpia e a energia interna na expressão nos fornece a seguinte relação termodinâmica: $C_p \times dT = C_v \times dT + p \times dV$

$$C_p = C_v + \frac{pdV}{dT}$$

Sendo assim C_p de qualquer substância sempre será maior que o C_v, devido a diferença existente a temperatura constante proveniente do trabalho realizado. Quando se tem um mol (1 mol) de gás ideal a expressão passa a ser: $C_p - C_v = R$, onde R é a constante dos gases ideais.

Questão 111

A partir do gráfico apresentado na questão.

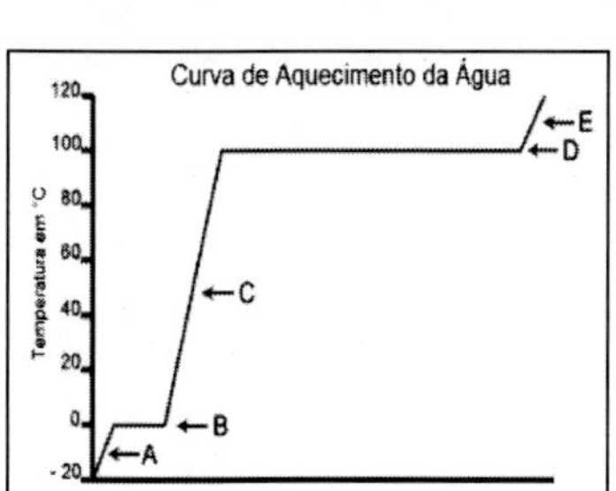

Item a)

A = aquecimento da água no estado sólido.
B = Mudança de fase do estado sólido para o estado líquido, o que caracteriza o processo de fusão (calor latente de fusão).
C = Aquecimento da água no estado líquido (calor sensível).
D = Mudança de fase do estado líquido para o estado vapor (calor latente de vaporização).
E = Aquecimento da massa de água no estado vapor.

Item b) Pelo fato de ambos apresentarem mudança de fase, o que caracteriza um processo de calor latente, tanto de fusão quanto de vaporização.

Item c) Pelo fato de o calor latente de vaporização ocorrer a uma temperatura maior que o calor latente de fusão, ou seja, a temperatura de ebulição ocorre a uma temperatura maior comparada a temperatura de fusão.

Questão 112

Alternativa E.

A constante de equilíbrio é igual a razão entre as constantes de velocidade quando a velocidade da reação direta for igual a velocidade da reação inversa.

Questão 113

Alternativa A.

Cálculo da quantidade de calor à pressão constante do processo de combustão completa do octano: $C_8H_{18(gás)} + 25/2O_{2(gás)} \longrightarrow 8CO_{2(gás)} + 9H_2O_{(líquido)}$

$$\Delta H^0_{combustão} = 8 \text{ x } (-393{,}5) + 9 \text{ x } (-285{,}8) - \left[1 \text{ x } (-249{,}9) + \frac{25}{2} \text{ x } 0\right]$$
$$\Delta H^0_{combustão} = -5470{,}30 \frac{kJ}{mol}$$

Cálculo da variação da entalpia de combustão da água no estado líquido: $\Delta H^0_{combustão} = 2 \text{ x } (-285{,}8) = -571{,}60 \frac{kJ}{mol}$

Cálculo do número da quantidade de calor correspondente à queima do octano:
114 g de octano ---------- (-5470,30) kJ
2660 g de octano --------- Q
Q = -127640,33 kJ

Cálculo do número de mol de água no estado líquido:
2 mol de água ---------- (-571,60) kJ
$n_{água}$ ----------------------- (-127640,33 kJ)
$n_{água}$ = 446,61 mol
Como a proporção entre o gás hidrogênio e a água é 1:1, temos que n_{H2} = 446,61 mol. Cálculo do volume de gás hidrogênio, levando em consideração que o comportamento seja ideal:

$$V_{H_2} = \frac{446{,}61 \text{ x } 0{,}08206 \text{ x } 298}{1} = 10921{,}28 \text{ L } (1{,}10 \text{ x } 10^4 \text{ L})$$

Questão 114

Para a resolução do problema será necessário utilizar a tabela de equilíbrio, em que a base de cálculo está inteiramente relacionada para o estado inicial de 3,0 mol/L de amônia e no equilíbrio 2 mol/L de N_2 e 3 mol/L de H_2O. Tabela de equilíbrio químico:

Expressão da constante de equilíbrio:

	$2NH_{3(gás)}$	⇄	$N_{2(gás)}$	$3H_{2(gás)}$
Início	3,0		0	0
Reage	2 x 1 = 2		2	3
Equilíbrio	3,0 – 2,0 = 1,0		2,0	3,0

$$K = \frac{[N_2] \times [H_2]^3}{[NH_3]^2}$$

Cálculo da constante de equilíbrio em função da concentração da quantidade de matéria:

$$K = \frac{[N_2] \times [H_2]^3}{[NH_3]^2} = \frac{2{,}0 \times (3{,}0)^3}{(1{,}0)^2} = 54$$

Cálculo da variação da energia livre de Gibbs padrão, na temperatura mencionada:

$$\Delta G^0_{reação} = -\,8{,}314 \times 298 \times \ln{(54)} = -9882{,}99\ \frac{J}{mol}$$

Questão 115

O ciclo de Carnot é constituído de quatro processos reversíveis sucessivos. São eles:

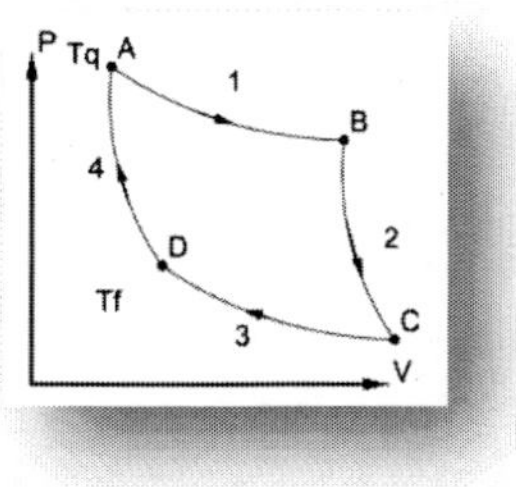

1 – Processo isotérmico
2 – Processo adiabático
3 – Processo isotérmico
4 – Processo adiabático

Questão 116

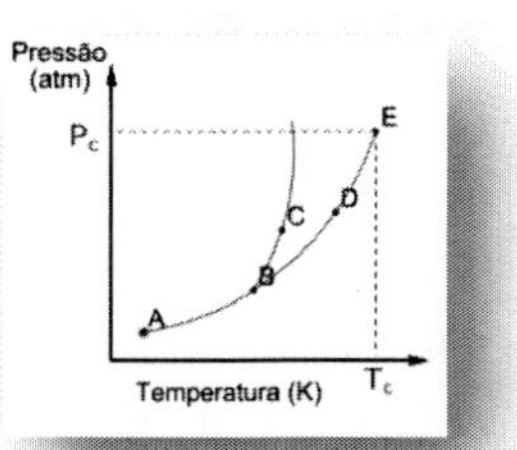

A – Equilíbrio sólido-vapor
B – Ponto Triplo
C – Equilíbrio sólido-líquido
D – Equilíbrio líquido-vapor
E – Ponto Crítico

Observação:
Pc – Pressão crítica
Tc – Temperatura crítica

Questão 117

(CONCURSO PÚBLICO PARA DOCENTE FEDERAL - ENGENHARIA QUÍMICA - UNIVERSIDADE FEDERAL DOS VALES DO JEQUITINHONHA E MUCURI) Alternativa A.

Tanto a variação da energia interna quanto a entalpia são duas funções termodinâmicas definidas como função de estado, ou seja, funções que são dependentes apenas do estado inicial e do estado final.

Questão 118

Alternativa C.

Retardante de chama é uma substância química que apresenta como característica principal na diminuição da chama, acrescentados em uma grande variedade de produtos.

I. A afirmativa está incorreta, pois o processo tem que ser endotérmico e não exotérmico.
II. Afirmativa Correta.
III. Afirmativa Correta.
IV. Afirmativa Correta.

Questão 119

Equação química que representa uma reação de simples troca entre o zinco metálico na presença de uma solução de ácido clorídrico: $Zn_{(sólido)} + HCl_{(aquoso)} \longrightarrow ZnCl_{2(aquoso)} + H_{2(gás)}$

Cálculo do número de mol de Zinco: $n_{Zn} = \frac{m_{Zn}}{<MM>_{Zn}} = \frac{130}{65} = 2{,}0 \text{ mol}$

Cálculo do número de mol de gás hidrogênio produzido, a partir do número de mol de zinco.
1 mol de Zn --------------- 1 mol de H_2
2,0 mol de Zn ------------- n_{H2}
$n_{H2} = 2$ mol

O gás hidrogênio é transportado para um balão de 50 litros, que já continha gás iodo.

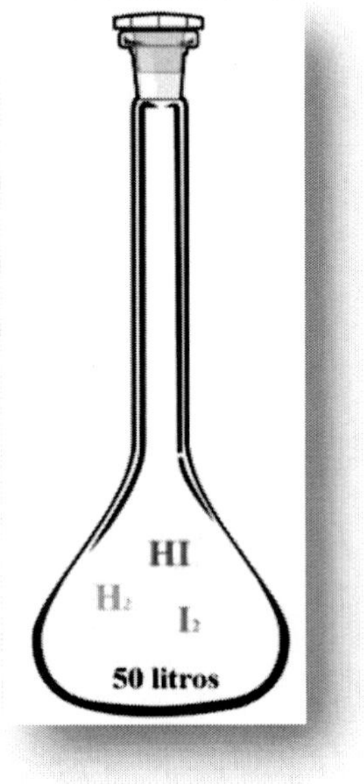

Cálculo do número de mol de iodo (I_2) no estado inicial, a partir da equação dos gases ideais:

$$n_{I_2} = \frac{3{,}28 \text{ x } 50}{0{,}08206 \text{ x } (227 + 273)} \cong 4{,}00 \text{ mol}$$

Equação química reversível, para a formação do iodeto de hidrogênio: $H_{2(gás)} + I_{2(gás)} \rightleftarrows 2HI_{(gás)}$

Base de cálculo: 2 mol de H_2 e 4 mol de I_2

Para a resolução do número de mol para cada espécie química, será necessário utilizar a tabela de equilíbrio químico em função do número de mol.

	$H_{2(gás)}$ (mol)	$I_{2(gás)}$ (mol)	$2HI_{(gás)}$ (mol)
Início	2	4	0
Reage	α	α	2α
Equilíbrio	2 - α	4 - α	2α

Cálculo do número de mol total (n_T) dos gases: $n_T = n_{H2} + n_{I2} + n_{HI} = 2 - \alpha + 4 - \alpha + 2\alpha = 6$ mol

Cálculo da pressão final (p_T) do balão: $p_{Total} = \frac{6 \text{ x } 0{,}08206 \text{ x } 500}{50} = \frac{246{,}18}{50} = 4{,}92 \text{ atm}$

Cálculo da constante de equilíbrio em função das pressões parciais, a partir da constante de equilíbrio em função da concentração da quantidade de matéria:

$$K_p = K_c \text{ x } (R \text{ x } T)^{2-2}$$

$K_p = K_c = 160$

Cálculo da variação da energia livre de Gibbs padrão, para $K_P = 160$.

$\Delta G^0_{reação} = -8{,}314 \text{ x } 298 \text{ x } \ln(160) = -12574{,}11 \text{ J/mol}$

Questão 120

Alternativa B.

A função de estado entropia mede o grau de desordem do sistema, ou seja, quanto mais desorganizado o sistema, maior será a entropia do sistema. Cabe ressaltar que a entropia do sistema e a entropia da vizinhança podem ser negativas, mas a entropia do universo sempre será positiva. A variação da entropia de um sistema pode ser alterada quando ocorre um processo endotérmico com mudança de estado físico, ou, em uma reação química com produtos em um estado mais energético do que os reagentes, obtendo $\Delta S > 0$.

Questão 121

Alternativa B.

A partir da tabela apresentada e organizando as equações termoquímicas, temos:

$H_{2(gás)} + \frac{1}{2}O_{2(gás)} \rightarrow H_2O_{(líquido)}$ $\quad \Delta H^0_{formação} = -285{,}8 \frac{kJ}{mol}$

$C_{(sólido)} + O_{2(gás)} \rightarrow CO_{2(gás)}$ $\quad \Delta H^0_{formação} = -393{,}5 \frac{kJ}{mol}$

$C_{(sólido)} + \frac{1}{2}O_{2(gás)} \rightarrow CO_{(gás)}$ $\quad \Delta H^0_{formação} = -110{,}5 \frac{kJ}{mol}$

$C_5H_{12(líquido)} + 8O_{2(gás)} \rightarrow 5CO_{2(gás)} + 6H_2O_{(líquido)}$ $\quad \Delta H^0_{combustão} = -3509 \frac{kJ}{mol}$

Para a determinação da entalpia da reação pedida, será necessário aplicar o princípio de Hess.

$11H_{2(gás)} + \cancel{11/2O_{2(gás)}} \rightarrow 11H_2O_{(líquido)}$ $\quad \Delta H^0_{formação} = 11 \text{ x } (-285{,}8) \frac{kJ}{mol}$

$\cancel{5C_{(sólido)}} + \cancel{5O_{2(gás)}} \rightarrow \cancel{5CO_{2(gás)}}$ $\quad \Delta H^0_{formação} = 5 \text{ x } (-393{,}5) \frac{kJ}{mol}$

$5CO_{(gás)} \rightarrow \cancel{5C_{(sólido)}} + \cancel{5/2O_{2(gás)}}$ $\quad \Delta H^0_{formação} = 5 \text{ x } (+110{,}5) \frac{kJ}{mol}$

$\cancel{5CO_{2(gás)}} + 6H_2O_{(líquido)} \rightarrow C_5H_{12(líquido)} + \cancel{8O_{2(gás)}}$ $\quad \Delta H^0_{combustão} = (+3509) \frac{kJ}{mol}$ $\quad +$

$11H_{2(gás)} + 5CO_{(gás)} \rightarrow 5H_2O_{(líquido)} + C_5H_{12(líquido)}$

$$\Delta H^0_{reação} = 11 \text{ x } (-285{,}8) \frac{kJ}{mol} + 5 \text{ x } (-393{,}5) \frac{kJ}{mol} + 5 \text{ x } (+110{,}5) \frac{kJ}{mol} + 3509 \frac{kJ}{mol}$$

$$\Delta H^0_{\text{reação}} = \boxed{-1049\ \frac{\text{kJ}}{\text{mol}}}$$

Questão 122

Decomposição da nitroglicerina: $4C_3H_5N_3O_{9(\text{líquido})} \rightarrow 10H_2O_{(\text{líquido})} + 12CO_{2(\text{gás})} + O_{2(\text{gás})} + 6N_{2(\text{gás})}$

Cálculo da variação da entalpia para a decomposição da nitroglicerina:

$$\Delta H^0_{\text{reação}} = 10 \text{ x } (-286) + 12 \text{ x } (-394) + 1 \text{ x } 0 \text{ x} + 6 \text{ x } 0 - [4 \text{ x } (-354)]$$

$$\Delta H^0_{\text{reação}} = -6172 \frac{\text{kJ}}{\text{mol}}$$

Cálculo da quantidade de calor à pressão constante para 600 mg de nitroglicerina:

$227 \text{ g} - - - - - - - - - - (-6172000 \text{ J})$

$600 \text{ x } 10^{-3} \text{ g} - - - - - - Q_p$

$Q_p = -16313{,}66 \text{ J}$

Questão 123

Alternativa B.

A partir dos valores de entalpia apresentada pela questão, temos:

$$H_{\text{reagentes}} = +[4 \text{ x } 335 + 3 \text{ x } 600 + 8 \text{ x } 414 + 1 \text{ x } 437] = +5687 \frac{\text{kJ}}{\text{mol}}$$

$$H_{\text{produtos}} = -[5 \text{ x } 335 + 10 \text{ x } 414] = -5815 \frac{\text{kJ}}{\text{mol}}$$

$$H_{\text{reagentes}} + H_{\text{produtos}} = +5687 \frac{\text{kJ}}{\text{mol}} - 5815 \frac{\text{kJ}}{\text{mol}} = -126 \frac{\text{kJ}}{\text{mol}}$$

A partir da relação estequiométrica, temos:

68 g ---------- (- 126 kJ)

20,4 g ------- ΔH

ΔH = -37,80 kJ x mol^{-1}

Questão 124

Alternativa A.

O processo que ocorre maior entropia trata-se da alternativa A, pois passa do estado sólido para o estado gasoso.

Questão 125

Alternativa B.

Para que haja um processo de estabilidade entre duas fases, a variação da energia livre de Gibbs será igual a zero. $\Delta G^0 = \Delta H^0 - T \text{ x } \Delta S^0$

Substituindo os valores na equação, temos: $0 = -2020 - T \text{ x } (-7{,}04)$

$T = 286{,}93 \text{ K } (+\ 13{,}93°\text{C})$

Conclusão: o estanho com coloração cinza é estável abaixo de 13,93°C e o estanho branco é estável acima desta temperatura.

Questão 126

Alternativa C.

Para a resolução deste problema será necessário aplicar o princípio de Hess.

$2C_{(sólido,\ grafite)} + \cancel{2O_{2(gás)}} \rightarrow \cancel{2CO_{2(gás)}}$	$\Delta H°_{rxn}$, (kJ.mol^{-1}) = −393.5 x 2
$H_{2(gás)} + \cancel{½O_{2(gás)}} \rightarrow \cancel{H_2O_{(líquido)}}$	$\Delta H°_{rxn}$, (kJ.mol^{-1}) = −285.9
$\cancel{2CO_{2(gás)}} + \cancel{H_2O_{(líquido)}} \rightarrow C_2H_{2(gás)} + \cancel{5/2O_{2(gás)}}$	$\Delta H°_{rxn}$, (kJ.mol^{-1}) = +1229.6
$2C_{(sólido,\ grafite)} + H_{2(gás)} \rightarrow C_2H_{2(gás)}$	$\Delta H°_{rxn}$, (kJ.mol^{-1}) = + 156.7 kJ.mol^{-1}

Questão 127

Alternativa A.

A entalpia calculada a partir da equação de Van´t Hoff corresponde a decomposição do brometo de prata.

$$\ln\frac{5{,}0 \text{ x } 10^{-13}}{6{,}50 \text{ x } 10^{-12}} = \frac{\Delta H^0}{8{,}314} \text{x} \left\{\frac{1}{323} - \frac{1}{298}\right\}$$

$$\Delta H^0 = +82104{,}62 \frac{J}{mol}$$

Este valor corresponde à decomposição do brometo de prata. Para a formação, o processo será exotérmico, ou seja, apresentando variação da entalpia padrão igual a $\Delta H^0 = -82104{,}62 \frac{J}{mol}$.

Questão 128

(CONCURSO PÚBLICO FEDERAL – DOCENTE) Alternativa B.

Equação química de formação do monóxido de carbono: $C_{(s,grafite)} + H_2O_{(gás)} \rightarrow CO_{(gás)} + H_{2(gás)}$

Cálculo da entalpia padrão: $\Delta H^0_{reação} = \left[1 \text{ x } H^0_{CO} + 1 \text{ x } H^0_{H_2} +\right] - \left[1 \text{ x } H^0_C + 1 \text{ x } H^0_{H_2O}\right]$

$$\Delta H^0_{reação} = [1 \text{ x } (-110{,}5) + 1 \text{ x } 0] - [1 \text{ x } 0 + 1 \text{ x } (-241{,}8)]$$

$$\Delta H^0_{reação} = +131{,}0 \frac{kJ}{mol}$$

Cálculo da entropia padrão: $\Delta S^0_{reação} = \left[1 \text{ x } S^0_{CO} + 1 \text{ x } S^0_{H_2} +\right] - \left[1 \text{ x } S^0_C + 1 \text{ x } S^0_{H_2O}\right]$

$$\Delta S^0_{reação} = [1 \text{ x } (+197{,}7) + 1 \text{ x } (+130{,}7)] - [1 \text{ x } (5{,}7) + 1 \text{ x } 188{,}8]$$

$$\Delta S^0_{reação} = +133{,}2 \frac{J}{mol \text{ x } K}$$

Questão 129

Pelo fato da temperatura da fonte fria teria que tender a zero, o que viola a terceira lei da termodinâmica ou a temperatura da fonte quente teria que tender ao infinito, o que se trata de um processo físico meramente impossível.

Questão 130

Não. Trata-se de um processo impossível, pelo fato de violar a segunda lei da termodinâmica.

Questão 131

Alternativa C.

Sabendo que o gás é monoatômico, a capacidade calorífica a volume constante é igual a 3R/2. Cálculo do número de mol do gás levando em consideração que apresenta comportamento ideal:

$$n = \frac{\frac{100000}{101325} \times 100}{0{,}08206 \times 300} = 4{,}0 \text{ mol}$$

Cálculo da variação da energia interna:

$$\Delta U = 4 \times \frac{3}{2} \times 8{,}314 \times (600 - 300) = 14998{,}68 \text{ J } (15{,}0 \text{ kJ})$$

Questão 132

Alternativa D.

Cálculo do volume inicial a partir da equação dos gases ideais: $\frac{10^6}{101325} \times V_{inicial} = 1{,}0 \times 0{,}08206 \times 300$

$V_{inicial} = 2{,}49 \text{ L}$

Como no enunciado o gás é monoatômico, então $C_V = (3R/2)$. Logo, a capacidade calorífica a pressão constante será: $C_p - \frac{3R}{2} = R$

$$C_p - \frac{3R}{2} = R$$

$$C_p = R + \frac{3R}{2} = \frac{5R}{2}$$

Cálculo da constante termodinâmica (γ) que relaciona a capacidade calorífica a pressão constante (C_p) e a volume constante (C_v):

$$\gamma = \frac{C_p}{C_V} = \frac{\left(\frac{5R}{2}\right)}{\left(\frac{3R}{2}\right)} = \frac{5}{3} = 1{,}67$$

Cálculo do volume final (V_{final}), a partir do processo adiabático:

$$P_{inicial} \times V_{inicial}^{\gamma} = P_{final} \times V_{final}^{\gamma}$$

$$1{,}0 \text{ MPa} \times (2{,}49)^{1{,}67} = 0{,}10 \text{ MPa} \times V_{final}^{1{,}67}$$

$$\mathbf{V_{final}} = \sqrt[1{,}67]{\frac{\mathbf{1{,}0 \times (2{,}49)^{1{,}67}}}{\mathbf{0{,}10}}} = \mathbf{9{,}88 \text{ L}}$$

Cálculo da temperatura final (T_{final}), sendo o processo adiabático:

$$T_{final} = \frac{T_{inicial} \times V_{inicial}^{\gamma-1}}{V_{final}^{\gamma-1}}$$

$$T_{final} = T_{inicial} \times \left(\frac{V_{inicial}}{V_{final}}\right)^{\gamma-1} = 300 \times \left(\frac{2{,}49 \text{ L}}{9{,}88 \text{ L}}\right)^{1{,}67-1} = 119{,}15 \text{ K}$$

Questão 133

Alternativa A.

Cálculo do número de mol do argônio, a partir da equação de Clapeyron:

$1{,}0 \times 1{,}25 = n \times 0{,}08206 \times 300$

$n = 5{,}08 \times 10^{-2} \text{ mol}$

Como no enunciado o gás é monoatômico, então $C_V = (3R/2)$. Logo, a capacidade calorífica a pressão constante será: $C_p - \frac{3R}{2} = R$

$$C_p = R + \frac{3R}{2} = \frac{5R}{2}$$

Cálculo da constante termodinâmica (γ) que relaciona a capacidade calorífica, a pressão constante (C_p) e a volume constante (C_v):

$$\gamma = \frac{C_p}{C_V} = \frac{\left(\frac{5R}{2}\right)}{\left(\frac{3R}{2}\right)} = \frac{5}{3} = 1{,}67$$

Cálculo da temperatura final (T_{final}), sabendo que o processo é adiabático:

$$T_{final} = \frac{T_{inicial} \times V_{inicial}^{\gamma-1}}{V_{final}^{\gamma-1}} = T_{inicial} \times \left(\frac{V_{inicial}}{V_{final}}\right)^{\gamma-1} = 300 \times (2{,}50)^{1{,}67-1}$$

$$T_{final} = 300 \times (2{,}50)^{1{,}67-1} = 180 \text{ K}$$

Cálculo da variação da entalpia:

$$\Delta H = 5{,}08 \times 10^{-2} \times \frac{5}{2} \times 8{,}314 \times (188 - 300) = -117{,}67 \text{ J}$$

Questão 134

(CONCURSO PÚBLICO FEDERAL - INGRESSO NO CORPO DE ENGENHARIA DA MARINHA - ENGENHARIA MECÂNICA) Sabendo que o rendimento do ciclo de Carnot é dado por:

$$\eta = 1 - \frac{T_{fria}}{T_{quente}}$$

$$0{,}40 = 1 - \frac{T_{fria}}{227 + 273}$$

$$T_{fria} = 300 \text{ K}$$

Questão 135

(GRILLO) Item a) Considerando que o argônio (Ar) apresenta comportamento ideal, temos a seguinte situação termodinâmica nos estados inicial e final.

Situação inicial: $P_{inicial}$ = 40 atm; $V_{inicial}$ = ?; $T_{inicial}$ = 327 + 273 = 600 K
Situação Final: P_{final} = ¼ . (40 atm) = 10 atm; V_{final} = ?; T_{final} = ?

Cálculo do volume inicial a partir da equação dos gases ideais:

$$40 \times V_{inicial} = 2{,}50 \times 0{,}08206 \times (327 + 273)$$

$$V_{inicial} = 3{,}08 \text{ L}$$

Item b) Cálculo do volume final (V_{final}). O argônio é um gás monoatômico, a capacidade calorífica a pressão constante será: $C_p = R + \frac{3R}{2} = \frac{5R}{2}$

Cálculo da constante termodinâmica (γ) que relaciona a capacidade calorífica, a pressão constante (C_p) e a volume constante (C_v):
$\gamma = \frac{\left(\frac{5R}{2}\right)}{\left(\frac{3R}{2}\right)} = \frac{5}{3} = 1{,}67$

Cálculo do volume final (V_{final}), sabendo que o processo é adiabático:

$$40 \text{ x } (3{,}08)^{1{,}67} = 10 \text{ x } V_{final}^{1{,}67}$$

$$\mathbf{V_{final}} = \sqrt[1{,}67]{\frac{\mathbf{40 \text{ x } (3,08)^{1{,}67}}}{\mathbf{10}}} = \mathbf{7,06\ L}$$

Item c) Cálculo da temperatura final (T_{final}):

$$\mathbf{T_{inicial} \text{ x } V_{inicial}^{\gamma-1} = T_{final} \text{ x } V_{final}^{\gamma-1}}$$

$$\mathbf{T_{final}} = \frac{\mathbf{T_{inicial} \text{ x } V_{inicial}^{\gamma-1}}}{\mathbf{V_{final}^{\gamma-1}}} = \mathbf{T_{inicial} \text{ x } \left(\frac{V_{inicial}}{V_{final}}\right)^{\gamma-1}} = \mathbf{(327 + 273) \text{ x } \left(\frac{3,08\ L}{7,06\ L}\right)^{1{,}67-1}}$$

$$\mathbf{T_{final} = 600 \text{ x } (0,44)^{0{,}67} = 346,15\ K}$$

Questão 136

(GRILLO)

Situação Inicial: $V_{inicial}$ = 8,0 L; $T_{inicial}$ = 17 + 273 = 290 K

Situação Final: V_{Final} = 5,0 L; T_{Final} = ?

Cálculo da capacidade calorífica a volume constante (C_V): $\frac{7R}{2} - C_V = R$

$$C_V = \frac{7R}{2} - R = \frac{5R}{2}$$

Cálculo da constante termodinâmica (γ): $\gamma = \frac{\left(\frac{7R}{2}\right)}{\left(\frac{5R}{2}\right)} = \frac{7}{5} = 1{,}40$

Cálculo da temperatura final (T_F), considerando o processo adiabático:

$$T_{inicial} \text{ x } V_{inicial}^{\gamma-1} = T_{final} \text{ x } V_{final}^{\gamma-1}$$

$$T_{final} = \frac{T_{inicial} \text{ x } V_{inicial}^{\gamma-1}}{V_{final}^{\gamma-1}} = T_{inicial} \text{ x } \left(\frac{V_{inicial}}{V_{final}}\right)^{\gamma-1}$$

$$\mathbf{T_{final} = 290 \text{ x } \left(\frac{8,0}{5,0}\right)^{1{,}40-1} = 290 \text{ x } (1,60)^{0{,}40} = 290 \text{ x } 1,21 = 351\ K}$$

Cálculo do número de mol de gás nitrogênio: $\mathbf{n_{N_2}} = \frac{\mathbf{m_{N_2}}}{\mathbf{<MM>_{N_2}}} = \frac{\mathbf{10}}{\mathbf{28}} = \mathbf{0,36\ mol}$

Cálculo da variação da energia interna (ΔU):

$$\mathbf{\Delta U = 0,36 \text{ x} \frac{5}{2} \text{ x } 8,314 \text{ x } (350 - 290) = 448,96\ J}$$

Cálculo da variação da entalpia (ΔH):

$$\mathbf{\Delta H = 0,36 \text{ x} \frac{7}{2} \text{ x } 8,314 \text{ x } (350 - 290) = 628,54\ J}$$

Como o processo ocorre de forma adiabática (Q = 0), o trabalho realizado será igual à variação da energia interna, através da primeira lei da termodinâmica: ΔU = 0 + W

ΔU = W = + 448,96 J

Questão 137

(GRILLO)

Item a) Considerando que o gás nitrogênio (N_2) apresenta comportamento ideal, temos:

Situação Inicial: $P_{inicial}$ = 40 atm; $V_{inicial}$ =?; $T_{inicial}$ = 27 + 273 = 300 K
Situação Final: P_{Final} = 10 atm; V_{Final} =?; T_{Final} = ?

Cálculo do volume inicial: $40 \text{ x } V_{inicial} = 10 \text{ x } 0{,}08206 \text{ x } (27 + 273)$
$V_{inicial} = 6{,}15 \text{ L}$

Item b) Para o cálculo da temperatura final, sendo primeiramente necessário calcular a capacidade calorífica a pressão constante (C_p), coeficiente termodinâmico (γ) e o volume final (V_2): $C_p - 20{,}8 = 8{,}314$

$$C_p = 20{,}8 + 8{,}314 = 29{,}11 \frac{\text{J}}{\text{mol x K}}$$

Cálculo da constante termodinâmica (γ): $\gamma = \frac{C_p}{C_V} = \frac{29{,}11}{20{,}8} = 1{,}40$

Cálculo do volume final (V_{Final}): $40 \text{ x } (6{,}15)^{1{,}40} = 10 \text{ x } V_{final}^{1{,}40}$

$$V_{final}^{1{,}40} = \frac{40 \text{ x } (6{,}15)^{1{,}40}}{10}$$

$$V_{final} = \sqrt[1{,}40]{\frac{40 \text{ x } (6{,}15)^{1{,}40}}{10}} = \sqrt[1{,}40]{50{,}87} = 16{,}55 \text{ L}$$

Cálculo da temperatura final (T_{FINAL}):

$$\mathbf{T_{final}} = \frac{\mathbf{T_{inicial} \text{ x } V_{inicial}^{\gamma-1}}}{\mathbf{V_{final}^{\gamma-1}}} = \mathbf{T_{inicial} \text{ x } \left(\frac{V_{inicial}}{V_{final}}\right)^{\gamma-1}}$$

$$\mathbf{T_{final}} = \mathbf{T_{inicial} \text{ x } \left(\frac{V_{inicial}}{V_{final}}\right)^{\gamma-1} = 300 \text{ x } \left(\frac{6{,}15}{16{,}55}\right)^{1{,}40-1}}$$

$$\mathbf{T_{final} = 300 \text{ x } (0{,}372)^{0{,}40} = 202 \text{ K}}$$

Item c) Sabendo que o processo é adiabático, a quantidade de calor é igual a zero (Q = 0).

Item d) Cálculo da variação da energia interna:

$$\Delta U = 10 \cancel{\text{mol}} \text{ x } 20{,}8 \frac{\text{J}}{\cancel{\text{mol}} \text{ x } \cancel{\text{K}}} \text{ x } (202 - 300)\cancel{\text{K}} = -20384 \text{ J}$$

Item e) Cálculo da variação da entalpia (ΔH):

$$\Delta H = 10 \cancel{\text{mol}} \text{ x } 29{,}11 \frac{\text{J}}{\cancel{\text{mol}} \text{ x } \cancel{\text{K}}} \text{ x } (202 - 300)\cancel{\text{K}} = -28528 \text{ J}$$

Item f) Através da primeira lei da termodinâmica, temos: ΔU = W = - 20384 J

Questão 138

(GRILLO)

Situação Inicial: $P_{inicial}$ = 6,50 atm; $V_{inicial}$ = ?; $T_{inicial}$ = 550 K

Situação Final: P_{final} = 3,0 atm; V_{final} = ?; T_{final} = ?

Item a) Sendo o processo adiabático, a quantidade de calor é igual a zero. Cálculo do volume no estado inicial, a partir da equação dos gases ideais: $6{,}50 \text{ x } V_{inicial} = 1{,}0 \text{ x } 0{,}08206 \text{ x } 550$
$V_{inicial} = 6{,}94 \text{ L}$

Cálculo da constante termodinâmica (γ): $\gamma = \frac{C_p}{C_V} = \frac{\frac{7R}{2}}{\frac{5R}{2}} = \frac{7}{5} = 1{,}40$

Cálculo do volume final (V_{Final}), sendo o processo adiabático: $6{,}50 \text{ x } (6{,}94)^{1{,}40} = 3{,}0 \text{ x } V_{final}^{1{,}40}$

$$\mathbf{V_{final}^{1,40} = \frac{6,40 \text{ x } (6,94)^{1,40}}{3,0}}$$

$$\mathbf{V_{final}} = \sqrt[1,40]{\frac{\mathbf{6,40 \text{ x } (6,94)^{1,40}}}{\mathbf{3,0}}} = \sqrt[1,40]{\mathbf{32,13}} = \mathbf{11,92 \text{ L}}$$

Cálculo da temperatura final (T_{Final}): $T_{final} = \frac{T_{inicial} \text{ x } V_{inicial}^{\gamma-1}}{V_{final}^{\gamma-1}} = T_{inicial} \text{ x } \left(\frac{V_{inicial}}{V_{final}}\right)^{\gamma-1}$

$$T_{final} = T_{inicial} \text{ x } \left(\frac{V_{inicial}}{V_{final}}\right)^{\gamma-1} = 550 \text{ x } \left(\frac{6{,}94}{11{,}92}\right)^{1{,}40-1} = 550 \text{ x } (0{,}582)^{0{,}40} = 443 \text{ K}$$

Cálculo da variação da energia interna (ΔU): $\Delta U = n \text{ x } C_V \text{ x } \Delta T$

$$\Delta U = 1{,}0 \text{ mol x } \frac{5}{2} \text{ x } 8{,}314 \text{ x } (443 - 550) = -2223{,}99 \text{ J}$$

Cálculo do trabalho realizado, a partir da primeira lei da termodinâmica: ΔU = Q + W
ΔU = 0 + W (Q = 0, por ser um processo adiabático)
ΔU = W = - 2223,99 J

Cálculo da variação da entalpia (ΔH):

$$\Delta H = n \text{ x } C_p \text{ x } \Delta T$$

$$\Delta H = 1{,}0 \text{ x } \frac{7}{2} \text{ x } 8{,}314 \text{ x } (443 - 550) = -3113{,}59 \text{ J}$$

Item b) Sendo o processo isotérmico (temperatura constante), a energia interna e a entalpia são iguais a zero, ΔU = 0 e ΔH = 0. Cálculo do trabalho realizado (W) considerando o processo isotérmico:

$$W = -n \text{ x } R \text{ x } T \text{ x } \ln\left(\frac{P_{final}}{P_{inicial}}\right)$$

$$W = -1{,}0 \text{ mol x } 8{,}314 \frac{\text{J}}{\text{mol x K}} \text{ x } 550 \text{ K x } \ln\left(\frac{6{,}50 \text{ atm}}{3{,}00 \text{ atm}}\right) = -3535{,}56 \text{ J}$$

Cálculo da quantidade de calor (Q), a partir da primeira lei da termodinâmica: 0 = Q + W

Q = -W

Q = -W = - (- 3535,56) = + 3535,56 J

Item c) Sendo o processo isocórico (volume constante), o trabalho realizado será igual a zero (W = 0). Cálculo da temperatura final, a partir da utilização da equação combinada dos gases ideais:

$$\frac{6{,}50 \text{ x } \cancel{V_{inicial}}}{550} = \frac{3{,}0 \text{ x } \cancel{V_{inicial}}}{T_{final}}$$

$T_{final} = 254 \text{ K}$

Cálculo da variação da energia interna (ΔU): $\Delta U = n \text{ x } C_V \text{ x } \Delta T$

$$\Delta U = 1{,}0 \text{ mol x } \frac{5}{2} \text{x } 8{,}314 \text{ x } (254 - 550) = -6152{,}36 \text{ J}$$

Cálculo da variação da entalpia (ΔH): $\Delta U = n \text{ x } C_p \text{ x } \Delta T$

$$\Delta H = 1{,}0 \text{ mol x } \frac{7}{2} \text{x } 8{,}314 \text{ x } (254 - 550) = -8613{,}30 \text{ J}$$

Cálculo da quantidade de calor (Q), a partir da primeira lei da termodinâmica: ΔU = Q + W

ΔU = Q + 0 = - 6152,36 J

Questão 139

(CONCURSO PÚBLICO FEDERAL – DOCENTE)

Item a) Equação química de formação do sulfeto de carbono: $C_{(sólido)} + 2S_{(sólido)} \rightarrow CS_{2(líquido)}$

Para a resolução, será necessário utilizar o princípio de Hess.

$C_{(sólido)} + \cancel{O_{2(gás)}} \rightarrow \cancel{CO_{2(gás)}}$	ΔH = - 393,50 kJ
$2S_{(sólido)} + \cancel{2O_{2(gás)}} \rightarrow \cancel{2SO_{2(gás)}}$	ΔH = -296,80 kJ x 2
$\cancel{CO_{2(gás)}} + \cancel{2SO_{2(gás)}} \rightarrow CS_{2(líquido)} + \cancel{3O_{2(gás)}}$	ΔH = + 551,95 kJ x 2 +
$C_{(sólido)} + 2S_{(sólido)} \rightarrow CS_{2(líquido)}$	ΔH = - 393,50 kJ – 593,6 + 1103,9 kJ = + 116,80 kJ

Item b) A partir da relação estequiométrica, temos:

76 g de sulfeto de carbono -------- (+ 116,80 kJ)
266 g de sulfeto de carbono ------ ΔH
ΔH = 408,80 kJ

Item c) S = C = S (Geometria linear)

Item d) Hibridização = sp

Questão 140

(GRILLO) Para a resolução do problema será necessário utilizar a tabela de equilíbrio químico, apresentando como base de cálculo 1,0 mol de dióxido de enxofre e 1,0 mol de oxigênio molecular.

	$2SO_{2(gás)}$	$O_{2(gás)}$	⇄	$2SO_{3(gás)}$
Início	1,0	1,0		0
Reage	2 x 0,30	0,30		2 x 0,30
Equilíbrio	0,40 mol	0,70 mol		0,60 mol

Cálculo do número de mol total do sistema reacional: $n_{total} = n_{SO2} + n_{O2} + a_{SO3}$
n_{total} = 0,40 mol + 0,70 mol + 0,60 mol = 1,70 mol

Expressão da constante de equilíbrio em função das pressões parciais:

$$K_p = \frac{(78{,}77)^2}{(52{,}52)^2 \text{ x } 39{,}39} = 5{,}71 \text{ x } 10^{-2}$$

Cálculo da variação da energia livre de Gibbs padrão:

$\Delta G^0_{reaçao} = -8{,}314 \text{ x } 400 \text{ x} \ln(5{,}71 \text{ x } 10^{-2}) = +9521{,}03 \text{ kJ}$. Para este valor, o processo é caracterizado como um processo não espontâneo.

Questão 141

Alternativa A.

Equação química: $NO_{2(gás)} + SO_{2(gás)} \rightleftarrows NO_{(gás)} + SO_{3(gás)}$.

Cálculo da entropia padrão para o processo químico apresentado:

$$\Delta S^0_{reação} = \left[1 \text{ x } S^0_{NO} + 1 \text{ x } S^0_{SO_3} + \right] - \left[1 \text{ x } S^0_{NO_2} + 1 \text{ x } S^0_{SO_2}\right]$$

$$\Delta S^0_{reação} = [1 \text{ x } (+210{,}76) + 1 \text{ x } (+256{,}76)] - [1 \text{ x } (+240{,}06) + 1 \text{ x } (+248{,}22)]$$

$$\Delta S^0_{reação} = -20{,}76 \ \frac{\text{J}}{\text{mol. K}}$$

Cálculo da entalpia padrão para o processo químico apresentado:

$$\Delta H^0_{reação} = \left[1 \text{ x } H^0_{NO} + 1 \text{ x } H^0_{SO_3} + \right] - \left[1 \text{ x } H^0_{NO_2} + 1 \text{ x } H^0_{SO_2}\right]$$

$$\Delta H^0_{reação} = [1 \text{ x } (+90{,}25) + 1 \text{ x } (-395{,}72)] - [1 \text{ x } (+33{,}18) + 1 \text{ x } (-296{,}83)]$$

$$\Delta H^0_{reação} = -41{,}82 \frac{\text{kJ}}{\text{mol}}$$

Cálculo da energia livre de Gibbs padrão: $\Delta G^0_{reação} = -41820 + \text{T x } 20{,}76$

$$\Delta G^0_{reação} = -41820 + 298 \text{ x } 20{,}76 = -35633{,}52 \frac{\text{J}}{\text{mol}}$$

Cálculo da variação da energia livre de Gibbs fora do estado padrão:

$$\Delta G_{reação} = \Delta G^0_{reação} + \text{R x T x} \ln \text{Q}$$

$$\Delta G_{reação} = -35633{,}52 + 8{,}314 \text{ x } 298 \text{ x} \ln \frac{[NO] \text{ x } [SO_3]}{[NO_2] \text{ x } [SO_2]}$$

$$\Delta G_{reação} = -35633{,}52 + 8{,}314 \text{ x } 298 \text{ x } \ln \frac{0{,}70 \text{ x } 0{,}05}{10^{-6} \text{ x } 0{,}005} = +3416{,}53 \text{ J } (+3{,}42 \text{ kJ})$$

Questão 142

Durante uma expansão adiabática quase-estática de um gás perfeito, a pressão e o volume estão relacionados pela expressão $pV^{\gamma} = \text{constante}$, em que γ é uma constante.

Item a) A expressão para o trabalho realizado na expansão do estado (p_i,V_i) para o estado (p_f,V_f) está apresentada a seguir: $W = \frac{(P_{inicial} \text{ x } V_{inicial}) - (P_{final} \text{ x } V_{final})}{\gamma - 1}$

Item b) Cálculo do trabalho realizado, a partir da equação apresentada:

$$W = \frac{(1{,}00 \text{ x } 10^6 \text{ Pa x } 10^{-3} \text{ m}^3) - (2{,}00 \text{ x } 10^5 \text{ Pa x } 3{,}16 \text{ x } 10^{-3} \text{ m}^3)}{1{,}41 - 1}$$

$W = 897,56 \text{ Pa x m}^3$

Questão 143

Item a) Utilizando a equação de Gibbs, temos: $\Delta G^0_{reação} = 172500 - T \times 176,3$

Para uma temperatura igual a 25°C, temos: $\Delta G^0_{reação} = 172500 - (25 + 273) \times 176,3$

$\Delta G^0_{reação} = 172500 - 298 \times 176,3 = 172500 - 52537,4 = +\ 119962,50 \frac{J}{mol}$

Item b) Condição de espontaneidade: $172500 - T \times 176,3 < 0$

$T > 978,44 \text{ K}$

Questão 144

(CONCURSO PÚBLICO FEDERAL – PERITO CRIMINAL) Alternativa D.

A uma atmosfera o ponto de vapor ou também conhecido como temperatura de ebulição da água é igual a 100˚C. Passando para a escala absoluta: K = 100 + 273,16 = 373,16 K.

Questão 145

(CONCURSO PÚBLICO FEDERAL – PERITO CRIMINAL) Alternativa C.

A afirmativa 4 está incorreta. Em um sistema aberto, além da massa a quantidade de calor e trabalho podem ser trocados com os arredores do sistema considerado. Assinale a alternativa correta.

Questão 146

(CONCURSO PÚBLICO FEDERAL – PERITO CRIMINAL) Alternativa E.

Enunciado de Clausius para a segunda lei da termodinâmica: É impossível para qualquer sistema operar de maneira que o único efeito seja uma transferência de energia sob a forma de calor de um corpo mais frio para um corpo mais quente.

Questão 147

(CONCURSO PÚBLICO FEDERAL – INGRESSO NO CORPO DE ENGENHEIROS DA MARINHA – ENGENHARIA MECÂNICA)

Cálculo do rendimento do ciclo térmico: Sabendo que o rendimento do ciclo de Carnot é dado por: $\eta = 1 - \frac{T_{fria}}{T_{quente}} = 1 - \frac{300}{500} = 0,40\ (40\%)$.

Para esta aplicação industrial o processo não é viável, pois o rendimento calculado está menor que 50%.

Questão 148

(CONCURSO PÚBLICO FEDERAL – INGRESSO NO CORPO DE ENGENHEIROS DA MARINHA – ENGENHARIA QUÍMICA)

Analisando o tambor que contém o oxigênio molecular, levando em consideração que o gás apresenta comportamento ideal. $(pV)_{O_2} = 2,50 \times 0,08206 \times (47 + 273)$

Analisando o tambor que contém o dióxido de carbono, levando em consideração que o gás apresenta comportamento ideal. $(pV)_{CO_2} = 4,0 \times 0,08206 \times T_{CO_2}$

Sabendo que o processo está a mesma pressão e temperatura:

$2,50 \times 0,08206 \times (47 + 273) = 4,0 \times 0,08206 \times T_{CO_2}$

$T_{CO_2} = 200 \text{ K } (-73˚C)$

Questão 149

(CONCURSO PÚBLICO FEDERAL – DOCENTE) Alternativa C.

Para uma transformação isocórica ou também conhecida como transformação isovolumétrica, o volume sendo constante, o trabalho realizado será igual a zero (W = 0). A partir da primeira lei da termodinâmica, ΔU = q + W

$\Delta U = q + 0 = n.C_V.\Delta T$

Questão 150

(CONCURSO PÚBLICO FEDERAL – DOCENTE) Alternativa A.

Cálculo do rendimento do ciclo de Carnot: $\eta = 1 - \frac{T_{fria}}{T_{quente}}$

$$\eta = 1 - \frac{30 + 273}{150 + 273} = 0{,}2836\ (28\%)$$

Questão 151

Equação química homogênea: $NO_2Cl_{(gás)} + NO_{(gás)} \rightleftharpoons NOCl_{(gás)} + NO_{2(gás)}$

Item a) Cálculo da variação da energia livre de Gibbs a 298 K:

$$\Delta G^0_{298K} = -8{,}314 \frac{J}{mol\ x\ K} x\ 298K\ x \ln(112000) = -23100 \frac{J}{mol}$$

Cálculo da variação da energia livre de Gibbs a 340 K:

$$\Delta G^0_{298K} = -8{,}314 \frac{J}{mol\ x\ K} x\ 340K\ x \ln(4680) = -23889{,}1 \frac{J}{mol}$$

Item b) Cálculo da variação da entalpia padrão, a partir da equação de van´t Hoff:

$$\ln \frac{11200}{4680} = \frac{\Delta H^0}{8{,}314} x \left\{\frac{1}{340} - \frac{1}{298}\right\}$$

$$\Delta H^0 = -17501{,}65 \frac{J}{mol}$$

Cálculo da variação da entropia: $-23100 = -17501{,}65 - 298\ x\ \Delta S^0_{298K}$

$$\Delta S^0_{298K} = +18{,}80 \frac{J}{mol\ x\ K}$$

Questão 152

Sabendo que o cálculo da entalpia para uma temperatura diferente de 25°C é definida através das equações termodinâmicas apresentadas a seguir.

$\Delta H = \int_{T_1}^{T_2} C_p dT$ (Equação A)

$\Delta H = C_{p_{médio}}\ x\ (T_2 - T_1)$ (Equação B)

Igualando as equações: $\mathbf{C_{p_{médio}}\ x\ (T_2 - T_1) = \int_{T_1}^{T_2} C_p dT}$

Cálculo do $C_{p_{médio}}$: $C_{p_{médio}} = \frac{\int_{T_1}^{T_2} C_p dT}{(T_2 - T_1)}$

$$C_{p_{médio}} = \frac{\int_{298}^{500}(7,33 + 12,62 \text{ x } 10^{-3} \text{ x T} - 3,89 \text{ x } 10^{-6} \text{ x T}^{-2})\, dT}{500 - 298}$$

$$C_{p_{médio}} = \frac{7,33 \text{ x T}|_{298}^{500} + 12,62 \text{ x } 10^{-3} \text{ x} \frac{T^2}{2}\Big|_{298}^{500} - 3,89 \text{ x } 10^{-6} \text{ x } \frac{T^{-2+1}}{(-2+1)}\Big|_{298}^{500}}{202}$$

$$C_{p_{médio}} = \frac{7,33 \text{ x T}|_{298}^{500} + 12,62 \text{ x } 10^{-3} \text{ x} \frac{T^2}{2}\Big|_{298}^{500} - 3,89 \text{ x } 10^{-6} \text{ x } \frac{(-1)}{T}\Big|_{298}^{500}}{202}$$

$$C_{p_{médio}} = \frac{7,33 \text{ x T}|_{298}^{500} + 12,62 \text{ x } 10^{-3} \text{ x} \frac{T^2}{2}\Big|_{298}^{500} + 3,89 \text{ x } 10^{-6} \text{ x } \frac{1}{T}\Big|_{298}^{500}}{202}$$

$$C_{p_{médio}} = \frac{7,33 \text{ x } 202 + 12,62 \text{ x } 10^{-3} \text{ x } 80598 + 3,89 \text{ x } 10^{-6} \text{ x } (-1,35 \text{ x } 10^{-3})}{202}$$

$$C_{p_{médio}} = 12,36 \frac{cal}{mol \text{ x } K}$$

Observação: A capacidade calorífica é uma propriedade termodinâmica diretamente relacionada com a temperatura, sendo também uma propriedade extensiva. É representada por expressões empíricas apresentadas a seguir: A + B.T + CT^{-2} ou A + BT + CT^2, com A, B e C sendo tabelados para cada composto.

Questão 153

Item I) Analisando a primeira equação química: $TiO_2 + 2Cl_2 \longrightarrow TiCl_4 + O_2$
ΔH = + 38,7 kcal; ΔS = - 9,18 cal.K^{-1}

Substituindo os valores termodinâmicos na equação, temos:

$$\Delta G = 38700 - (27 + 273) \text{ x } (-9,18)$$

$$\Delta G = 38700 - 300 \text{ x } (-9,18) = +41454 \frac{J}{mol}$$ (Processo não espontâneo)

Item II) Analisando a segunda equação química: $Fe_2O_3 + 2Al \longrightarrow 2Fe + Al_2O_3$
ΔH = -202,6 kcal; ΔS = - 11,86 cal.K^{-1}

Substituindo os valores termodinâmicos na equação, temos:

$$\Delta G = -202600 - (27 + 273) \text{ x } (-11,86)$$

$$\Delta G = -202600 - 300 \text{ x } (-11,86) = -199042 \frac{J}{mol}$$ (Processo espontâneo)

Item III) Analisando a terceira equação química: $2HNO_3 \longrightarrow H_2 + N_2 + 3O_2$
ΔH = + 82,8 kcal; ΔS = + 149,6 cal.K^{-1}

Substituindo os valores termodinâmicos na equação, temos:

$$\Delta G = +82800 - 300 \text{ x } (+149,6) = +37920 \frac{J}{mol}$$ (Processo não espontâneo)

Questão 154

Alternativa A.

A constante de equilíbrio de um processo químico e reversível é diretamente relacionada com a temperatura, o que foi estudado por Jacobus Henricus van 't Hoff, a partir da seguinte equação matemática: $\boxed{\frac{d\ln K}{dT} = \frac{\Delta H^0}{RT^2}}$.

Questão 155

Alternativa D.

I – Certo.

II – Certo. Podemos esperar que a entropia das vizinhanças aumente quando o gelo congela, pois esse é um processo exotérmico.

III – Errado. Um processo endotérmico pode sim ser espontâneo, caso o módulo do produto $|T.\Delta S|$, seja maior que a variação de entalpia.

IV – Errado. Quanto menor a variação da energia livre de Gibbs, mais espontâneo será o processo.

V – Errado.

Questão 156

Processo adiabático consiste em um processo idealizado em que não há troca de calor (Q = 0). Cálculo da capacidade a pressão constante, a partir da relação das capacidades caloríficas e considerando o gás como poliatômico ($C_V = 3R$): $C_p - 3R = R$

$C_p = 4R$

Cálculo da relação adiabática (γ) entre a capacidade calorífica a pressão constante e a capacidade calorífica a volume constante (γ): $\gamma = \frac{C_p}{C_V} = \frac{4R}{3R} = 1{,}33$

Cálculo da pressão do estado I (p_I): $P_I \text{ x } (110)^{1,33} = 1{,}0 \text{ x } (250)^{1,33}$

$$P_I = 1{,}0 \text{ x} \left(\frac{250}{110}\right)^{1,33} = 2{,}98 \text{ atm}$$

Cálculo da temperatura no estado II (T_{II}): $\frac{320}{T_{II}} = \left(\frac{250}{110}\right)^{1,33-1}$

$$\frac{320}{T_{II}} = (2{,}27)^{0,33}$$

$$T_{II} = \frac{320}{(2{,}27)^{0,33}} = \frac{320}{1{,}31} = 244{,}27 \text{ K}$$

Questão 157

Cálculo da entalpia do monóxido de carbono (H_{CO}) no intervalo de 500 a 1000°C.

$$\mathbf{H_{CO} = \int_{773}^{1273} (6,395 + 6,77 \text{ x } 10^{-4}\, T + 1,30 \text{ x } 10^{-7}\, T^2) dT}$$

$$\mathbf{H_{CO} = \int_{773}^{1273} 6,395\, dT + \int_{773}^{1273} 6,77 \text{ x } 10^{-4}. T\, dT + \int_{773}^{1273} 1,30 \text{ x } 10^{-7}. T^2\, dT}$$

$$\mathbf{H_{CO} = \int_{773}^{1273} 6,395\, dT + \int_{773}^{1273} 6,77 \text{ x } 10^{-4}. T\, dT + \int_{773}^{1273} 1,30 \text{ x } 10^{-7}. T^2\, dT}$$

$$\mathbf{H_{CO} = 6,395 \text{ x } T|_{773}^{1273} + 6,77 \text{ x } 10^{-4} \text{ x} \frac{T^2}{2}\Big|_{773}^{1273} + 1,30 \text{ x } 10^{-7} \text{ x} \frac{T^3}{3}\Big|_{773}^{1273}}$$

$$H_{CO} = 6{,}395 \text{ x } (1273 - 773) + 6{,}77 \text{ x } 10^{-4} \text{ x} \left\{\left(\frac{1273^2}{2}\right) - \left(\frac{773^2}{2}\right)\right\} + 1{,}30 \text{ x } 10^{-7} \text{ x} \left\{\left(\frac{1273^3}{3}\right) - \left(\frac{773^3}{3}\right)\right\}$$

$$\mathbf{H_{CO} = 6,395 \text{ x } 500 + 6,77 \text{ x } 10^{-4} \text{ x } 511500 + 1,30 \text{ x } 10^{-7} \text{ x } 5,34 \text{ x } 10^8}$$

$$\mathbf{H_{CO} = 3197,5 + 346,28 + 69,42 = +\,3613,20 \frac{J}{mol}}$$

Questão 158

Equação química da decomposição do carbonato de cálcio: $CaCO_{3(sólido)} \rightarrow CaO_{(sólido)} + CO_{2(gás)}$

Cálculo da variação da entalpia padrão: $\Delta H^0_{reação} = \sum H^0_{produtos} - \sum H^0_{reagentes}$

$$\Delta H^0_{reação} = \left[1 \text{ x } H^0_{CaO} + 1 \text{ x } H^0_{CO_2}\right] - \left[1 \text{ x } H^0_{CaCO_3}\right]$$

$$\Delta H^0_{reação} = [1 \text{ x } (-635,1) + 1 \text{ x } (-393,5) - 1 \text{ x } (-1206,9)] = +\,178,30 \frac{kJ}{mol}$$

Cálculo da variação da entropia padrão: $\Delta S^0_{reação} = \sum S^0_{produtos} - \sum S^0_{reagentes}$

$$\Delta S^0_{reação} = \left[1 \text{ x } S^0_{CaO} + 1 \text{ x } S^0_{CO_2}\right] - \left[1 \text{ x } S^0_{CaCO_3}\right]$$

$$\Delta S^0_{reação} = [1 \text{ x } (+\,39,8) + 1 \text{ x } (+\,213,6) - 1 \text{ x } (+92,9)] = +\,160,50 \frac{J}{mol \text{ x } K}$$

Para T = 1500 K, temos: $\Delta G^0_{reação} = 178300 - 1500 \text{ x } 160,50 = -62450 \frac{J}{mol}$

Para T = 1500 K, o processo é espontâneo. Analisando o processo para uma temperatura igual a 800 K.

$$\Delta G^0_{reação} = +178300 - 800 \text{ x } 160,50 = 178300 - 128400 = +49900 \frac{J}{mol}$$

Para T = 800 K, o processo é não espontâneo. Por isso, pelo aspecto termodinâmico, o departamento técnico não pode aceitar a nova temperatura de calcinação. Cálculo da temperatura para que o processo seja mais econômico: $\Delta G^0_{reação} = 178300 - 160,50 \text{ x } T$

Condição de espontaneidade: $\Delta G^0_{reação} = 178300 - 160,50 \text{ x } T \leq 0$

$$178300 - 160,50 \text{ x } T \leq 0$$

$$T \geq 1110,90 \text{ K}$$

Questão 159

Alternativa E.

Item a) Para $\Delta H^0_{reação} < 0$ e $\Delta S^0_{reação} < 0$, temos:

$$\Delta G^0_{reação} = -\Delta H^0_{reação} - T \text{ x } (-\Delta S^0_{reação})$$

$\Delta G^0_{reação} = -\Delta H^0_{reação} + T \text{ x } (\Delta S^0_{reação})$. Processo não espontâneo

Item b) Para $\Delta H^0_{reação} > 0$ e $\Delta S^0_{reação} < 0$, temos:

$$\Delta G^0_{reação} = \Delta H^0_{reação} - T \text{ x } (-\Delta S^0_{reação})$$

$\Delta G^0_{reação} = \Delta H^0_{reação} + T \text{ x } (\Delta S^0_{reação})$. Processo não espontâneo

Item c) Para $\Delta H^0_{reação} > 0$ e $\Delta S^0_{reação} = 0$, temos:

$$\Delta G^0_{reação} = \Delta H^0_{reação} - T \text{ x } (0)$$

$\Delta G^0_{reação} = +\,\Delta H^0_{reação}$. Processo não espontâneo

Item d) Para $\Delta H^0_{reação} = 0$ e $\Delta S^0_{reação} < 0$, temos:

$$\Delta G^0_{reação} = \Delta H^0_{reação} - T \text{ x } (-\Delta S^0_{reação})$$

$$\Delta G^0_{reação} = 0 - T \text{ x } (-\Delta S^0_{reação})$$

$\Delta G^0_{reação} = +T.\Delta S^0_{reação}$. Processo não espontâneo

Item e) Para $\Delta H^0_{reação} < 0$ e $\Delta S^0_{reação} > 0$, temos:

$\Delta G^0_{reação} = -\Delta H^0_{reação} - T \times (+\Delta S^0_{reação})$

$\Delta G^0_{reação} = -\Delta H^0_{reação} - T \times (\Delta S^0_{reação})$. Processo espontâneo

Questão 160

Alternativa A.

As opções são as seguintes: aumento da pressão do sistema reacional e diminuição da temperatura do sistema reacional.

Questão 161

Somando as duas equações termodinâmicas apresentadas pela questão:

$MnO_{(sólido)} \rightarrow Mn_{(sólido)} + \cancel{½O_{2(gás)}}$ $\Delta G°$ (cal.mol^{-1}) = 91950 – 17,40 x T

$C_{(sólido)} + \cancel{½O_{2(gás)}} \rightarrow CO_{(gás)}$ $\Delta G°$ (cal.mol^{-1}) = - 26700 – 20.95 x T +

$MnO_{(sólido)} + C_{(sólido)} \rightarrow Mn_{(sólido)} + CO_{(gás)}$ $\Delta G°$ (cal.mol^{-1}) = 65250 – 38,35 x T

Cálculo da temperatura mínima (T_{min}):

$$-\mathbf{R \times T_{MÍNIMA} \times \ln K_p = 65250 - 38,35 \times T_{MÍNIMA}}$$

$$-1{,}987 \times T_{MÍNIMA} \times \ln\left\{10^{-3} \times \frac{1}{760}\right\} = 65250 - 38{,}35 \times T_{MÍNIMA}$$

$$T_{MÍNIMA} = 999{,}85 \text{ K}$$

Questão 162

Equação química da combustão completa do carbono: $C_{(sólido)} + O_{2(gás)} \rightarrow CO_{2(gás)}$. Relação termodinâmica entre a entalpia e a energia interna: $dH = dU + pV$ (diferencial infinitesimal). Considerando que os participantes gasosos apresentam comportamento ideal:

$$\underbrace{\Delta H - \Delta U}_{W} = \Delta n \times R \times T$$

$$W = (1-1) \times R \times T = 0$$

Questão 163

Primeiramente será necessário determinar a entalpia de combustão do fenol. A partir do enunciado do problema, a entalpia padrão do fenol será determinada a partir da seguinte relação estequiométrica: <MM>$_{fenol\ (C6H5OH(s))}$ = 72 + 6 +16 = 94 g/mol

2,0 gramas de fenol --------- 64,98 kJ
94,0 gramas de fenol ------- $\Delta H°_c$
$\Delta H°_c$ = -3054,06 kJ

Observação: O próprio problema afirma que houve liberação da quantidade de calor, por isso o sinal negativo.

Item a) Equação química da combustão do fenol: $C_6H_5OH_{(sólido)} + 7O_{2(gás)} \rightarrow 6CO_{2(gás)} + 3H_2O_{(gás)}$.
A quantidade de calor do processo de combustão do fenol é igual a -3054,06 kJ.

Item b) Cálculo da entalpia de formação do fenol líquido.

$C_6H_5OH_{(sólido)} + 7O_{2(gás)} \rightarrow 6CO_{2(gás)} + 3H_2O_{(gás)}$

$$\Delta H^0_{combustão} = 6 \text{ x } H^0_{f,CO_2} + 3 \text{ x } H^0_{f,H_2O} - 7 \text{ x } H^0_{f,O_2} - 1 \text{ x } H^0_{f,C_6H_5OH}$$

$$-3054{,}06 = 6 \text{ x } (-395{,}5) + 3 \text{ x } (-285{,}85) - 7 \text{ x } 0 - 1 \text{ x } H^0_{f,C_6H_5OH}$$

$$\mathbf{H^0_{f,C_6H_5OH} = -176{,}49 \frac{kJ}{mol}}$$

Item c) Cálculo da entropia padrão da combustão do fenol (C_6H_5OH).

$$\Delta S^0_{combustão} = 6 \text{ x } S^0_{f,CO_2} + 3 \text{ x } S^0_{f,H_2O} - 7 \text{ x } S^0_{f,O_2} - 1 \text{ x } S^0_{f,C_6H_5OH}$$

$$\Delta S^0_{combustão} = 6 \text{ x } 213{,}6 + 3 \text{ x } 69{,}91 - 7 \text{ x } 205{,}0 - 1 \text{ x } 144{,}0 = -87{,}67 \frac{J}{mol \text{ x } K}$$

Cálculo da variação da energia livre de Gibbs padrão:

$$\Delta G^0_{combustão} = -176490 + 298 \text{ x } 87{,}67 = -150364{,}34 \frac{J}{mol}$$

Questão 164

(CONCURSO PÚBLICO FEDERAL - INGRESSO NO CORPO DE ENGENHEIROS DA MARINHA - ENGENHARIA MECÂNICA)
Alternativa A.

(Verdadeiro) A palavra termodinâmica, do grego termo = calor e dinâmica = movimento, tratava, originalmente, da conversão de calor em movimento.

(Verdadeiro) Em termodinâmica, as propriedades extensivas dependem da quantidade de massa em estudo.

(Falso) Energia interna e entalpia são propriedades termodinâmicas intensivas.
São propriedades extensivas, ou seja, dependem da quantidade de massa.

(Verdadeiro) Estado termodinâmico de um sistema é a condição em que o sistema se encontra em determinado momento.

(Falso) Em um sistema fechado não existe fluxo de massa, nem de energia, através de sua fronteira.
Em um sistema fechado não há troca de massa, mas pode haver troca de energia.

Questão 165

(GRILLO) Item a) Fórmula molecular do butano: $C_4H_{10(gás)}$

Poder calorífico superior (PCS): $C_4H_{10(gás)} + 13/2O_{2(gás)} \longrightarrow 4CO_{2(gás)} + 5H_2O_{(líquido)}$
$\Delta H^0_c = -687{,}99 \frac{kcal}{mol}$

Poder calorífico inferior (PCI): $C_4H_{10(gás)} + 13/2O_{2(gás)} \longrightarrow 4CO_{2(gás)} + 5H_2O_{(gás)}$
$\Delta H^0_c = -636{,}00 \frac{kcal}{mol}$

Item b) Para a determinação da variação de entalpia, será necessário utilizar o princípio de Hess e com isso inverter a primeira equação, conforme apresentado a seguir.

$\cancel{4CO_{2(gás)}} + 5H_2O_{(líquido)} \longrightarrow \cancel{C_4H_{10(gás)}} + \cancel{13/2O_{2(gás)}}$ $\Delta H^0_c = +687{,}99 \frac{kcal}{mol}$
$\cancel{C_4H_{10(gás)}} + \cancel{13/2O_{2(gás)}} \longrightarrow \cancel{4CO_{2(gás)}} + 5H_2O_{(gás)}$ $\Delta H^0_c = -636{,}00 \frac{kcal}{mol}$ +

$5H_2O_{(líquido)} \longrightarrow 5H_2O_{(gás)}$

A equação apresentada acima representa uma transformação de fase da água.

Dividindo a equação química por cinco: $H_2O_{(líquido)} \rightarrow H_2O_{(gás)}$

$$\Delta H^0_{final} = +687,99\frac{kcal}{mol} - 636,00\frac{kcal}{mol} = +51,99\frac{kcal}{mol}$$

Questão 166

(ENADE – QUÍMICA) Alternativa B.

I) Verdadeiro. Neste ponto coexistem as três fases de forma simultânea.
II) Falso. No ponto indicado que significa o ponto crítico está somente a fase gasosa.
III) Verdadeiro. O estado gasoso não realiza o processo de liquefação, somente o estado de vapor.
IV) Falso. Na pressão indicada, o dióxido de carbono está na fase gasosa.

Questão 167

(ENADE – ENGENHARIA QUÍMICA) Alternativa D.

Para uma variação da energia livre de Gibbs negativa, o processo é termodinamicamente favorável a esta temperatura mencionada, ou seja, o processo é espontâneo, apresentando constante de equilíbrio maior que um ($K_{eq} > 1$).

Questão 168

(ENADE – ENGENHARIA QUÍMICA) Alternativa D.

Questão 169

(ENADE – QUÍMICA) Alternativa D.

Para a resolução do problema será necessário utilizar a tabela de equilíbrio, conforme pode ser apresentado a seguir. Base de cálculo: 1,0 mol de vapor d´água.

	$C_{(sólido,\ grafite)}$	$H_2O_{(gás)}$	$CO_{(gás)}$	$H_{2(gás)}$
Início	-	1,0	0	0
Reage	-	X	X	X
Equilíbrio	-	1,0 – X	X	X

Expressão da constante de equilíbrio:

$$K_{eq} = \frac{[CO]\ x\ [H_2]}{a_C\ x\ [H_2O]}$$

Substituindo os valores da tabela de equilíbrio na equação da constante de equilíbrio:

$$K_{eq} = \frac{[CO]\ x\ [H_2]}{a_C\ x\ [H_2O]} = \frac{X^2}{(1-X)} = 1,60$$

$$\mathbf{X^2 + 1,60X - 1,60 = 0}$$

Resolvendo a equação do segundo grau, suas raízes são as seguintes: X = + 0,70 e X' = - 2,30.
Cálculo do número de mol total: n_{total} = 0,30 + 0,70 + 0,70 = 1,70

$$X_{H_2} = \frac{0,70}{1,70} = 0,412$$

O valor mais próximo trata-se da alternativa D.

Questão 170

(ENADE – QUÍMICA) Alternativa B.

Item I) Falso. A variação da energia interna é dependente diretamente do estado final e inicial, não permanecendo constante com qualquer sistema termodinâmico a ser estudado.
Item II) Verdadeiro. Esta afirmação leva em consideração diretamente a primeira lei da termodinâmica.
Item III) Verdadeiro. O processo adiabático é um processo termodinâmico em que não há troca de calor e, diante disso, a variação da energia interna é igual ao trabalho realizado.
Item IV) Falso. Em um processo de expansão livre não há trabalho realizado e diante disso, a partir da primeira lei da termodinâmica, a energia interna é igual ao calor trocado.

Questão 171

(ENADE – QUÍMICA) De maneira gráfica, a variação da energia livre de Gibbs é definida como o coeficiente angular que relaciona a energia livre de Gibbs versus o avanço da reação e de maneira analítica como a diferença entre o potencial químico dos produtos (μ_{produtos}) pelo potencial químico dos reagentes $(\mu_{\text{reagentes}})$. A partir disso, a relação entre a energia livre de Gibbs com o quociente reacional é dada pela demonstração termodinâmica apresentada a seguir: $\left(\frac{dG}{d\varepsilon}\right)_{p,T} = \mu_B - \mu_A$.

Conforme os potenciais químicos (μ) avançam no decorrer do curso da reação química, a composição vai variando, e com isso, o coeficiente angular da curva da energia livre de Gibbs versus o grau de avanço vai mudando, apresentando três características de suma importância a saber:

- $dG < 0 \Rightarrow$ a reação química direta é espontânea;
- $dG = 0 \Rightarrow$ a reação química está em equilíbrio;
- $\Delta G > 0 \Rightarrow$ a reação química inversa é espontânea.

A partir deste momento será apresentada uma das equações termodinâmicas mais significante e bastante importante na Termodinâmica. Essa equação relaciona o comportamento de uma reação química fora das condições padrões, a partir do quociente reacional (Q). Para muitos estudiosos trata-se da segunda equação termodinâmica mais importante, sendo a equação dos gases ideais a mais representativa e importante. A variação da energia livre de Gibbs a pressão e temperatura constante, $\left(\frac{dG}{dT}\right)_{p,T}$, resulta na diferença entre os potenciais químicos, conforme mencionado anteriormente. Considere a seguinte reação química gasosa representada de forma hipotética a seguir: $A_{(\text{gás})} \rightleftharpoons B_{(\text{gás})}$. Seus respectivos potenciais são os seguintes:

$\underbrace{\mu_A}_{\text{reagente}} = \mu_A^0 + RT\ln X_A$ e $\underbrace{\mu_B}_{\text{produto}} = \mu_B^0 + RT\ln X_B$.

Substituindo estes potenciais na equação termodinâmica do avanço da reação, temos:

$$\left(\frac{dG}{d\varepsilon}\right)_{p,T} = \mu_B - \mu_A$$

$$\left(\frac{dG}{d\varepsilon}\right)_{p,T} = \mu_B^0 + RT\ln X_B - [\mu_A^0 + RT\ln X_A]$$

$$\left(\frac{dG}{d\varepsilon}\right)_{p,T} = \mu_B^0 + RT\ln\frac{P_B}{p^0} - \left[\mu_A^0 + RT\ln\frac{P_A}{p^0}\right]$$

$$\left(\frac{dG}{d\varepsilon}\right)_{p,T} = \mu_B^0 - \mu_A^0 + \left[RT\ln\frac{P_B}{p^0} - RT\ln\frac{P_A}{p^0}\right]$$

$$\left(\frac{dG}{d\varepsilon}\right)_{p,T} = \mu_B^0 - \mu_A^0 + \left[RT\ln\frac{P_B}{p^0} - RT\ln\frac{P_A}{p^0}\right]$$

Sabendo que a pressão padrão (p°) é igual a 1,0 bar, a equação fica da seguinte maneira:

$$\left(\frac{dG}{d\varepsilon}\right)_{p,T} = \mu_B^0 - \mu_A^0 + R \times T \times \left[\ln\frac{P_B}{1} - \ln\frac{P_A}{1}\right]$$

$$\left(\frac{dG}{d\varepsilon}\right)_{p,T} = \mu_B^0 - \mu_A^0 + R \times T \times \ln\frac{P_B}{P_A}$$

$$\underbrace{\left(\frac{dG}{d\varepsilon}\right)_{p,T}}_{\Delta G_{reação}} = \underbrace{\mu_B^0 - \mu_A^0}_{\Delta G^0_{reação}} + R \times T \times \ln\underbrace{\frac{P_B}{P_A}}_{Q}$$

$\Delta G_{reação} = \Delta G^0_{reação} + R \times T \times \ln Q$, em que Q é definido como o quociente reacional.

Quando o processo se encontra em equilíbrio, a variação da energia livre de Gibbs da reação é nula, ou seja, $\Delta G_{reação} = 0$ e com isso o quociente reacional passa a ser igual a constante de equilíbrio ($Q = K_{eq}$).

A partir desta relação, temos: $\Delta G_{reação} = \Delta G^0_{reação} + R \times T \times \ln Q$

$$0 = \Delta G^0_{reação} + R \times T \times \ln K_{eq}$$

$$\boxed{\Delta G^0_{reação} = -R \times T \times \ln K_{eq}}$$

Questão 172

(ENADE – QUÍMICA) Alternativa D.

Item I) Verdadeiro. Para gases reais, suas condições são as seguintes: alta pressão e baixa temperatura. Diante disso, o valor do fator de compressibilidade se desvia para valores diferentes a Z = 1. Para gases reais, Z se torna maior que um, Z > 1.

Item II) Verdadeiro. Esta característica está relacionada para comportamentos reais, o que não ocorre para o comportamento ideal.

Item III) Falso. Para Z < 1 as forças atrativas são as mais dominantes.

Item IV) Verdadeiro.

Questão 173

(ENADE – QUÍMICA) Um processo químico se torna espontâneo quando a variação da energia livre de Gibbs for negativo (dG < 0). Para o processo de combustão do gás metano, sendo um processo de queima, a variação da entalpia é negativa, se caracterizando em um processo exotérmico (dH < 0). Com relação à função de estado entropia, através da equação química apresentada a seguir,

$\underbrace{CH_{4(gás)} + 2O_{2(gás)}}_{3\ mol} \rightarrow \underbrace{CO_{2(gás)} + 2H_2O_{(líquido)}}_{1\ mol}$, o número de mol dos componentes gasosos diminui com o transcorrer do processo químico. Esta diminuição faz muita diferença para o estudo da entropia. Nos produtos há uma fase líquida sendo formada, o que torna o sistema mais organizado e consequentemente uma entropia negativa. Sendo estas duas funções de estado negativas, é possível afirmar que a variação da energia livre de Gibbs seja negativa, ou seja, um processo espontâneo, que para este caso deve ser levado em consideração que o termo $|T \times dS|$ seja menor que o valor da entalpia $|dH|$.

Questão 174

(ENADE – QUÍMICA) Alternativa C.

Os gases com comportamento ideal se caracteriza por apresentarem baixas pressões e/ou altas temperaturas.

Questão 175

(GRILLO) De acordo com a Segunda Lei da Termodinâmica, a entropia do universo jamais diminui, sendo a sua variação ou nula, no caso de processos reversíveis, ou positiva, no caso de processos irreversíveis, isto é: $\Delta S_{universo} = \Delta S_{substância} + \Delta S_{RC} \geq 0$
À luz do conceito estatístico de entropia, a variação positiva da entropia do universo num processo irreversível pode ser explicada pelo fato de que, numa transformação espontânea ou natural, é necessário que o universo atinja um estado de maior probabilidade e, portanto, de maior entropia.

Por outro lado, numa transformação natural, tanto o sistema (na relação acima, a substância) como as suas vizinhanças (na relação acima, o reservatório de calor) estão envolvidos. Assim, conforme se depreende da relação anterior, a entropia do sistema pode diminuir se houver um aumento de entropia nas vizinhanças superior à diminuição que ocorre no sistema. Um exemplo prático seria a compressão isotérmica de um gás ideal, onde a variação de entropia é dada pela seguinte equação: $\Delta S = -nRTln\frac{P_2}{P_1}$, que mostra que a entropia diminui com o aumento da pressão.

Questão 176

(GRILLO)
Item a) E_1 = energia relacionada à quantidade de calor para os reagentes; E_2 = energia relacionada à quantidade de calor para os produtos; E_3 = Energia relacionada ao complexo ativado.

Item b) A partir do diagrama apresentado, trata-se de um processo endotérmico, pelo fato da energia representada pelos produtos estar em um patamar superior com relação aos reagentes, o que resulta em uma variação de entalpia positiva (dH > 0).

Item c) A partir do diagrama, a energia de ativação pode estar representada da seguinte maneira: $E_{at} = E_3 - E_1$.

Questão 177

(GRILLO) Equação química para a decomposição do carbonato de cálcio: $CaCO_{3(sólido)} \rightleftarrows CaO_{(sólido)} + CO_{2(gás)}$

Expressão da constante de equilíbrio em função da pressão parcial: $K_p = p_{CO_2}$

Sabendo que a constante de equilíbrio é igual a 0,04; consequentemente a pressão parcial do dióxido de carbono será igual a $p_{CO_2} = 0{,}04 \text{ atm}$.

Cálculo da massa de dióxido de carbono, levando em consideração que o gás apresenta comportamento ideal: $0{,}04 \times 5{,}0 = \frac{massa}{44} \times 0{,}08206 \times 1000$

Massa de dióxido de carbono = 0,107 g

A partir da relação estequiométrica entre o óxido de cálcio (óxido básico) e o dióxido de carbono, temos que:
56 g de óxido de cálcio --------- 44 g de dióxido de carbono
Massa ------------------------------- 0,107 g de dióxido de carbono
Massa = 0,136 g

Cálculo da variação da energia livre de Gibbs padrão, levando em consideração que a temperatura corresponde a 1000 K.

$$\Delta G^0 = -8{,}314 \times 1000 \times \ln(0{,}04) = 26761{,}73 \frac{J}{mol}$$

Questão 178

(GRILLO) Item a) Cálculo da variação da energia livre de Gibbs:

$$\Delta G^0_{combustão} = -1323000 - 298 \times (-30) = -1314{,}06 \text{ kJ}$$

Cálculo da constante de equilíbrio, a partir da variação da energia livre de Gibbs:

$$-150364{,}34\frac{J}{mol} = -8{,}314 \text{ x } 298 \text{ x} \ln K_{eq}$$

$$\ln K_{eq} = \frac{-1314060}{-8{,}314 \text{ x } 298} = 530{,}38$$

$$K_{eq} = e^{+530{,}38}$$

Item b) Cálculo da variação da energia livre de Gibbs fora do estado padrão:

$$\Delta G_{reação} = -131406 + 8{,}314 \text{ x } 298 \text{ x} \ln\frac{(20)^2 \text{ x } (0{,}010)^2}{0{,}010 \text{ x } (0{,}020)^3}$$

$$\Delta G_{reação} = -131406 + 8{,}314 \text{ x } 298 \text{ x} \ln\underbrace{\frac{\overbrace{(20)^2 \text{ x } (0{,}010)^2}^{500}}{0{,}010 \text{ x } (0{,}020)^3}}_{+\,13{,}12}$$

$$\Delta G_{reação} = -1281548{,}40 \text{ J } (-1281{,}55 \text{ kJ})$$

Item c) Para que o processo seja não espontâneo, será necessário que a variação da energia livre de Gibbs seja maior que zero. Diante disso: $-1323000 - T \text{ x } (-30) > 0$

$$T > \frac{1323000}{30}$$

$$T > 44100 \text{ K}$$

Questão 179

Item a) Cálculo da variação da energia livre de Gibbs a 25ºC e 1 atm, temos:

$$\Delta G^0_{reação} = -30600 - T \text{ x } 60{,}20$$

$$\Delta G^0_{reação} = -30600 - 298 \text{ x } 60{,}20 = -48539{,}60\frac{J}{mol}\left(-48{,}54\frac{kJ}{mol}\right)$$

Cálculo do valor da constante de equilíbrio, a partir da variação da energia livre de Gibbs padrão:

$$-48539{,}60\frac{J}{mol} = -8{,}314 \text{ x } 298 \text{ x} \ln K_{eq}$$

$$\ln K_{eq} = \frac{-48539{,}60}{-8{,}314 \text{ x } 298} = +19{,}59$$

$$K_{eq} = e^{(+19{,}59)}$$

Item b) Para uma variação da energia livre de Gibbs igual a zero, significa que o processo se encontra em equilíbrio. Logo: $\Delta G^0_{reação} = -30600 - T \text{ x } 60{,}20$

$$0 = -30600 - T \text{ x } 60{,}20$$

$$T = -508{,}30 \text{ K}$$

Item c) A temperatura que torna o processo espontâneo trata-se daquela em que a variação da energia livre de Gibbs é negativa. Diante disso, temos que: $\Delta G^0_{reação} = -30600 - T \text{ x } 60{,}20$

$-30600 - T \times 60{,}20 < 0$

$T > -508{,}30\ K$

Item d) A pressão de vapor do oxigênio molecular será exatamente o valor da constante de equilíbrio do processo termodinâmico, ou seja:

$K_{eq} = p_{O_2} = e^{+19,59}$.

Questão 180

Para uma energia de ativação direta menor que a energia de ativação inversa, o processo termoquímico é exotérmico.

Para a determinação da variação da entalpia, temos: $\Delta H_{processo} = E_{direta} - E_{inversa}$

$$\Delta H_{processo} = 32\frac{kJ}{mol} - 58\frac{kJ}{mol} = -26\frac{kJ}{mol}$$

Questão 181

(GRILLO) Aplicando a equação de Gibbs: $-58000 - T \times (-10{,}60) = \Delta G_{reação}$

Para que o processo seja espontâneo, $\Delta G_{reação} < 0$.

$-58000 - T \times (-10{,}60) < 0$

$T < 5471{,}70\ K$

Questão 182

(GRILLO) Aplicando a equação de Gibbs, para o processo espontâneo ($\Delta G_{reação} < 0$):

$\Delta H_{reação} - T \times \Delta S_{reação} < 0$

$8400 - T \times 37 < 0$

$$T > \frac{8400}{37}$$

$T > 227{,}03\ K$

Questão 183

(GRILLO) Equação química reversível para a síntese da amônia:

$$\underbrace{N_{2(gás)} + 3H_{2(gás)}}_{4V} \rightleftarrows \underbrace{2NH_{3(gás)}}_{2V}$$

Pelo enunciado do problema o processo é exotérmico, temos:

$\underbrace{N_{2(gás)} + 3H_{2(gás)}}_{4V} \rightleftarrows \underbrace{2NH_{3(gás)}}_{2V}$ $\quad \Delta H_{reação} < 0$ (Processo endotérmico)

A entalpia será maior no sentido de formação dos gases hidrogênio e nitrogênio e a entropia será menor também no sentido de maior quantidade de volume, ou seja, também no sentido de formação dos gases nitrogênio e hidrogênio.

Questão 184

(GRILLO) Alternativa D.

Equação química para o processo de combustão completa do álcool etílico:

$$\underbrace{C_2H_5OH_{(líquido)} + 3O_{2(gás)}}_{3V} \rightarrow \underbrace{2CO_{2(gás)} + 3H_2O_{(vapor)}}_{5V}$$

Por definição, a combustão do álcool etílico é caracterizado como um processo exotérmico. Observando o esquema apresentado na equação de combustão do álcool etílico, a entropia aumenta para o sentido dos produtos, em que se observa maior formação de gases.

Questão 185

Item a) Cálculo da variação da entalpia do dióxido de silício, $SiO_{2(sólido)} + 2C_{(sólido)} \longrightarrow Si_{(sólido)} + 2CO_{(gás)}$.

$$\Delta H^0_{reação} = [1 \text{ x } H^0_{Si} + 2 \text{ x } H^0_{CO}] - [1 \text{ x } H^0_{SiO_2} + 2 \text{ x } H^0_{C}]$$
$$\Delta H^0_{reação} = [1 \text{ x } 0 + 2 \text{ x } (-110{,}5)] - [1 \text{ x } H^0_{SiO_2} + 2 \text{ x } 0]$$

$$+689{,}9 = -221{,}0 - H^0_{SiO_2}$$

$$H^0_{SiO_2} = -910{,}9\ \frac{kJ}{mol}$$

Item b) Cálculo da variação da entropia padrão da reação, $SiO_{2(sólido)} + 2C_{(sólido)} \longrightarrow Si_{(sólido)} + 2CO_{(gás)}$.

$$\Delta S^0_{reação} = [1 \text{ x } S^0_{Si} + 2 \text{ x } S^0_{CO}] - [1 \text{ x } S^0_{SiO_2} + 2 \text{ x } S^0_{C}]$$

$$\Delta S^0_{reação} = [1 \text{ x } 18{,}80 + 2 \text{ x } 197{,}6] - [1 \text{ x } 41{,}8 + 2 \text{ x } 5{,}7] = 414{,}0 - 53{,}20$$

$$\Delta S^0_{reação} = +\ 360{,}8 \frac{J}{mol \text{ x } K}$$

Item c) Cálculo da variação da entropia padrão da reação:

$$\Delta G^0_{reação} = +\ 689900 - (25 + 273) \text{ x } 360{,}80 = +\ 89600 - 90952{,}58$$

$$\Delta G^0_{reação} = -\ 582381{,}60 \frac{J}{mol}\ (-\ 582{,}4\ \frac{kJ}{mol})$$ (Processo espontâneo)

Item d) Cálculo da constante de equilíbrio: $\mathbf{-\ 582381{,}6 = -8{,}314 \text{ x } 298 \text{ x } lnK}$

$$lnK = \frac{-\ 582381{,}6}{-\ 2477{,}572} = +\ 235{,}06$$

$$\mathbf{K = e^{+235{,}06}}$$

Item e) $\mathbf{\Delta G^0_{reação} = \Delta H^0_{reação} - T \text{ x } \Delta S^0_{reação} = +\ 689900 - T \text{ x } 360{,}80}$

Critério de espontaneidade: $\mathbf{+\ 689900 - T \text{ x } 360{,}80 < 0}$

$$360{,}80 \text{ x } T > 689900$$

$$T > 1911{,}66 \text{ K}$$

Questão 186

Item a) Equação química para o processo de combustão do octano líquido: $C_8H_{18(líquido)} + 25/2O_{2(gás)} \rightarrow 8CO_{2(gás)} + 9H_2O_{(gás)}$

Item b) Cálculo da entalpia molar de formação do octano líquido: $\Delta H^0_{reação} = \sum H^0_{produtos} - \sum H^0_{reagentes}$

$$\Delta H^0_{reação} = \left(8 \text{ x } H^0_{CO_2} + 9 \text{ x } H^0_{H_2O}\right) - \left(1 \text{ x } H^0_{C_8H_{18}} + \frac{25}{2} \text{ x } H^0_{O_2}\right)$$

$$-5090 = \left[8 \text{ x } (-393{,}5) + 9 \text{ x } (-241{,}8) - 1 \text{ x } H^0_{C_8H_{18}}\right]$$

$$-5090 + 3148 + 2176{,}2 = -\ H^0_{C_8H_{18}}$$

$$H^0_{C_8H_{18}} = -234{,}02 \frac{kJ}{mol}$$

Item c) Cálculo da energia interna, levando em consideração que os gases apresentam comportamento ideal. $\Delta H = \Delta U + (n_{produtos} - n_{reagentes}).R.T$

$$-\ 5090000 = \Delta U + (17 - \ 12{,}50) \text{ x } 8{,}314 \text{ x } (100 + 273)$$

$$-\ 5090000 - 13955{,}05 = \Delta U$$

$$\Delta U = -5103955{,}05 \frac{J}{mol} \ (-5103{,}95 \frac{kJ}{mol})$$

Item d) Cálculo da entropia padrão ($\Delta \mathbf{S^0}$): $-\ \mathbf{5230} = \mathbf{-5090} - (\mathbf{100} + \mathbf{273}) \text{ x } \Delta \mathbf{S^0_{reação}}$

$$\frac{-140}{-373} = \Delta S^0_{reação}$$

$\Delta S^0_{reação} = +\ 0{,}375 \frac{kJ}{mol \text{ x } K}$. O sinal da variação da entropia do processo de combustão do octano líquido está correto com a quantidade de gases produzidos na reação, pois apresentam 17 mol de gases no produto "contra" 12,5 mol de gás no reagente.

Questão 187

Item a) Equação química para o processo de combustão da glicose: $C_6H_{12}O_{6(sólido)} + 6O_{2(gás)} \rightarrow 6CO_{2(gás)} + 6H_2O_{(gás)}$

Item b) Cálculo da energia livre de Gibbs: $\Delta \mathbf{G^0_{reação}} = \sum \mathbf{G^0_{produtos}} - \sum \mathbf{G^0_{reagentes}}$

$$\Delta G^0_{reação} = \left[\left(6 \text{ x } G^0_{CO_2} + 6 \text{ x } G^0_{H_2O}\right) - 1 \text{ x } G^0_{C_6H_{12}O_6}\right]$$

$$\Delta G^0_{reação} = [6 \text{ x } (-394{,}4) + 6 \text{ x } (-237{,}2) - 1\text{x } (-917)] = -2872{,}60 \frac{kJ}{mol}$$

Item c) Aplicando a equação de Gibbs para o processo apresentado, temos:

$$-\ \mathbf{2872{,}60} = \mathbf{-2801{,}30} - (\mathbf{25} + \mathbf{273}) \text{ x } \Delta \mathbf{S^0_{reação}}$$

$$-\ 71{,}30 = -298 \text{ x } \Delta S^0_{reação}$$

$$\Delta S^0_{reação} = \frac{-71{,}3}{-298} = +\ 0{,}239 \frac{kJ}{mol \text{ x } K}$$

Questão 188

Alternativa C.

O texto refere-se à entropia de um determinado sistema, ou melhor, do aumento da entropia em sistemas termodinâmicos, o que é representado através da segunda lei da termodinâmica, que afirma o seguinte: "nunca será observado, com o passar do tempo, um acúmulo de energia térmica em apenas um ponto do corpo."

Questão 189

(GRILLO) Alternativa D.

Para que um processo ocorra de forma espontânea em qualquer temperatura é necessário que a variação entropia seja positiva.

Questão 190

Segundo o problema, o gás sofre um processo de expansão adiabática, logo, a quantidade de calor é igual a zero (Q = 0). Pela primeira lei da termodinâmica, temos:

$\Delta U = Q + W$

$\Delta U = 0 + W$

$\Delta U = W$

Sabendo que a variação da energia interna ocorre a volume constante, sua expressão é dada pela seguinte relação: $\Delta U = n \text{ x } C_V \text{ x } \Delta T$. Para n = 1 mol, $\Delta U = C_V \text{ x } \Delta T$ e sabendo que a relação entre as capacidades caloríficas é dada pela seguinte equação termodinâmica:

$C_p - C_V = R$

$$W = \Delta U = C_V \text{ x } \Delta T = C_V \text{ x } (T_f - T_i)$$

$$\mathbf{W = C_V \text{ x } \left[\left(\frac{P_f \text{ x } V_f}{R}\right) - \left(\frac{P_i \text{ x } V_i}{R}\right)\right] = \frac{C_V}{R} \text{ x } [P_f \text{ x } V_f - P_i \text{ x } V_i]}$$

$$W = \frac{C_V}{C_P - C_V} \text{ x } [P_f \text{ x } V_f - P_i \text{ x } V_i] = \frac{1}{\frac{C_P}{C_V} - 1} \text{ x } [P_f \text{ x } V_f - P_i \text{ x } V_i]$$

$$W = \frac{1}{\underbrace{\frac{C_P}{C_V}}_{\gamma} - 1} \text{ x } [P_f \text{ x } V_f - P_i \text{ x } V_i]$$

$$\boxed{W = \frac{1}{\gamma - 1} \text{ x } [P_f \text{ x } V_f - P_i \text{ x } V_i]}$$

Questão 191

Considere dois sistemas caracterizados pelas letras A e B, inseridos dentro de um reservatório.

Sistema A: calor específico de A = c e $m_A^{\text{água}}$

Sistema B: calor específico de B = c e $m_B^{\text{água}}$

Como o processo ocorre a pressão constante, $Q_p = \Delta H$

Como o processo é adiabático, $Q_p = 0$, logo: $\Delta H = 0$

Como são dois sistemas: $\Delta S + \Delta H_B = 0$. (Equação A)

Desenvolvendo a equação A: $m_A \times C_A \times (T_{eq} - T_A) + m_B \times C_B \times (T_{aq} - T_B) = 0$

Como as massas são iguais ($m_A = m_B$) e o fluido é o mesmo nos dois reservatórios (água), então a capacidade calorífica é a mesma ($c_A = c_B$).

$m \times c \times (T_{eq} - T_A) + m \times c \times (T_{eq} - T_B) = 0$

$m \times c \times (T_{eq} - T_A) = - m \times c \times (T_{eq} - T_B)$

$T_{eq} - T_A = -T_{eq} + T_B$

$2 \times T_{eq} = T_B + T_A$ (Equação B)

Será definido que a equação B fica da seguinte forma: $T_{eq} = \frac{T_B + T_A}{2}$ e a entropia de todo o sistema é dada por: $\Delta S = \Delta AS + \Delta S_B$, temos: $\Delta S = m \times c_p \times \ln\left(\frac{T_s}{T_A}\right) + m \times c_p \times \ln\left(\frac{T_s}{T_B}\right)$

$$\Delta S = m \times c_p \times \left\{n\left(\frac{T_s}{T_A}\right) \times \left(\frac{T_s}{T_B}\right)\right\}$$

$$\Delta S = m \times c_p \times \left\{n\left(\frac{T_s^2}{T_A \times T_B}\right)\right\} \quad \text{(Equação C)}$$

Substituindo a equação B na equação C, temos: $\Delta S = m \times c_p \times \ln\left\{\left[\frac{\left(\frac{T_A + T_B}{2}\right)^2}{T_A \times T_B}\right]\right\}$

$$\Delta S = m \times c_p \times \ln\left\{\frac{(T_A + T_B)^2}{4 \times T_A \times T_B}\right\}$$

$$\Delta S = m \times c_p \times \ln\frac{T_A^2 + 2 \times T_A \times T_B + T_B^2}{4 \times T_A \times T_B}$$

$$\Delta S = m \times c_p \times \ln\frac{T_A^2 + 2 \times T_A \times T_B + T_B^2}{4 \times T_A \times T_B}$$

$$\Delta S = m \times c_p \times \ln\frac{(T_A + T_B)^2}{2 \times \sqrt{T_A \times T_B}} \quad \text{(Equação D)}$$

Sabendo que pela desigualdade das médias, a média aritmética (M.A.) é maior ou igual à média geométrica (M.G.), ou seja, $M.A. \geq M.G.$

Colocando em relação a temperatura, a função fica da seguinte maneira: $\frac{\mathbf{T_A + T_B}}{\mathbf{2}} \geq \sqrt{\mathbf{T_A \times T_B}}$

Manipulando a equação D apresentada acima, temos: $\Delta S = m \times c_p \times \ln\frac{(T_A + T_B)^2}{2 \times \sqrt{T_A \times T_B}}$

$$\Delta S = m \times c_p \times \ln\underbrace{\frac{(T_A + T_B)}{2 \times \sqrt{T_A \times T_B}}}_{\geq 1} \times (T_A + T_B)$$

$$\frac{(T_A + T_B)}{2 \times \sqrt{T_A \times T_B}} \geq 1$$

$$\underbrace{\frac{(T_A + T_B)}{2}}_{M.A} \geq \underbrace{\sqrt{T_A \times T_B}}_{M.G.}$$

Logo $\Delta S > 0$, pois as temperaturas são distintas.

Questão 192

Calor absorvido pela água fria: $Q_1 = m_1 x C x \theta_1$ = 100 x 1 x (22 – 15) = + 700 cal

Calor perdido pela água quente: $Q_2 = m_2 x C x \theta_2$ = 100 x 1 x (22 - 30) = - 800 cal

Calor absorvido pelo calorímetro: $Q_c = m_c x C x \theta_c = m_c$ x 1 x (22 – 17) = 5 x m_c
$Q_1 + Q_2 + Q_c = 0$
700 cal + (- 800 cal) + 5 x m_c = 0
- 100 cal = - 5 x m_c

Cálculo da massa de água no calorímetro: $\boldsymbol{m_c} = \frac{\mathbf{100}\ \boldsymbol{gramas}}{\mathbf{5}} = \mathbf{20}\ \boldsymbol{g}$

Questão 193

Sabendo que o trabalho é definido como: $\mathrm{dW} = -\ \mathrm{p_{externa}}\ \mathrm{x}\ \mathrm{dV}$

A partir da equação dos gases mencionados pelo problema, temos: $\mathrm{P} = \frac{\mathrm{R\ x\ T}}{\mathrm{V_{molar}-b}}$

Substituindo na equação acima, temos: $\mathrm{dW} = -\left(\frac{\mathrm{R\ x\ T}}{\mathrm{V_{molar}-b}}\right)\mathrm{x\ dV}$

Desenvolvendo a equação, temos: $\mathbf{W} = -\mathbf{R\ x\ T\ x\ ln}\left(\frac{\mathbf{V_2-b}}{\mathbf{V_1-b}}\right)$.

Substituindo os valores propostos pelo problema:

$$\mathbf{W} = -\mathbf{8,314\ x\ (27+273)x\ ln}\left(\frac{\mathbf{0,20-0,03}}{\mathbf{10-0,03}}\right) = +\ \mathbf{10155\ J}$$

Questão 194

Alternativa C.
Cálculo do número de mol de gás argônio: $\mathrm{n_{Ar}} = \frac{\mathrm{m_{Ar}}}{\mathrm{<MM>_{Ar}}} = \frac{9000\ \mathrm{g}}{40\frac{\mathrm{g}}{\mathrm{mol}}} = 225\ \mathrm{mol}$

Cálculo do volume molar (V_{molar}): $\mathbf{V_{molar}} = \frac{\mathbf{V}}{\mathbf{n}} = \frac{\mathbf{2{,}50\ x\ 1000\ dm^3}}{\mathbf{225\ mol}} = \mathbf{11,11}\frac{\mathbf{dm^3}}{\mathbf{mol}}$

Cálculo da pressão, a partir da equação dos gases reais de Van der Waals:

$$\left\{\mathrm{p^{real}} + \frac{1{,}363}{(11{,}11)^2}\right\}\mathrm{x}\ \{11{,}11 - 3{,}219\ \mathrm{x}\ 10^{-2}\} = 0{,}08206\ \mathrm{x}\ (150+273)$$

$$\mathrm{p^{real}} = 3{,}13 - \frac{1{,}363}{(11{,}11)^2} = 3{,}13 - 1{,}10\ \mathrm{x}\ 10^{-2} = 3{,}118\ \ (\cong 3{,}12\ \mathrm{atm})$$

Questão 195

Sendo o oxigênio uma molécula diatômica, então a capacidade calorífica a volume constante será expressa pela seguinte expressão: $\mathrm{C_p} - \frac{5\mathrm{R}}{2} = \mathrm{R}$

$$\mathrm{C_p} = \frac{7\mathrm{R}}{2}$$

Cálculo da relação entre a capacidade calorífica a pressão constante e a volume constante (γ):

$$\gamma = \frac{C_p}{C_V} = \frac{\frac{7R}{2}}{\frac{5R}{2}} = \frac{7}{5} = 1{,}40$$

Sabendo que a relação entre a pressão e o volume para um processo adiabático é dado por:

$$P_{Inicial} \times V_{Inicial}^{1,40} = P_{final} \times V_{final}^{1,40}$$

Aplicando a equação do trabalho adiabático, temos: $\mathbf{W_{ad}} = \frac{(\mathbf{P_{final}} \times \mathbf{V_{final}} - \mathbf{P_{inicial}} \times \mathbf{V_{inicial}})}{\mathbf{1-\gamma}}$

$$\mathbf{W_{adiabático}} = \frac{\left(\frac{\mathbf{2^{1,40}}}{\mathbf{2}} - \mathbf{1}\right) \times (\mathbf{P_{inicial}} \times \mathbf{V_{inicial}})}{\mathbf{1 - 1,40}} = \frac{\left(\frac{\mathbf{2^{1,40} - 2}}{\mathbf{2}}\right) \times (\mathbf{P_{inicial}} \times \mathbf{V_{inicial}})}{\mathbf{-0,40}}$$

$$\mathbf{W_{adiabático}} = -\frac{\mathbf{5}}{\mathbf{2}} \times (\mathbf{2^{0,40}} - \mathbf{1}) \times (\mathbf{P_{inicial}} \times \mathbf{V_{inicial}})$$

Questão 196

Cálculo da massa molar do ar atmosférico ($<MM>_{ar}$), levando em consideração que a composição do ar atmosférico seja: 20% de O_2 e 80% de N_2

$<MM>_{ar} = 0{,}20 \times <MM>_{O2} + 0{,}80 \times <MM>_{N2} = (0{,}20 \times 32)\ g.mol^{-1} + (0{,}80 \times 28)\ g.mol^{-1} = 28{,}80\ g.mol^{-1}$

Cálculo do número de mol do ar atmosférico: $n_{ar} = \frac{m_{ar}}{<MM>_{ar}} = \frac{1000}{28{,}80} = 34{,}72\ mol$

Estado do sistema termodinâmico I: $P_I = 1{,}0$ atm; $V_I = V$; $T_I = 27 + 273 = 300K$.

O problema considera que o processo é isobárico (pressão constante).

Estado do sistema termodinâmico II: $P_{II} = P$; $V_{II} = 3V$; $T_{II} = ?$.

Cálculo da temperatura II, a partir da equação combinada dos gases ideais: $\frac{p \times V}{300} = \frac{p \times 3V}{T_{II}}$

$$\frac{1}{300} = \frac{3}{T_{II}}$$

$$T_{II} = 300\ K$$

Cálculo da capacidade a volume constante (C_V): $29 - C_V = 8{,}314$

$$C_V = 20{,}69 \frac{J}{mol \times K}$$

Cálculo da variação da ΔU:

$$\Delta U = 34{,}72 \times 20{,}69 \times (900 - 300) = +\ 431014{,}08\ J\ (431{,}01\ kJ)$$

Cálculo da variação da ΔH: $\Delta H = 34{,}72 \times 29 \times (900 - 300) = +604128\ J\ (604{,}13\ kJ)$

Cálculo do trabalho realizado, a partir da definição da entalpia: $\Delta H = \Delta U - W$

$$604{,}13\ kJ = 431{,}01\ kJ - W$$

$$W = -173{,}12\ kJ$$

Cálculo da quantidade de calor (Q): $\Delta H = Q = +\ 604{,}13\ kJ$

Questão 197

Baseado na descrição do problema, o sistema recebe 40 J de calor, o que caracteriza um processo endotérmico (+ 40 J) e libera para a vizinhança 10 J, caracterizando um processo exotérmico (- 10 J).

Quantidade de calor nesta primeira etapa será igual a:

Q = + 40 J + (-10 J) = + 40 J – 10 J = + 30 J

O sistema realiza trabalho para a vizinhança no valor de 200 J, ou seja, - 200J. Através da primeira lei da termodinâmica, como a energia interna é a soma da quantidade de calor pelo trabalho, $\Delta U = Q + W$, a energia interna diminui, com isso, a temperatura do sistema também irá diminuir.

Questão 198

Item a) Processo de oxidação do gás hidrogênio: $H_{2(gás)} + ½O_{2(gás)} \rightarrow H_2O_{(vapor)}$

Processo de oxidação do monóxido de carbono: $CO_{(gás)} + ½O_{2(gás)} \rightarrow CO_{2(gás)}$

Somando as duas equações químicas apresentadas acima:

$H_{2(gás)} + ½\, O_{2(gás)} \rightarrow H_2O_{(vapor)}$
$CO_{(gás)} + ½\, O_{2(gás)} \rightarrow CO_{2(gás)}$ +

$H_{2(gás)} + CO_{(gás)} + O_{2(gás)} \rightarrow CO_{2(gás)} + H_2O_{(vapor)}$

Observação: Para este processo apresentado pela equação química, caracteriza uma transformação de combustão completa.

Cálculo do número de mol de gás nitrogênio, levando em consideração que o ar atmosférico apresenta 21% de $O_{2(g)}$ e 79% de $N_{2(gás)}$:

2 mol de O_2 ---------- 21%
n_{N2} ---------------------- 79%
n_{N2} = 7,52 mol de $N_{2(gás)}$

Equação química com a presença de gás nitrogênio:

$H_{2(gás)} + CO_{(gás)} + 2O_{2(gás)} + 7{,}52N_{2(gás)} \rightarrow CO_{2(gás)} + H_2O_{(vapor)} + 7{,}52N_{2(gás)} + O_{2(gás)}$

Cálculo da variação da entalpia da reação química: $\Delta H^0_{reação} = \sum H^0_{produtos} - \sum H^0_{reagentes}$

$$\Delta H^0_{reação} = [1 \text{ x } H^0_{CO_2} + 1 \text{ x } H^0_{H_2O} + 7{,}52 \text{ x } H^0_{N_2} + 1 \text{ x } H^0_{O_2}] - [1 \text{ x } H^0_{H_2} + 1 \text{ x } H^0_{CO} + 2 \text{ x } H^0_{O_2} + 7{,}52 \text{ x } H^0_{N_2}]$$
$$\Delta H^0_{reação} = [1 \text{ x } (-241{,}83) + 1 \text{ x } (-393{,}51) + 7{,}52 \text{ x } 0 + 1 \text{ x } 0] - [1 \text{ x } 0 + 1 \text{ x } (-110{,}52) + 2 \text{ x } 0 + 7{,}52 \text{ x } 0]$$

$$\Delta H^0_{reação} = -524{,}83 \frac{kJ}{mol}$$

A temperatura adiabática de chama se caracteriza como a maior temperatura obtida para a combustão dos produtos. Através da temperatura adiabática de chama é possível determinar a máxima temperatura, a partir da temperatura T padrão.

Cálculo da temperatura adiabática de chama com a presença de O_2. Sabendo que o processo ocorre a pressão constante, então: $Q_p = \sum \Delta H$

$$Q_p = \Delta H^0_{reação} + \underbrace{\Delta H_1}_{H_2} + \underbrace{\Delta H_2}_{CO} + 2.\underbrace{\Delta H_3}_{O_2} + \underbrace{\Delta H_4}_{7{,}52.N_2} + \Delta H_5 + \Delta H_6 + \Delta H_7 + \Delta H_8$$

$$Q_p = -524830 + \int_{298}^{298} 1 \text{ x } Cp_{N_2} \text{ x } dT + \int_{298}^{298} 1 \text{ x } 29{,}14 \text{ x } dT + \int_{298}^{298} 2 \text{ x } 29{,}36 \text{ x } dT$$
$$+ \int_{298}^{298} 7{,}52 \text{ x } 29{,}12 \text{ x } dT + \int_{298}^{T} 1 \text{ x } 33{,}58 \text{ x } dT + \int_{298}^{T} 37{,}13 \text{ x } dT$$
$$+ \int_{298}^{T} 1 \text{ x } 29{,}36 \text{ x } dT + \int_{298}^{T} 7{,}52 \text{ x } 29{,}12 \text{ x } dT$$

$$\boxed{\mathbf{Q_p = -524830 + (T - 298) \text{ x } [33{,}58 + 37{,}13 + 29{,}36 + 218{,}98]}}$$

Processo adiabático ($Q_p = 0$):

$$0 = -524830 + (T - 298) \text{ x } [33{,}58 + 37{,}13 + 29{,}36 + 218{,}98]$$

$$\frac{524830}{319{,}05} = T - 298$$

$$T = 1942{,}98 \text{ K}$$

Item b) Cálculo da capacidade calorífica médio, a pressão constante média: $CO_{(gás)} + ½O_{2(gás)} \rightarrow CO_{2(gás)}$

$$\Delta Cp^0_{médio} = [1 \text{ x } 37{,}13] - [1 \text{ x } 29{,}14 + 0{,}50 \text{ x } 29{,}36] = -6{,}69 \frac{J}{mol \text{ x } K}$$

Cálculo da variação da entalpia padrão: $CO_{(gás)} + ½O_{2(gás)} \rightarrow CO_{2(gás)}$

$$\Delta H^0_{molar} = 1 \text{ x } (-393{,}51) - \left[1 \text{ x } (-110{,}52) + \frac{1}{2} \text{ x } 0\right] = -282{,}99 \frac{kJ}{mol}$$

Cálculo da entalpia fora do estado padrão: $CO_{(gás)} + ½O_{2(gás)} \rightarrow CO_{2(gás)}$

$$\Delta_r H^0_m(310) = \Delta_r H^0_m(298) + \Delta_r C^0_p(310 - 298)$$

$$\Delta_r H^0_m(310) = -282990 - 6{,}69 \text{ x } (310 - 298) = -283{,}07 \frac{kJ}{mol}$$

Cálculo da energia livre de Gibbs padrão: $CO_{(gás)} + ½O_{2(gás)} \rightarrow CO_{2(gás)}$

$$\Delta G^0_{molar} = 1 \text{ x } (-394{,}38) - \left[1 \text{ x } (-137{,}27) + \frac{1}{2} \text{ x } 0\right] = -257{,}11 \frac{kJ}{mol}$$

Cálculo da entropia padrão, a partir da equação de Gibbs: $CO_{(gás)} + ½O_{2(gás)} \rightarrow CO_{2(gás)}$

$$-257{,}11 = -282{,}99 - 298 \text{ x } \Delta S^0_{molar}$$

$$\Delta S^0_{molar} = -86{,}64 \frac{J}{mol \text{ x } K}$$

Cálculo da entropia à 310K: $CO_{(gás)} + ½O_{2(gás)} \rightarrow CO_{2(gás)}$

$$\Delta S^0_{reação} = -86{,}84 + \left[-6{,}69 \text{ x } \ln\frac{310}{298}\right] = -87{,}11 \frac{J}{mol \text{ x } K}$$

Questão 199

Analisando a energia interna: Como o processo ocorre a temperatura constante e sabendo que a variação da energia interna é dada por: $\Delta U = n \text{ x } C_V \text{ x } \Delta T$, a variação da energia interna é igual a zero.

Analisando a entalpia: Como o processo ocorre a temperatura constante e sabendo que a variação de entalpia é dada por: $\Delta H = n \times C_P \times \Delta T$, a variação da entalpia é igual a zero.

Como o processo ocorre a partir da expansão de um gás isotermicamente, $V_2 > V_1$, então o trabalho é igual a - 5230 J. A partir da primeira lei da termodinâmica, temos: $\Delta U = Q + W$

$$0 = Q + 5230\ J$$

$$Q = +5230\ J$$

Analisando a entropia: $\Delta S = \frac{Q}{T} = \frac{+5230\ J}{273\ K} = -19,17\frac{J}{K}$
Analisando e calculando a variação da energia livre de Gibbs: $\Delta G = \Delta H - T \times \Delta S$

$$\Delta G = 0 - 273 \times \left(+19,17\frac{J}{K}\right) = -5230\ J$$

Questão 200

Item a) Vapor de saturação: mistura de ar seco com vapor d´água. Substituindo os valores na equação fornecida pelo problema, temos:

$$\ln\frac{p}{p_0} = \frac{2\sigma M}{\rho R T_r}$$

$$\ln(4) = \frac{2 \times 2,61 \times 10^{-2} \times 74 \times 10^{-3}}{0,81 \times 1000 \times 8,314 \times 273 \times raio}$$

$$Raio = \frac{0,0038628}{2548667,28} = 1,52 \times \underbrace{10^{-9}\ m}_{nanométrico}\ \ (1,52\ nm)$$

Item b) Levando em consideração que a gotícula apresenta configuração esférica, temos:

$$Volume = \frac{4 \times \pi \times R^3}{3} = \frac{4 \times \pi \times (,52 \times 10^{-9})^3}{3} = 1,46 \times 10^{-26}\ m^3$$

Sabendo que a densidade da gotícula é 0,81 x 10^3 kg x m^{-3}, temos: $densidade = \frac{massa}{volume}$

$$0,81 \times 1000\frac{kg}{m^3} = \frac{massa}{1,46 \times 10^{-26}\ m^3}$$

$$massa = 1,18 \times 10^{-23}\ kg$$

Cálculo do número de moléculas do composto orgânico, a partir de uma regra de três simples e direta.
78 g -------------------------- 6,0 x 10^{23} moléculas de butanol
$1,18 \times 10^{-20}$ g ---------- N
N = 90,82 moléculas

Questão 201

Item a) Cálculo da variação de entalpia da reação a 298 K, a partir da equação química:
$C_{(sólido)} + H_2O_{(vapor)} \longrightarrow CO_{(gás)} + H_{2(gás)}$

Cálculo da variação de entalpia da reação a 298 K: $\Delta H^0_{reação} = \sum H^0_{produtos} - \sum H^0_{reagentes}$

$$\Delta H^0_{reação} = [1 \times H^0_{CO} + 1 \times H^0_{H_2}] - [1 \times H^0_C + 5 \times H^0_{H_2O}]$$

$$\Delta H^0_{reação} = [1 \times (-110500) + 1 \times 0] - [0 + 1 \times (-241800)] = +131300\frac{J}{mol}$$

Cálculo da variação de entropia a 298 K: $\Delta S^0_{reação} = \sum S^0_{produtos} - \sum S^0_{reagentes}$

$$\Delta S^0_{reação} = [1 \times S^0_{CO} + 1 \times S^0_{H_2}] - [1 \times S^0_{C} + 5 \times S^0_{H_2O}]$$

$$\Delta S^0_{reação} = [1 \times 197{,}70 + 1 \times 130{,}68] - [5{,}740 + 1 \times 188{,}8]$$

$$\Delta S^0_{reação} = +133{,}84 \frac{J}{mol \times K}$$

Cálculo da variação da energia livre de Gibbs a 298 K:

$$\Delta G^0_{reação} = 131300 - (25 + 273) \times 133{,}84$$

$$\Delta G^0_{reação} = 131300 - 298 \times 133{,}84 = +\,91415{,}7 \frac{J}{mol}$$

Item b) Cálculo da constante de equilíbrio: $\Delta G^0_{reação} = +\,91415{,}7 \frac{J}{mol} = -R \times T \times \ln K_p$

$$+\,91415{,}7 \frac{J}{mol} = -8{,}314 \times 298 \times \ln K_p$$

$$\ln K_p = \frac{+\,91415{,}7}{-2477{,}572} = -36{,}90$$

$$K_p = e^{-36{,}90}$$

Item c) Cálculo da temperatura para que o processo passe a ser espontâneo:

$$131300 - T \times 133{,}84 < 0$$

$$T > \frac{131300}{133{,}84}$$

$T > 981{,}02$ K (Passa a ser espontânea, a partir de 981,02 K).

Questão 202

Equação química da combustão completa do gás propano: $C_3H_{8(gás)} + 5O_{2(gás)} \rightarrow 3CO_{2(gás)} + 4H_2O_{(vapor)}$

Cálculo da variação de entalpia padrão da reação de combustão do gás propano:

$$\Delta H^0_{reação} = [3 \times H^0_{CO_2} + 4 \times H^0_{H_2O}] - [1 \times H^0_{C_3H_8} + 5 \times H^0_{O_2}]$$

$$\Delta H^0_{reação} = [3 \times (-393{,}5) + 4 \times (-241{,}8)] - [1 \times (-105{,}0) + 1 \times 0]$$

$$\Delta H^0_{reação} = -2042{,}7 \frac{kJ}{mol}$$

Estudo do balanço térmico para o processo de combustão completa do gás propano:

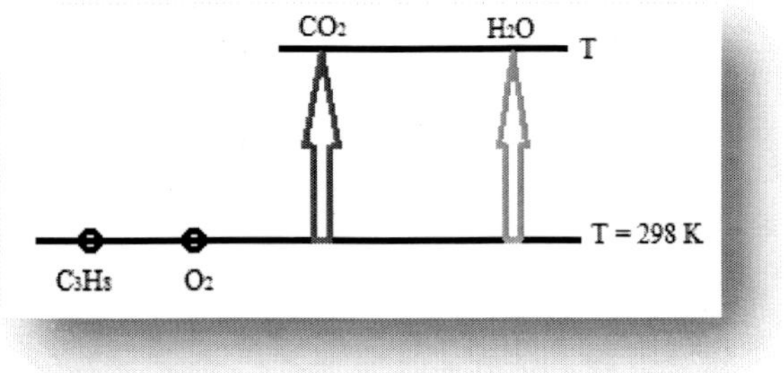

Cálculo da temperatura (T) adiabática de chama: $Q_p = \sum \Delta H$

$$Q_p = \Delta H^1_{C_3H_8} + \Delta H^2_{O_2} + \Delta H^3_{CO_2} + \Delta H^4_{H_2O} + \Delta H^0_{reação}$$

$$Q_p = \int_{298}^{298} 1 \text{ x } 73{,}5 \, dT + \int_{298}^{298} 5 \text{ x } 29{,}4 \, dT + \int_{298}^{T} 3 \text{ x } 45{,}4 \, dT + \int_{298}^{T} 4 \text{ x } 34{,}4 \, dT - 2042700$$

$$Q_p = 0 + 0 + 136{,}2 \text{ x } (T - 298) + 137{,}6 \text{ x } (T - 298) - 2042700$$

$$Q_p = 136{,}2 \text{ x } (T - 298) + 137{,}6 \text{ x } (T - 298) - 2042700$$

Sabendo que o processo é adiabático, $Q_p = 0$.

$$0 = 136{,}2 \text{ x } (T - 298) + 137{,}6 \text{ x } (T - 298) - 2042700$$

$$136{,}2 \text{ x } (T - 298) + 137{,}6 \text{ x } (T - 298) = 2042700$$

$$(T - 298) \text{ x } (136{,}2 + 137{,}6) = 2042700$$

$$T - 298 = \frac{2042700}{(136{,}2 + 137{,}6)}$$

$$T = \frac{2042700}{136{,}2 + 137{,}6} + 298 = 7758{,}55 \text{ K}$$

Analisando e calculando a temperatura adiabática de chama com a presença do ar atmosférico. Cálculo do número de mol de N_2, considerando que a composição do ar seja igual a 21% de O_2 e 79% de N_2:

5 mol de O_2 --------- 21%
n_{N2} -------------------- 79%
n_{N2} = 18,81 mol

Equação química da combustão completa do gás propano com a presença de gás nitrogênio:

$C_3H_{8(gás)} + 5O_{2(gás)} + 18{,}81N_{2(gás)} \rightarrow 3CO_{2(gás)} + 4H_2O_{(vapor)} + 18{,}81N_{2(gás)}$

Cálculo da variação de entalpia padrão da reação de combustão do gás propano:

$$\Delta H^0_{reação} = [3 \text{ x } H^0_{CO_2} + 4 \text{ x } H^0_{H_2O} + 18{,}81 \text{ x } H^0_{N_2}] - [1 \text{ x } H^0_{C_3H_8} + 5 \text{ x } H^0_{O_2} + 18{,}81 \text{ x } H^0_{N_2}]$$

$$\Delta H^0_{reação} = [3 \text{ x } (-393{,}5) + 4 \text{ x } (-241{,}8) + 18{,}81 \text{ x } 0] - [1 \text{ x } (-105{,}0) + 1 \text{ x } (0) + 18{,}81 \text{ x } 0]$$

$$\Delta H^0_{reação} = -1180{,}5 - 967{,}2 + 105{,}0 = -2042{,}7 \frac{kJ}{mol}$$

Estudo do balanço térmico para a queima do gás propano com a presença do nitrogênio molecular:

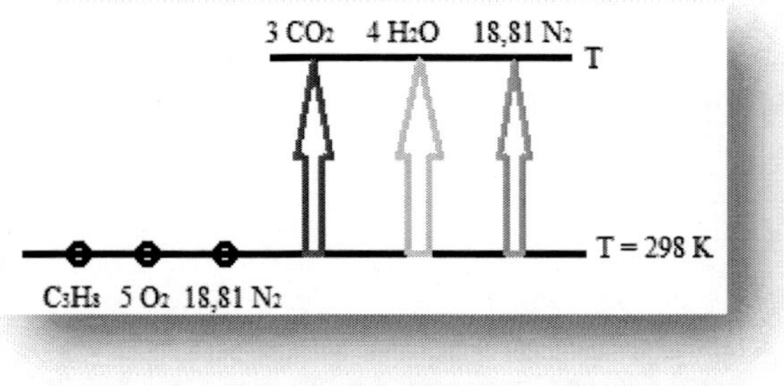

Cálculo da temperatura adiabática de chama (T) com a presença de ar atmosférico:

$$Q_p = \sum \Delta H$$

$$Q_p = \Delta H^1_{C_3H_8} + \Delta H^2_{O_2} + \Delta H^3_{N_2} + \Delta H^4_{CO_2} + \Delta H^5_{H_2O} + \Delta H^6_{N_2} + \Delta H^0_{reação}$$

$$Q_p = \int_{298}^{298} 1 \text{ x } 73{,}5 \text{ dT} + \int_{298}^{298} 5 \text{ x } 29{,}4 \text{ dT} + \int_{298}^{298} 18{,}81 \text{ x } 29{,}1 \text{ dT} + \int_{298}^{T} 3 \text{ x } 45{,}4 \text{ dT} + \int_{298}^{T} 4 \text{ x } 34{,}4 \text{ dT} + \int_{298}^{T} 18{,}81 \text{ x } 29{,}1 \text{ dT} - 2042700$$

$$Q_p = 0 + 0 + 0 + \int_{298}^{T} 3 \text{ x } 45{,}4 \text{ dT} + \int_{298}^{T} 4 \text{ x } 34{,}4 \text{ dT} + \int_{298}^{T} 18{,}81 \text{ x } 29{,}1 \text{ dT} - 2042700$$

$$0 = 0 + 0 + 136{,}2 \text{ x } (T - 298) + 137{,}6 \text{ x } (T - 298) + 547{,}4 \text{ x } (T - 298) - 2042700$$

$$2042700 = (136{,}2 + 137{,}6 + 547{,}4) \text{ x } (T - 298)$$

$$T - 298 = \frac{2042700}{821{,}2}$$

$$T = \frac{2042700}{821{,}2} + 298 = 2785{,}46 \text{ K}$$

Questão 203

Item a) Cálculo da entalpia do dióxido de nitrogênio:

$$\Delta H^0_{reação} = [1 \text{ x } H^0_{N_2O_5} + 1 \text{ x } H^0_{O_2}] - [2 \text{ x } H^0_{NO_2} + 1 \text{ x } H^0_{O_3}]$$

$$-198 = [H^0_{N_2O_5} + 1 \text{ x } 0] - [2 \text{ x } H^0_{NO_2} + 1 \text{ x } H^0_{O_3}]$$

$$-198 = H^0_{N_2O_5} - (2 \text{ x } H^0_{NO_2} + H^0_{O_3})$$

$$-198 = 11 - 2 \text{ x } H^0_{NO_2} - 143$$

$$H^0_{NO_2} = \frac{-66}{-2} = +33 \frac{\text{kJ}}{\text{mol}}$$

Item b) O sinal da entropia padrão passa a ser negativo, uma vez que há uma diminuição do número de mol, ou seja: 3 mol de gases no reagente → 2 mol de gases no produto.

Item c) Cálculo da energia livre de Gibbs (ΔG°): $\Delta G^0_{\text{reação}} = -198000 - (25 + 273) \text{ x } 168$

$$\Delta G^0_{\text{reação}} = -198000 - 50064 = -248064 \frac{J}{mol} (-248,1 \frac{kJ}{mol})$$

Item d) Cálculo da constante de equilíbrio (K): $-\ 248000 = -8,314 \text{ x } (25 + 273) \text{ x } \ln K$

$$\ln K = \frac{-\ 248000}{-2477,572} = 100,12$$

$$K = e^{100,12}$$

Item c) Cálculo da ordem de reação em relação ao dióxido de nitrogênio, através do experimento 1 e 2:

$$\left(\frac{0,0022}{0,0015}\right)^a = \frac{7,2 \text{ x } 10^{-8}}{4,8 \text{ x } 10^{-8}}$$

$$(1,47)^a = 1,50$$

Aplicando o logaritmo natural, temos: $\ln(1,47)^a = \ln(1,50)$
$a = 1,05$

Cálculo da ordem de reação em relação ao ozônio, através do experimento 2 e 3:

$$\left(\frac{0,0050}{0,0025}\right)^b = \frac{1,4 \text{ x } 10^{-7}}{7,2 \text{ x } 10^{-8}}$$

$$(2)^b = 1,94$$

Aplicando o logaritmo natural, temos: $\ln(2)^b = \ln(1,94)$
$b = 0,96$

Equação da velocidade de reação: $v_{\text{reação}} = k \text{ x } [NO_2]^{1,05} \text{ x } [O_3]^{0,96}$

Item d) Cálculo da velocidade específica (k), através dos dados do primeiro experimento:

$$4,80 \text{ x } 10^{-8} \frac{mol}{L \text{ x } s} = k \text{ x } (0,0015 \frac{mol}{L})^{1,05} \text{ x } (0,0025 \frac{mol}{L})^{0,96}$$

$$4,80 \text{ x } 10^{-8} \frac{mol}{L \text{ x } s} = k \text{ x } (0,0015)^{1,05} \text{x} \frac{mol^{1,05}}{L^{1,05}} \text{ x } (0,0025)^{0,96} \text{x} \frac{mol^{0,96}}{L^{0,96}}$$

$$4,80 \text{ x } 10^{-8} \frac{mol}{L \text{ x } s} = k \text{ x } 1,084 \text{ x } 10^{-3} \text{ x} \frac{mol^{1,05}}{L^{1,05}} \text{ x } 3,18 \text{ x } 10^{-3} \text{ x} \frac{mol^{0,96}}{L^{0,96}}$$

$$4,80 \text{ x } 10^{-8} \frac{mol}{L \text{ x } s} = k \text{ x } 3,45 \text{ x } 10^{-6} \text{ x} \frac{mol^{2,01}}{L^{2,01}}$$

$$k = \frac{4,80 \text{ x } 10^{-8} \frac{mol}{L \text{ x } s}}{3,45 \text{ x } 10^{-6} \text{ x} \frac{mol^{2,01}}{L^{2,01}}} = 1,39 \text{ x } 10^{-2} \frac{\frac{mol}{L \text{ x } s}}{\frac{mol^{2,01}}{L^{2,01}}} = 1,39 \text{ x } 10^{-2} \frac{mol}{L \text{ x } s} \text{x} \frac{L^{2,01}}{mol^{2,01}}$$

$$k = 1,39 \text{ x } 10^{-2} \frac{L^{1,01}}{mol^{1,01} \text{ x } s}$$

Questão 204

Equação química: $ZnO_{(sólido)} + H_{2(gás)} \rightleftarrows Zn_{(sólido)} + H_2O_{(vapor)}$

Item a) Adicionando monóxido de zinco, o equilíbrio não será deslocado/afetado, uma vez que trata-se de um sólido e sua atividade termodinâmica por convenção é igual a 1 ($a_{ZnO} = 1$).

Item b) Adicionando hidrogênio gasoso, o equilíbrio será deslocado para a direita, favorecendo zinco metálico e vapor d´água.

Item c) Retirando zinco metálico, o equilíbrio não será deslocado, uma vez trata-se de um sólido e sua atividade termodinâmica é igual a 1 ($a_{Zn} = 1$).

Item d) Retirando vapor d´água, o equilíbrio será deslocado para a direita, favorecendo maior produção de zinco metálico.

Item e) Cálculo da variação de entalpia: $\Delta H^0_{\text{reação}} = \sum H^0_{\text{produtos}} - \sum H^0_{\text{reagentes}}$

$$\Delta H^0_{\text{reação}} = [1 \text{ x } H^0_{Zn} + 1 \text{ x } H^0_{H_2O}] - [1 \text{ x } H^0_{ZnO} + 1 \text{ x } H^0_{H_2}]$$

$$\Delta H^0_{\text{reação}} = [1 \text{ x } 0 + 1 \text{ x } (-241{,}818)] - [1 \text{ x } (-348{,}28) + 1 \text{ x } 0] = +106{,}46\frac{\text{kJ}}{\text{mol}}$$

Aumentando a temperatura do sistema, o equilíbrio será deslocado para a direita, uma vez que se trata de um processo endotérmico ($\Delta H^0_{\text{reação}} > 0$).

Item f) Cálculo da variação da energia livre de Gibbs da reação:

$$\Delta G^0_{\text{reação}} = \sum G^0_{\text{produtos}} - \sum G^0_{\text{reagentes}}$$

$$\Delta G^0_{\text{reação}} = [1 \text{ x } G^0_{Zn} + 1 \text{ x } G^0_{H_2O}] - [1 \text{ x } G^0_{ZnO} + 1 \text{ x } G^0_{H_2}]$$

$$\Delta G^0_{\text{reação}} = [1 \text{ x } 0 + 1 \text{ x } (-228{,}572)] - [1 \text{ x } (-318{,}30) + 1 \text{ x } 0] = +89{,}73\frac{\text{kJ}}{\text{mol}}$$

Item g) Observando o valor da variação da energia livre de Gibbs, o processo termodinâmico se caracteriza como não espontâneo.

Item h) Para uma variação da energia livre de Gibbs maior que zero, a constante de equilíbrio será menor que um, conforme pode ser observado na equação termodinâmica apresentada a seguir. $\Delta G^0_{\text{reação}} = +89{,}73\frac{\text{kJ}}{\text{mol}}$

$$-8{,}314 \text{ x } 298 \text{ x } \ln K = +89730$$

$$\ln K = -\frac{89730}{2477{,}572}$$

$$K = e^{-36{,}22}$$

Questão 205

Item a) Analisando a equação química A: $CO(NH_2)_2$ + $\mathbf{H_2O_{(líquido)}}$ $\rightarrow CO_{2(gás)} + 2NH_{3(gás)}$

Cálculo da variação de entalpia ($\Delta H^0_{\text{reação}}$) para a equação química A:

$$\Delta H^0_{\text{reação}} = [1 \text{ x } H^0_{CO_2} + 2 \text{ x } H^0_{NH_3}] - [1 \text{ x } H^0_{CO(NH_2)_2} + 1 \text{ x } H^0_{H_2O}]$$

$$\Delta H^0_{\text{reação}} = [1 \text{ x } (-393{,}51) + 2 \text{ x } (-46{,}11)] - [1 \text{ x } (-333{,}51) + 1 \text{ x } (-285{,}83)]$$

$\Delta H^0_{reação} = -485{,}73 + 619{,}34 = +133{,}61 \frac{kJ}{mol}$ (Processo endotérmico)

Cálculo da variação de entropia ($\Delta S^0_{reação}$) para a equação química A:

$\Delta S^0_{reação} = \left[1 \text{ x } S^0_{CO_2} + 2 \text{ x } S^0_{NH_3}\right] - \left[1 \text{ x } S^0_{CO(NH_2)_2} + 1 \text{ x } S^0_{H_2O}\right]$

$\Delta S^0_{reação} = [1 \text{ x } (213{,}74) + 2 \text{ x } (192{,}45)] - [1 \text{ x } (104{,}60) + 1 \text{ x } (69{,}91)]$

$\Delta S^0_{reação} = +424{,}13 \frac{J}{mol \text{ x } K}$

Cálculo da variação de energia livre de Gibbs padrão para a equação química A:

$\Delta G^0_{reação} = +\ 133610 - (25 + 273) \text{ x } 424{,}13 = +\ 7219{,}26 \frac{J}{mol}$
(Processo não espontâneo)

Analisando a equação química B: $CO(NH_2)_2$ + $\mathbf{H_2O_{(gás)}}$ $\longrightarrow$ $CO_{2(gás)}$ + $2NH_{3(gás)}$

Cálculo da variação de entalpia ($\Delta H^0_{reação}$) para a equação química B:

$\Delta H^0_{reação} = \left[1 \text{ x } H^0_{CO_2} + 2 \text{ x } H^0_{NH_3}\right] - \left[1 \text{ x } H^0_{CO(NH_2)_2} + 1 \text{ x } H^0_{H_2O}\right]$

$\Delta H^0_{reação} = [1 \text{ x } (-393{,}51) + 2 \text{ x } (-46{,}11)] - [1 \text{ x } (-333{,}51) + 1 \text{ x } (-241{,}82)]$

$\Delta H^0_{reação} = -485{,}73 + 575{,}33 = +\ 89{,}60 \frac{kJ}{mol}$ (Processo endotérmico)

Cálculo da variação de entropia ($\Delta S^0_{reação}$) para a equação química B:

$\Delta S^0_{reação} = \left[1 \text{ x } S^0_{CO_2} + 2 \text{ x } S^0_{NH_3}\right] - \left[1 \text{ x } S^0_{CO(NH_2)_2} + 1 \text{ x } S^0_{H_2O}\right]$

$\Delta S^0_{reação} = [1 \text{ x } (213{,}74) + 2 \text{ x } (192{,}45)] - [1 \text{ x } (104{,}60) + 1 \text{ x } (188{,}83)]$

$\Delta S^0_{reação} = 598{,}64 - 293{,}43 = +\ 305{,}21 \frac{J}{mol \text{ x } K}$

Cálculo da variação de energia livre de Gibbs padrão para a equação química B:

$\Delta G^0_{reação} = +\ 89600 - (25 + 273) \text{ x } 305{,}21 = +\ 89600 - 90952{,}58$

$\Delta G^0_{reação} = -\ 1352{,}58 \frac{J}{mol}$ (Processo espontâneo)

Item b) Equação da energia livre de Gibbs para a equação química A:

$\Delta G^0_{reação} = +\ 133610 - T \text{ x } 424{,}13$

Critério de espontaneidade: $+\ 133610 - T \text{ x } 424{,}13 < 0$

$T > 315{,}02 \text{ K}$

Item c) Analisando equação química A: $7219{,}26 = -8{,}314 \text{ x } 298 \text{ x } \ln K$

$$\ln K = \frac{-\ 7219{,}26}{2477{,}572}$$

$K = e^{-2,91}$

Analisando a equação química B: $-1352,58 = -8,314 \text{ x } 298 \text{ x } \ln K$

$$\ln K = \frac{-1352,58}{-2477,572}$$

$K = e^{+0,546}$

Questão 206

Item a) Cálculo da variação de entalpia padrão:

$$\Delta H^0_{reação} = [1 \text{ x } H^0_{H^+} + 1 \text{ x } H^0_{OH^-}] - [1 \text{ x } H^0_{H_2O}]$$

$$\Delta H^0_{reação} = [1 \text{ x } 0 + 1 \text{ x } (-229,9)] - [1 \text{ x } (-285,83)] = +55,93 \frac{kJ}{mol}$$

Item b) Cálculo da variação da energia livre de Gibbs padrão:

$$\Delta G^0_{reação} = -8,314 \text{ x } (25 + 273) \text{x } \ln(10^{-14}) = +79867,48 \frac{J}{mol} \; (79,87 \frac{kJ}{mol})$$

Item c) Cálculo da variação de entropia padrão: $79,87 = +55,93 - (25 + 273) \text{ x } \Delta S^0_{reação}$

$$\Delta S^0_{reação} = -\frac{79,87 - 55,93}{298} = -8,03 \text{ x } 10^{-2} \frac{J}{mol \text{ x } K}$$

Item d) Cálculo da entropia de íons hidroxila a 25°C:

$$\Delta S^0_{reação} = [1 \text{ x } S^0_{H^+} + 1 \text{ x } S^0_{OH^-}] - [1 \text{ x } S^0_{H_2O}]$$

$$-80 = [1 \text{ x } 0 + 1 \text{ x } S^0_{OH^-}] - [1 \text{ x } 69,95]$$

$$S^0_{OH^-} = -80 + 69,95 \frac{J}{mol \text{ x } K} = -10,05 \frac{J}{mol \text{ x } K}$$

Item e) Aplicando a equação de Van´t Hoff: $\ln K_{W_1} - \ln K_{W_2} = \frac{+\Delta H°}{R} \text{x} \left\{\frac{1}{T_2} - \frac{1}{T_1}\right\}$

$$\ln(10^{-14}) - \ln K_{W_2} = \frac{+55930}{8,314} \text{x} \left\{\frac{1}{323} - \frac{1}{298}\right\}$$

$$\ln(10^{-14}) - \ln K_{W_2} = \frac{+55930}{8,314} \text{x } (-2,60 \text{ x } 10^{-4})$$

$-32,24 + 1,75 = \ln K_{W_2}$

$K_{W_1} = e^{-30,49} = 5,74 \text{ x } 10^{-14}$

Segunda maneira de resolução, a partir da equação livre de Gibbs padrão:

$$\Delta G^0_{reação} = +55930 - (50 + 273) \text{ x } (-80) = +55930 + 25840 = +81770 \frac{J}{mol}$$

Cálculo da constante de ionização a 50°C: $81770 = -8,314 \text{ x } 323 \text{ x } \ln K_W$

$$\ln K_W = -\frac{81770}{2685{,}42} = -30{,}44$$

$$K_W = e^{(-30{,}44)} = 6{,}03 \text{ x } 10^{-14}$$

Questão 207

Item a) Cálculo da entalpia para a equação química I:

Equação química I:
$C_6H_{6(líquido)} + 15/2O_{2(gás)} \rightarrow 6CO_{2(gás)} + 3H_2O_{(líquido)}$ ΔH° = - 3267 kJ.mol^{-1}

Equação química II:
$H_{2(gás)} + ½O_{2(gás)} \rightarrow H_2O_{(líquido)}$ ΔH° = - 285,8 kJ.mol^{-1}

Equação química III:
$C_6H_{12(líquido)} + 9O_{2(gás)} \rightarrow 6CO_{2(gás)} + 6H_2O_{(líquido)}$ ΔH° = - 3267 kJ.mol^{-1}

A partir do princípio de Hess, multiplicando a segunda equação por três e invertendo a terceira equação química:

$C_6H_{6(líquido)}$ + ~~$15/2O_{2(gás)}$~~ $\rightarrow$ ~~$6CO_{2(gás)}$~~ + ~~$3H_2O_{(líquido)}$~~ ΔH° = - 3267 kJ.mol^{-1}
$3H_{2(gás)}$ + ~~$3/2O_{2(gás)}$~~ $\rightarrow$ ~~$3H_2O_{(líquido)}$~~ ΔH° = 3 x (- 285,8) kJ.mol^{-1}
~~$6CO_{2(gás)}$~~ + ~~$6H_2O_{(líquido)}$~~ $\rightarrow C_6H_{12(líquido)}$ + ~~$9O_{2(gás)}$~~ ΔH° = + 3267 kJ.mol^{-1} +

$C_6H_{6(líquido)} + 3\ H_{2(gás)} \rightarrow C_6H_{12(líquido)}$ ΔH° = - 1194,4 kJ.mol^{-1}

Item b) Cálculo da variação de entropia padrão:

$$\Delta S^0_{reação} = [1 \text{ x } S^0_{C_6H_{12}}] - [1 \text{ x } S^0_{C_6H_6} + 3 \text{ x } S^0_{H_2O}]$$

$$\Delta S^0_{reação} = [1 \text{ x } 204] - [1 \text{ x } 174 + 3 \text{ x } 130{,}7] = +204 - 566{,}1 = -362{,}1 \frac{J}{\text{mol x K}}$$

Item c) Cálculo da energia livre de Gibbs padrão: $\Delta G^0_{reação} = -1194400 - T \text{ x } 362{,}1$

$$\Delta G^0_{reação} - 1194400 - 298 \text{ x } 362{,}1$$

$\Delta G^0_{reação} = -1302305{,}8 \frac{J}{mol} \left(-1302{,}30 \frac{kJ}{mol}\right)$, para este valor o processo é espontâneo

Item d) Cálculo da constante de equilíbrio (K): $-1302305{,}8 = -8{,}314 \text{ x } 298 \text{ x } \ln K$

$$\ln K = \frac{-1302305{,}8}{-2477{,}572} = +525{,}64$$

$$K = e^{(+525{,}64)}$$

Questão 208

Equação química de formação do hidróxido de sódio e gás oxigênio: $2Na_2O_{2(sólido)} + 2H_2O_{(líquido)} \rightarrow 4NaOH_{(sólido)} + O_{2(gás)}$

Cálculo da variação da entalpia padrão: $\Delta H^0_{reação} = \sum H^0_{produtos} - \sum H^0_{reagentes}$

$$\Delta H^0_{reação} = [4 \text{ x } H^0_{NaOH} + 1 \text{ x } H^0_{O_2}] - [2 \text{ x } H^0_{Na_2O_2} + 2 \text{ x } H^0_{H_2O}]$$

$$\Delta H^0_{reação} = [4 \text{ x } (-426{,}8) + 1 \text{ x } 0] - [2 \text{ x } (-510{,}9) + 2 \text{ x } (-286{,}0)]$$

$\Delta H^0_{reação} = -1707{,}2 + 1593{,}8 = -113{,}40 \frac{kJ}{mol}$ (Processo Exotérmico)

Cálculo da variação da entropia padrão ($\Delta S^o_{reação}$): $\Delta S^0_{reação} = \sum S^0_{produtos} - \sum S^0_{reagentes}$

$\Delta S^0_{reação} = [4 \text{ x } S^0_{NaOH} + 1 \text{ x } S^0_{O_2}] - [2 \text{ x } S^0_{Na_2O_2} + 2 \text{ x } S^0_{H_2O}]$

$\Delta S^0_{reação} = [4 \text{ x } (64{,}18) + 1 \text{ x } (205)] - [2 \text{ x } (94.60) + 2 \text{ x } (69{,}69)]$

$\Delta S^0_{reação} = [256{,}72 + 205] - [189{,}20 + 139{,}38] = +133{,}14 \frac{J}{mol \text{ x } K}$

Equação termodinâmica de Gibbs padrão: $\Delta G^0_{reação} = \Delta H^0_{reação} - T \text{ x } \Delta S^0_{reação}$

Para T = 25°C, temos: $\Delta G^0_{reação} = -113400 - (25 + 273) \text{ x } 133{,}14$

$\Delta G^0_{reação} = -113400 - 298 \text{ x } 133{,}14$

$\Delta G^0_{reação} = -153075{,}7 \frac{J}{mol} \left(-153{,}07 \frac{kJ}{mol}\right)$ (Processo espontâneo)

Questão 209

Equação química de síntese do dióxido de carbono: $CO_{(gás)} + ½O_{2(gás)} \rightarrow CO_{2(gás)}$

Cálculo da variação da entalpia padrão: $\Delta H^0_{reação} = \left[1 \text{ x } H^0_{CO_2} - \left(1 \text{ x } H^0_{CO} + \frac{1}{2} \text{x } H^0_{O_2}\right)\right]$

$\Delta H^0_{reação} = \left[1 \text{ x } (-393{,}5)\right] - \left[1 \text{ x } (-110{,}5) + \frac{1}{2} \text{x } 0\right] = -\ 283{,}0 \frac{kJ}{mol}$
(Processo Exotérmico)

Cálculo da variação da entropia padrão ($\Delta S^o_{reação}$):

$\Delta S^0_{reação} = \left[1 \text{ x } S^0_{CO_2} - \left(1 \text{ x } S^0_{CO} + \frac{1}{2} \text{x } S^0_{O_2}\right)\right]$

$\Delta S^0_{reação} = \left[1 \text{ x } 214 - 1 \text{ x } 198 - \frac{1}{2} \text{x } 205\right] = -171{,}5 \frac{J}{mol \text{ x } K}$

Condição para que o processo seja espontâneo: $-283000 + T \text{ x } 171{,}5 \leq 0$

$T \leq 1650{,}14 \text{ K}$

Questão 210

O processo descrito no problema ocorre primeiramente com uma expansão isotérmica seguida de um processo a volume constante.
Processo Termodinâmico (I): P_I = 7,90 atm; V_I = V; T_I = 423 K; n = 1 mol de ar atmosférico
Processo Termodinâmico (II): P_{II} = ?; V_{II} = ?; T_{II} = 423 K;
Processo Termodinâmico (III): P_{III} = 3 atm; V_{III} = ?; T_{III} = 323 K

Entre o processo a/b o processo se caracteriza como isotérmico, logo a variação da energia interna e a variação de entalpia é igual a zero, ΔH = ΔU = 0.

Cálculo do volume para o processo I, considerando que o ar atmosférico apresenta comportamento ideal: $V_I = \frac{1 \text{ x } 0{,}08206 \text{ x } 423}{7{,}90} = 4{,}39 \text{ L}$

Cálculo da pressão para o processo II, a partir da equação combinada dos gases ideais:

$$\frac{P_{II}}{423} = \frac{3}{323}$$

$$P_{II} = 3{,}93 \text{ atm}$$

Cálculo do volume para o processo II, considerando que o ar atmosférico apresenta comportamento ideal: $V_{II} = \frac{1 \text{ x } 0{,}08206 \text{ x } 423}{3{,}93} = 8{,}83 \text{ L}$

Como o processo é isocórico entre o processo II e o processo III, logo $V_{II} = V_{III} = 8{,}83$ L

Cálculo do trabalho realizado entre o processo I/II: $W_{I/II} = -\text{ n x R x T x ln}\left(\frac{V_{final}}{V_{inicial}}\right)$

$$W_{I/II} = -\text{ 1 mol x } 8{,}314 \frac{\text{J}}{\text{mol x K}} \text{x } 423 \text{ x ln}\left(\frac{8{,}83}{4{,}39}\right) = -2437{,}67 \text{ J}$$

A partir da primeira lei da termodinâmica, temos: $\Delta U_{I/II} = Q_{I/II} + W_{I/II}$. Como o processo entre o processo a e o b é isotérmico, a energia interna é igual a zero.

$$\Delta U_{I/II} = Q_{I/II} + W_{I/II}$$

$$0 = Q_{I/II} + W_{I/II}$$

$$Q_{I/II} = -W_{I/II}$$

$$Q_{I/II} = -W_{\frac{I}{II}} = -(-2437{,}67 \text{ J}) = +2437{,}67 \text{ J}$$

Entre o processo II/III o processo é isocórico, logo o trabalho ($W_{II/III}$) é igual a zero.

Cálculo da variação da energia interna para o processo II/III: $\Delta U = \text{n x } C_V \text{ x } \Delta T$

$$\Delta U = \text{n x} \frac{5}{2} \text{x R x } \Delta T = 1{,}0 \text{ mol x}\left(\frac{5}{2} \text{x } 8{,}314\right) \text{x } (323 - 423) = -2078{,}5 \text{ J}$$

Cálculo da quantidade de calor para o processo II/III: $\Delta U = Q + 0$

$$\Delta U = Q = -2078{,}5 \text{ J}$$

$$\Delta H = \Delta U + \Delta n \text{ x R x T}$$

Cálculo da entalpia para o processo II/III: $\Delta H = \text{n x } C_P \text{ x } \Delta T = \text{n x} \frac{7}{2} \text{ x R x } \Delta T$

$$\Delta H = 1{,}0 \text{ mol x}\left(\frac{7}{2} \text{x } 8{,}314\right) \text{x } (323 - 423) = -2909{,}9 \text{ J}$$

Questão 211

Alternativa A.

Sabendo que a relação entre o calor trocado a pressão constante (entalpia) e o calor trocado a volume constante (energia interna) é dada pela seguinte equação matemática: $dH = dU + pV$ e levando em consideração que os gases que participam no sistema reacional apresentam comportamento ideal, temos: $\Delta H = \Delta U + \underbrace{pV}_{\Delta n \text{ x R x T}}$

$$\Delta H - \Delta U = (n_{produtos} - n_{reagentes}) \text{ x R x T}$$

Equação química de combustão completa do benzeno no estado líquido:
$2C_6H_{6(líquido)} + 15O_{2(gás)} \longrightarrow 12CO_{2(gás)} + 6H_2O_{(líquido)}$

$$\Delta H - \Delta U = (n_{produtos} - n_{reagentes})\ x\ R\ x\ T$$

$$\Delta H - \Delta U = (12 - 15)\ x\ R\ x\ T$$

$$\Delta H - \Delta U = -3\ mol\ x\ 8{,}314 \frac{J}{mol\ x\ K}\ x\ (25 + 273)K = -7432\ J$$

Questão 212

Alternativa D.

Equação química: $C_{(sólido)} + \frac{1}{2}O_{2(gás)} \longrightarrow CO_{(gás)}$

Cálculo da diferença entre o calor trocado a pressão constante (entalpia) e o calor trocado a volume constante (energia interna):

$$\Delta H - \Delta U = (n_{produtos} - n_{reagentes})\ x\ R\ x\ T$$

$$\Delta H - \Delta U = (1{,}0 - 0{,}50)mol\ x\ 8{,}314 \frac{J}{mol\ x\ K} x\ (25 + 273)K$$

$$\Delta H - \Delta U = +1238{,}79\ J$$

Questão 213

Alternativa B.

Molécula diatômica: $C_V = \frac{5R}{2}$

Cálculo da capacidade calorífica a pressão constante (C_p): $C_p - C_V = R$

$$C_p - \frac{5R}{2} = R$$

$$C_p = R + \frac{5R}{2} = \frac{7R}{2}$$

Cálculo da constante termodinâmica (γ): $\gamma = \frac{C_p}{C_V} = \frac{\frac{7R}{2}}{\frac{5R}{2}} = 1{,}40$

Estado I: $V_I = V$; $T_I = 18 + 273 = 291$ K
Estado II: $V_{II} = 2V$; $T_{II} = ?$

Cálculo da temperatura final, considerando o processo reversível e adiabático: $\left(\frac{V}{2V}\right)^{1,40-1} = \frac{T_{II}}{291}$

$$\left(\frac{1}{2}\right)^{0,40} = \frac{T_{II}}{291}$$

$$T_{II} = 291\ x \left(\frac{1}{2}\right)^{0,40} = 220{,}54\ K\ (-52{,}46°C)$$

Questão 214

(GRILLO) Alternativa B.

Substituindo os valores na equação de Gibbs, temos: $\Delta G = \Delta H - T\ x\ \Delta S$
$\Delta G = 20000 - T\ x\ 90$

Para uma temperatura igual a 327°C, temos: $\Delta G = 20000 - (327 + 273) \times 90$

$\Delta G = 20000 - 54000 = -34000 \frac{cal}{mol}$ $(-34 \frac{kcal}{mol})$.

Para $\Delta G < 0$ trata-se de um processo espontâneo.

Questão 215

Dados do problema: C_V = 6,76 cal.mol^{-1}.K^{-1}; Número de mol: 10 mol

Cálculo da energia interna (ΔU): $\Delta U = 10 \text{ mol} \times 6{,}76 \frac{cal}{mol \times K} \times (473 - 373)K$

$$\Delta U = 10 \text{ mol} \times 6{,}76 \frac{cal}{mol \times K} \times 100 \text{ K} = +6760 \text{ cal}$$

Cálculo da capacidade calorífica a pressão constante: $C_p - C_V = R$

$C_p - 6{,}76 = 1{,}987$

$$C_p = 8{,}75 \frac{cal}{mol \times K}$$

Cálculo da entalpia (ΔH): $\Delta H = 10 \text{ mol} \times 8{,}75 \frac{cal}{mol \times K} \times (473 - 373)K$

$$\Delta H = 10 \text{ mol} \times 8{,}75 \frac{cal}{mol \times K} \times 100K = +8750 \text{ cal}$$

Questão 216

Alternativa E.

Expansão adiabática → quantidade de calor igual a zero (Q = 0). A partir da primeira lei da termodinâmica, temos que: $\Delta U = 0 + W$

$\Delta U = W$

Cálculo da capacidade calorífica a volume constante (C_V): $C_p - C_V = R$

$$20{,}8 \frac{J}{mol \times K} - C_V = 8{,}314 \frac{J}{mol \times K}$$

$$C_V = 12{,}49 \frac{J}{mol \times K}$$

Cálculo da constante termodinâmica (γ): $\gamma = \frac{C_p}{C_V} = \frac{20{,}8}{12{,}49} = 1{,}66$

Cálculo da temperatura final, considerando o processo adiabático: $\frac{V_I^{\gamma-1}}{V_{II}^{\gamma-1}} = \frac{T_{II}}{T_I}$

$$\left(\frac{0{,}250}{1{,}50}\right)^{1{,}66-1} = \frac{T_{II}}{(25 + 273)}$$

$$\left(\frac{1}{6}\right)^{0{,}66} = \frac{T_{II}}{298}$$

$$T_{II} = 298 \times \left(\frac{1}{6}\right)^{0{,}66} = 91{,}33 \text{ K}$$

Cálculo do número de mol (n): $n = \frac{m}{\langle MM \rangle} = \frac{3350 \text{ g}}{4{,}0 \frac{g}{mol}} = 837{,}5 \text{ mol}$

Cálculo da variação da energia interna (ΔU):

$$\Delta U = 837{,}50\ \text{mol x } 12{,}49 \frac{\text{J}}{\text{mol x K}} \text{x } (91{,}33 - 298)\text{K} = -2161{,}84 \frac{\text{kJ}}{\text{mol}}$$

Questão 217

Alternativa C.

Organizando as equações químicas apresentadas a seguir:

$H_{2(gás)} + \frac{1}{2}O_{2(gás)} \rightarrow H_2O_{(líquido)}$ (Equação Química I)
$H_{2(gás)} + \frac{1}{2}O_{2(gás)} \rightarrow H_2O_{(gás)}$ (Equação Química II)

Observando as duas equações químicas, I e II, para a primeira equação química há a formação da água na fase líquida enquanto a segunda é formada no estado gasoso. A partir disso, a entropia da equação II é maior comparada à equação I.

Questão 218

Item a) Através de um processo isotérmico e reversível, temos os seguintes dados fornecidos pelo problema.

Estado (I): P_I = 1000 kPa; V_I = V; T_I = 600 K
Estado (II): P_{II} =?; V_{II} = 5 x V_I; T_{II} = ?

Como o processo é isotérmico, a temperatura final passa a ser igual a temperatura inicial, ou seja, $T_I = T_{II}$ = 600K

Cálculo da pressão da situação final (p_{II}), a partir da equação combinada dos gases ideais:

$$\frac{1000\ \text{kPa x } V_I}{600} = \frac{p_{II} \text{ x } 5 \text{ x } V_I}{600}$$

$$\frac{1000\ \text{kPa}}{600} = \frac{p_{II} \text{ x } 5}{600}$$

p_{II} = 200 kPa

A variação da energia interna será igual a zero (ΔU = 0), pois o processo ocorre a temperatura constante. Cálculo do trabalho, considerando o processo isotérmico e reversível, mas primeiramente será necessário calcular o número de mol a partir da situação inicial, utilizando a equação dos gases ideais.

$$\frac{10^6}{10^5} \text{x } 1000 = n_I \text{ x } 0{,}08206 \text{ x } 600$$

$$n_I = \frac{10000}{49{,}24} = 203{,}10\ \text{mol}$$

Cálculo do trabalho:

$$W = -n \text{ x R x T x} \ln\left(\frac{\text{Volume}_{\text{final}}}{\text{Volume}_{\text{inicial}}}\right) = -203{,}10 \text{ x } 8{,}314 \text{ x } 600 \text{ x} \ln\left(\frac{5V}{V}\right)$$

$$W = -203{,}10 \text{ x } 8{,}314 \text{ x } 600 \text{ x} \ln(5) = -1630{,}59\ \text{kJ}$$

Item b) Cálculo da capacidade calorífica a volume constante: $C_V = C_p - R$

$$C_V = 21 - 8{,}314 = 12{,}69 \frac{\text{J}}{\text{mol x K}}$$

Cálculo do coeficiente de poisson (γ): $\gamma = \frac{C_P}{C_V} = \frac{21{,}0\frac{J}{mol\,x\,K}}{12{,}69\frac{J}{mol\,x\,K}} = 1{,}65$

Cálculo da pressão final (P_{II}): $1000 \text{ x} \left(\frac{V}{5V}\right)^{1{,}65} = P_{II}$

$$P_{II} = 1000 \text{ x} \left(\frac{1}{5}\right)^{1{,}65} = 70{,}26 \text{ kPa}$$

Cálculo da temperatura final (T_{II}): $600 \text{ x} \frac{V_I^{1{,}65-1}}{V_{II}^{1{,}65-1}} = T_{II}$

$$T_{II} = 600 \text{ x} \left(\frac{V}{5 \text{ x } V}\right)^{1{,}65-1} = 600 \text{ x} \left(\frac{1}{5}\right)^{0{,}65} = 210{,}77 \text{ K}$$

Sendo o processo adiabático, Q = 0. Pela primeira lei da termodinâmica, temos: $\Delta U = 0 + W$
$\Delta U = W$

Cálculo da energia interna (ΔU): $\Delta U = W = n \text{ x } C_V \text{ x } \Delta T$

$$\Delta U = W = 203{,}10 \text{ x } 12{,}69 \text{ x } (210{,}77 - 600) = -1003177{,}66 \text{ J } (-1003{,}18 \text{ kJ})$$

Questão 219

Alternativa C.

Cálculo do número de mol de gás Hélio: $n_{He} = \frac{2000 \text{ g}}{4{,}0\frac{g}{mol}} = 500 \text{ mol}$

Cálculo do volume inicial a partir da equação dos gases ideais: $V_{inicial} = \frac{500x0{,}08206x(20+273)}{1}$
$V_{inicial} = 12021{,}79 \text{ L}$

Cálculo do volume final a partir da equação dos gases ideais: $V_{final} = \frac{500x0{,}08206x(20+273)}{\left(\frac{10^6}{101325}\right)}$

$V_{inicial} = 1218{,}11 \text{ L}$

Cálculo do trabalho realizado isotermicamente (W): $W = -\text{ n x R x T x ln}\left(\frac{V_{final}}{V_{inicial}}\right)$

$$W = -500 \text{ x } 8{,}314 \text{ x } (20 + 273) \text{ x ln}\left(\frac{1218{,}11 \text{ L}}{12021{,}79 \text{ L}}\right) = +\,2{,}79 \text{ x } 10^6 \text{ J}$$

Questão 220

(GRILLO) Alternativa E.

Considerando que o processo é adiabático, a quantidade de calor do sistema é igual a zero (Q = 0).

A partir da primeira lei da termodinâmica, temos: $\Delta U = 0 + W$

$Q = W$

Cálculo do número de mol do pentóxido de dinitrogênio:

$$n_{N_2O_5} = \frac{n_{N_2O_5}}{< MM >_{N_2O_5}} = \frac{4200}{108} = 38{,}89 \text{ mol}$$

Cálculo da constante termodinâmica (γ): $\gamma = \frac{C_P}{C_V} = \frac{4R}{3R} = 1{,}33$

Cálculo da temperatura final: $\left(\frac{V_I}{10 \text{ x } V_I}\right)^{1,33-1} = \frac{T_{II}}{650}$

$$\left(\frac{1}{10}\right)^{0,33} = \frac{T_{II}}{650}$$

$$T_{II} = 650 \text{ x} \left(\frac{1}{10}\right)^{0,33} = 304{,}03 \text{ K}$$

Questão 221

(GRILLO) Alternativa D.

Sabendo que o trabalho realizado isotermicamente é dado por $W = -\, n_{Ar} \text{ x R x T x} \ln\left(\frac{V_{II}}{V_I}\right)$

Cálculo da massa de argônio: $W = -\,\frac{m_{Ar}}{<MM>_{Ar}} \text{x R x T x} \ln\left(\frac{V_{II}}{V_I}\right)$

$$-800000 = -\,\frac{m_{Ar}}{40{,}0} \text{x } 8{,}314 \text{ x } (127 + 273) \text{ x} \ln\left(\frac{32000}{4000}\right)$$

$$800000 = \frac{m_{Ar}}{40{,}0} \text{x } 8{,}314 \text{ x } 400 \text{ x} \ln(8)$$

$$m_{Ar} = \frac{800000 \text{ x } 40}{8{,}314 \text{ x } 400 \text{ x } \underbrace{\ln(8)}_{2,08}} = 4626{,}12 \text{ g } (4{,}63 \text{ kg})$$

Questão 222

Alternativa E.

Cálculo da capacidade calorífica a pressão constante (C_P): $C_p - 3R = R$

$C_p = R + 3R = 4R$

$C_p = 4R$

Cálculo da constante termodinâmica (γ): $\gamma = \frac{C_P}{C_V} = \frac{4R}{3R} = 1{,}33$

Situação termodinâmica (I): P_I = 100 torr; V_I = 350,0 mL

Situação termodinâmica (2): P_{II} =?; V_{II} = 150 mL

Cálculo da pressão final, considerando o processo reversível e adiabático: $P_I \text{ x } V_I^{\gamma} = P_{II} \text{ x } V_{II}^{\gamma}$

$$P_{II} = 100 \text{ torr x} \left(\frac{350}{150}\right)^{1,33} = 308{,}61 \text{ torr}$$

Questão 223

Alternativa C.

Cálculo da capacidade calorífica a pressão constante: $C_P - C_V = R$

$C_P - 2R = R$

$C_P = 3R$

Cálculo da relação termodinâmica (γ) que relaciona a razão entre a capacidade calorífica a pressão constante e a volume constante: $\gamma = \frac{C_p}{C_V} = \frac{3R}{2R} = 1{,}50$

Estado (I): P_I = 1 atm; V_I = 20 L; T_I =?; n = 1 mol
Estado (2): V_{II} = 10 L; T_{II} =?

Cálculo da temperatura para o estado I: $1 \text{ x } 20 = 1 \text{ x } 0{,}08206 \text{ x } T_I$
$T_I = 243{,}72 \text{ K}$

Cálculo da temperatura para a situação II, considerando o processo reversível e adiabático:

$$\left(\frac{20}{10}\right)^{1,50-1} = \frac{T_{II}}{243{,}72}$$

$$T_{II} = 1{,}41 \text{ x } 243{,}72 = 343{,}64 \text{ K}$$

Questão 224

Cálculo do volume do estado I considerando como base de cálculo igual a 1 mol da espécie gasosa.
$10 \text{ x } V_I = 1 \text{ x } 0{,}08206 \text{ x } (20 + 273)$
$V_I = 2{,}40 \text{ L}$

Cálculo do volume do estado II: $10 \text{ atm x } (2{,}40)^{1,40} = 1{,}0 \text{ atm x } {V_{II}}^{1,40}$

$${V_{II}}^{1,40} = \frac{10 \text{ atm x } (2{,}40)^{1,40}}{1{,}0 \text{ atm}} = 34{,}10$$

$$V_{II} = \sqrt[1,40]{34{,}10} = 12{,}44 \text{ L}$$

Cálculo da temperatura II: $293 \text{ K x } (2{,}40)^{1,40-1} = T_{II} \text{ x } (12{,}44)^{1,40-1}$

$$T_{II} = \frac{293 \text{ K x } (2{,}40)^{1,40-1}}{(12{,}44)^{1,40-1}} = \frac{293 \text{ K x } (2{,}40)^{0,40}}{(12{,}44)^{0,40}} = 151{,}85 \text{ K } (-121{,}15°\text{C})$$

Questão 225

Alternativa B.

Dados do problema:
Estado I: V_I = 2,50 Litros; T_I = 37°C + 273 = 310 K
Estado II: V_{II} = 3,25 Litros; T_{II} = ?

Sabendo que o dióxido de carbono é um gás poliatômico, temos que a capacidade calorífica a volume constante é igual a 3R, a capacidade calorífica a pressão constante será:

$$C_p - 3R = R$$

$$C_p = R + 3R = 4R$$

Cálculo da constante termodinâmica (γ): $\gamma = \frac{C_p}{C_V} = \frac{4R}{3R} = 1{,}33$

Cálculo da temperatura final, considerando o processo reversível e adiabático: $\frac{V_I^{\gamma-1}}{V_{II}^{\gamma-1}} = \frac{T_{II}}{T_I}$

$$\left(\frac{2{,}50}{3{,}25}\right)^{1,33-1} = \frac{T_{II}}{310}$$

$$(0{,}769)^{0{,}33} = \frac{T_{II}}{310}$$

$$T_{II} = 310 \text{ x } (0{,}769)^{0{,}33} = 284{,}26 \text{ K}$$

Questão 226

Alternativa D.

Trabalho realizado isotermicamente: $W = -\,n \text{ x } R \text{ x } T \text{ x } \ln\left(\frac{V_{final}}{V_{inicial}}\right)$. Cálculo da massa do sistema:

$$W = -\frac{m_{NO}}{< MM >_{NO}} \text{ x } R \text{ x } T \text{ x } \ln\left(\frac{V_{final}}{V_{inicial}}\right)$$

$$-\,300000 = -\frac{m_{NO}}{30} \text{ x } 8{,}314 \text{ x } (10 + 273) \text{ x } \ln\left(\frac{44{,}8}{22{,}4}\right)$$

$$-\,300000 = -\frac{m_{NO}}{30} \text{ x } 8{,}314 \text{ x } 283 \text{ x } \ln(2)$$

$$m_{NO} = \frac{300000 \text{ x } 30}{8{,}314 \text{ x } 283 \text{ x } \ln(2)} = 5519{,}67 \text{ g } (5{,}52 \text{ kg})$$

Questão 227

(GRILLO)

Item a) Equação química: $CuO_{(sólido)} + H_{2(gás)} \longrightarrow Cu_{(sólido)} + H_2O_{(gás)}$

Item b) Cálculo da variação de entalpia padrão da reação, a partir dos valores tabelados a seguir.

Substância	$\Delta H°_{fomação}$ ($kJ \cdot mol^{-1}$)
$CuO_{(sólido)}$	-157
$H_{2(gás)}$	0
$Cu_{(sólido)}$	0
$H_2O_{(g)}$	-242

$$\Delta H^0_{reação} = \sum H^0_{produtos} - \sum H^0_{reagentes}$$

$$\Delta H^0_{reação} = [1 \text{ x } H^0_{Cu} + 1 \text{ x } H^0_{H_2O}] - [1 \text{ x } H^0_{CuO} + 1 \text{ x } H^0_{H_2}]$$

$$\Delta H^0_{reação} = [1 \text{ x } 0 + 1 \text{ x } (-242)] - [1 \text{ x } (-157) + 1 \text{ x } 0] = -242 + 157 = -85\,\frac{kJ}{mol}$$

(processo exotérmico)

Item c) Cálculo da variação da energia interna (ΔU):

$$\Delta H = \Delta U + \Delta n \text{ x } R \text{ x } T = \Delta U + (n_{produtos} - n_{reagentes}) \text{ x } R \text{ x } T$$

$$\Delta H = \Delta U + (1 - 1) \text{ x } R \text{ x } T$$

$$\Delta H = \Delta U = -\,85\,\frac{kJ}{mol}$$

Questão 228

Primeiramente será necessário calcular o valor do número de mol de gás hélio:

$$n_{He} = \frac{V}{V_{molar}} = \frac{100\ L}{22{,}4\frac{L}{mol}} = 4{,}46\ mol$$

Cálculo da variação de energia interna (U): $\Delta U = n\ x\ C_V\ x\ \Delta T$

$$\Delta U = n\ x \frac{3}{2} x\ R\ x\ \Delta T = 4{,}46\ mol\ x\ (\frac{3}{2} x\ 8{,}314)\ x\ (100 + 273)$$

$$\Delta U = 4{,}46\ mol\ x \left(\frac{3}{2} x\ 8{,}314\right) x\ 373 = 20746{,}51 \frac{J}{mol}\ (20{,}75 \frac{kJ}{mol})$$

Cálculo da capacidade calorífica a pressão constante (C_p): $C_p - \frac{3R}{2} = R$

$$C_p = \frac{3R}{2} + R = \frac{5R}{2}$$

Cálculo da quantidade de calor a pressão constante (ΔH): $\Delta H = n\ x \frac{5}{2} x\ R\ x\ \Delta T$

$$\Delta H = 4{,}46\ mol\ x\ (\frac{5}{2}\ x\ 8{,}314)\ x\ (100 + 273)$$

$$\Delta H = 4{,}46\ mol\ x \left(\frac{5}{2} x\ 8{,}314\right) x\ 373 = 34577{,}51 \frac{J}{mol}\ (34{,}58 \frac{kJ}{mol})$$

Questão 229

Item a) Equação química da combustão do benzeno: $C_6H_{6(líquido)} + 15/2O_{2(gás)} \longrightarrow 6CO_{2(gás)} + 3H_2O_{(líquido)}$.

Item b) Como o problema pede a variação da energia interna e o processo ocorre a volume constante, pela primeira lei da termodinâmica, o trabalho realizado será igual a zero. Então: $\Delta U = Q + 0$

$$\Delta U = Q$$

O calor calculado será o sistema formado pelo calorímetro + água. $\Delta U = Q + 0 = Q_V$

$$\Delta U = (m\ x\ c\ x\ \Delta T)_{calorímetro} + (m\ x\ c\ x\ \Delta T)_{água}$$

$$\Delta U = \left[891 \frac{J}{°C}\ x\ (32{,}692 - 23{,}640)°C\right] + \left[945\ g\ x\ 4{,}18 \frac{J}{g\ x\ °C} (32{,}692 - 23{,}640)°C\right]$$

$$\Delta U = 8065{,}33\ J + 35756{,}30\ J = 43821{,}64\ J$$

Se para:
1,048 g ---------- 43821,64 J
78 g -------------- Q_V
$Q_V = 3{,}26\ x\ 10^6$ J

Como o processo é exotérmico, o valor da quantidade de calor a volume constante é igual a (- $3{,}26\ x\ 10^6$ J).

Questão 230

O sistema a ser analisado e calculado refere-se ao gás nitrogênio (N_2) junto com o recipiente esférico e o pistão. Não há trabalho realizado, pois há forças externas sobre o sistema e além disso também não há nenhum indício de transmissão de calor, uma vez que o sistema encontra-se no vácuo. Logo, pela primeira lei da termodinâmica, temos: ΔU = Q + W
ΔU = 0 + 0

ΔU = 0

Questão 231

Cálculo da capacidade a pressão constante, a partir da capacidade calorífica a volume constante: $C_p - \frac{3R}{2} = R$

$$C_p = \frac{3R}{2} + R = \frac{5R}{2}$$

Cálculo da relação entre a capacidade calorífica a pressão constante e a volume constante (γ): $\gamma = \frac{\frac{5R}{2}}{\frac{3R}{2}} = \frac{5}{3} = 1{,}67$

Cálculo do volume inicial (I), a partir da equação dos gases ideais:

$$20 \text{ x } V_I = 1 \text{ x } 0{,}08206 \text{ x } (25 + 273)$$
$$20 \text{ x } V_I = 24{,}45$$
$$V_I = 1{,}22 \text{ L}$$

Estado termodinâmico I: P_I = 20 atm; V_I = 1,22 L; T_I = 298 K
Estado termodinâmico II: P_{II} = 1 atm; V_{II} = ?; T_{II} = ?

Cálculo do volume (II), considerando processo adiabático:

$$20 \text{ atm x } (1{,}22)^{1{,}67} = 1{,}0 \text{ atm x } V_{II}^{1{,}67}$$

$$V_{II}^{1{,}67} = \frac{20 \text{ atm x } (1{,}22)^{1{,}67}}{1{,}0 \text{ atm}} = 27{,}88$$

$$V_{II} = \sqrt[1{,}67]{27{,}88} = 7{,}33 \text{ L}$$

Cálculo da temperatura final, considerando o processo reversível e adiabático:

$$\left(\frac{1{,}22}{7{,}33}\right)^{1{,}67-1} = \frac{T_{II}}{298}$$

$$T_{II} = 89{,}63 \text{ K}$$

Questão 232

Item a) Invertendo a segunda reação química, temos:

$I_3^- + 2e^- \longrightarrow 3I^-$	E° = + 0,54 V	ΔG° = -2 x F x (+ 0,54)	
$2S_2O_3^{-2} \longrightarrow S_4O_6^{-2} + 2e^-$	E° = + 0,08 V	ΔG° = -2 x F x (- 0,08)	+
$I_3^- + 2S_2O_3^{-2} \longrightarrow 3I^- + S_4O_6^{-2}$	$\Delta G°_{TOTAL}$ = - 2 x F x (+ 0,54) + [-2 x F x (- 0,08)]		

$\Delta G°_{TOTAL}$ = - 2 x F x (+ 0,54) - 2 x F x (- 0,08)
~~-2 x F x~~ E° = ~~-2 x F x~~ (+ 0,54) ~~-2 x F x~~ (- 0,08)
E° = + 0,54 – 0,08 = + 0,46V

Item b) Equação química iônica: $I^- + I_2 \longrightarrow I_3^-$

Cálculo da constante de equilíbrio (K): $\sum G^0_{produtos} - \sum G^0_{reagentes} = -R \text{ x } T \text{ x } \ln K$

$$\{1 \text{ x } (-51{,}4)\} - \{1 \text{ x } (-51{,}6) + (1 \text{ x } 16{,}4)\} = -\ 8{,}314 \text{ x } 298 \text{ x } \ln K$$

$$-51{,}4 + 35{,}2 = -\ 8{,}314 \text{ x } 298 \text{ x } \ln K$$

$$-16{,}2 = -\ 2477{,}572 \text{ x } \ln K$$

$$\ln K = \frac{16,2}{2477,572} = 6,54 \times 10^{-3}$$

$$K = e^{(+6,54 \times 10^{-3})}$$

Questão 233

Cálculo do volume inicial e do volume final para cada situação. Cálculo do volume para o estado inicial, considerando comportamento ideal: $10 \times V_{inicial} = 3,0 \times 0,08206 \times 600$

$V_{inicial} = 14,77$ L

Cálculo do volume para o estado final, considerando comportamento ideal:

$$5 \times V_{final} = 3,0 \times 0,08206 \times 300$$

$V_{final} = 14,77$ L

Diante dos valores calculados dos volumes, inicial e final, observa-se que o processo é isocórico (volume constante). Logo, como o processo é isocórico, o trabalho realizado pelo sistema é igual a zero (W = 0).

Cálculo da capacidade calorífica a volume constante: $\frac{5R}{2} - C_V = R$

$$C_V = \frac{5R}{2} - R = \frac{3R}{2}$$

Cálculo da energia interna (ΔU): $\Delta U = 3 \text{ mol} \times \frac{3}{2} \times 8,314 \times (300 - 600)$

$$\Delta U = -3 \text{ mol} \times \frac{3}{2} \times 8,314 \times 300 = -11223,90 \text{ J } (-11,22 \text{ kJ})$$

Cálculo da entalpia (ΔH): $\Delta H = 3 \text{ mol} \times \frac{5}{2} \times 8,314 \times (300 - 600)$

$$\Delta H = -3 \text{ mol} \times \frac{5}{2} \times 8,314 \times 300 = -18706,50 \text{ J } (-18,71 \text{ kJ})$$

Cálculo da quantidade de calor (Q), a partir da primeira lei da termodinâmica: $\Delta U = Q + 0$

$$\Delta U = Q = -11223,90 \text{ J } (-11,22 \text{ kJ})$$

Questão 234

Alternativa C.

Cálculo do trabalho (W) realizado: $W = -\, n \times R \times T \times \ln\left(\frac{V_{II}}{V_I}\right)$

$$W = -\, 0,125 \times 8,314 \times (327 + 273) \times \ln\left(\frac{224 \text{ L}}{112 \text{ L}}\right)$$

$$W = -\, 0,125 \times 8,314 \times 600 \times \ln(2) = -\, 432,12 \text{ J}$$

O problema afirma que o processo é isotérmico, logo a variação da energia interna é igual a zero ($\Delta U = 0$).

Cálculo da quantidade de calor (Q), a partir da primeira lei da termodinâmica: $0 = Q + W$

$Q = -W = -(-432,12) = +432,12$ J

Questão 235

Item a) Temperatura no estado II (T_{II}) = Positivo. Como o processo ocorre com uma compressão adiabática, a tendência da temperatura no estado II é ser maior em comparação a temperatura I, $T_{II} > T_I$.

Item b) Variação da temperatura (ΔT) = Positivo. Como a temperatura no estado II é maior que do estado I, $T_{II} > T_I$, logo a variação será positiva.

Item c) Variação da pressão (ΔP) = Positivo. Como o processo se caracteriza como uma compressão, logo a pressão do estado II é maior que do estado I, $P_{II} > P_I$. Ou, pode-se explicar da seguinte maneira: sendo uma compressão, o volume diminui e a pressão aumenta.

Item d) Trabalho (W) = Positivo. Há trabalho realizado no gás.

Item e) Quantidade de calor (Q) = Nulo. Como o processo é adiabático, a quantidade de calor é igual a zero.
Item f) Variação da entropia (ΔS) = Nulo. Sendo o processo de compressão adiabática reversível, a variação da entropia é isoentrópico.

Item g) Variação da energia interna (ΔU) = Positivo. Através da primeira lei da termodinâmica, temos a seguinte equação da conservação de energia.

$$\Delta U = Q + W$$
$$\Delta U = 0 + W$$
$$\Delta U = W.$$

Como o trabalho é positivo, a variação da energia interna será também positiva.

Item h) Variação da entalpia (ΔH) = Positivo. Pela definição de entalpia: $\Delta H = \Delta U + \Delta n \times R \times T$; como ΔU e ΔT são funções de estado positivas, com isso, ΔH também será positiva.

Questão 236

Alternativa A.

Cálculo da variação de energia interna (ΔU):
$$\Delta U = 4{,}50 \text{ mol} \times (29{,}4 - 8{,}314) \times (425 - 350) = +7117{,}87 \text{ J}$$

Cálculo da variação de entalpia (ΔH):
$$\Delta H = 4{,}50 \text{ mol} \times 29{,}4 \times (425 - 350) = +9922{,}50 \text{ J}$$

Quantidade de calor realizado a pressão constante: $\Delta H = Q_p = +9922{,}50 \text{ J}$

Questão 237

Item a) Considerando o processo isocórico (volume constante), o trabalho realizado é igual a zero (W = 0).

Cálculo do volume para o processo (I), considerando comportamento ideal:
$$8 \times V_I = 1 \times 0{,}08206 \times 600$$
$$V_I = 6{,}15 \text{ L}$$

Cálculo da temperatura para o processo (II) utilizando a equação combinada dos gases ideais:

$$\frac{8{,}0 \times V}{600} = \frac{1{,}0 \times V}{T_{II}}$$

$$T_{II} = 75 \text{ K}$$

Cálculo da energia interna (ΔU): $\Delta U = Q_V + 0$

$\Delta U = Q_V$, em que Q_V é a quantidade de calor a volume constante. $\Delta U = Q_V = n \text{ x } C_V \text{ x } \Delta T$

$$\Delta U = Q_V = 1 \text{ mol x} \frac{5}{2} \text{x R x } \Delta T$$

$$\Delta U = Q_V = 1 \text{ mol x} \frac{5}{2} \text{x } 8{,}314 \text{ x } (75 - 600) = -10912{,}125 \text{ J } (-10{,}91 \text{ kJ})$$

Cálculo da entalpia (ΔH): $\Delta H = n \text{ x } (R + C_V) \text{ x } \Delta T$

$$\Delta H = n \text{ x} \left(R + \frac{5R}{2}\right) \text{x } \Delta T$$

$$\Delta H = n \text{ x} \left(\frac{7R}{2}\right) \text{x } \Delta T$$

$$\Delta H = 1 \text{ mol x} \frac{7}{2} \text{x } 8{,}314 \frac{J}{\text{mol x K}} \text{x } (75 - 600) = -15276{,}8975 \text{ J } (-15{,}28 \text{ kJ})$$

Item b) Para um processo isotérmico (temperatura é constante), logo $\Delta U = \Delta H = 0$. Cálculo da quantidade de calor (Q) e do trabalho (W) a partir da primeira lei da termodinâmica:

$$0 = Q + W$$

$$Q = -W$$

Cálculo do trabalho (W) realizado: $W = -n \text{ x R x T x } \ln\left(\frac{\text{Pressão}_{\text{inicial}}}{\text{Pressão}_{\text{final}}}\right)$

$$W = -1 \cancel{\text{mol}} \text{ x } 8{,}314 \frac{J}{\cancel{\text{mol}} \text{ x } \cancel{K}} \text{x } 600 \cancel{K} \text{ x } \ln\left(\frac{8 \text{ atm}}{1 \text{ atm}}\right) = -10373{,}09 \text{ J } (-10{,}4 \text{ kJ})$$

Logo, o calor realizado é igual a Q = - W = - (-10,4 kJ) = + 10,4 kJ

Item c) Considerando o processo adiabático, a quantidade de calor será igual a zero (Q = 0). Pela primeira lei da termodinâmica:
$\Delta U = 0 + W$
$Q = +W$

Estado (I): P_1 = 8,00 atm; V_1 = 6,15 L; T_1 = 600 K

Estado (II): P_2 = 8,00 atm; V_2 = ?; T_2 = ?

Cálculo da relação entre a capacidade calorífica, a pressão constante e a volume constante (γ):

$$\gamma = \frac{C_p}{C_V} = \frac{\frac{7R}{2}}{\frac{5R}{2}} = \frac{7}{5} = 1{,}40$$

Cálculo do volume (II), considerando o processo adiabático:

$$8 \text{ atm x } (6{,}15)^{1{,}40} = 1{,}0 \text{ atm x } {V_{II}}^{1{,}40}$$

$${V_{II}}^{1{,}40} = \frac{8 \text{ atm x } (6{,}15)^{1{,}40}}{1{,}0 \text{ atm}} = 101{,}74$$

$V_{II} = \sqrt[1,40]{101,74} = 27,16\ L$

Cálculo da temperatura (2), considerando processo adiabático: $\frac{T_I}{T_{II}} = \frac{V_{II}^{\gamma-1}}{V_I^{\gamma-1}}$

$$\frac{600}{T_{II}} = \left(\frac{27,16}{6,15}\right)^{1,40-1}$$

$$\frac{600}{T_{II}} = 1,81$$

$$T_{II} = \frac{600}{1,81} = 331,49\ K$$

Cálculo da variação da energia interna (ΔU):

$$\Delta U = 1\ mol\ x \frac{5}{2}\ x\ 8,314\ x\ (331,49 - 600) = -5580,98\ J\ (-5,58\ kJ)$$

Questão 238

Informações do problema: Massa de dióxido de carbono = ?; Massa molecular do dióxido de carbono = 44 g/mol; $V_{inicial}$ = 0,224 cm³; V_{final} = 0,448 cm³ e T = 0°C (273 K)

Cálculo da massa de dióxido de carbono, a partir do trabalho (W) realizado, considerando que o processo ocorre isotermicamente.
$W = -n\ x\ R\ x\ T\ x \ln\left(\frac{Volume_{final}}{Volume_{inicial}}\right)$

$$W = -\left(\frac{m_{CO_2}}{< MM >_{CO_2}}\right) x\ R\ x\ T\ x \ln\left(\frac{Volume_{final}}{Volume_{inicial}}\right)$$

$$-300000 = -\left(\frac{m_{CO_2}}{44}\right) x\ 8,314\ x\ 273\ x \ln\left(\frac{0,448}{0,224}\right)$$

$$300000 = \left(\frac{m_{CO_2}}{44}\right) x\ 8,314\ x\ 273\ x\ \ln(2)$$

$$m_{CO_2} = \frac{300000\ x\ 44}{8,314\ x\ 273\ x\ \ln(2)} = 8390,27\ g\ (8,39\ kg)$$

Cálculo da variação da energia interna: $\Delta U = n\ x\ C_V\ x\ \Delta T$

Para um processo isotérmico, $\Delta U = 0$

Cálculo da quantidade de calor trocada a partir da primeira lei da termodinâmica:

$$0 = Q + W$$

$$Q = -W = -(-300\ kJ) = +300\ kJ$$

Questão 239

Cálculo do número de mol de oxigênio molecular: $n_{O_2} = \frac{m_{O_2}}{<MM>_{O_2}} = \frac{800}{32} = 25\ mol$

Cálculo da variação da entalpia: $dH = n\ x\ C_p\ x\ dT$

Aplicando a integral, temos: $\int_{H_1}^{H_2} dH = \int_{T_1}^{T_2} n\ x\ C_p\ x\ dT$

$$H_2 - H_1 = \int_{T_1}^{T_2} n \text{ x } C_p \text{ x } dT$$

$$\Delta H = \int_{(200+273)}^{(10+273)} 25 \text{ x } (29{,}96 + 4{,}18 \text{ x } 10^{-3}T - 1{,}67 \text{ x } 10^{-5}\ T^3\ )dT$$

$$\Delta H = 25 \text{ x} \int_{473}^{283} (29{,}96 + 4{,}18 \text{ x } 10^{-3}T - 1{,}67 \text{ x } 10^{-5}\ T^3\ )dT$$

$$\Delta H = 25 \text{ x} \int_{473}^{283} 29{,}96\ dT + \int_{473}^{283} 4{,}18 \text{ x } 10^{-3}T.dT - \int_{473}^{283} 1{,}67 \text{ x } 10^{-5}\ T^3 .dT$$

$$\Delta H = 25 \text{ x} \left(29{,}96 \text{ x } T|_{473}^{283} + 4{,}18 \text{ x } 10^{-3} \text{ x } \frac{T^2}{2}\Big|_{473}^{283} - 1{,}67 \text{ x } 10^{-5} \text{ x } \frac{T^4}{4}\Big|_{473}^{283} \right)$$

$$\Delta H = 25 \text{ x } \{29{,}96 \text{ x } (-190) + 4{,}18 \text{ x } 10^{-3} \text{ x } (-71820) - 1{,}67 \text{ x } 10^{-5} \text{ x } (-10910104380)\}$$

$$\Delta H = 25 \text{ x } \{-5692{,}4 + 300{,}21 + 182198{,}74\} = 4{,}42 \text{ x } 10^6 \text{cal}$$

Questão 240

Item a) Cálculo da pressão final (P_{II}), a partir da equação combinada dos gases ideais:
Estado Termodinâmica (I): P_I = 1,00 atm; V_I = V; T_I = 350 K
Estado Termodinâmica (II): P_{II} = ?; V_{II} = V; T_{II} = 450 K

$$\frac{1{,}0 \text{ x } \cancel{V_I}}{350} = \frac{p_{II} \text{ x } \cancel{V_I}}{450}$$

$p_{II} = 1{,}28$ atm

Item b) Como o processo é isovolumétrico, ou seja, o sistema ocorre a volume constante, o trabalho será igual a zero, W = 0.

Item c) Sendo a molécula monoatômica, a capacidade calorífica a volume constante será calculada a partir da seguinte relação: $C_V = \frac{3}{2} \text{ x } R = \frac{3}{2} \text{ x } 8{,}314 = 12{,}47\ \frac{J}{mol \text{ x } K}$

Cálculo da energia interna (ΔU): $\Delta U = n \text{ x } C_V \text{ x } \Delta T$

$$\Delta U = 1{,}25\ \cancel{mol} \text{ x } 12{,}47 \frac{J}{\cancel{mol} \text{ x } \cancel{K}} \text{ x } (450 - 350)\cancel{K} = +1558{,}75\ J$$

Item d) Através da primeira lei da termodinâmica, temos: $\Delta U = Q + 0$
$\Delta U = Q = +1558{,}75\ J$

Item e) Cálculo da capacidade calorífica a pressão constante: $C_p - \frac{3R}{2} = R$

$$C_p = \frac{5R}{2}$$

Cálculo da variação de entalpia (ΔH): $\Delta H = n \text{ x } C_p \text{ x } \Delta T$

$$\Delta H = 1{,}25 \text{ x} \frac{5}{2} \text{x } 8{,}314 \text{ x } (450 - 350) = 1{,}25 \text{ x } 2{,}50 \text{ x } 8{,}314 \text{ x } 100 = +\ 2598{,}12\ J$$

Questão 241

Cálculo da variação da entalpia, aplicando a integral, temos: $\int_{H_1}^{H_2} dH = \int_{T_1}^{T_2} n \text{ x } C_p \text{ x } dT$

$$H_2 - H_1 = \int_{T_1}^{T_2} n \text{ x } C_p \text{ x } dT$$

$$\Delta H = \int_{T_1}^{T_2} n \text{ x } C_p \text{ x } dT = \int_{(125+273)}^{(625+273)} 2{,}50 \text{ x } (6 + 2{,}50 \text{ x } 10^{-2})dT$$

$$\Delta H = 2{,}50 \text{ x} \int_{398}^{898} (6 + 2{,}50 \text{ x } 10^{-2})dT$$

$$\Delta H = 2{,}50 \text{ x} \left(\int_{398}^{898} 6 \text{ x } dT + \int_{398}^{898} 2{,}50 \text{ x } 10^{-2} \text{ x T x } dT \right)$$

$$\Delta H = 2{,}50 \text{ x} \left(6 \text{ x } T|_{398}^{898} + 2{,}50 \text{ x } 10^{-2} \text{ x } \frac{T^2}{2}\Big|_{398}^{898} \right)$$

$$\Delta H = 2{,}50 \text{ x} \left\{ 6 \text{ x } (898 - 398) + 2{,}50 \text{ x } 10^{-2} \text{ x} \left[\frac{(898)^2}{2} - \frac{(398)^2}{2} \right] \right\}$$

$$\Delta H = 2{,}50 \text{ x } \{3000 + 2{,}50 \text{ x } 10^{-2} \text{ x } 324000\} = 27750 \text{ cal } (27{,}75 \text{ kcal})$$

Questão 242

Resposta da pergunta 1: Não pode haver transferência na forma de trabalho, pois como o pistão se move livremente, a expansão é caracterizada como livre, ou seja, W = 0.

Resposta da pergunta 2: Como o processo é adiabático, a troca de calor (Q) é igual a zero. Logo, pela primeira lei da termodinâmica, temos: $\Delta U = Q + W$

$\Delta U = 0 + 0 = 0$

$\Delta U = 0$

Além disso, considerando o fluido como incompressível, não irá apresentar variação de pressão e nem variação em relação à temperatura, o que caracteriza ($\Delta U = 0$).

Questão 243

Situação I: $P_I = 4$ atm; $V_I = 8000$ dm³; $T_I = 27 + 273 = 300$ K

Situação II: $P_{II} = 1$ atm; $V_{II} = ?$; $T_{II} = 27 + 273 = 300$ K

Item a) Cálculo do volume inicial a partir da equação combinada dos gases ideais:

$$\frac{p_I \text{ x } V_I}{T} = \frac{p_{II} \text{ x } V_{II}}{T}$$

$$4 \text{ x } 8000 = 1 \text{ x } V_{II}$$

$$V_{II} = 32000 \text{ dm}^3$$

Item b) Como o processo ocorre a temperatura constante, o processo é definido como isotérmico ($T_{inicial} = T_{final} = 300$ K).

Item c) Cálculo do número de mol, a partir da condição inicial (I):

$$n = \frac{p_I \text{ x } V_I}{R \text{ x } T_I} = \frac{4 \text{ x } 8000}{0{,}08206 \text{ x } 300} = 1300 \text{ mol}$$

Cálculo do trabalho realizado sendo processo isotérmico: $W = -\ n\ x\ R\ x\ T\ x\ \ln\left(\frac{V_{II}}{V_I}\right)$

$$W = -\ 1300\ mol\ x\ 8{,}314\frac{J}{mol\ x\ K}\ x\ 300K\ x\ \ln\left(\frac{32000\ dm^3}{4000\ dm^3}\right) = -6744{,}32\ J$$

Item d/e/f) Sabendo que o processo ocorre a temperatura constante, a variação da energia interna e da entalpia são nulos (ΔU = ΔH = 0). $\Delta U = Q + W$

$$0 = Q + W$$

$$Q = -\ W = -(-\ 6744{,}32\ kJ) = +\ 6744{,}32\ kJ$$

Questão 244

Alternativa A.

Invertendo a primeira equação química e multiplicando por dois:

$2H_{2(gás)} + 2I_{2(gás)} \longrightarrow 4HI_{(gás)}$ ΔH° = 2 x (+ 53 kJ/mol) = + 106 kJ/mol

Somando as duas equações químicas, temos:

~~$2H_{2(g)}$~~ $+ 2I_{2(gás)} \longrightarrow 4HI_{(gás)}$	ΔH° = + 106 kJ/mol	
$2H_2O_{(gás)} \longrightarrow$ ~~$2H_{2(gás)}$~~ $+ O_{2(gás)}$	ΔH° = + 484 kJ/mol	+
$2I_{2(gás)} + 2H_2O_{(gás)} \longrightarrow 4HI_{(gás)} + O_{2(gás)}$	ΔH° = + 590 kJ/mol (Processo endotérmico)	

Cálculo da variação da energia interna (ΔU): $\Delta H = \Delta U + (n_{produtos} - n_{reagentes}).R.T$

Utilizando o valor da constante dos gases (R) como sendo igual a 8,314 J/mol.K, temos:

$$590000\frac{J}{mol} = \Delta U + (5 - 4)\ mol\ x\ 8{,}314\frac{J}{mol\ x\ K}x\ (25 + 273)K$$

$$590000\ J = \ \Delta U + 2477{,}572\ J$$

$$\Delta U = 587522{,}43\ J\ (587{,}52\ kJ)$$

Questão 245

Alternativa A.

Equação química que corresponde a combustão completa do álcool etílico:

$C_2H_6O + 7/2O_2 \longrightarrow 2CO_2 + 3H_2O$

Cálculo da quantidade de calor recebida pela água (ΔH_{H_2O}): $\Delta H_{H_2O} = m\ x\ c\ x\ \Delta T$

$$\Delta H_{H_2O} = 100\ x\ 10^{-3}\ kg\ x\ 4{,}18\frac{kJ}{kg\ x\ °C}x\ 12{,}50°C$$

$$\Delta H_{H_2O} = 0{,}10\ kg\ x\ 4{,}18\frac{kJ}{kg\ x\ °C}x\ 12{,}50°C = +\ 5{,}225\ kJ$$

A energia responsável pelo aquecimento da água é proveniente do processo de combustão do etanol [C_2H_6O].

O problema pede o valor da entalpia molar do etanol. Como 1 mol de etanol corresponde 46 gramas, temos:

0,25 g ------------ (+ 5,225 kJ)
46 g -------------- ΔH
$\Delta H = +\ 961{,}4\ kJ$

Como o processo químico é de queima, ou seja, caracterizado por um processo exotérmico, temos: $\Delta H = -\ 961,4\ kJ$

Questão 246

Alternativa C.

Situação Termodinâmica I: P_I = 1 atm; V_I = ?; T_I = 273 K
Situação Termodinâmica II: P_{II} = ?; V_{II} = (1/5) x V_I; T_{II} = 273 K

Cálculo do volume inicial (V_I) utilizando a equação dos gases ideais:

$1 \text{ x } V_I = 0,10 \text{ x } 0,08206 \text{ x } 273$

$V_I = 2,24\ L$

Cálculo do volume final: $V_{II} = \frac{1}{5} \text{x } V_I$

$$V_{II} = \frac{1}{5} \text{x } 2,24 \text{ Litros} = 0,448\ L$$

Cálculo do trabalho realizado considerando o processo como isotérmico:

$$W = -\ n \text{ x } R \text{ x } T \text{ x } \ln\left(\frac{V_{II}}{V_I}\right)$$

$$W = -\ 0,10 \text{ mol x } 8,314 \frac{J}{\text{mol x K}} \text{x } 273 \text{ K x } \ln\left(\frac{0,448}{2,24}\right)$$

$$W = -\ 0,10 \text{ mol x } 8,314 \frac{J}{\text{mol x K}} \text{x } 273 \text{ K x } (-1,61) = +365,42\ J$$

Sabendo que o processo ocorre a temperatura constante, temos pela primeira lei da termodinâmica: $\Delta U = Q + W$

Processo isotérmico ⟶ $\Delta U = 0$

$0 = Q + W$

$Q = -\ W$

$Q = -(+\ 365,42\ J) = -\ 365,42\ J$

Questão 247

No trajeto 1⟶ 2: este trajeto é isovolumétrico, então o trabalho realizado é igual a zero (W = 0).

$W_{1/2} = 0$

No trajeto 2 ⟶ 3: este trajeto caracteriza-se por uma expansão isobárica.

$$W_{2/3} = -p \text{ x } \Delta V = -100000 \text{ Pa x } (10\ m^3 - 2\ m^3) = -800000\ (-800\ kJ)$$

Trajeto 3 ⟶ 1: Este trajeto caracteriza-se como um processo isotérmico (temperatura constante).
Cálculo da massa molecular do ar atmosférico, levando em consideração que o ar atmosférico apresenta como composição igual a 20% de oxigênio molecular e 80% de nitrogênio:

$$< MM >_{\substack{\text{ar} \\ \text{atmosférico}}} \text{x } (\%)_{ar} = < MM >_{O_2} \text{x } (\%)_{O_2} + < MM >_{N_2} \text{x } (\%)_{N_2}$$

$$< MM >_{\substack{\text{ar} \\ \text{atmosférico}}} \text{x } 1,0 = 32,0 \text{ x } 0,20 + 28 \text{ x } 0,80 = 28,80 \frac{g}{mol}$$

Cálculo do número de mol de ar atmosférico: $n = \frac{m_{\substack{\text{ar} \\ \text{atmosférico}}}}{<MM>_{\substack{\text{ar} \\ \text{atmosférico}}}} = \frac{2000}{28,80} = 69,44\ mol$

Cálculo da temperatura no ponto 3, aplicando a equação dos gases ideais:

$$T_3 = \frac{p \text{ x } V}{n \text{ x } R} = \frac{\left(\frac{100000}{101325}\right) \text{x } 10000}{69{,}44 \text{ x } 0{,}08206} = \frac{9869{,}23}{5{,}70} = 1731 \text{ K}$$

Cálculo do trabalho no trajeto 3 → 1: $W_{3/1} = -n \text{ x } R \text{ x } T \text{ x } \ln\left(\frac{V_1}{V_3}\right)$

$$W_{3/1} = -69{,}44 \text{ x } 8{,}314 \text{ x } 1731 \text{ x } \ln\left(\frac{2 \text{ m}^3}{10 \text{ m}^3}\right) = +1608{,}39 \text{ kJ}$$

Cálculo do trabalho total: $W_{total} = W_{1/2} + W_{2/3} + W_{3/1} = 0 - 800 \text{ kJ} + 1608{,}39 \text{ kJ} = +808{,}39 \text{ kJ}$

Questão 248

Alternativa D.

Item I) Para um processo de combustão do carbono na sua forma estável como grafite, $C_{(s)} + O_{2(g)} \rightarrow CO_{2(g)}$, a variação da entalpia é igual a energia interna, pelo fato da variação do número de mol ser igual, ou seja:

$\Delta n = n_{produtos} - n_{reagentes}$ ser igual a zero (1 – 1 = 0). Como a equação é $\Delta H = \Delta U + \Delta n.R.T$, com $\Delta n = 0$, temos $\Delta H = \Delta U$.

Item II) Se o pistão é móvel e não apresenta atrito, o trabalho ocorre na forma de expansão livre, W = 0.

Item III) A quantidade de calor trocada entre o sistema e a vizinhança não é igual a zero, pois se trata de um processo de combustão ($\Delta H = Q_p < 0$).

Item IV) A variação da entalpia do sistema é igual à variação da energia interna, conforme mostrado no item I.

Questão 249

Informação do problema: Processo isotérmico (temperatura constante) e reversível: $\Delta U = \Delta H = 0$.

Cálculo do volume final (2) e do número de mol.

Estado I: P_I = 5 atm; V_I = 2,0 L; T_I = 0 + 273 = 273 K
Estado II: P_{II} = 1 atm; V_{II} = ?; T_{II} = 273 K

Utilizando a equação combinada dos gases ideais: $\frac{5 \text{ x } 2}{273} = \frac{1 \text{ x } V_{II}}{273}$

$V_{II} = 10 \text{ L}$

Cálculo do número de mol de nitrogênio gasoso, a partir da situação inicial (1):

$$n = \frac{p \text{ x } V}{R \text{ x } T} = \frac{5 \text{ x } 2}{0{,}08206 \text{ x } 273} = \frac{10}{22{,}40} = 0{,}446 \text{ mol}$$

Cálculo do trabalho (W) realizado reversivelmente e isotermicamente:

$$W = -n \text{ x } R \text{ x } T \text{ x } \ln\left(\frac{\text{Volume}_{final}}{\text{Volume}_{inicial}}\right)$$

$$W = -0{,}446 \text{ mol x } 1{,}987 \frac{\text{cal}}{\text{mol x K}} \text{x } 273 \text{ x } \ln\left(\frac{10}{2{,}0}\right) = -389{,}38 \text{ cal}$$

Cálculo da quantidade de calor, a partir da primeira lei termodinâmica: $\Delta U = Q + W$

$0 = Q + W$

$Q = -W = -(-389{,}38\ \text{cal}) = +389{,}38\ \text{cal}$

Questão 250

(GRILLO) Equação química para o processo de combustão do gás acetileno:

$C_2H_{2(gás)} + 3/2O_{2(gás)} \longrightarrow 2CO_{2(gás)} + H_2O_{(gás)}$

Cálculo da variação de entalpia da reação de combustão do gás acetileno:

$$\Delta H^0_{reação} = \sum H^0_{produtos} - \sum H^0_{reagentes}$$

$$\Delta H^0_{reação} = [2 \text{ x } H^0_{CO_2} + 1 \text{ x } H^0_{H_2O}] - [1 \text{ x } H^0_{C_2H_2} + 1 \text{ x } H^0_{O_2}]$$

$$\Delta H^0_{reação} = [2 \text{ x } (-394) + 1 \text{ x } (-242)] - [1 \text{ x } (-227) + 1 \text{ x } 0]$$

$$\Delta H^0_{reação} = -1030 + 227 = -803 \frac{kJ}{mol} \quad \text{(Processo exotérmico)}$$

Cálculo do número de mol de gás acetileno, a partir da equação dos gases ideais:

$$25 \text{ x } 100 = n_{C_2H_2} \text{x } 0{,}08206 \text{ x } (147 + 273)$$

$$n_{C_2H_2} = \frac{2500}{34{,}46} = 72{,}54 \text{ mol}$$

Cálculo da quantidade de calor a partir de 72,54 mol de gás acetileno:

$$\Delta H^0_{reação} = -803 \frac{kJ}{mol} \text{x } 72{,}54 \text{ mol} = -58249{,}62 \text{ kJ}$$

Questão 251

Alternativa A.

Cálculo do trabalho (W), considerando que a pressão externa seja constante:

$$W = -\, p_{ext} \text{ x } \Delta V$$

$$W = -\,1 \text{ atm x} \left(\frac{10^5 \text{ Pa}}{1 \text{ atm}}\right) \text{x } (1671 - 1)\text{cm}^3\text{x}\left(\frac{10^{-6} \text{ m}^3}{1 \text{ cm}^3}\right) = -167 \text{ J } (\cong -0{,}17 \text{ kJ})$$

O problema afirma que o sistema absorve calor, logo o processo é endotérmico. Q = + 539 cal

Convertendo esta quantidade de calor para Joules (J):

$$Q = +539 \text{ cal x} \left(\frac{4{,}18 \text{ J}}{1 \text{ cal}}\right) = +2253{,}02 \text{ J } (+2{,}25 \text{ kJ})$$

Cálculo da variação da energia interna, a partir da primeira lei da termodinâmica: $\Delta U = Q + W$

$$\Delta U = +\,2{,}25 \text{ kJ} + (-0{,}17 \text{ kJ}) = +\,2{,}25 \text{ kJ} - 0{,}17 \text{ kJ} = +\,2{,}08 \text{ kJ}$$

Questão 252

Alternativa A.

O problema coloca um processo de compressibilidade do gás. Cálculo do trabalho realizado:

$$W = -\, p_{externa} \text{ x } \Delta V = -\,1{,}20 \text{ x } 10^5 \text{ Pa x } (18{,}20 - 19{,}0)\text{L x}\left(\frac{10^{-3} \text{ m}^3}{1 \text{ L}}\right) = 96 \text{ J}$$

Cálculo da quantidade de calor: $Q = n \text{ x } C_p \text{ x } \Delta T$

$$Q = \frac{3{,}20 \text{ g}}{4{,}0 \frac{\text{g}}{\text{mol}}} \text{ x } 20{,}8 \frac{\text{J}}{\text{mol x K}} \text{ x } 15 \text{ K} = 249{,}6 \text{ J}$$

A partir da primeira lei da termodinâmica, temos: $\Delta U = Q + W$

$$\Delta U = +96 \text{ J} + 249{,}6 \text{ J} = +345{,}6 \text{ J}$$

Como há uma diminuição da temperatura, a variação da energia interna será negativa, ou seja, (- 350 J), o que é equivalente a – 0,35 kJ.

Questão 253

Cálculo do trabalho realizado, sabendo que o processo é isotérmico (temperatura constante):

$$W = -n \text{ x } R \text{ x } T \text{ x } \ln\left(\frac{V_{\text{final}}}{V_{\text{inicial}}}\right)$$

$$W = -5 \text{ mol x } 8{,}314 \frac{\text{J}}{\text{mol x K}} \text{ x } (127 + 273)\text{K x } \ln\left(\frac{5\cancel{V}}{\cancel{V}}\right) = -26771 \text{ J } (-26{,}77 \text{ kJ})$$

Pela primeira lei da termodinâmica e sabendo que o processo é isotérmico, a variação da energia interna é igual a zero (ΔU = 0): 0 = Q + W

Q = - W

Q = - (- 26,77 kJ)

Q = + 26,77 kJ

Questão 254

Equação química: $2H_2S_{(gás)} + CH_{4(gás)} \rightleftarrows 4H_{2(gás)} + CS_{2(gás)}$
Base de cálculo: 11,02 mmol de $H_2S_{(gás)}$ e 5,48 mmol de $CH_{4(gás)}$ no estado inicial.
Tabela de equilíbrio químico com os participantes químicos em mmol:

	$2H_2S_{(gás)}$	$CH_{4(gás)}$	$\rightleftarrows$	$4H_{2(gás)}$	$CS_{2(gás)}$
Início	11,02	5,48		0	0
Reage	2α	α		4α	α
Equilíbrio	11,02 - 2α	5,48 - α		4α	α = 0,7

Cálculo do número de mol para cada espécie gasosa no estado de equilíbrio:
$n_{H_2S} = 11{,}02 - 2\alpha = 11{,}02 - 2 \text{ x } (0{,}711) = 11{,}02 - 1{,}422 = 9{,}60 \text{ mmol}$
$n_{CH_4} = 5{,}48 - \alpha = 5{,}48 - 0{,}711 = 4{,}77 \text{ mmol}$
$n_{H_2} = 4.\alpha = 4 \text{ x } (0{,}711) = 2{,}84 \text{ mmol}$
$n_{CS_2} = 0 + \alpha = 0{,}711 \text{ mmol}$

Cálculo do número de mol total (n_{TOTAL}): $n_{TOTAL} = n_{H_2S} + n_{CH_4} + n_{H_2} + n_{CS_2}$

$$n_{TOTAL} = 9{,}60 \text{ mmol} + 4{,}77 \text{ mmol} + 2{,}84 \text{ mmol} + 0{,}711 \text{ mmol} = 17{,}92 \text{ mmol}$$

Item a) Frações molares para cada espécie gasosa:

$$\mathbf{X_{H_2S} = \frac{n_{H_2S}}{n_{TOTAL}} = \frac{9,60\ mmol}{17,92\ mmol} = 0,536}$$

$$\mathbf{X_{CH_4} = \frac{n_{CH_4}}{n_{TOTAL}} = \frac{4,77\ mmol}{17,92\ mmol} = 0,266}$$

$$\mathbf{X_{H_2} = \frac{n_{H_2}}{n_{TOTAL}} = \frac{2,84\ mmol}{17,92\ mmol} = 0,158}$$

$$\mathbf{X_{CS_2} = \frac{n_{CS_2}}{n_{TOTAL}} = \frac{0,711\ mmol}{17,92\ mmol} = 3,97\ x\ 10^{-2}}$$

Item b) Cálculo do percentual (%) para cada espécie gasosa:

$$X_{H_2S} = \frac{n_{H_2S}}{n_{TOTAL}} = \frac{9,60\ mmol}{17,92\ mmol} = 0,536\ (53,6\%)$$

$$X_{CH_4} = \frac{n_{CH_4}}{n_{TOTAL}} = \frac{4,77\ mmol}{17,92\ mmol} = 0,266\ (26,6\%)$$

$$X_{H_2} = \frac{n_{H_2}}{n_{TOTAL}} = \frac{2,84\ mmol}{17,92\ mmol} = 0,158\ (15,8\%)$$

$$X_{CS_2} = \frac{n_{CS_2}}{n_{TOTAL}} = \frac{0,711\ mmol}{17,92\ mmol} = 3,97\ x\ 10^{-2}\ (3,97\ \%)$$

Item c) Cálculo das pressões parciais:

$$\mathbf{P_{H_2S} = X_{H_2S}\ x\ P_{TOTAL} = 0,536\ x\ 762\ torr = 408,43\ torr}$$

$$\mathbf{P_{CH_4} = X_{CH_4}\ x\ P_{TOTAL} = 0,266\ x\ 762\ torr = 202,69\ torr}$$

$$\mathbf{P_{H_2} = X_{H_2}\ x\ P_{TOTAL} = 0,158\ x\ 762\ torr = 120,40\ torr}$$

$$\mathbf{P_{CS_2} = X_{CS_2}\ x\ P_{TOTAL} = 3,97\ x\ 10^{-2} x\ 762\ torr = 30,25\ torr}$$

Cálculo da constante de equilíbrio em função das pressões parciais: $K_p = \frac{P_{H_2}^4\ x\ P_{CS_2}}{P_{H_2S}^2\ x\ P_{CH_4}}$

$$K_p = \frac{P_{H_2}^4\ x\ P_{CS_2}}{P_{H_2S}^2\ x\ P_{CH_4}} = \frac{(120,40)^4\ x\ 30,25}{(408,43)^2 x\ 202,69} = \boxed{188,0}$$

Cálculo da variação da energia livre de Gibbs:

$$\Delta G° = -8,314 \frac{J}{mol\ x\ K} x\ (700 + 273)\ x\ \ln(188)$$

$$\Delta G° = -8,314 \frac{J}{mol\ x\ K} x\ (700 + 273)\ x\ 5,24 = -42389,1 \frac{J}{mol} \left(-42,39 \frac{kJ}{mol}\right)$$

Sendo a variação da energia livre de Gibbs negativa, o processo é espontâneo.

Questão 255

Equação química de simples troca entre o ferro metálico na presença de gás metano: $3Fe_{(sólido)} + CH_{4(gás)} \rightarrow Fe_3C_{(sólido)} + 2H_{2(gás)}$

Cálculo da variação da entalpia padrão: $\Delta H^0_{reação} = \sum H^0_{produtos} - \sum H^0_{reagentes}$

$$\Delta H^0_{reação} = \left[1 \text{ x } H^0_{Fe_3C} + 2 \text{ x } H^0_{H_2} - 3 \text{ x } H^0_{Fe} - 1 \text{ x } H^0_{CH_4}\right]$$

$$\Delta H^0_{reação} = [1 \text{ x } 25{,}10 + 2 \text{ x } 0 - 3 \text{ x } 0 - 1 \text{ x } (-74{,}80)]$$

$$\Delta H^0_{reação} = [25{,}10 + 74{,}80] = +\, 99{,}90 \frac{kJ}{mol}$$ (Processo Endotérmico)

Cálculo da variação de entropia padrão: $\Delta S^0_{reação} = \sum S^0_{produtos} - \sum S^0_{reagentes}$

$$\Delta S^0_{reação} = \left[1 \text{ x } S^0_{Fe_3C} + 2 \text{ x } S^0_{H_2} - 3 \text{ x } S^0_{Fe} - 1 \text{ x } S^0_{CH_4}\right]$$

$$\Delta S^0_{reação} = [1 \text{ x } 104{,}60 \ + 2 \text{ x } (130{,}6) - 3 \text{ x } 27{,}30 - 1 \text{ x } 186{,}2] = +97{,}7 \frac{J}{mol \text{ x } K}$$

Cálculo da variação da energia livre de Gibbs padrão: $\Delta G^0_{reação} = 99900 - T \text{ x } 97{,}7$

Para T = 25°C: $\Delta G^0_{reação} = 99900 - (25 + 273) \text{ x } 97{,}7$

$$\Delta G^0_{reação} = +70785{,}4 \frac{J}{mol}$$ (Processo não espontâneo)

Cálculo da constante de equilíbrio em função das pressões parciais:

$$-\, R \text{ x } T \text{ x } \ln K_p = +70785{,}4 \frac{J}{mol}$$

$$-\, 8{,}314 \text{ x } (25 + 273) \text{ x } \ln K_p = +70785{,}4 \frac{J}{mol}$$

$$\ln K_p = \frac{-\, 70785{,}4}{2477{,}572} = -28{,}57$$

$$K_p = e^{-28{,}57} = 3{,}91 \text{ x } 10^{-13}$$

Para uma constante de equilíbrio menor que 1, significa que o equilíbrio está deslocado para a esquerda, ou seja, o processo não é viável para a produção de cementita. Critério de espontaneidade:

$$\Delta G^0_{reação} \leq 0$$

$$99900 - T \text{ x } 97{,}7 \leq 0$$

$$T \geq 1022{,}52 \text{ K}$$

Cálculo das frações molares (X) das espécies gasosas presentes na reação química. Base de cálculo: 1 atm de gás metano.

	$3Fe_{(sólido)}$	$CH_{4(gás)}$	⇄	$Fe_3C_{(sólido)}$	$2H_{2(gás)}$
Início	-	1 atm		-	0
Reage	-	α		-	2α
Equilíbrio	-	1 - α		-	2α

Cálculo do grau de dissociação (α): $K_p = \frac{P^2_{H_2}}{P_{CH_4}}$

$$K_p = \frac{(2\alpha)^2}{1-\alpha} = \frac{4\alpha^2}{1-\alpha} = \ 3{,}91 \text{ x } 10^{-13}$$

Sabendo que o valor do x calculado será bem baixo, logo: $(1 - \alpha) \rightarrow 1$

$4\alpha^2 = 3{,}91 \times 10^{-13}$

$$\alpha = \sqrt{\frac{3{,}91 \times 10^{-13}}{4}} = \sqrt{9{,}77 \times 10^{-14}} = 3{,}13 \times 10^{-7}$$

Cálculo das frações molares a partir das pressões parciais, levando em consideração que a pressão total seja igual a 1 atm. Em relação ao gás hidrogênio: $P_{H_2} = X_{H_2} x\, P_{TOTAL}$

$$X_{H_2} = \frac{P_{H_2}}{P_{TOTAL}} = \frac{2.\alpha}{1}$$

$X_{H_2} = 2 \times (3{,}13 \times 10^{-7}) = 6{,}26 \times 10^{-7}$

Em relação ao gás metano: $X_{CH_4} + X_{H_2} = 1$

$$X_{CH_4} = 1 - X_{H_2}$$

$$X_{CH_4} = 1 - 6{,}26 \times 10^{-7} \cong 1$$

Questão 256

Item a) Equação química para o processo de combustão do gás etano: $C_2H_{6(líquido)} + 7/2O_{2(gás)} \rightarrow 2CO_{2(gás)} + 3H_2O_{(líquido)}$

Item b)

i. Cálculo da entalpia padrão do etano: $\Delta H^0_{reação} = \sum H^0_{produtos} - \sum H^0_{reagentes}$

$$\Delta H^0_{reação} = \left[2 \times H^0_{CO_2} + 3 \times H^0_{H_2O}\right] - \left[1 \times H^0_{C_2H_6} + \frac{7}{2} \times H^0_{O_2}\right]$$

$$-1560 = \left[\{2 \times (-393{,}5) + 3 \times (-285{,}8)\} - \left\{1 \times H^0_{C_2H_6} + \frac{7}{2} \times 0\right\}\right]$$

$$-1560 = -1644{,}40 - H^0_{C_2H_6}$$

$$H^0_{C_2H_6} = -84{,}40 \text{ kJ}$$

ii. Para este item serão calculadas as entalpias dos reagentes e produtos.

Cálculo da entalpia dos reagentes:

$$H^0_{reagentes} = +\left[1 \times 1 \times H_{C-C} + 6 \times H_{C-H} + \frac{7}{2} \times H_{O=O}\right]$$

$$H^0_{reagentes} = +\left[1 \times 1 \times 347 + 6 \times 413 + \frac{7}{2} \times 195\right] = +3507{,}5 \frac{\text{kJ}}{\text{mol}}$$

Cálculo da entalpia dos produtos: $H^0_{produtos} = -\left[2 \times 2 \times H_{C=O} + 3 \times 2 \times H_{O-H}\right]$

$H^0_{produtos} = -\left[4 \times H_{C=O} + 6 \times 164\right]$

$$H^0_{produtos} = -4 \times H_{C=O} - 984$$

A partir da variação da entalpia padrão: $\Delta H^0_{reação} = H^0_{reagentes} + H^0_{produtos}$

$$-1560 = +3507{,}5 - 4 \times H_{C=O} - 984$$

$$-1560 - 3507{,}5 + 984 = -4 \text{ x } H_{C=O}$$

$$H_{C=O} = \frac{-4083{,}5}{-4} = +1020{,}87 \frac{kJ}{mol}$$

Item c) Cálculo da entropia padrão ($\Delta S^0_{reação}$). Sabendo que ΔG^0 = - 1467,5 kJ.mol^{-1} (processo espontâneo) e ΔH^0 = 1560 kJ.mol^{-1} (processo exotérmico), temos:

$$-1467{,}5 + 1560 = -298 \text{ x } \Delta S^0_{reação}$$

$$\Delta S^0_{reação} = \frac{-1467{,}5 + 1560}{-298} = -0{,}310 \frac{kJ}{mol \text{ x } K}$$

Questão 257

Cálculo da variação de entropia do sistema ($\Delta S_{sistema}$): $\Delta S_{sistema} = n \text{ x } R \text{ x } T \text{ x } \ln\left(\frac{V_{final}}{V_{inicial}}\right)$

$$\Delta S_{sistema} = \frac{n \text{ x } R \text{ x } T \text{ x } \ln(3)}{T}$$

$$\Delta S_{sistema} = n \text{ x } R \text{ x } T \text{ x } \ln(3)$$

Cálculo da entropia do meio externo ($\Delta S_{externo}$): $\Delta S_{sistema} = \frac{Q}{T}$

Como o processo é isotérmico, a variação da energia interna é igual a zero, logo: 0 = Q + W

Q = - W

$$Q = -n \text{ x } R \text{ x } T \text{ x } \ln\left(\frac{V_{final}}{V_{inicial}}\right) = -1 \text{ x } 8{,}314 \text{ x } T \text{ x } \ln\left(\frac{3V}{V}\right)$$

$$Q = -8{,}314 \text{ x } T \text{ x } \ln(3)$$

$$\Delta S_{externo} = -\frac{1 \text{ mol x } 8{,}314 \text{ x } T \text{ x } \ln(3)}{T} = -1 \text{ mol x } 8{,}314 \text{ x } \ln(3)$$

Cálculo da entropia do universo ($\Delta S_{universo}$): $\Delta S_{universo} = \Delta S_{sistema} + \Delta S_{externo}$

$$\Delta S_{universo} = [1 \text{ mol x } 8{,}314 \text{ x } \ln(3)] + [-8{,}314 \text{ x } \ln(3)] = 0$$

Questão 258

Equação química: $H_{2(gás)} + \frac{1}{2}O_{2(gás)} \longrightarrow H_2O_{(líquido)}$

Cálculo da variação de entropia padrão: $\Delta S^0_{reação} = \left[1 \text{ x } S^0_{H_2O} - \left(1 \text{ x } S^0_{H_2} + \frac{1}{2} \text{ x } S^0_{O_2}\right)\right]$

$$\Delta S^0_{reação} = \left[1 \text{ x } 70 - 1 \text{ x } 131 - \frac{1}{2} \text{ x } 206\right] = -164 \frac{J}{mol \text{ x } K}$$

Cálculo da entalpia da água no estado líquido a 25°C:

$$\Delta G^0_{reação} = \left\{H^0_{H_2O_{(l)}} - \left(1 \text{ x } H^0_{H_2} + \frac{1}{2} \text{ x } H^0_{O_2}\right)\right\} - T \text{ x } \Delta S^0_{reação}$$

$$-237000 = \left\{H^0_{H_2O_{(l)}} - \left(1 \text{ x } 0 + \frac{1}{2} \text{ x } 0\right)\right\} - (25 + 273) \text{ x } (-164)$$

$$-237000 = H^{o}_{H_2O_{(l)}} + 298 \times 164$$

$$H^{o}_{H_2O_{(l)}} = -237000 - 48872 = -285872 \frac{J}{mol} \ (-285{,}87 \frac{kJ}{mol})$$

Cálculo da variação de entropia padrão para o processo de vaporização (ΔS°), a partir da equação química balanceada: $H_2O_{(líquido)} \rightarrow H_2O_{(gasoso)}$:

$$\Delta S^{0}_{vaporização} = \sum S^{0}_{produtos} - \sum S^{0}_{reagentes}$$

$$\Delta S^{0}_{vaporização} = \left[S^{0}_{H_2O_{(gás)}} - S^{0}_{H_2O_{(líquido)}}\right] = [1 \times 189 - 1 \times 70] = +119 \frac{J}{mol \times K}$$

Cálculo da variação de entalpia padrão para o processo de vaporização (ΔH°), a partir da equação química balanceada: $H_2O_{(líquido)} \rightarrow H_2O_{(gás)}$:

$$\Delta H^{0}_{vaporização} = \sum H^{0}_{produtos} - \sum H^{0}_{reagentes}$$

$$\Delta H^{0}_{vaporização} = \left[H^{0}_{H_2O_{(gás)}} - H^{0}_{H_2O_{(líquido)}}\right]$$

$$\Delta H^{0}_{vaporização} = -242000 - (-285872) = +43872 \frac{J}{mol}$$

Como o processo ocorre no equilíbrio líquido → gasoso, a variação da energia livre de Gibbs é igual a zero, logo: $0 = 43872 - T_{ebulição} \times 119$

$$T_{ebulição} = \frac{43872}{119} = 368{,}67 \text{ K}$$

Questão 259

(CONCURSO PARA DOCENTE FEDERAL - INSTITUTO FEDERAL DO RIO DE JANEIRO) Tabela termodinâmica fornecida pelo problema:

Equação química da decomposição do bicarbonato de sódio:

$2NaHCO_{3(sólido)} \rightleftarrows Na_2CO_{3(sólido)} + H_2O_{(gás)} + CO_{2(gás)}$

Cálculo da variação da entalpia padrão: $\Delta H^{0}_{reação} = \sum H^{0}_{produtos} - \sum H^{0}_{reagentes}$
$\Delta H^{0}_{reação} = [1 \times H^{0}_{Na_2CO_3} + 1 \times H^{0}_{H_2O} + 1 \times H^{0}_{CO_2} - 2 \times H^{0}_{NaHCO_3}]$

$$\Delta H^{0}_{reação} = [1 \times (-1133) + 1 \times (-242) + 1 \times (-393) - 2 \times (-947)] = +126 \frac{kJ}{mol}$$

(Processo Endotérmico)

Cálculo da variação de entropia padrão ($\Delta S^{0}_{reação}$): $\Delta S^{0}_{reação} = \sum S^{0}_{produtos} - \sum S^{0}_{reagentes}$

$$\Delta S^{0}_{reação} = [1 \times S^{0}_{Na_2CO_3} + 1 \times S^{0}_{H_2O} + 1 \times S^{0}_{CO_2} - 2 \times S^{0}_{NaHCO_3}]$$

$$\Delta S^{0}_{reação} = [1 \times 136 + 1 \times 189 + 1 \times 213 - 2 \times 102] = +334 \frac{J}{mol \times K}$$

Cálculo da variação da energia livre de Gibbs ($\Delta G^{0}_{reação}$): $\Delta G^{0}_{reação} = 12600 - T \times 334$

$$\Delta G^0_{reação} = 126000 - (25 + 273) \text{ x } 334$$

$$\Delta G^0_{reação} = 126000 - 99532 = +\,26468 \frac{J}{mol}$$ (Processo não espontâneo)

Cálculo da constante de equilíbrio (K), a partir da variação da energia livre de Gibbs padrão.

$$+\,26468 \frac{J}{mol} = -8{,}314 \frac{J}{mol \text{ x } K} \text{x } 298 \text{ K x } \ln K$$

$$\ln K = \frac{-\,26468}{2477{,}572} = -10{,}68$$

$$K = e^{(-10{,}68)}$$

Cálculo da variação da energia interna do sistema (ΔU):

$$\Delta H = \Delta U + \Delta n \text{ x R x T} = \Delta U + (n_{produtos} - n_{reagentes}) \text{x R x T}$$

$$126000 = \Delta U + (2 - 0) \text{ x } 8{,}314 \frac{J}{mol \text{ x } K} \text{x } 298 \text{ K}$$

$$126000 - 4955{,}14 = \Delta U$$

$$\Delta U = 121044{,}86 \text{ J } (+121{,}04 \text{ kJ})$$

Questão 260

Equação química da decomposição do carbonato de prata: $Ag_2CO_{3(sólido)} \rightarrow Ag_2O_{(sólido)} + CO_{2(gás)}$.

Item a) Cálculo da variação da entalpia padrão a 298 K.

$$\Delta H^0_{reação} = \sum H^0_{produtos} - \sum H^0_{reagentes}$$

$$\Delta H^0_{reação} = [1 \text{ x } H^0_{Ag_2CO_3}] - [1 \text{ x } H^0_{Ag_2O} + 1 \text{ x } H^0_{CO_2}]$$

$$\Delta H^0_{reação} = [1 \text{ x } (-30{,}58) + 1 \text{ x } (-393{,}51)] - [1 \text{ x } (-501{,}66)] = +77{,}57 \frac{kJ}{mol}$$

Cálculo da variação da entropia padrão a 298 K.

$$\Delta S^0_{reação} = \sum S^0_{produtos} - \sum S^0_{reagentes}$$

$$\Delta S^0_{reação} = [1 \text{ x } S^0_{Ag_2CO_3}] - [1 \text{ x } S^0_{Ag_2O} + 1 \text{ x } S^0_{CO_2}]$$

$$\Delta S^0_{reação} = 1 \text{ x } 121{,}88 + 1 \text{ x } 213{,}8 - (1 \text{ x } 167{,}4) = 168{,}28 \frac{J}{mol \text{ x } K}$$

Cálculo da constante de equilíbrio, a partir da equação de Gibbs:

$$-8{,}314 \text{ x } 298 \text{ x } \ln K_p = 77570 - 298 \text{ x } 168{,}28$$

$$\ln K_p = -11{,}07$$

$$K_p = e^{(-11{,}07)}$$

Item b) Cálculo da variação da entalpia da reação a 383K: $Ag_2CO_{3(sólido)} \longrightarrow Ag_2O_{(sólido)} + CO_{2(gás)}$.

$$\Delta_r H_m^0(383) = \Delta_r H_m^0(383) + \Delta_r C_p^0 \text{ x } (383 - 298)$$

$$\Delta_r H_m^0(383) = 77570 + \underbrace{[1 \text{ x } 65{,}7 + 1 \text{ x } 37{,}6 - 1 \text{ x } 109{,}6]}_{\Delta_r C_p^0} \text{ x } (383 - 298)$$

$$\Delta_r H_m^0(383) = +77034{,}50 \frac{J}{mol}$$

Cálculo da variação da entropia a 383K: $Ag_2CO_{3(sólido)} \longrightarrow Ag_2O_{(sólido)} + CO_{2(gás)}$.

$$\Delta_r S_m^0(383) = \Delta_r S_m^0(383) + \Delta_r C_p^0 \text{ x} \ln \frac{383}{298}$$

$$\Delta_r S_m^0(383) = 168{,}28 + \underbrace{[1 \text{ x } 65{,}7 + 1 \text{ x } 37{,}6 - 1 \text{ x } 109{,}6]}_{\Delta_r C_p^0 = -6{,}30} \text{ x} \underbrace{\ln \frac{383}{298}}_{0{,}251}$$

$$\Delta_r S_m^0(383) = +166{,}70 \frac{J}{mol \text{ x } K}$$

Cálculo da pressão parcial de vapor do dióxido de carbono, a partir da relação termodinâmica entre a variação da energia livre de Gibbs com a constante de equilíbrio a 383K.

$$-R \text{ x } T \text{ x} \ln K_p = \Delta H^0_{reação} - T \text{ x } \Delta S^0_{reação}$$

$$-8{,}314 \text{ x } 383 \text{ x } \ln K_p = 77034{,}50 - 383 \text{ x } 166{,}70$$

$$\ln p_{CO_2} = \frac{13188{,}40}{-3184{,}262} = -4{,}14$$

$$p_{CO_2} = e^{(-4{,}14)} = 1{,}59 \text{ x } 10^{-2} \text{ atm}$$

Questão 261

Alternativa C.

A partir da segunda lei da termodinâmica, a entropia do universo sendo o somatório da entropia do sistema com a entropia da vizinhança, temos a seguinte relação: $\Delta S_{universo} \geq \Delta S_{sistema} + \Delta S_{vizinhança}$. Como a entropia do universo tem que ser sempre constante e maior que zero, com a diminuição do sistema A, logo $\Delta S_A < 0$. Como a temperatura do sistema B aumenta, então $\Delta S_B < 0$, uma vez que a entropia é a razão entra a quantidade de calor reversível pela temperatura. Portanto, como $\Delta S_A + \Delta S_B \geqq 0$, logo a relação entre as entropias dos sistemas A e B fica da seguinte maneira: $|\Delta S_B| > |\Delta S_A|$. Esta relação significa que a entropia do sistema B aumenta mais que a entropia do sistema A diminui.

CAPÍTULO XI - TRANSMISSÃO DE CALOR – CONDUÇÃO / CONVECÇÃO / RADIAÇÃO

Questão 01

(CONCURSO PÚBLICO FEDERAL) Um duto de ar quente, com diâmetro externo de 22 cm e temperatura superficial de 93°C, está localizado num grande compartimento cujas paredes estão a 21°C. O ar no compartimento está a 27°C e o coeficiente de película é 21 kJ/h.m².°C. Determinar a quantidade de calor transferida por unidade de tempo, por metro de tubo, se:

a) o duto é de estanho (ε = 0,1).

b) o duto é pintado com laca branca (ε = 0,9)

Resolução

Dados do problema:

$T_{superfície}$ = 93 + 273 = 366 K; T_{ar} = 21 + 273 = 294 K

Coeficiente de película (h): 21 kJ/h.m².°C

Diâmetro = 22 cm (0,22 m)

Raio = 11 cm (0,11 m)

Item a) Para um comprimento unitário do duto de estanho (sem pintura), temos: L = 1,0 m e ε = 0,10.

Como o tubo atravessa um grande compartimento, ou seja, a superfície do tubo é muito menor que a superfície do compartimento, o fator forma é calculado através da seguinte maneira: $F_{12} = \varepsilon_1 = 0,1 \text{ (superfície } 1 < \text{superfície } 2)$: O fluxo de calor é composto de duas parcelas, conforme pode ser observado logo a seguir: $q_{total} = q_{radiação} + q_{convecção}$

Cálculo da quantidade de calor de radiação: $q_{radiação} = \sigma \text{ x } A \text{ x } F_{12} \text{ x } (T_1^4 - T_2^4)$

$$q_{radiação} = \sigma \text{ x } (2 \text{ x } \pi \text{ x } r \text{ x } L) \text{ x } F_{12} \text{ x } (T_1^4 - T_2^4)$$

$$q_{radiação} = 5,67 \text{ x } 10^{-8} \text{ x } (2 \text{ x } \pi \text{ x } 0,11 \text{ x } 1) \text{ x } 0,1 \text{ x } [(366)^4 - (294)^4] = 41 \frac{W}{m}$$

Cálculo da quantidade de calor de convecção: $q_{convecção} = h \text{ x } (2 \text{ x } \pi \text{ x } r \text{ x } L) \text{ x } (T_1 - T_2)$

$$q_{convecção} = \frac{21000}{3600} \text{ x } (2 \text{ x } \pi \text{ x } 0,11 \text{ x } L) \text{ x } (366 - 300) = 266 \frac{W}{m}$$

Cálculo da quantidade de calor total: $q_{total} = q_{radiação} + q_{convecção} = 41 + 266 = 307 \frac{W}{m}$

Item b) Quando o tubo é pintado com laca branca e seu poder de emissividade passa a ser igual a 0,90, diante disso somente a transferência de calor por radiação é afetada. Logo: $F_{12} = \varepsilon_1 = 0,9 \text{ (superfície } 1 < \text{superfície } 2)$.

Cálculo da quantidade de calor de radiação: $q_{radiação} = \sigma \text{ x } A \text{ x } F_{12} \text{ x } (T_1^4 - T_2^4)$

$$q_{radiação} = \sigma \text{ x } (2 \text{ x } \pi \text{ x } r \text{ x } L) \text{ x } F_{12} \text{ x } (T_1^4 - T_2^4)$$

$$q_{radiação} = 5,67 \text{ x } 10^{-8} \text{ x } (2 \text{ x } \pi \text{ x } 0,11 \text{ x } 1) \text{ x } 0,9 \text{ x } [(366)^4 - (294)^4]$$

$$q_{radiação} = 369 \frac{W}{m}$$

Cálculo da quantidade de calor total:

$$q_{total} = q_{radiação} + q_{convecção} = 266 + 369 = 635 \frac{W}{m}$$

Questão 02

(CONCURSO PÚBLICO FEDERAL) Considere um duto cilíndrico de aço longo com comprimento L, apresentando raio interno $r_{interno}$ = 3,50 cm e raio externo $r_{externo}$ = 4,0 cm. Sabendo que as superfícies dos dutos interno e externo são mantidas à temperatura constante igual a 140°C e 100°C, respectivamente, e sua condutividade térmica do aço constante é 40,0 W/m.°C, calcule o fluxo de calor por comprimento.

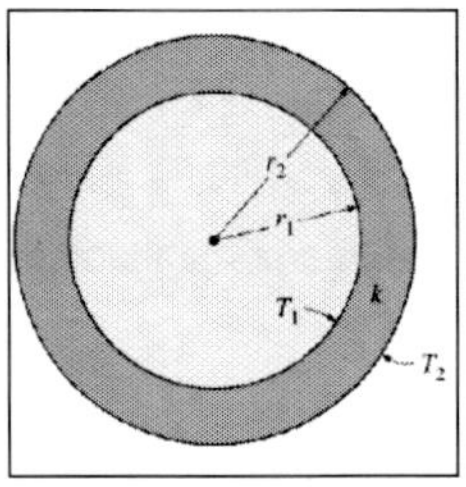

Resolução

Primeiramente será necessário chegar a uma equação que relaciona os raios (r_1 e r_2) com a condutividade térmica do duto cilíndrico. A partir da equação de Fourier, temos: $q = -k\ x\ A\ x \frac{dT}{dx}$, sendo necessário realizar uma aproximação de que a derivada da espessura do material seja aproximadamente igual à derivada do raio, ou seja: $dx \approx dr$.

$$q = -k\ x\ 2\ x\ \pi\ x\ r\ x\ L\ x \frac{dT}{dr}$$

Separando as variáveis, temos: $\frac{q}{L} x \left(\frac{1}{r}\right) dr = -2\ x\ k\ x\ \pi\ x\ dT$

Aplicando a integral na equação: $\frac{q}{L}. \int_{r_1}^{r_2} \frac{1}{r} dr = -2. k. \pi. \int_{T_1}^{T_2} dT$

$$\frac{q}{L}. \ln \frac{r_2}{r_1} = -2. k. \pi. (T_2 - T_1)$$

$$\boxed{\frac{q}{L}. \ln \frac{r_2}{r_1} = 2. k. \pi. (T_1 - T_2)}$$

Chamando de r_2 o raio externo e o r_1 o raio interno, a equação anterior fica da seguinte maneira: $\frac{q}{L}. \ln \frac{r_{externo}}{r_{interno}} = 2. k. \pi. (T_{interna} - T_{externa})$

Substituindo os valores na equação, temos: $\frac{q}{L}. \ln \frac{4,0}{3,50} = 2\ x\ 40,0\ x\ (140 - 100)$

$$\frac{q}{L} = \frac{2\ x\ 40,0\ x\ (140 - 100)}{\ln\left(\frac{4,0}{3,50}\right)} = 23964,40 \frac{W}{m} \left(23,96 \frac{kW}{m}\right)$$

Questão 03

(CONCURSO PÚBLICO FEDERAL – ENGENHARIA QUÍMICA) Um tubo de aço inoxidável que apresenta condutividade térmica igual a 14 W/m.K, é amplamente utilizado para transportar um produto farmacêutico resfriado, apresentando diâmetro interno de 36mm e espessura de parede 2 mm. O produto farmacêutico e o ar ambiente estão a temperaturas 6°C e 23°C, respectivamente, enquanto os coeficientes correspondentes de convecção interna e externa são 400 e 6 W/m².K, respectivamente. A partir das informações apresentadas, determine a taxa de transferência de calor por unidade de comprimento do tubo.

Resolução

Primeiramente será necessário apresentar a expressão da resistência térmica do conjunto duto + o fluido farmacêutico. $R_{térmica} = \frac{1}{h\,x\,A} + \frac{\ln\frac{r_{externo}}{r_{interno}}}{k\,x\,A} + \frac{1}{h\,x\,A}$

$$R_{térmica} = \frac{1}{h\,x\,2\,x\,\pi\,x\,r_{interno}\,x\,L} + \frac{\ln\frac{r_{externo}}{r_{interno}}}{2\,x\,k\,x\,\pi\,x\,L} + \frac{1}{h\,x\,2\,x\,\pi\,x\,r_{externo}\,x\,L}$$

$$R_{térmica} = \frac{1}{L}x\left[\frac{1}{h\,x\,2\,x\,\pi\,x\,r_{interno}} + \frac{\ln\frac{r_{externo}}{r_{interno}}}{2\,x\,k\,x\,\pi} + \frac{1}{h\,x\,2\,x\,\pi\,x\,r_{externo}}\right]$$

$$R_{térmica} = \frac{1}{L}x\left[\frac{1}{400\,x\,2\,x\,\pi\,x\,18\,x\,10^{-3}} + \frac{\ln\frac{20\,x\,10^{-3}}{18\,x\,10^{-3}}}{2\,x\,14\,x\,\pi} + \frac{1}{6\,x\,2\,x\,\pi\,x\,20\,x\,10^{-3}}\right]$$

Cálculo da quantidade de calor ao longo do tubo cilíndrico: $q\,x\,R_{térmica} = \Delta T$

$$q\,x\,\frac{1}{L}x\left[\frac{1}{400\,x\,2\,x\,\pi\,x\,18\,x\,10^{-3}} + \frac{\ln\frac{20\,x\,10^{-3}}{18\,x\,10^{-3}}}{2\,x\,14\,x\,\pi} + \frac{1}{6\,x\,2\,x\,\pi\,x\,20\,x\,10^{-3}}\right] = 23 - 6$$

$$\frac{q}{L} = \frac{17}{\left[\frac{1}{400\,x\,2\,x\,\pi\,x\,18\,x\,10^{-3}} + \frac{\ln\frac{20\,x\,10^{-3}}{18\,x\,10^{-3}}}{2\,x\,14\,x\,\pi} + \frac{1}{6\,x\,2\,x\,\pi\,x\,20\,x\,10^{-3}}\right]}$$

$$\frac{q}{L} = 12{,}59\frac{W}{m}$$

Questão 04

Duas placas são colocadas "coladas", apresentando uma fonte de calor à esquerda deste conjunto, fornecendo uma quantidade de calor na ordem de 2800 W. À direita do conjunto, há um fluido a uma temperatura de aproximadamente igual a 25ºC. Levando em consideração as hipóteses de condução unidimensional e regime permanente como válidas e sabendo que a placa da esquerda tem 8,0 cm de espessura, é de aço classificado como 304 (16,90 W/m.K), e que a placa da direita apresenta 15,0 cm de espessura, sendo de platina (77,50 W/m.K), que a área das placas é de 2,0 m² e que a temperatura da face esquerda do conjunto é de 55ºC, determine a temperatura da interface entre as placas e a temperatura na face direita do conjunto.

Resolução

Estas placas coladas apresentam uma temperatura intermediária (T). Cálculo da temperatura intermediária (T), a partir da equação de Fourier. $q = -k\,x\,A\,x\frac{dT}{dx}$

$$2800 = 16{,}90\,x\,2\,x\frac{25 - T}{8{,}0\,x\,10^{-2}}$$

$$\frac{2800}{33{,}80}x\,8{,}0\,x\,10^{-2} = 25 - T$$

$$T = 18{,}37^{\circ}C$$

Cálculo da temperatura da face da direita: $2800 = 77{,}50\,x\,2\,x\frac{18{,}37 - T}{15{,}0\,x\,10^{-2}}$

$$\frac{2800}{155} \times 15{,}0 \times 10^{-2} = 18{,}37 - T$$

$$T = 15{,}66°C$$

Questão 05

(CONCURSO PÚBLICO FEDERAL – ENGENHARIA QUÍMICA) Água a uma temperatura de 350K escoa com uma vazão de 0,25 L/s numa tubulação com diâmetro interno de 1,40 cm. Calcule o coeficiente de transferência de calor dentro da tubulação. Informações para a água à T = 350 K: ρ = 973,7 kg x m^{-3}, μ = 3,72 x 10^{-4} kg/m x s; k = 0,668 W/m.K e Pr = 2,33.

Informações para a resolução do problema:

$$Nu_D = 1{,}86 \times \left(Re_D \times Pr \times \frac{D}{L}\right)^{1/3} \times \left(\frac{\mu}{\mu_s}\right)^{0{,}14}, \text{ para } Re_D < 2000.$$

$$Nu_D = 0{,}023 \times Re_D^{0{,}8} \times Pr^{0{,}33}, \text{ para } Re_D > 10000.$$

Resolução

Figura representativa de um cilindro com o diâmetro, vazão e temperatura.

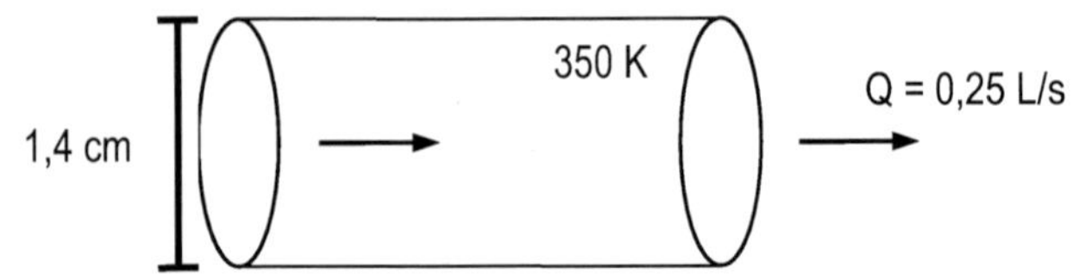

Cálculo do coeficiente de película, h = ?

Dados:

ρ = 973,7 kg/m^3 (massa específica); μ = 3,72 x 10^{-4} kg/m.s (viscosidade); k = 0,668 W/m.K (condutividade térmica) e número de Prandtl = 2,33.

Conversão da unidade da vazão: Q = 0,25 L/s = 0,25 x 10^{-3} m^3/s.

Cálculo da velocidade do fluido, a partir da vazão: $v_\infty = \frac{0{,}25 \times 10^{-3}}{3{,}14 \times \frac{(1{,}4 \times 0{,}01)^2}{4}} = 1{,}62 \frac{m}{s}$

Para calcular o número de Nusselt, será necessário calcular primeiramente o número de Reynolds.

$$Re_D = \frac{\rho \times v_\infty \times D}{\mu} = \frac{973{,}7 \times 1{,}62 \times 1{,}4 \times 0{,}01}{3{,}72 \times 10^{-4}} = 59364{,}29$$

Sendo este valor maior que 10000, o cálculo do número de Nusselt será:

$$Nu_D = 0{,}023 \times (59364{,}29)^{0{,}8} \times (2{,}33)^{0{,}33} = 200{,}34$$

Sabendo que o número de Nusselt é dado por: $Nu_D = \frac{h \times D}{k}$

$$200{,}34 = \frac{h \times 1{,}40 \times 0{,}01}{0{,}668}$$

$$h = 9559{,}08 \frac{W}{m^2 \times K}$$

Questão 06

(CONCURSO PÚBLICO FEDERAL – ENGENHARIA QUÍMICA) Considere um cilindro cujo eixo é perpendicular ao escoamento de ar. O ar encontra-se a uma temperatura de aproximadamente igual a 20ºC e escoa com uma velocidade $v_\infty = 2{,}0\,\frac{m}{s}$. Se o diâmetro do cilindro é 3,5 cm e sua temperatura superficial é 34ºC, calcule o coeficiente de transferência de calor e a taxa de transferência de calor do cilindro para o ar por unidade de comprimento do cilindro (W/m). Dados para a resolução do problema - para o ar na temperatura média do filme: v = 1,6 x 10^{-5} m²/s (viscosidade dinâmica); k = 2,6 x 10^{-2} W/m.K (condutividade térmica) e número de Prandtl = 0,71. Expressão do número de Nusselt: $Nu_D = \mathbf{C}\,x\,Re_D^{\mathbf{n}}\,x\,Pr^{\frac{1}{3}}$.

Re_D	C	n
0,4 - 4	0,989	0,330
4 - 40	0,911	0,385
40 - 4000	0,683	0,466
4000 - 40000	0,193	0,618
40000 - 400000	0,0266	0,805

Resolução

A figura abaixo apresenta o cilindro com comprimento L e diâmetro igual a 3,50 x 10^{-2} m.

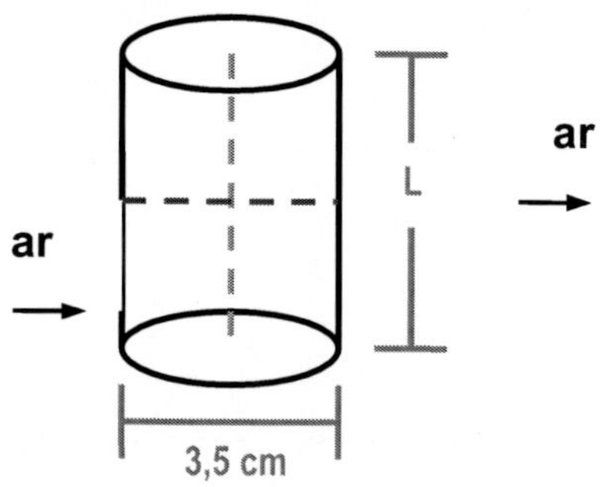

Sabendo que o processo convectivo é dado por: $q = h\,x\,A\,x\,\Delta T$ e sabendo que a área do cilindro é dada por A = 2.π.R.L, primeiramente será necessário cálculo parâmetros tais como o número de Reynolds.

Cálculo do número de Reynolds: $Re_D = \frac{v_\infty\,x\,D}{v} = \frac{2\,x\,3{,}5\,x\,0{,}01}{1{,}6\,x\,10^{-5}} = 4375$. Para este número de Reynolds, C = 0,193 e n = 0,618.

Cálculo do número de Nusselt: $Nu_D = C\,x\,Re_D^{n}\,x\,Pr^{1/3}$

$Nu_D = 0{,}193\,x\,(4375)^{0{,}618}\,x\,(0{,}71)^{1/3} = 30{,}63$

Cálculo do coeficiente de película (h), a partir do número de Nusselt: $Nu_D = \frac{h\,x\,D}{k}$

$$30{,}63 = \frac{h\,x\,3{,}5\,x\,0{,}01}{0{,}026}$$

$$h = 22{,}75\,\frac{W}{m^2 x\,K}$$

Cálculo da quantidade de calor convectivo por comprimento:

$$\frac{q}{L} = 22{,}75\,x\,2\,x\,3{,}14\,x\,1{,}75\,x\,0{,}01\,x\,(34 - 20) = 35{,}00\,\frac{W}{m}$$

Questão 07

Deseja-se construir uma chaminé para a exaustão de gases quentes provenientes de um forno a T_g = 300ºC. A chaminé deve ter L = 60 m de altura e diâmetro D = 1,8 m. Por razões estruturais a espessura da parede de refratário não pode ser maior que e = 500 mm. Sabe-se que a temperatura do ambiente externo $T\alpha$ é igual a 20°C. O coeficiente de transferência de calor por convecção forçada entre os gases quentes e a parede interna do refratário é igual a $h_{interno}$ = 60 W/(m².°C) e o coeficiente transferência de calor por convecção natural entre a parede externa do refratário e o ar ambiente é igual a $h_{externo}$ = 5 W/(m².°C). A temperatura externa da chaminé T_{SE} não deve ultrapassar 30°C. Qual deve ser a condutividade térmica k do refratário a ser utilizado? Dados do problema: $h_{interno}$ = 60 W/(m².°C); h_e = 5 W/(m².°C); T_{SE} = 30°C.

Resolução

Cálculo da quantidade de calor levando em consideração o processo convectivo:

$$q = 2 \times 3{,}14 \times 5{,}0 \times 60 \times 0{,}90 \times (30 - 20) = 16956 \text{ W}$$

Cálculo da condutividade térmica a partir do cálculo da resistência térmica:

$$16956 = \frac{300 - 20}{\frac{1}{60 \times 2 \times \pi \times 0{,}4 \times 60} + \frac{\ln\frac{0{,}90}{0{,}40}}{2 \times \pi \times k \times 60} + \frac{1}{5 \times 2 \times \pi \times 0{,}90 \times 60}}$$

A partir dos cálculos, a condutividade térmica do refratário será igual a 0,13 W/m.°C.

Questão 08

Considere que uma parede de uma residência seja composta por uma camada de 20 cm de espessura de tijolo com condutividade térmica igual a k = 0,60 W/m.K e também junto a este tijolo uma outra camada de gesso com espessura igual a 5,0 cm e condutividade térmica igual a k = 0,46 W/m.K. Determine a taxa de transferência de calor por área, se a face externa composta pelo conjunto parede + gesso se encontra à 35°C e a face interna à 20°C.

Resolução

Sabendo que a transferência de calor por condução é dada pela expressão matemática de Fourier, temos: $q = -k.A.(\frac{dT}{dx})$. Desenvolvendo de maneira matemática:

$$q.\int_0^x dx = -k.A.\int_{T_1}^{T_2} dT$$

$$q.(x - 0) = -k.A.(T_2 - T_1)$$

$$q.\left\{\frac{x}{k.A}\right\} = T_1 - T_2$$

Definindo a relação $\frac{x}{k.A}$ como a resistência térmica por condução e sabendo que o conjunto em série apresenta parede e gesso, temos: $q.\left[\left\{\frac{x}{k.A}\right\}_{parede} + \left\{\frac{x}{k.A}\right\}_{gesso}\right] = T_1 - T_2$

$$q.\left[\left\{\frac{0{,}20}{0{,}60.A}\right\}_{parede} + \left\{\frac{0{,}05}{0{,}46.A}\right\}_{gesso}\right] = 35 - 20$$

$$\frac{q}{A}.\left[\frac{0{,}20}{0{,}60} + \frac{0{,}05}{0{,}46}\right] = 15$$

$$\frac{q}{A} = \frac{15}{0{,}442} = 33{,}94\frac{W}{m^2}$$

Questão 09

(CONCURSO PÚBLICO FEDERAL – ENGENHARIA QUÍMICA) Indique qual das seguintes assertivas melhor define um Fluido Newtoniano.

a) É um fluido que apresenta densidade constante.

b) É um fluido cuja viscosidade aparente independe da taxa de deformação.

c) É um fluido que apresenta tensão crítica de escoamento.
d) É um fluido cuja viscosidade aparente aumenta com o aumento da taxa de deformação.
e) É um fluido cuja viscosidade aparente aumenta com a diminuição da taxa de deformação.

Resolução

Alternativa D.
O fluido newtoniano são fluidos nos quais a tensão cisalhante é diretamente proporcional à taxa de deformação. A maioria dos fluidos comuns em engenharia são fluidos considerados como Newtonianos, tais como a água, refrigerante, ar, metais líquidos e hidrocarbonetos (gasolina).

Questão 10

(CONCURSO PÚBLICO FEDERAL – ENGENHARIA QUÍMICA) Sobre os modos de transmissão de calor, pode-se afirmar que:
a) Na condução, a energia é transmitida sem comunicação molecular direta e com apreciável deslocamento das moléculas
b) Se distinguem entre livre, natural, forçada, convectiva e irradiante
c) A radiação é um processo pelo qual o calor é transmitido de um corpo à baixa temperatura para um de mais alta temperatura através do espaço
d) Na convecção, quando o movimento do fluido é induzido por algum agente externo, o processo é denominado de convecção forçada
e) A convecção livre não depende do transporte de massa para sua operação

Resolução

Alternativa D.
Item a) Falso. No processo de condução, a energia ocorre com comunicação molecular direta.
Item b) Falso. Os modos de transmissão de calor são os seguintes: condução, convecção (natural ou forçada) e radiação.
Item c) Falso. O processo de radiação ocorre do sistema de maior temperatura para o de menor temperatura.
Item d) Verdadeiro. Exemplo de convecção forçada: ventilador.
Item e) Falso. Qualquer forma de propagação de calor convectivo depende do transporte de massa.

Questão 11

(GRILLO) A partir dos seus conhecimentos de condução de calor, deduza a expressão de um processo de condução de calor em paredes cilíndricas.

Resolução

Primeiramente será necessário chegar à uma equação que relaciona os raios (r_1 e r_2) com a condutividade térmica do próprio material, que neste caso se trata de um duto cilíndrico. A partir da primeira aproximação de que a derivada da espessura do material seja aproximadamente igual a derivada do raio, $dx \approx dr$, temos:

$$q = -k \times 2 \times \pi \times r \times L \times \frac{dT}{dr}$$

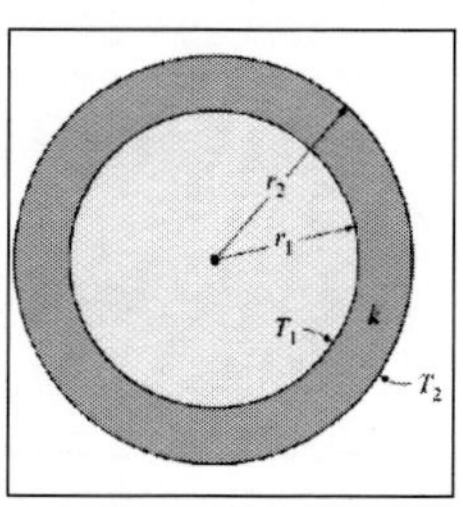

Separando as variáveis, temos: $\frac{q}{L} x \frac{1}{r} dr = -2 \times k \times \pi \times dT$

Aplicando a integral em ambos os lados da equação, temos: $\frac{q}{L} . \int_{r_1}^{r_2} \frac{1}{r} dr = -2. k. \pi. \int_{T_1}^{T_2} dT$

$$\frac{q}{L}.\ln\frac{r_2}{r_1} = -2.k.\pi.(T_2 - T_1)$$

$$\boxed{\frac{q}{L}.\ln\frac{r_2}{r_1} = 2.k.\pi.(T_1 - T_2)}$$

Questão 12

(CONCURSO PÚBLICO FEDERAL – ENGENHARIA QUÍMICA) Considere uma parede de tijolo de 4,0 metros de altura, 6,0 metros de largura e 0,26 metros de espessura, cuja condutividade térmica é igual a 0,88 W/m.K. Em um certo dia, as temperaturas das superfícies interiores e exteriores da parede são respectivamente, 14°C e 6°C. A partir das informações apresentadas, calcule a taxa de perda de calor através da parede nesse dia.

Resolução

A partir da equação de calor de condução unidimensional, temos:

$$q = -0{,}88 \text{ x } (4{,}0 \text{ x } 6{,}0) \text{ x} \frac{(6-14)}{0{,}26} = +649{,}85 \text{ W}$$

Questão 13

(CONCURSO PÚBLICO FEDERAL – ENGENHARIA QUÍMICA) Um tubo de diâmetro externo φ = 30 mm e cuja temperatura superficial será t_1 = 180°C deve ser instalado em certo local cuja temperatura ambiente é de t_2 = 30°C. Se o coeficiente de película entre a superfície do tubo e o ar for h = 5,0 kcal/(h.m².°C), então a perda de calor por unidade de comprimento que ocorrerá quando o tubo entrar em operação será de, aproximadamente, em $kcal.h^{-1}.m^{-1}$:

a) 35,3
b) 49,5
c) 70,7
d) 98,9

Resolução

Alternativa C.

A partir da equação de convecção entre o tubo e o meio externo, temos:

$$q = h \text{ x } 2 \text{ x } \pi \text{ x } R \text{ x } L \text{ x } (T_s - T_\infty)$$

$$\frac{q}{L} = 5{,}0 \text{ x } 2 \text{ x } \pi \text{ x} \frac{30 \text{ x } 10^{-3}}{2} \text{x } (180-30) = 70{,}65 \frac{\text{kcal}}{\text{h.m}}$$

Questão 14

(CONCURSO PÚBLICO FEDERAL – ENGENHARIA QUÍMICA) A velocidade de escoamento de um fluido em um tubo de 300 mm de diâmetro interno é de 0,500 m/s, enquanto a velocidade em um jato de 60,0 mm de diâmetro que sai de um bocal fixado ao mesmo é, em m/s:

a) 1,0
b) 2,5
c) 10,0
d) 12,5

Resolução

Alternativa D.

Cálculo da velocidade 2 com um bocal de diâmetro igual a 60 mm. Equação da continuidade: $V_1 \text{ x } A_1 = V_2 \text{ x } A_2$

$$0{,}500 \text{ x } \cancel{\pi} \text{ x} \left(\frac{300}{2}\right)^2 = V_2 \text{ x } \cancel{\pi} \text{ x} \left(\frac{60}{2}\right)^2$$

$$V_2 = 12{,}50\frac{m}{2}$$

Questão 15

(CONCURSO PÚBLICO FEDERAL - ENGENHARIA QUÍMICA) Em um projeto, a parede de um forno deverá ser construída com duas camadas de materiais diferentes e um espaço contendo ar estagnado (k = 0,02 kcal/h.m.°C) entre estas camadas. A camada interna deverá ser feita de tijolos refratários com espessura de 10cm (k = 0,10 kcal/h.m.°C); a camada externa de tijolos de alvenaria com 15cm de espessura (k = 0,30 kcal/h.m.°C). O projeto prevê uma perda de calor de no máximo 300 kcal/m².h e que a temperatura externa não ultrapasse 80°C. Calcule a espessura mínima da camada de ar para que o projeto se adeque as especificações desejadas, sabendo que o forno operará a 800°C.

a) 1,8 cm
b) 2,3 cm
c) 8,2 cm
d) 18,0 cm
e) 23,0 cm

Resolução

Alternativa A.

Expressão da resistência térmica para o conjunto: material 1 + ar atmosférico + material 2.

$$R_{\text{térmica}} = \frac{0{,}10}{0{,}10 \text{ x } A} + \frac{e_{ar}}{0{,}02 \text{ x } A} + \frac{0{,}15}{0{,}30 \text{ x } A} = \frac{1}{A}\text{x}\left(1{,}0 + \frac{e_{ar}}{0{,}02} + 0{,}50\right)$$

A partir da equação de condução, temos: $q \text{ x}\left(1{,}0 + \frac{e_{ar}}{0{,}02} + 0{,}50\right) = 800 - 80$

$$300 \text{ x}\left(1{,}0 + \frac{e_{ar}}{0{,}02} + 0{,}50\right) = 720$$

$$e_{ar} = 0{,}018 \text{ m } (1{,}80 \text{ cm})$$

Questão 16

(CONCURSO PÚBLICO FEDERAL - ENGENHARIA QUÍMICA) Situação hipotética: Para o isolamento de uma parede plana, estão à disposição duas placas de mesma área superficial: uma com 1 cm de espessura e coeficiente de condutividade térmica de 0,025 kcal.h^{-1}.m^{-1}.°C^{-1}; e outra com 4 cm de espessura e coeficiente de condutividade térmica de 0,100 kcal.h^{-1}.m^{-1}.°C^{-1}. Assertiva: A placa com maior espessura será mais eficiente para evitar perdas de calor.

Resolução

Analisando a primeira parede: $q = -0{,}025 \text{ x } A \text{ x} \frac{dT}{0{,}01} = -2{,}50 \text{ x } A \text{ x } dT$

Analisando a segunda parede: $q = -0{,}100 \text{ x } A \text{ x} \frac{dT}{0{,}04} = -2{,}50 \text{ x } A \text{ x } dT$

Diante do cálculo desenvolvido e apresentado por estas duas paredes, estas irão apresentar a mesma quantidade de calor, não havendo diferença com relação à eficiência.

Questão 17

(CONCURSO PÚBLICO FEDERAL - PERITO CRIMINAL - ENGENHARIA MECÂNICA) A equação para a transmissão de calor por condução unidimensional no regime permanente é dada pela seguinte equação: Sendo qk o calor transmitido por condução por unidade de tempo.

$$\boxed{q_k = -kA\frac{dT}{dx}}$$

É correta a afirmação de que o k, existente no segundo membro da equação, representa o(a):

a) gradiente de temperatura na seção
b) fator de transmissividade
c) condutividade térmica do material
d) constante de Boltzmann

e) taxa de transmissão de calor

Resolução

Alternativa C.

A condutividade térmica se refere a uma propriedade relacionada ao material.

Questão 18

(CONCURSO PÚBLICO FEDERAL – ENGENHARIA QUÍMICA) Um equipamento industrial está disposto em uma área aberta da indústria. Considerando que a parede (k = 0,2 W/m K) desse equipamento possui 95mm de espessura e que sua superfície interna seja mantida a uma temperatura de 25°C, em um dia de vento calmo, o coeficiente de transferência de calor por convecção na superfície externa da parede desse equipamento é de 15 W/m².K, mas, com dia de vento com velocidade de 20 km/h, este coeficiente chega a 85 W/m².K. Em ambos os casos a temperatura do ambiente é de – 12°C. Sendo assim, calcule a razão entre a perda de calor por unidade de área da parede do equipamento em um dia de vento calmo e um dia de vento.

a) 0,18
b) 0,90
c) 1,11
d) 5,67

Resolução

Alternativa B.

Analisando a resistência térmica entre o processo de troca de calor condutivo e convectivo – vento calmo: $R_t = \frac{95 \text{ x } 10^{-3}}{0{,}20 \text{ x A}} + \frac{1}{15 \text{ x A}} = \frac{1}{A} \text{x} \, (0{,}475 + 0{,}0667) = \frac{1}{A} \text{x} \, 0{,}542$

Analisando a resistência térmica entre o processo de troca de calor condutivo e convectivo – com vento: $R_t = \frac{95 \text{ x } 10^{-3}}{0{,}20 \text{ x A}} + \frac{1}{85 \text{ x A}} = \frac{1}{A} \text{x} \, (0{,}475 + 0{,}0118) = \frac{1}{A} \text{x} \, 0{,}487$

Cálculo da quantidade de calor do vento calmo: $q' \text{ x} \frac{1}{A} \text{x} \, 0{,}542 = 25 - (-12)$

$q' \text{x} \frac{1}{A} = \frac{37}{0{,}542} = 68{,}26 \frac{W}{m^2}$

Cálculo da quantidade de calor do vento: $q'' \text{ x} \frac{1}{A} \text{x} \, 0{,}487 = 25 - (-12)$

$$q'' \text{x} \frac{1}{A} = \frac{37}{0{,}487} = 75{,}97 \frac{W}{m^2}$$

Cálculo da razão: $\frac{q' \text{x} \frac{1}{A}}{q'' \text{x} \frac{1}{A}} = \frac{68{,}26 \frac{W}{m^2}}{75{,}97 \frac{W}{m^2}} = 0{,}898$

Questão 19

(CONCURSO PÚBLICO FEDERAL – ANALISTA DE PESQUISA ENERGÉTICA JÚNIOR – GÁS E BIOENERGIA) O lado interno de uma parede de 10 cm de espessura encontra-se a 100°C, e sua condutividade térmica é igual a 1 W/m.°C. Essa parede é recoberta por uma manta de 5 cm de isolamento, cuja condutividade térmica vale 0,5 W/m °C. Sabendo-se que a temperatura externa da parede composta é de 20°C, pode-se concluir que a temperatura, em °C, na interface entre as duas camadas é:

a) 50
b) 60
c) 63
d) 73
e) 80

Resolução

Alternativa B.

Para a determinação da temperatura intermediária (T), será necessário realizar um sistema de equações. $100 - T = q.\left[\frac{0,10}{1 \times A}\right]$

$$T - 20 = q.\left[\frac{0,05}{0,5 \times A}\right]$$

Somando as duas expressões matemáticas apresentadas anteriormente, temos:

$$100 - \cancel{T} = \frac{q}{A}.\left[\frac{0,10}{1}\right]$$

$$\cancel{T} - 20 = \frac{q}{A}.\left[\frac{0,05}{0,5}\right] \quad +$$

$$\underbrace{100 - 20}_{80} = \frac{q}{A}.\left[\frac{0,10}{1} + \frac{0,05}{0,5}\right]$$

Logo, a quantidade de calor por unidade de área será igual a 400 W x m^{-2}.

Cálculo da temperatura intermediária (T), a partir da primeira equação matemática:

$$100 - T = 400 \times 0,10$$

$$T = 60°C$$

Questão 20

Uma parede de um forno é constituída de duas camadas: 0,20m de tijolo refratário, com condutividade térmica igual a 1,20 kcal/h.m.ºC e 0,13m de espessura de tijolo isolante, com condutividade térmica igual a k = 0,15 kcal/h.m.ºC. Sabendo que a temperatura da superfície interna do material refratário apresenta temperatura igual a 1675°C e a temperatura da superfície externa do isolante de 145ºC, calcule o calor perdido por unidade de tempo e por metro quadrado de parede e a temperatura da interface refratário/isolante. Despreze a resistência térmica das juntas de argamassa.

Resolução

Expressão da resistência térmica entre as duas paredes (refratário e isolante). $R_t = \frac{0,20}{1,20 \times A} + \frac{0,13}{0,15 \times A} = \frac{1}{A} \times 1,033$

Cálculo da quantidade de calor para o sistema proposto: $q \times \frac{1}{A} \times 1,033 = 1675 - 145$

$$q'' = 1480 \frac{kcal}{m^2 x\, h}$$

Cálculo da temperatura intermediária (T), a partir da seguinte equação matemática: $1625 - T = 1480 \times \frac{0,20}{1,20}$

$$T = 1378,33°C$$

Questão 21

(CONCURSO PÚBLICO PARA ENGENHARIA – BIOGÁS E ENERGIA) A temperatura interna da parede de um forno industrial é 45ºC, sendo que seu lado externo é resfriado por uma corrente de ar ambiente cuja temperatura vale 25ºC. Esta parede é feita de um material de 10 cm de espessura e sua condutividade térmica é igual a 0,2 W/m.°C. Considerando que a taxa de transferência de calor por unidade de área vale 20 W/m², o valor do coeficiente de filme do ar ambiente é:

a) 2,0 W/m².°C

b) 20 W/m².°C

c) 0,5 W/m².°C

d) 5,0 W/m².°C
e) 0,2 W/m².°C

Resolução

Alternativa A.

Cálculo da resistência térmica para o conjunto em série: parede do forno industrial + ar ambiente. $R_{térmica} = \left(\frac{x}{k.A}\right)_{parede} + \left(\frac{1}{h.A}\right)_{ar} = \frac{1}{A}.\left(\frac{10 \times 10^{-2}}{0,2}\right)_{parede} + \left(\frac{1}{h}\right)_{ar}$

Cálculo da quantidade do coeficiente de filme do ar ambiente:

$$q.\left[\frac{1}{A}.\left(\frac{10 \times 10^{-2}}{0,2}\right)_{parede} + \left(\frac{1}{h}\right)_{ar}\right] = 45 - 25$$

$$20 \times \left(\frac{10 \times 10^{-2}}{0,2}\right)_{parede} + \left(\frac{1}{h}\right)_{ar} = 20$$

Cálculo da temperatura de interface entre a madeira e a cortiça:

$$\underbrace{q.\frac{1}{A}}_{20}.\frac{1,3 \times 10^{-2}}{0,151} = T - 255,4$$

$$h = 2,0 \frac{W}{m^2.°C}$$

Questão 22

(CONCURSO PÚBLICO PARA ENGENHARIA – BIOGÁS E ENERGIA) O vidro de uma janela tem 5 mm de espessura e uma área de 2 m². Suas faces interna e externa são mantidas a temperatura de 20°C e -10°C, respectivamente. Considerando que a condutividade térmica do vidro vale 1 W/m°C, o fluxo de calor (kW) por condução através dele é:
a) 2
b) 3
c) 4
d) 6
e) 12

Resolução

Alternativa E.

Primeiramente será necessário calcular a resistência térmica para o processo condutivo. $R_{térmica} = \left(\frac{x}{k.A}\right)_{vidro} = \frac{5,0 \times 10^{-3}}{1 \times 2}$

Cálculo da quantidade do fluxo de calor, a partir da transmissão de calor do tipo condutivo.

$$q \times R_{térmica} = 20 + 10$$

$$q \times \frac{5,0 \times 10^{-3}}{1 \times 2} = 20 + 10$$

$$q = 12000 \text{ W } (12 \text{ kW})$$

Questão 23

Calcule a taxa de troca de calor através das paredes de uma sala de temperaturas interna e externa iguais a 255,4 K e 297,1 K, respectivamente. As paredes das salas são compostas através de uma placa com 7,5 cm de espessura de concreto, 10 cm de cortiça e 1,3 cm de madeira. Sabendo que as condutividades térmicas dos materiais são os seguintes: $k_{concreto}$ = 0,762 W/m.K; $k_{cortiça}$ = 0,0433 W/m.K e $k_{madeira}$ = 0,131 W/m.K. A partir das informações apresentadas determine o fluxo de calor e a temperatura da interface madeira-cortiça.

Resolução

Cálculo da resistência térmica para o conjunto em série:

$$R_{térmica} = \left(\frac{x}{k.A}\right)_{Concreto} + \left(\frac{x}{k.A}\right)_{Cortiça} + \left(\frac{x}{k.A}\right)_{Madeira}$$

$$R_{térmica} = \frac{1}{A}.\left(\frac{7{,}3 \times 10^{-2}}{0{,}762}\right)_{Concreto} + \left(\frac{0{,}10}{0{,}0433}\right)_{Cortiça} + \left(\frac{1{,}3 \times 10^{-2}}{0{,}151}\right)_{Madeira}$$

$$R_{térmica} = \frac{1}{A}.2{,}494$$

Cálculo da quantidade do fluxo de calor: $q.\frac{1}{A}.2{,}494 = (297{,}1 - 255{,}4)$

$$q = 16{,}72\frac{W}{m^2}$$

Cálculo da temperatura da interface madeira-cortiça: $q.\frac{1}{A}.\frac{1{,}3 \times 10^{-2}}{0{,}151} = T - 255{,}4$

$$16{,}72 \times \frac{1{,}3 \times 10^{-2}}{0{,}151} = T - 255{,}4$$

$$T = 256{,}84 \text{ K}$$

Questão 24

A parede de um forno industrial é feita com tijolos refratários de espessura 0,20 m e condutividade térmica 1,0 W/m.°C, sendo recoberta na superfície externa por uma camada de material isolante de espessura 0,030 m, e condutividade térmica k_2 = 0,050 W/m.°C. Levando em consideração que a superfície interna da parede está na temperatura T_i = 830°C e a superfície externa igual a 30°C, calcule a taxa de transferência de calor por metro quadrado da parede do forno.

Resolução

Cálculo da resistência térmica: $R_{térmica} = \left(\frac{x}{k.A}\right)_{tijolo} + \left(\frac{x}{k.A}\right)_{isolante}$

$$R_{térmica} = \frac{1}{A}.\left(\frac{0{,}20}{1{,}0}\right)_{tijolo} + \left(\frac{0{,}030}{0{,}050}\right)_{isolante} = \frac{1}{A}.0{,}80$$

Cálculo da quantidade do fluxo de calor: $q.\frac{1}{A}.0{,}80 = 830 - 30$

$$q = 1000\frac{W}{m^2}$$

Questão 25

Uma parede de 2,0 cm de espessura deve ser construída com um material que tem uma condutividade térmica média de 1,30 W/m.°C. A parede deve ser isolada com um material cuja condutividade térmica média é de 0,35 W/m.°C, de tal forma que a perda de calor por metro quadrado não seja superior a 1830 W/m². Considerando que as temperaturas das superfícies interna e externa da parede composta são 1300 °C e 30°C, calcule a espessura do isolamento.

Resolução

Cálculo da resistência térmica para o conjunto em série:

$$R_{térmica} = \left(\frac{x}{k.A}\right)_{parede} + \left(\frac{x}{k.A}\right)_{isolante} = \frac{1}{A}.\left(\frac{0,02}{1,30}\right)_{parede} + \left(\frac{L}{0,35}\right)_{isolante}$$

Cálculo da espessura de isolante: $q.\left[\frac{1}{A}.\left(\frac{0,02}{1,30}\right)_{parede} + \left(\frac{L}{0,35}\right)_{isolante}\right] = 1300 - 30$

$$1830.\left[\left(\frac{0,02}{1,30}\right)_{parede} + \left(\frac{L}{0,35}\right)_{isolante}\right] = 1300 - 30$$

$$\left(\frac{0,02}{1,30}\right)_{parede} + \left(\frac{L}{0,35}\right)_{isolante} = 0,694$$

$$L = 0,237 \text{ m}$$

Questão 26

Uma parede composta é formada por uma placa de cobre de 2,50 cm, uma camada de amianto de 3,20 mm e uma camada de fibra de vidro de 5,0 cm. A parede é submetida a uma diferença de temperatura de 560°C. Calcule o fluxo de calor por unidade de área através da estrutura composta. Dado: k_{Cu} = 390 W/m.K; $k_{Amianto}$ = 0,166 W/m.°C e $k_{fibra\ de\ vidro}$ = 0,048 W/m.°C.

Resolução

Cálculo da resistência térmica para o conjunto em série:

$$R_{térmica} = \left(\frac{x}{k.A}\right)_{Cu} + \left(\frac{x}{k.A}\right)_{amianto} + \left(\frac{x}{k.A}\right)_{vidro}$$

$$R_{térmica} = \frac{1}{A}.\left(\frac{2,50}{390}\right)_{Cu} + \left(\frac{3,20 \text{ x } 10^{-3}}{0,166}\right)_{amianto} + \left(\frac{5,0 \text{ x } 10^{-2}}{0,048}\right)_{vidro}$$

Cálculo da quantidade do fluxo de calor (q):

$$q.\left[\frac{1}{A}.\left(\frac{2,50}{390}\right)_{Cu} + \left(\frac{3,20 \text{ x } 10^{-3}}{0,166}\right)_{amianto} + \left(\frac{5,0 \text{ x } 10^{-2}}{0,048}\right)_{vidro}\right] = 560$$

$$q = 527,80\,\frac{W}{m^2}$$

Questão 27

A figura abaixo apresenta uma parte do cilindro de aço, com um comprimento designado pela letra L, com raio interno igual a 3,0 centímetros e raio externo igual a 3,5 centímetros. Leve em consideração que a temperatura da superfície interna equivale a 125°C e da superfície externa igual a 75°C, calcule o fluxo de calor deste cilindro em função do comprimento L sendo a condutividade térmica igual a 29,5 W/m.K.

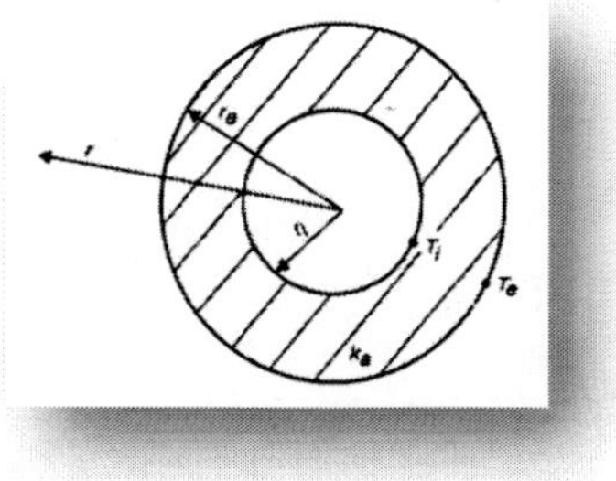

Resolução

Aplicando a fórmula direta de Fourier para configurações cilíndricas em regime permanente. $\frac{q}{L}.\ln\left(\frac{r_{externo}}{r_{interno}}\right) = 2.\pi.k.(T_1 - T_2)$

$$\frac{q}{L}.\ln\left(\frac{3{,}5\ cm}{3{,}0\ cm}\right) = 2 \times 3{,}14 \times 29{,}50 \times (125 - 75)$$

$$\frac{q}{L} = 60090{,}55\frac{W}{m}\left(60{,}09\frac{kW}{m}\right)$$

Questão 28

Um tubo por onde passa vapor de água possui as seguintes dimensões: comprimento, L = 20 m; raio interno r_1 = 6 cm; raio externo r_2 = 8 cm; e condutividade térmica, k = 20 W/m°C. A temperatura média da superfície interna e externa, T_1 = 150°C e T_2 = 60°C, são mantidas constantes. Obtenha a distribuição de temperatura da parede do tubo e determine a perda de calor do vapor por meio da parede do tubo.

Resolução

Aplicando a fórmula de Fourier para configurações cilíndricas.

$$\frac{q}{L}.\ln\left(\frac{r_{externo}}{r_{interno}}\right) = 2.\pi.k.(T_1 - T_2)$$

$$\frac{q}{20}.\ln\left(\frac{8\ \not{cm}}{6\ \not{cm}}\right) = 2 \times 3{,}14 \times 20 \times (150 - 60)$$

$$q = 785867{,}53\ W\ (785{,}87\ kW)$$

Questão 29

Um forno consiste de uma camada de 10cm de tijolo de sílica (k = 1,1 W/m.°C), seguida de uma camada de 5cm de fibra de vidro (k = 0,035 W/m.°C) e de uma camada de carcaça de aço (k = 41 W/m.°C) com 1 cm de espessura. A temperatura do ar e o coeficiente de transferência de calor no interior do forno são Ti = 500°C e $h_{interno}$ = 15 W/m².°C, enquanto no exterior os valores são Te = 500°C e $h_{externo}$ = 20 W/m².°C. Determine:

a) o fluxo de calor;

b) as temperaturas das paredes interna e externa, além das temperaturas de interface entre as camadas.

Resolução

Expressão da resistência térmica para o conjunto condução + convecção:

$$R_{térmica} = \frac{1}{15.A} + \frac{0{,}10}{1{,}1.A} + \frac{0{,}05}{0{,}035.A} + \frac{0{,}01}{41.A} + \frac{1}{20.A}$$

Cálculo da quantidade do fluxo de calor:

$$q.\left\{\frac{1}{15.A}+\frac{0{,}10}{1{,}1.A}+\frac{0{,}05}{0{,}035.A}+\frac{0{,}01}{41.A}+\frac{1}{20.A}\right\}=500-20$$

$$q=293{,}33\frac{W}{m^2}$$

Cálculo da temperatura 1 (temperatura interna do tijolo de sílica): $293{,}33 = 15 \text{ x } (500 - T_1)$

$T_1 = 480{,}44°C$

Cálculo da temperatura 2 (interface tijolo de sílica/fibra de vidro): $293{,}33 = 1{,}1 \text{ x} \left\{\frac{480{,}44°C - T_2}{0{,}10}\right\}$

$T_2 = 453{,}77°C$

Cálculo da temperatura 3 (interface fibra de vidro/carcaça de aço): $293{,}33 = 0{,}035 \text{ x} \left\{\frac{453{,}77°C - T_3}{0{,}05}\right\}$

$T_3 = 34{,}73°C$

Cálculo da temperatura 4 (carcaça de aço/ambiente externo): $293{,}33 = 41 \text{ x} \left\{\frac{34{,}73°C - T_4}{0{,}01}\right\}$

$T_4 = 34{,}65°C$

Questão 30

Descreva processo de condução de calor.

Resposta

Primeira definição: Quando a transferência de energia ocorre em um meio estacionário, que pode ser um sólido ou também um fluido, em virtude de um gradiente de temperatura (diferença de temperatura).

Segunda definição: Troca de energia entre as partes de um meio contínuo que, estando em diferentes temperaturas, transferem energia térmica pela transferência de energia cinética entre as partículas individuais ou grupo de partículas à nível atômico.
Gases: choque entre as partículas.
Metais: movimento de elétrons livres.
Líquidos e outros sólidos: vibrações de estrutura reticular.

Questão 31

Descreva processo de convecção de calor.

Resposta

A transferência de calor por convecção se dá quando a transferência de energia ocorre entre uma superfície e um fluido (líquido ou gás) em movimento, em virtude da diferença de temperatura.

Questão 32

Descreva processo de transmissão de calor por radiação.

Resposta

Processo de transmissão de calor que ocorre através de ondas eletromagnéticas (ondas de calor). A energia emitida por um corpo (energia radiante) se propaga até o outro, através do espaço que os separa (vácuo).

Questão 33

(GRILLO) Considere uma parede composta de azulejos com espessura de aproximadamente igual a 10 cm e k = 0,7 W/m.K, estando exposta a uma corrente de ar frio de 270 K, com coeficiente de película de 40 W/m².K. Do outro lado da parede, do lado oposto, está em contato com o ar quente a uma temperatura de 330 K, com coeficiente de película de 10 W/m².K. A partir das informações apresentadas, calcule a quantidade de calor transmitido por unidade de área.

Resolução

O sistema de troca de calor está em série, com dois processos convectivos e um condutivo.
Cálculo da resistência térmica do conjunto: corrente fria + azulejo + corrente quente.

$$R_{\text{térmica}} = \frac{1}{\underbrace{hA}_{\substack{\text{corrente}\\\text{fria}}}} + \frac{x}{\underbrace{kA}_{\text{azulejo}}} + \frac{1}{\underbrace{hA}_{\substack{\text{corrente}\\\text{quente}}}}$$

$$R_{\text{térmica}} = \frac{1}{40A} + \frac{0{,}10}{0{,}70A} + \frac{1}{10A} = \frac{1}{A}.\left(\frac{1}{40} + \frac{0{,}10}{0{,}70} + \frac{1}{10}\right)$$

Cálculo do calor por unidade de área: $q''.\left(\frac{1}{40} + \frac{0{,}10}{0{,}70} + \frac{1}{10}\right) = 330 - 270$

$$q'' = 224\frac{W}{m^2}$$

Questão 34

Determine a espessura necessária para uma parede de alvenaria com condutividade térmica de 0,75 W/m.K se a taxa de transferência de calor através dessa parede de calor deve ser equivalente a 80% da taxa de transferência de calor através de uma parede estrutural com condutividade térmica de 0,25 W/m.K e espessura de 100 mm. Dado: as superfícies de ambas as paredes estão sujeitas a mesma diferença de temperatura.

Resolução

Importante mencionar neste problema, é que as paredes estão sujeitas a mesma diferença de temperatura. Informação do problema: $\underbrace{q}_{\text{alvenaria}} = 0{,}80 \text{ x } \underbrace{q}_{\substack{\text{parede}\\\text{estrutural}}}$

$$-k \text{ x } A \text{ x} \frac{dT}{dx} = -\ 0{,}80 \text{ x } k \text{ x } A \text{ x} \frac{dT}{dx}$$

$$-0{,}75 \text{ x } \cancel{A} \text{ x} \frac{\cancel{dT}}{dx} = -\ 0{,}80 \text{ x } 0{,}25 \text{ x } \cancel{A} \text{ x} \frac{\cancel{dT}}{100}$$

$$dx = 375 \text{ mm}$$

Questão 35

(GRILLO) Um fluido a 30ºC e coeficiente de troca de calor por convecção igual a 5000 W/m²K molha a superfície de uma placa de alumínio de 0,15cm de espessura e 0,080 m² de área transversal. Sabendo-se que a temperatura da face direita do conjunto vale 135ºC, determine o calor trocado pelo sistema e a temperatura máxima da placa. Dado: k_{Al} = 237,0 W/m.ºC.

Resolução

Primeiramente será necessário calcular a quantidade de calor convectivo.

$$q = 5000 \text{ x } 0{,}080 \text{ x } (135 - 30) = 42000 \text{ W}$$

Como a quantidade de calor por condução é constante ao longo do material metálico, temos:

$$42000 = -237 \text{ x } 0{,}080 \text{ x} \frac{(135 - T)}{0{,}0015}$$

$T = 138{,}32°C$

Questão 36

(GRILLO) Considere um tubo de aço carbono com condutividade térmica igual a 60,5 W/m.°C e espessura de aproximadamente igual a 10 cm de diâmetro externo e 2 cm de espessura, conduz vapor d'água superaquecido. Levando em consideração que a temperatura da parede interna do tubo seja igual a 200°C e da superfície externa a 20°C, determine a perda de calor por metro de comprimento de tubo.

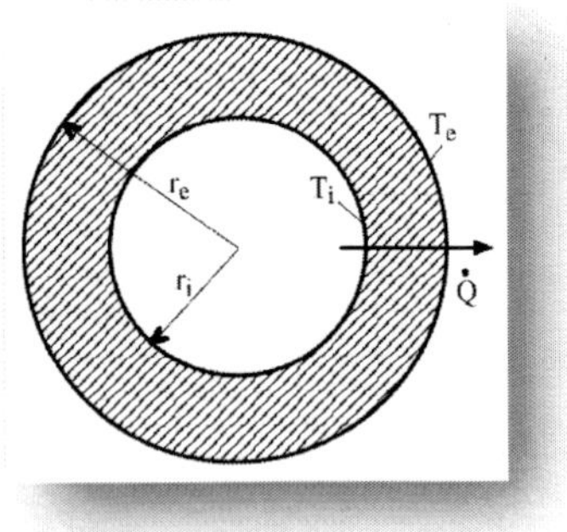

Resolução

Vamos apresentar primeiramente a relação entre a quantidade de calor com o raio do cilindro. Levando em consideração que a área do cilindro é dado por A = 2πrL e realizando uma aproximação da derivada da espessura (dx) pela derivada do raio (dr) do cilindro, temos:

$$q.\int_{r_1}^{r_2}\frac{1}{r}.dr = -k.2\pi L.\int_{T_1}^{T_2}dT$$

$$q.\ln\frac{r_2}{r_1} = -k.2\pi L.(T_2 - T_1)$$

$$\boxed{\frac{q}{L}.\ln\frac{r_2}{r_1} = 2.k.\pi.(T_1 - T_2)}$$

Substituindo os valores na equação destacada:

$$\frac{q}{L} = \frac{2 \text{ x } 60{,}5 \text{ x } 3{,}14 \text{ x } (200 - 20)}{\ln\left(\frac{5}{3}\right)} = 133{,}88\frac{kW}{m}$$

Questão 37

(GRILLO) As temperaturas das superfícies interna e externa de uma janela comum de vidro, que apresenta espessura de 5,0 mm, são de 15 e 5ºC, respectivamente. Calcule a perda de calor através da janela com dimensões de 1,0 metro de largura por 3,0 metros de altura? Dado: condutividade térmica do vidro (k) é igual a 1,40 W/m.K.

Resolução

Aplicando a equação condução de Fourier, temos:

$$q = \frac{-1{,}40 \text{ x } 3 \text{ x } (5 - 15)}{5{,}0 \text{ x } 10^{-3}} = 8400 \text{ W}$$

Questão 38

(GRILLO) Uma parede de 2,0 cm de espessura deve ser construída com um material que tem uma condutividade térmica média de 1,30 W/m.ºC. A parede deve ser isolada com um material cuja condutividade térmica média é de 0,35 W/m.ºC, de tal forma que a perda de calor por metro quadrado não seja superior a 1830 W/m². Considerando que as temperaturas das superfícies interna e externa da parede composta são 1300ºC e 30ºC, calcule a espessura do isolamento.

Resolução

O sistema apresenta troca de calor por condução em série, parede + isolante.

Cálculo da resistência térmica do conjunto: parede + isolante térmico.

$$R_{térmica} = \underbrace{\frac{x}{kA}}_{parede} + \underbrace{\frac{x}{kA}}_{isolante} = \frac{2{,}0 \times 10^{-3}}{1{,}30A} + \frac{e}{0{,}35A}$$

Cálculo da espessura do isolante (e): $1830 \times \left(\frac{2{,}0 \times 10^{-3}}{1{,}30A} + \frac{e}{0{,}35A}\right) = 1300 - 30$

$$\frac{2{,}0 \times 10^{-3}}{1{,}30} + \frac{e}{0{,}35} = \frac{1300 - 30}{1830}$$

$$e = 0{,}242 \text{ m}$$

Questão 39

(PETROBRAS - CONCURSO PARA ENGENHEIRO QUÍMICO) O calor pode ser transmitido de diversas formas. Basicamente, os processos de transmissão de calor são:

a) condução, convecção e dilatação
b) condução, dilatação e resistência de depósito
c) radiação, convecção e condução
d) irradiação, condução e convecção
e) resistência de depósito, dilatação e irradiação

Resolução

Alternativa C.

Os três processos de transmissão de calor são os seguintes: processo de transmissão de condução; processo de transmissão convectivo e processo de transmissão por radiação.

Questão 40

(CONCURSO PÚBLICO FEDERAL) O fluxo de calor que atravessa um isolante térmico, de espessura 0,25 cm, condutividade térmica do isolante 0,1 W/m.°C, com temperatura interna de 150°C e externa de 30°C é de:

a) 4,8 kW/m^2
b) 0,03 W
c) 12,0 W/m
d) 3,0 W

Resolução

Alternativa A.

Aplicando a equação de Fourier para a condução de calor por condução, temos: $q = -k \times A \times \frac{dT}{dx}$. Substituindo os valores na equação, temos:

$$\frac{q}{A} = -0{,}10 \times \frac{(30 - 150)}{0{,}0025} = 4800 \frac{W}{m^2}$$

Questão 41

(CONCURSO PÚBLICO FEDERAL) O ar aquecido a 80ºC flui sobre uma placa lisa mantida a uma temperatura de 30ºC, considerando o coeficiente de transferência de calor por convecção forçada h = 50 W/m².ºC. A taxa de transferência de calor para a placa através de uma área A = 2,5 m² é de:

a) 6,25 kW
b) 1,0 kW
c) 2,5 W
d) 20 kW

Resolução

Alternativa A.

Aplicando o processo de transmissão de calor por convecção:

$$q = h \text{ x } A \text{ x } (T_{\infty} - T_s) = 50 \text{ x } 2{,}50 \text{ x } (80 - 30) = 6250 \text{ W}$$

Questão 42

(CONCURSO PÚBLICO FEDERAL – PETROBRAS - MODIFICADA) Considere um forno industrial construído com uma parede de espessura de 30 cm, cujo material tem condutividade térmica de 1,7 W/mºC. Durante a operação, em regime permanente, medidas efetuadas revelam temperaturas de 1500K na parede interna e 1200K, na externa. Determine a taxa de calor perdida em uma parede com dimensões de 1,0 x 3,0 m, em J/s.

Resolução

Alternativa C.

Aplicando a equação de Fourier para a condução de calor por condução, temos:

$$q = -1{,}70 \text{ x } \underbrace{(1 \text{ x } 3)}_{\substack{\text{dimensões} \\ \text{do forno}}} \text{ x} \frac{(1200 - 1500)}{0{,}30} = 5100 \text{ W } \left(5100 \frac{\text{J}}{\text{s}}\right)$$

Questão 43

(CONCURSO PÚBLICO FEDERAL) Por uma parede plana, de espessura L e condutividade térmica k, flui calor por unidade de área a uma taxa igual a Q. Se a diferença de temperatura aumentar em 50%, a espessura triplicar e a condutividade dobrar, então o fluxo de calor irá:

a) aumentar em 25%
b) aumentar em 50%
c) permanecer constante
d) diminuir em 25%
e) diminuir em 50%

Resolução

Alternativa C.

Analisando a primeira situação: $q_1'' = -k \text{ x} \frac{\Delta T}{\Delta x}$

Analisando a segunda situação: $q_2'' = -2k \text{ x} \frac{1{,}50 \text{ x } \Delta T}{3 \text{ x } \Delta x}$

Dividindo a situação 1 pela situação 2:

$$\frac{q_1''}{q_2''} = \frac{-k \text{ x } \frac{\Delta T}{\Delta x}}{-2k \text{ x } \frac{1{,}50 \text{ x } \Delta T}{3 \text{ x } \Delta x}}$$

$$\frac{q_1''}{q_2''} = 1$$

Questão 44

(CONCURSO PÚBLICO FEDERAL) Uma fornalha industrial tem a parede constituída de tijolo refratário de 0,2 m de espessura com k = 1,0 W/m.K. Essa parede é revestida externamente por uma camada de isolante de 0,03 m de espessura com k = 0,07 W/m.K. A superfície interna da fornalha está a 980°C, e a externa, a 38°C. O cálculo do calor transferido por metro quadrado em regime permanente é de:

a) $0,50 \times 10^4$ W/m²
b) $3,50 \times 10^{-3}$ W/m²
c) $1,25 \times 10^2$ W/m²
d) $1,50 \times 10^3$ W/m²
e) $7,25 \times 10^3$ W/m²

Resolução

Alternativa D.

O conjunto parede e isolante encontra-se em série, diante disso será necessário calcular a resistência térmica deste conjunto.

$$R_{\text{térmica}} = \underbrace{\frac{x}{k.A}}_{\text{parede}} + \underbrace{\frac{x}{k.A}}_{\text{isolante}} = \frac{0,03}{0,07A} + \frac{0,2}{1A} = \frac{1}{A}x\left(\frac{0,03}{0,07} + \frac{0,2}{1}\right) = \frac{0,628}{A}$$

Cálculo da quantidade de calor do sistema parede + isolante: $q\,x\frac{0,628}{A} = 980 - 38$

$$q = 1500\frac{W}{m^2}$$

Questão 45

Considere um tubo cilíndrico com condutividade térmica igual a 47 W/m.K, com diâmetro interno igual a 8 centímetros e 5,5 milímetros de espessura apresentando uma temperatura interna igual a 325 K. O mesmo tubo cilíndrico é coberto por uma camada de 9,0 centímetros de isolante com condutividade térmica igual a 50 W/m.K e com uma outra camada, agora com 4,0 centímetros de um segundo isolante e condutividade térmica igual a 0,35 W/m.K. Considerando que a temperatura da superfície externa do isolante seja igual a 55 K, determine o valor da quantidade de calor por comprimento.

Resolução

Desenvolvendo a equação de Fourier para uma configuração cilíndrica e sabendo que a área é A = 2.π.r.L e aproximando dx ≅ dr, temos a seguinte relação: $q = -k.A.(\frac{dT}{dx})$

$$q = -k.(2.\pi.r.L).(\frac{dT}{dr})$$

$$\left(\frac{1}{r}\right).dr.q = -k.(2.\pi.L).dT$$

$$\frac{q}{L}.\left[\int_{r_1}^{r_2}\left(\frac{1}{r}\right).dr\right] = -2.\pi.k.\left[\int_{T_1}^{T_2} dT\right]$$

$$\frac{q}{L}.\left[\ln_{r_2} - \ln_{r_1}\right] = -2.\pi.k.(T_2 - T_1)$$

$$\frac{q}{L}.\left[\frac{\ln\left(\frac{r_2}{r_1}\right)}{2.\pi.k}\right] = \underbrace{T_1 - T}_{\Delta T}{}_2$$

Cálculo da resistência térmica do conjunto:

$$R_t = \left[\frac{\ln\left(\frac{r_2}{r_1}\right)}{2.\pi.k} + \frac{\ln\left(\frac{r_3}{r_2}\right)}{2.\pi.k} + \frac{\ln\left(\frac{r_4}{r_3}\right)}{2.\pi.k}\right]$$

$$R_t = \left[\frac{\ln\left(\frac{4+0{,}55}{4}\right)}{2.\pi.(47)} + \frac{\ln\left(\frac{4+0{,}55+9}{4+0{,}55}\right)}{2.\pi.(50)} + \frac{\ln\left(\frac{4+0{,}55+9+4}{4+0{,}55+9}\right)}{2.\pi.0{,}35}\right]$$

$$R_t = \left[\frac{0{,}129}{295{,}16} + \frac{1{,}091}{314} + \frac{0{,}259}{2{,}198}\right] = 0{,}122\,\frac{K}{W}$$

Cálculo da quantidade de calor por comprimento (W/m): $\frac{q}{L}\,x\,0{,}122 = 270$

$$\frac{q}{L} = 2217{,}73\,\frac{W}{m}$$

Questão 46

Um material civil com espessura igual a 10 centímetros e condutividade térmica igual a 0,7 W/m.K, está exposta a um vento frio de três graus negativos apresentando coeficiente convectivo igual a 40 W/m².K. O outro lado do material está em contato com o ar quente a temperatura igual a 57°C, apresentando coeficiente convectivo igual a 10 W/m².K. Diante destas informações, determine a quantidade de calor em função da área.

Resolução

Inicialmente será necessário calcular a resistência térmica de todo o sistema. Cálculo da resistência total do sistema de transmissão de calor:

$$q.\left\{\left(\frac{1}{h.A}\right)_{quente} + \left(\frac{x}{k.A}\right)_{material} + \left(\frac{1}{h.A}\right)_{frio}\right\} = \Delta T$$

$$\frac{q}{A}.\left\{\left(\frac{1}{h.}\right)_{quente} + \left(\frac{x}{k}\right)_{material} + \left(\frac{1}{h}\right)_{frio}\right\} = \Delta T$$

$$\frac{q}{A}.\left\{\left(\frac{1}{10.}\right)_{quente} + \left(\frac{0{,}10}{0{,}7}\right)_{material} + \left(\frac{1}{40}\right)_{frio}\right\} = (273+57) - (273-3)$$

$$\frac{q}{A}\,x\,\{0{,}268\} = 330 - 270$$

$$\frac{q}{A} = \frac{60}{0{,}268} = 223{,}80\,\frac{W}{m^2}$$

Questão 47

Um tubo de carbono apresenta condutividade térmica igual a 60,3 W/m.°C. Em sua estrutura apresenta duas medidas, uma com 10 cm de diâmetro externo e 2 cm de espessura. Sabendo que a temperatura da parede interna do tubo é igual a 200°C e a externa é igual a 20°C. A partir desta informação, determine a quantidade de calor por metro de comprimento de tubo (W/m).

Resolução

Desenvolvendo a equação de Fourier para uma configuração cilíndrica e sabendo que a área é A = 2.π.r.L e aproximando dx ≅ dr, temos a seguinte relação: $\frac{q}{L}.\left[\ln\left(\frac{r_2}{r_1}\right)\right] = 2.\pi.k.(T_1 - T_2)$.

Inserindo os valores na equação matemática:

$$\frac{q}{L} = \frac{2 \times \pi \times 60{,}5 \times (200 - 20)}{\left[\ln\left(\frac{5}{3}\right)\right]} = \frac{68389{,}2}{\ln\left(\frac{5}{3}\right)} = 133{,}88\frac{W}{m}$$

Questão 48

Uma parede é formada por três materiais diferentes, apresentados logo abaixo.
- Cobre, com espessura igual a 2,50 cm e condutividade térmica igual a 390 W/m°C;
- Amianto, com espessura igual a 3,20 mm e condutividade térmica igual a 0,160 W/m°C;
- Fibra de vidro, com espessura igual a 5,00 cm e condutividade térmica igual a 0,048 W/m°C. Sabendo que a diferença de temperatura entre as duas fases que compreende esta parede é igual a 560°C e diante de todas estas informações, determine o fluxo de calor por unidade de área (W/m²).

Resolução

Através da equação de Fourier, temos a seguinte relação e como as paredes estão em sequência, ou seja, em série, teremos uma situação análoga à resistência em série para eletricidade.

$$q.\left\{\left(\frac{x}{k.A}\right)_{Cu} + \left(\frac{x}{k.A}\right)_{amianto} + \left(\frac{x}{k.A}\right)_{vidro}\right\} = \Delta T$$

$$q.\left\{\left(\frac{2{,}50 \times 10^{-2}}{390.A}\right)_{Cu} + \left(\frac{3{,}20 \times 10^{-4}}{0{,}166.A}\right)_{amianto} + \left(\frac{5{,}00 \times 10^{-2}}{0{,}048.A}\right)_{vidro}\right\} = 560$$

$$\frac{q}{A} = \frac{560}{1{,}061} = 527{,}89\frac{W}{m^2}$$

Questão 49

Duas salas idênticas estão separadas por uma divisória de espessura L = 5,0cm, área A = 100m² e condutividade térmica k = 2,0 W/m.K. O ar contido em cada sala encontra-se, inicialmente, à temperatura T_1 = 47°C e T_2 = 27°C, respectivamente. Considerando o ar como um gás ideal e o conjunto das duas salas um sistema isolado, calcule o fluxo de calor através da divisória relativo às temperaturas iniciais T_1 e T_2.

Resolução

Aplicando a integral na equação de transmissão de calor por condução:

$$q.\int_0^{0{,}05} dx = -k.A.\int_{320}^{300} dT$$

$$q.(0{,}05 - 0)m = -2{,}0\frac{W}{m.K}.100\ m^2.(300 - 320)K$$

$$q = \frac{4000}{0{,}05} = 80000\ W\ (80\ kW)$$

Questão 50

A parede de um reator CSTR (Continuous Flow Stirred Tank Reactors) é feita por uma camada com espessura igual a quinze centímetros de um refratário que apresenta condutividade térmica expressa por uma equação em função da temperatura apresentada a seguir, $k = 0{,}15 + 10^{-4} \times T$.

Resolução

Cálculo da quantidade de calor através da equação de transmissão de calor por condução,

$$\left(\frac{q}{A}\right) x\, dx = -(0{,}15 + 10^{-4}T)\, x\, dT$$

Aplicando a integral na equação acima: $\left(\frac{q}{A}\right) . \int_0^{0,15} dx = -\int_{1050}^{250} (0{,}15 + 10^{-4}T). dT$

$$q'' \, x\, (0{,}15 - 0) = -[0{,}15 \, x\, T|_{1050}^{250}] + 10^{-4}\, x \frac{T^2}{2}\Big|_{1050}^{250}]$$

$$q''\, x\, 0{,}15 = -[0{,}15\, x\, (250 - 1050)] + 10^{-4}\, x \left\{\frac{(250)^2}{2} - \frac{(1050)^2}{2}\right\}$$

$$q''\, x\, 0{,}15 = -\,(-120 - 52)$$

$$q'' = \frac{172}{0{,}15} = 1147{,}67 \frac{W}{m^2}$$

Questão 51

Um fluido a 30ºC com coeficiente convectivo igual a 35 $W/m^2.K$ toca a superfície de uma placa metálica que apresenta espessura igual a 0,15 metros, área superficial igual a 0,080 m^2 e condutividade térmica (k) igual a 237 W/m.ºC. Sabendo que a temperatura da face direita da placa é igual a 135°C, determine as seguintes alternativas.

a) A quantidade de calor trocada pelo sistema.

b) A temperatura da face esquerda da placa metálica.

Resolução

Item a) Cálculo da quantidade de calor trocada a partir do processo convectivo:

$q = h. A. (T_s - T_\infty)$ em que T_s é a temperatura da superfície e T_∞ é a temperatura do fluido.

$$q = 35\, x\, 0{,}080\, x\, (135 - 30) = 294\, W$$

Item b) Cálculo da temperatura da face esquerda, utilizando o processo de transmissão condutivo.

$$q. \int_0^{0,15} dx = -k. A. \int_{T_e}^{T_{d=135°C}} dT$$

$$294\, x\, (0{,}15 - 0) = -237\, x\, 0{,}080\, x\, (135 - T_d)$$

$$\frac{-44{,}1}{18{,}96} = 135 - T_d$$

$$T_d = 137{,}32°C$$

Questão 52

Uma determinada parede plana com condutividade térmica (k) igual a 40 W/m.K apresenta uma espessura designada pela letra W com área transversal igual a 0,20 m^2. Este material apresenta sua temperatura esquerda fixada em aproximadamente igual a 180ºC. A partir destas informações apresentadas, calcule a espessura da placa se no lado direito da parede plana tivermos fluido (ar) a 20ºC com coeficiente convectivo igual a 20 W/m^2K, se 2000 W tiverem que ser dissipados através do conjunto.

Resolução

Cálculo da temperatura da face direita aplicando a equação convectiva de Newton:
$q = h.A.(T_s - T_\infty)$, em que T_s se refere a temperatura da superfície e T_∞ a temperatura do fluido. $2000 = 20 \text{ x } 0{,}20 \text{ x } (T_d - 20)$

$$500 = (T_d - 20)$$

A temperatura da superfície que se trata da temperatura da face direita da parede é igual a 520°C.

Cálculo da espessura da parede a partir do processo de transmissão condutivo. $q.\int_0^x dx = -k.A.\int_{520}^{180} dT$

$$2000 \text{ x } (W - 0) = -40 \text{ x } 0{,}20 \text{ x } (180 - 520)$$

$$2000.W = -8.(-340)$$

$$W = 1{,}36 \text{ m}$$

Questão 53

Considere a parede de um reator CSTR construída com tijolo refratário apresentando 45 centímetros de espessura e com condutividade térmica igual a 1,70 W/m.K. Um engenheiro de operações industriais realizou medidas ao longo do processo de produção em estado estacionário, apresentando um decréscimo de temperaturas de 1400 K e 1250 K proveniente das paredes interna e externa. Determine a taxa de calor, sabendo que a parede do reator apresenta uma altura de 1,30 metros e 0,50 metros de largura.

Resolução

Desenvolvendo a equação de Fourier, temos: $q.\int_0^{0,45} dx = -k.A.\int_{1400}^{1250} dT$

$$q \text{ x } 0{,}45 = -1{,}70 \text{ x } (0{,}50 \text{ x } 1{,}30) \text{ x } (1250 - 1400)$$

$$q = 368{,}33 \text{ W}$$

Questão 54

Considere que uma parede de uma residência seja composta por uma camada de 20 cm de espessura de tijolo com condutividade térmica igual a k = 0,60 W/m.K e também junto a este tijolo uma outra camada de gesso com espessura igual a 5,0 cm e condutividade térmica igual a k = 0,46 W/m.K. Determine a taxa de transferência de calor por área, se a face externa composta pelo conjunto parede + gesso se encontra a 35°C e a face interna a 20°C.

Resolução

Cálculo do fluxo de calor pela área: $q.\left[\left\{\frac{x}{k.A}\right\}_{parede} + \left\{\frac{x}{k.A}\right\}_{gesso}\right] = T_1 - T_2$

$$q.\left[\left\{\frac{0{,}20}{0{,}60.A}\right\}_{parede} + \left\{\frac{0{,}05}{0{,}46.A}\right\}_{gesso}\right] = 35 - 20$$

$$\frac{q}{A}.\left[\frac{0{,}20}{0{,}60} + \frac{0{,}05}{0{,}46}\right] = 15$$

$$\frac{q}{A} = \frac{15}{0{,}442} = 33{,}94\frac{W}{m^2}$$

Questão 55

Uma pessoa dorme sob um cobertor de 2,5 cm de espessura e de condutibilidade térmica $3{,}3 \text{ x } 10^{-4}$ $J.cm^{-1}.s^{-1}.(°C)^{-1}$. Sua pele está a 33°C e o ambiente a 0°C. O calor transmitido pelo cobertor durante uma hora, por m^2 de superfície, é:

a) $4,4 \times 10^{-3}$ J
b) $4,3 \times 10^{2}$ J
c) $1,6 \times 10^{2}$ J
d) $2,8 \times 10^{2}$ J
e) $1,6 \times 10^{5}$ J

Resolução

Alternativa E.

Utilizando o processo de condução de calor por condução: $q.\int_0^x dx = -k.A.\int_{T_1}^{T_2} dT$

$$q.\int_0^{0,0250} dx = -(3,3 \times 10^{-4}\,\frac{J}{cm \times s \times °C}).\left(\frac{1\ cm}{10^{-2}\ m}\right).\int_{33}^{0} dT$$

$$q.(0,0250-0)m = -\left(3,3 \times 10^{-4}\,\frac{J}{\cancel{cm} \times s \times °C}\right).\left(\frac{1\ \cancel{cm}}{10^{-2}\ m}\right).(0-33)°C$$

$$q = +\frac{108,9 \times 10^{-2}}{0,0250}.\frac{J}{m^2 x\, s}$$

Convertendo para $\frac{J}{m^2 \times h}$, temos: $q = 43,52\,\frac{J}{m^2 \times s} \times \frac{3600\ s}{1h}$

$$q = 1,57 \times 10^5\,\frac{J}{m^2 \times h}$$

Questão 56

A figura composta por dois materiais sólidos diferentes A e B, apresenta um processo de condução de calor, cujas temperaturas não variam com o tempo.

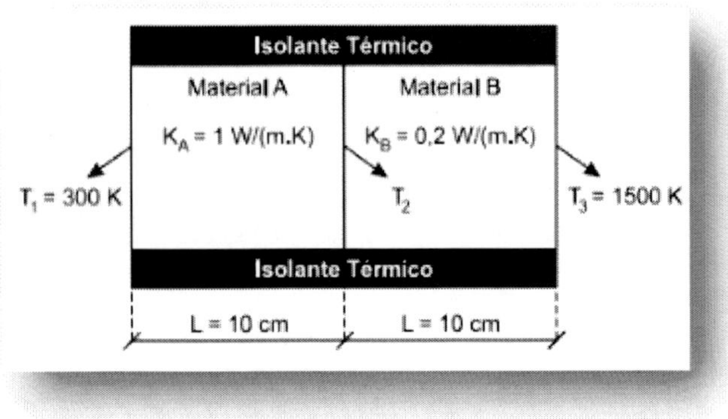

É correto afirmar que a temperatura T_2 da interface desses materiais, em kelvins, é:
a) 400
b) 500
c) 600
d) 700
e) 800
Observações: T_1: Temperatura da interface do material A com o meio externo; T_3: Temperatura da interface do material B com o meio externo; K_A: Coeficiente de condutividade térmica do material A; K_B: Coeficiente de condutividade térmica do material B.

Resolução

Alternativa B.

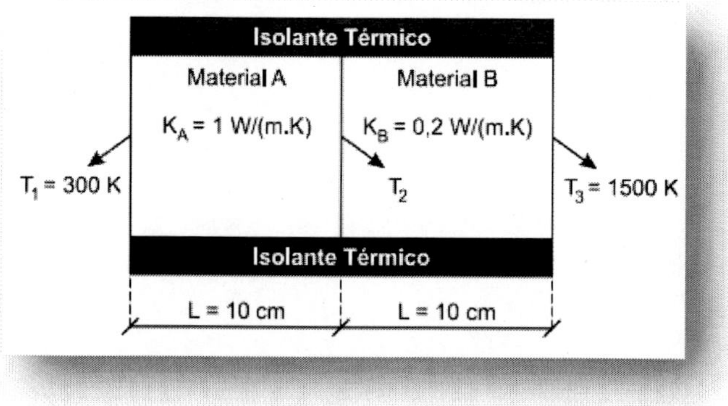

Analisando o material A, através da equação de Fourier: $q = -k.A.\frac{dT}{dx}$. Desenvolvendo a equação de Fourier, temos: $q_A.dx = -k.A.dT$

$$\frac{q_A}{A} x \int_0^{0,10} dx = -k.\int_T^{300} dT$$

$$q''_A \text{ x } 0,10 = T - 300$$

$q''_A = \frac{T-300}{0,10}$ (Equação A)

Analisando o material B: $q = -k.A.\frac{dT}{dx}$

Desenvolvendo a equação de Fourier, temos: $\frac{q_B}{A} x \int_0^{0,10} dx = -0,2.\int_{1500}^{T} dT$

$$q''_B \text{ x } 0,10 = -0,20 \text{ x } (T - 1500)$$

$$q''_B \text{ x} \frac{0,10}{0,20} = (1500 - T)$$

$q''_B = 2 \text{ x } (1500 - T)$ (Equação B)

Igualando ambas as equações A e B, temos: $\frac{T-300}{0,10} = 2 \text{ x } (1500 - T)$

$$\frac{T - 300}{0,10} = 3000 - 2T$$

$$T = \frac{600}{1,20} = 500 \text{ K}$$

Questão 57

As paredes que constituem em iglu apresenta uma espessura aproximadamente igual a 50 centímetros. Considere que um esquimó deseja substituir o iglu por painéis de betão. A partir desta informação, assinale a alternativa correta que apresenta a espessura das paredes de betão para que a nova residência do esquimó apresenta as mesmas propriedades térmicas do iglu. Informação para a resolução do problema (condutividade térmica): $k_{gelo} = 2,22 \frac{W}{m \text{ x } °C}$ e $k_{betão} = 1,28 \frac{W}{m \text{ x } °C}$.

a) 25,0 cm
b) 26,6 cm
c) 28,8 cm
d) 30,0 cm
e) 35,0 cm

Resolução

Alternativa C.

Equação de Fourier para o iglu: $q_{iglu} = -k_{iglu} \text{ x A x} \frac{dT}{dx}$

Equação de Fourier para os painéis de betão: $q_{betão} = -k_{betão} \text{ x A x} \frac{dT}{dx}$

O problema coloca a seguinte premissa: "mesmas propriedades térmicas", logo:

$q_{iglu} = q_{betão}$ e $\Delta T_{iglu} = \Delta T_{betão}$

$$\boxed{\mathbf{q_{iglu}} = -\, k_{iglu} \text{ x A x} \frac{dT}{dx} = -\, k_{betão} \text{ x A x} \frac{dT}{dx} = \mathbf{q_{betão}}}$$

$$-\, k_{iglu} \text{ x } \cancel{A} \text{ x} \frac{\cancel{dT}}{dx} = -\, k_{betão} \text{ x } \cancel{A} \text{ x} \frac{\cancel{dT}}{dx}$$

$$\frac{k_{iglu}}{dx_{iglu}} = \frac{k_{betão}}{dx_{betão}}$$

$$\frac{2{,}22}{0{,}50} = \frac{1{,}28}{dx_{betão}}$$

$$dx_{betão} = \frac{1{,}28}{4{,}44} = 0{,}288 \text{ m } (28{,}8 \text{ cm})$$

Questão 58

Uma taxa de calor de 3,0 kW é conduzida através de um material isolante com área de seção reta de 10 m^2 e espessura de 2,5 cm. Se a temperatura da superfície interna (quente) é de 415°C e a condutividade térmica do material é de 0,2 W/m.K, qual a temperatura da superfície externa?

Resolução

Para a resolução do problema será necessário utilizar a equação de Fourier, sendo que é interessante observar que a temperatura que vai ser calculada corresponde a uma temperatura menor à temperatura da face da esquerda. Diante disso, serão apresentadas duas expressões de condução de calor que apresenta uma diferença interessante, levando ao mesmo resultado.

Primeira maneira: $q = k \text{ x A x} \frac{(T_1 - T_2)}{dx}$

$$3000 = 0{,}20 \text{ x } 10 \text{ x} \frac{(415 - T_2)}{2{,}50 \text{ x } 10^{-2}}$$

Ou apresentando a segunda maneira: $q = -k \text{ x A x} \frac{(T_2 - T_1)}{dx}$

$$3000 = -0{,}20 \text{ x } 10 \text{ x} \frac{(T_2 - 415)}{2{,}50 \text{ x } 10^{-2}}$$

$$T_2 = 377{,}50°C$$

Questão 59

Em um reator moderado por grafite utilizado para fornecimento comercial de potência é gerado calor a uma taxa de 75 MW/m^3 em barras de urânio (k = 30 W/(m K) longas de diâmetro 5,0 cm, que são revestidas por um anel onde a água escoa. Para uma temperatura média da água de 130°C e um coeficiente de filme de 5,7x10^4 W/(m^2 K), determine a temperatura máxima das barras combustíveis. Considerando: placas de espessura e comprimento muito próximos. (quadrado) e V = 1 m^3 de grafite.

Resolução

Utilizando a seguinte equação que apresenta a relação entre o perfil da temperatura com o raio. $T(r) = \frac{q.r_0^2}{4k} x \left(1 - \frac{r^2}{r_0^2}\right)$

Para r = 0 → r_0 = 2,50x10^{-2}m, então: $T(r) = \frac{q.r_0^2}{4k} + T_s$

Cálculo de T(r): $T(r) = \frac{7{,}50 \times 10^6 \times (2{,}50 \times 10^{-2})^2}{4 \times 30} = 419{,}45\ K$

Questão 60

(PETROBRAS - CONCURSO PARA ENGENHEIRO QUÍMICO) Um painel de circuitos elétricos com a forma de placa plana possui externamente uma camada de 1 mm de um material A, cuja condutividade térmica é k_A = 0,5 W/(m.K), e uma camada de 2,0 mm de um material B, com condutividade térmica k_B = 0,4 W/(m.K). Esse painel está exposto a um coeficiente convectivo externo h = 50 W/(m^2.K) do óleo de refrigeração. Se o circuito elétrico gera em seu interior um fluxo térmico de 2.000 W/m^2 , a que temperatura ele estará quando a temperatura ambiente for de 30°C ?

a) 24°C
b) 54°C
c) 57°C
d) 70°C
e) 84°C

Resolução

Alternativa E.

Para o cálculo da temperatura interna, que deverá ser maior que a temperatura externa, será utilizada a seguinte relação:

$$q.\left\{\left(\frac{x}{k.A}\right)_A + \left(\frac{x}{k.A}\right)_B + \left(\frac{1}{h.A}\right)_{ambiente}\right\} = \Delta T$$

$$2000.\left\{\left(\frac{10^{-3}}{0{,}50.A}\right)_A + \left(\frac{2{,}0 \times 10^{-3}}{0{,}40.A}\right)_B + \left(\frac{1}{50A}\right)_{ambiente}\right\} = T - 30$$

$$2000.\{0{,}002 + 0{,}005 + 0{,}02\} = T - 30$$

$$T = 84°C$$

Questão 61

(CONCURSO PARA ENGENHEIRO QUÍMICO) A respeito dos mecanismos de transferência de calor, assinale V para a afirmativa verdadeira e F para a falsa.

( ) Transferência de calor através de materiais sólidos pode ocorrer por condução e/ou radiação.
( ) Transferência de calor através de fluidos ocorre exclusivamente por convecção.
( ) Transferência de calor através do vácuo ocorre exclusivamente por radiação. As afirmativas são, respectivamente,

a) F, V e F
b) V, V e V
c) F, F e V
d) V, F e V
e) V, V e F

Resolução

Alternativa D.

(Verdadeiro) Transferência de calor através de materiais sólidos pode ocorrer por condução e/ou radiação.

(Falso) Transferência de calor através de fluidos ocorre exclusivamente por convecção.

(Verdadeiro) Transferência de calor através do vácuo ocorre exclusivamente por radiação.

Questão 62

(CONCURSO PÚBLICO PARA ENGENHEIRO QUÍMICO) Sobre os mecanismos de transferência de calor, as alternativas abaixo estão corretas, exceto:

a) No mecanismo molecular de transferência de calor, a transferência de calor é devido à ação molecular, conhecida como condução.

b) No mecanismo turbulento de transferência de calor, a transferência de calor é devido a um processo de mistura. Em geral acontece na convecção.

c) A radiação é um mecanismo de transferência de calor com contato físico, onde a transferência de calor ocorre devido à emissão e absorção de energia.

d) A radiação pode ser verificada simultaneamente ou independentemente dos outros dois mecanismos de transferência de calor, condução e convecção.

Resolução

Alternativa C.

O processo de transmissão de calor por radiação ocorre sem contato físico, ou seja, no vácuo.

Questão 63

(CONCURSO FEDERAL – PETROBRAS) O fluxo de calor na convecção é determinado pela equação $q = h.A.(T_{superfície} - T_{fluido})$. A constante h corresponde ao coeficiente de:

a) película

b) condução

c) emissão

d) difusão

e) Stefan-Boltzmann

Resolução

Alternativa A.

A constante h, que faz parte da equação de resfriamento de newton, pode ser definido como: coeficiente de película, coeficiente convectivo ou também conhecido como constante convectiva.

Questão 64

(CONCURSO PÚBLICO FEDERAL – PETROBRAS) Um analista em seu laboratório adiciona água destilada em um Erlenmeyer até que o mesmo esteja pela metade, posteriormente o coloca sobre a chama de um bico de Bunsen, o calor da chama é transferido através do fundo do recipiente para a água e daí para o restante da mesma, com base na descrição é correto afirmar que a transferência de calor se processou, majoritariamente, por:

a) Condução e radiação

b) Radiação e convecção

c) Condução e convecção

d) Radiação e condução

e) Convecção e radiação

Resolução

Alternativa C.

Questão 65

(CONCURSO PÚBLICO FEDERAL – PETROBRAS) Considere uma parede de tijolos com 3 m de altura, 8 m de largura e 20 cm de espessura, cuja condutividade térmica é k = 0,4 W/m.°C. Os valores medidos da temperatura da superfície interna foi de 32 °C e da superfície externa 20 °C. A taxa de transferência de calor por unidade de área foi:

a) 27 W/m²
b) 31 W/m²
c) 22 W/m²
d) 35 W/m²
e) 24 W/m²

Resolução

Alternativa E.

Cálculo da quantidade de calor por metro quadrado: $q = k \, x \, A \, x \frac{(T_1 - T_2)}{dx}$

$$\frac{q}{A} = -0{,}40 \, x \frac{(20 - 32)}{0{,}20} = +24 \frac{W}{m^2}$$

Questão 66

(CONCURSO PÚBLICO FEDERAL) As superfícies internas das paredes de um grande edifício são mantidas a 25ºC, enquanto a temperatura da superfície externa é – 25º C. As paredes medem 25 cm de espessura e foram construídas de tijolos com condutividade térmica de 0,6 kcal/h.m.ºC. Calcule a perda de calor, por hora, de cada metro quadrado de superfície de parede.

a) 120,0 kcal/h.m²
b) 110,0 kcal/h.m²
c) 130,4 kcal/h.m²
d) 105,5 kcal/h.m²

Resolução

Alternativa A.

Cálculo da quantidade de calor por metro quadrado:

$$\frac{q}{A} = -0{,}60 \, x \frac{(-25 - 25)}{0{,}25}$$

$$\frac{q}{A} = +120 \frac{kcal}{h.m^2}$$

Questão 67

(GRILLO) A parede composta de um reator possui três materiais distintos, designado pelas letras A, B e C. As condutividades térmicas dos materiais A e C são conhecidas e valem 20 W/m.K e 50 W/m.K, respectivamente. A espessura do material A é 30 cm e do material C é 15 cm. O material B se encontra entre os materiais A e C, conforme pode ser observado na figura a seguir, apresentando espessura igual a 15 cm com a condutividade térmica precisando ser determinada.

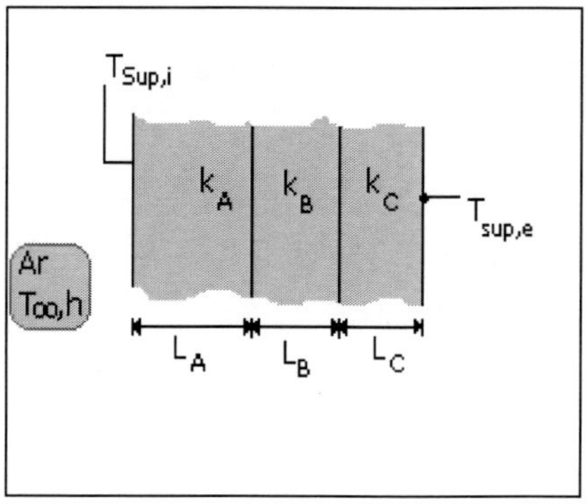

Levando em consideração que as condições de operação em regime estacionário, medidas indicam que as temperaturas das superfícies externa ($T_{sup,e}$) e interna ($T_{sup,i}$) do forno são 20°C e 600°C, respectivamente. O coeficiente de transferência de calor por convecção no interior do forno é igual a 25 W/m².K e a temperatura do ar interno é de 800°C. Qual é o valor da condutividade térmica do material B?

Resolução

O sistema apresenta uma série de materiais distintos além de haver um processo condutivo + convectivo. Cálculo da quantidade de calor, levando em consideração o processo convectivo: $\frac{q}{A} = 25 \text{ x } (800 - 600) = 5000 \frac{W}{m^2}$

Cálculo da condutividade térmico da parede plana B, a partir da relação entre a quantidade de calor com a resistência térmica.

$$\frac{q}{A} = \left(\frac{1}{25} + \frac{0,30}{20} + \frac{0,15}{k_b} + \frac{0,15}{50}\right) = 800 - 20$$

$$5000 = \left(0,058 + \frac{0,15}{k_b}\right) = 780$$

$$k_b = 1,53 \frac{W}{m \text{ x } K}$$

Questão 68

(CONCURSO PÚBLICO FEDERAL) Sobre os modos de transferir calor, considere as afirmativas:

I – A condução pode ser entendida como a transferência de calor a partir das partículas (ou moléculas) de menor energia para as partículas de maior energia, e a taxa de transferência de calor por condução é quantificada pela Lei de Fourier.

II – A convecção é composta por dois mecanismos de transferência de calor: a difusão e a advecção. Esta última diz respeito à transferência de calor devido ao escoamento de um fluido em contato com uma parede, dada uma diferença de temperatura entre o fluido e a parede.

III – A convecção pode ser forçada ou livre (natural). Ambas resultam de um escoamento forçado causado por um meio externo, como ventilador, bomba, ventos atmosféricos, entre outros.

IV – A radiação térmica é a energia emitida a uma dada temperatura finita. Assim como a difusão e a convecção, a transferência de calor por radiação também necessita de um meio material (sólido ou fluido), não sendo possível transferir calor por radiação no vácuo. Está(ão) correta(as) a(s) afirmação(ções):

a) I e III, apenas
b) IV, apenas
c) II e III, apenas
d) II, apenas

Resolução

Alternativa D.

I) Falso. A condução pode ser entendida como a transferência de calor a partir das partículas (ou moléculas) de maior energia para as partículas de menor energia, e a taxa de transferência de calor por condução é quantificada pela Lei de Fourier.

II) Verdadeiro.

III) Falso.

IV) Falso. O processo de quantidade de calor por radiação ocorre no vácuo.

Questão 69

(CONCURSO FEDERAL – ENGENHARIA QUÍMICA) Considere a transferência de calor através de uma parede com espessura de 10 cm e área de 10 m², composta por um material com condutividade térmica de 0,5 W/m.K, conforme a figura abaixo:

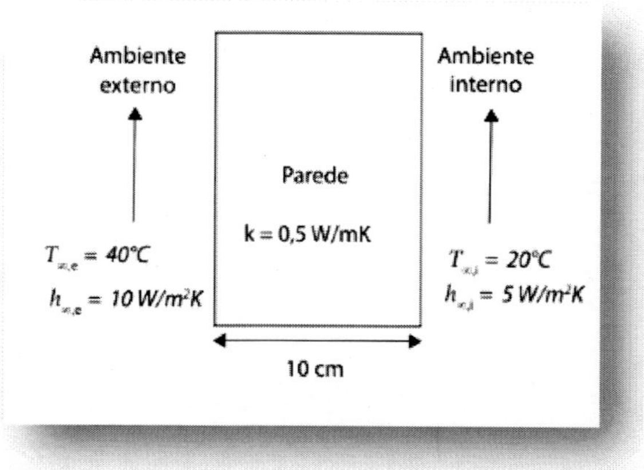

No ambiente externo, o coeficiente de convecção é 10 W/m²K e a temperatura externa é de 40°C. No ambiente interno, o coeficiente de convecção é de 5 W/m²K e a temperatura interna é de 20°C. A quantidade de calor transferida do ambiente externo para o interno através da parede é:
a) 1 kW
b) 100 W
c) 400 W
d) 4 kW

Resolução

Alternativa C.

Expressão da resistência térmica levando em consideração o processo de calor por convecção e condução.

$$R_{\text{térmica}} = \frac{1}{h.A} + \frac{x}{k.A} + \frac{1}{h.A} = \frac{1}{10 \text{ x } 10} + \frac{0,10}{0,50 \text{ x } 10} + \frac{1}{5 \text{ x } 10}$$

Cálculo da quantidade de calor: $q.\left\{\frac{1}{10 \text{ x } 10} + \frac{0,10}{0,50 \text{ x } 10} + \frac{1}{5 \text{ x } 10}\right\} = 40 - 20$

$q = 400 \text{ W}$

Questão 70

(CONCURSO FEDERAL – ENGENHARIA QUÍMICA) Uma placa de 50 mm de espessura tem um de seus lados mantido a 150°C. É fornecido um fluxo de calor através do material de 10.000 kcal/h.m². A condutibilidade térmica do material é de 5,0 kcal/h.m.°C. A temperatura do lado oposto é, em °C, igual a:
a) 200
b) 180
c) 250
d) 160
e) 300

Resolução

Alternativa C.

Cálculo da temperatura do lado oposto. $\frac{q}{A} = -0,60 \text{ x} \frac{(-25-25)}{0,25}$

$10000 \text{ x } 50 \text{ x } 10^{-3} = -5,0 \text{ x } (150 - T_1)$

$T_1 = 250°C$

Questão 71

(CONCURSO PÚBLICO FEDERAL - ENGENHARIA MECÂNICA) Uma face de uma placa de cobre de 3 cm de espessura é mantida a 400°C, e a outra face é mantida a 100°C. A condutividade térmica do cobre é 370 W/m x °C a 250°C. Calcule a transferência de calor através da placa.

Resolução

Cálculo do processo de transmissão de calor por condução: $q = -k \text{ x } A \text{ x} \frac{(T_2 - T_1)}{dx}$

$$\frac{q}{A} = -370 \text{ x} \frac{(100 - 400)}{0{,}03}$$

$$\frac{q}{A} = 3{,}70 \text{ x } 10^6 \frac{W}{m^2}$$

Questão 72

(GRILLO) A partir dos seus conhecimentos de condução de calor, deduza a expressão de um processo de condução de calor em paredes esféricas.

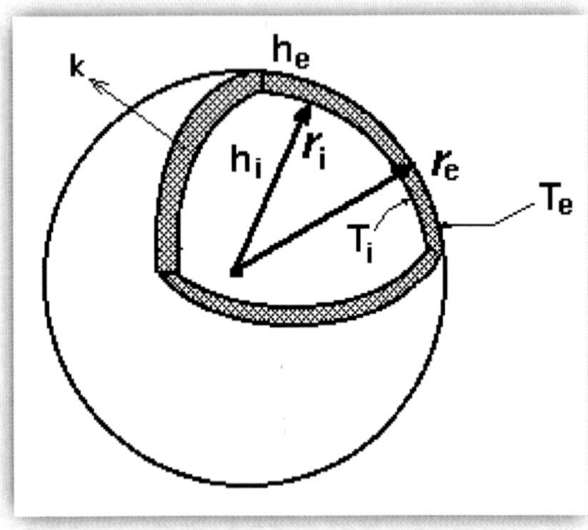

Resolução

Volume de uma esfera: $V_{esfera} = \frac{4}{3}\pi r^3$

Área de uma esfera: $\text{Área} = \frac{dV_{esfera}}{dr} = 4\pi r^2$

Aplicando a equação de Fourier e realizando a aproximação dx ≅ dr, temos a seguinte relação:

$$q = -k.A.(\frac{dT}{dx})$$

$$q = -k.(4\pi r^2).(\frac{dT}{dr})$$

$$\left(\frac{1}{r^2}\right).dr.q = -k.(4\pi).dT$$

$$q.\left[\int_{r_1}^{r_2}\left(\frac{1}{r^2}\right).dr\right] = -4\pi k.\left[\int_{T_1}^{T_2} dT\right]$$

$$q.\left[\frac{1}{r_2}-\frac{1}{r_1}\right] = -4\pi k.(T_2 - T_1)$$

$$q.\left[\frac{1}{r_2}-\frac{1}{r_1}\right] = 4\pi k.(T_1 - T_2)$$

$$q.\underbrace{\left[\frac{\frac{1}{r_2}-\frac{1}{r_1}}{4\pi k}\right]}_{R_{térmica}} = \Delta T$$

Questão 73

(GRILLO) O vidro de um determinado automóvel é constituído por um material de espessura igual a 4,0 mm e condutividade térmica k_v = 0,78 W/m.°C. O ar externo permanece com temperatura $T_{ar,e}$ = 10°C e coeficiente de transferência de calor por convecção h_e = 12 W/m².°C. Um sistema de aquecimento mantém o ar do ambiente interno $T_{ar,e}$ = 25°C. O coeficiente de transferência de calor por convecção do ar interno é h_i = 5 W/m².°C. Determine o fluxo de calor por metro quadrado (W/m²).

Resolução

Para a determinação do fluxo de calor por metro quadrado, será necessário determinar a expressão da resistência térmica.

$$R_{térmica} = \frac{1}{5A} + \frac{4{,}0 \times 10^{-3}}{0{,}78A} + \frac{1}{12A} = \frac{1}{A} \times 0{,}288$$

Cálculo do fluxo de calor: $q \times \frac{1}{A} \times 0{,}288 = 25 - 10$

$$q = 52\frac{W}{m^2}$$

Questão 74

(GRILLO) Considere uma parede plana composta de um forno industrial constituída por uma camada de cerâmica com espessura L_c = 0,15 metros e condutividade térmica k_C = 1,20 W/m.°C e uma camada de aço com espessura L_a = 0,0030 metros e condutividade térmica k_a = 40,0 W/m.°C. Considerando que o ar no interior do forno é mantido a temperatura T_i = 500°C, constante, com coeficiente de transferência de calor por convecção $h_{interno}$ = 80 W/m².°C, enquanto o ar externo (ambiente) mantém-se a temperatura constante T_e = 30°C, com coeficiente de transferência de calor por convecção $h_{externo}$ = 10 W/m².°C, determine o fluxo de calor por unidade de área (densidade de fluxo de calor) que passa do forno para o ambiente e calcule as temperaturas nas superfícies interna e externa e na junção cerâmica-aço.

Resolução

Para a determinação do fluxo de calor por metro quadrado, será necessário determinar a expressão da resistência térmica.

$$R_{térmica} = \frac{0{,}15}{1{,}20A} + \frac{0{,}0030}{40A} + \frac{1}{80A} + \frac{1}{10A} = \frac{1}{A} \times 0{,}2376$$

Cálculo do fluxo de calor: $q \times \frac{1}{A} \times 0{,}2376 = (500 - 30)$

$$q = 1978{,}32\frac{W}{m^2}$$

Questão 75

(CONCURSO PÚBLICO FEDERAL - ENGENHARIA QUÍMICA) Uma superfície plana é coberta com um isolante com condutividade térmica de 0,08 W/(m K). A temperatura na interface entre a superfície e o isolante é de 300°C. O lado externo do isolante é exposto ao ar a 30°C e o coeficiente de transferência de calor por convecção entre o isolante e o ar é de 10 W/(m².K). Ignorando a radiação, qual deverá ser a espessura mínima do isolamento, tal que o lado externo do isolante possua uma temperatura não superior a 60°C em regime permanente?

a) 0,064 m
b) 0,94 m
c) 0,023 m

d) 0,24 m
e) 0,128 m

Resolução

Alternativa A.

O processo de transmissão de calor ocorre no sistema: superfície plana + isolante + ar.

Cálculo da quantidade de calor por área, a partir do processo convectivo:

$$\frac{q}{A} = 10 \text{ x } (60 - 30) = 300\frac{W}{m^2}$$

Cálculo da espessura (Y) do material a partir do processo de transmissão de calor por condução:

$$\underbrace{\frac{q}{A}}_{300\frac{W}{m^2}} \cdot \frac{Y}{0{,}08} = 300 - 60$$

$$Y = 0{,}064 \text{ m}$$

Questão 76

(CONCURSO PÚBLICO FEDERAL) Acerca da Lei de Fourier, qual das afirmativas abaixo está correta?
a) A taxa de transferência de calor é diretamente proporcional à diferença de temperatura e inversamente proporcional à área e à espessura de uma placa plana;
b) Ela é uma expressão que define uma importante propriedade dos materiais, o calor específico;
c) A Lei de Fourier é uma expressão vetorial, indicando que o fluxo térmico é normal a uma isoterma e no sentido do aumento das temperaturas;
d) Ela não é uma expressão que possa ser derivada a partir de princípios fundamentais; ao contrário, ela é uma generalização baseada em evidências experimentais;
e) Fluxo de Calor corresponde à taxa volumétrica de geração de calor.

Resolução

Alternativa D.

A lei de Fourier é um estudo que retrata de maneira bem evidente processos que ocorrem na natureza.

Questão 77

(CONCURSO PÚBLICO FEDERAL) O calor é a forma de energia que é transferida em função de uma diferença de temperatura. O transporte de calor por convecção se caracteriza:
a) Por uma transferência de calor entre dois corpos pelas radiações térmicas emitidas por suas superfícies.
b) Quando o transporte de calor ocorre em um meio estacionário, sólido ou fluido, causado pela existência de gradiente de temperatura.
c) Pelo aquecimento do fluido parado sobre uma placa plana constituída de um material sólido homogêneo.
d) Pela transferência de calor pelo movimento de massa fluida.

Resolução

Alternativa D.

O fenômeno da convecção ou efeito convectivo aparece em quase todos os processos ocorridos na Terra que envolvam fluidos (líquidos ou gases), sujeitos a gradientes de temperatura, isto é, diferenças de temperatura entre dois pontos do fluido.

Questão 78

(CONCURSO PÚBLICO FEDERAL) As paredes externas de uma casa são constituídas por uma de 10 cm de tijolo (k = 0,66 $W.m^{-1}.K^{-1}$), 1,20 cm de isolante (k = 0,05 $W.m^{-1}.K^{-1}$), um espaço com ar (k = 0,026 $W.m^{-1}.K^{-1}$) de espessura de 9,0 cm e 0,60 cm de madeira (k = 0,2 $W.m^{-1}.K^{-1}$). Se a temperatura exterior for de -5ºC e a interior de 20ºC, qual o fluxo de calor se:

a) A camada de ar só transferir calor por condução.

b) Se o coeficiente de transferência de calor por convecção na camada de ar for de 8,77 $kcal.h^{-1}.m^{2}.ºC^{-1}$.

Resolução

Item a) Cálculo da quantidade de calor por unidade de área:

$$\frac{q}{A} x \left(\frac{0,10}{0,66} + \frac{0,012}{0,05} + \frac{0,09}{0,026} + \frac{0,0060}{0,20}\right) = 20 + 5$$

$$\frac{q}{A} = 6,44 \frac{W}{m^2}$$

Item b) Cálculo da quantidade de calor por unidade de área, mas primeiramente será necessário converter a unidade do coeficiente de película para Watts.

$$h = 8770 \frac{cal}{h\,x\,m^2\,x\,°C} x \frac{4,18\,J}{1\,cal} x \frac{1\,h}{3600\,s} = 10,18 \frac{J}{m^2\,x\,°C\,x\,s}$$

$$\frac{q}{A} x \left(\frac{0,10}{0,66} + \frac{0,012}{0,05} + \frac{1}{10,18} + \frac{0,0060}{0,20}\right) = 20 + 5$$

$$\frac{q}{A} = 48,10 \frac{W}{m^2}$$

Questão 79

(GRILLO) Considere duas placas colocadas justapostas, com uma fonte de calor à esquerda do conjunto, fornecendo uma taxa de calor de aproximadamente igual a 2200 kW. A direita do conjunto, há um fluido gasoso à temperatura ambiente (25ºC). Tomando as hipóteses de condução unidimensional e permanente, sabendo que a placa da esquerda tem espessura de aproximadamente igual a 0,10 metros composta de aço inoxidável do tipo 304 (k = 14,90 W/m.K), e que a placa da direita tem 0,20 m de espessura, sendo de platina (k = 71,60 W/m.K), com área das placas igual a 2,0 m² e com temperatura da face esquerda do conjunto igual a 40ºC, calcule:

a) A temperatura da interface entre as placas.

b) A temperatura da face da direita do conjunto.

c) O coeficiente de película de troca de calor por convecção.

Resolução

Item a) Cálculo da temperatura da interface, a partir da utilização da equação de Fourier:

$$q = -k\,x\,A\,x \frac{dT}{dx}$$

$$2200\,x\,0,10 = 14,90\,x\,2,0\,x\,(40 - T_2)$$

$$T_2 = 32,62°C$$

Item b) Cálculo da temperatura da interface, a partir da utilização da equação de Fourier:

$$q = -k\,x\,A\,x \frac{dT}{dx}$$

$$2200 \text{ x } 0{,}20 = 71{,}60 \text{ x } 2{,}0 \text{ x } (32{,}62°\text{C} - T_2)$$

$$T_2 = 29{,}55°\text{C}$$

Item c) Cálculo do coeficiente de película (h):

$$q = h \text{ x } A \text{ x } (T_{superfície} - T_{\infty})$$

$$2200 = h \text{ x } 2{,}0 \text{ x } (29{,}55 - 25{,}0)$$

$$h = 241{,}76 \frac{W}{m^2.°C}$$

Questão 80

(CONCURSO PÚBLICO FEDERAL – ENGENHARIA METALÚRGICA) Uma janela de vidro maciço de 1,2m x 1,2m e com 10mm de espessura separa uma sala, mantida a 20°C, do ambiente externo, no qual a temperatura média é de 35°C. A condutividade térmica do vidro é igual a 1,70W/m.K.

a) Qual a quantidade de calor que atravessa a janela, entrando na sala, por dia? Assume que o estado seja estacionário e apresente a resposta em J/dia.

b) Se a janela de vidro maciço fosse substituída por uma janela de alumínio com dimensões 1,2m x 1,2m e 4mm de espessura e se as temperaturas, tanto no interior da sala quanto no ambiente externo, fossem mantidas, a quantidade de calor que ultrapassaria a janela permaneceria constante, diminuiria ou aumentaria? Explique sua resposta. A condutividade térmica do alumínio é igual a 247 W/m.K.

Resolução

Item a) Cálculo da quantidade de calor por condução: $q = -k \text{ x } A \text{ x } \frac{(T_2 - T_1)}{dx}$

$$q = -1{,}70 \text{ x } 1{,}44 \text{ x } \frac{(20 - 25)}{0{,}01} = 3672 \text{ W}$$

Realizando a conversão: $q = 3672 \frac{J}{s} \text{x} \frac{3600 \text{ s x } 24 \text{ h}}{\text{dia}} = 3{,}173 \text{ x } 10^8 \frac{J}{\text{dia}}$

b) Seria maior pelo fato do valor da condutividade de calor do alumínio ser maior em comparação ao primeiro (vidro) e também pelo fato da espessura ser menor. Todos estes fatores podem ser observados a partir dos cálculos apresentados a seguir.

Cálculo da quantidade de calor por condução: $q = -247 \text{ x } 1{,}44 \text{ x } \frac{(20-25)}{0{,}004} = 1{,}33 \text{ x } 10^6 \frac{J}{s}$

$$q = 1{,}33 \text{ x } 10^6 \frac{J}{s} \text{x} \frac{3600 \text{ s x } 24 \text{ h}}{\text{dia}}$$

Questão 81

(CONCURSO PÚBLICO FEDERAL – ENGENHARIA METALÚRGICA) A parede de um forno possui uma camada de 0,25 m de tijolo refratário e uma camada de 0,15 m do tijolo isolante. A temperatura da face interna do forno é 1650°C, e a temperatura da face externa é 150°C . Sabe-se que a condutividade do tijolo refratário é k_{tr} = 1,25 kcal/h.m.°C e a do tijolo isolante é k_{ti} = 0,15 kcal/h.m.°C. Calcule o calor perdido por metro quadrado da parede.

Resolução

Conversão de unidade para cada condutividade térmica.

$$k_{tr} = 1250 \frac{cal}{h.m°C} \text{x} \frac{4{,}18 \text{ J}}{1 \text{ cal}} \text{x} \frac{1 \text{ h}}{3600 \text{ s}} = 1{,}45 \frac{W}{m \text{ x } °C}$$

$$k_{ti} = 150\frac{\text{cal}}{\text{h. m°C}}\text{x}\frac{4{,}18\text{ J}}{1\text{ cal}}\text{x}\frac{1\text{ h}}{3600\text{ s}} = 0{,}174\frac{\text{W}}{\text{m x °C}}$$

Expressão da resistência térmica da parede: $R_t = \frac{0{,}25}{1{,}45A} + \frac{0{,}15}{0{,}174A} = \frac{0{,}172}{A} + \frac{0{,}862}{A}$

Cálculo da quantidade de calor por metro quadrado: $q \text{ x} \left(\frac{0{,}172}{A} + \frac{0{,}862}{A}\right) = 1650 - 150$

$$q = 1450{,}68\frac{\text{W}}{\text{m}^2}$$

Questão 82

(CONCURSO PÚBLICO FEDERAL – ENGENHARIA MECÂNICA) A face externa da porta metálica de um forno é mantida a 120°C e a temperatura do ar que circula em contato com a superfície da porta é de 35°C. A área da porta é 0,20 m² e o coeficiente de transferência de calor por convenção é 40 W/m²°C. Calcule a transferência de calor por convecção entre a porta do forno e o ar.

Resolução

Cálculo da quantidade de calor pelo método da convecção. $q = h \text{ x } A \text{ x } (T_s - T_\infty)$

$$q = 40 \text{ x } 0{,}20 \text{ x } (120 - 35) = 680 \text{ W}$$

Questão 83

(CONCURSO PÚBLICO FEDERAL – ENGENHARIA MECÂNICA) Uma placa para dissipar calor de dimensões 50 cm por 75 cm, é mantida aquecida a 250°C. Ar a 20°C escoa sobre a placa aquecida e o coeficiente de transferência de calor por convecção é 25 W/m²°C. Calcule a transferência de calor.

Resolução

Cálculo da área que ocorre o processo convectivo: Área = 50 cm x 75 cm = 3750 cm² (0,375 m²)

Cálculo da quantidade de calor pelo método da convecção. $q = h \text{ x } A \text{ x } (T_s - T_\infty)$

$$q = 25 \text{ x } 0{,}375 \text{ x } (250 - 20) = 2156{,}2 \text{ W}$$

Questão 84

(CONCURSO PÚBLICO FEDERAL – ENGENHARIA MECÂNICA) A tampa circular de uma caldeira, de 0,5 m de diâmetro, é mantida a 150°C. A transferência de calor por convecção com o ar é de 700 W. Calcule a temperatura do ar que escoa sobre a superfície da tampa, sabendo que o coeficiente de transferência de calor por convecção é de 30 W/m²°C.

Resolução

Cálculo da área que ocorre o processo convectivo, a partir do diâmetro da área circular:
D = 2r
R = 0,50/2 = 0,25 m
Área = π x (0,25)²

Cálculo da quantidade de calor pelo método da convecção. $q = h \text{ x } A \text{ x } (T_s - T_\infty)$

$$700 = 30 \text{ x } \pi \text{ x } (0{,}25)^2 \text{x } (150 - T_\infty)$$

$$T_\infty = 31{,}10°C$$

Questão 85

(CONCURSO PÚBLICO FEDERAL – ENGENHARIA MECÂNICA) A parede de um forno industrial é construída em tijolo refratário com 0,15 m de espessura e condutividade térmica de 1,7 W/mK. As medidas realizadas em condições de operação permanente mostram que as temperaturas nas superfícies interna e externa são 1400 K e 1150 K. Qual é a taxa de perda de calor através de uma parede de 0,5 m por 3 m?

Resolução

Cálculo da quantidade de calor por metro quadrado: $q = k \text{ x } A \text{ x} \frac{(T_1 - T_2)}{dx}$

$$\frac{q}{A} = -1{,}70 \text{ x } (0{,}50 \text{ x } 3) \text{ x } \frac{(1150 - 1400)}{0{,}15} = +4250 \text{ W}$$

Questão 86

(CONCURSO PÚBLICO FEDERAL - ENGENHARIA QUÍMICA) Considere a transferência de calor através da parede de um equipamento. A espessura da parede é 10 mm e a sua condutividade térmica é 50 W/m.K. A face interna da parede é exposta a gases de combustão a 1200˚C e com coeficiente convectivo de transferência de calor h_1 = 100 W/m².˚C. A face externa da parede é exposta à agua em ebulição a 200˚C e com coeficiente convectivo de transferência de calor h_2 = 5000 W/m².˚C.

a) Calcule o fluxo de calor através da parede plana da caldeira, expresso em W/m².

b) Calcule a temperatura da face interna da parede.

Resolução

Item a) Expressão da resistência térmica da parede composta: $R_t = \frac{1}{100A} + \frac{10 \text{ x } 10^{-3}}{50A} + \frac{1}{5000A}$

Cálculo da quantidade de calor por metro quadrado: $q \text{ x} \left(\frac{1}{100A} + \frac{10 \text{ x } 10^{-3}}{50A} + \frac{1}{5000A}\right) = 1200 - 200$

$$q = 96153{,}85 \frac{W}{m^2}$$

Item b) Cálculo da temperatura superficial: $96153{,}85 = 100 \text{ x } (1200 - T_s)$

$$T_s = 238°C$$

Questão 87

(CONCURSO PÚBLICO FEDERAL - ENGENHARIA QUÍMICA) A parede de uma câmara fria é formada por três camadas de materiais diferentes. Cada camada é descrita a seguir, sendo adotadas as nomenclaturas e = espessura e k = condutividade térmica do material:

- camada 1 (interna) de chapa de compensado, com e_1 = 0,01 m e k_1 = 0,2 W/m.K;
- camada 2 (intermediária) de um material isolante térmico, com e_2 = 0,1 m e k_2 = 0,05 W/m.K;
- camada 3 (externa) de aço, com e_3 = 0,002 m e k_3 = 45 W/m.K.

Considere a parede plana e calcule a resistência global da parede composta à condução de calor para uma área unitária A = 1m² de parede.

Resolução

Cálculo da resistência global, levando em consideração que o sistema está em série.

$$R_t = \frac{0{,}01}{0{,}2A} + \frac{0{,}1}{0{,}05A} + \frac{0{,}002}{45A}$$

$$R_t \text{ x } A = \frac{0{,}01}{0{,}2} + \frac{0{,}1}{0{,}05} + \frac{0{,}002}{45}$$

$$R_t = 2{,}05 \frac{°C}{W}$$

Questão 88

(GRILLO) Considere um reator constituído por duas camadas com diferentes materiais: 20 cm de tijolo refratário (k = 1,2 W/m.˚C) e 13 cm de tijolo isolante (k = 0,15 W/m. ˚C). A temperatura da superfície interna do refratário é 1675 ˚C e a temperatura da superfície externa do isolante é 145˚C. Leve em consideração e despreze a resistência térmica das juntas de argamassa, calcule:

a) o calor perdido por unidade de tempo e por m² de parede;

b) a temperatura da interface refratário/isolante.

Resolução

Item a) Expressão da resistência térmica: $R_t = \frac{0{,}20}{1{,}2A} + \frac{0{,}13}{0{,}15A} = \frac{1{,}033}{A}$

Cálculo da quantidade de calor perdido: $q \, x \frac{1{,}033}{A} = 1675 - 145$

$$\frac{q}{A} = 1480{,}64 \frac{W}{m^2}$$

Item b) Cálculo da temperatura de interface: $\underbrace{\frac{q}{A}}_{1480{,}64} = \frac{0{,}15}{0{,}13} x \, (T - 145)$

$$1480{,}64 = \frac{0{,}15}{0{,}13} x \, (T - 145)$$

$$T = 1428{,}22°C$$

Questão 89

Uma tubulação de vapor de diâmetro interno 8 cm e 5,5 mm de espessura de parede tem sua superfície interna a uma temperatura de 300ºC. A tubulação é coberta com uma camada de 9cm de isolante com k = 50 W/m.ºC, seguida de uma camada de 4 cm de isolante com k = 0,35 W/m.ºC. A temperatura da superfície externa do isolante é 30ºC. Calcule o calor perdido por metro de comprimento admitindo k = 47 W/m.ºC para o tubo.

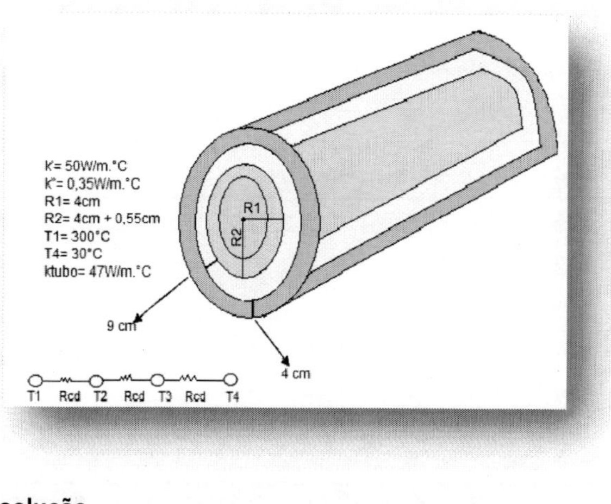

Resolução

A partir da figura ilustrativa apresentada a seguir, temos:

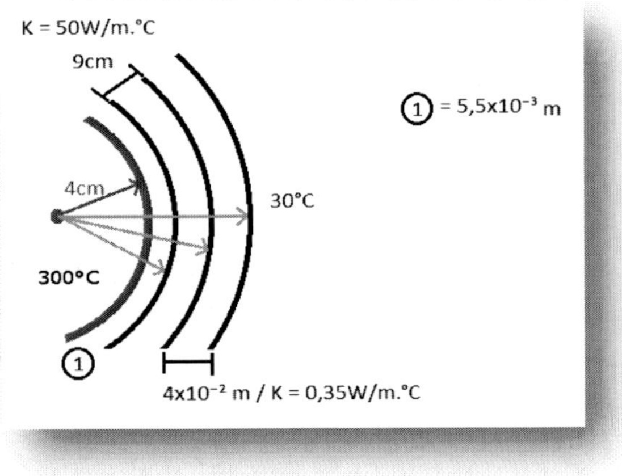

Cálculo da resistência térmica total:

$$R_{\text{térmico}}^{\text{total}} = \frac{\ln\left(\frac{45,5}{40}\right)}{2 \times 47 \times \pi \times L} + \frac{\ln\left(\frac{175,5}{135,5}\right)}{2 \times 0,35 \times \pi \times L}$$

Cálculo da quantidade de calor perdida, a partir da configuração cilíndrica:

$$\frac{q}{L} \times \frac{\ln\left(\frac{45,5}{40}\right)}{2 \times 47 \times \pi} + \frac{\ln\left(\frac{175,5}{135,5}\right)}{2 \times 0,35 \times \pi} = 300 - 30$$

$$\frac{q}{L} = 2285,82 \frac{W}{m}$$

Questão 90

Para garantir que a diferença máxima de temperatura entre as faces direita e esquerda de uma placa seja igual a 80°C, determine a espessura necessária de material, sabendo-se ainda que a condutividade térmica do material utilizado vale 35 W/m.K e que o fluxo de calor trocado vale 18656,7 W/m².

Resolução

Para calcular a espessura (W) do material, será necessário utilizar a equação de Fourier para paredes planas: $\frac{q}{A} \times R_{\text{térmico}}^{\text{total}} = \Delta T$

$$18656,7 \times \frac{W}{35} = 80$$

$$W = 0,150 \text{ m } (150 \text{ mm})$$

Questão 91

Um gás quente, 250°C, escoa através de um tubo de aço-carbono 1010 (k = 49,8 W/m.K) de 10 cm de diâmetro interno e 5 mm de espessura. O tubo está coberto com uma camada de lã de vidro (k = 0,046 W/m.K) de 5 cm de espessura, visando reduzir as perdas de calor. O ar ambiente está a 25°C. Determine a taxa de troca de calor por unidade de comprimento do tubo, considerando que coeficiente interno de troca de calor vale 500 W/m².K e o externo, 20 W//m².K.

Resolução

Primeiramente será necessário calcular a resistência térmica total, sabendo que a configuração é do tipo cilíndrica.

$$R_{\text{térmico}}^{\text{total}} = \frac{1}{500 \times 49,8 \times 2 \times \pi \times L} + \frac{\ln\left(\frac{55}{50}\right)}{2 \times 47 \times \pi \times L} + \frac{\ln\left(\frac{105}{55}\right)}{2 \times 0,046 \times \pi \times L} + \frac{1}{20 \times 0,046 \times 2 \times \pi \times L}$$

$$\frac{q}{L} x \left[\frac{1}{500 \text{ x } 49{,}8 \text{ x } 2 \text{ x } \pi \text{ x } L} + \frac{\ln\left(\frac{55}{50}\right)}{2 \text{ x } 47 \text{ x } \pi \text{ x } L} + \frac{\ln\left(\frac{105}{55}\right)}{2 \text{ x } 0{,}046 \text{ x } \pi \text{ x } L} + \frac{1}{20 \text{ x } 0{,}046 \text{ x } 2 \text{ x } \pi \text{ x } L}\right] = 250 - 25$$

$$\frac{q}{L} = 93{,}36 \frac{W}{m}$$

Questão 92

Um painel de circuitos elétricos possui uma camada de 1mm de substrato, k = 0,95 W/m.K, uma camada de 1,5 mm de plástico, k = 0,4 W/m.K, exposta a um coeficiente convectivo externo h = 35 W/m².K do óleo de refrigeração. Se o circuito elétrico gera 1000 W/m², quão quente ele vai estar?

Resolução

Expressão da resistência térmica para o conjunto. $R_{\text{térmico}}^{\text{total}} = \frac{10^{-3}}{0{,}95 \text{ x } A} + \frac{1{,}50 \text{ x } 10^{-3}}{0{,}40 \text{ x } A} + \frac{1}{25 \text{ x } A}$

Cálculo da variação de temperatura, a partir do processo de condução de calor:

$$\frac{q}{A} x \left[\frac{10^{-3}}{0{,}95} + \frac{1{,}50 \text{ x } 10^{-3}}{0{,}40} + \frac{1}{25}\right] = \Delta T$$

$$1000 \text{ x} \left[\frac{10^{-3}}{0{,}95} + \frac{1{,}50 \text{ x } 10^{-3}}{0{,}40} + \frac{1}{25}\right] = \Delta T$$

$$\Delta T = 44{,}80°C$$

Questão 93

Uma parede de azulejos de 0,1 metro de espessura e k = 0,7 W/m.K, está exposta a um vento frio de 270 K, com um coeficiente de película de 40 W/m².K. O lado oposto da parede está em contato com o ar quente a 330 K, com coeficiente de película de 10 W/m².K. Calcular o calor transmitido por unidade de área. Considere a seguinte figura para a resolução do problema.

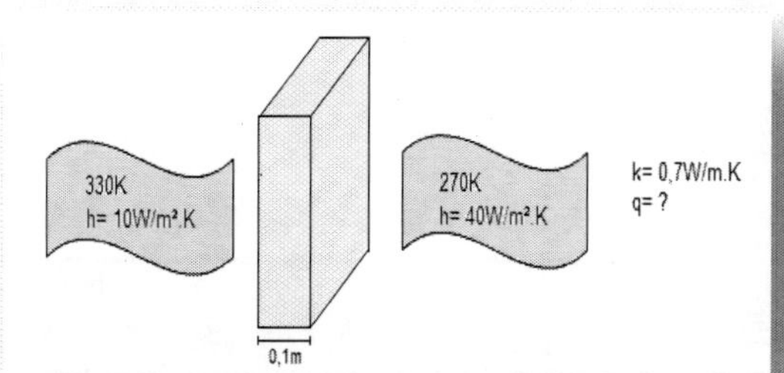

Resolução

Expressão da resistência térmica para o conjunto em série.

$$R_{\text{térmico}}^{\text{total}} = \frac{0{,}10}{0{,}70 \text{ x } A} + \frac{1}{40 \text{ x } A} + \frac{1}{10 \text{ x } A} = \frac{0{,}268}{A}$$

Cálculo da variação de temperatura, a partir do processo de condução de calor:

$$\frac{q}{A} x \left[\frac{0{,}268}{A}\right] = 330 - 270$$

$$\Delta T = 224\frac{W}{m^2}$$

Questão 94

Uma taxa de calor de 3,0 kW é conduzida através de um material isolante com área de seção reta de 10 m^2 e espessura de 2,5 cm. Se a temperatura da superfície interna (quente) é de 415°C e a condutividade térmica do material é de 0,2 W/m.K, qual a temperatura da superfície externa?

Resolução

Aplicando a equação de Fourier: $3000 \text{ x } 2{,}50 \text{ x } 10^{-2} = -\,0{,}20 \text{ x } 10 \text{ x } (T - 415)$

$$T - 415 = \frac{3000 \text{ x } 2{,}50 \text{ x } 10^{-2}}{-\,0{,}20 \text{ x } 10}$$

$$T = 377{,}50^{\circ}C$$

Questão 95

(CONCURSO PÚBLICO FEDERAL – ENGENHARIA MECÂNICA) Uma placa lisa, de 4 m² de área, a uma temperatura de 100°C, é submetida a um processo de resfriamento por fluxo de água a uma temperatura média de 20°C. O coeficiente de transferência de calor por convecção é 100 W/m².°C. Determine a transferência de calor da placa durante um período de 5 horas.

a) 160 kJ
b) 576 MJ
c) 144 MJ
d) 8000 J
e) 288 MJ

Resolução

Alternativa B.

Equação da quantidade de calor por convecção:

$$q = h \text{ x } A \text{ x } (T_s - T_\infty) = 100 \text{ x } 4 \text{ x } (100 - 20) = 32000 \text{ W}$$

Cálculo da energia para um tempo igual a cinco horas (5 h).

$1 \text{ segundo} - - - - - 32000 \text{ J}$
$18000 \text{ segundos} \;- - Q$
$Q = 576 \text{ MJ}$

Questão 96

(CONCURSO PÚBLICO FEDERAL – ENGENHARIA MECÂNICA) Uma placa de cobre de 3 mm de espessura, com coeficiente de condutividade térmica igual a 360 W/m.K, é protegida da corrosão por duas camadas de aço inoxidável de 2 mm de espessura, com coeficiente de condutividade térmica igual a 16 W/m.K, depositadas sobre as faces opostas da placa de cobre. Considere uma situação em que a temperatura na superfície esquerda seja de 400°C e a da superfície direita seja de 90°C. Calcule o fluxo de calor pela placa.

a) 1200 kW/m^2
b) 590 W/m^2
c) 1161 kW/m^2
d) 1553 kW/m^2
e) 2250 kW/m^2

Resolução

Alternativa A.

Expressão da resistência térmica para o conjunto apresentado no enunciado:

$$R_{\text{térmico}}^{\text{total}} = \frac{2 \text{ x } 10^{-3}}{16 \text{ x A}} + \frac{3{,}0 \text{ x } 10^{-3}}{360 \text{ x A}} + \frac{2 \text{ x } 10^{-3}}{16 \text{ x A}} = \frac{2{,}583 \text{ x } 10^{-4}}{\text{A}}$$

Cálculo da quantidade de calor: $\frac{q}{A} \text{x } 2{,}583 \text{ x } 10^{-4} = 400 - 90$

$$\frac{q}{A} = 1200 \frac{\text{kW}}{\text{m}^2}$$

Questão 97

(CONCURSO PÚBLICO FEDERAL – ENGENHARIA MECÂNICA) Um bule de chá de alumínio com coeficiente de condutividade térmica de 160 W/m.K, cujo fundo tem espessura de 1 mm, conduz o calor resultante de seu aquecimento por uma chama, aquecendo a água nele contida. Considerando que a chama aquece o bule por convecção com coeficiente de convecção igual a 200 W/m².K e que o bule aquece a água também por convecção com coeficiente igual a 5000 W/m².K, determine o coeficiente global de transferência de calor.

a) 192,1 W/m²K
b) 87,3 W/m²K
c) 165,2 kW/m²K
d) 5200,2 W/m²K
e) 5360,0 W/m²K

Resolução

Alternativa A.

Cálculo da resistência térmica total:

$$R_{\text{térmico}}^{\text{total}} = \frac{10^{-3}}{160 \text{ x A}} + \frac{1}{200 \text{ x A}} + \frac{1}{5000 \text{ x A}} = \frac{0{,}00520625}{\text{A}}$$

Cálculo do coeficiente global de transferência de calor (U):

$$U = \frac{1}{R_{\text{térmico}}^{\text{total}}} = \frac{1}{0{,}00520625} = 192{,}08 \frac{\text{W}}{\text{m}^2.\text{K}}$$

Questão 98

(CONCURSO FEDERAL – ENGENHARIA MECÂNICA) Na mecânica dos fluidos, define-se camada limite como sendo a região de escoamento sobre uma superfície onde:

a) aplica-se a equação de Bernoulli
b) as equações de conservação de massa, energia e quantidade de movimento não se aplicam
c) não se aplica a equação de Bernoulli
d) o escoamento é turbulento
e) o escoamento é laminar

Resolução

Alternativa C.

O conceito de camada limite térmica é uma extensão do conceito de camada limite dinâmica ao campo de temperatura num escoamento. A camada limite é a zona na qual os gradientes de temperatura são importantes - junto a paredes sólidas (fronteiras do escoamento).

Questão 99

(CONCURSO PÚBLICO FEDERAL – ENGENHARIA MECÂNICA) Analise a alternativa que apresente os modos de transferência de calor:

a) irradiação e fluxo de calor
b) insolação e convecção

c) insolação e fluxo de calor
d) fluxo de calor, radiação e convecção
e) condução, convecção e radiação

Resolução

Alternativa E.

Os três tipos de transmissão de calor são: condução, convecção ou também conhecido como lei de resfriamento de Newton e irradiação

Questão 100

(CONCURSO PÚBLICO FEDERAL – ENGENHARIA MECÂNICA) O ar a 20ºC escoa sobre uma placa de 1m² a uma temperatura de 250ºC. Sabendo que o coeficiente de transferência de calor é 25 W/m²ºC, avalie a transferência de calor.
a) 6,250 kW
b) 6250 kW
c) 500 kW
d) 57,5 kW
e) 5,75 kW

Resolução

Alternativa E.

Aplicando a equação da quantidade de calor por convecção:

$$q = h \times A \times (T_s - T_\infty) = 25 \times 1 \times (250 - 20) = 5750\ W\ (5{,}75\ kW)$$

Questão 101

(CONCURSO PÚBLICO FEDERAL – ENGENHARIA MECÂNICA) Quando um fluido escoa por uma tubulação e as partículas movem-se em todas as direções com velocidades e grandeza variáveis, chamamos esse escoamento de:
a) escoamento laminar
b) escoamento turbulento
c) escoamento proporcional
d) escoamento agitacional
e) escoamento fracional

Resolução

Alternativa B.

Questão 102

(CONCURSO PÚBLICO FEDERAL – ENGENHARIA MECÂNICA) O modo de transferência de calor onde a difusão de energia provocada pelo movimento molecular aleatório juntamente com a transferência de energia provocada pelo movimento macroscópico de massa é chamado de:
a) radiação
b) convecção
c) reverberação
d) convecção
e) condução

Resolução

Alternativa B.

Questão 103

(CONCURSO PÚBLICO FEDERAL – ENGENHARIA MECÂNICA) Observe o circuito térmico apresentado. (Esboçar uma configuração física para o circuito. Considere fluxo unidirecional.)

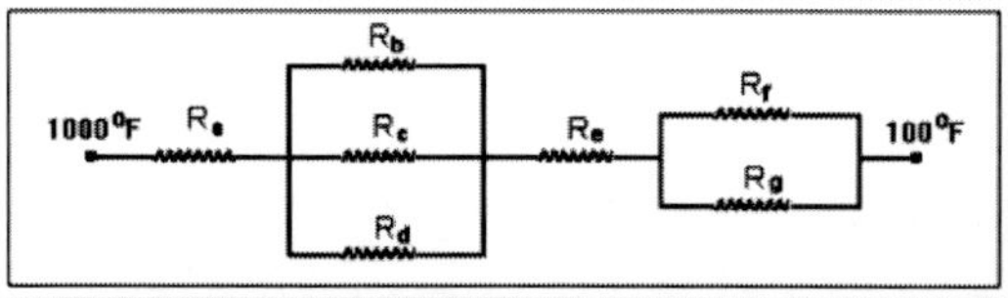

Assinale a alternativa correta.
a) Paredes simples
b) Paredes compostas
c) Paredes compostas e simples na condução
d) Não serve para representar uma configuração de resistências térmicas

Resolução

Alternativa C.

Questão 104

(CONCURSO PÚBLICO FEDERAL – ENGENHARIA MECÂNICA) Assinale a alternativa correta.
a) O escoamento em dutos é sempre turbulento.
b) O escoamento em dutos é laminar quando Re ≥ 2.300.
c) O escoamento em dutos é turbulento quando Re ≤ 2.300.
d) O escoamento de um fluido incompressível em duto pode ser de natureza laminar ou turbulenta e é determinado pelo valor do parâmetro adimensional, chamado número de Reynolds, Re.
e) No caso do escoamento de um fluido incompressível em duto, sua natureza laminar ou turbulenta é determinada pelo valor do parâmetro adimensional, número de Ranquine, Ra.

Resolução

Alternativa D.

Questão 105

(CONCURSO PÚBLICO FEDERAL – ENGENHARIA MECÂNICA) Qual a taxa de calor trocada entre uma superfície de 10 m² de área à temperatura de 47°C e o ar ambiente a 27°C, para um coeficiente de transferência de calor por convecção de 5 W/m²·K?
a) 10 W
b) 40 W
c) 200 W
d) 1000 W
e) 10000 W

Resolução

Alternativa D.

Aplicando a equação da quantidade de calor por convecção:

$$q = h \text{ x } A \text{ x } (T_s - T_\infty) = 5 \text{ x } 10 \text{ x } (47 - 27) = 1000 \text{ W } (1{,}00 \text{ kW})$$

Questão 106

(CONCURSO PÚBLICO FEDERAL – ENGENHARIA MECÂNICA) Qual das opções abaixo proporciona o melhor isolamento térmico de uma superfície plana?
a) Manta isolante de 3 cm de espessura e condutividade térmica de 0,002 W/m·K
b) Manta isolante de 1 cm de espessura e condutividade térmica de 0,001 W/m·K
c) Manta isolante de 2 cm de espessura e condutividade térmica de 0,005 W/m·K
d) Manta isolante de 4 cm de espessura e condutividade térmica de 0,005 W/m·K
e) Manta isolante de 4 cm de espessura e condutividade térmica de 0,008 W/m·K

Resolução

Alternativa B.

O melhor isolamento térmico de uma superfície plana será aquele que apresenta maior espessura e menor condutividade térmica.

Questão 107

(CONCURSO PÚBLICO FEDERAL – ENGENHARIA MECÂNICA) Qual o fluxo de calor em uma parede plana de espessura 10 cm e condutividade térmica de 0,1 W/m·K, quando suas faces estão submetidas a uma diferença de temperatura de 15°C?

a) 0,15 W/m²
b) 1 W/m²
c) 10 W/m²
d) 15 W/m²
e) 150 W/m²

Resolução

Alternativa D.

$$\frac{q}{A} = +\,0{,}10\,x\,\frac{15}{0{,}10} = 15\,\frac{W}{m^2}$$

Questão 108

(CONCURSO PÚBLICO FEDERAL – ENGENHARIA MECÂNICA) Uma parede com 0,1 m de espessura possui um coeficiente de condutividade térmica igual a 0,7 W/m.K, e está exposta a um vento frio a 270 K através de um coeficiente de transferência de calor por convecção de 40 W/m².K. No outro lado da parede existe ar a 330 K, com um coeficiente de transferência de calor por convecção de 10 W/m².K. Assinale a opção que apresenta a taxa de transferência de calor por área unitária (fluxo de calor), em W.

a) 132,8
b) 160,6
c) 202,1
d) 223,9
e) 413,5

Resolução

Alternativa D.

Expressão da resistência térmica para o conjunto: $R_{\text{térmico}}^{\text{total}} = \frac{1}{10\,x\,A} + \frac{0{,}10}{0{,}70\,x\,A} + \frac{1}{40\,x\,A} = \frac{0{,}268}{A}$

Cálculo da quantidade de calor: $\frac{q}{A}x\;0{,}268 = 330 - 270$

$$\frac{q}{A} = 224\,\frac{W}{m^2}$$

Questão 109

(CONCURSO PÚBLICO FEDERAL - PERITO FEDERAL - ENGENHARIA MECÂNICA) Quando um corpo que está a uma determinada temperatura cede calor a outro corpo ou ao meio que o circunda, ocorre um fenômeno chamado transmissão de calor. Em relação ao fenômeno da transmissão de calor, numere a coluna da direita de acordo com a coluna da esquerda.

1. Forma predominante de transmissão de calor que pode ocorrer no vácuo por meio de ondas eletromagnéticas, em uma determinada faixa de comprimento de onda, emitidas por um corpo.

2. Forma predominante de transmissão de calor que ocorre numa barra metálica devido ao aumento da energia cinética de suas partículas, causada por uma excitação térmica em uma de suas extremidades.

3. Forma predominante de transmissão de calor em que uma partícula fluida em contato com uma superfície aquecida absorve calor e torna-se menos densa, afastando-se então da superfície aquecida, dando lugar a uma outra partícula fluida mais fria, que repetirá o processo da primeira, e assim por diante.

4. Forma predominante de transmissão de calor em que um ventilador provoca o contato e o deslocamento de um fluido sobre uma superfície aquecida.

( ) Condução.
( ) Convecção Forçada.
( ) Convecção Natural.
( ) Radiação.

Assinale a alternativa que apresenta a sequência correta da coluna da direita, de cima para baixo.

a) 2 – 4 – 3 – 1
b) 4 – 2 – 3 – 1
c) 1 – 3 – 2 – 4
d) 2 – 4 – 1 – 3
e) 4 – 1 – 2 – 3

Resolução

Alternativa A.

Questão 110

(CONCURSO PÚBLICO FEDERAL - ENGENHARIA MECÂNICA) Uma parede plana que separa uma região de temperatura alta de uma região de temperatura baixa é constituída de três camadas justapostas, sendo a camada interna, em contato com a temperatura alta, de tijolo refratário com espessura de 0,6 m, a camada intermediária de tijolo isolante com espessura de 0,9 m e a camada externa, em contato com a temperatura baixa, de tijolo comum com espessura 0,3 m. A face do tijolo refratário, exposta à temperatura alta, está a 1350 °C, e a face do tijolo comum em contato com a temperatura baixa está a 40 °C. Sabendo-se que a transmissão do calor ocorre, em regime estacionário, somente no sentido transversal à parede, que a largura da parede é 1,5 m e sua altura é 3,0 m e que para tijolo refratário k = 1,38 W/m.K , para tijolo isolante k = 0,17 W/m.K e para tijolo comum k = 1,73 W/m.K, o valor mais próximo do fluxo de calor que atravessa essa parede composta é:
a) 10000 W
b) 5000 W
c) 1000 W
d) 100 W
e) 0 W

Resolução

Alternativa C.

Expressão da resistência térmica: $R_{\text{térmico}}^{\text{total}} = \frac{0{,}60}{1{,}38 \text{ x A}} + \frac{0{,}90}{0{,}17 \text{ x A}} + \frac{0{,}30}{1{,}73 \text{ x A}} = \frac{5{,}90}{\text{A}}$

Cálculo da área: $\text{A} = 3{,}0 \text{ x } 1{,}50 = 4{,}50 \text{ m}^2$

Cálculo da quantidade de calor: $\frac{\text{q}}{4{,}50} \text{x } 5{,}90 = 1350 - 40$

$\text{q} = 1000 \text{ W}$

Questão 111

(CONCURSO PÚBLICO FEDERAL - ENGENHARIA MECÂNICA) A transmissão de calor ocorre nos materiais em qualquer dos seus três estados físicos: sólido, líquido e gasoso. Nos líquidos e nos gases a transferência de calor ocorre por:
a) condução
b) irradiação e convecção
c) convecção

d) irradiação
e) irradiação e condução

Resolução

Alternativa C.

Questão 112

(CONCURSO PÚBLICO FEDERAL - ENGENHARIA MECÂNICA) A equação para a transmissão de calor por condução unidimensional no regime permanente é dada pela seguinte equação: Sendo $q = -k.A.\frac{dT}{dx}$ o calor transmitido por condução, por unidade de tempo. É correta a afirmação de que o k, existente no segundo membro da equação, representa o(a):
a) gradiente de temperatura na seção
b) fator de transmissividade
c) condutividade térmica do material
d) constante de Boltzmann
e) taxa de transmissão de calor

Resolução

Alternativa C.

Questão 113

(CONCURSO PÚBLICO FEDERAL - ENGENHARIA MECÂNICA) Uma chapa plana de cobre de 3 mm de espessura (k = 300 W/m.K) é protegida contra corrosão pela colocação de chapas de aço inox de 2 mm de espessura (k = 20 W/m.K) em ambos os lados. As temperaturas nas faces externas das placas de aço inox são de 415ºC e 100ºC, respectivamente. Determine o fluxo de calor pela parede composta.
a) 200 kW/m^2
b) 300 kW/m^2
c) 20 kW/m^2
d) 1500 kW/m^2

Resolução

Alternativa D.

Cálculo da resistência térmica para o conjunto:

$$R_{térmico}^{total} = \frac{2,0 \text{ x } 10^{-3}}{20 \text{ x } A} + \frac{3,0 \text{ x } 10^{-3}}{300 \text{ x } A} + \frac{2,0 \text{ x } 10^{-3}}{20 \text{ x } A} = \frac{0,00021}{A}$$

Cálculo da quantidade de calor: $\frac{q}{A} \text{x } 0,00021 = 415 - 100$

$$q = 1,50 \text{ x } 10^6 \frac{W}{m^2} \ (1500 \frac{kW}{m^2})$$

Questão 114

Determine a espessura de uma parede de alvenaria que apresenta condutividade térmica de 0,75 W/m.K, considerando que a taxa de transferência de calor através dessa parede seja 75% da taxa de T.C. de uma parede com condutividade térmica de 0,25 W/m.K e espessura de 100 mm. Observação: as superfícies das paredes apresentam a mesma diferença de temperatura.

Resolução

Dados do problema: $k_{alvenaria}$ = 0,75 W/m.°C; k_{parede} = 0,25 W/m.°C e Espessura da parede = 100 mm.

Sabendo que a transferência de calor por condução é dada pela equação matemática de Fourier, temos: $q = -k.A.(\frac{dT}{dx})$. Desenvolvendo a equação de Fourier, temos: $q.dx = -k.A.dT$

$$q.(x-0) = -k.A.(T_2 - T_1)$$

$$q.\left\{\frac{x}{k.A}\right\} = T_1 - T_2$$

Informação importante do problema: $q_{alvenaria} = 0{,}75.q_{parede}$.

Cálculo da espessura da parede de alvenaria:

$$\left[\frac{(T_1 - T_2)}{\left\{\frac{x}{k.A}\right\}}\right]_{alvenaria} = 0{,}75.\left[\frac{(T_1 - T_2)}{\left\{\frac{x}{k.A}\right\}}\right]_{parede}$$

$$\left[\frac{k.A}{x}\right]_{alvenaria} = 0{,}75.\left[\frac{k.A}{x}\right]_{parede}$$

$$\left[\frac{0{,}75}{x}\right]_{alvenaria} = 0{,}75.\left[\frac{0{,}25}{100\text{ mm}}\right]_{parede}$$

$$\left[\frac{1}{x}\right]_{alvenaria} = \left[\frac{0{,}25}{100\text{ mm}}\right]_{parede}$$

x = 400 mm

Questão 115

(CONCURSO PÚBLICO FEDERAL – ENGENHARIA QUÍMICA) Quando utiliza-se fluido térmico em uma indústria, no caso o vapor d'água, a preocupação com a temperatura de chegada deste vapor se faz necessária, a fim de garantir uma operação satisfatória e econômica para a indústria como um todo. Neste contexto, se encaixa o isolamento térmico de tubulação e equipamentos. Sobre o isolamento térmico, assinale a afirmativa incorreta.

a) O material de fixação é o material usado para proteger e dar bom aspecto ao isolante.

b) As fibras de vidro apresentam um inconveniente muito grande à segurança industrial, pois trata-se de material inflamável, comparativamente ao silicato, que é material inorgânico e incombustível.

c) Não só a temperatura, mas outros parâmetros e razões estão ligados ao uso de isolamento térmico, tais como: proteção pessoal, redução da formação de condensado em linhas e equipamentos, redução de ruído e vibração.

d) Os materiais utilizados em isolamento térmico são: fibras de lã mineral (mantas), sílicas de cálcio em tijolos (paredes) ou calhas (tubulações), espuma rígida de polímeros orgânicos, fibras e tijolos cerâmicos para altas temperaturas e fibras de vidro.

Resolução

Alternativa A.

Questão 116

(CONCURSO PÚBLICO FEDERAL – ENGENHARIA MECÂNICA) A parede externa de um depósito é composta por uma camada de 10 cm de tijolo comum seguida de uma camada de 4 cm de gesso. Que espessura de isolamento de lã de vidro deve ser adicionada para reduzir, em 80%, a transferência de calor através das paredes? Dados: Condutividade térmica do tijolo comum: k = 0,70 W/m.°C; Condutividade térmica do gesso: k = 0,48 W/m.K; Condutividade térmica da lã de rocha: k = 0,065 W/m.K.

Resolução

Para a resolução do problema será necessário lançar o seguinte balanço térmico:

$$q'_{lã} = 0{,}80 \text{ x } q''_{gesso+tijolo}$$

$$\frac{\frac{\Delta T}{x}}{0{,}065.A} = 0{,}80.\left\{\frac{\Delta T}{\frac{0{,}10}{0{,}7.A} + \frac{0{,}04}{0{,}48.A}}\right\}$$

Resolvendo a equação acima, temos que $x = 0{,}0118\ \text{m}\ (11{,}80\ \text{mm})$.

Questão 117

Um forno consiste de uma camada de 10 cm de tijolo de sílica (k = 1,1 W/m.°C), seguida de uma camada de 5 cm de fibra de vidro (k = 0,035 W/m.°C) e de uma camada de carcaça de aço (k = 41 W/m.°C) com 1 cm de espessura. A temperatura do ar e o coeficiente de transferência de calor no interior do forno são $T_{interna}$ = 500°C e $h_{interno}$ = 15 W/m².°C, enquanto no exterior os valores são $T_{externa}$ = 500°C e $h_{externo}$ = 20 W/m².°C.

Determine:

a) o fluxo de calor;

b) as temperaturas das paredes interna e externa, além das temperaturas de interface entre as camadas.

Resolução

Item a) Expressão da resistência térmica para o conjunto (convecção + condução):

$$R_{térmica} = \frac{1}{15.A} + \frac{0{,}10}{1{,}1.A} + \frac{0{,}05}{0{,}035.A} + \frac{0{,}01}{41.A} + \frac{1}{20.A}$$

Cálculo da quantidade do fluxo de calor: $q.\left\{\frac{1}{15.A} + \frac{0{,}10}{1{,}1.A} + \frac{0{,}05}{0{,}035.A} + \frac{0{,}01}{41.A} + \frac{1}{20.A}\right\} = 500 - 20$

$$q = 293{,}33\frac{W}{m^2}$$

Item b) Cálculo da temperatura 1 (temperatura interna do tijolo de sílica):

$$293{,}33 = 15\ x\ (500 - T_1)$$

$$T_1 = 480{,}44°C$$

Cálculo da temperatura 2 (interface tijolo de sílica/fibra de vidro):

$$293{,}33 = 1{,}1\ x\left\{\frac{480{,}44°C - T_2}{0{,}10}\right\}$$

$$T_2 = 453{,}77°C$$

Cálculo da temperatura 3 (interface fibra de vidro/carcaça de aço):

$$293{,}33 = 0{,}035\ x\left\{\frac{453{,}77°C - T_3}{0{,}05}\right\}$$

$$T_3 = 34{,}73°C$$

Cálculo da temperatura 4 (carcaça de aço/ambiente externo): $293{,}33 = 41\ x\left\{\frac{34{,}73°C - T_4}{0{,}01}\right\}$

$$T_4 = 34{,}65°C$$

Questão 118

Uma janela é constituída de um vidro de espessura L_{vidro} = 4,0 mm e condutividade térmica k_{vidro} = 0,78 W/m.°C. O ar externo permanece com temperatura $T_{ar,externo}$ = 10°C e coeficiente de transferência de calor por convecção $h_{externo}$ = 12 W/m².°C. Um sistema de aquecimento mantém o ar do ambiente interno $T_{ar,interno}$ = 25ºC. O coeficiente de transferência de calor por convecção do ar interno é $h_{interno}$ = 5 W/m².ºC. Determine o fluxo de calor (densidade) que passa através da janela.

Resolução

Cálculo da resistência térmica para o conjunto - ar interno + vidro + ar externo: $R_{térmica} = \frac{1}{5A} + \frac{4,0 \times 10^{-3}}{0,78A} + \frac{1}{12A} = \frac{1}{A}.0,288$

Cálculo da quantidade do fluxo de calor por unidade de área (densidade): $q.\left\{\frac{1}{A}.0,288\right\} = 25 - 10$

$$\frac{q}{A} = \frac{15}{0,288} = 52\frac{W}{m^2}$$

Questão 119

O vidro traseiro de um automóvel é desembaçado pela passagem de ar quente sobre sua superfície interna. Se o ar quente está a $T_{\infty,interno}$ = 40ºC e o coeficiente de transferência de calor por convecção correspondente é de $h_{interno}$ = 30W/m²K, quais são as temperaturas das superfícies interna e externa do vidro, que possui 4 mm de espessura, se a temperatura do ar ambiente do lado externo for $T_{\infty,externo}$ = -10ºC, com um coeficiente de convecção $h_{externo}$ = 65W/m²K ?

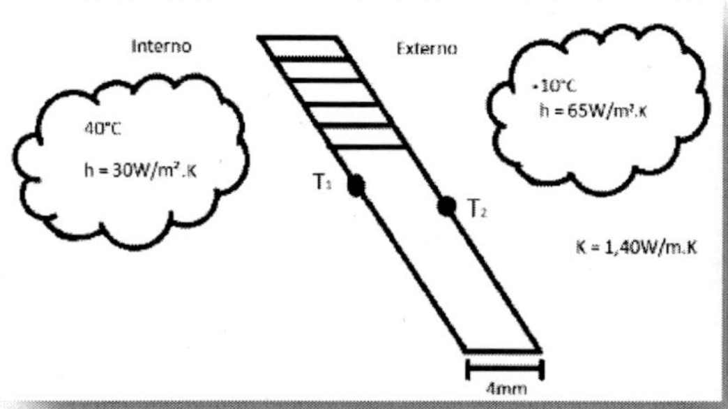

Resolução

Para a resolução do problema será necessário calcular a resistência térmica para o conjunto ar interno + vidro traseiro + ar externo: $R_{térmica} = \frac{1}{30A} + \frac{4,0 \times 10^{-3}}{1,4A} + \frac{1}{65A} = \frac{1}{A}.0,0516$

Cálculo da quantidade do fluxo de calor por unidade de área (densidade):

$$q.\left\{\frac{1}{A}.0,0516\right\} = 40 + 10$$

$$\frac{q}{A} = \frac{50}{0,0516} = 969,46\frac{W}{m^2}$$

Cálculo da temperatura 1 (temperatura interna do vidro), a partir da equação de resfriamento de Newton: $969,46 = 30 \times (40 - T_1)$

$T_1 = +\,7,68°C$

Cálculo da temperatura 2, aplicando a equação de Fourier: $969,46 = 1,40 \times \left\{\frac{+7,68°C - T_2}{4,0 \times 10^{-3}}\right\}$

$T_2 = +4,91°C$

Ou, pode também ser utilizada a equação de resfriamento de Newton. Cálculo da temperatura 2 (temperatura externa do vidro), a partir da equação de resfriamento de Newton: $969{,}46 = 65 \text{ x } (T_2 + 10)$

$$T_1 = +\,4{,}92°C$$

Questão 120

Um oleoduto de 50 cm de diâmetro, no Ártico, transporta óleo a 30ºC e está exposto a uma temperatura ambiente de - 20ºC. Um pó isolante de 5 cm de espessura envolve a conduta e tem uma condutibilidade térmica de 7 W/m.ºC. O coeficiente de transmissão de calor por convecção no exterior da conduta é de 12 W/m².ºC. Calcular a perda de energia da conduta por metro de comprimento. Nota: Considere que a temperatura da superfície exterior da conduta é a mesma do óleo.

Resolução

Sabe-se que que a resistência térmica para uma parede cilíndrica é dada pela seguinte equação matemática: $R_{térmica} = \frac{\ln\left(\frac{r_{externo}}{r_{interno}}\right)}{2.k.\pi.L} + \frac{1}{2.h.\pi.r.L}$

$$R_{térmica} = \frac{\ln\left(\frac{30}{25}\right)}{2.7.\pi.L} + \frac{1}{2.12.\pi.0{,}30.L} = \frac{1}{L}.0{,}0484$$

Cálculo do fluxo de calor por unidade de comprimento: $q.R_{térmica} = \Delta T$

$$q.\frac{1}{L}.0{,}0484 = 30 - (-20)$$

$$\frac{q}{L}. = \frac{50}{0{,}0484} = 1033{,}49\frac{W}{m}$$

Questão 121

Considere um tubo cilíndrico com condutividade térmica igual a 47 W/m.K, com diâmetro interno igual a 8 centímetros e 5,5 milímetros de espessura apresentando uma temperatura interna igual a 325 K. O mesmo tubo cilíndrico é coberto por uma camada de 9,0 centímetros de isolante com condutividade térmica igual a 50 W/m.K e com uma outra camada, agora com 4,0 centímetros de um segundo isolante e condutividade térmica igual a 0,35 W/m.K. Considerando que a temperatura da superfície externa do isolante seja igual a 55 K, determine o valor da quantidade de calor por comprimento.

Resolução

Desenvolvendo a equação de Fourier para uma configuração cilíndrica e sabendo que a área é A = 2.π.r.L e aproximando dx ≅ dr, temos a seguinte relação:

$$q = -k.(2.\pi.r.L).(\frac{dT}{dr})$$

$$\left(\frac{1}{r}\right).dr.q = -k.(2.\pi.L).dT$$

$$\frac{q}{L}.\left[\int_{r_1}^{r_2}\left(\frac{1}{r}\right).dr\right] = -2.\pi.k.\left[\int_{T_1}^{T_2} dT\right]$$

$$\frac{q}{L}.\left[\ln_{r_2} - \ln_{r_1}\right] = -2.\pi.k.(T_2 - T_1)$$

$$\frac{q}{L}.\left[\frac{\ln\left(\frac{r_2}{r_1}\right)}{2.\pi.k}\right] = (T_1 - T_2)$$

$$\frac{q}{L}.\left[\frac{\ln\left(\frac{r_2}{r_1}\right)}{2.\pi.k}\right] = \Delta T$$

Cálculo da resistência térmica do conjunto: $R_t = \left[\frac{\ln\left(\frac{r_2}{r_1}\right)}{2.\pi.k} + \frac{\ln\left(\frac{r_3}{r_2}\right)}{2.\pi.k} + \frac{\ln\left(\frac{r_4}{r_3}\right)}{2.\pi.k}\right]$

$$R_t = \left[\frac{\ln\left(\frac{4+0{,}55}{4}\right)}{2.\pi.(47)} + \frac{\ln\left(\frac{4+0{,}55+9}{4+0{,}55}\right)}{2.\pi.(50)} + \frac{\ln\left(\frac{4+0{,}55+9+4}{4+0{,}55+9}\right)}{2.\pi.0{,}35}\right]$$

$$R_t = \left[\frac{0{,}129}{295{,}16} + \frac{1{,}091}{314} + \frac{0{,}259}{2{,}198}\right] = 0{,}122\,\frac{K}{W}$$

Cálculo da quantidade de calor por comprimento: $\frac{q}{L} x\, 0{,}122 = 325 - 55$

$$\frac{q}{L} = 2217{,}73\,\frac{W}{m}$$

Questão 122

Um material civil com espessura igual a 10 centímetros e condutividade térmica igual a 0,7 W/m.K, está exposta a um vento frio de três graus negativos apresentando coeficiente convectivo igual a 40 W/m².K. O outro lado do material está em contato com o ar quente a temperatura igual a 57°C, apresentando coeficiente convectivo igual a 10 W/m².K. Diante destas informações, determine a quantidade de calor em função da área.

Resolução

Cálculo da quantidade de calor, a partir da resistência térmica total do sistema:

$$q.\left\{\left(\frac{1}{h.A}\right)_{quente} + \left(\frac{x}{k.A}\right)_{material} + \left(\frac{1}{h.A}\right)_{frio}\right\} = \Delta T$$

$$\frac{q}{A}.\left\{\left(\frac{1}{10.}\right)_{quente} + \left(\frac{0{,}10}{0{,}7}\right)_{material} + \left(\frac{1}{40}\right)_{frio}\right\} = (273+57) - (273-3)$$

$$\frac{q}{A} x\,\{0{,}268\} = 330 - 270$$

$$\frac{q}{A} = \frac{60}{0{,}268} = 223{,}80\,\frac{W}{m^2}$$

Questão 123

Um tubo de carbono apresenta condutividade térmica igual a 60,3 W/m.°C. Em sua estrutura apresenta duas medidas, uma com 10 cm de diâmetro externo e 2 cm de espessura. Sabendo que a temperatura da parede interna do tubo é igual a 200°C e a externa é igual a 20°C. A partir desta informação, determine a quantidade de calor por metro de comprimento de tubo (W/m).

Resolução

Desenvolvendo a equação de Fourier para uma configuração cilíndrica e sabendo que a área é A = 2.π.r.L e aproximando dx ≅ dr, temos a seguinte relação:

$$q = -k.(2.\pi.r.L).\left(\frac{dT}{dr}\right)$$

$$\left(\frac{1}{r}\right).dr.q = -k.(2.\pi.L).dT$$

$$\frac{q}{L}.\left[\int_{r_1}^{r_2}\left(\frac{1}{r}\right).dr\right] = -2.\pi.k.\left[\int_{T_1}^{T_2} dT\right]$$

$$\frac{q}{L}.\left[\ln_{r_2} - \ln_{r_1}\right] = -2.\pi.k.(T_2 - T_1)$$

$$\frac{q}{L}.\left[\ln\left(\frac{r_2}{r_1}\right)\right] = 2.\pi.k.(T_1 - T_2)$$

Inserindo os valores na equação matemática acima:

$$\frac{q}{L} \text{ x} \left[\ln\left(\frac{5}{3}\right)\right] = 2 \text{ x } 3{,}14 \text{ x } 60{,}5 \text{ x } (200 - 20)$$

$$\frac{q}{L} = \frac{68389{,}2}{\ln\left(\frac{5}{3}\right)} = 133{,}88\frac{W}{m}$$

Questão 124

Uma parede é formada por três materiais diferentes apresentada logo abaixo. Cobre, com espessura igual a 2,50 cm e condutividade térmica igual a 390 W/m°C; amianto, com espessura igual a 3,20 mm e condutividade térmica igual a 0,160 W/m°C; fibra de vidro, com espessura igual a 5,00 cm e condutividade térmica igual a 0,048 W/m°C. Sabendo que a diferença de temperatura entre as duas fases que compreende a parede é igual a 560°C e diante de todas estas informações, determine o fluxo de calor por unidade de área (W/m²).

Resolução

Através da equação de Fourier, temos a seguinte relação: $q.\left\{\frac{x}{k.A}\right\} = \Delta T$, em que a relação $\left\{\frac{x}{k.A}\right\}$ é definida como resistência térmica (R_t). Como as paredes estão em sequência, ou seja, em série, teremos uma situação igual a resistência em série para eletricidade.

$$q.\left\{\left(\frac{x}{k.A}\right)_{cobre} + \left(\frac{x}{k.A}\right)_{amianto} + \left(\frac{x}{k.A}\right)_{fibra\ de\ vidro}\right\} = \Delta T$$

$$q.\left\{\left(\frac{2{,}50 \text{ x } 10^{-2}}{390.A}\right)_{cobre} + \left(\frac{3{,}20 \text{ x } 10^{-3}}{0{,}160.A}\right)_{amianto} + \left(\frac{5{,}00 \text{ x } 10^{-2}}{0{,}048.A}\right)_{fibra}\right\} = 560$$

$$\frac{q}{A} = \frac{560}{1{,}061} = 527{,}89\frac{W}{m^2}$$

Questão 125

Duas salas idênticas estão separadas por uma divisória de espessura L = 5,0 cm, área A = 100m² e condutividade térmica k = 2,0 W/m.K. O ar contido em cada sala encontra-se, inicialmente, à temperatura T_1 = 47°C e T_2 = 27°C, respectivamente. Considerando o ar como um gás ideal e o conjunto das duas salas um sistema isolado, calcule o fluxo de calor através da divisória relativo às temperaturas iniciais T_1 e T_2.

Resolução

Aplicando a integral na equação acima, temos: $q \int_0^x dx = -k.A.\int_{T_I}^{T_{II}} dT$

$$q\int_0^{0{,}05} dx = -k.A.\int_{320}^{300} dT$$

$$q.(0{,}05 - 0) = -2{,}0\frac{W}{m.K}.100\ m^2.(300 - 320)K$$

$$q = \frac{4000}{0{,}05} = 80000\ W\ (80\ kW)$$

Questão 126

A parede de um reator CSTR (continuous flow stirred tank reactors) é feita por uma camada com espessura igual a quinze centímetros de um refratário que apresenta condutividade térmica expressa por uma equação em função da temperatura apresentada a seguir, $k = 0{,}15 + 10^{-4} \times T$.

Resolução

Cálculo da quantidade de calor através da equação de transmissão de calor por condução,

$$\left(\frac{q}{A}\right) x\ dx = -(0{,}15 + 10^{-4}T)\ x\ dT$$

Aplicando a integral na equação acima, temos: $\left(\frac{q}{A}\right).\int_0^{0,15} dx = -\int_{1050}^{250}(0{,}15 + 10^{-4}T).dT$

$$q''\ x\ (0{,}15 - 0) = -[0{,}15\ x\ T|_{1050}^{250}] + 10^{-4}\ x\ \frac{T^2}{2}\Big|_{1050}^{250}]$$

$$q''\ x\ 0{,}15 = -[0{,}15\ x\ (250 - 1050)] + 10^{-4}\ x \left\{\frac{(250)^2}{2} - \frac{(1050)^2}{2}\right\}$$

$$q''\ x\ 0{,}15 = -\{[[0{,}15\ x\ (250 - 1050)] + 10^{-4}\ x\ (31250 - 551250)]\}$$

$$q'' = \frac{172}{0{,}15} = 1147{,}67\frac{W}{m^2}$$

Questão 127

Um fluido a 30ºC com coeficiente convectivo igual a 35 W/m².K toca a superfície de uma placa metálica que apresenta espessura igual a 0,15 metros, área superficial igual a 0,080 m² e condutividade térmica (k) igual a 237 W/m.ºC. Sabendo que a temperatura da face direita da placa é igual a 135°C, determine as seguintes alternativas.

a) A quantidade de calor trocada pelo sistema.

b) A temperatura da face esquerda da placa metálica.

Resolução

Item a) Cálculo da quantidade de calor trocada a partir da quantidade de calor convectivo: $q = h.A.(T_s - T_\infty)$, em que T_s corresponde à temperatura da superfície e T_∞ é a temperatura do fluido.

$$q = 35\ x\ 0{,}080\ x\ (135 - 30) = 294\ W$$

Item b) Cálculo da temperatura da face esquerda, utilizando o processo de transmissão condutivo:

$$q.\int_0^{0,15} dx = -k.A.\int_{T_e}^{T_d=135°C} dT$$

$$294\ x\ (0{,}15 - 0) = -(237)\ x\ 0{,}080\ x\ (135 - T_d)$$

$$\frac{-44{,}1}{18{,}96} = 135 - T_d$$

$$T_d = 137{,}32°C$$

Questão 128

Uma determinada parede plana com condutividade térmica (k) igual a 40 W/m.K apresenta uma espessura designada pela letra W com área transversal igual a 0,20 m^2. Este material apresenta sua temperatura esquerda fixada em aproximadamente igual a 180ºC. A partir destas informações, calcule a espessura da placa se no lado direito da parede plana tivermos fluido (ar) a 20ºC com coeficiente convectivo igual a 20 W/m^2K, se 2000 W tiverem que ser dissipados através do conjunto.

Resolução

Cálculo da temperatura da face direita aplicando a equação convectiva de Newton: $2000 = 20 \text{ x } 0{,}20 \text{ x } (T_d - 20)$

$$500 = T_d - 20$$

A temperatura da superfície que se trata da temperatura da face direita é igual a 520°C.

Cálculo da espessura da parede a partir do processo de transmissão condutivo. $q. \int_0^W dx = -k. A. \int_{540}^{180} dT$

$$2000 \text{ x } (W - 0) = -40 \text{ x } 0{,}20 \text{ x } (180 - 520)$$

$$W = 1{,}36 \text{ m}$$

Questão 129

Considere a parede de um reator CSTR construída com tijolo refratário apresentando 45 centímetros de espessura e com condutividade térmica igual a 1,70 W/m.K. Um engenheiro de operações industriais realizou medidas ao longo do processo de produção em estado estacionário, apresentando um decréscimo de temperaturas de 1400 K e 1250 K proveniente das paredes interna e externa. Determine a taxa de calor, sabendo que a parede do reator apresenta uma altura de 1,30 metros e 0,50 metros de largura.

Resolução

Desenvolvendo a equação de Fourier, temos: $q. \int_0^{0{,}45} dx = -k. A. \int_{1400}^{1250} dT$

$$q. (0{,}45 - 0) = -1{,}70. (0{,}50 \text{ x } 1{,}30). (1250 - 1400)$$

$$q = 368{,}33 \text{ W}$$

APÊNDICE

APÊNDICE A – CONSTANTES FÍSICAS FUNDAMENTAIS

A) Unidade de massa atômica (u): 1u = 1,6606 x 10^{-24} g
B) Número de Avogadro (N): 6,0221415 x 10^{23} mol^{-1}
C) Constante de Boltzmann (k): 1,3806 x 10^{-23} $m^2.kg.s^{-2}.K^{-1}$
D) Constante de Faraday (F): 96485 $C.mol^{-1}$
E) Constante de Planck (h): 6,626 x 10^{-34} $J.s^{-1}$
F) Elétron-volt (1 eV): 1,60218 x 10^{-19} J
G) Massa do elétron (m_{e-}): 9,11 x 10^{-31} kg
H) Massa do prótron (m_{p+}): 1,67 x 10^{-27} kg
I) Massa do nêutron (m_n): 1,67 x 10^{-27} kg
J) Aceleração da gravidade (g): 9,81 $m.s^{-2}$
K) Volume molar (V_m): 22,4 $L.mol^{-1}$
L) Carga eletrônica (e^-): 1,60218 x 10^{-19} C
M) Valor do pi (π): 3,141592653589
N) Raio de Bohr: 5,29 x 10^{-18} J
O) Ponto triplo da água: 273,15 K
P) Ponto normal de fusão da água: 273,16 K
Q) Constante de Trouton: 87,9 J x K^{-1} x mol^{-1}
R) Constante de Coulomb (K): 8,998 x 10^9 N x m^2 x C^{-2}
S) Velocidade da luz no vácuo (c): 2,997 x 10^8 m x s^{-1}
T) Constante gravitacional (G): 6,673 x 10^{-11} N x m^{2} x kg^{-2}

APÊNDICE B - TABELA DE CONSTANTES CRIOSCÓPICAS E EBULIOSCÓPICAS

SOLVENTE UTILIZADO	CONSTANTE CRIOSCÓPICA	CONSTANTE EBULIOSCÓPICA
Água (H_2O)	-1,86	0,51
Benzeno (C_6H_6)	- 5,12	2,53
Ácido Acético	- 3,90	2,93
Fenol (C_6H_6O)	- 7,40	3,04
Naftaleno ($C_{10}H_8$)	- 6,94	5,80
Ácido Fórmico (CH_2O_2)	- 2,77	-
Acetona (C_3H_6O)	-	1,71

APÊNDICE C – CONSTANTE DOS GASES IDEAIS (R)

0,08206 $atm.L.mol^{-1}.K^{-1}$
0,08206 $atm.dm^3.mol^{-1}.K^{-1}$
82,06 $atm.cm^3.mol^{-1}.K^{-1}$
8,31451 $Pa.m^3.mol^{-1}.K^{-1}$
8,31451 $kPa.m^3.kmol^{-1}.K^{-1}$
8,314 $J.mol^{-1}.K^{-1}$
1,98722 $cal.mol^{-1}.K^{-1}$
1,987 $Btu.lbmol^{-1}.°R^{-1}$
10,73 psia. ft^3. $lbmol^{-1}.°R^{-1}$
62,36 $torr.L.mol^{-1}.K^{-1}$
62,36 $mmHg.L.mol^{-1}.K^{-1}$

0,7302 $ft^3.atm.lbmol^{-1}.\ °R^{-1}$

APÊNDICE D – CONSTANTE DE VAN DER WAALS (a e b)

Espécies Químicas	a ($atm.L^2.mol^{-2}$)	b ($10^{-2}L.mol^{-1}$)
Argônio	1,363	3,219
Eteno	4,530	5,714
Etano	5,562	6,380
Benzeno	18,24	11,54
Metano	2,283	4,278
Cloro	6,579	5,622
Monóxido de carbono	1,505	3,985
Dióxido de carbono	3,640	4,267
Hidrogênio	0,2476	2,661
H_2O	5,536	3,049
Sulfeto de hidrogênio	4,490	4,287
Hélio	0,03457	2,370
Criptônio	2,349	3,978
Nitrogênio	1,408	3,913
Neônio	0,2135	1,709
Amônia	4,225	3,707
Oxigênio	1,378	3,183
Dióxido de enxofre	6,803	5,636
Xenônio	4,250	5,105

Fonte: Atkins, P. W.; Paula de, J. Físico-Química", 8ªedição, volume um. Livros Técnicos e Científicos - LTC, Rio de Janeiro, 2008.

APÊNDICE E – DISTINÇÃO ENTRE PILHA GALVÂNICA E ELETRÓLISE

PROPRIEDADES	PILHAS GALVÂNICAS	PROCESSO DE ELETRÓLISE
Espontaneidade	Processo espontâneo	Processo não espontâneo
Quanto ao uso de ponte salina	É utilizado	Não é utilizado
Fluxo de elétrons	Sai do ânodo para o cátodo	Sai do ânodo para o cátodo
Quanto a Polaridade	Ânodo = Polo negativo	Ânodo = Polo positivo
Diferença de potencial	Cátodo = polo positivo (E > 0)	Cátodo = polo negativo (E < 0)

APÊNDICE F – EQUAÇÕES CINÉTICAS PARA ORDEM ZERO – PRIMEIRA – SEGUNDA

ESTUDO CINÉTICO	EQUAÇÃO DA CONCENTRAÇÃO X TEMPO	TEMPO DE MEIA-VIDA
Ordem zero	$[A]_{Final} = [A]_{Inicial} - k \text{ x tempo}$	$t_{\frac{1}{2}} = \frac{[A]_{Inicial}}{2 \text{ x } k}$
Primeira ordem	$\ln\left(\frac{[A]_{Final}}{[A]_{Inicial}}\right) = -k \text{ x tempo}$	$t_{1/2} = \frac{\ln 2}{k}$
Segunda Ordem	$\frac{1}{[A]_{Final}} = \frac{1}{[A]_{Inicial}} + k \text{ x tempo}$	$t_{\frac{1}{2}} = \frac{1}{k \text{ x } [A]_{Inicial}}$

APÊNDICE G – EQUAÇÃO DE ARRHENIUS X EQUAÇÃO DE VAN´T HOFF X EQUAÇÃO DE CLAUSIUS CLAPEYRON

Equação de Arrhenius	Equação de Van´t Hoff	Equação de Clayperon
$\ln\frac{k_1}{k_2} = \frac{E_{at}}{R} x \left[\frac{1}{T_2} - \frac{1}{T_1}\right]$	$\ln\frac{K_{eq_1}}{K_{eq_2}} = \frac{\Delta H_r^0}{R} x \left[\frac{1}{T_2} - \frac{1}{T_1}\right]$	$\ln\frac{P_1}{P_2} = \frac{\Delta H_r^0}{R} x \left[\frac{1}{T_2} - \frac{1}{T_1}\right]$

APÊNDICE H – Tabela de prioridade de descarga, para cátions e ânions.

Prioridade de descarga	
Cátions	Grupo 1 < Grupo 2 < Grupo 3 < Al^{+3} < H^+ < Metais de transição
Ânions	ânions não oxigenados > OH^- > ânions oxigenados > F^-

APÊNDICE I – TABELA DE POTENCIAL-PADRÃO (E° DE REDUÇÃO)

SEMIRREAÇÃO DE REDUÇÃO	E° (VOLTS)
$Li^+_{(aquoso)} + 1e^- \rightarrow Li_{(sólido)}$	-3,05
$K^+_{(aquoso)} + 1e^- \rightarrow K_{(sólido)}$	-2,93
$Ba^{+2}_{(aquoso)} + 2e^- \rightarrow Ba_{(sólido)}$	-2,90
$Sr^{+2}_{(aquoso)} + 2e^- \rightarrow Sr_{(sólido)}$	-2,89
$Ca^{+2}_{(aquoso)} + 2e^- \rightarrow Ca_{(sólido)}$	-2,87
$Na^+_{(aquoso)} + 1e^- \rightarrow Na_{(sólido)}$	-2,71
$Mg^{+2}_{(aquoso)} + 2e^- \rightarrow Mg_{(sólido)}$	-2,37
$Be^{+2}_{(aquoso)} + 2e^- \rightarrow Be_{(sólido)}$	-1,85
$Al^{+3}_{(aquoso)} + 3e^- \rightarrow Al_{(sólido)}$	-1,66
$Mn^{+2}_{(aquoso)} + 2e^- \rightarrow Mn_{(sólido)}$	-1,18
$2H_2O_{(l)} + 2e^- \rightarrow H_{2(g)} + 2OH^-_{(aquoso)}$	-0,83
$Zn^{+2}_{(aquoso)} + 2e^- \rightarrow Zn_{(sólido)}$	-0,76
$Cr^{+3}_{(aquoso)} + 3e^- \rightarrow Cr_{(sólido)}$	-0,74
$Fe^{+2}_{(aquoso)} + 2e^- \rightarrow Fe_{(sólido)}$	-0,44
$Cd^{+2}_{(aquoso)} + 2e^- \rightarrow Cd_{(sólido)}$	-0,40
$PbSO_{4(sólido)} + 2e^- \rightarrow Pb_{(sólido)} + SO^{-2}_{4(aquoso)}$	-0,31
$Co^{+2}_{(aquoso)} + 2e^- \rightarrow Co_{(sólido)}$	-0,28
$Ni^{+2}_{(aquoso)} + 2e^- \rightarrow Ni_{(sólido)}$	-0,25
$Sn^{+2}_{(aquoso)} + 2e^- \rightarrow Sn_{(sólido)}$	-0,14
$Pb^{+2}_{(aquoso)} + 2e^- \rightarrow Pb_{(sólido)}$	-0,13
$\mathbf{2H^+_{(aquoso)} + 2e^- \rightarrow H_{2(gás)}}$	**0,00**
$Sn^{+4}_{(aquoso)} + 2e^- \rightarrow Sn^{+2}_{(aquoso)}$	+0,13
$Cu^{+2}_{(aquoso)} + 1e^- \rightarrow Cu^+_{(aquoso)}$	+0,15
$SO^{-2}_{4(aquoso)} + 4H^+_{(aquoso)} + 2e^- \rightarrow SO_{2(gás)} + 2H_2O_{(líquido)}$	+0,20
$AgCl_{(sólido)} + 1e^- \rightarrow Ag_{(sólido)} + Cl^-_{(aquoso)}$	+0,22
$Cu^{+2}_{(aquoso)} + 2e^- \rightarrow Cu_{(sólido)}$	+0,34
$O_{2(gás)} + 2H_2O_{(líquido)} + 4e^- \rightarrow 4OH^-_{(aquoso)}$	+0,40

$I_{2(sólido)} + 2e^- \rightarrow 2I^-_{(aquoso)}$	+0,53
$MnO^{-2}_{4(aquoso)} + 2H_2O_{(líquido)} + 3e^- \rightarrow MnO_{2(sólido)} + 4OH^-_{(aquoso)}$	+0,59
$O_{2(gás)} + 2H^+_{(aq)} + 2e^- \rightarrow H_2O_{(aquoso)}$	+0,68
$Fe^{+3}_{(aquoso)} + 1e^- \rightarrow Fe^{+2}_{(aquoso)}$	+0,77
$Ag^+_{(aquoso)} + 1e^- \rightarrow Ag_{(sólido)}$	+0,80
$Hg^{+2}_{2(aquoso)} + 2e^- \rightarrow 2Hg_{(líquido)}$	+0,85
$2Hg^{+2}_{(aquoso)} + 2e^- \rightarrow Hg^{+2}_{2(aquoso)}$	+0,92
$NO^-_{3(aquoso)} + 4H^+_{(aquoso)} + 3e^- \rightarrow NO_{(gás)} + 2H_2O_{(líquido)}$	+0,96
$Br_{2(líquido)} + 2e^- \rightarrow 2Br^-_{(aquoso)}$	+1,07
$O_{2(gás)} + 4\,H^+_{(aquoso)} + 4e^- \rightarrow 2H_2O_{(líquido)}$	+1,23
$MnO_{2(sólido)} + 4H^+_{(aquoso)} + 2e^- \rightarrow Mn^{+2}_{(aquoso)} + 2H_2O_{(líquido)}$	+1,23
$Cr_2O^{-2}_{7(aquoso)} + 14H^+_{(aquoso)} + 6e^- \rightarrow Cr^{+3}_{(aquoso)} + 7H_2O_{(líquido)}$	+1,33
$Cl_{2(gás)} + 2e^- \rightarrow 2Cl^-_{(aquoso)}$	+1,36
$Au^{+3}_{(aquoso)} + 3e^- \rightarrow Au_{(sólido)}$	+1,50
$MnO^-_{4(aquoso)} + 8H^+_{(aquoso)} + 5e^- \rightarrow Mn^{+2}_{(aquoso)} + H_2O_{(líquido)}$	+1,51
$Ce^{+4}_{(aquoso)} + 1e^- \rightarrow Ce^{+3}_{(aquoso)}$	+1,61
$H_2O_{2(gás)} + 2H^+_{(aquoso)} + 2e^- \rightarrow 2H_2O_{(líquido)}$	+1,77
$Co^{+3}_{(aquoso)} + 1e^- \rightarrow Co^{+2}_{(aq)}$	+1,82
$O_{3(gás)} + 2H^+_{(aquoso)} + 2e^- \rightarrow O_{2(gás)} + H_2O_{(líquido)}$	+2,07
$F_{2(gás)} + 2e^- \rightarrow 2F^-_{(aquoso)}$	+2,87

Fonte: Atkins, P. W.; Paula de, J. Físico-Química", 8ªedição, volume um. Livros Técnicos e Científicos - LTC, Rio de Janeiro, 2008.

APÊNDICE J – CAPACIDADE CALORÍFICA MÉDIA À PRESSÃO CONSTANTE ($\overline{c}_P$)

SUBSTÂNCIA	$\overline{c}_P\ (\frac{J}{mol\ x\ K})$
$Al_{(sólido)}$	24,2
$Nb_{(sólido)}$	24,6
$Nb_{(líquido)}$	41,7
$Nb_2O_{5(sólido)}$	131,6
$Al_2O_{3(sólido)}$	77,2
$Al_2O_{3(líquido)}$	144,9
$Fe_{(sólido)}$	25,1
$Fe_{(líquido)}$	41,4
$Fe_2O_{3(sólido)}$	103,7
$Ar_{(gás)}$	20,8
$Cl_{2(gás)}$	33,9
$H_{2(gás)}$	29,0
$N_{2(gás)}$	29,1
$O_{2(gás)}$	29,4

Fonte: Atkins, P. W.; Paula de, J. Físico-Química", 8ªedição, volume um. Livros Técnicos e Científicos - LTC, Rio de Janeiro, 2008.

APÊNDICE K – TABELA DA CONSTANTE DO PRODUTO DE SOLUBILIDADE A 25ºC

PRODUTO DE SOLUBILIDADE (25ºC)			
	EQUILÍBRIO	K_{PS}	pK_{PS}
BROMETOS	$CuBr_{(sólido)} \rightarrow Cu^{+}_{(aquoso)} + Br^{-}_{(aquoso)}$	$6{,}0 \times 10^{-9}$	8,20
	$PbBr_{2(sólido)} \rightarrow Pb^{+2}_{(aquoso)} + 2Br^{-}_{(aquoso)}$	$4{,}6 \times 10^{-6}$	5,30
	$Hg_2Br_{2(sólido)} \rightarrow Hg^{+2}_{2\,(aquoso)} + 2Br^{-}_{(aquoso)}$	$1{,}3 \times 10^{-22}$	21,9
	$AgBr_{(sólido)} \rightarrow Ag^{+}_{(aquoso)} + Br^{-}_{(aquoso)}$	$5{,}0 \times 10^{-13}$	12,3
CARBONATOS	$BaCO_{3(sólido)} \rightarrow Ba^{+2}_{(aquoso)} + CO^{-2}_{3(aquoso)}$	$1{,}60 \times 10^{-9}$	8,80
	$CdCO_{3(sólido)} \rightarrow Cd^{+2}_{(aquoso)} + CO^{-2}_{3(aquoso)}$	$5{,}20 \times 10^{-12}$	11,3
	$CaCO_{3(sólido)} \rightarrow Ca^{+2}_{(aquoso)} + CO^{-2}_{3(aquoso)}$	$6{,}9 \times 10^{-9}$	8,2
	$CoCO_{3(sólido)} \rightarrow Co^{+2}_{(aquoso)} + CO^{-2}_{3(aquoso)}$	$8{,}0 \times 10^{-13}$	12,1
	$CuCO_{3(sólido)} \rightarrow Cu^{+2}_{(aquoso)} + CO^{-2}_{3(aquoso)}$	$2{,}5 \times 10^{-10}$	9,6
	$PbCO_{3(sólido)} \rightarrow Pb^{+2}_{(aquoso)} + CO^{-2}_{3(aquoso)}$	$1{,}50 \times 10^{-13}$	12,80
	$MgCO_{3(sólido)} \rightarrow Mg^{+2}_{(aquoso)} + CO^{-2}_{3(aquoso)}$	$4{,}0 \times 10^{-5}$	4,40
	$MnCO_{3(sólido)} \rightarrow Mn^{+2}_{(aquoso)} + CO^{-2}_{3(aquoso)}$	$9{,}0 \times 10^{-11}$	10,1
	$Hg_2CO_{3(sólido)} \rightarrow Hg^{+2}_{2(aquoso)} + CO^{-2}_{3(aquoso)}$	$9{,}0 \times 10^{-17}$	16,1
	$NiCO_{3(sólido)} \rightarrow Ni^{+2}_{(aquoso)} + CO^{-2}_{3(aquoso)}$	$7{,}0 \times 10^{-9}$	8,2
	$Ag_2CO_{3(sólido)} \rightarrow 2Ag^{+2}_{(aquoso)} + CO^{-2}_{3(aquoso)}$	$8{,}2 \times 10^{-12}$	11,1
	$SrCO_{3(sólido)} \rightarrow Sr^{+2}_{(aquoso)} + CO^{-2}_{3(aquoso)}$	$7{,}0 \times 10^{-10}$	9,2
	$ZnCO_{3(sólido)} \rightarrow Zn^{+2}_{(aquoso)} + CO^{-2}_{3(aquoso)}$	$2{,}0 \times 10^{-11}$	10,7
CLORETOS	$CuCl_{(sólido)} \rightarrow Cu^{+}_{(aquoso)} + Cl^{-}_{(aquoso)}$	$3{,}2 \times 10^{-7}$	6,5
	$PbCl_{2(sólido)} \rightarrow Pb^{+2}_{(aquoso)} + 2Cl^{-}_{(aquoso)}$	$1{,}6 \times 10^{-5}$	4,8
	$Hg_2Cl_{2(sólido)} \rightarrow Hg^{+2}_{2(aquoso)} + 2Cl^{-}_{(aquoso)}$	$1{,}1 \times 10^{-18}$	17,9
	$AgCl_{(sólido)} \rightarrow Ag^{+}_{(aquoso)} + Cl^{-}_{(aquoso)}$	$1{,}8 \times 10^{-10}$	9,70
CROMATOS	$BaCrO_{4(sólido)} \rightarrow Ba^{+2}_{(aquoso)} + CrO^{-2}_{4(aquoso)}$	$1{,}2 \times 10^{-10}$	9,9
	$CaCrO_{4(sólido)} \rightarrow Ca^{+2}_{(aquoso)} + CrO^{-2}_{4(aquoso)}$	$7{,}1 \times 10^{-4}$	3,2
	$PbCrO_{4(sólido)} \rightarrow Pb^{+2}_{(aquoso)} + CrO^{-2}_{4(aquoso)}$	$2{,}0 \times 10^{-14}$	13,7
	$Hg_2CrO_{4(sólido)} \rightarrow Hg_2{}^{+2}_{(aquoso)} + CrO^{-2}_{4(aquoso)}$	$2{,}0 \times 10^{-9}$	8,7
	$Ag_2CrO_{4(sólido)} \rightarrow 2Ag^{+2}_{(aquoso)} + CrO^{-2}_{4(aquoso)}$	$1{,}9 \times 10^{-12}$	11,7
	$SrCrO_{4(sólido)} \rightarrow Sr^{+2}_{(aquoso)} + CrO^{-2}_{4(aquoso)}$	$3{,}6 \times 10^{-5}$	4,4
HIDRÓXIDOS	$Al(OH)_{3(sólido)} \rightarrow Al^{+3}_{(aquoso)} + 3OH^{-}_{(aquoso)}$	$3{,}6 \times 10^{-5}$	32,3
	$Cd(OH)_{2(sólido)} \rightarrow Cd^{+2}_{(aquoso)} + 2OH^{-}_{(aquoso)}$	$2{,}0 \times 10^{-14}$	13,7
	$Cr(OH)_{3(sólido)} \rightarrow Cr^{+3}_{(aquoso)} + 3OH^{-}_{(aquoso)}$	$7{,}0 \times 10^{-31}$	30,2
	$Cr(OH)_{2(sólido)} \rightarrow Cr^{+2}_{(aquoso)} + 2OH^{-}_{(aquoso)}$	$1{,}0 \times 10^{-17}$	17,0
	$Co(OH)_{3(sólido)} \rightarrow Co^{+3}_{(aquoso)} + 3OH^{-}_{(aquoso)}$	$1{,}0 \times 10^{-43}$	43,0
	$Co(OH)_{2(sólido)} \rightarrow Co^{+2}_{(aquoso)} + 2OH^{-}_{(aquoso)}$	$2{,}5 \times 10^{-16}$	15,6
	$Cu(OH)_{2(sólido)} \rightarrow Cu^{+2}_{(aquoso)} + 2OH^{-}_{(aquoso)}$	$1{,}6 \times 10^{-19}$	18,8
	$Fe(OH)_{3(sólido)} \rightarrow Fe^{+3}_{(aquoso)} + 3OH^{-}_{(aquoso)}$	$6{,}0 \times 10^{-38}$	37,2
	$Fe(OH)_{2(sólido)} \rightarrow Fe^{+2}_{(aquoso)} + 2OH^{-}_{(aquoso)}$	$2{,}0 \times 10^{-15}$	14,7

	$Pb(OH)_{2(sólido)} \rightarrow Pb^{+2}_{(aquoso)} + 2OH^{-}_{(aquoso)}$	$4{,}0 \times 10^{-15}$	14,4
	$Mg(OH)_{2(sólido)} \rightarrow Mg^{+2}_{(aquoso)} + 2OH^{-}_{(aquoso)}$	$8{,}9 \times 10^{-12}$	11,1
	$Mn(OH)_{3(sólido)} \rightarrow Mn^{+3}_{(aquoso)} + 3OH^{-}_{(aquoso)}$	$1{,}0 \times 10^{-36}$	36,0
	$Mn(OH)_{2(sólido)} \rightarrow Mn^{+2}_{(aquoso)} + 2OH^{-}_{(aquoso)}$	$2{,}0 \times 10^{-13}$	12,7
	$HgO_{(sólido)} + \frac{1}{2}H_2O_{(líquido)} \rightarrow Hg^{+2}_{(aquoso)} + 2OH^{-}_{(aquoso)}$	$3{,}0 \times 10^{-26}$	25,5
	$Ni(OH)_{2(sólido)} \rightarrow Ni^{+2}_{(aquoso)} + 2OH^{-}_{(aquoso)}$	$1{,}6 \times 10^{-16}$	15,8
	$\frac{1}{2}Ag_2O_{(sólido)} + \frac{1}{2}H_2O_{(líquido)} \rightarrow Ag^{+}_{(aquoso)} + OH^{-}_{(aquoso)}$	$2{,}0 \times 10^{-8}$	7,7
	$Sn(OH)_{2(sólido)} \rightarrow Sn^{+2}_{(aquoso)} + 2OH^{-}_{(aquoso)}$	$3{,}0 \times 10^{-27}$	26,5
	$Zn(OH)_{2(sólido)} \rightarrow Zn^{+2}_{(aquoso)} + 2OH^{-}_{(aquoso)}$	$5{,}0 \times 10^{-17}$	16,3
IODATOS	$Ba(IO_3)_{2(sólido)} \rightarrow Ba^{+2}_{(aquoso)} + 2IO^{-}_{3(aquoso)}$	$1{,}3 \times 10^{-9}$	8,9
	$Ca(IO_3)_{2(sólido)} \rightarrow Ca^{+2}_{(aquoso)} + 2IO^{-}_{3(aquoso)}$	$1{,}7 \times 10^{-6}$	5,8
	$Pb(IO_3)_{2(sólido)} \rightarrow Pb^{+2}_{(aquoso)} + 2IO^{-}_{3(aquoso)}$	$2{,}6 \times 10^{-13}$	12,6
	$Hg(IO_3)_{2(sólido)} \rightarrow Hg^{+2}_{(aquoso)} + 2IO^{-}_{3(aquoso)}$	$3{,}0 \times 10^{-13}$	12,5
	$Hg_2(IO_3)_{2(sólido)} \rightarrow 2Hg^{+}_{(aquoso)} + 2IO^{-}_{3(aquoso)}$	$1{,}9 \times 10^{-14}$	13,7
	$AgIO_{3(sólido)} \rightarrow Ag^{+}_{(aquoso)} + IO^{-}_{3(aquoso)}$	$3{,}0 \times 10^{-8}$	7,5
IODETOS	$CuI_{(sólido)} \rightarrow Cu^{+}_{(aquoso)} + I^{-}_{(aquoso)}$	$1{,}0 \times 10^{-12}$	12,0
	$PbI_{2(sólido)} \rightarrow Pb^{+2}_{(aquoso)} + 2I^{-}_{(aquoso)}$	$8{,}3 \times 10^{-9}$	8,1
	$Hg_2I_{2(sólido)} \rightarrow Hg^{+2}_{2(aquoso)} + 2I^{-}_{(aquoso)}$	$4{,}0 \times 10^{-29}$	28,4
	$AgI_{(sólido)} \rightarrow Ag^{+}_{(aquoso)} + I^{-}_{(aquoso)}$	$8{,}5 \times 10^{-17}$	16,1
OXALATOS	$BaC_2O_{4(sólido)} \rightarrow Ba^{+2}_{(aquoso)} + C_2O^{-2}_{4(aquoso)}$	$1{,}5 \times 10^{-8}$	7,8
	$CdC_2O_{4(sólido)} \rightarrow Cd^{+2}_{(aquoso)} + C_2O^{-2}_{4(aquoso)}$	$1{,}5 \times 10^{-8}$	7,8
	$CaC_2O_{4(sólido)} \rightarrow Ba^{+2}_{(aquoso)} + C_2O^{-2}_{4(aquoso)}$	$1{,}3 \times 10^{-9}$	8,9
	$FeC_2O_{4(sólido)} \rightarrow Fe^{+2}_{(aquoso)} + C_2O^{-2}_{4(aquoso)}$	$2{,}0 \times 10^{-7}$	6,7
	$MgC_2O_{4(sólido)} \rightarrow Mg^{+2}_{(aquoso)} + C_2O^{-2}_{4(aquoso)}$	$8{,}6 \times 10^{-5}$	4,1
	$Mn_2(C_2O_4)_{3(sólido)} \rightarrow 2Mn^{+3}_{(aquoso)} + 3C_2O^{-2}_{4(aquoso)}$	$7{,}0 \times 10^{-20}$	19,2
	$MnC_2O_{4(sólido)} \rightarrow Mn^{+2}_{(aquoso)} + C_2O^{-2}_{4(aquoso)}$	$1{,}0 \times 10^{-15}$	15,0
	$Ag_2C_2O_{4(sólido)} \rightarrow 2Ag^{+}_{(aquoso)} + C_2O^{-2}_{4(aquoso)}$	$1{,}0 \times 10^{-11}$	11,0
	$SrC_2O_{4(sólido)} \rightarrow Sr^{+2}_{(aquoso)} + C_2O^{-2}_{4(aquoso)}$	$5{,}6 \times 10^{-8}$	7,2

	$ZnC_2O_{4(sólido)} \rightarrow Zn^{+2}_{(aquoso)} + C_2O^{-2}_{4(aquoso)}$	1,5 x 10^{-9}	8,8
SULFATOS	$BaSO_{4(sólido)} \rightarrow Ba^{+2}_{(aquoso)} + SO^{-2}_{4(aquoso)}$	1,50 x 10^{-9}	8,80
	$CaSO_{4(sólido)} \rightarrow Ca^{+2}_{(aquoso)} + SO^{-2}_{4(aquoso)}$	2,40 x 10^{-5}	4,60
	$PbSO_{4(sólido)} \rightarrow Pb^{+2}_{(aquoso)} + SO^{-2}_{4(aquoso)}$	1,30 x 10^{-8}	7,90
	$SrSO_{4(sólido)} \rightarrow Sr^{+2}_{(aquoso)} + SO^{-2}_{4(aquoso)}$	7,60 x 10^{-7}	6,10
SULFETOS	$Bi_2S_{3(sólido)} \rightarrow 2Bi^{+3}_{(aquoso)} + 3S^{-2}_{(aquoso)}$	1,0 x 10^{-100}	100
	$CdS_{(sólido)} \rightarrow Cd^{+2}_{(aquoso)} + S^{-2}_{(aquoso)}$	6,0 x 10^{-27}	26,2
	$CoS_{(sólido)} \rightarrow Co^{+2}_{(aquoso)} + S^{-2}_{(aquoso)}$ (α)	5,0 x 10^{-22}	21,3
	$CoS_{(sólido)} \rightarrow Co^{+2}_{(aquoso)} + S^{-2}_{(aquoso)}$ (β)	6,0 x 10^{-29}	28,2
	$CuS_{(sólido)} \rightarrow Cu^{+2}_{(aquoso)} + S^{-2}_{(aquoso)}$	4,0 x 10^{-36}	35,4
	$FeS_{(sólido)} \rightarrow Fe^{+2}_{(aquoso)} + S^{-2}_{(aquoso)}$	5,0 x 10^{-18}	17,3
	$PbS_{(sólido)} \rightarrow Pb^{+2}_{(aquoso)} + S^{-2}_{(aquoso)}$	4,0 x 10^{-18}	25,4
	$MnS_{(sólido)} \rightarrow Mn^{+2}_{(aquoso)} + S^{-2}_{(aquoso)}$	8,0 x 10^{-14}	13,1
	$HgS_{(sólido)} \rightarrow Hg^{+2}_{(aquoso)} + S^{-2}_{(aquoso)}$	1,0 x 10^{-50}	50,0
	$NiS_{(sólido)} \rightarrow Ni^{+2}_{(aquoso)} + S^{-2}_{(aquoso)}$ (α)	1,0 x 10^{-22}	22,0
	$NiS_{(sólido)} \rightarrow Ni^{+2}_{(aquoso)} + S^{-2}_{(aquoso)}$ (β)	3,0 x 10^{-28}	27,5
	$NiS_{(sólido)} \rightarrow Ni^{+2}_{(aquoso)} + S^{-2}_{(aquoso)}$ (γ)	7,0 x 10^{-30}	29,2
	$Ag_2S_{(sólido)} \rightarrow 2Ag^{+}_{(aquoso)} + S^{-2}_{(aquoso)}$	1,0 x 10^{-50}	50,0
	$ZnS_{(sólido)} \rightarrow Zn^{+2}_{(aquoso)} + S^{-2}_{(aquoso)}$	1,0 x 10^{-20}	20,0

REFERÊNCIAS BIBLIOGRÁFICAS

Atkins, P. W.; Paula de, J. Físico-Química", 10ªedição, volume um. Livros Técnicos e Científicos - LTC, Rio de Janeiro, 2018.

Atkins, P.; Jones, L.; Princípios de Química, questionando a vida moderna e o meio ambiente; 5ª Ed, Bookman Companhia Ed., 2011

Bergman, T. L.; Lavine, A. S.; Incropera, F. P.; Dewitt, D. P. Fundamentos da Transferência de Calor e Massa; Rio de Janeiro: LTC, 2014.

Brady, J. E,; Russel, J. W.; Holum, J. R.; Química, a matéria e suas transformações, vol. 1 e 2, 3ª Ed., LTC, 2002.

Brady, J. E.; Humiston, G. E.; Química Geral, vol. 1 (2ª edição, 1995) e vol. 2 (1ª edição, 1996), LTC.

Braga Filho, W. Transmissão de Calor; São Paulo: Thomson, 2006.

Brown, T. L.; Lemay JR., H. E.; Bursten, B. E.; Burdge, J. R.; Química a ciência central; 9ª ed.; Pearson Prentice Hall do Brasil, 2008.

Castellan, G. W. Physical Chemistry, segunda edição. Addison – Wesley Publishing Company, 1964.

Curso de Física Básica 2 – Fluidos. H. Moysés Nussenzveig. São Paulo: Edgard Blucher, 1981.

Curso de Termodinâmica Aplicada às Máquinas. Abrahão Izecksohn; Imprensa Nacional Rio de Janeiro – 1943.

Físico-Química – Volume 1, Levine, I. N. Tradução e revisão técnica Edilson Clemente da Silva, Oswaldo Esteves Barcia – Rio de Janeiro: LTC 2012.

Físico-Química: Uma aplicação aos materiais. Rupen Adamian, Ericksson Rocha e Almendra. Rio de Janeiro: COPPE – UFRJ, 2002.

Himmelblau, D.M. & Riggs, J. B. Engenharia Química – Princípios e cálculos. LTC; 2014.

Introduction to the Thermodynamics of Materials Fourth Edition. David R. Gaskell. Taylor & Francis, New York – London, 2003.

Introduction to the Thermodynamics of Materials Fourth Edition. David R. Gaskell. Taylor & Francis, New York – London, 2003.

Kotz, J. C.; Treichel Jr., P.;Weaver, Gabriela C.; Química e reações químicas, Vol 1 (6ª ed, 2010) e vol. 2 (5ª edição, 2009) Cengage Learning.

Luiz, A. M. Termodinâmica – Teoria & Problemas. Livros Técnicos e Científicos - LTC, Rio de Janeiro, 2012.

Mahan, B., M.; Myers, R., J.; Química um curso universitário, 4ª edição, Edgard Blücher, 1996.

Modell, M.; Reid, R. C. Thermodynamics and its applications. New Jersey: Prendice-Hall, 1974.

Moore, W. J. Físico-Química - tradução da quarta edição americana: Tibor Rabockai [e outros]. Supervisão Ivo Jordan. Editora da Universidade de São Paulo, 1976.

Nabuco, João Roberto da Paciência & Barros. Físico-Química. Rio de Janeiro, primeira edição. Editora Ao livro técnico, 1979.

Nabuco, João Roberto da Paciência & Barros. Química Geral. Rio de Janeiro, primeira edição. Editora Ao livro técnico, 1979.

Principles of Physical Chemistry Four Edition. Samuel H. Maron; Carl F. Prutton. Editora Collier Macmillian Student Editions, New York, 1965.

Química Geral – Volume 2. Brady, J. E.; Humiston, G. E. tradução de Cristina Maria Pereira dos Santos e Roberto Barros Faria. Segunda edição. Rio de Janeiro. Livros técnicos e científicos Editora, 1986.

Russel. J. B.; Química Geral; vol. 1 e 2, Makron, 1996.

Smith, J. M.; Van Ness, H. C.; Abbott, M. M. Introdução à termodinâmica da engenharia química. 5.ed. Rio de Janeiro: Livros Técnicos e Científicos, 2000.

Termodinâmica e Física da Estrutura da Matéria – Segunda Edição. Rui Manuel A. Dilão. Escolar Editora, 2014.

Termodinâmica e Física da Estrutura da Matéria – Segunda Edição. Rui Manuel A. Dilão. Escolar Editora, 2014.

Warren, B. A. The First law of thermodynamics in a salty ocen. Progress in Oceanography, page 149 – 167, 70 (2006).

www.ime.eb.mil.br

www.ita.br

www.obquimica.org

Impressão e acabamento
Gráfica da Editora Ciência Moderna Ltda.
Tel: (21) 2201-6662